変成岩と変成帯

都城秋穂 著

岩波書店

序　文

　変成岩および変成作用については，19世紀の末ごろに現われた Zirkel や Rosenbusch の岩石学書のなかに，すでにくわしい記述が見られる．20世紀にはいっては，van Hise, Grubenmann, Leith と Mead, Harker などによって，それぞれ特色のある著作が発表された．ことに1939年に出版せられた Eskola の著作は，彼自身の研究を中心として，それまでの変成岩岩石学の研究を体系化したものであって，その後の概説書の標準となった．第二次大戦後現われた著作のなかには，Ramberg の書のように個性的なものもあるが，ふつうの Turner や Barth の概説書は，大たいにおいて Eskola の著作の型を踏襲している．

　Eskola から現在までの，これらの変成岩岩石学の著作は，既存の岩石学的知識を要領よく体系的にまとめている．しかしその体系は，それだけで孤立した閉鎖的なものであった．すなわち，その物理化学的基礎はあまり吟味されなかったし，地球科学の他の部門との関連もあまりついていなかった．ところが，1950年以後，変成作用の研究に革命的な変化が起った．一方では，その熱力学的基礎が解明せられ，結晶化学的・鉱物学的基礎が組織せられた．他方では，世界的に変成帯の地質調査が進み，それは，放射性同位元素による年代測定の普及や地球物理学的方法による地殻構造研究の進歩とあいまって，大陸地殻の形成発達史を解明することを可能にした．今や，地球科学は統一的な体系をもとうとしつつあり，変成作用の研究はそのなかの重要な一環となろうとしているように思われる．本書は，このような意味で新しい地球科学の一環としての変成作用の研究を，私の考えにしたがって体系的に述べようとするものである．

　本書では，まず第1～3章で読者に変成岩および変成作用についての予備的な観念を与える（ことに第1章は，主として岩石学の専門家でない一般の読者の理解を助けるために書かれたものである）．第4章で熱力学的基礎を取扱い，第5～6章で結晶化学的・鉱物学的基礎を取扱う．第7～8章では，変成岩岩石学の中心的概念である変成相を記述する．第9章では変成相系列を論ずる．この観念が，岩石学的な変成相を，もっと広い地質現象，ことに地殻の発達に結びつける仲介となる．第10～12章において，北アメリカ大陸，ヨーロッパ大陸，および西太平洋地域について，大陸地殻の発達史を論じ，そのなかにおける変成作用の状況を明らかにしようとする．最後に第13章において，これらのすべての結

果を総合して，変成作用の原因を明らかにし，大陸地殻の発達史においてそれが演ずる役割を論ずる．

現在の学問は，良い点においても，悪い点においても，過去の多くの遺産をうけついでいる．本書では，現在のわれわれの学問が歴史的にどのようにして形成されてきたかを，明らかにしようとつとめた．このことは，現在の学問の内容や状況の理解を助けるだけでなく，さらに将来学問を進めてゆく上にも役立つであろう．本書はもちろん，変成岩や変成作用の研究の全分野を網羅するものではない．変成岩の構造や交代作用の研究は，重要な分野ではあるが，本書の体系には含まれていない．

本書の大部分は，東京大学の大学院で行なった変成論の講義の原稿を書き直したものである．今から10年前にこの講義を始めたころは，わが国ではまだ，鉱物変化による変成地域の分帯の意義は一般に理解せられていなかった．そこで講義の時間の大部分は，変成鉱物の記述や分帯の重要性の強調に費やされた．その後数年のうちに，学生および同僚諸氏のなかから有能な研究者が多数現われて，変成鉱物や分帯の研究においては，わが国の研究は世界をリードするようになった．それにつれて私の講義の重点は，変成作用の研究の熱力学的基礎の解明や，地質学的・地球物理学的な面の体系化のような新しい方面に移動した．今こうして全体を体系的にまとめてみると，いろいろな時期に，その時期の必要と興味に応じて強調したいろいろな方面がその跡を残していて，感慨が深い．

私はこの10年間に，私とともに変成作用の研究に努力せられた友人・同僚・学生諸氏，ことに関陽太郎，紫藤文子，坂野昇平，岩崎正夫，宇野達二郎，羽田野道春，大木靖衛，植田俊朗，南雲義弘，西田耕一，清水孚道，辻慎太郎などの方々に，厚く感謝の意を表したい．これらの方々の輝やかしい業績なしには，本書は現在のような形にはできえなかったであろう．また，坪井誠太郎，渡辺武男，久野久，小島丈児，牛来正夫などの諸先生・諸先輩のかねがねのご援助に対しても，感謝の意を表する．

本書の原稿の多くの部分を，橋本光男，紫藤文子，坂野昇平，浦部信義，石崎津義男などの諸氏が読んで意見を述べて下さった．それに対しても感謝したい．また，本書のように非営利的な著作を出版して下さる岩波書店に厚く感謝の意を表する．

1965年5月

都城秋穂

凡　　例

1. 術語は，なるべく日本語を用いた．地学の術語の大部分は，"地学辞典"(古今書院，1935)によって統一したが，いくつかの明らかに不適当なものは，それに従わなかった．術語は，字を見ないで聞いただけでも容易に理解できることが望ましいので，聞いてわかりやすいものを選ぶように努めた．Metagreywacke などの場合の接頭辞 "meta"を"変"と訳さないで"変成"としたのはそのためである．
2. 鉱物の和名の大部分は日本鉱物学会の採用している片カナ書きの造岩鉱物和名(1964)を漢字に改めたものを用いた．片カナ書きは読みにくいためである．ただし，漢字がとくにむずかしい字である場合には，片カナ書きを残すか(ザクロ石，ヒスイ輝石など)，または英語名の片カナ書きを用いた(アラゴナイトなど)．念のために，巻末の索引には英語名をも付記してある．珪酸塩をケイ酸塩と書いてあるのは，文部省"学術用語集，化学編"(南江堂，1956)にしたがったためである．
3. 重要な術語や鉱物名には，英語を付記してある．ドイツ語の方がもっとよく知られている場合に限り，ドイツ語をも付記した．
4. 外国の地名は，それが国またはそれより大きい地域をさす場合には原則として片カナで書いた(例，イギリス，ヨーロッパ)．国より小さい地域や山脈をさす場合には，英語またはその国の言葉で書いた(Scotland, Appalachians など)．地名から生れた術語は，それが広く使われている場合には，地名の部分をも片カナで書いた(アパラチア造山帯など)．
5. 文献には，考え方やデータの歴史的な由来を示すためにあげたものと，もっと詳細な知識をうるための手掛りになるようにあげたものとある．巻末の文献表では，本文が欧文の場合には日本人の著者名もローマ字で書いてあるが，本文のなかでは日本人名はすべて漢字で書いてある．欧文の論文の場合，雑誌の巻数とページ数を示すには，すべて英語の Vol. と pp. を用いた．
6. 本書の図のなかで，出所のとくに書いてないものは，本書のために描かれたものである．出所が書いてあっても，それは図の基礎になるデータの出所を示すだけであって，図自体は本書に適合するように改変されている場合が多い．第 13, 18, 19, 20 図に示した Eskola, Coombs, Korzhinskii, Thompson の肖像は，それぞれ本人より贈られたものである．

目 次

序　文
凡　例

第1章　緒　論 …… 1
§1　変成作用と変成岩 …… 1
§2　変成作用の地質学的分類 …… 4
§3　変成岩の組成と組織 …… 9
§4　変成岩のおもな岩石名 …… 13
§5　岩石の成因的分類 …… 19
§6　地球の構成と変成岩の分布 …… 21

第2章　変成作用の研究史 …… 26
§7　変成作用という観念の始まり …… 26
§8　片岩や片麻岩についての19世紀の初期および中期の考え方 …… 29
§9　広域変成作用の原因についての二つの学説 …… 30
§10　顕微鏡的記載の岩石学とGrubenmannの深度帯説 …… 31
§11　変成地域の分帯 …… 33
§12　鉱物構成の相律的解析と鉱物相の原理 …… 37
§13　地殻における物質移動と交代作用 …… 41
§14　カコウ岩の成因 …… 44
§15　わが国における変成岩の研究史 …… 47
§16　1950年以後の新しい岩石学と変成作用の研究 …… 52

第3章　再結晶作用，物質移動の機構，および H_2O の移動性 …… 58
§17　再結晶作用 …… 58
§18　新しい種類の鉱物の生長機構 …… 60
§19　粒間流体による反応と物質移動 …… 61
§20　固体拡散による物質移動 …… 63
§21　累進変成作用における H_2O …… 69
§22　変成反応の平衡からみた H_2O の圧力 …… 72

§23 温度上昇と温度下降に応ずる再結晶作用の違い ……………… 77
§24 流体包含物 ……………………………………………… 79
§25 変形運動と再結晶作用の時間的関係 ……………………… 82

第4章 地殻の化学熱力学 …………………………………… 88

§26 地殻構成物質の熱力学的研究 ……………………………… 88
§27 熱力学の基礎 ………………………………………………… 89
§28 自由エネルギーとフュガシティー ………………………… 92
§29 化学ポテンシァルと活動度 ………………………………… 98
§30 化学反応の平衡条件 ……………………………………… 104
§31 変成反応の種類 …………………………………………… 105
§32 一定組成の固相ばかりの間の反応 ……………………… 106
§33 共存する固溶体鉱物の平衡(その1) …………………… 111
§34 共存する固溶体鉱物の平衡(その2) …………………… 113
§35 H_2O または CO_2 が固相から放出される反応. 開いた系と閉じた系 ……………………………………………………… 117
§36 H_2O または CO_2 が放出される反応の平衡曲線の傾斜 ……… 121
§37 H_2O または CO_2 が放出される反応の平衡曲線の計算 ……… 127
§38 鉱物の安定性と鉱物集合の安定性の違い ……………… 129
§39 地殻のなかの酸素と酸化鉄鉱物 ………………………… 132
§40 地殻のなかの酸素の圧力を支配する因子 ……………… 136
§41 地殻のなかの酸素の移動性 ……………………………… 140
§42 鉄を含むケイ酸塩鉱物の安定関係 ……………………… 142
§43 相律と鉱物学的相律 ……………………………………… 144
§44 一定の外的条件のもとでの鉱物の共生関係の図的表現.
　　その1. 組成-共生図表 …………………………………… 147
§45 一定の外的条件のもとでの鉱物の共生関係の図的表現.
　　その2. 成分の数の減少 …………………………………… 149
§46 外的条件の変化による共生関係の変化の図的表現.
　　その1. 温度-圧力図表 …………………………………… 153
§47 外的条件の変化による共生関係の変化の図的表現.
　　その2. 化学ポテンシァル図表 …………………………… 156
§48 鉱物の出現消滅は何に支配されるか …………………… 161

第5章 造岩鉱物の結晶化学 ………………………………… 165

目　　次　　　　　　　　　　　　vii

§49　結晶化学と化学結合 ・・・・・・・・・・・・・・・・・・・・・・・・・・・・・・・・・・・・・165
§50　イオン半径と配位 ・・・165
§51　分極と電気陰性度 ・・・169
§52　鉱物の同質多形と相転移 ・・・・・・・・・・・・・・・・・・・・・・・・・・・・・・・・・・172
§53　ケイ酸塩鉱物の構造と分類 ・・・・・・・・・・・・・・・・・・・・・・・・・・・・・・・・172

第6章　個々の変成鉱物 ・・・・・・・・・・・・・・・・・・・・・・・・・・・・・・・・・・・・・・177

§54　変成鉱物の研究 ・・・177
§55　さまざまな化学組成の変成岩に出現する鉱物 ・・・・・・・・・・・・・・・177
　　　(a)　石　　英 ・・177
　　　(b)　長石族．その1．カリウム長石 ・・・・・・・・・・・・・・・・・・・・・・・179
　　　(c)　長石族．その2．斜長石 ・・・・・・・・・・・・・・・・・・・・・・・・・・・・・181
　　　(d)　緑 泥 石 ・・185
　　　(e)　スチルプノメレン ・・・・・・・・・・・・・・・・・・・・・・・・・・・・・・・・・・・186
　　　(f)　ザクロ石族 ・・・187
　　　(g)　赤鉄鉱，チタン鉄鉱，磁鉄鉱 ・・・・・・・・・・・・・・・・・・・・・・・・192
§56　主として泥質堆積岩起源の変成岩に出現する鉱物 ・・・・・・・・・・・195
　　　(h)　雲母族．その1．白雲母 ・・・・・・・・・・・・・・・・・・・・・・・・・・・・195
　　　(i)　雲母族．その2．ナトリウム雲母 ・・・・・・・・・・・・・・・・・・・・197
　　　(j)　雲母族．その3．黒雲母 ・・・・・・・・・・・・・・・・・・・・・・・・・・・・198
　　　(k)　藍晶石，紅柱石，珪線石 ・・・・・・・・・・・・・・・・・・・・・・・・・・・200
　　　(l)　クロリトイド族 ・・・・・・・・・・・・・・・・・・・・・・・・・・・・・・・・・・・・・201
　　　(m)　十 字 石 ・・202
　　　(n)　菫 青 石 ・・203
§57　主として石灰質堆積岩起源の変成岩に出現する鉱物 ・・・・・・・・204
　　　(o)　炭酸塩鉱物．その1．方解石とアラゴナイト ・・・・・・・・・・204
　　　(p)　炭酸塩鉱物．その2．ドロマイト ・・・・・・・・・・・・・・・・・・・・207
　　　(q)　珪 灰 石 ・・209
§58　主として塩基性変成岩に出現する鉱物 ・・・・・・・・・・・・・・・・・・・・・210
　　　(r)　角閃石族．その1．カルシウム角閃石類 ・・・・・・・・・・・・・・210
　　　(s)　角閃石族．その2．直閃石 ・・・・・・・・・・・・・・・・・・・・・・・・・・214
　　　(t)　角閃石族．その3．カミングトン閃石 ・・・・・・・・・・・・・・・・215
　　　(u)　角閃石族．その4．アルカリ角閃石類 ・・・・・・・・・・・・・・・・215
　　　(v)　輝石族．その1．カルシウム輝石類 ・・・・・・・・・・・・・・・・・・219
　　　(w)　輝石族．その2．斜方輝石類 ・・・・・・・・・・・・・・・・・・・・・・・・222
　　　(x)　輝石族．その3．アルカリ輝石類 ・・・・・・・・・・・・・・・・・・・・223

　　　　　　(y)　緑簾石族 ………………………………………………… 224
　　　　　　(z)　ローソン石，パンペリ石，ブドウ石 …………………… 226

第7章　変成岩における化学平衡と鉱物相の原理 ………… 229
　§59　変成岩の研究における化学平衡論の意義 ……………………… 229
　§60　化学平衡の判定 ………………………………………………… 230
　§61　Eskola における鉱物相の概念の成立 ………………………… 232
　§62　鉱物相の概念の発達 …………………………………………… 236
　§63　ACF 図表，AKF 図表，その他の組成-共生図表 ……………… 240

第8章　個々の変成相 ………………………………………………… 247
　§64　変成相の数と名称 ……………………………………………… 247
　§65　沸石相 …………………………………………………………… 248
　§66　ブドウ石-パンペリ石変成グレイワケ相 ……………………… 252
　§67　緑色片岩相 ……………………………………………………… 253
　§68　緑簾石角閃岩相 ………………………………………………… 259
　§69　角閃岩相 ………………………………………………………… 264
　　　　　　(a)　角閃岩相のなかの藍晶石を生ずる亜相 ………………… 265
　　　　　　(b)　角閃岩相のなかの紅柱石を生ずる亜相 ………………… 266
　　　　　　(c)　角閃岩相のなかの珪線石を生ずる亜相 ………………… 271
　§70　グラニュライト相(白粒岩相) ………………………………… 275
　§71　輝石ホルンフェルス相 ………………………………………… 283
　§72　サニディナイト相 ……………………………………………… 287
　§73　藍閃石片岩相 …………………………………………………… 290
　§74　エクロジャイトとエクロジャイト相(榴輝岩相) …………… 298
　§75　変成相の温度と圧力の値 ……………………………………… 306

第9章　変成相系列 …………………………………………………… 311
　§76　変成相系列の概念と分類 ……………………………………… 311
　§77　藍晶石-珪線石タイプの広域変成作用 ………………………… 313
　§78　紅柱石-珪線石タイプの広域変成作用 ………………………… 315
　§79　ヒスイ輝石-藍閃石タイプの広域変成作用 …………………… 318
　§80　低圧中間群と高圧中間群 ……………………………………… 320
　§81　変成相系列と固溶体鉱物 ……………………………………… 321
　§82　一つの変成帯内の変成相系列の変化 ………………………… 322

§83 接触変成作用の相系列 ………………………………323
§84 変成作用の個性. 結晶粒の大きさと再結晶作用のおこる最低温度 ………………………………324

第10章 北アメリカ大陸の生長と変成帯の構成 ……………328

§85 大陸と大洋. 大陸の生長 …………………………328
§86 北アメリカ大陸の構造 ……………………………330
§87 カナダ盾状地の発達 ………………………………333
§88 カナダ盾状地の変成作用 …………………………336
§89 アパラチア造山帯の構成 …………………………339
§90 アパラチア造山帯の変成作用 ……………………341
§91 コルディレラ造山帯の構成 ………………………344
§92 Cordillera 西部の巨大なバソリスの地帯の深成岩と変成岩 ……346
§93 California の Coast Ranges の変成岩 ………………350
§94 酸性地殻の形成史 …………………………………353

第11章 ヨーロッパ大陸の生長と変成帯の構成 ……………357

§95 ヨーロッパ大陸の構造 ……………………………357
§96 バルト盾状地 ………………………………………360
§97 Svecofennides の深成岩と変成岩 …………………364
§98 イギリスのカレドニア造山地域 …………………368
§99 Scottish Highlands の広域変成作用 ………………371
§100 ノルウェーのカレドニア変成地域 ………………376
§101 西ヨーロッパのヘルシニア変成地域 ……………377
§102 Alps の構成と変成岩 ……………………………379

第12章 西太平洋上の弧状列島とその変成帯 ………………384

§103 西太平洋地域の大陸の生長と弧状列島 …………384
§104 日本主部の広域変成帯. その1. 飛騨および三郡変成帯 ……388
§105 日本主部の広域変成帯. その2. 領家-阿武隈変成帯 …………393
§106 日本主部の広域変成帯. その3. 三波川変成帯 …………………398
§107 日本主部の広域変成帯. その4. 造山運動と変成帯の形成史 ……401
§108 九州西端変成地域と北海道の変成帯 ……………402
§109 台湾の変成帯 ………………………………………405

§110　Celebes の変成帯⋯⋯⋯⋯⋯⋯⋯⋯⋯⋯⋯⋯⋯⋯⋯⋯⋯⋯407
　§111　ニュージーランドの変成帯⋯⋯⋯⋯⋯⋯⋯⋯⋯⋯⋯⋯⋯407
第13章　広域変成作用の原因と地殻の進化⋯⋯⋯⋯⋯⋯⋯411
　§112　広域変成作用と造山運動と地殻の構成⋯⋯⋯⋯⋯⋯⋯411
　§113　広域変成作用のタイプの進化⋯⋯⋯⋯⋯⋯⋯⋯⋯⋯⋯416
　§114　古生代以後の造山帯における対になった変成帯の形成⋯⋯⋯418
　§115　さまざまなタイプの広域変成作用の原因⋯⋯⋯⋯⋯⋯⋯421

文　　献⋯⋯⋯⋯⋯⋯⋯⋯⋯⋯⋯⋯⋯⋯⋯⋯⋯⋯⋯⋯⋯⋯⋯425
索　　引⋯⋯⋯⋯⋯⋯⋯⋯⋯⋯⋯⋯⋯⋯⋯⋯⋯⋯⋯⋯⋯⋯⋯453

第1章 緒　　論

§1　変成作用と変成岩

　地球上の岩石を分類するのには，いろいろな異った分類法があるが，そのなかで19世紀の後半から今日までもっとも広く行われているのは，まず火成岩(igneous rocks)，堆積岩(sedimentary rocks)，および変成岩(metamorphic rocks)という三つの種類に大分けすることである．この分類法には，後で論ずる(§5)ように，あまり好ましくない点がある．しかしこの分類法が，今日広く用いられているので，本書もそれから出発することにしよう．

　火成岩とは，ケイ酸塩を主成分とする融解物のなかから結晶した鉱物の集合体である．そのような融解物をマグマ(magma)という．結晶作用のおこる温度は，一般に $620 \sim 1200°\text{C}$ くらいの範囲である．マグマの結晶作用は，地表でマグマが冷却しておこることもあり，地下でおこることもある．マグマが急速に冷却すると，完全には結晶しないでガラスが残っていることもある．

　既存の岩石が，地表またはそれに近いところで風化され，破砕，分解され，その物質が水や空気によって運ばれて，どこかに堆積して生じた岩石が堆積岩である．堆積岩は堆積後しだいに凝固，膠結，弱い再結晶作用などを含む続成作用(diagenesis)をうけて硬く固まった岩石になってゆく．堆積岩は，地表の低い温度と圧力のもとで安定な粘土鉱物や炭酸塩鉱物を含んでいるのが普通である．

　火成岩や堆積岩が，それらが最初にできたときとは違う温度，圧力，そのほかの条件のもとにおかれると，この新しい条件に応じて鉱物組成や組織に変化がおころうとする．こうしておこる変化のすべてが，もっとも広い意味の変成作用(metamorphism)であり，変成作用をうけた岩石が広い意味の変成岩(metamorphic rocks)である．このような意味の変成作用は，風化や続成作用をも含むことになる．昔のアメリカの有名な地質学者 van Hise (1904) は，変成作用という言葉をこのように広い意味に用い，そのなかに含まれる全般の問題について大版1286ページ(重さにして5.3 kg)の大著を書き上げた．これは，変成岩研究史上もっとも大きな著作であった．

　しかし実際は，変成作用という言葉をこのように広い意味に用いた人はきわめて稀であった．風化や続成作用は変成作用には入れないのが，昔から広くおこなわれている慣習で

ある．変成作用とは，地表およびその付近における風化や続成作用を除いて，地下のもっと深いところでおこる変化だけをさすのがふつうであり，望ましいことである．そして，このような狭義の変成作用をうけた岩石をふつうに変成岩とよんでいる (Daly, 1917).

1950年以前には，変成作用は岩石学者によって研究せられ，いわゆる緑泥石帯またはそれより高温で変成したふつうの変成岩だけがその研究対象となっていた．続成作用の方は堆積学者によって研究せられ，ごく低い温度・圧力における堆積物の変化だけが取扱われていた．そこでこれら二つの研究領域のあいだには明瞭な区別があって，実際上何らの混乱もおこることはなかった．ところが，1950年代にはいってから，おもにニュージーランドの Coombs によって，その中間の領域が変成岩岩石学的な方法によって開拓せられた．これによって，続成作用の研究と変成作用の研究とは連続的につながるようになった．ここで始めて，続成作用と変成作用との境界をどこに置くように定義したらよいかという問題が，現実的におこってきた．原理的にはどこを境界にしても差支えないのであるが，Coombs(1961)は，堆積物が元来堆積した温度よりも本質的に高い温度でおこる変化を変成作用とよぶと定義している．したがって続成作用とは，元来堆積したときとほとんど同じ温度の範囲でおこる変化のことになる．このように定義すると，近年堆積学で続成作用に入れられている現象の一部分は変成作用にはいることになる．

変成作用とよく似ていて，ときに混乱をおこしやすい言葉に**変質作用(alteration)**がある．広義の変質作用とは，岩石や鉱物にみられる任意の鉱物学的変化のことであって，変成作用や続成作用を含んでいるが，普通はもっと狭義に，局部的な熱水作用や地表付近の風化作用でおこる鉱物学的な変化のことを意味している．

変成作用のときには，H_2O, CO_2, そのほかの物質が多かれ少なかれ岩石に出入して，その総化学組成が変化することが多い．しかし，出入する物質は，H_2O や CO_2 を除けば，少量であることが多いらしい．

岩石が地下で熱せられて，もし融解したならば，その融解物は明らかにマグマであり，それが固まったものは火成岩である．部分的に融解がおこったとしても，融解物の占める割合が大きいならば，一種のマグマとみるべきであろう．変成作用は，全く融解がおこらないか，またはきわめてわずかしか融解がおこらない範囲の現象である．すなわち，変成作用は，本質的に固体の岩石におこる現象である．これによって，変成作用の温度に上限が生ずる．

ここで，変成作用は**本質的に**固体の岩石におこる現象であるということは，その岩石の

なかにごく少量の融解物か，またはごく少量の水溶液などの流体が含まれていてもよいということを意味している．実際，変成作用のときには，鉱物の粒間にはいっている微量の水溶液がきわめて重要な役割を演ずるという考えは，これまでに大部分の岩石学者によってもたれてきた．このような意味で本質的に固体の岩石のなかにおこる化学変化によって新しい鉱物ができる現象を，岩石学者は**再結晶作用**とよんでいる．この言葉の内容については，後でまた取上げるので，ここでは詳しくは立ちいらない(第3章§17)．

それでは，岩石が融解しはじめる温度はどれくらいであろうか？それは，圧力によって異る．ふつうのこの種の実験は，構成鉱物にかかっている圧力と，その鉱物粒の間にはいっている水溶液に対する圧力(H_2Oの圧力)とが等しいような条件のもとでおこなわれている．この場合に融解しはじめる温度を，第1図に示す．カコウ岩や泥質岩では，圧力が

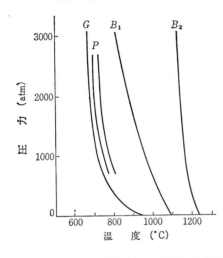

第1図
圧力(H_2Oの圧力)の増加による岩石の融点の低下．Gはカコウ岩の融けはじめる温度，Pはいろいろな組成の泥質岩の融けはじめる温度，B_1は玄武岩の融けはじめる温度，B_2はそれが完全に融けてしまう温度である．H_2Oを主とする流体相が共存し，固相と流体相とは同じ圧力をうけているものとする．WyllieとTuttle (1961)による．

3000 atmになれば650°Cくらいで融解しはじめる．玄武岩質の岩石では，融解しはじめる温度はそれよりも100°C以上も高い．これくらいの圧力までは，圧力の増加とともに融けはじめる温度は急速に下降するが，それ以上圧力が高くなると，下降する割合は急に減少する．最近の実験結果からみると，1万atmになっても，カコウ岩の融けはじめる温度は600°Cまでは下らないらしい(Luth et al., 1964)．

変成作用の場合には，これらの実験の条件とは違って，鉱物にかかっている圧力よりもH_2Oの圧力の方が低いことがしばしばある．このときには，融解しはじめる温度は，鉱物にかかっている圧力がそれと同じであって，しかも普通の実験と同様にそれがH_2Oの圧

力に等しい場合に比較すれば，高くなる．もっとも極端な場合は，H_2O の圧力が 0 の場合であって，融けはじめる温度はきわめて高い．

ふつうの変成地域には，泥質岩がたくさんあるから，変成作用の温度の上限は一般に 700〜900°C くらいと考えてよいであろう．しかし特別な場合には，もっと高温に達しうる．塩基性火成岩にとりこまれた小さい捕獲岩片は，多くの場合には塩基性マグマと同じく，ほとんど 1200°C 近くまで達し，岩片が部分融解をおこすであろう．

多くの火成岩は 620°C 以上の温度で結晶し，多くの変成岩は 800°C 以下の温度で再結晶する．多くの火成岩はマグマの温度が低下しながら結晶し，多くの変成岩は岩石が熱せられてその温度が上昇しながら再結晶する．このような違いがあるにもかかわらず，どちらもそれぞれの条件のもとで化学平衡に向おうとする傾向に支配されていて，その岩石の生成を支配する法則には似た点がある．また，火成岩と変成岩とは密接に伴って出現することも多く，一方を理解するためには他方をも理解せねばならない．

変成作用や変成岩については，今日一般の地質家のあいだにも多くの誤った見解が広まっている．その理論の大部分は，専門の研究者以外には，ほとんど理解されていないというのが実状であろう．変成岩について，今日広まっている初歩的な誤解の一つは，変成岩は地球上にごく少しある岩石にすぎないという考えであろう．また，そこから変成作用は地球上であまり重要な過程ではないだろうという誤解も生れてくる．わが国では，再結晶作用の進んだ変成岩の露出面積は全面積のなかの約4％にすぎない．しかし大陸地域では，変成岩の占める割合はもっと大きくなる．ことに大陸地殻の中央部の大きな部分を占めている先カンブリア盾状地は，そのほとんど全体が変成作用をうけた地域である．

変成作用は，造山運動および大陸地殻の形成過程のなかでもっとも重要な役割を演ずる作用である．この点において，地球および人類に対して大きな意義をもっている．本書の最後の四つの章が大陸地殻の形成史を取扱うのは，そのためである．

§2 変成作用の地質学的分類

前節に定義したような本来(狭義)の変成作用のなかにも，まださまざまに性質の違うものが含まれている．したがって，変成作用について具体的に論じようとするときには，変成作用をいくつかに分類して，名前をつけておく必要がある．変成作用の分類と命名は19世紀の中ごろに始まり，今日ではわれわれはきわめて多くの——むしろ，あまりにも多くの名前をもっている．変成作用の内容がよく理解せられないままに，いい加減な仮説に基

§2 変成作用の地質学的分類

いて名前がつくられ，後にその仮説が崩れても，名前の方は生き残る．このような現象が繰りかえされたことが，今日多くの混乱をひきおこしている．名前の多いことは，実は無知の反映であった．現在では，不必要になった多くの名前を整理してゆくことが望ましい．

　変成作用を支配する直接の要因は，温度，圧力，そのほかの物理的あるいは物理化学的条件である．この条件を支配しているのは，地質学的な過程である．たとえば，ある地域にカコウ岩が貫入してくると，その熱的作用によってその地域の温度が上昇し，変成作用がおこることになる．変成作用を分類するのには，直接の要因によって行うこともできるけれど，変成作用を論ずるための出発点として用いるのには，地質学的過程によって行った分類の方が好ましいであろう．

　変成作用を地質学的に分類した場合に，比較的重要なものは**接触変成作用**(contact metamorphism)と**広域変成作用**(regional metamorphism)との二つである．なかでも，後者はとくに重要である．

　貫入火成岩体(あるいは深成岩体)のまわりの地域では，温度が上昇して再結晶がおこっていることが多い．この現象を接触変成作用という．その作用をうける範囲は，場合によってさまざまであるが，多くの場合には幅数十 m から数百 m くらいである．しかし時には，幅数 km に及ぶこともある．この範囲の地帯を，**接触変成帯**(contact aureole)という．接触変成作用でできる変成岩，すなわち**接触変成岩**(contact metamorphic rocks)のうちでもっとも典型的なものは，ホルンフェルスである．接触変成作用は温度の上昇を直接の主たる原因とするので，それを**熱変成作用**(thermal metamorphism)とよぶことがある．温度の上昇は，一部分は火成岩体から伝導によって移動してくる熱によるものであろうが，おそらく一部分は火成岩体から放出される高温の H_2O などの物質の浸透によるものであろう．

　接触変成作用は，その原因が明らかで，そのおこる地域が狭い．ところが地球上には，それよりもはるかに広大な地域にわたっておこり，しかもその原因が接触変成作用の場合ほどは，はっきりしていない変成作用がある．この作用のおこる地域は，数十 km あるいは数百 km にわたってつづき，それによってできる変成岩の多くは片状構造をもつ岩石，すなわち広義の結晶片岩である．このような変成作用を，古くから広域変成作用とよんでいる．

　広域変成作用によりできる変成岩，すなわち**広域変成岩**(regional metamorphic rocks)は，一般に造山帯の中央部を占めて露出している．その露出地域は，造山帯の伸長方向に伸長してつづいている．これを**広域変成帯**(regional metamorphic belt)または略して**変成**

帯 (metamorphic belt) とよぶ．今日一般に，広域変成作用は，造山運動のときに岩石が地下の深所に持ちこまれて，そのために温度も圧力も高くなり，再結晶しておこったものであろうと考えられている．広域変成岩のもつ片状構造は，造山運動のときにはたらく非静水的圧力や，それによってひきおこされる変形運動の作用によって生ずるものと考えられている．

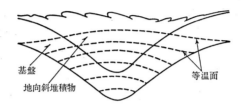

第2図　造山運動で地下深所におしこまれた地向斜堆積物のなかにおける等温面の上昇．等温面の形は，熱伝導だけでなく，水やカコウ岩体などの移動によって支配される．

造山運動 (orogeny) とは，文字の意味は山を造る運動であるが，実際は地殻を変形して褶曲や逆断層などを生じ，火成活動や広域変成作用をおこし，大陸地殻を形成する作用なのである．地形的な山脈を生ずることは，その派生的な結果の一つにすぎない．その点で，造山運動という言葉は誤解をおこしやすい．(本書では，広域変成作用は造山運動によっておこるという考えを受けいれて進むことにしよう．変成作用についての詳細な分析的な研究を行った後で，本書の最後の章において，もう一度この問題に立ちかえって，批判的な吟味をするであろう．)

多くの場合に，長く伸びている変成帯のなかでは，中心軸の付近の変成温度がもっとも高く，それから両側に向って，変成温度がしだいに低くなって，再結晶がしだいに悪くなり，ついに非変成地帯に移過している．したがって，変成帯のなかにおける変成温度の分布も，広域的な規模 (regional scale) になっている (Harker, 1932, p. 177)．広域変成帯の内部には，大小さまざまなカコウ岩やそのほかのさまざまな深成岩体が出現することが多い．そのカコウ岩体のなかの或るものは，それに接している岩石に対して，何らの認めうるほどの接触変成作用を及ぼしていない．しかし他の岩体は，それに接している広域変成岩に対してもう一度，多かれ少なかれ接触変成作用を及ぼしている．しかしこれらの深成岩体のいずれをとってみても，その個々の岩体の形や分布は，広域変成帯全体の温度分布とは無関係である．これは広域変成作用の重要な特徴である．

こう書いてくると，広域変成作用と接触変成作用とは，問題なく明瞭に区別できそうにみえる．実際，広域変成作用のなかには深成岩体をほとんど伴っていないものもあり，問題なく区別できる場合も多い．しかしときには，その区別は容易でないこともある．たとえば Scottish Highlands のカレドニア広域変成地帯において，広域変成作用とほぼ同じ時期のカコウ岩は，無数の小さい岩体をなして変成温度の高い地帯にだけ分布している．したがって，個々の小岩体が直接に変成温度を支配しているのではないとしても，小岩体が無数に貫入したことが，その地帯の全体としての温度を高くした原因であったかもしれないとも考えられる．もしそうであるならば，広域変成作用とは広域的な規模の接触変成作用にすぎないことになる．しかし Scottish Highlands の場合にも，もっと違う解釈もできる：広域変成作用の温度の高い地帯では，変成岩の部分融解がはじまって，無数の小さいカコウ岩体が形成されたのかもしれない．あるいは変成作用に伴う何かの交代作用によって，カコウ岩体が形成されたのかもしれない．もしそうであるならば，カコウ岩体は広域変成作用の結果であって，原因ではなくなる．そうすると，広域変成作用と接触変成作用とは，原理的には，はっきり違ったものだということになる．今日われわれは，どちらの見解が正しいのか最終的な答を与えることができない．（しかしカコウ岩体を広域変成作用の原因と考えるならば，カコウ岩体の生成自体は何か他の作用によるとして説明せねばならないという新しい問題がおこってくる．）

要するに，一方には明瞭な接触変成作用があり，他方には明瞭な広域変成作用がある．しかしそのあいだに，中間的な性質をもった変成作用もあるのかもしれないが，はっきりはわからない．

広域変成作用というものがあるということは19世紀の中ごろから広く認められていたが，それが何によっておこり，どういう過程であるかについてはいろいろな考え方があった．19世紀の末ごろに，ドイツやスイスで，広域変成作用は造山運動のときに広い地域にはたらく力（水平方向の力）の作用によっておこるという考えが有力になった．そこで，広域変成作用の内容をもっと具体的に表わす言葉として，**dislocation metamorphism** とか，**動力変成作用(dynamic metamorphism)** とかいう言葉がつくられた．しかし今日からみると，広域変成作用をおこすのは単なる力の作用ではない．力は直接または間接に変成岩の構造や組織に対しては大きな効果をおよぼすけれど，広域変成作用のもっとも重要な過程である再結晶がおこるか否かや，また鉱物組成に対して支配的な効果をおよぼすのは，むしろ温度である．したがって，動力変成作用という言葉は，誤った考えから生れた，不適

当な言葉である.

　地質学で dislocation というのは，岩石のなかに fracture ができて，その両側が相対的に動くことである．そのなかでもっとも普通のものは断層であるが，断層のように明瞭な面をつくらないでおこる相対的な連続的な動きも含まれる．そのような普通の dislocation によって岩石が変形および破砕されることは，一種の変成作用とみることができる．このときには温度はほとんど上昇せず，再結晶作用はほとんどおこらない．この変成作用を，dislocation metamorphism または動力変成作用とよぶことがある．しかし上にのべたように，これら二つの言葉は，元来は広域変成作用を表わす成因論的な名前としてつくられたものである．それらを，このような違った意味に転用することは，混乱の原因となっている．混乱をさけるためには，dislocation によっておこる変成作用は，**運動変成作用**(kinetic metamorphism) とでもよんだ方がよい.

　19世紀の末ごろから20世紀の初期にかけて，広域変成作用のなかには，動力変成作用も含まれているけれど，もっと違った種類の機構によってできたものも含まれているという説が一部の地質家のあいだにとなえられていた．それは，問題の岩石の上に厚く積み重なっている他の岩石の荷重によって生ずる垂直方向の力によっておこる広域変成作用であるといわれていた．これは，**荷重変成作用**(load metamorphism) とよばれた．カナダ盾状地などにある，水平に近い片理面をもち，その片理面が原岩の成層面と平行しているような広域変成岩の広大な地域は，この変成作用をうけたのだといわれた．しかし実際は，岩石の荷重によって生ずる力も，地殻の内部では静水的な圧力になるであろう．荷重変成作用という言葉も，誤った考えから生れた不適当な言葉である.

　しかし，水を多量に含んでいる堆積物が地下に深く埋没して，温度が上昇すると，しだいに再結晶作用がおこってくることは事実である．これは明らかに一種の変成作用である．この種の変成作用をよく研究した Coombs (1961) は，これを**埋没変成作用**(burial metamorphism) と名づけた．これによってできた変成岩は，広域的な規模に出現するけれど，片状構造を示さない点において普通の広域変成岩と違っている.

　火山岩またはそれにともなう小貫入岩体のなかに取りこまれた岩片や，小貫入岩体に直接接触している岩石は，ふつうの接触変成作用よりもずっと高い温度をうけて，特異な変成作用を呈することがある．これを，**パイロ変成作用**(pyrometamorphism) という．これによって，岩石のなかの一部分が融解しはじめることも多い．融解があまりはなはだしくない場合には，それは特殊な接触変成作用とみることができるが，融解がいちじるしい場

合には，本来の変成作用ではなくて，変成作用と火成作用とのあいだの中間的な過程と考えられる．

マグマが冷却結晶して火成岩体を生ずる過程の末期に，マグマのなかに含まれていたH_2O が集まって水溶液を生ずる．これが，すでに結晶している鉱物に作用して，低温で安定な鉱物に変化させることは，初生変質(deuteric alteration)とよばれる．初生変質はそれが地下でおこる限り一種の変成作用である．それを変成作用とみたときには，自己変成作用(autometamorphism)とよぶ．また，熱水が外部から浸入してきておこる熱水変質も，それが地下でおこる限り一種の変成作用とみて，熱水変成作用(hydrothermal metamorphism)とよぶこともできる．しかしこれらは，どちらも，なくてもよい言葉である．

本節で取扱ったのは，変成作用の地質学的な分類である．もっと違った分類，たとえば温度や圧力の値による分類などは，後で取りあげる．

§3 変成岩の組成と組織

変成作用を理解するためには，それがおこっているかなりの大きさをもった空間の状態が全体的にわからなくてはならない．しかも，変成作用の始まりから終りまでの時間的な変化がわからなくてはならない．したがって，変成作用の研究においては，変成空間あるいは変成地域を全体的に取扱わなくてはならない．

しかし，変成地域を理解するためには，その地域を構成している個々の岩石について知らなくてはならない．この意味において，個々の岩石あるいは岩石標本の記載や分類も必要になってくる．

本書は変成作用を論ずることを目的とするものであるから，変成地域の問題は後でかなり詳細に取扱うであろう．しかし，とても変成岩標本の分類や命名を詳細に取扱う余裕はない．今日わが国には，変成岩の分類や命名について書かれた本もほとんどない．そこで読者の便宜のために，本節と次節とでこの問題を簡単に解説しておくことにしよう．もっと詳細な解説は，顕微鏡的記載的岩石学(microscopic petrography)の専門書(たとえば Williams et al., 1955; Heinrich, 1956)を参照していただきたい．記載上の用語や個々の岩石名については，いろいろな辞典(たとえば Holmes, 1920; 渡辺貫, 1935; Howell, 1957; Schieferdecker, 1959)が有用である．変成岩の分類や命名の整理統一もいくらか試みられている(Shaw, 1957; Sörensen, 1961)．しかし現在までのところ，整理統一はきわめて不十分で，多くの混乱がおこっている．

地質学において確立されている慣習によると，カコウ岩，玄武岩，雲母片岩，ホルンフェルスというような記載的岩石学上の岩石名すなわち**岩型**(rock types)の名前は，標本的な大きさの岩石のもっている性質にしたがってつけられる．標本的な大きさの岩石のもっている性質のなかでもっとも基本的な性質は，化学組成と鉱物組成と広義の組織である．ここで広義の**組織**とよんでいるのは，texture, structure, あるいは fabric とよばれているような性質のなかで，標本に含まれるもののことである．今日一般に用いられている火成岩の岩石名は，たいていは鉱物組成と組織の特徴を組合せて統一的に定義されている．しかし変成岩の岩石名の定義は，それほどよく統一されていない．変成岩は，化学組成も鉱物組成も組織も，火成岩よりは変化の範囲が大きいから，統一的な定義はかなりむずかしい．

変成岩の化学組成は，変成作用をうける前の原岩の化学組成と，それが変成作用をうけているあいだにおこる変化とによって決定される．変成作用のあいだにおこる変化はあまり大きくないことが多い．変成岩の多くは，その原岩のもっていた化学組成上の特徴の大部分を保持している．そこで，たとえば泥質というように原岩を表わす言葉は，そのまま変成岩の化学組成を表わす言葉に転用されうる．

岩石を構成している陽イオンは種々様々であるが，陰イオンの圧倒的な大部分は酸素である．そこで，岩石の化学組成は近似的に陽イオンの酸化物の割合をもって表わされうる．実際，たとえば第1表(後出)のように，そうするのが長年の慣習である．このように酸化物の形に書くのは，実際に陽イオンが酸化物の分子をつくっていることを意味するわけではない．本書でも，場合によって酸化物の形で表わしたり，元素の形で表わしたりすることがおこるが，たいていの場合はどちらでもその内容は同じである．

変成岩の大部分は，地向斜の堆積物やそれに伴う火成岩が変成作用をうけて生じる．したがって，化学組成の上では，変成岩の大部分は次の4種類のなかのどれかにはいる．

(a) 泥質(pelitic)の堆積岩起源の変成岩．これを略して，**泥質変成岩**とよぶことも多いこの特徴は，Al_2O_3 および K_2O の含有量の多いことである．そのために，変成作用をうけると多量の雲母類を生ずることが多い．白雲母は低温の変成岩に多いが，きわめて高い温度になると分解する．黒雲母はもっと高い温度まで存続する．そのほかに，場合によって，紅柱石，藍晶石，珪線石，菫青石などのような Al_2O_3 に富む変成鉱物を生ずる．温度や圧力の変化に応じて，鉱物組成が変化しやすい．したがって，この種の変成岩は変成作用の温度や圧力を知る上で重要である．

(b) **石英長石質**(quartzo-feldspathic)の変成岩．これは，でき上った変成岩が石英や長石に富むという意味であって，成因的には砂岩のような堆積岩が変成されてできることもあり，酸性火成岩が変成されてできることもある．化学組成の上では SiO_2 がとくに多く，FeO や MgO が少ない．温度や圧力が変化しても，鉱物組成の変化はあまりおこらないことが多く，したがって岩石学的興味は一般には多くない．

(c) **石灰質**(calcareous)の堆積岩起源の変成岩．原岩が純粋な $CaCO_3$ の組成に近い石灰岩であって，変成作用のあいだに物質があまり入って来ないならば，変成作用をうけても主として方解石の結晶からなる石灰岩になるだけである．しかし，MgO, FeO, Al_2O_3, SiO_2 などが，原岩に含まれているか，または外部からはいって来る場合には，角閃石，輝石，斜長石などのさまざまの鉱物が生じる．これらの鉱物の割合が多くなるにしたがって，変成岩は塩基性火成岩起源の変成岩に似てくる．

(d) **塩基性**(basic)および**中性**(intermediate)の火成岩起源の変成岩．SiO_2 含有量が 40% 前後の火成岩(橄欖岩など)を超塩基性とよび，50% 前後の火成岩(玄武岩など)を塩基性とよび，60% 前後の火成岩を中性とよび，70% 前後の火成岩(カコウ岩質岩石)を酸性とよぶことは，岩石学ですでに長年行われているが好ましくない慣習である．この慣習を変成岩にまで及ぼして，塩基性の変成岩というふうによぶこともある．地向斜堆積物は，ことに塩基性の火山噴出物を含んでいることが多く，それは周囲の堆積物といっしょに変成作用をうけている．それは MgO, FeO, CaO, Al_2O_3 などを多量に含み，たいていは変成鉱物として角閃石族の鉱物(アクチノ閃石やホルンブレンド)を多量に生じている．また一般に斜長石を多量に含んでいる．変成温度が低い場合には緑泥石や緑簾石を多量に含み，高い場合には輝石を多量に含むことがある．温度や圧力の変化に応じて鉱物組成が変化しやすいから，岩石学的な興味が多い．

石灰質の堆積岩起源の変成岩でも，場合によっては塩基性の火成岩起源の変成岩とほとんど同じような化学組成や鉱物組成をもつことがある．

火成岩の鉱物はマグマのなかで比較的自由に生長するが，変成岩の鉱物は固体のなかで生長するので隣接する鉱物と干渉し，それによって形に影響をうける．その結晶生長の機構は，後でまた詳しく取上げる．変成岩のなかには，再結晶作用によって斑状の大きい結晶ができることがあるが，それを**斑状変晶**(porphyroblast)という．それに対して，斑状変晶のその細粒部分を**マトリックス**(matrix)とよんでいる．自形の結晶ができた場合には，**自形変晶**(idioblast)という．一般に，変成岩の組織に関係した言葉の語尾に **-blastic**

(英)という接尾語をつけた場合には，その性質が再結晶作用によって新しくできたものであることを意味している．たとえば，porphyroblastic とは，再結晶作用によってできた斑状組織をさす言葉である．

ところが，blasto-(英)を接頭語として用いることがある．この場合には，変成作用によっていくらか破壊されかかっているけれど，まだ痕跡の残っている原岩の組織をさしているのである．たとえば，blastoporphyritic とは，原岩が斑状組織をもっていた痕跡が，変成後も残っている状態をさす言葉である．Blastopsammitic とは，もとの砂岩の組織がいくらか残っている状態をさす言葉である．

変成岩に間隔の細かな平行面群にそって裂けやすい性質があるとき，それを**劈開**(cleavage)という．変成岩のなかに多量に含まれている板状，柱状，または針状の鉱物がおたがいに平行に並ぶことを，**片理**(schistosity)または**片状組織**(schistose texture)という．片理をもっている岩石は，多くの場合には劈開をもっている．そこで場合によっては，構成物質が平行に並んで劈開を生ずることを片理というと定義することもある．

変成岩または深成岩で，鉱物組成または構造の違う薄層またはレンズ状体が重なって平行組織を生じていることがある．これを**縞状組織**(banding)という．多くの場合には，縞状組織は片理を伴っている．しかし，縞状組織は顕著であるが片理は弱いか，または欠けている場合も多く，このような組織を**片麻状組織**(gneissosity, gneissose texture)という．縞状組織の成因については，二つの対照的な意見がある．一つの意見によると，1組の縞の物質はその岩石にもとからあったのであるが，もう1組の縞の物質は変成作用のときに外部から入ってきたのだという考え方である(Sederholm, 1907; 杉, 1930; Barth, 1936). もう一つの意見は，元来はもっと均質であった岩石に，変成作用のあいだに何かの機構による分化(Eskola, 1932 a)がおこって，縞状組織を生じたという考え方である(Holmquist, 1921; Harker, 1932, pp. 19, 204; Turner, 1941; 小出, 1949, 1958). 今日，多くの人びとは，どちらの場合もあるのだろうと考えている．

葉状組織(foliation)という言葉は，多くの場合には片理と同義語として用いられている．しかし場合によっては，片理，劈開，片麻状組織の総称として用いられることもある．また他の場合には，火成岩，堆積岩，変成岩のどれにでもみられる任意の平行板状組織をさしている．Harker(1932)はこの言葉を縞状組織の意味に用いたが，その用法を守っている人もある．このように，葉状組織という言葉は，人によって異る意味に用いられるので，使用をなるべく避けたがよい．

石英，長石，ザクロ石，輝石などのように，あまり板状や柱状にならない鉱物を主成分とする変成岩は，一般には顕著な劈開を生じないものであるが，縞状組織になることがある．これを**グラニュライト状組織**(granulose or granulitic texture) という．

§4 変成岩のおもな岩石名

ある原岩から生成した変成岩をさすのに，その原岩の岩石名の前に"**変成**"(meta-)という接頭語をつけて表わすことがある．たとえば，変成堆積岩(metasediments)や変成火山岩(metavolcanics)は，それぞれ堆積岩起源および火山岩起源の変成岩という意味である．また，変成塩基性岩(metabasite)は塩基性火成岩起源の変成岩を意味し，変成グレイワケ(metagreywacke)はグレイワケ起源の変成岩を意味する．

これらの名前は，原岩の種類を示すだけであって，変成作用の性質をも，変成岩の組織をも示してはいない．そこでもっと変成作用の性質や変成岩の組織を示すような岩石名(岩型名) も必要である．ふつうに用いられているスレート，片岩，ホルンフェルスなどは，そのような名前である．この種の名前の定義では，多くの場合に岩石の組織がもっとも重視されている．そこで，この種の岩石名の前に主成分鉱物，またはおもな有色鉱物，または特徴的な鉱物の名前をつけて，たとえばザクロ石-黒雲母-片岩というようによべば，その岩石の性質をかなり細かく表現することができる．この種の岩石名のおもなものを解説しよう．

スレート(板岩，slate)とは，肉眼では識別できない程度に微粒の鉱物からできていて，よく発達した劈開をもっている変成岩のことである．多くのスレートは泥質堆積岩起源であるが，火山灰を含んでいることもある．スレートは一種の変成岩に違いないが，再結晶作用の程度が少ないので，堆積岩のなかにいれられることも多い．しかし従来ほとんど再結晶をしていないと考えられていたスレートを，近年よく研究してみると，かなり再結晶して変成鉱物が規則正しく生じていることが判明した場合も少なくない．(わが国のスレートの平均化学組成は p.397 に示してある.)

千枚岩(phyllite)とは，細粒で片状の変成岩であって，再結晶作用の程度はスレートよりは進んでいるが，片岩には及ばない．多くの場合には泥質堆積岩起源の変成岩に対して用い，片理面には緑泥石や白雲母が並んで光沢を呈している．その平均化学組成を第1表に示す．

片岩(schist)とは，中粒または粗粒で片理のよく発達した変成岩を意味する．片岩はし

第1表 諸種の変成岩の平均化学組成(ただしH_2Oを除く)

	1 千枚岩	2 雲母片岩	3 複雲母 片麻岩	4 石英長石 質片麻岩	5 角閃岩
SiO_2	60.0	64.3	67.7	70.7	50.3
TiO_2	1.1	1.0	...	0.5	1.6
Al_2O_3	20.7	17.5	16.6	14.5	15.7
Fe_2O_3	3.0	2.1	1.9	1.6	3.6
FeO	4.8	4.6	3.4	2.0	7.8
MnO	0.1	0.1	...	0.1	0.2
MgO	2.9	2.7	1.8	1.2	7.0
CaO	1.2	1.9	2.0	2.2	9.5
Na_2O	2.0	1.9	3.1	3.2	2.9
K_2O	4.0	3.7	3.5	3.8	1.1
P_2O_5	0.2	0.2	...	0.2	0.3
	100.0	100.0	100.0	100.0	100.0

1: 千枚岩, 50個の平均(Poldervaart, 1955)
2: 雲母片岩, 103個の平均(Poldervaart, 1955)
3: 複雲母片麻岩, 51個の平均(Lapadu & Hargues, 1945)
4: 石英長石質片麻岩, 250個の平均(Poldervaart, 1955)
5: 角閃岩, 200個の平均(Poldervaart, 1955)

ばしば縞状組織をも伴っている．もっとも典型的なのは泥質岩起源の片岩で，多量の雲母類を含み，**雲母片岩**(mica schist)とよばれる．その平均化学組成を第1表に示す．塩基性火成岩起源で低温の変成作用を受けてできた片岩は，緑泥石，アクチノ閃石，緑簾石，アルバイトなどを含み，肉眼的に緑色にみえるので**緑色片岩**(greenschist)とよばれる．

日本語の**結晶片岩**は，英語の crystalline schist またはドイツ語の kristalliner Schiefer に対応する言葉である．英語の crystalline schist は，ふつうは片岩と全く同義語である．ところがドイツ語の kristalliner Schiefer は，ふつうはそれよりも意味が広く，再結晶の進んだ広域変成岩は何でも含まれる．すなわち，片岩のみならず片麻岩，角閃岩，結晶質石灰岩なども含まれる．また，ドイツ語の Schiefer は，広義の結晶片岩のほかにスレートや頁岩をも含むものである．

片麻岩(gneiss)とは，元来は中粒または粗粒でカコウ岩と同じような鉱物組成をもち，平行組織を呈する岩石(火成岩および変成岩)の全体をさす名前であった．したがって，平行組織を呈するカコウ岩は片麻岩であった．今日の一般的傾向としては，片麻岩とは片麻状組織を呈する変成岩のことであると理解されている．換言すれば，縞状組織はあるが，片理や劈開は片岩ほど強くない変成岩のことである．片麻岩という言葉は，泥質または石英長石質の変成岩に多く用いるが，それよりほかの変成岩に用いてもよい．

§4 変成岩のおもな岩石名

　泥質岩起源の広域変成岩は，変成温度が高くなって再結晶作用が進むにつれて，スレート→千枚岩→片岩→片麻岩というように組織が変化するのがふつうである．この点からみると，片麻岩は一般に比較的高温で変成した岩石であるといえる．しかし，典型的な泥質変成岩は多くは雲母に富んでいて，そのために片理が強く発達して雲母片岩になりやすい．そこで，一般によほど変成温度が高くならないと片麻岩にはならない．ところが石英長石質の変成岩は雲母が少ないので，片麻岩になりやすい．第1表に示す雲母片岩と片麻岩との化学組成を比較してみると，このことが表われている．片麻岩の方が，SiO_2 や Na_2O が多く，FeO や MgO が少ない．この表をみると，このような化学組成の系統的な違いは，千枚岩にもみられることがわかる．すなわち，千枚岩→片岩→片麻岩の順序に，SiO_2 と Na_2O とが増加し，Al_2O_3 と Fe_2O_3＋FeO と MgO とが減少している．

　したがって，一定の化学組成をもつ泥質変成岩だけについてみると，変成温度が高くなるにつれて岩型は千枚岩→片岩→片麻岩というように変化する傾向があるが，一定の変成温度のもとでできた岩石だけについてみると，典型的な泥質岩から石英長石質に近づくにつれて岩型が千枚岩→片岩→片麻岩の順序に変化する傾向があるであろう．これらの岩型は主として組織にもとづいて定義されているのであるが，組織は鉱物組成に関係があり，鉱物組成は化学組成に関係があるという簡単な事実の結果としてこうなるのである．このような化学組成の系統的な違いは，変成作用のあいだの物質移動によっておこる場合もあるかもしれないが，原岩の化学組成の違いをそのまま保持していることも多いであろう．岩型の違う変成岩の化学組成を比較すれば，一般にそのあいだに系統的な違いが見いだされるのは当然である．従来それを直ちに，変成作用のあいだの物質移動の証拠だと考えた人もあるが，その考えは正しくない．

　石英長石質の変成岩では，ごく低い温度でも石英，アルバイト，緑泥石，緑簾石などからできている片麻状の変成岩を生ずることがある．定義からいえば，このような岩石を片麻岩とよぶのに何もさしつかえはない．実際，昔はそうよぶ人がたくさんあった．しかし近年はそうしないで，片麻岩という名前を比較的高温の変成岩に限って使う人が多い．

　角閃岩(amphibolite)とは，角閃石と斜長石を主成分とする変成岩である．典型的な角閃岩はほとんど片理を示さないが，ふつうは片状や片麻状の組織のものをも含めている．しかし，とくに片状（または片麻状）の組織をもっていて，その組織を強調したい場合には，角閃岩とよばないで，角閃石-斜長石-片岩（または片麻岩）とよぶべきである．角閃岩のなかの角閃石は，多くの場合にはホルンブレンドであるが，カミングトン閃石を伴うことも

少なくない.角閃岩の大部分は,塩基性または中性の火成岩物質が変成されて生じたものであるが,不純な石灰質堆積岩からできることもある.

塩基性の火成岩起源の広域変成岩は,変成温度が低いときには多くは緑色片岩になり,変成温度が高くなると角閃岩になる.ところが変成温度がその二つの中間くらいのときには,緑簾石に富む角閃岩を生ずることがしばしばおこる.これを**緑簾石-角閃岩**(epidote amphibolite)とよぶ.

斜長石をほとんど,または全く含まないで,ホルンブレンドを圧倒的な主成分とする岩石は,定義によるとホルンブレンド岩(hornblendite)であって,ふつうの岩石学書では超塩基性深成岩に入れられている.しかし実際は,ホルンブレンド岩のなかの一部分は変成岩であり,角閃岩のなかの斜長石の少ないものに過ぎないかもしれない.

グラニュライト(白粒岩,granulite)とは,広義には,グラニュライト状組織をもつ任意の変成岩のことである.したがってこの場合には,化学組成上も変成温度上も,きわめて広い範囲の岩石が含まれる.しかし狭義には,そのなかでもとくに高温で,後で述べるグラニュライト相(§70)の条件のもとで変成してできた変成岩だけをさす.この場合には,主成分鉱物は石英,長石,ザクロ石,輝石などである.元来はドイツのSachsenのGranulitformationを構成している岩石がすべてグラニュライトとよばれていたのであるが,その岩石の大部分がグラニュライト状組織を呈し,またグラニュライト相に属しているために,上記のような意味の岩型名となったのである(Scheumann, 1961).

グラニュライトと関係のある岩石に**チャルノク岩**(charnockite)という岩石がある.元来は,斜方輝石を含むことを特徴とするさまざまな組成の先カンブリア時代の結晶質岩石群がインド半島に広く露出していて,それらの全体がCharnockite seriesとよばれていた.そのなかには酸性から超塩基性までの岩石が含まれているが,酸性のものだけがチャルノク岩という岩型名でよばれていた.それらの岩石群は火成岩だと考えられたので,多くの岩石学書に,チャルノク岩とは斜方輝石を含むカコウ岩のことだと書かれるようになった.この名前は,Calcuttaの建設者Job Charnockの墓石がこの岩石でできていることからつくられた(Holland. 1900).

しかし今日では,意味が広くなって,Charnockite seriesのなかのすべての岩石がチャルノク岩とよばれるようになった.インド半島よりほかの地域にある類似した岩石も,みなチャルノク岩とよばれるようになり,今日では,岩石学者の多くはチャルノク岩をグラニュライト相の変成岩だと考えるようになった.したがって,チャルノク岩の組成は酸性

§4 変成岩のおもな岩石名

のことも塩基性のこともあり，平行組織のあることも，ないこともある．組織は全他形で，一般に等粒状である(Holland が組織は全自形だと書いているのは思いちがいである)．著しい特色は，酸性の岩石でも塩基性の岩石でも，ほとんど同じように肉眼的に暗色を呈していることである．それは，石英が暗い青色，長石が青，緑，褐などに着色しているためである(Pichamuthu, 1953; Parras, 1958; Subramaniam, 1959)．

エクロジァイト(榴輝岩，eclogite)は，Mg を多量に含むザクロ石と，Na や Al をかなり多量に含む単斜カルシウム輝石(いわゆるオンファス輝石)とを主成分とする塩基性岩である．このなかには，変成岩に属するものがあることは確かであるが，火成岩に属するものも含まれているかもしれない．とくに高い圧力のもとでできた岩石であると従来いわれているが，実際はその生成条件については，いろいろ異るものが含まれているらしい．この点は後で論ずることにする(§74)．

ホルンフェルス(hornfels)とは，細粒の無方向性の変成岩である．(ただし原岩が方向性をもっているときには，それから生じたホルンフェルスは方向性を受けついでいることが多い．しかしその場合にも，ホルンフェルスは片岩のように平らに裂けやすくはない．)昔から狭義にホルンフェルスとよばれてきたものは，泥質堆積岩起源の岩石であるが，今日一般には，それよりほかの化学組成の岩石に対しても用いられることがある．紅柱石や菫青石の斑状変晶を含むこともある．一般に，接触変成作用によってできる．

ブッフ岩(buchite)とは，頁岩や砂岩の岩石片が玄武岩マグマにとりこまれてパイロ変成作用をうけ，その一部分が融けてガラスを生じているような変成岩である．ムル石，コランダム，スピネルなどを含むことがある．

マイロナイト(ミロナイト，展砕岩，mylonite)とは，運動変成作用をうけて構成鉱物が破砕されて，極度に微粒となり，それが運動方向にそって長くちらばって縞状あるいは条線状の模様を生じている岩石である．この破砕は高い封圧のもとでおこるので，岩石は凝集性を失わず，硬い．わずかに破砕運動をうけた程度の岩石や，凝集性を失った断層角礫岩などは，破砕されていてもマイロナイトとはいわない(Knopf, 1931)．

ミグマタイト(migmatite)とは，その言葉をつくった Sederholm(1907, 1926)の用法では，既存の変成岩のなかにカコウ岩質マグマからの物質が浸入して混り合い，肉眼的にも混り合ったことがよくわかるような不均質な外観をしている岩石のことであった．ミグマタイトの形成をミグマタイト化作用(migmatization)とよんだ．しかしその後，多くの人はミグマタイトという言葉の意味を拡張し，また人によってさまざまに異る意味をつけ加えて用

いるようになった．カコウ岩質マグマの存在を認めても認めなくても，既存の岩石と何か外から来た物質とが混り合ってできたと解釈される片麻岩やカコウ岩の類をミグマタイトとよぶようになった．また，混り合ったような外観を呈しても呈しなくても，混り合ったと解釈されればミグマタイトとよぶようになった．そこで，造山帯のカコウ岩や片麻岩の類をほとんどすべてミグマタイトとよぶ人もある．そうすると，ある岩石をミグマタイトとよんでも，それによって具体的にどんな岩石であるかは，ほとんどわからないことになるので，言葉の有用性はほとんど失われる．しかし近年，Sederholm の元来の用法にかえろうとする人がかなり多くなった．

　カコウ岩(花崗岩，granite)は，火成岩であるか変成岩であるかわからない．この問題については，本書はなるべく中立的な立場をとることにする．カコウ岩にも広い意味と狭い意味とあって，野外地質学的な広い意味では，石英と長石を主成分とする中粒または粗粒の岩石のことである．カコウ岩が火成岩か変成岩かわからないというのは，この広い意味のカコウ岩のことである．この用法は，Hutton 以来今日まで，長年にわたって地質学で確立している．

　これに対して，19世紀の後半の記載的岩石学者は，この名前を，カリウム長石の方が斜長石よりもはるかに多量に含まれている岩石に限って使おうとした．この狭義のカコウ岩の定義は，今日まで記載的岩石学に強く残っている．狭義のカコウ岩は，広義のカコウ岩のなかの小さな部分を占めるにすぎないことは，たとえば第17表(§92)から明らかである．広義のカコウ岩は狭義のカコウ岩のほかに，石英モンゾニ岩(quartz monzonite)，アダメロ岩(adamellite)，カコウ閃緑岩(granodiorite)，トロンニエム岩(trondhjemite)，石英閃緑岩(quartz diorite)などを含んでいる．カコウ岩の野外地質学的な広い意味の定義もすでに長年確立せられているものであるから，今日のほとんどすべての地質学概説書や辞典の類が，カコウ岩の定義として狭義の定義だけを正しいもののように書いているのは好ましいことではない．

　カコウ岩のなかには無方向性のものもあり，平行組織を示すものもある．したがってカコウ岩は，堆積岩起源の片麻岩と似ている．片麻岩とカコウ岩とは，造山帯の中軸部に相伴ってでてくることが多く，そのなかのどこまでを片麻岩とよび，どこをミグマタイトとよび，どこからをカコウ岩とよぶかは，人によっていろいろ異っている．

§5 岩石の成因的分類

　この章のはじめに，地球上の岩石を火成岩，堆積岩，変成岩に分けるのは今日広くおこなわれている慣習であると書いた．実際これは，1862年にB. von Cottaに始まり，その後記載的岩石学者たちによって広められて以来，今日までほとんどすべての書物で採用されている，一種の成因的な分類法である．しかしここで成因というのは，きわめて断片的に把握された成因である．火成岩はマグマが冷却固結して生成した岩石であると定義する場合には，そのマグマがどんな原因で，どんな過程で生じたかは問題にしていない．ただ現在の岩石になる直前にはマグマであったということだけを断片的に問題にしているのである．岩石の成因を論ずる場合に，いつでもそのような取上げ方だけで十分なわけではない．

　たとえば Lyell の古典 "Elements of Geology" (1838) を開いてみると，彼はカコウ岩をマグマの結晶作用によってできた岩石だと考えてはいたけれど，カコウ岩を玄武岩などのような火山岩といっしょにして火成岩とよぶような断片的な成因論的分類法は採用していない．彼はカコウ岩やそれに類する岩石を**深成岩**(plutonic rocks)とよび，玄武岩やそれに類する岩石を**火山岩**(volcanic rocks)とよんで区別した．そこで岩石は，水成岩(aqueous rocks)，火山岩，深成岩，変成岩という4種類に分けられた．Lyell が火山岩と深成岩とをこのようにいつもはっきり分離した一つの理由は，火山岩の場合にはマグマが存在することを直接に火山で観察することができるが，深成岩の場合にはマグマの存在はもっと間接的な根拠から推論されたにすぎないことであった．しかし，もう一つの大きな理由は，火山岩と深成岩とは出現のしかたが甚しく異り，したがってその成因に本質的な違いがあるらしいということであった．火山岩は地球上のどこにでも出現し，ことに水成岩と伴うことが多い．ところが深成岩の方は，主として山脈地帯や大陸内部で，多くの場合には片麻岩や片岩などの変成岩と密接にともなって出現する．したがって，深成岩と変成岩とは成因的に密接な関係があると考えられる．すなわち，変成作用の程度が強くなると変成岩の一部分が融けてカコウ岩質マグマを生ずるのだろうと考えていた(Lyell, 1838)．両方いっしょにして火成岩とよんでしまうと，その二つのあいだにある出現のしかたや成因の本質的な違いが見失われてしまいやすい．

　Lyell の用いた火山岩および深成岩という言葉自体は，その後19世紀の後半には記載的岩石学の本に採用され，地質学全体に浸みこんで，今日に及んでいる．しかし記載的岩石学では，火山岩と深成岩という言葉は，Lyell の場合のような総合的な地質学的意味を失

って，火成岩を細分したときの二つのおもな種類だとされてしまった．火山岩と深成岩とは，どちらもマグマが冷却固結してできる岩石だとして，その類似だけが誇張された．そこで，深成岩と変成岩とのあいだの密接な関係はほとんど無視された．

深成岩と変成岩とは密接に伴うことが多いのみならず，ある岩石が深成岩であるか変成岩であるかを決定しにくいことも多い．記載的岩石学者は，無方向性の粗粒結晶質の岩石は何でも深成岩(独，Tiefengestein)だと考える傾向が強く，たとえばカコウ岩やチャルノク岩を問題なく深成岩だとしていた．しかし無方向性で粗粒結晶質だということは，今日からみればそれがマグマから結晶したことの証拠としては不十分なことは明らかである．記載的岩石学者の深成岩の観念の基礎となっていたのは，マグマが結晶して粗粒になるのは地下深所のことであるというきわめて素朴な考えであった．しかし今日われわれは，火成岩の粒度を直接支配するのは深さではなくて冷却速度などであって，同じ深さでも冷却速度によって粗粒，細粒，微粒などのいろいろな岩石を生じうることを知っている．粗粒であることは，地下深所で結晶したことの証拠としては不十分であり，粗粒岩のことを深成岩という詩的な名称でよぶのは，あまり好ましくない規約である．

地球上の火山岩のなかで圧倒的に多くの量を占めているのは玄武岩である．玄武岩はそのほかのいろいろな火山岩を伴って出現するが，ハンレイ岩などの貫入岩体をも伴っていることが多い．ハンレイ岩は記載的岩石学の上では深成岩に入れられるが，このようなハンレイ岩は成因的には玄武岩と同じマグマが少しばかり違う条件のもとで固結したにすぎない．カコウ岩の大部分のような本来の深成岩とはまるで違う系統の岩石である．Kennedy と Anderson(1938)は，これらの一つの成因的な系統に属する火山岩やハンレイ岩などを全部いっしょにして **volcanic association** とよぶことにした．他方，地球上の深成岩のなかで圧倒的に多くの量を占めているのは広義のカコウ岩である．それは大小さまざまな岩体をつくり，また成因的に関係ある少量のハンレイ岩やペグマタイトやアプライトを伴っている．Kennedy と Anderson はこれらの岩石をいっしょにして **plutonic association** とよぶことにした．彼らは，volcanic association に属する岩石の組成の多様性は玄武岩質マグマの結晶分化作用によって生じたが，plutonic association の岩石の方は玄武岩質マグマとは無関係に，始めからカコウ岩質のマグマから生成したもので，その多様性の多くは他の岩石を同化することによって生じたと考えた．前者は造山帯にも非造山地域にも生ずるが，後者は造山帯に特有なものだと考えた．このように火成岩を二つの全く独立な成因的な系統に分ける試みは，それがどこまで正しいか否かにかかわらず，記載的岩石

学に始まる慣習的で安易なものの考え方に対する抵抗として意味があった．そしてそれは，Lyell の元来の考え方への復帰とも考えられる．

近年 Read(1957) は Lyell と同じように，カコウ岩が変成岩と成因的に密接な関係をもっていることを強調し，それらをいっしょにして **plutonic class of rocks** とよぶことを提案した．また，Kennedy と Anderson の考えを支持して，玄武岩および成因的にそれと密接な関係のある噴出岩および貫入岩をいっしょにして **volcanic class of rocks** とよんだ．最後に，堆積岩を **neptunic class of rocks** とよんだ．こうして地球上の岩石は，普通の分類とは異る見地から総合的な成因によって3分された．

§6 地球の構成と変成岩の分布

地震学的研究によると，地球の内部には二つの著しい不連続面があって，それによって地球は三つの層に分れている．地球の半径は約 6400 km であるが，その深い方の不連続面は地下約 2900km の深さにあって，**Wiechert-Gutenberg 不連続面** とよばれる．浅い方の不連続面は地下数 km～数十 km くらいの深さのところにあって，**Mohorovičić 不連続面** (略して **Moho 不連続面**) とよばれる．Wiechert-Gutenberg 不連続面よりも内側の部分が**核**(core)で，今日かなり多くの人は，鉄を主成分とし少量のケイ素やニッケルを含む物質からなると考えている．Wiechert-Gutenberg 不連続面と Moho 不連続面との間の部分が**マントル**(mantle)で，今日多くの人は，球粒隕石(chondrite)に似た超塩基性岩の化学組成をもつ物質からできていると考えている．Moho 不連続面よりも上の部分が今日一般に**地殻**(crust)とよばれているもので，さまざまな岩石からできている．

量的にみると，マントルが地球のなかで最も大きな割合を占め，核はそれよりずっと小さく，地殻はきわめて小さな割合を占めているにすぎない．したがって，地球は最初はマントルに似た化学組成の均質な物体であったが，後にそれから核と地殻とが分化して，三つの層を生じたのであろうと考えられる．地震学的に見いだされた Moho 不連続面が，化学組成の上でも不連続的な境界面になっているか否かについては，いくらかの疑いがある．しかしここでは，この問題には立ちいらないことにする．地殻は，量的にはきわめて小さな割合を占めるにすぎないとしても，われわれの生活がそこから離れられない限り，われわれにとってきわめて重要である．

地球の表面には大陸と大洋とがあって，地殻の厚さもそれを構成している物質も大陸と大洋では異っている．もう少し細かく見ると，地球の表面は次の4種類の地域に分けられ

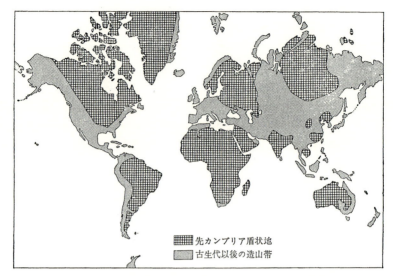

第3図　先カンブリア時代に造山運動をうけて,その後安定化した盾状地(その上に古生代以後の地質が薄く水平にのっている先カンブリア岩地域をも盾状地に含めてある).

る.第一に,おのおのの大陸の中核部には,先カンブリア時代に生成した火成岩や変成岩からできている**盾状地**(shield)がある.(ただしここでは,簡単のために,先カンブリア時代の岩石の上に古生代以後の堆積岩が薄く水平にのっているような地域をも,盾状地に含めて考える.)第二に,それらの盾状地を取りまくように配列している古生代以後の新しい造山帯がある.第三には陸地に近い比較的浅い海があり,第四には深さ 4000〜5000 m くらいの太平洋・大西洋・インド洋などの大洋がある.地球の全表面積に対してこの4種類の地域の占めている割合は,それぞれ,約21%,8%,18%,53%である(Poldervaart, 1955).

このように,盾状地は大陸の面積の約2/3を占めているが,それはほとんど全体が先カンブリア時代に広域変成作用をうけた地域であって,カコウ岩や片麻岩やそのほかの変成岩からできている.石英を含む岩石が多く,全体として酸性の組成をもっていることが,組成上の特徴である.一例として,フィンランドの盾状地における諸岩石の割合を第2表に示す.カナダ盾状地においても,カコウ岩質の岩石は約70%に及んでいる(Engel, 1963).盾状地のなかでも,一般に中央部にもっとも古い時代に変成した地域があって,しだいに周縁部へ向って酸性地殻が生長したらしい.盾状地の地殻の厚さは約35 kmである.地震

第2表 フィンランドの盾状地に露出する諸種の岩石の面積の割合とその盾状地の平均化学組成

面積の割合(%)		平均化学組成(%)	
カコウ岩	52.5	SiO_2	67.45
ミグマタイト	21.8	TiO_2	0.41
グラニュライト	4.0	Al_2O_3	14.63
雲母片岩・千枚岩	9.1	Fe_2O_3	1.27
ケイ質片岩・砂岩	4.3	FeO	3.13
石灰岩・苦灰岩	0.1	MnO	0.04
変成および不変成の塩基性岩	8.2	MgO	1.69
	100.0	CaO	3.39
		Na_2O	3.06
		K_2O	3.55
		P_2O_5	0.11
		H_2O	0.79
		CO_2	0.12
		その他	0.01
			99.65

注 この表は，Sederholm(1925)がフィンランドの盾状地について求めた岩石の露出面積の割合と，それから計算した全体の平均化学組成である．この平均化学組成はカコウ閃緑岩の組成に似ている．

のP波の伝わる速さは，表面近くでは約6.2 km/sec, 下底部では約7.2 km/sec, その下に接するマントルでは約8.2 km/secである．

盾状地を取りまいて古生代以後の造山帯があり，大陸の生長は続いたことがわかる．この新しい造山帯にもカコウ岩や広域変成岩はあるけれど，変成作用をうけていない堆積岩の占める割合がかなり大きくなる．ことに日本のような弧状列島では，造山運動は現在までつづいていて，ごく新しい地質時代の堆積岩や火成岩の占める割合が大きい．わが国の地表に露出している面積では，再結晶の進んだ広域変成岩は約3.6％で，カコウ岩は約13.3

第3表 日本に露出する諸種の岩石の面積

岩石	面積(km^2)	面積(%)
広域変成岩	13300	3.6
カコウ岩	49300	13.3
塩基性および超塩基性貫入岩	5800	1.6
第三紀および第四紀の火山岩	75400	20.4
古生代堆積岩	45200	12.2
中生代堆積岩	34400	9.3
第三紀堆積岩	69900	18.9
第四紀堆積岩	76500	20.7
合計	369800	100.0

注 この表は地質調査所発行の"Geology and Mineral Resources of Japan" (1965)の与える値にもとづく．ここで広域変成岩といっているのは，再結晶が進んでいて，変成作用をうけていることが肉眼的によくわかるような岩石だけである．実際は，ここで古生代および中生代の堆積岩としているもののなかのかなりの部分は，広域変成作用をうけている．

%である(第3表).新しい造山帯の地域の地殻の厚さはさまざまで,一般に高くて大きい山脈地帯では厚くなっている.たとえば北米西部のCordilleraでは,ところにより厚さ約60 kmに及ぶところもある.わが国では,厚さ約22〜35 kmの範囲にはいる(金森,1963).

弧状列島は一般に大陸の生長前線であって造山帯であるから,大陸から遠く離れたところにも広域変成岩が生じていることがある.たとえばYap弧のYap島からは結晶片岩が見いだされている(吉井,1936).

比較的浅い海の底の地殻は,陸地の地殻と大洋の地殻とのあいだの中間的な性質をもっている.この点は第12章で,もっと具体的に記述しよう.

大洋底の地殻の構造は1950年以後に急速にわかってきた.表面に厚さ1kmくらいの未固結および固結の堆積物の層がある.その下に厚さ約5 kmの硬い地殻があって,その下

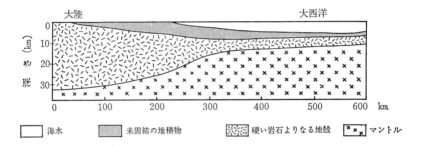

第4図 北アメリカ大陸の東側で,大陸から大洋へ移る地域の地下の構造(Ewing, Press, 1955)

はマントルである.地震のP波の速さは,硬い地殻では約6.4〜6.9 km/secであり,マントルでは約8.1 km/secである.大洋底の硬い地殻は玄武岩質の岩石によってできていると考える人が多い.とにかく,典型的な大洋底には,カコウ岩のような酸性岩はない.したがって,大陸と大洋とは,高さが違うだけではなくて,構成物質が根本的に違っている.大陸から遠く離れた大洋のなかに点在する小島は,一般に玄武岩を主とする火山島であるか,またはサンゴ礁からできている.

大洋の底にも,造山帯や広域変成岩が存在することがあるかどうかは明らかではない.Madagascarのように大きな島は大陸と同じ岩石からできていて,大陸の断片とみられる.Madagascarの東北方約1000 kmのインド洋上にある小島のSeychelles諸島にもカコウ岩や片麻岩が出現することは古くから注目されているが,おそらくこれも大陸の断片なのであろう.大西洋の中央部を南北に走るMid-Atlantic Ridgeの上にあるAscension島や

Tristan da Cunha 島では，火山岩のなかにカコウ岩質や片麻岩質の捕獲岩が含まれていることがあるといわれているが，詳細はわからない．とにかく大洋の底にも，部分によってはいくらかの酸性岩があるかもしれないとも思われる．

　ヨーロッパでは，古生代の中ごろにカレドニア造山運動，古生代の末ごろにヘルシニア造山運動がおこった．この二つの造山帯の西端は大西洋に没している．ところが北アメリカでは，古生代の中ごろと末ごろとに Appalachians にそう地帯に造山運動がおこっている．造山帯の方向からみると，ヨーロッパの二つの造山帯は，それぞれ大西洋を超えて Appalachians に続いていたかもしれないようにみえる．大洋底では侵食がなく堆積も少ないから，もし大西洋を横断する褶曲山脈が形成されたならば，その地形は今でも認められるであろう．ところが実際は，そのような地形はみられない．この事実に対しては，造山帯は大陸の端までくると終ってしまうのだと考える人もある．造山帯はかつてヨーロッパから北アメリカまで大西洋を横断して続いていたのであるが，大西洋の底には地向斜堆積物がほとんどできなかったために，山脈地形を生じなかったのだと考える人もある．大陸移動説では，元来ヨーロッパと北アメリカとはひと続きで，そこに造山帯ができたのであるが，後にこの二つの大陸は分裂して移動し，大西洋を生じたのだと考えている．

第2章 変成作用の研究史

§7 変成作用という観念の始まり

地質学的な現象についての断片的な知識はきわめて古い時代からすでにえられていたが,その体系的な説明がはじまったのは18世紀の末ごろである.変成作用および変成岩という観念のはじまったのも,そのころのことである.

第5図
A. G. Werner (1749~1817)
彼はドイツのSachsenに生れ,FreibergとLeipzigで学んだ.1775年Freiberg鉱山学校の教授となり,それから40年以上この地位にあって名講義をおこなった.しかし著書や論文はほとんど書かなかった.

第6図
James Hutton (1726~1787)
彼はEdinburghに生れ,そこの大学で学んだ.40歳をこえて農場経営から引退し,学問に専心するようになったが,生前はその価値はほとんど認められなかった.

§7 変成作用という観念の始まり

当時地質学的現象を研究する人たちに，**水成論者**(Neptunists)と**火成論者**(Plutonists)とがあって，全く異る意見をとなえていた．水成論者の中心は南ドイツのSachsenのFreiberg鉱山学校の教授 **A. G. Werner**(第5図)であった．彼の学説によると，かつて地球の表面全体が大洋におおわれていたことがある．そして，現在地球上にみられる岩石はすべて，砂岩でもカコウ岩でも，結晶片岩でも玄武岩でも，その大洋の水のなかから海底に沈殿した水成岩だということになっていた．この学説のなかには，地殻変動とか火成活動とかいう観念はなかった．火山は地下にある石炭層の燃焼によって生ずる局部的現象にすぎないという古くからあった考えが支持され，その証拠として火山のまわりに石炭層の見いだされた例が列挙された．この学説には，変成作用や変成岩の観念も含まれていなかった．当時，南ドイツはヨーロッパの鉱山業の中心であり，そこに設けられた Freiberg 鉱山学校は地質学的な専門教育を含む世界最初の学校であったから，世界中からここに学生が集ってきた．Wernerの熱情的でしかも平易明瞭な講義は学生に強い感動を与えた．水成論はこれらの学生によって支持せられ，世界に広められた．

そのころ Scotland の Edinburgh に，**James Hutton**(第6図)という研究者があって，独自の地質学説をつくっていた．彼は Edinburgh に生れ，若いときには化学や医学を学び，その後長年農場を経営していた．40歳を過ぎてから生活の心配もなくなったので，こんどは学問に専心しようと決心した．当時活発な学問的空気をもっていた Edinburgh に出て，そこの大学の教授であった Joseph Black (1728〜1799，炭酸ガスや潜熱現象の発見者)やJohn Playfair (1748〜1819，数学者)その他の人びとと交際をはじめた．Huttonは18世紀の知識人らしく物理学，化学，気象学，農学，哲学などの多方面にわたって研究を発表しはじめた．しかし永続的な価値をもっていたのは，地質学的な研究だけであった．彼の地質学説は1795年2巻の大著 "Theory of the Earth" として現われ，火成論の基礎になった．

Huttonの説によると，地球上にはたしかに水成岩もあるけれど，水成岩でない岩石もたくさんある．たとえば玄武岩やカコウ岩は，マグマが冷却固結してできた岩石(すなわち今日いう火成岩)である．また彼は，水成岩が地下で高温にさらされると変成して片岩や片麻岩などになると考えた．岩石の変成作用という観念が生じたのは，これが最初である．Huttonは，地球の内部は高温であって，火成活動も変成作用も地殻変動も究極的にはそれが原因になっておこると考えていた．実は，玄武岩は火山から流出したマグマが冷え固まってできた岩石だということは，Huttonよりも前からかなり多くの人びとによっていわれていたのである．これらの人びとを火山論者(Vulcanists)とよんでいた．しかしカコ

ウ岩のような深成岩もマグマの冷え固まってできた岩石であるという考えは,Hutton に始まるといってよい.

しかし Hutton の書いた大著はあまりにも冗漫で,とても読むにたえなかった.彼は話はうまかったけれど,教職にはなかったので,自分の学説を学生に教えて広めることもできず,彼の学説はなかなか世のなかに広まらなかった.ところが幸にして,友人 Playfair が Hutton の死後にすばらしい解説書 "Illustrations of the Huttonian Theory of the Earth" (1802) を書いて,Hutton の学説の普及に努めてくれた.また若い友人であった Sir James Hall (1762~1831) は,いろいろな実験をおこなって Hutton の学説の強化につとめた.これらによって,Hutton の火成論は彼の死後しだいに世のなかに認められてきた.

水成論者と火成論者との間の論争は,1820 年ごろまでには火成論者の勝利であることが明らかになった.そして学界の中心的な興味は,Hutton の学説をさらに発展させて,当時急速に蓄積しはじめた地質学的,ことに地史学的データを整理して,それを体系的に説明することに向った.このような新しい時代の必要にこたえたのが,Charles Lyell (第7図)

第7図
Charles Lyell (1797~1875)
彼は Scotland の Forfarshire で生れ,Oxford 大学で学んだ.財産があったので,生涯ほとんど職につかないで,学問に専念した.

の名著 "Principles of Geology" (初版,1830~1833) であった.この本で地史学的構成の基本的な考え方として強調されたのが,**Uniformitarianism** である.この学説は,地球上の自然過程は現在も古い地質時代も全く同じ性質のものであることを主張し,したがって現在の過程を研究することによって過去の過程をも理解しうると考えた.これが宗教的観念と神秘的な考え方を地質学から追放するのに役立ち,その後長いあいだ地質学の進歩の指導原理の一つとなった.さらにまたこの学説は,Charles Darwin (1809~1882) の進化論の形成にも重要な役割を演じたことは,よく知られているとおりである.

Huttonと同じようにLyellも，玄武岩のような火山岩だけでなく，カコウ岩のような深成岩もマグマの固結によってできたのだと考えていた．すでに述べたようにLyellは，そのほかにもちろん水成岩や変成岩があると考えていた．そして変成岩 "metamorphic rocks" という言葉をつくったのはLyell(1833)であった．ただし彼はmetamorphismという名詞は用いなかったといわれている(Daly, 1917).

§8 片岩や片麻岩についての19世紀の初期および中期の考え方

地球上に片岩や片麻岩などの岩石が存在するという事実は，もちろんWernerもHuttonも知っていた．ただそれが変成岩だという考えがHuttonよりも前にはなかったのである．それではHuttonより前にはどう考えていたかというと，Wernerやその学派の人びとは，片岩や片麻岩はカコウ岩と同様に，地球をおおっていた原始大洋の水から化学的に沈殿した堆積岩だと考えていた．またG. L. L. de Buffon (1707〜1788) やその他かなり多くの人びとは，片岩や片麻岩は地球が最初の高温の融解状態から冷却して固結した時にできた原始地殻の岩石だと考えていた．玄武岩やカコウ岩の起源に関する限りは水成論者と火成論者の論争は1820年ごろには後者の一応の勝利になったけれど，片岩や片麻岩の起源についてまで火成論者の意見がすぐに広く認められたわけではなかった．19世紀に入っても，一部には片岩や片麻岩を変成岩と考える人があると同時に，それらを化学的な堆積岩と考えたり，原始地殻の構成物と考える人びともなかなか多かった．

19世紀の初期に地質調査が進むにつれて，片岩や片麻岩は層状をなして広く分布する点では普通の堆積岩に似ているけれど，多くの地域において，化石を含むすべての堆積岩より下位にあることが見いだされた．そこで，すべての片岩や片麻岩は最古の地質時代に生成したものであると考えられた．多くの人びとは，このように古い地質時代には，地球は現在とは全く違った状態にあって，何かふしぎな過程によって片岩や片麻岩が形成されたのだと考えて，Uniformitarianismを認めなかった．

さらに調査が進むと，この最古の地質時代の**基盤岩類** (basement complex; 独, Grundgebirge または Urgebirge) は三つの地層に分けられると考えられた．すなわち古い時代の方から順次にあげると，それは片麻岩の層，雲母片岩の層，千枚岩の層の三つであって，この順序に下から上に重なっていて，その上にさらに古生代以後の堆積岩が重なっていると考えられた．片麻岩や片岩は原始地殻とその上に最初に沈殿した化学的堆積岩であって，その上にのる千枚岩は化学的堆積作用のはげしい時代から砕屑性堆積作用のはげしい時代

への移り変りを示し，古生代以後は砕屑性堆積作用のはげしい時代であると説明された．

ところがこういう学説は，19世紀の中ごろからいろいろな新しい発見によってゆすぶられ始めた．すなわち，調査が進むにつれて，片岩や片麻岩が新しい地質時代の堆積岩に漸次に移り変っている場合のあるのが発見された．さらに，片岩のなかから古生代や中生代の化石が発見された．したがって，ある種の片岩や片麻岩は新しい地質時代のものであることを，とても否定できなくなった．するとこんどは，かなり多くの人びとは，このような新しい地質時代の片岩や片麻岩は最古の地質時代(先カンブリア時代)のそれらとは何か根本的に違う性質のものだと考えようとした．しかしついに，何も決定的に違う点を見出すことができなかった．こうして19世紀の後半のうちに，片岩や片麻岩は地球の原始時代に特有な何かふしぎな条件のもとでできたのではなくて，どんな地質時代にでもおこりうるもっと普通な条件のもとで変成された変成岩なのだという考えが，しだいに広く支持されるようになった．これはUniformitarianismの大きな勝利であった．

片岩や片麻岩を生成するような変成作用と接触変成作用とを区別することは，19世紀の中ごろからしだいに広く行われるようになったらしい．その最初の人はÉlie de Beaumontだといわれている．前者を広域変成作用とよぶことは，1860年 A. Daubrée に始まるといわれている．

§9 広域変成作用の原因についての二つの学説

片岩や片麻岩が広域変成作用と名づけられる過程でできるものであることが認められるようになっても，その広域変成作用の具体的な内容がまだわかったわけではなかった．この問題について，19世紀の末ごろに相対立する二つのとくに有力な考え方があった．

その一つは，HuttonやLyellに始まる考え方で，広域変成作用は主として地球内部の高い温度の作用によっておこると考える傾向であった．これを**深所変成作用**(plutonic metamorphism)説とよぶことがある．高い温度は，厚い堆積物の形成や変形運動によって岩石が地下の深所に持ち込まれても生じうるし，またその付近に火成岩体が多く貫入しても生じうる．この傾向の考え方の支持者はイギリスやフランスに比較的多かった．ことにフランスでは，火成岩体からその周囲の岩石に浸透する水やその他の物質の作用が重視された．さらにTermier(1904)は，片麻岩が一般に地向斜の中心線にそう地帯に生じ，片岩はその外側の地帯に生じることを指摘した．

もう一つは，広域変成作用は造山運動の際の力の作用によっておこると考える傾向(§2)

で，これを動力変成作用説という．この説も起源は古いが，それが有名になったのは1875年ドイツの K. A. Lossen が，Alps の変成岩が造山帯の中軸部に出現することに注目してとなえ始めてから後である．その考えを強調するために Lossen は，広域変成作用のことを Dislokationsmetamorphose と名づけた．この説はドイツ，オーストリア，スイスなどで有力で，顕微鏡岩石学の権威であった H. Rosenbusch もこの説を支持し，広域変成作用を動力変成作用とよび始めた．そしてこの説と名前とは，世界中から彼のもとに集まった学生たちを通じて急速に広まった．この説は温度の効果をほとんど無視し，力は機械的変形をおこすのみならず化学反応をも促進して再結晶をおこすと考えた．

深所変成作用説がイギリスやフランスで比較的有力で，動力変成作用説が Alps をもつドイツ，オーストリア，スイスなどで有力であったことの原因の少なくとも一部分は，イギリスやフランスには多量のカコウ岩を伴い高温で再結晶した広域変成岩が広く露出しているが，Alps にはほとんどがカコウ岩を伴わない低温で再結晶した広域変成岩が広く露出していることによるのであろう．もっと広く世界の変成岩を分類記載したり論じたりしようとすると，この二つの学説を適宜に折中あるいは総合したような考え方になるのは自然のことであった．そういう折中説あるいは綜合説のもっとも代表的なものは Grubenmann の学説であった．

§10 顕微鏡的記載的岩石学と Grubenmann の深度帯説

岩石の標本を分類，命名，記載するということは，古く Werner の時代にはじまって，その後も主としてドイツにおいて続けられていた．しかし19世紀の中ごろまでには，肉眼とルーペとわずかな化学分析によるだけであったから，岩石の組成に対する理解ははなはだ幼稚な状態にあった．偏光顕微鏡という新しい有力な武器を用いることは，1850年ごろからイギリスの H. C. Sorby やそのほかの少数の人びとによって試みられはじめた．しかしその先駆的な研究の価値は，一般にはほとんど認められていなかった．

ところが1860年代にはいって，ドイツの F. Zirkel (1838～1912) が偏光顕微鏡によって岩石の系統的な研究をはじめるに及んで，その新しい手段の威力が如実に示され始めた．やがて Leipzig 大学の教授となった Zirkel と，Heidelberg 大学の教授 H. Rosenbusch (第8図) とを二つの中心として，岩石の鉱物構成や組織についての従来の知識は，根本的に一新された．記載的岩石学(petrography；独，Petrographie)は，地質鉱物学のなかの一つの新しい分野として出現し，1875～1900年ごろには岩石学そのもののようにみられるに

第8図
H. Rosenbusch (1836～1914)
彼はドイツの Hannover に生れ，Freiburg 大学その他で学んだ．1878年 Heidelberg 大学の教授となり，30年以上もその地位にあって，世界中から多くの学生を集めた．

至った．この時代に記載的岩石学者たちがもっとも多くの興味を向けたのは火成岩であった．しかし，堆積岩や変成岩も研究されていた．

しかし1890年ごろからは，しだいに岩石学はもっと成因論的な方向に進もうとする気運が強くなってきた．こういうもっと成因論的な**岩石学**(petrology)に向う空気は，記載的岩石学派のなかにも見られた．たとえば Rosenbusch は，記載的な研究に関連していろいろな成因論的な仮説をとなえた．動力変成作用説などは，その一つであった．しかし時代の要求する転換はもっと大きくて，このような新装によって対処しきれるようなものではなかった．そこでしだいに，記載的岩石学派全体が，時代の進歩にとり残されることになった．スイスの Zürich 工業大学の教授 U. Grubenmann (1850～1924)の結晶片岩の体系的な研究は，このような時代の産物であり，記載的岩石学の末期の代表的な労作の一つである．

Grubenmann は，その著書 "Die kristallinen Schiefer" (1904～1906)のなかで，広義の結晶片岩，すなわち広域変成岩を，化学組成によって12の群に分類した．そのおのおのの群に属する広域変成岩を，その生成したと考えられる地下の深さによって，三つの**深度帯**(depth-zones；独，Tiefenstufe)に分けた．いちばん浅い地帯を**エピ帯**(epi-zone)，中ほどを**メソ帯**(meso-zone)，深い処を**カタ帯**(kata-zone)とよんだ．広域変成岩の生成を支配する物理的条件は，それぞれの深度帯に特有な組合せをもって現われてくる．すなわち，エピ帯は低温で静水圧も低く，変形力は強い．カタ帯は高温で静水圧も高く，変形力は弱いと考えられた．いろいろな岩石は，いわば空想的に，どれかの深度帯でできたと仮定された．たとえば，千枚岩，緑泥石片岩，藍閃石片岩などはエピ帯でできたと考えられ，雲母

片岩, 角閃岩などはメソ帯でできたと考えられ, 多くの片麻岩, エクロジァイト, ヒスイ輝石岩(jadeitite)などはカタ帯でできたと考えられた.

一般に広域変成作用の性質が地下の深さと関係があるらしいというような空想は Grubenmann より前からあった. この空想をはっきり取り上げて論じた最初の人は, J. J. Sederholm(1891)や F. Becke(1903)であった. Becke は地下に二つの深度帯を区別して, 浅い方の帯では温度が低いので圧力(静水圧)の効果が強くあらわれ, 化学反応は体積の減少する方向へ進み, 密度のより大きい鉱物や岩石を生ずる傾向があると考えた. この傾向のことを, **体積法則**(volume law)とよんだ. 深い方の帯では温度が高くなるので, それが圧力の効果を消して, 火成岩に似た鉱物構成になると考えた. Grubenmann はこの考えを拡張して深度帯を三つにし, 変成岩標本の系統的な記載分類の枠をつくったのである.

片岩や片麻岩の性質の違いを, 地質時代の違いに帰してしまおうとした19世紀中ごろまでの一般的な傾向と比較すると, それができたところの深さの違いに帰しようとする Becke や Grubenmann の説は, まことに大きな進歩であった. しかし変成作用の物理的条件は, いつでも Grubenmann が空想したような3種類の組合せのなかのどれかに一致するとは限らない. たとえば低温で高圧というような, Grubenmann にない組合せも重要になるかもしれない. 一般的にいって, 深度帯の枠はあまりにも固定しすぎていて, 現実の多様さに適合する柔軟さを欠いていた.

Zürich 工業大学における Grubenmann の後継者である P. Niggli は, Grubenmann の体系を修正して, その枠のなかに接触変成岩をも入れた(Grubenmann & Niggli, 1924). すなわち, 構成鉱物の類似にもとづいて, 高温の接触変成岩はカタ帯に入れられ, 低温のそれはエピ帯に入れられた. そこで, 三つの深度帯は地下の深さを表わすという色彩が減じて, 変成作用の程度を表わすという感じがかなりはいってきた. しかし多くの場合には変成作用はやはり深さによって支配されているのだという考えは, Niggli 自身も依然として棄てなかったし, 多くの地質学者の心の底にも伝統的な信念として残った. 深度帯の枠を柔軟化して, 実際に存在する変成作用の多様性に対応できるように改めることは, 後に Eskola の変成相によって始めておこなわれることになる.

§11 変成地域の分帯

Grubenmann の広域変成岩の分類は, 岩石の性質を支配する因子を, 化学組成とその生成したときの物理的条件とに分析し, その組合せによって説明しようとする試みの始まり

であった.しかしこの試みを有効に進めるための方法的基礎を欠いていたので,空想的であることを避けられなかった.化学的条件と物理的条件とへの条件の分析は,変成岩理論の基礎をなすものであるが,それは一方には変成地域を温度上昇に伴う鉱物変化によって分帯するという方法により,他方には変成岩の鉱物構成を化学平衡論的に解析するという方法によって,始めて現実的に可能となった.そこでまず前者の始まりから述べよう.

変成温度が上昇すると変成岩のなかにいろいろな化学反応がおこり,新しい鉱物が出現する.これらの反応のなかには,そのおこる温度が,圧力だけで決るものもあり,またその他の外部条件や岩石の総化学組成(bulk chemical composition)によって影響されるものもある.いずれにしても,一つの地域で或る限られた範囲内の化学組成の変成岩だけを見ると,その地域内で一つの方向に向って変成温度が上昇するにつれていろいろな新しい鉱物が一定の順序で生成・出現することが多い.そこで,その変成地域を鉱物の新しく出現し始める線によって,いくつかの地帯に分割することができる.そのように鉱物の出現(または消滅)を表わす線を**アイソグラッド**(isograd)とよび,新しく出現しはじめる鉱物が,たとえばアルマンディンである場合にはアルマンディン・アイソグラッドというように,その鉱物の名前をつけてよぶ.こうして変成地域を分割することが,鉱物変化による**分帯**(zonal mapping)である.このような分帯が可能であることは,**George Barrow**(1853~1932)によって,19世紀の末ごろに Scotland 北部の山地,すなわち Scottish Highlands ではじめて経験的に見いだされた.

Barrow は若いころに地質学を学んだわけではない.G. Poulett-Scrope の秘書になったのが地質学に縁のできるはじまりであった.Scrope は有名な火山学者で同時に政治家であったが,当時は年老いて,盲目になり耳も遠かった.Barrow は毎日,ぶどう酒を飲んで元気をつけては,何時間も大声を出していろいろなものを読んで聞かせねばならなかった.この期間に Scrope を訪問する多くの地質学者を知ったので,Scrope の死後地質調査所に奉職するようになり,少しずつ地質調査や顕微鏡観察の技術を身につけていった.

1893年ごろ,彼は Scottish Highlands の東南端に近い地域の地質の調査をしていた.第9図にみられるように,この地域の北部にはカコウ岩があちこちに露出し,それから南にずっと泥質堆積岩起源の片麻岩や片岩などの変成岩が分布していた.Barrow は,珪線石を含む変成岩の地帯がいちばん北部にあり,その南側に藍晶石を含む変成岩の帯があり,その南側に十字石を含む変成岩の帯があることを発見した.彼は,カコウ岩のたくさんある北部の方はその熱のために変成温度が高く,カコウ岩から遠い南方ほど温度が低いため

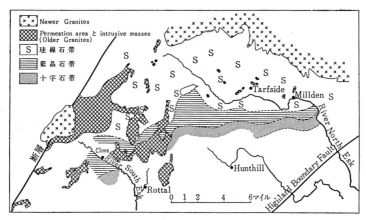

第9図 Scottish Highlands で Barrow (1893) が始めて分帯した地域. Aberdeen の西南約 50 km の付近の荒地 (moorland) である. この図は Barrow の地質図をすこし簡単化したものである (第134図参照).

にこの違いを生じたと考えた. さらに, ある一つの地層を南から北に追跡しても, はじめに十字石をもち, それが藍晶石をもつようになり, 次に珪線石をもつようになることを認めた. 変成地域の**鉱物による累帯** (mineral zoning) は, ほぼ**温度による累帯** (thermal zoning) になると考えた. 彼は, 温度上昇に伴ってこのように変成作用が進むことを**累進変成作用** (progressive metamorphism) とよんだ (Barrow, 1893).

その後 Barrow は調査の範囲を広げて, 結局この付近には南から北へ向って, 変成温度が高くなるのに応じて, 第134図に示すように, 泥質岩の鉱物変化に関して分帯された次の七つの変成帯が規則正しく並んでいることを見出した. (第134図では, はじめの二つをいっしょにして緑泥石帯とし, 十字石帯を省略してある.) すなわち,

(1) 砕屑性雲母帯 (zone of clastic mica) この地帯には砕屑性雲母がまだ再結晶しないで残っている.
(2) 砕屑性雲母の再結晶した帯 (zone of digested clastic mica)
(3) 黒雲母帯 (biotite zone) 褐色黒雲母の出現し始める線すなわち黒雲母アイソグラッドがこの帯の始まりである.
(4) ザクロ石帯 (garnet zone) アルマンディンが出現しはじめるアルマンディン・アイソグラッドが, この帯の始まりである.
(5) 十字石帯 (staurolite zone)

(6) 藍晶石帯(kyanite zone)

(7) 珪線石帯(sillimanite zone)

である．だいたいにおいて(1)～(2)の地帯はスレートや千枚岩からなり，(3)～(6)の地帯は雲母片岩からなり，(7)の地帯は片麻岩からなっていた(Barrow, 1912)．このように分帯された1組の帯を，**Barrovian zones** という．

一つの帯(たとえば藍晶石帯)のなかにあるさまざまな変成岩はだいたい同じ温度と圧力のもとで変成したと考えてよいから，もしそれらの岩石の鉱物組成に違いがあるならば，それは温度や圧力の違いではなくて，化学組成の違いによって生じたと考えられる．こうして，温度・圧力などの効果と化学組成の効果を分離することができる．また，或る任意の化学組成の岩石が累進変成作用をうけた場合におこる鉱物変化は，同じ化学組成の岩石を空間的に温度上昇の方向にさがしながら調べてゆくことによって容易に知ることができる．

Grubenmann の仕事は，変成岩の標本を記載分類する目的から，それらの個々の標本の表わす変成状態を分類したのである．したがって，個々の標本や，そのおのおのによって表わされる変成状態の静的な区別が彼のおもな課題であった．これは記載的岩石学の伝統の所産であった．これに対して Barrow の仕事は，Scottish Highlands の東南部にみられる変成作用そのものを研究したのである．したがって，変成作用は累進変成作用として動的に把握され，個々の岩石標本は変成作用の全体像を描くための材料にすぎない．すなわち，すでに前章(§3)で強調したように，変成岩の標本ではなくて，変成地域あるいは変成作用そのものを研究のおもな対象と考える考え方は，Barrow に始まるのである．

不幸にしてこの Barrow の画期的な研究の意義は当時あまり人びとに理解されなかったらしい．もちろん外国にはなおさら知られなかった．ずっと後になって，Tilley(1925)やHarker(1932)が Barrow の結果を追認するに及んでやっと，広く知られるようになった．

1915年に，ノルウェーの Kristiania 大学の教授であった V. M. Goldschmidt は，ノルウェーの西海岸にある Trondhjem(今の Trondheim)地方のカレドニア造山運動でできた広域変成岩の研究を発表した．この地方には Scotland によく似た変成岩の帯状分布がみられた．すなわち，第10図に示すように地域の中央部に東北―西南の方向に走る広いザクロ石帯の中軸があって，その西北側と東南側との両方にそれより変成温度の低い黒雲母帯があり，さらにその外側にはもっと温度の低い緑泥石帯がある．(ここで緑泥石帯というのは，Barrow の砕屑性雲母帯と砕屑性雲母の再結晶した帯とを，いっしょにしたものに相

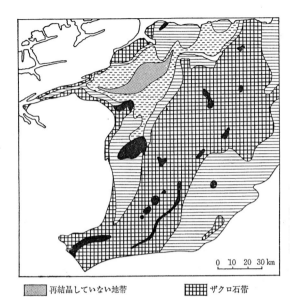

第10図
ノルウェーの Trondhjem 地方のカンブロ・シルル紀頁岩の地域の変成帯. この図の右下の白地の部分は基盤の片麻岩の地域で, 上端および左上の端に大西洋がみえる (Goldschmidt, 1915).

再結晶していない地帯　　ザクロ石帯
緑泥石帯　　　　　　　　深成岩体
黒雲母帯

当する. またここでザクロ石帯というのは Barrow のザクロ石帯から珪線石帯までの全体に相当する.) Goldschmidt は Barrow の分帯を知らないで, 独立にこの研究をおこなったのである.

この後, 世界のあちこちで変成地帯の分帯がおこなわれるようになった. そのなかでもことに, Th. Vogt (1927) のおこなったノルウェーの Sulitelma 地方の研究や Tom. F. W. Barth (1936) のおこなった New York 州 Dutchess County の研究は, 当時としてはいずれもすぐれたものであって, 変成岩の研究の進歩に大きな影響を与えた.

§12　鉱物構成の相律的解析と鉱物相の原理

熱力学的な理論化学, すなわち化学平衡論は, 19世紀の後半から20世紀の初期にかけて形成された. この新しい学問は, 1890年代からしだいに岩石学にはいってきはじめた. ことに1900年ごろから, J. H. L. Vogt や A. Harker によって, マグマが結晶して火成岩を生成する過程の解明に, 本格的に使われはじめた. ここで使われたのは, 化学平衡論のなかでも, とくに相律的な部門であった. そのような立場にもとづく, 火成岩成因論はさ

らに,N. L. Bowen によって発展させられていった.

変成岩の鉱物構成を相律的な立場から解析することは,1911年 V. M. Goldschmidt(第11図)によって, Kristiania(今の Oslo)付近の接触変成岩についてはじめて試みられた. Goldschmidt の父は化学の教授で,彼は化学の新しい動向に親しみをもつような雰囲気のうちに育った. 当時の地質学界の一般的な空気はまだきわめて古めかしかった. そこで新しい光は,まずこういう個人的な事情を通してさしこんでき始めた.

第11図
V. M. Goldschmidt (1888〜1947)
彼はスイスで生れたが,父が Kristiania 大学に転任したので,そこで教育をうけた. Kristiania 大学の教授となり,1929年に Göttingen 大学に転任した. しかしナチスが政権をとったので追いだされて,ノルウェーに帰った. 第二次大戦中はイギリスに逃げていたが,戦後 Oslo に帰って死んだ.

Kristiania 地方にある古生代のいろいろなアルカリ深成岩体のまわりには,変成温度の高い接触変成帯を生じている. そこには,泥質から石灰質にいたるまでのいろいろな化学組成のホルンフェルスができている. Goldschmidt は,それらを構成鉱物の組合せによって10の種類に分類し,そのホルンフェルスの総化学組成と鉱物組成とのあいだに一定の規則正しい関係があることを示した. このことは,それらのホルンフェルスにはほぼ化学平衡が成立っていることを意味するものである. 鉱物種の数と独立成分とのあいだにも,相律の要求する条件が満されていることが明らかになった. この研究が発表されたときに,Goldschmidt はまだ23歳であった. そしてノルウェー自体も,1905年にスウェーデンから独立して間もない新興国であった.

Goldschmidt は1914年には Kristiania 大学の教授となった. そして引きつづき,南ノルウェーのあちらこちらの変成岩や深成岩の研究をつづけた. それらのなかには,当時の岩石学において新しい視野を開いたものがたくさんあった. さきほどあげた Trondhjem 地方の広域変成地域の分帯の研究や, 次節であげる Stavanger 地方の交代作用の研究な

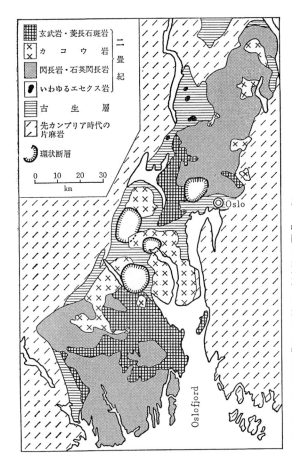

第12図
ノルウェーのOslo (Kristiania) 地方の地質略図. この地方は, 先カンブリア基盤岩類のなかに生じた地溝帯で, 1890～1898年の間に W. C. Brögger がそこの火成岩類を詳細に記載し, 記載的岩石学上の古典的地方の一つとなった. 1911年 Goldschmidt がそれらの火成岩によって生じた接触変成岩を研究し, さらに有名になった. 近年 Barth, Oftedahl などによって火成岩が再研究されている (Oftedahl, 1959, 1960).

どはその例である. しかし 1921 年に発表された Stavanger の研究を最後にして, 彼は変成岩の研究から離れてしまって, 地球化学や結晶化学という新しい領域の開拓に向った.

ある一定の温度と圧力のもとにある変成岩の鉱物組成は, もしそれが安定な化学平衡の状態にあるならば, 化学組成だけによって決定されるはずである. 化学組成が変化するのに応じて, 鉱物組成も規則正しく変化するはずである. そこで Goldschmidt によって始められた変成岩の化学組成と鉱物組成とのあいだの関係の解析は, 変成作用の温度や圧力を明らかにするために用いられる.

Goldschmidt の開いたこの道を進んで変成岩理論の建設に最も大きな貢献をしたのは,

第13図
Pentti Eskola (1883～1964)
彼はフィンランドのいなかに生れ，Helsinki 大学で理論化学を専攻した．後に地質学に転じ，1924年 Helsinki 大学の地質鉱物学の教授となった．

フィンランドの Pentti Eskola (第13図) であった．彼は1908年から1914年まで，西南フィンランドの Orijärvi 銅山地方の先カンブリア時代の広域変成岩を研究し，その結果は1914年から1915年にかけて発表された．彼はこれらの変成岩も化学平衡に達していて，化学組成と鉱物組成との間に一定の規則正しい関係があることを見いだした．これらの変成岩は，当時地球上で最も古い Archean のものと考えられていた．そこで，Kristiania 地方のような古生代の変成岩のみならず，Archean の変成岩も物理化学的法則に従っているということは，古い地質時代を神秘的に考えようとする人びとにとっては打撃であった．

Orijärvi 地方で見いだされた変成岩の化学組成と鉱物組成とのあいだの規則正しい関係は，Kristiania 地方で見いだされた関係とは異っていた．たとえば，Kristiania 地方ならば斜方輝石を生ずるような化学組成の岩石に，Orijärvi 地方では角閃石を生じていた．このような違いは，Kristiania 地方と Orijärvi 地方とで変成作用のおこったときの温度や圧力が違っていたことによると考えられる．一般に，変成岩の化学組成と鉱物組成とのあいだの関係を調べることによって，変成作用の物理的条件が同じであるか違うかを知ることができる．こうして変成岩を，その生成の物理的条件によって経験的に分類することが可能になる．これを Eskola (1920) の**鉱物相の原理** (principle of mineral facies) という．

Eskola は，一群の変成岩の化学組成と鉱物組成とのあいだに一定の関係があるのは，その岩石群が温度と圧力の一定の範囲でできたためであると考え，その一定の関係によって特徴づけられるような温度と圧力の一定の範囲を一つの**変成相** (metamorphic facies) とよんだ．そして彼は，自然界にいくつの変成相があるかを，経験的に探求しようとした．1920年までに五つの変成相を見出し，その後増加して1939年には八つにした (Eskola, 1920,

1939).

これと同じような考え方は，火成岩の化学組成と鉱物組成との関係に対しても適用でき，同様にして**火成相**(igneous facies)が定義できる．Eskola (1920)は，変成相と火成相をいっしょにしたものを**鉱物相**(mineral facies)と名づけた(§61)．

変成相あるいは鉱物相の数は固定したものではなくて，研究の進み方や必要に応じて増加しうるものである．その点で，実証的で柔軟である．Grubenmann の深度帯は，そのような実証性をも柔軟性をも持たなかった．

Eskola はフィンランドの農家に生れ，はじめ Helsinki 大学で化学を専攻したが，後に地質鉱物学に転じた．彼が若いときには，フィンランドはロシアの領土であったが，1917年ロシア革命とともに独立した．彼は変成相や鉱物相の原理のほかにも，交代作用，変成分化，カコウ岩問題などの研究に大きな貢献をし，まことに変成岩岩石学の父とよぶにふさわしい人である．

1910年ごろから第二次世界大戦までの変成岩理論の建設においては，Goldschmidt や Eskola をはじめとする北ヨーロッパの新興諸国の研究は中軸的な役割を演じた．Eskola が Barth や Correns とともに著した "Die Entstehung der Gesteine" (1939) は，この北ヨーロッパの時代を記念する名著である．

§13 地殻における物質移動と交代作用

変成作用をうけると，岩石は見かけが変化し，組織や鉱物組成が変化する．したがって，化学組成も変化するのではないかと考えるのは，自然なことである．たとえばホルンフェルスは硬いので，外部から Si がはいってきて，硬化させたのではないかと想像された．そこで，実際は変成作用のあいだに岩石の総化学組成の変化はほとんどおこらない場合があるということを確認するのは，一つの大きな発見であった．このことは19世紀の後半にノルウェーの Kjerulf によって，Oslo 地方のホルンフェルスについてはじめて見いだされたという (Barth, 1952)．その後 H. Rosenbusch (1877) が，Alsace の Barr-Andlau 地方のカコウ岩体のまわりに生じている接触変成体を詳細に研究して，その変成岩の化学組成は，H_2O を除けば，原岩であった Steige 粘板岩の化学組成とほとんど同じであって，変成作用のときには H_2O が追いだされることを除けば物質移動はほとんどおこらなかったということを示した．

Barr-Andlau 地方の接触変成帯の幅は数百 m～1.5 km くらいである．そこにはいると，

まず粘板岩のなかに炭質物が集合して黒い小斑点を生ずる。このような岩石を点紋粘板岩 (knotted slate) という。もっとカコウ岩体に近づくと，再結晶作用が進んで雲母片岩になり，もっと近づくと紅柱石や菫青石を含むホルンフェルスになる。Rosenbusch は，地図上に点紋粘板岩および雲母片岩の分布する地帯と，ホルンフェルスの地帯と，二つを区別して示した。これは一種の分帯ではあるが，岩石の組織による分帯であって，Barrow がやったような鉱物変化による分帯とは意味が違うことに注意せねばならない。Rosenbusch は多数の変成岩の化学分析をおこなった。

この Rosenbusch の研究それ自体は，当時としてはまことにすぐれた労作であった。しかし彼は，これだけの研究の結果を直ちに一般化して，一般に変成作用のあいだには，H_2O よりほかの物質はほとんど動かないものであると結論した。この結論が正しいか否かにかかわらず，そのような性急な一般化のやり方が正当でなかったことは明らかである。しかし，この研究がすぐれていたことと，彼が記載的岩石学においてきわめて高い名声をもっていたことと，両々あいまって，この結論は世界に広くゆきわたった。

一方では，変成作用のときには大規模な物質移動がおこり，岩石の化学組成も変化するであろうという意見は，多くの地質家のあいだで根強く持ちつづけられていた。この意見をことに支持したのは，19世紀の末ごろにはフランスの地質家たち，たとえば A. Michel-Lévy や C. Barrois であった。20世紀の初期になってはフィンランドの J. J. Sederholm (第14図) であった。フィンランドでは，洪積世の氷河によってみがかれた先カンブリア岩類の岩盤の表面で，変成岩のなかにカコウ岩質の物質がはいりこんでミグマタイトを生じ

第14図
J. J. Sederholm (1863〜1934)
彼は Helsinki に生れ，そこの大学を卒業後，Stockholm に留学して Brögger に学び，合理的な考え方を身につけた。1893年から1933年まで40年間 Commission géologique de Finlande の所長として，Uniformitarianism の擁護と純粋な科学的研究の推進に努めた。

§13 地殻における物質移動と交代作用

ている状態が,よく観察された(Sederholm, 1907, 1923).

フランス人や Sederholm の野外観察は,顕微鏡的観察や化学分析によって十分吟味されていなかったので,やや説得力を欠いていた.この点で,十分の説得力をもつ研究は,V. M. Goldschmidt (1921) の Stavanger 地方の研究に始まるといえよう. Stavanger はノルウェーの西海岸のカレドニア造山地域にある.この地方一帯に,広域変成作用によって泥質岩起源の千枚岩ができている.そのなかに,カレドニア造山末期のカコウ岩が貫入して,もういちど変成作用をおこなっている.カコウ岩の影響はその岩体から 4~1km くらいの距離まで及び,その影響で最初におこるのは,千枚岩のなかに Mn 含有量のやや多いザクロ石を生ずることである.もっとカコウ岩体に近接すると黒雲母を生じて片岩になり,またカコウ岩体の方から Na や Si がはいってきて,変成岩の化学組成がしだいに変化する. Goldschmidt は,この変化は Na や Si を含む水溶液がカコウ岩体から放出されて,変成岩のなかに浸入することによっておこったと考えた.もっとカコウ岩体に近いところでは,カコウ岩質マグマが機械的に浸入してきて,片麻岩を生ずる.

このように,外部から物質が浸入してきて,変成岩の総化学組成が変化することを**交代作用**(metasomatism)という. Goldschmidt (1922 a) は,交代作用を分類し,それを支配する法則を明らかにしようとしたが,十分成功しなかった.交代作用のなかでも,鉱床の生成に伴う交代作用のように,小規模に大量の物質(ことに鉱床にだけ濃縮するような特殊な元素)がはいってくる場合には,それがおこったことは比較的確認しやすい.しかし広い変成地帯に片岩や片麻岩を生ずるような場合には,確認はなかなか困難である.そのために,広域変成地域で交代作用が大規模におこったと主張されている場合は多い(たとえば MacGregor & Wilson, 1939, 参照)が,その大部分は,根拠が十分ではない. Stavanger 地方より後にも,たとえば Barth (1936) は,アメリカの Dutchess County の変成地域で詳細な研究をおこない,大規模な交代作用がおこったと結論したが,今日ではそれを疑う人がある.交代作用が変成作用のなかでどの程度の役割を演ずるものであるかは,まだ確定していない.或る人びとは,次節に述べるように,カコウ岩の大部分も交代作用によってできるのだと主張している.

片麻岩やカコウ岩は地殻のなかの大きな部分を占めている岩石であるから,それが交代作用によってできるのか否かは,地学全体にとって大きな問題である.仮りにこれらの岩石は交代作用によってできたとするならば,そのとき外部から浸入してきた Na, Al, Si などの物質はどこから来たのかという疑問が残る.もしそれが,地殻のなかのどこか(たとえ

ば地向斜堆積物の深部とか，あるいは酸性基盤とか）から来たのであるならば，この物質移動はあくまで地殻内部の物質移動である．したがって，それは個々の片麻岩やカコウ岩の起源を説明するものかもしれないが，地殻の起源とはまた別の問題になる．ところがもし，その Na, Al, Si などの物質がマントルから何かの作用で上昇してくるのであれば，交代作用は地殻の起源をも説明することになる．現在のところ，どの考えが正しいか全くわからない．

泥質堆積岩は，カコウ岩よりも多くの Mg, Fe などを含んでいる．それが交代作用をうけてカコウ岩化される場合には，Mg, Fe などはどうなるのか？ これに対しては，Mg, Fe などは，もっと上方へ，あるいは変成地域の中央から外方へ向って駆逐されるという考え方がある．こうして駆逐された物質は，カコウ岩体の上方や側方に集って，塩基性の変成岩をつくることがあると考えられた．そうしてできたと考えられた塩基性岩体は，**塩基性前線**(basic front)と名づけられた．この考えは，Wegmann(1935)や Reynolds(1946, 1947)によって主張された．

もう一つの考え方によると，Na, Al, Si などが地球の深所から上昇してくるのに対して，Mg, Fe などは反対に深所へ向って下降してゆくという意見である．この過程が進めば，地殻の上部は Na, Al, Si などに富むカコウ岩質の岩石になり，下部（またはもっと下層）は Mg, Fe などに富む塩基性（または超塩基性）の岩石になる．この見解は，Ramberg(1944, 1945, 1948, 1951, 1952 b) などによって主張された．

こうして，交代作用の問題は，地殻の起源や構成の問題に結びつくことになる．そして，すでに述べたように，カコウ岩の成因という問題と密接に関連してくる．

§14 カコウ岩の成因

カコウ岩の成因という問題のなかには，実は，二つの問題が含まれている．一つは，カコウ岩はマグマが結晶してできた岩石であるか否か，すなわち火成岩であるか否かという問題である．もう一つは，カコウ岩の酸性物質は，どうして生じたかという問題である．Hutton がカコウ岩の成因を論じたときから現在に至るまで，カコウ岩の成因についての論争の大部分は，上記の第一の問題に関するものであって，狭い意味でカコウ岩の成因の問題といえばこれをさすものと考えてよいであろう．しかしこの問題は，第二の問題と切離すことはできないものであって，完全な成因論は両方の問題に答えねばならない．第二の問題は，いわば酸性地殻の成因の問題であって，問題の重要性はきわめて大きいが，取

§14 カコウ岩の成因

扱いは第一の問題よりもさらに困難である.

20世紀のはじめごろから,アメリカのR. A. Dalyは,玄武岩質の岩石が時間的にも空間的にも,地球上にきわめて広く分布し,量も多いことを指摘し,玄武岩質マグマは他の多様な火成岩のもとになった本源マグマであろうと主張するようになった.この考えは,Washington市のGeophysical Laboratoryの理論家N. L. Bowenによって受け入れられた.Bowenはそれをケイ酸塩融解実験に基く**結晶分化説**や反応原理と組合せて,火成岩の多様性を説明する学説の体系をつくった.他のさまざまな火成岩のマグマと同様に,カコウ岩質マグマも,玄武岩質マグマの結晶分化作用によってできるものと考えられた(Bowen, 1928, 1947).

地殻のなかの既存のカコウ岩や片麻岩や堆積岩が地下の深所に持ち込まれると,加熱されて広域変成作用をおこす.加熱が強いと融解して,カコウ岩質マグマを生ずるであろうという意見も,古くから多くの人びとに支持されてきた.このような地殻のかなり広い範囲にわたる融解を,Sederholm (1907)は**アナテクシス**(anatexis)とよんだ.カコウ岩質マグマが冷却固結して生じたカコウ岩は,一部分は風化運搬されて堆積岩にもなるが,それら全体はまた地下の深所に持ち込まれてアナテクシスを受けるとカコウ岩質マグマに帰ることになる.この点からみると,アナテクシスは地殻構成物質がもとの状態へ復帰あるいは復活することである.このようにみたアナテクシスによる復活のことを,Sederholm (1907)は**パリンゼネシス**(palingenesis)とよんだ.

アナテクシスの場合には,岩石を構成する物質がある一つの温度でいちどに融けてしまうわけではなくて,かなり広い温度範囲にわたって固相と液相とが共存するはずである.おそらく一般には,その液相の部分が残った固相から分離して集ってカコウ岩質のマグマを生じ,あとには融け残った岩石が残されるであろうとも考えられる.このように岩石のなかの融けやすい成分だけが融ける部分融解のことを,Eskola (1932 b, 1933)は**差別的アナテクシス**(differential anatexis)とよんだ.もちろん,このようなアナテクシスで生じたマグマは,さらに結晶分化作用や外来物の同化をして自分の組成を変化させることも考えられる.カコウ岩質マグマが玄武岩質マグマから生じたという説とアナテクシスで生じたという説とのあいだには,いろいろな程度の折中説が可能である.実際DalyやEskolaをも含めて多くの人びとは,カコウ岩のなかにはどちらの起源のものも存在すると考えた.玄武岩質マグマから生じたカコウ岩が後に再び融解してまたカコウ岩質マグマになることもあるとも考えられた.

このように，カコウ岩は何かの過程でできたカコウ岩質のマグマが結晶してできた火成岩だと考える人びとを**マグマ論者**(magmatists)という．しかしカコウ岩の成因については，これとは全く違う考え方もある．堆積岩起源の変成岩が交代作用をうけると，カコウ岩によく似た片麻岩を生ずることがある．そのような変成作用が進めば，カコウ岩自身もできるかもしれない．このような過程を**カコウ岩化作用**(granitization)という．19世紀後半のフランスの地質学者のなかには，カコウ岩化作用を強調した人びとが多かった(たとえばRead, 1957, pp. 90～113 を参照)．この意見はしばらく衰えていたが，1930年代の中ごろからC. E. Wegmann(1935)などの影響によって強力に復活してきた．そして，造山帯の中軸部にある大量のカコウ岩の大部分あるいは全部がカコウ岩化作用によってできたのだと熱情的に主張する人びとが現われてきた．このような意見の主張者を，**変成論者**(transformists)という．マグマ論者と変成論者との間に論争が始まり，それは1940年代の後半に頂点に達した．

変成論者の間にもいろいろな意見の相違があった．19世紀のフランスの地質学者からはじまって1930年代の中ごろまでのカコウ岩化作用を論じた人たち，あるいは変成論者たちは，ガス，水溶液あるいはマグマが，カコウ岩質マグマから流れ出してきたり，あるいは地下深部から上昇してきて，それが既存の岩石にしみこんで交代作用をおこなうカコウ岩化作用をおこすと考えていた．このような流体の作用によっておこると考えられたカコウ岩化作用を，**湿性カコウ岩化作用**(wet granitization)とよぶ．Sederholm はその意見の支持者で，彼は水を多量に含むカコウ岩質マグマが既存の変成岩のなかにしみ込んでいってミグマタイトの形成やカコウ岩化作用をおこなうと考え，そのしみ込む物質のことを**アイコー**(ichor)と名づけた．1930年代におけるもっとも代表的な変成論者であった Wegmann も，カコウ岩質の溶液の作用を考えていた．

しかし，1930年代の末ごろから後の熱情的な変成論者の大部分は，流体の作用を否定した．すなわち，カコウ岩化作用をおこす物質は，イオンや簡単な分子の状態に分れて，岩石を構成する結晶粒の内部を通ったり，また粒間の境界面にそって，拡散で移動するのだと考えた．このような機構によっておこると考えられたカコウ岩化作用を，**乾性カコウ岩化作用**(dry granitization)とよぶ．たとえば Perrin と Roubault (1937, 1949)，Backlund (1946)，Holmes と Reynolds (1947)，Ramberg (1952 b)などはいずれもこの立場をとった．

マグマ論者と変成論者とのあいだにも，いろいろな折中的な考え方が可能である．論争を傍観している常識家の多くは，アナテクシス説と湿性カコウ岩化作用説とのあいだの折

中説くらいのところに落ちついたようである．論争参加者のなかでは，Read (1957，他)の
となえた Granite Series 説はそういう折中説のなかの代表的なもので，それだけに一般
に支持者が多かった．

　もちろん，真理は多数決によって決るわけではない．その点からみると，この論争には
決定的な勝敗はなかった．1950年代にはいると，岩石学には，後で述べるように多くの新
しい他の方面の進歩が現われ始め，人びとの興味をそちらに引きつけるようになったので，
行き詰ったカコウ岩問題に対する一般的興味は減退してきた．1950年代の中ごろまでには，
熱狂的な論争の時期は終ってしまった．

§15　わが国における変成岩の研究史

　わが国における変成岩の研究の発達は，それを四つの時期に分けて考えることができる．

　第1期　わが国における変成岩の研究は，明治初年にわが国に岩石学が移植されるとと
もに始まった．そのころ日本には，大学はただ一つ，東京大学があっただけである．それ
は1877年(明治10年)に開設され，地質学科が設けられていた．始めは主としてドイツ人
の教師によって教育をおこなっていたが，それから数年後にはヨーロッパ，ことにドイツ

第15図
小藤文次郎(1856〜1935)
小藤は，西周や森鷗外と同じく，
石見国津和野藩の出身である．貢
進生に選ばれて上京し，東京大学
を卒業した．1880年より1884年
までドイツに留学した．1886年東
京大学教授となり，1923年までそ
の職にあった．

に留学してきた日本人にかわった．そのとき一般地質学と岩石学の教授になった**小藤文次郎**(第15図)は，Leipzig 大学で Zirkel に記載的岩石学を学んで帰朝したばかりの青年であった．

　小藤が帰朝して発表した最初の論文は，三波川変成岩のなかの藍閃石に関するものであった(小藤，1886)．その翌年は同じ変成岩群のなかに紅簾石を発見して記載した(小藤，1887a, b)．紅簾石はそれまでマンガン鉱床に産する鉱物として知られていたが，普通の変成岩にも産することがわかったのはこれが世界最初であった．それから1893年までの間に小藤は，関東山地の三波川変成岩や，阿武隈高原の変成岩の研究を発表した(小藤，1888, 1893)．これらはわが国の変成岩の岩石学的研究の出発点となるものであった．しかしその後は，小藤の興味は火山や地震に移ってしまったので，この種の岩石学的研究は，わが国ではほとんど中絶した．当時はまだ，わが国全体にわたる地質調査事業も始ったばかりであって，進んだ岩石学的研究をおこなうだけの基盤がわが国にはできていなかった．その点からみると，小藤の岩石学的研究は，ドイツから移植された草花であって，まだ土地がやせていて育たなかったのである．

　地質調査はしだいに進み，1919年には地質調査所の20万分の1地質図が全国完成した．この時代には一般に，わが国の広域変成岩はすべて先カンブリア時代に生成したものと考えられていた．小藤は，三波川変成岩が先カンブリア時代のものかどうかには，すこし疑問をもっていた．しかし片麻岩類は，すべて先カンブリア時代のものであることを疑わなかった．

第2期　小藤の岩石学的研究が1893年に中絶して後，長いあいだわが国には変成岩の研究というほどのものはみられなかった．それがふたたび開始され，急にさかんになったのは，1920年代のことである．これからを，第2期としよう．それは**鈴木醇**(第16図)が1920年代の中ごろに三波川変成岩の研究を発表しはじめた時からのことである．彼は最初は鉱床学に志していたが，しだいに，鉱床に関係ある変成岩に興味をもつようになったのである．その学風はドイツ風の記載的岩石学に近く，後にスイスに留学してその傾向がさらに強められた．当時のわが国の状態においては，鈴木(1930 a, 1932, 他)の記載的研究は，三波川変成岩の構成鉱物上および岩型上の多様性を明らかにすることによって，変成岩研究の進歩に大いに貢献した．後に北海道大学教授となり，神居古潭変成岩の研究をもおこなった(鈴木，1934, 1939；鈴木・鈴木，1959)．

　鈴木より数年遅れて，**杉健一**(第17図)の活動が始った．彼はまず洋行から帰ったばかり

第16図
鈴木醇(1896～　)
鈴木は宇都宮市に生れ，1921年東京大学を卒業した．第一高等学校教授をへて，1930年北海道大学教授となり，講道館から柔道七段を与えられた．1928年から1930年まで，主としてスイスのZürichに留学した．

第17図
杉健一(1901～1948)
杉の父は精油技術者であった．杉は新潟県柏崎に生れ，1925年東京大学を卒業した．東大農学部や東京高等師範学校で教え，1939年九州大学教授となった．

の東大の坪井誠太郎の影響のもとに，茨城県筑波地方のカコウ岩やそれに伴う変成岩の研究をおこなった．文献によってSederholmなどを知った．そして，筑波地方の片麻岩は，変成した泥質堆積岩の片理面にそってカコウ岩質マグマが浸入することによって生じたミグマタイトであると説明した(杉, 1930)．この見解は，当時わが国では新しいものであって，学界に大きな影響を与えた．わが国の変成岩の研究史において小藤と鈴木と杉とが与えた影響は，ちょうど世界的には，それぞれRosenbuschとGrubenmannとSederholm

とがおこなった貢献に似た性質のものであった．杉はさらに神奈川県丹沢山地の南斜面の塩基性変成岩の累進変成作用を研究し，Eskola や Th. Vogt にならって鉱物相や分帯を適用しようと試みた(杉，1931，1933)．この研究は今日から見ると，はなはだしい誤りを含んでいるが，第二次大戦前におけるわが国の変成岩岩石学の代表的な作品であった．杉は後に九州大学の教授になって，火山岩の研究に移った(都城，1961c，参照)．

1930年代の後半には，三波川変成岩については堀越義一，領家変成岩については岩生周一や小出博が活動した．小出(1949，1958)の愛知県段戸山地方のカコウ岩および領家変成岩の研究は，戦争のために出版が遅れたけれど，第二次大戦前の最後の時期を代表する研究であった．小出は杉の教えをうけ，その線にそって仕事をすすめ，物質移動や交代作用を強く主張した(都城，1962，参照)．

第二次大戦前のわが国の研究においても，変成地域の分帯ということはいくらか試みられていた．しかしそれは，Barrow や Goldschmidt 以来変成岩研究の一つの重要な出発点として用いられてきたような，温度の変化によっておこる鉱物変化にもとづく分帯ではなかった．むしろ Rosenbusch が Barr-Andlau 地方でおこなったような岩型にもとづく分帯であった．たとえば杉(1930)は筑波地方で，変成地域を点紋黒雲母スレート帯，片状ホルンフェルス帯，迸入片麻岩帯の三つに分帯した．小出(1958)は段戸山地方で，片状ホルンフェルス帯，中間帯，縞状片麻岩帯の三つに分帯した．なぜ Barrow 風の分帯がおこなわれなかったかというと，わが国の変成岩はそれまでに Scottish Highlands やノルウェーでよく研究されていた種類のものとは性質が異っていて，既存の知識に当てはめるだけでは処理できなかったからである．

わが国の変成岩について鉱物変化にもとづく独自の分帯をつくり出すためには，変成岩の化学組成と物理的条件との関係を解析せねばならないが，当時はこのことが理解されていなかった．そこでたとえば，領家変成岩で，ザクロ石や珪線石が岩石の化学組成の不規則な変化のために不規則に分布することが，当時の人びとを困惑させた(たとえば杉，1933)．これに対する唯一の例外は杉(1931)の丹沢山地の研究で，この場合には，化学組成の変化が簡単であったので，おもな岩型による分帯がそのままで鉱物変化にもとづく分帯とほとんど一致して，あまり混乱をおこさなかった．しかし，外国の既存の知識にあてはめようという気が強すぎて，そちらから誤りを生じた．化学組成と物理的条件との関係の意識的な解析にもとづく分帯は，後に1950年代になって東京大学の研究者たちが始めるまで待たねばならなかった．

§15 わが国における変成岩の研究史

　第2期の変成岩の研究では岩石学的研究が目立ったけれど，それと並行して変成地域の地質調査も進んだ．領家変成岩は，ほとんど不変成の古生層に移過することが石井清彦などによって発見され，したがって古生代以後に生成したものであることが明らかになった．三波川変成岩については，加藤武夫や鈴木醇は依然として先カンブリア時代のものと考えていたが，小川琢治は古生層の変成したものであろうと考えるようになった．

　第3期　このような状態にあったわが国の学界に対して，変成岩の地質構造上および地史学上の意義を論じて人びとの興味を転換させたのは，小林貞一(1941, 1951)であった．これからを，第3期としよう．小林より前には，領家，三波川，御荷鉾というような言葉は，岩型の類似した変成岩群を表わすという意識が強くて，造山帯のなかで地質構造上どのような役割を占めるかということはほとんど考えられていなかった．そこでたとえば，飛驒高原の片麻岩が片麻岩だという理由で領家片麻岩とよばれたり，西南日本内帯のわずかに変成した岩石(今日の三郡変成岩)が岩型の類似から御荷鉾とよばれることも多かった．小林は造山運動と変成作用との関係についてヨーロッパで発達した考えをとり入れ，それまでの調査でわかっていたことを整理して，本州および四国におけるおもな変成岩を飛驒，三郡，領家，長瀞(三波川および御荷鉾)という四つの地帯に分けた．そして，前の二つは彼が秋吉造山運動とよんだものによって中生代の初期に生成し，後の二つは彼が佐川造山運動とよんだものによって中生代の後期に生成したと主張した．三波川変成岩の分布を，日本列島を貫く長い変成岩地帯として理解することは，彼よりも前から広くおこなわれていたけれど，そのほかの変成岩地帯については，それらが同じような地帯をなしているとは，それまであまり考えられていなかった．ただし，これらの変成帯の成因についての小林の考えの岩石学的な面は，第2期の岩石学をそのままうけついでいた．

　こうして変成帯が日本列島の地史，ことに構造発達史のなかで一定の，しかも大きな位置を与えられるようになったので，この問題に対する地史学者の興味が急に高まり，その方面から多くの研究がおこなわれるようになってきた．小林はわが国の変成岩の大部分を中生代に生成したものとしたが，それまでのわが国の多くの地質家たちの常識ではそれらはもっと古い時代のものと感ぜられていた．そこで，小林の見解は多くの地質家たちから疑いをもって見られた．そしてその見解には，反対者を承服させるだけの根拠がなかった．そこでこの点について，小林の説に対する多くの反対が現われるようになった．

　第二次大戦後まもなく地学団体研究会が組織せられ，それに属する多くの人びとが多人数をもって変成地域の地質調査に従事するようになった．そのために1950年ごろを中心

とする数年間に,調査は大いに進み,多数の新しい事実が発見された.広島大学における小島丈児(1951, 1953)とその協力者による四国の三波川変成地域の構造地質学的研究や,北海道大学における舟橋三男と橋本誠二(1951)およびその協力者による北海道の日高および神居古潭変成帯の研究は,当時の代表的な貢献であった.この時期の仕事のほぼ全体は,"鈴木醇教授還暦記念論文集"(石川俊夫編,1956)に展望されている.

これらの研究者の多くは,それらの変成帯の形成の地質時代については,小林の説に強く反対した.飛驒変成帯を先カンブリア時代に形成されたものだと主張し,三郡,領家および三波川変成帯は古生代末期または中生代初期の造山運動によって形成されたものであると主張し,小林に対して強い攻撃を加えた.しかし小林は,それを認めなかった.

この第3期には,変成岩の岩石学的研究は,ほとんど消滅してしまった.そこで,地史学的研究と組み合せられるべき岩石学的な部面では,第2期の末期を代表する小出博の考え方が広く踏襲せられた.小出の研究の型に合せた多くの仕事が発表せられた.

第4期 1950年ごろから東大などで変成岩の岩石学的研究がふたたび始まった.このころから世界的にも岩石学は新しい活動期にはいった.この新しい岩石学の空気もはいってきて,ことに1950年代の後半から多量の研究が現われはじめた.この時期の研究は,世界の潮流と密接に関係して,そのなかの一部分となって貢献しているので,世界と日本とをいっしょにして次節に記述することにしよう.

§16 1950年以後の新しい岩石学と変成作用の研究

岩石学的研究は,第二次世界大戦中はどの国でも衰微していた.そのあいだ,かなり多くの岩石学者は生産に近い方面や軍需的な研究に従事したり,軍隊に入れられていた. V. M. Goldschmidtはユダヤ人としてナチスに迫害せられて逃げまどい,また鉱物学者のなかには強制収容所で殺された人も,なん人もあった.戦前の岩石学の総決算であったBarth, Correns, Eskolaの共著の"Die Entstehung der Gesteine"は,1939年にBerlinで出版されていたが,世界にあまり広まらないうちに戦争が始まり,その大部分は戦災で焼失した.

戦後,1940年代の後半には,アメリカ大陸よりほかの国では戦争の災禍の影響がはなはだしくて,学問の復活はなかなか進まなかった.研究も,研究結果の出版も,出版物の交流も困難が多かった. Turner (1948)は,"Die Entstehung der Gesteine"のなかの変成岩の部分とよく似た内容の本を英語で書いてアメリカで出版し,この方が広まってしまった.

§16 1950年以後の新しい岩石学と変成作用の研究

ヨーロッパの研究者がたくさんアメリカに渡って活動した．そのような研究者のなかでも，ノルウェーに生れた Hans Ramberg は戦争中に Oslo で始まった着想を発展させ，Chicago 大学において新しい変成岩岩石学をはじめて，古い停滞した Eskola-Turner 風の見地に衝撃を与えた．同時に，カコウ岩の成因について，マグマ論者と変成論者とのあいだに論争が燃え上った(Gilluly, 1948)．常識的なマグマ論者の圧倒的に多いアメリカにまで，こういう論争が波及したということにも，時代の転換が現われていた．やがて Ramberg (1948, 1949, 1951, 1952 b) は，変成論者陣営の代表的な論客となった．

こうしてアメリカを中心として再開，転換しはじめていた岩石学は，1950年ごろから一つの著しい活動期にはいった．多くの新しい種類のデータが現われはじめ，新しい理論あるいは学説が立てられた．数年のうちに，ことに変成岩の研究は面目を一新するに至った．第二次大戦より前には，岩石学の中心は明らかに火成岩の研究にあった．戦後，変成岩の研究者が増加し，変成岩の理論は大きく進み，実験的データとも結びついたために，岩石学のなかにおけるその重要性は，火成岩のそれに劣らなくなった．

1950年代になっていちじるしく進歩した部門をあげると，まず第一に，アメリカを主とする実験技術，ことに高圧合成技術の進歩によって，OH を含む鉱物や高圧鉱物の安定関係が急速に解明されたことである．熱水合成は戦前も全くおこなわれないわけではなかったが，技術的な困難のために実験の圧力も低く，実験の数も少なかった．1950年ごろから 2000 atm あるいは 4000 atm くらいまでの熱水合成はきわめて容易になり，それによって G. C. Kennedy, H. S. Yoder, R. Roy をはじめ多くの若い実験家たちが活躍しはじめた．変成鉱物の大部分は OH を含むので，その安定関係の決定は，熱水合成によってはじめておこなわれた．変成岩のなかに出現する藍晶石やヒスイ輝石などは，それらが高圧鉱物であるということさえ，それまで一般に認められてはいなかった．しかし 1950 年代のうちに，L. Coes, F. Birch, G. C. Kennedy をはじめ多くの人びとの研究によって数万 atm までの高圧実験がおこなえるようになって，その安定領域が高圧にあることが明らかになった．また Eugster が酸化還元状態を調節する技術を発明して，鉄を含むいろいろな鉱物の安定関係も容易に決定できるようになった．造岩鉱物の熱化学的研究も進んで，安定関係の理解を助けるようになった．

そのほか，化学分析技術の進歩や，鉱物の電磁分離やX線的な同定がきわめて容易におこなえるようになったことなどは，研究の進行に大きな影響を及ぼした．

第二に，野外における岩石学的調査の範囲のいちじるしい拡大をあげなければならない．

第二次大戦前の変成岩の研究は，主としてイギリス，ノルウェー，フィンランドなどのヨーロッパ諸国と北アメリカ東部の野外調査に基いていた．ところが戦後になって，グリーンランド，インド，オーストラリア，ニュージーランド，Celebes，日本，California などの調査が進んできた．そのために，戦前によく調査されていた地域には全く，またはほとんど見られないような現象が，地球上にはたくさんあることが明らかになってきた．グリーンランドやインド半島には，グラニュライト相の変成岩が広く露出していて，その調査はグラニュライト相についての認識をまるで変化させた．ニュージーランドの南島には，沸石相およびブドウ石パンペリ石変成グレイワケ相とよばれるようになった低温の鉱物相の変成岩が広くみられ，D. S. Coombs（第18図）によるその研究は低温の変成作用についてのわれわれの考えを一変させた(Coombs, 1954, 1960, 1961, 他)．

第18図
D. S. Coombs (1924〜)
彼はニュージーランドの Dunedin に生れ，そこにある Otago 大学で学んだ．後に Cambridge 大学で学位をとり，Otago に帰って，やがてその教授になった．

Celebes，日本，California などの太平洋周縁の国には，藍閃石片岩およびそれに伴う変成岩が広く露出している．ヨーロッパでは，この種の変成岩は Alps，ギリシァなどに見られるが，岩石学的研究は未発達で，第二次大戦前にはその成因はよくわからなかった．1950年以後太平洋周縁地域の調査が進むにつれて，それを生ずる変成作用の内容や重要性が明らかになった．この点については，1957年ごろから現在までの関陽太郎や坂野昇平を始めとする日本の研究者の貢献は著しい．三波川変成帯についての関の研究は，わが国の変成岩研究史のなかでも，もっとも目ざましいものの一つであろう(関, 1958, 1960, 1961 a, b, 他)．

わが国の領家変成岩に類する変成岩は，戦前は世界に比較的稀な例外的なものと見られ

ていた.そして一般に,一種の接触変成岩であるとされていた.1950年以後,日本,オーストラリア,西南ヨーロッパ,そのほかバルト盾状地などの調査が進み,このような変成岩は決して例外的なものではなくて,むしろ世界にきわめて広く出現する種類の変成岩らしいことがしだいに明らかになってきた.この種の変成岩については,阿武隈高原の中部のものの研究が世界でもっとも詳細な標準となっている(紫藤,1958;都城,1958).この種の変成岩は接触変成岩ではなくて,一種の広域変成岩であり,広域変成作用は従来の岩石学で考えられていたよりも,はるかに多様なものであることが明らかになった(都城, 1953, 1958, 1961 b).

1950年代にはいってから急激に多量に出現しはじめた放射性同位元素による年代測定と,地震波による地殻構造の研究とは,地質学全体に対して衝撃的な影響を与えた.ことに1960年ごろになると,世界のほとんど全体にわたって,年代や地殻構造がかなりよくわかってきた.この進歩は,変成帯や広域変成作用についての理解や大陸の構成についての考え方にも重大な影響を及ぼしている(都城, 1961 b).

これまでは,野外における岩石学的調査の範囲の拡大として,もっぱら地理的な拡大を述べてきた.しかし実は,そのなかには,それに劣らず重要な低温領域への拡大も含まれているのである.1950年以前には,変成岩岩石学の研究対象となるのは,再結晶して変成鉱物を多量に生じていることが肉眼的に認められるような岩石にほとんど限られていた.ところが,Coombsがまずニュージーランドで,もっと低温でそれまで非変成とされていた地域が広く変成再結晶作用をうけていることを明らかにし,それを変成岩研究の方法によって解析した.この方法はわが国でも関陽太郎によって三波川変成帯の低温部に適用されて,成功をおさめた.T. W. Bloxam の California の藍閃石片岩地域の研究や,E-an Zen のアパラチア変成地域の研究は,同様にしていずれも新しい面を開いた.これらの研究は,ただ低温の変成領域を明らかにしたというだけでなく,変成作用の理解全体に大きな影響を及ぼした.このような研究は,もちろん一つの新しい発想法にもとづくものではあるが,それが容易に実行できるようになったのは,鉱物の電磁分離や X 線的同定の技術の大きな進歩のおかげである.

1950年代にいちじるしく進歩した第三の部門は,熱力学的な変成岩理論である.熱力学的な化学平衡論は,1910年代にすでに Goldschmidt や Eskola によって変成岩理論にとりいれられ始めた.しかしこの時期から第二次世界大戦に至るまでは,実際に使われていたのはまことに簡単な,初歩的な部分だけであった.それは化学平衡という観念や相律や相

図くらいのものであった．しかも，天然の岩石を実験室のなかの人工系と全く同じように考えて，それらをただ機械的に適用しようとしていた．

第二次大戦後 Ramberg が，従来の考えにとらわれない新しい理論の構成を試み，学界の固定した空気を破った．彼は重力や表面張力のように，従来の理論にとりいれられていなかった因子をとりいれて，拡散による地殻のなかの大規模な物質移動を大胆に主張した．また，造岩物質にとくに広くおこる固溶体に注意を向けて，理論のなかに用いようとした．これらの新しい試みは，1940年代の中ごろから1952年までのあいだに現われて学界を強く刺激し，当時の青年の賞讃と老人のひんしゅくをかった（当時の空気については，たとえ

第19図
D. S. Korzhinskii (1899～)
彼は St. Petersburg に生れ，1918年そこの実科学校を卒業した．1926年 Leningrad 鉱山学校を卒業し，後にその教授になった．1943年から科学アカデミーの会員になった．

第20図
J. B. Thompson, Jr. (1921～)
彼は Maine 州 Calais に生れ，Dartmouth College および Massachusetts 工業大学で学んだ．1950年から Harvard 大学で学生を指導している．

§16 1950年以後の新しい岩石学と変成作用の研究

ば都城, 1962 を参照せられたい). しかし Ramberg の理論の大部分は, 理論的に完成したものでなく, 実証的根拠をもつものでもなかったので, 一面からみれば脆かった.

1950年代になって, ソヴェト連邦科学アカデミーの D. S. Korzhinskii (1959, 第19図) やアメリカの Harvard 大学の J. B. Thompson (1955, 第20図) によって, 変成岩の鉱物構成についての新しい理論が建設された. 彼らは, 変成岩が H_2O, CO_2, そのほかの成分については開いた系であることを強調し, それをとりいれた熱力学的な理論をつくった. これは Goldschmidt や Eskola によって開かれていた鉱物相の原理の新たなる発展であって, 鉱物相の原理の基礎はこれによって明らかになったといってもよい.

Korzhinskii や Thompson の理論の一つの大きな功績は, 交代作用の理論化への道を開いたことにあった. 1950年以前には, 交代作用の研究はもっぱら記載と空想で満され, 理論というようなものはなかった. そして交代作用は, 主として物質の移動という面だけから理解しようとされた. そこでたとえば, 拡散の難易というようなことばかりがほとんどデータもなしに繰返し論ぜられた. しかし, 交代作用はそれと同時に, 移動した物質が鉱物として定着するという面を含むのである. 定着するか否かは, 鉱物の安定性に関係した問題である. この面からみると, 交代作用の研究は鉱物相の研究と密接な関係をもっているべきものである. 1950年以前にはこのことが一般に無視されたことが, 交代作用の理論化を不可能にしていた一つの要素であった. Korzhinskii は, 交代作用をこの面から研究する道を開いた.

地殻のなかのいろいろな化学反応の熱力学的性質や, それらの相互の関係が明らかになったのも主として1950年以後のことである. H_2O や CO_2 が鉱物から放出される反応, 酸化還元反応, 固溶体鉱物の化学平衡などが研究せられ, 変成過程におけるそれらの意味が明らかになってきた. 熱化学的データにもとづく熱力学的計算が鉱物の安定性の解明に有効に用いられるようになったのも, この時期のことである. これらのことは後で, 体系的に述べよう (第4章).

第3章 再結晶作用，物質移動の機構，および H_2O の移動性

§17 再結晶作用

　岩石学では，全体，または少なくとも大部分が固体である岩石内で何かの原因によって新しい結晶が生ずることを，**再結晶作用**(recrystallization)とよんでいる(§1)．石灰岩が再結晶作用をうけて大理石になるような場合には，もとの結晶と新しくできた結晶とは同じ種類の鉱物である．しかし多くの再結晶作用では，もとの結晶とは違った種類の鉱物が新しく生長する．後者のような再結晶作用のことを，**新鉱物形成作用**(neomineralization)とよぶことがある．(岩石学と金属学とでは，再結晶という言葉を固体内の新結晶の生長の意味に用いるが，化学ではそれとは全く異る意味に用いるので，誤解のないように注意が必要である．) 岩石が再結晶作用をおこす原因を，大きく三つに分けて考えてみよう．

　一つは，結晶の**内部歪み**を解消するためにおこる再結晶作用である．冷間加工した金属にはいろいろな内部歪みを生じて，硬化がおこっている．これを或る温度まで熱すると，**焼鈍**(annealing)がおこって，性質がもとに戻る．この焼鈍は，一部分は内部歪みをもつ結晶粒がそのままの形で歪みを失ってゆく過程，すなわち**回復**(recovery)によっておこるが，一部分は再結晶によって内部歪みのない新しい結晶が生長し，古い歪みのある結晶を置換することによっておこる．この場合にももとあった結晶と新しく生長した結晶とは，同じ物質の同じ構造の結晶であって，再結晶作用の原因となっているのは，もとあった結晶のもっている歪みのエネルギーである．もとからあった金属結晶で歪みのないものが残っておれば，それが核の役割をして，その生長によって再結晶がおこりうる．しかし一般には，新しい核が発生して再結晶がおこる(橋口，1954)．

　広域変成作用は変形運動と温度上昇を含んでいるので，場合によっては加工した金属の加熱に似た現象がおこる．塑性変形に伴って鉱物に歪みを生ずるが，再結晶作用によってその歪みがとれたり，多角形化することは，広域変成岩にしばしば見られる．一般に，広域変成岩の方が接触変成岩よりも低い温度まで再結晶が進むように見える．この原因の一部分は，前者の場合には鉱物は変形運動によって歪みのエネルギーをもっているので，再結晶作用をおこしやすくなることにあるのかもしれない．

§17 再結晶作用

再結晶作用の速度は温度が高くなると,指数函数的に大きくなる.そこで,ある温度の付近までゆくと,急速に大きくなる.加熱時間をほぼ一定にすれば,ある温度以下では実際上ほとんど再結晶がおこらず,その温度以上では再結晶が著しくおこるような温度をだいたい与えることができる.これを**再結晶作用の臨界温度**(critical temperature)という.塑性変形の程度が大きくなるほど,再結晶作用の臨界温度は低くなる.変形の程度が十分大きくなると,臨界温度は一定の値に近づく.この種の実験は金属についてはたくさんおこなわれているが,鉱物についてはあまりおこなわれていない.BuergerとWashken (1947)は,螢石の粉を圧縮して塑性変形させ,後でそれを加熱して再結晶作用の臨界温度を測った.変形が少ないときには臨界温度は1000°Cくらいであったが,変形がはなはだしくなると840°Cくらいまで低下した.

しかし,変成岩における再結晶作用の機構がいつも金属の場合と同様であるかどうかには疑いがある.たしかに変成岩は,変成作用の期間に少なくともその大部分は固体であっても,鉱物粒のあいだに微量の流体(ことに水溶液)がはいっていたかもしれない.もしそうならば,歪みをもった鉱物はわずかずつその流体に溶け,一方ではその流体のなかから歪みのない新しい鉱物が晶出することによって,少しずつ再結晶作用が進むであろう.おそらくこの場合には,流体のない場合よりもはるかに低い温度まで再結晶がおこりうるであろう.この問題は,後でもう一度取上げよう.

岩石が再結晶作用をおこす第二の原因となるものは,結晶粒の**境界面自由エネルギー**である.結晶粒の境界面は自由エネルギーをもっているので,境界面の総面積を小さくするように,結晶粒は近くにある自分と同じ種類の小さい結晶を食って生長し,結晶粒全体の平均の大きさが大きくなる.また,境界面自由エネルギーの大きさは相接する鉱物の種類によって異り,方位関係によって異るので,なるべくその値を小さくするように,鉱物が集ったり,特定の方位関係をもったりしようとする傾向がある.また結晶粒のあいだの隙間に水溶液がはいっているような場合には,より大きい隙間ではその壁をつくっている結晶が溶けて隙間がもっと大きくなろうとし,より小さいほうの隙間には結晶が析出して隙間がもっと小さくなり消失しようとする.こうして,境界面自由エネルギーは,再結晶作用や変成岩の構造に大きな影響を及ぼしているかもしれない(Verhoogen, 1948; DeVore, 1956, 1959).

岩石が再結晶作用をおこす第三の原因——そして実はもっとも重要な原因——となるのは,温度・圧力などの外的条件の変化によって既存の鉱物が不安定になり,新しい種類の

鉱物が生長すること，すなわち新鉱物形成である．この場合に，新しい鉱物はいかにして自分のために空間を獲得して生長することができるかという問題を，次節で考えてみよう．

§18 新しい種類の鉱物の生長機構

単に内部歪みを解消したり，境界面を狭くするためにおこる再結晶では，新しくできる結晶はもとの結晶と同じ種類の鉱物であって，ただその歪みがなくなったり，形や大きさや位置が変ったりするだけである．したがって，それらを含む岩石全体の体積は，全く，またはほとんど変化しない．ところが，新しい種類の鉱物が生ずる新鉱物形成作用の場合には，古い分解する鉱物と新しく生ずる鉱物との体積は一般には等しくないであろう．ときとしては，古い鉱物が分解して，その物質だけが全部使われて新しい鉱物ができるというような場合もある．この場合にも，鉱物により密度が違うので体積の変化がおこるであろう．また，新しい鉱物ができるときに，古い鉱物をつくっていた物質のなかの一部分は外部へ失われたり，また何かの物質が外部から侵入してきて加わったりする場合もあろう．したがって，ますます体積の変化がおこる場合が多いであろう．

まず，古い分解する鉱物の体積よりも新しくできる鉱物の体積の方が大きい場合を考えてみる．新しくできる鉱物は，まわりの他の鉱物を押しのけて変形させながら，空間をつくって生長せねばならない．しかし岩石がこの変形に抵抗するから，その部分の圧力(固相のうける圧力)が高くなる．高くなる程度は，変形に対する岩石の抵抗が大きいほど，大きいであろう．圧力が高くなると，Le Chatelier の原理によって，体積の小さい古い鉱物の安定性が増す傾向がある．そこで，圧力が高くなる程度があまり大きくない場合には，新しい鉱物の生長が続くけれど，もし或る程度以上に圧力が高まるならば，新しい鉱物の生長は止まるであろう．

しかし，このように岩石のなかの或る部分が他の部分よりも高圧である状態は，力学的にも熱力学的にも不安定である．したがって，やがてその岩石は変形して，圧力が一様化するかもしれない．あるいはまた，圧力の高い部分にある鉱物は，圧力の低い部分にある同種の鉱物よりも自由エネルギーが大きいので，長い時間のあいだには物質が高い部分から低い部分へ向って拡散し，圧力が一様化するかもしれない．いずれにしても，こうして圧力差が解消し，圧力がもとの状態にかえれば，新しい鉱物の生長が再開するであろう．

次に，古い分解する鉱物の体積よりも新しくできる鉱物の体積の方が小さい場合を考えてみよう．これは，変成岩に非常によくある場合である．累進変成作用の時におこる化学

反応のなかの多くのものにおいては，水や炭酸ガスが放出される．この場合に水や炭酸ガスは流動または拡散して問題の系よりも外に逃げてしまうので，固体である鉱物の部分だけを比較すると，反応前の固体の体積よりも反応後の体積の方が小さくなる場合が，圧倒的に多い．このような場合にもし岩石が変形しないならば，反応の進行につれてまずその部分の圧力が低くなる．そこで Le Chatelier の原理により，体積の大きい古い鉱物の安定性が増し，反応の進行は止まるかもしれない．もしさらに反応が進むならば，鉱物のあいだに隙間ができて，そこを水や炭酸ガスなどからなる流体が占めることになるであろう．この流体相の圧力は，一般には周囲の岩石の固相が受けている圧力よりは低いであろう．この状態は，力学的にも熱力学的にも不安定である．やがて，岩石の機械的変形または物質の拡散移動によって，圧力は一様化し，隙間はつぶされるであろう．こうしてまた，もとの圧力にもどるならば，新しい鉱物の生長が再開する．

このように，再結晶によって新しい種類の鉱物が生長する速度は，その岩石の変形に対する抵抗の強弱や，その岩石のなかにおける物質拡散の速さや，外的条件の変化の大きさなどにも関係するものである．この点で，固体の岩石のなかの鉱物の生長は，自由なマグマや水溶液のなかの鉱物の生長とはたいへん違った性質をもっている．

§19 粒間流体による反応と物質移動

Becke, Grubenmann, Harker, Eskola らをはじめ，1930 年代の中ごろまでの変成岩研究者のほとんどすべては，変成岩の構成鉱物の粒間には，変成作用のとき微量の溶液(流体)がはいっていて，それが再結晶作用の媒介となり，またその流動やそのなかの拡散によって物質移動がおこったと考えていた．これを**間隙溶液**(pore solution)とか，**粒間流体**(intergranular fluid)とよんだ．一般にそれは，H_2O を多量に含んでいるが，また CO_2 や F や，いろいろな造岩物質をも含んでいると考えられていた．場合によっては，Si, Na, その他の造岩物質を多量に含み，含水マグマに近いものとも考えられていた．たとえば，Sederholm のアイコー(§14)もその一種である．粒間流体が変成作用で重要な役割を演じているという考えは，今日もなかなか有力である(たとえば Chinner, 1961)．

粒間流体が仮定される理由は，固体だけではそのあいだにはほとんど反応がおこらないという考えがあるからである(たとえば Harker, 1932, p.14)．たとえば二つの鉱物 A, B が反応して，他の二つの鉱物 C, D を生ずる反応を，便宜的に A+B=C+D という式で表わすことはあっても，実際の機構はそうではないとみられる．A と B とが少しずつ粒間流

体に溶けて拡散し,そのなかで反応がおこり,そのなかから少しずつCとDとが沈殿する．この過程のくりかえしにより,AとBとの全体が反応するにいたるのである．また,粒間流体の流動によって,そのなかに溶解した物質の移動がおこる．

岩石のなかにおけるこのような流体の流動は,力学的なポテンシァル勾配によっておこる．Darcyの法則によると,多孔性の物体のなかを流体が鉛直の方向に流動するときには,

$$Q=-\frac{k}{\mu}\left(\frac{\partial P}{\partial y}-\rho g\right) \tag{3・1}$$

ここでQは単位の断面積を通して単位時間に流れる流体の体積,yは垂直方向の座標で下方を正にとる．P, ρ, gはそれぞれ流体の圧力と密度,および重力の加速度を示す．μは流体の粘性で,kは問題の多孔性の物体の性質に関係する定数であって比透過率(specific permeability)という．

水平方向に流動するときには,重力は無関係である．その流れの方向をx軸にとれば,

$$Q=-\frac{k}{\mu}\frac{\partial P}{\partial x} \tag{3・2}$$

となる(Scheidegger, 1960)．

変成岩のなかにどの程度に流体の通路があるかわからないので,流動を定量的に論ずることはできない．たとえば,粒界や劈開や葉状組織などは流体の通りやすい通路になるかもしれない．

Barth(1936)はNew York州のDutchess Countyの広域変成地域の研究において,変成作用のときにそこの変成岩全体が一種の熱水溶液によってひたされた状態になっていたのであろうと考えた．この場合に溶液のおもな通路となったのは,変形運動によって岩石内に生じた無数の平行なずれ動きの面である．この溶液は地域の東部に貫入したカコウ岩体から発して西進し,変成岩のなかを通りぬけながらそれを再結晶させたり交代作用をおこなったりし,それらのなかの泥質岩起源の変成岩の組成をしだいにカコウ岩の組成に近づけた．そして変成岩のなかの物質をも選択的に溶かして溶液の組成はどんどん変化し,ついに西方の不変成地域のなかに消えていった．ずれ動きの面のよく発達した片岩では,その面にそって多量の鉱物が層状に溶液から沈殿し,そのために原岩の成層構造とは全く異る縞状構造を生じたと考えられた．

§20 固体拡散による物質移動

1930年代の中ごろまでは，上に述べたようにほとんどすべての研究者が粒間流体を認めていたが，すでに変成作用の研究史のところ(§14)で触れたように，1930年代の末ごろから，熱烈なカコウ岩変成論者の多くは，粒間流体の存在や役割を否定するようになった．彼らは，変成作用あるいはカコウ岩化作用のときには，Si, Al, Fe, Mg, Na, その他の物質が，**固体拡散**(solid diffusion)，すなわちイオン，原子，分子などの状態で固体のなかを拡散することによって大規模に移動すると主張した．この考えをはじめて強く主張したのは，フランスのPerrinとRoubault(1937)であるが，その過程の物理化学的性質は，ことにRamberg(1952 b)によって詳細に論ぜられた．

堆積岩が堆積したばかりの状態では，それを構成する粒子のあいだに広い孔隙があって，そこに水溶液がはいっている．それが地下深く埋没すると，圧縮されて孔隙の割合が減少し，水溶液の一部分は上方へしぼり出されるであろう．しかし，圧縮による孔隙の減少には限度がある．これらの孔隙は，たがいにつながり合って，地表まで通じているかもしれない．その場合には，任意の深さのところで，岩石の固相が受けている圧力は，その岩石の平均密度と深さによってほぼ決るであろう．ところが，孔隙の水溶液である粒間流体相の圧力は，流体相の平均密度と深さによって決る．したがって，流体相の圧力は，それに接している固相の圧力よりも小さい．地下深所にはいるにしたがって，そのような圧力の差は大きくなり，また温度がいくらか上昇してくる．そこで，岩石のなかで固相にかこまれている部分，ことに粒子と粒子が接触して高い圧力を生じている部分の鉱物を構成する物質が溶けて拡散移動して，粒間の孔隙に来て，そこに沈殿し始めるであろう．すなわち，膠結作用および弱い再結晶作用がおこる．この過程は，砂岩の膠結などにおいてよく観察されている(たとえばLowry, 1956)．このために，孔隙は切断されてきれぎれになり，流体は地表への連絡を持たなくなる．

孔隙が小さく切断されると，その中を流体は流動することができなくなる．そして，その流体の圧力は，膠結と再結晶によって調節されて，まわりの固相の圧力に等しくなる．流体の密度は固相の密度よりも小さいから，膠結と再結晶とがおこっている間にも，機会さえあれば流体は上方へ移動する傾向がある．したがって，地下深所では，粒間流体の占める割合は小さくなっているであろう．このような過程は，一部分は続成作用であり，一部分は変成作用でありうる．

このような地殻内の水の状態に対する簡単なモデルとして，グリーンランドや南極大陸

上を数千 m の厚さで蔽っている氷雪の層，すなわち氷冠のなかの空気の状態を参照することができる．グリーンランドで研究せられたところ(中谷, 1958, pp. 23～32)によると，氷冠の表面には年中雪が降っているので，氷冠の上層部はふつうの雪であって，密度0.4 g/cm³ くらいである．(純粋な氷の密度は 0.917 g/cm³ である.) ところが深所へゆくにしたがって，荷重によってだんだん圧縮せられ，同時に再結晶がおこって，しだいに氷になる．はじめに雪はかなりの割合の空気を含んでいるが，圧縮と再結晶によって空気は減少し，小さい気泡として氷のなかに含まれるようになる．大たい，深さ 70 m くらいに達すると，氷雪の密度は 0.83 g/cm³ くらいになる．これまでは氷雪のなかの空気はたがいに連結していて，流動することができるのであるが，これからは分離した気泡になるために，流動できなくなる．そこで便宜上，ここまでを雪とよび，これから下方のものを氷とよぶことができる．

氷のなかに閉じこめられている気泡は，深いところへゆくほど圧縮されて小さくなり，そのなかの空気は高圧になる．深さ 240 m で約 14 atm に達する．気泡には，氷の結晶の境界面に沿って分布しているものと，結晶の内部に閉じこめられているものとある．氷の結晶は六方晶系であるが，その底面内で容易に滑りがおこるので，たとい結晶のなかに閉じこめられている気泡でも，しだいに圧縮されうる．

さて，こうして，地殻の深所では流体が流動できなくなっているとすると，物質を流体に溶かして流動させて運搬することができなくなる．そこで，物質を移動させうる唯一の方法は，拡散になる．流体の流動は，力学的な過程である．ところが，拡散は，イオン，原子，分子などが化学的な力，すなわち化学ポテンシァルの勾配によって移動する物理化学的な過程である．流体の流動では，それに溶けている物質は，すべて同一の方向に運ばれる．しかしイオン，原子，分子の拡散では，個々の種類の成分は，それぞれ異った値の化学ポテンシァルをもち，その空間的な分布あるいは勾配は異っている．したがって，拡散の方向や量は，個々の成分ごとに違う．

しかし，地下深所で変成作用をうけている岩石のなかに，ほんとうに流体相や流動がないかどうかは，実は未解決の問題である．変成作用の場合には，グリーンランドの氷雪層にはみられないような因子が加わってくる．その一つは，広域変成作用には一般に変形運動を伴うことである．変形運動によって，たえず新しい隙間の発生が助けられるかもしれない．たとえば Barth が Dutchess County の変成岩について考えたように，ずれ動きの面を生じて，そこを流体が流れるかもしれない．また，累進変成作用のときには一般に多

量の H_2O が鉱物から放出される．これも流体相の形成を助けるようにはたらくであろう．たとい比較的少量であっても，また一時的であっても，流体相が生ずるならば，その流動やそのなかにおける拡散の方が，固体拡散よりも大きな効果を生ずるかもしれない．

Fick の拡散の法則　拡散をおこす真の力は，化学ポテンシァルの勾配である．しかし均質な物体のなかを等温等圧で拡散するような場合には，もっと簡単に，次のような Fick の二つの法則が近似的に成立つ．ある媒質のなかで，x 方向に物質 A の濃度勾配があるとき，単位の断面積を通して単位時間に x 方向に拡散する物質 A の量を J とすれば，

$$J = -D \frac{\partial C}{\partial x} \qquad (3\cdot 3)$$

$$\frac{\partial C}{\partial t} = D \frac{\partial^2 C}{\partial x^2} \qquad (3\cdot 4)$$

ここで，C は物質 A の濃度で，D は拡散定数 (coefficient of diffusion) であって(長さ)^2/(時間) というディメンションをもっている．

拡散定数は温度とともに大きくなる．この現象論的な法則は，拡散の原子論的機構とは関係なく成立つものであるが，拡散定数の大きさは原子論的機構によってはなはだしく異っている．

拡散の一例として，一つの均質な物体 M の一つの面に他の相 N を接触させて，N のなかの一つの成分を M のなかに拡散させる場合を考える．その接触面上における M のなかの問題の成分の濃度を C_s とし，その値は実験時間中一定に保たれるものとする．また，

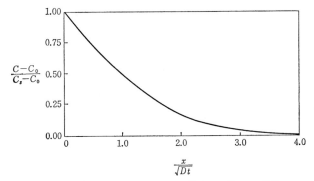

第 21 図　物体 M のなかにおける濃度 C の値．x は接触面からの距離．t は実験開始後の時間である (Darken & Gurry, 1953)．

実験の開始前における，物体Mのなかの問題の成分の濃度は C_0 であるとする．この場合に，実験開始後任意の時間における物体Mの内部での濃度分布を計算してみると，第21図のようになる．すなわち，濃度は接触面からの距離とともに減じ，拡散定数および時間とともに増す．

変成岩のなかに，もしすこしでも流体相が存在するならば，その流体相のなかの拡散が物質移動に大きな役割を演ずるかもしれない．しかしもし流体相が存在しないならば，すなわち固体拡散だけであるならば，拡散の機構から見れば，結晶粒の内部を通る拡散 (volume or lattice diffusion) と，結晶粒の境界面にそう拡散 (grain-boundary or intergranular diffusion) とに分けられる．

いろいろな種類の拡散の拡散定数の大きさの程度を，第4表に示す．これをみると，流体のなかにおける拡散の定数は，固体のなかにおけるそれよりも桁違いに大きいことがわかる．

第4表 拡散定数 D の大きさの程度

拡散の種類 (1atm)	温度 (°C)	D (cm²/sec)
気体のなかの気体の拡散	18	$0.1\sim0.8$
水中の有機物の拡散	18	$(0.5\sim3.0)\times10^{-5}$
融解した塩類相互の拡散	$300\sim800$	$(2\sim5)\times10^{-5}$
融解した金属相互の拡散	$300\sim1000$	$(2\sim10)\times10^{-5}$
固体金属中の他の金属の拡散	$300\sim1000$	$10^{-8}\sim10^{-12}$
鉄のなかの炭素の拡散	$900\sim1000$	$10^{-6}\sim10^{-8}$

注 W. Jost (1960) による．気体のなかの拡散では，拡散定数は圧力に反比例する．鉱物のなかにおける拡散定数については，たとえば Fyfe ら (1958, p. 63) の表を見よ．

結晶粒の内部を通る拡散 Rosenqvist (1952) は長石の結晶の内部を通る Pb^{+2} および Ra^{+2} の拡散定数 D を $300\sim800°C$ で測定したが，その値は $10^{-8}\sim10^{-14}$ cm²/sec の程度であった．

結晶粒の内部を通って拡散する場合には，結晶構造上の規則正しい位置を占めている二つの原子が互いに直接に位置を交換する機構によってその拡散がおこることは，容易ではない．しかし実際の結晶には，いろいろな格子欠陥がある．たとえば，規則正しいすべての位置に原子がはいっているわけではなくて，そのなかのいくらかは空所になっている．その空の位置が移動することは，換言すれば原子が移動することになり，この機構によって拡散がおこりうる．そしてこの方が，二つの原子が互いに位置を交換することよりもはるかにおこり易い．空の位置の数は，熱平衡のもとでは一定の温度では一定で，温度が高

くなると増加する．一般に拡散は格子欠陥によって促進される．変形によって歪みが生ずると，拡散定数は大きくなる．

小さい原子は，結晶粒の内部の他の原子の間を通りぬけて拡散することができる．鉄の内部を通りぬける炭素の拡散はその例である．ケイ酸塩鉱物のなかでは，石英や菫青石の構造には c 軸に平行に走る大きな孔がある．この孔のなかを他の原子が比較的容易に通りぬけるかもしれないと期待される．Verhoogen(1952)は，石英の c 軸の方向の拡散定数を 500°C で測定した．それによると，

Li^+ イオンに対し $D=1.1\times10^{-8} cm^2/sec$,

Na^+ イオンに対し $D=5.8\times10^{-10} cm^2/sec$,

K^+ イオンに対し $D=2.0\times10^{-10} cm^2/sec$

であった．この値からみると，電荷が同じならば小さいイオンの方が拡散しやすい．Verhoogen は Mg^{+2}, Ca^{+2}, Fe^{+2}, Al^{+3} などをも拡散させようとしたが，これらの電荷の大きいイオンの拡散定数はずっと小さくて測定できなかった．

物質 B のなかに，それと接触している物質 A の相から A が拡散で侵入する場合を考えると，侵入した深さの平均値 $\bar{x}$ と拡散定数 D との間には次の関係がある：

$$\bar{x}=\sqrt{2Dt} \tag{3・5}$$

ここで t は拡散をおこなわせた時間である．石英の c 軸の方向に 500°C で拡散させる場合を計算すると，100万年の間におのおののイオンの到達する距離の平均値 $\bar{x}$ は，Li^+ では約 8 m，Na^+ では約 2 m，K^+ では約 1 m である．これは大きなカコウ岩体を生じたりするための物質移動としては，あまりにも小さな値である．

結晶粒の内部を通りぬける拡散定数がこのように小さなものであることは，火成岩のなかの斜長石や輝石が，大ていいつでも帯状構造をもっているというような，われわれの日常の経験ともよく調和している．火成岩の結晶作用の温度は変成作用の温度よりも一般には高くて，拡散定数もずっと大きいであろうが，それでも斜長石や輝石を均質化するには足りないのである．Lapadu-Hargues(1945)などは変成作用のときに結晶粒の内部を通りぬける拡散によって大規模な物質移動がおこると主張したが，そのような説はとうてい支持できない．

結晶粒の境界面にそう拡散 結晶粒のあいだの境界面は，結晶粒の内部とは異って力の場が乱れている．そこへいろいろな原子や分子が吸着され，またそこを通って移動するであろう．ことに H_2O や CO_2 のように大きい分子は，結晶粒の内部を通りぬけることは困難

で,おそらく大部分は境界面に沿って移動するであろうと考えられる.もちろん,結晶粒の内部のモザイク塊片の境界面も同じような役割を演ずるであろう.この種の拡散による物質の移動量は,温度,圧力,濃度勾配のほかに,境界面の性質や広さによっても変化する.したがって,結晶粒の大きさが拡散定数に関係してくる.

Ramberg (1952 b)は,結晶粒の間の境界面に沿う拡散の重要さを強調し,変成作用の時の物質移動の大部分はこの機構によるものだと主張した.実際タングステンのなかを Th, U, Ce, Fe, Mo などが拡散する場合や,亜鉛のなかを Cu が拡散する場合の実験結果をみると,タングステンや亜鉛が単結晶である時よりも,それらが多くの微結晶の集合塊である時の方が拡散速度が大きい.これは,結晶粒の内部を通りぬける拡散よりも,境界面に沿う拡散の方が速いためであろう.タングステンのなかを Th が拡散する場合の或る測定値をみると,たとえば 1500°C において,結晶粒の内部を通りぬける拡散の定数 D は $10^{-14.5}$ くらいであるが,境界面に沿う拡散の定数は 10^{-11} くらいである (Barrer, 1951; Seith, 1939).

Naughton と Fujikawa は 1959 年に,橄欖石 Mg_2SiO_4 の多結晶集合体のなかにおける Fe^{+2} の拡散の実験を,1000~1200°C でおこなった.それによると Fe^{+2} は主として結晶粒の境界面に沿う拡散によって移動する.その拡散定数は 10^{-12}~10^{-13} の程度である.これから 100 万年の間に Fe^{+2} イオンの到達する距離の平均値 $\bar{x}$ を求めてみると,7~24 cm の程度である.これからみると,境界面に沿う拡散でも,地質学的に考えうる時間のあいだに物質を遠距離に移動させることはできない.

このことも,変成岩についてのわれわれの経験と調和している.変成岩のなかには,平衡に共存することのできない二つまたはそれ以上の数の鉱物が,比較的近い距離に存在することがある.たとえば,中部阿武隈高原の変成岩で,コランダムと石英とが 0.28 mm という近距離にあるのが見いだされている(紫藤,1958, p. 193).この場合には,Al や Si の化学ポテンシァルには勾配があったに違いない.もし拡散がよくおこれば,この二つは反応して紅柱石を生じたであろう.この反応がおこらなかったことは,拡散定数が大へん小さかったことを示している.岩石は多結晶集合体であるから,このことは境界面に沿う拡散も小さかったことを意味する.同様にして,中部阿武隈高原で,広域変成作用のあいだの Mg, Fe などの移動の有効距離は,変成温度が高くなるとともに大きくなっているけれど,それでも,2~3 cm の程度を超えなかった(都城,1958, pp. 244, 262).

カコウ岩変成論者のなかには,Si^{+4}, Al^{+3}, Na^+ などがイオンの状態で多量に拡散によっ

て移動して，交代作用をおこなったと考える人がたくさんある．しかし，もしそうであるとすると，陽電荷が大量に地殻のなかを動くことになる．この場合に，岩石の電気的な中性からの外れはどのように処理されるのであろうか？ また，これらの陽イオンがA地点からB地点に移動したとすると，A地点ではそれらと化合していた酸素が残されるので強い酸化状態がおこり，B地点では逆にそれまでの他の鉱物と化合していた酸素の一部分を奪って新しいケイ酸塩や酸化鉱物をつくるので強い還元状態がおこるであろう．しかしこれまでに，地殻内にそのような原因による強い酸化または還元状態らしいものは見いだされていない．

§21 累進変成作用における H_2O

変成作用におけるいろいろな物質の移動のなかで，H_2O の移動は最も重要である．なぜならば，変成作用のときにおこる化学反応の大部分は，固相に対する H_2O の出入を伴っている．したがって，H_2O の移動の難易は，変成反応のおこり方に大きな影響を及ぼすからである．もし H_2O が自由に動きうるならば，岩石内の或る一定の範囲を取上げて熱力学的な系と考えると，H_2O はこの系から出たり，この系にはいったりしうることになる．このように，或る物質が出入しうるような系を，その物質について**開いた系**(open system)という．ある一つの系と，それを取りまく外界とのあいだに物質の出入がない場合には，その系を，**閉じた系**(closed system)という．

これまでの節では，物質移動を機構の面から分析的に論じてきた．今度はもっと総合的に，累進変成作用のときの物質移動のなかでも，ことに H_2O の移動の問題を取上げて論じよう．移動の機構についての知識のほかに，変成作用についてわれわれがもっているさまざまな知識を用いて，この問題を照明してみよう．

まず，泥質の堆積岩の変成作用の場合を考えてみよう．粘土が堆積したばかりのときには，その全体積に対する孔隙の体積の割合，すなわち**孔隙率**(porosity)は，平均50％くらいであって，この孔隙には水がはいっている．地下深く埋没するにしたがって，孔隙の水はおもに上方に向って追出され，孔隙率は減少する．減少の程度は場合によってさまざまであるが，地下3 km にもなれば孔隙率は5％前後になってしまう (Yoder, 1955)．堆積物は，そのほかに結晶の粒間に吸着した H_2O をもち，また結晶の内部に OH^-, H_2O, あるいは H_3O^+ などのように，放出されれば H_2O になりうる物質——いわば潜在的な H_2O ——をもっている．この潜在的な H_2O は，多くの粘土鉱物では10％を超えている．

堆積物が深く埋没するに従って孔隙率が減少するのは，一部分は構成粒子の機械的再配列によるのであるが，一部分は粒子の弱い再結晶作用と膠結による．これらの作用は，一方では孔隙の水を追出す作用をするが，一方では水の逃げ出す通路を狭くし，閉鎖することによって追出しを困難にする．地下深くになると，温度も上昇するので，再結晶作用や膠結が促進され，水の通路は急速に失われるであろう．

いま，水の通路は閉鎖され，孔隙のなかの水は閉じこめられて，孤立したとしよう．このままの状態で，さらに地下の深所に持ちこまれると，温度も圧力も高くなる．たとえば，地下の温度上昇率を35°C/kmとし，圧力上昇率を230 atm/kmとすれば，この圧力上昇率は，温度上昇による水の膨脹をおさえて，水の密度を地表とほぼ同じ$1g/cm^3$に保つために必要な圧力上昇率よりも小さい(Yoder, 1955, Fig. 2)．したがって，孔隙のなかの水は膨脹し，あるいは孔隙の壁を貫いて流動や拡散で逃げ出そうとする傾向がある．おそらく水は少し逃げ出して，孔隙のなかの圧力は，まわりの岩石の圧力とほぼ等しい状態になるであろう．

実際の地下の温度上昇率や岩石の密度は，ここで仮定した値とは一般にいくらか異り，それに応じて孔隙の水の逃げ出す量もさまざまであろう．また，ときには孔隙のなかの水の圧力の方が，まわりの岩石の圧力よりも低いことも起るかもしれない．しかしこの場合には，孔隙のなかに鉱物の沈殿がおこり，結局はまわりの岩石の圧力と等しくなるであろう．このように，一般に，水の通路が閉鎖されている場合には，孔隙のなかの水の圧力は，一般にほぼまわりの岩石の圧力に等しいと考えられる．これに反し，孔隙のなかの水が通路を通して地上まで連なっている場合には，その水の圧力は，その位置の深さに相当する高さの水柱の生ずる圧力に等しいはずであって，まわりの岩石の圧力よりは，はるかに小さい．

次に，変成作用がおこったならばどうなるかを考えてみよう．変成作用については，考えねばならない三つの重要な効果がある．第一に，広域変成作用に伴う変形運動である．変形運動の機構については明らかでない点も多いが，いずれにしても，その過程で物質移動の新しい通路が生じ，H_2Oの移動を促す傾向があると考えてよいであろう．孔隙のなかのH_2Oは，その通路を通って上方へ逃げだすであろう．

第二の効果は，温度が上昇し，そのために拡散や再結晶が盛んになって，H_2Oの移動を促すことである．孔隙のなかの水は岩石よりも密度が小さいので，再結晶の過程でも上方へ移動する傾向をもつであろう．

しかし，変成作用の第三の効果が最も重要である．それは，温度の上昇に伴って，鉱物の間に化学反応がおこり，新しい鉱物が生成し，同時に鉱物から H_2O が放出されることである．粘土鉱物の多くは 10～20% くらいの H_2O を含んでいるが，変成鉱物の多くは 2～7% の H_2O を含んでいる．したがって，その差は変成作用のあいだに固相から放出される．この場合に，固相の体積だけ考えてみると，もとあった鉱物の体積よりも，新しく生ずる鉱物の体積の方が小さいことが多い．しかし，その一定の圧力のもとにおいて新しく生ずる鉱物の体積と放出された H_2O が占めるべき体積とを合せると，もとあった鉱物の体積よりも大きくなるのが普通である．そこで，もし変形もせず，H_2O が逃げだしもしないならば，その部分の圧力が高くなる．多くの場合に，このときの圧力増加はきわめて大きい．

たとえば，温度上昇に伴って変成岩におこる次のような脱水反応：

$$\underset{\text{パイロフィライト}}{Al_2Si_4O_{10}(OH)_2} = \underset{\text{紅柱石}}{Al_2SiO_5} + \underset{\text{石英}}{3SiO_2} + H_2O \tag{3・6}$$

$$\underset{\text{白雲母}}{KAl_3Si_3O_{10}(OH)_2} + \underset{\text{石英}}{SiO_2} = \underset{\text{珪線石}}{Al_2SiO_5} + \underset{\text{カリウム長石}}{KAlSi_3O_8} + H_2O \tag{3・7}$$

について計算してみると，固相の体積の減少は，それぞれ 8.8 cc および 10.4 cc である．Thompson (1955, p. 84) は，そのほかの多くの脱水反応について体積変化を計算したが，大ていの場合は，放出される H_2O の 1 mole に対して 6～20 cc くらい固相の体積が減少する．岩石の変形もおこらず，H_2O が逃げだしもしないで，固相の体積減少によって生じた空所に放出された H_2O がちょうどはいるとすると，その H_2O の相の密度は 0.9～3.0 g/cm³ という範囲になる．H_2O の相の密度が，この範囲のなかの最低値の 0.9 g/cm³ になるのは，200°C では 1000 atm 以下であるが，400°C では約 5000 atm, 500°C では約 8000 atm という圧力である．H_2O の密度が 1.3 g/cm³ および 2.0 g/cm³ になるのは，400°C ではそれぞれ約 3 万 atm および 17 万 atm である．これは地殻内には生じえない高い圧力である (Kennedy, 1950 a; Holser & Kennedy, 1958; Sharp, 1962)．したがって，400°C 以上の温度では，変成作用の圧力は，放出された H_2O を固相の体積減少によって生じた空所に入れてしまうには，多くの場合不足であろう．したがって，変成反応によって鉱物から放出される H_2O のなかのかなり多くの部分は，逃げ去ってゆくであろう．しかしここで，H_2O が逃げるとしても，どれくらい自由に逃げるかという，やや困難な問題に直面する．

もし H_2O が全く自由に移動するとしても，その移動が拡散によるか，流動によるかによって，事情はすこし違うであろう．H_2O が自由に拡散するならば，変成空間内で，もうこれ以上拡散がおこらなくなるような H_2O の化学ポテンシァルの分布に達するまでは，

拡散してゆくであろう．H_2O が自由に流動するならば，やはりこれ以上流動しなくなる圧力分布に達して停止すると考えられる．いずれにしてもこれらの場合には，一つの岩石における H_2O の化学ポテンシァルあるいは圧力は，外的条件によって決るものである．その岩石の H_2O 含有量も，化学ポテンシァルあるいは圧力の値に応じて決る．すなわち，その岩石は H_2O について開いた系になる．その H_2O の化学ポテンシァルや圧力が最大の値になるのは，純粋な H_2O よりなる流体相が固相と平衡していて，流体相の圧力は固相の圧力と等しい場合である．変成岩のなかに粒間流体があって，その流体の組成は純粋な H_2O に近い場合は，ほぼこれにあたると考えてよいであろう．

H_2O の化学ポテンシァルあるいは圧力が，上記の値よりも小さい場合には，それは純粋な組成の流体相をつくることができない．他の成分，たとえば CO_2 と混って流体相をつくるか，または流体相にならないで結晶の粒間に分離した分子として吸着しているか，などである．

次に H_2O が岩石のなかを全く移動しえないとするならば，すべての岩石は H_2O について閉じた系である．この場合には，変成空間内の位置によって，H_2O の化学ポテンシァルや圧力は，さまざまである．その値は，その岩石の含んでいる H_2O の量によって影響される．

H_2O が全く自由に移動しうる状態と，全く移動しえない状態とのあいだに，いろいろな中間的な状態を考えることができる．実際の変成作用のときの状態は，多くの場合は，この中間的な状態と想像される．しかし，これまで論じてきたような機構の面から考えただけでは，H_2O の移動がどの程度に自由であるかについて，何らの決定的な解答をうることができない．

そこで次節では観点を変えて，変成地域の岩石学的調査や変成岩の鉱物構成の面から，その解答を見いだすように試みよう．

§22 変成反応の平衡からみた H_2O の圧力

鉱物から H_2O が放出されるような反応では，次章で説明するように，ふつうは反応の平衡の温度は，H_2O の圧力が高いほど高くなる．ことに，固相の圧力を一定にしておいて H_2O の圧力を増減すれば，反応の平衡温度は大きく上下する．変成作用のときにおこる化学反応の大部分は，鉱物から H_2O が放出されるような反応である．そこで，もし変成地域のなかで，場所によって H_2O の圧力がはなはだしく不規則に変化するならば，たとい温度

§22 変成反応の平衡からみた H_2O の圧力

が地域内で一つの方向に向って規則的に上昇していたとしても，変成反応のおこり方は不規則になるであろう．したがって，地図上にアイソグラッドを引いて，鉱物変化に基く分帯をおこなうことは不可能となるであろう．

実際は，多くの変成地域において，鉱物変化に基く分帯が可能である．このことは，H_2O の圧力は変成地域内でかなりな程度まで一様であるか，あるいは規則正しく一つの方向に増加しているかであったことを示している．いずれにしても，そのように H_2O の圧力が規則正しく分布するためには，H_2O が自由に移動できなくてはならない．

後で説明するように，分帯に用いられている鉱物変化のなかの多くは，その反応温度が母岩の総化学組成によって変化するような種類のものである．そして，一つの変成地域には，いろいろな総化学組成の変成岩が不規則に分布しているのがふつうである．したがって，変成反応が規則正しくおこるといっても，一つの線上ですべての岩石にいっせいにおこりはじめるわけではない．母岩の総化学組成に応じて，或る岩石では他の或る岩石よりも低い温度でおこることになる．このような，H_2O の量よりほかの総化学組成の違いによる反応のおこり方の不規則性と，H_2O の圧力の分布の不規則性による反応のおこり方の不規則性とは，よほど精密な鉱物の共生関係の解析をおこなわないかぎり，識別できないであろう．今日の分帯では，それだけの解析はおこなわれていない．したがって，われわれが母岩の総化学組成の違いによると考えている反応温度の違いのなかには，実際は H_2O の圧力の局所的な違いによるそれが混入しているかもしれない．分帯が可能であることからみて，H_2O の圧力がだいたいは規則正しく分布しているとしても，いくらかの小さな不規則性が残っている可能性を排除するわけではない．

次章で説明するように，開いた系と閉じた系とでは，相律上の取扱い方が違っている．Thompson(1957)は Appalachians の北部の広域変成地帯において，変成岩は H_2O について開いた系であったと考えて鉱物の共生関係を精密に説明できることを論じた．Eskola (1915)は H_2O の移動についてほとんど論じていないが，彼が Orijärvi 地方で見いだした共生関係は，変成岩が H_2O について開いていたという考えと矛盾しない．また，共生関係の大たいの性質が明らかにされた多くの他の変成地域においても，H_2O がかなり自由に移動できたという考えと矛盾する事実は，ほとんど指摘されていない．

このように，相関係の立場からみると，変成作用のときには，一般に H_2O はかなり自由に移動したと考えられるのであるが，稀にはそれに反する事実も見出されている．すなわち，Zen(1961 a)は Appalachians の南部の低温の変成作用をうけたらしいパイロフィラ

イト鉱床を研究した。それによると,そのなかの鉱物の共生関係は,H_2O が自由に移動できなかったことを示している.

次に,変成しつつある空間における H_2O の化学ポテンシァルあるいは圧力は,どのような値をもっていたかを考えてみよう.この点からみてとくに有用なのは,実験的に決定されているパイロフィライトと滑石との脱水分解反応の平衡曲線である.この二つの鉱物は,温度が上昇すると次の式:

$$\underset{\text{パイロフィライト}}{Al_2Si_4O_{10}(OH)_2} = Al_2SiO_5 + 3SiO_2 + \underset{\text{石英}}{H_2O} \qquad (3\cdot 8)$$

$$\underset{\text{滑石}}{Mg_3Si_4O_{10}(OH)_2} = 3\underset{\text{斜方輝石}}{MgSiO_3} + \underset{\text{石英}}{SiO_2} + H_2O \qquad (3\cdot 9)$$

に示すように分解する.ここで Al_2SiO_5 は,紅柱石,藍晶石または珪線石である.第22図の曲線 P および T は,流体相の圧力が固相の圧力に等しいという条件のもとで実験的に決

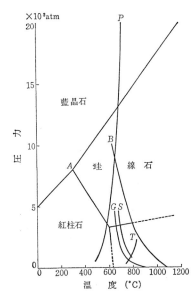

第22図
Al_2SiO_5 の同質多形(第36図と同じ)およびパイロフィライトと滑石の脱水分解曲線.P はパイロフィライトの脱水分解曲線(Kennedy, 1961),T は滑石の脱水分解曲線(Bowen & Tuttle, 1949),G はカコウ岩の融解しはじめる温度(Tuttle & Bowen, 1958),S は泥質岩の融解しはじめる温度(Wyllie & Tuttle, 1961),B は玄武岩の融解しはじめる温度(Yoder & Tilley, 1962)である.この五つの曲線は固相の圧力と H_2O の圧力が等しい場合のものである.

定された,それらの反応の平衡曲線である.ただし最近のデータによると,曲線 P は不正確であって,実際はもう 100〜200°C くらいは低温のところにあるのかもしれない(Newton & Kennedy, 1963).それにしても,P は Al_2SiO_5 鉱物の3重点 A よりはかなり高い温度のところを走っていることは確かである.T は,玄武岩が融ける温度に近いところを走っ

ている.

ところが，実際の変成岩においては，パイロフィライトは比較的低い温度で分解して，紅柱石，藍晶石，または珪線石が出現しはじめることが知られている．広域変成岩において，藍晶石と紅柱石と珪線石が三つとも同じ岩石に出現することもあり，藍晶石と紅柱石とがいっしょにみられることもある．したがって実際の変成作用では，パイロフィライトの分解曲線は，Al_2SiO_5 の3重点 A よりも低温の側を通っているにちがいない．このようにパイロフィライトの分解温度が，第22図に示した曲線よりもはるかに低くなるのは，H_2O の圧力が固相の圧力よりもはるかに低かったためであろう．

滑石についても同様に論ぜられる．実際の変成岩のなかでは，滑石は塩基性岩が融けだすよりもはるかに低い温度で不安定になり，その代りに角閃石や輝石が安定になる．これもまた，H_2O の圧力が固相の圧力よりもはるかに低かったためであろう．

このように，H_2O の圧力が固相の圧力よりもはるかに低い条件のもとでは，泥質岩やカコウ岩や玄武岩の融けはじめる温度を表わす曲線の方は，第22図の S や G や B よりも高温の方へ移動する．こうして，これらの融解曲線と上述の脱水分解曲線との間には広い間隔ができる．

H_2O の圧力が固相の圧力よりもはるかに低いならば，H_2O はそれを主とする流体相をつくって固相と平衡を保つことはできない．したがって，ここで H_2O の圧力というのは H_2O の化学ポテンシァルという代りに用いている仮想的表現にすぎない．(H_2O だけを透す半透膜でできた箱を岩石のなかに入れたと想像したときの，箱のなかの圧力である．）H_2O は実際は分子の状態に分れて，結晶の粒間にはさまっているのであろう．その移動は，流体力学的な流動ではなくて，拡散であろう．

しかし，以上の議論の進め方を反省してみると，実際の変成反応の平衡についての既知の事実が，H_2O の圧力が固相の圧力に等しいという条件と決定的に矛盾するのは，Al_2SiO_5 鉱物の3重点 A よりも高い温度の変成作用の場合である．これよりも低い温度では，かならずしも矛盾するわけではない．常温に近い低い温度では，堆積岩あるいはそれがわずかに再結晶と膠結をうけた程度の岩石は，前節に述べたように，明らかに結晶粒の間隙に水の相をもっている．この状態と，高温の変成作用をうけて粒間に流体を全くもたなくなるまでの間に，中間の状態があってもよいわけである．おそらく，累進変成作用のときに，はじめのあいだ，ことに低温のときには，粒間にまだ水が残っているが，しだいにそれは追い出され，高温の変成作用は粒間に流体のない状態でおこるのであろうと考えられる．

広域変成作用のおこりつつある空間において，その下部すなわち地下深所の高温の場所から追い出された H_2O は，上方へ向って移動し，上部の低温の場所の H_2O の量を増加し，水の相の存続を助けるかもしれない．変成作用が長い時間続くと，H_2O がしだいに追い出され，一つの場所における H_2O の圧力（あるいは化学ポテンシァル）がしだいに減少するであろう．したがって，たとい温度が上昇しなくても，脱水反応はしだいに進行するはずである．累進変成作用において，温度の上昇によるようにみえる現象のなかの一部分は，このような H_2O の追い出しによるのかもしれない．

　Si. Al, Ca, Na などの造岩元素は，H_2O を主とする流体相があるときには，それに溶解して運ばれうる．したがって，流体の流動がおこるならば，そのような物質は容易に移動しうるであろう．ところが，高温で変成されて，流体がなくなると，それらの物質は拡散によってのみ移動しうることになる．したがって，その移動は，はるかに困難になるであろうと期待される．石英，アルバイト，緑簾石，方解石などが，低温の変成作用では容易に移動富化したり，脈をつくったりしうるが，高温の変成作用ではかならずしもそれ以上移動性を増すようにみえないのは，そのためかもしれない．

　接触変成作用は，貫入火成岩体によっておこる．広域変成作用のときには，カコウ岩体が何かの過程で形成されることが多い．これらの火成岩体あるいはカコウ岩体から，場合によっては多量の H_2O が放出され，そのまわりの変成岩を侵すようなことがおこるかもしれない．この場合には，その範囲内では H_2O の圧力が高くなり，見掛け上低温の鉱物共生を生ずるであろう．

　本節のこれまでの議論は，泥質堆積岩という H_2O を多量に含む物質から出発して，その累進変成作用における H_2O の状況を問題にしたのである．この議論は，砂質の堆積岩の一部分まではほとんどそのまま拡張できるかもしれないが，その他の組成の岩石では成立つとは限らない．ただ，広域変成作用をうける地向斜の堆積物には，一般に泥質やそれに近い種類の岩石が多いので，これらをまず論じたのである．地向斜の堆積物のなかには，しばしば塩基性火山岩質の物質がかなり多量に含まれている．これはある場合には，変成作用がはじまったときに新鮮な状態にあって，その鉱物は H_2O をごく少ししか含んでいなかったかもしれない．また，場合によっては，強く変質して，多量の H_2O を含む状態になっていたかもしれない．

　変成地域で，泥質変成岩のあいだにはさまれている塩基性変成岩をみると，それがどのような経過をたどったかは別として，とにかく最後に到達した状態についていうと，まわ

りの泥質変成岩の変成温度に対応するような鉱物構成になっているのがふつうである．泥質変成岩の変成温度が高いときには，それに伴う塩基性変成岩の鉱物構成も高温の特徴を呈するようになっている．すなわち，脱水反応が進んだ状態になっている．このことは，塩基性変成岩のなかでも，H_2O の移動が自由であって，H_2O の圧力はまわりの他の変成岩におけるとほぼ同じであったことを意味するのであろう．

累進変成地域で，中程度の温度または高い温度で再結晶した塩基性変成岩のなかの斜長石や角閃石の結晶が，もっと低い温度にさらされていたあいだに再結晶してできたらしい，組成の違う斜長石や角閃石を中心に含んで，帯状構造を呈していることがある．これからみると，多くの場合には塩基性火山岩質の物質は，変成作用のあいだの比較的早い時期に，低温で安定な，多量の H_2O を含む変成鉱物の集合に変化して，それから後は温度上昇に伴って，累進的に鉱物構成が変化し，H_2O を放出したらしい．

§23 温度上昇と温度下降に応ずる再結晶作用の違い

変成作用のときには，はじめに温度がしだいに上昇して累進変成作用がおこるが，或る時期になると温度は最高に達し，それから下降するであろう．そして，ついには侵食で露出して，現在地表に見られるような常温の状態になる．温度の下降する速度は，広い地域の冷却する速度であるから，一般にきわめて緩やかであったと考えられる．

温度が最高値に達した後も，その下降に応じて再結晶作用が進行したならば，変成岩はしだいに低温で安定な鉱物構成に変化するであろう．そうすると，高温で安定なような鉱物構成をもつ変成岩は，なくなってしまうはずである．実際は，高温で安定な鉱物構成をもつ変成岩が多くの場合そのまま存続して，今日地表に露出している．このことは，温度の下降期には再結晶作用はほとんど進行しなくなることを意味している．なぜだろうか？

温度の上昇期には再結晶作用がおこるが，下降期にはほとんどおこらないという事実は，昔から人びとの注意をひいている．たとえば，Harker (1932, p. 11) は次のように書いている："温度の下降や応力の減少に応じて新しい化学平衡に到達または接近する場合よりも，温度の上昇や応力の増加に応じて新しい平衡に到達または接近する場合の方が，到達または接近がはるかにより迅速に行われる．これは第1級の原理であって，われわれの変成作用の研究において，その実例がたくさん見られるであろう．"

Harker はこれを経験的事実として認めたのであるが，Fyfe と Verhoogen (Fyfe et al., 1958, pp. 53〜103) はこの問題に対して Eyring の絶対反応速度論の立場から解析をおこな

った.それによると,固相だけの関係するような反応では,温度の上昇に応ずる向きの反応(upgrade reaction)がおこる速度の方が,温度の下降に応ずる向きの反応(downgrade reaction)がおこる速度よりもはるかに桁違いに大きい.したがって,この場合には,高温で生成した鉱物がそのまま常温まで保存されることは,十分おこりうることである.

ところが,変成反応の大部分は H_2O が固相から放出され,または固相に取りこまれるような反応である.この場合には,上記の解析によると温度の上昇に応ずる向きの反応と,温度の下降に応ずる向きの反応との速度の違いは,あまり大きくない.したがってこの場合に,高温で生成した鉱物がそのまま常温まで保存されることは,単なる反応速度の問題としては説明できない.しかも変成岩においては,前述の固相だけの関係する反応よりも,この種の反応の方がはるかに多く重要なのである.

温度の下降期には,それに応じて鉱物が H_2O を取りこんで新しく低温の平衡を達成しようとする再結晶作用がほとんどおこらないことの原因は,おそらく,それに必要な H_2O が外部からよく供給されないことにあるのではないかと思われる.累進変成作用のときの化学反応の大部分は,固相から H_2O の放出されるような種類の反応である.このとき,もし H_2O がどこへも逃げてゆかないならば,すでに述べたようにきわめて高い圧力が発生する.岩石はそのような圧力を支えることはできないので,H_2O は流動または拡散によって逃げてゆかねばならない.ところが,温度の下降する場合には,このような高圧は生じない.したがって,累進変成作用と逆の反応がおこるために必要な多量の H_2O がどこかから移動してきて供給されることは,きわめて困難である.

温度の下降に応じて,累進変成作用と逆の化学反応がごく少しばかりおこると,その付近の結晶の粒間に吸着されている H_2O のかなりの部分が消費され,H_2O の化学ポテンシァルは低下する.しかし,遠方の H_2O の化学ポテンシァルの大きい場所との間の化学ポテンシァルの勾配は小さくて,H_2O の拡散はほとんどおこらないのであろう.

はじめに変成温度の高い変成岩があって,それが後にもっと低い温度で安定な鉱物構成に変化する作用を,**下降変成作用**(retrograde metamorphism, diaphthoresis)という.上に論じたような,変成作用の過程における温度の下降期におこる再結晶作用は,下降変成作用の一例である.変成作用が2回あって,はじめの変成作用でできた高温で安定な鉱物構成が,2回目の変成作用によって低温で安定な鉱物構成に変るのも,下降変成作用である.一般にいって,下降変成作用はおこりにくい.このことは,H_2O が自由に供給されないことによるのであろう.

地下で生成した変成岩が，その塊のままで上昇し，上層の地殻が侵食で取り去られて地表に露出するような場合には，ふつうは，下降変成作用はほとんどおこらない．下降変成作用がはげしくおこるのは，一般に，変成岩がその生成後に強い変形運動をうけて，構成鉱物が細かく破砕され，岩石の微小な構成要素に至るまでそれぞれ相対的な運動，すなわち差動 (differential movement) をうけたような場合である (Knopf, 1931)．差動をうけると，その期間に，またはその後に，下降変成作用がおこりやすくなるという事実の一つの原因は，差動をうけたために岩石内に H_2O が浸入しやすくなることにあるのであろう．

§24 流体包含物

変成作用をうけつつある岩石のなかにおける H_2O の移動性に関連して興味あるものの一つは，変成鉱物，ことに石英のなかに含まれている流体包含物 (fluid inclusions) である多くの変成岩のなかの石英が微細な流体包含物を含んでいて，その流体の大部分は水溶液らしいということは，今から約100年前に H. C. Sorby によってすでに観察されているが，その後研究はほとんど進んでいない (Smith, 1953 a)．

Sorby (1858) は，いろいろな岩石のなかの鉱物の流体包含物を観察しただけでなく，人工的に流体包含物を含む結晶をつくってみた．高温の水中で塩類の結晶をつくると，その温度の水を包みこんで包含物を生ずる．それを室温まで冷却すると，液体は収縮して，そのために包含物のなかに気泡を生じる．一般に，流体包含物が最初に石英に包みこまれたときには，その流体相は均質であったが，後に温度の下降に伴って，液相と気相に分離したり，固相を沈殿させたりする．変成岩のなかでも，液相と気相に分離していることはしばしば認められる．H_2O の性質は知られているので，包みこまれたときの温度と圧力が与えられると，室温に冷却したときに包含物のなかで気相と液相とが占めるべき体積の割合は，容易に知られる (第23図)．

Toronto 大学の Smith と Peach (1949), Scott (1948) などは，この考え方を進めていって，鉱物の生成温度を推定するための decrepitation 法を開拓した．その方法では，結晶を加熱するときに，気泡が消滅する温度 (充填温度) を越えると，包含物内の圧力が急に上昇して結晶を破裂させ，パチパチと音を立てるので，その音を観測して充填温度を知り，それからもとの圧力を考慮してその結晶の生成温度を推定しようとするのである．しかし，包含物が生成して以来，そのなかの流体が全く漏れ出したり浸入したりすることなく保持されたか否かには疑いがあるし，前に引用した氷の結晶のなかの空気泡 (§20) のように，結

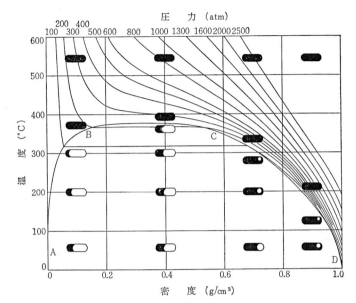

第23図 水の状態図と流体包含物．臨界温度374°C以下で領域 ABCD のなかでは水は液相と気相に分れている．それ以上の温度(図中黒くぬりつぶしてあるもの)では，いつも1相だけである．四つの異る密度(平均密度)をもつ流体包含物が，いろいろな温度でどのような液体：気泡という比をもっているかを示す．斜線は，ただ1相だけの場合を示す(Roedder, 1962)．

晶の変形によって包含物が縮小されたこともあるかもしれない．したがって，このようにして推定された生成温度の信頼性には大きな疑いがある(Kennedy, 1950 b)．

　ペグマタイトや脈のなかの石英に含まれている流体包含物の水は，NaCl, KCl などをかなり濃厚に溶かしている(Roedder, 1958)．しかし変成岩のなかの流体包含物の水が何を溶かしているかは，調べられていない．

　累進変成作用の場合に，温度のごく低い部分には H_2O を主成分とする流体相があったとしても，温度の比較的高い部分には流体相はなくなったらしいことを，前に述べた(§22)．流体相がない場合には，流体包含物を生ずることはなさそうに思われる．しかし実際は，変成温度の高い変成岩のなかの石英も，しばしば流体包含物を含んでいる．これはなぜであろうか？

　三波川変成岩や阿武隈高原の変成岩のなかの石英を観察すると，流体包含物は分布状態

§24 流体包含物

によって次の3種類に分けられる.

(1) 石英粒の内部全体にでたらめに分布している流体包含物. または石英粒の周縁部を除いて, それ以外の部分にでたらめに分布している包含物. このような包含物は, 昔から一般に, 結晶が生長したときに包みこんだ1次的なものだといわれている. すべてがそうであるか否かは疑わしいが, 大部分はそうだと考えることができる.

(2) 石英粒の内部で, 或る面にそって分布する流体包含物. このような包含物は, 石英粒に割目ができて, そこに流体がはいりこみ, 後に石英が生長して, 割目は閉ざされ, はいりこんだ流体は小さな多数の流体包含物になるという過程で生ずるものだと考えられる. したがって, この2次的包含物の分布している面は, かつて割目であった面を表わしている (第24図).

(3) 石英の粒と粒との境界面にそって分布している流体包含物.

これらのなかで, (2)や(3)の流体包含物はどんな温度の変成岩にでも見られることがあるが, (1)の包含物は比較的低温の変成岩にはしばしば見られるが, 高温の変成岩にはあまり見られないようである. このことは, 低温の変成作用のときには流体相が存在し, そこで生じた包含物は或る程度は温度が上昇しても保持されるが, 高温になって流体相がなくなるとしだいに消滅してゆくと考えると, 説明できるであろう. カナダ盾状地の高温の変成岩でも, 流体包含物はきわめて少ないということは, Smith (1953 b) も気がついている.

アメリカの Washington 市地方の片麻岩やカコウ岩の石英には, 2次的な流体包含物が

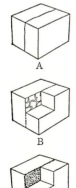

第24図
2次的な流体包含物の生成過程. A: まず石英に割目ができ, そこに流体がはいりこむ. B: 石英の部分的溶解と沈殿により, 薄い板状の流体包含物ができる. C: 時がたつにつれて, 包含物の形はしだいに丸っこくなり, あるいは結晶面が現われることもある (Tuttle, 1949 による).

平行な無数の平面にそって含まれている．その平面は，石英の結晶学的方向とは無関係で，500 km^2 にわたる広い地域内で一定の空間的方位をもっている．これはその地方全体に作用した応力によって石英粒に割目ができ，その割目にはいった流体が後に包含物になったのであろう（第24図）．その流体包含物の分布する平面は，片麻岩の葉状組織や石英粒の選択的方位とは無関係で，包含物はそれらの形成より後の或る時期に生じたのである（Tuttle, 1949）．

§25 変形運動と再結晶作用の時間的関係

変成作用のときに，変成空間のなかの任意の一点の温度変化をみると，はじめに温度が上昇しながら再結晶がすすみ，最高の温度に達して後は，しだいに下降する．Barrow (1893, 1912) が Scottish Highlands の広域変成地域を分帯し，その変成作用を累進変成作用とよんだのは，直接的には地域的に北方にゆくほど変成温度が高くなっているということによるのであったが，同時に，一つの地点についてみれば時間の経過とともに変成温度が累進的(progressive)に高くなっていったと推定していたのであろう．

温度だけについていえば，変成温度の高い岩石は変成温度の低い状態を経過して高まったに違いない．しかし，そのほかの条件まで，変成温度の高い岩石が現在その付近にみられるもっと変成温度の低い岩石と同じ状態を経過していったとは限らない（Read, 1957, pp. 24～25, pp. 31～32；小島，1948）．たとえば累進変成地域において，偽層などのような原岩の堆積構造が，変成温度の低い岩石では変形運動によって完全に破壊されているが，変成温度の高い岩石ではよく保存されているような例が知られている．この場合には，温度の低い変成岩の方が変形運動をより多くうけているのであろう．したがって変形運動については累進変成地域の高温の変成岩は低温の変成岩の状態を経過していないことを示している．変成空間のなかの位置が異るにしたがって，圧力や H_2O の化学ポテンシァルや変形運動の性質はさまざまに異るので，それらについては，おのおのの部分は異った時間的経過をたどるのがふつうであろう．

変成岩の再結晶作用の経過，また，再結晶作用と変形運動との時間的な関係などは，いずれも重要な問題であるが，まだ十分解明されていない．広域変成作用は一般に変形運動と再結晶作用とを含むので，ごく大まかに見ればこの二つの要素は同じ時代のものである．しかし，もっと厳密にその時間的関係を明らかにする必要がある．近年，広域変成岩については，その変形運動をいくつかの時期(phase)に分割し，おのおのの時期の変形運動を

§25 変形運動と再結晶作用の時間的関係

時間の目盛として用い，変成岩の組織の解釈から再結晶作用と変形運動の時間的関係を明らかにしようとする試みがおこなわれて，以下に述べるように，ある程度成功しつつある．

広域変成作用に伴う変形運動(すなわち造山運動のときの深部の変形運動)は，一般にただ一度におこるものではなくて，いくつかの時期に分割されるものらしい．そのおのおのの時期の運動は，それぞれ特有の性質と方向をもっているので，野外調査でたがいに区別し，その前後関係をきめることができる．そして，それらの時期のあいだには，静止の期間がはさまっている．そのような変形運動に伴って，いくつかの片理面やそのほかのそれぞれ特徴的な組織が形成される．そこで，それぞれの組織上の特徴と変成鉱物の生長との関係を顕微鏡下で観察することによって，変形運動のそれぞれの時期と比較して，鉱物の形成がそれより早いか，同時か，遅いかを決めることができる(Sturt & Harris, 1961; Johnson, 1962, 1963; Zwart, 1962, 1963)．

たいていの広域変成岩には，少なくとも一つの片理面がある．その変成岩のなかに斑状変晶が生長する場合に，斑状変晶の内部では，片理面の痕跡は石英，グラファイト，雲母などの小さい包含物の連なった行列となってうけ継がれていることが多い．この行列を trails または trends とよんでいる．また，変成岩のマトリックスにみられる片理を se 片理とよび，斑状変晶のなかにうけ継がれている片理の痕跡を si 片理とよぶことがある．(このよび方は，B. Sander にはじまったものである．) さて一般に，岩石の変形は，片理面に着目して考えると，たいていは次の三つの場合のなかのどれか，またはそのはじめの二つの組合せとみなされる：

(1) 片理面がすべり面である場合．
(2) 片理面が flattening (独, Plättung) の面である場合．すなわち，片理面に垂直な方向に圧縮され，片理面に平行な方向に向って伸びるような変形をうける場合．
(3) 片理面が褶曲する場合．

この3種の場合のおのおのにおいて，斑状変晶の生長が変形運動よりも前におこったとき(pre-kinematic)，変形運動と同時におこったとき(syn-kinematic)，および変形運動より後でおこったとき(post-kinematic)をみると，それぞれのときに生ずる se 片理と si 片理との関係は特徴をもっている．その関係を，第25図に示す．これをみると，すべりの後で生長した斑状変晶と flattening の後で生長した斑状変晶とは区別できないが，それよりほかの場合はすべて区別できる．これらのすべての場合が，実際に変成岩の薄片で見いだされる．したがって，これによって，いろいろな変形運動を時間の目盛にした場合の，斑状

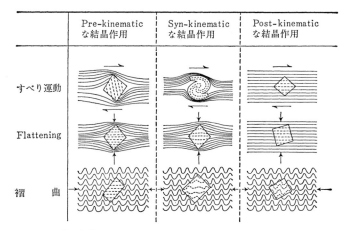

第 25 図　変形運動と結晶の生長との時間的関係を示す九つの形態（Zwart, 1962 による）

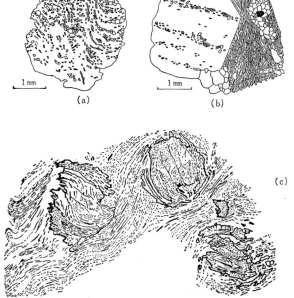

第 26 図
ザクロ石斑状変晶の生成と変形運動. (a)は, 片理面の褶曲後ザクロ石が生長して, 微褶曲が包含物の trends として保存されている場合である. (b)は, ザクロ石の生長後にすべり運動がおこって, si と se とが斜交するようになった場合である. (c)は, ザクロ石の生長しつつあるときにすべり運動がおこり, 回転しながら生長した場合である ((a), (b) は Sturt & Harris, 1961による. (c)は Krige, 1916 の原図で Read, 1957による).

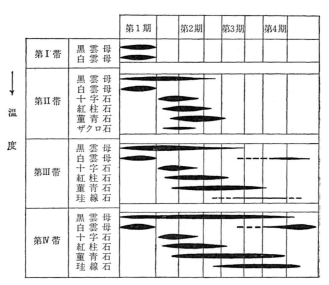

第27図 中部 Pyrenees の Bosost 地方における変成帯の鉱物生成と変形運動の時期. 変形運動は第1期から第4期まで四つの時期に分れておこり，それらの間には静止の期間がはさまれていた (Zwart, 1962 による).

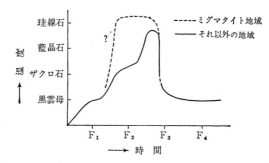

第28図 Scottish Highlands の Barrovian zones 地域における変形運動と温度との関係. 変形運動には F_1〜F_4 の四つの時期があり，そのなかで F_1 がその地域のもっとも大きな構造をつくった. 変成温度の目じるしとして, Barrovian zones の特徴的な鉱物を用いてある (§11 参照) (Johnson, 1963 による).

変晶を生じた再結晶作用の時期を知ることができる(Zwart, 1962).

　フランスとスペインの国境にそう Pyrenees に露出する後期古生代の広域変成地域は，泥質変成岩の鉱物の生成によって次の四つの累進変成帯に分けられる：第Ⅰ帯(黒雲母帯)，第Ⅱ帯(十字石-紅柱石-菫青石帯)，第Ⅲ帯(紅柱石-菫青石帯)，第Ⅳ帯(菫青石-珪線石帯).この地域には，四つの著しい変形運動の時期が区別できる．それに関係づけて，おのおのの地帯における変成鉱物の斑状変晶の生長の経過を示すと，第27図のようになる．この図をみると，おのおのの地帯のなかの鉱物もいちどに同時に生長したのではなくて，変成作用のあいだの長い時間の経過とともに順次に生成したのである．一つの地帯のなかでみると，白雲母→十字石→紅柱石→菫青石→珪線石の順序に生じている．これは，累進変成作用のあいだに，時の経過とともに温度がしだいに上昇し，それに応じて低温で安定な鉱物がしだいに不安定になり，高温で安定な鉱物が生じたことを示している．すなわち，変成鉱物の生成に関する限りは，高温の変成地帯は低温のそれと同じような状態を経過したことを意味するのである．いちばん最後の時期には，低下変成作用が少しおこって，ふたたび白雲母が生成している(Zwart, 1962, 1963).

　これまでに研究された地域を通覧すると，地域のなかで最も大規模なドームや横臥褶曲やナップをつくるような変形運動は，ふつうは変成作用のなかのいちばん早い時期におこっている．そのときには，変成温度はまだ低い．その後数回くらい変形運動の時期があって，もっと規模の小さい構造を生ずる．そのあいだに，変成温度はしだいに高くなり，頂上に達するというようになっているようである(たとえば Zwart, 1962; Johnson, 1963; Chatterjee, 1961 a). その一例を第28図に示す.

　したがって，変成地域のなかに大きな横臥褶曲やナップがあっても，等温面やアイソグラッドはそれにおかまいなしに，それらの構造を切って走る．そこで，地域の大きな地質構造の解釈に誤りがあっても，そのことは変成作用の岩石学的研究には大した影響を与えない．すなわち，構造地質学的研究と岩石学的研究とは，或る程度独立におこなうことができる．

　こういう場合に，変形運動の個々の時期を切り離して考えると，変形運動の時期の数だけ"変成作用"が繰返しおこったようにも見られる．また，はじめに低温で大きな変形運動がおこり，後になって温度が上昇したことを，はじめに"動力変成作用"があって，後に"熱変成作用"があったといわれるかもしれない．しかし実際は，これらの全体が一つの広域変成作用なのであって，広域変成作用は一般にこのように多くの時期を含む長い期

§25 変形運動と再結晶作用の時間的関係

間の過程と解すべきであろう.

広域変成作用には一般に変形運動と再結晶作用とが含まれているというと, 変形運動がおこりつつある状態で同時に再結晶作用も進行するような印象を与えやすい. しかし実際は, 変形運動のいくつかの時期のあいだには, 静止の期間があって, この期間にもやはり再結晶作用は進んでいるのである. 第28図に示すように, Scottish Highlands の Barrovian zones では, 変成温度が最高に達したのは第2回目と第3回目の変形の時期の中間にあった静止の期間であって, 十字石, 藍晶石, 珪線石などのような比較的高温の鉱物は, この期間に生成したのである. そして, 現在一般に Barrovian zones の地域の温度分布および鉱物構成とみているものは, この変成温度が最高に達したときのそれらなのであろう.

あまり広くない変成地域をとれば, 変形運動の個々の時期は地域全体でおそらくほぼ同時であって, 変形運動をそのまま時間の目盛と見なすことができる. しかし広い造山帯の全体を見ると, 変形運動の様式も時期も, 部分によって異るであろう. 温度上昇の時期も同じではないであろう. したがって, 変形運動をただちに時間の目盛に用いることはできなくなる.

累進変成作用のときには, 変成温度が高くなるにつれて一般に再結晶作用が進んで, 結晶粒が大きくなる傾向があり, これは変成岩の組織の変化のなかで重要な役割を演じている. しかし結晶粒の大きさは, 変成地域によってはなはだしく異るものである. また, 再結晶作用のおこる温度の下限も地域によってはなはだしく異っている. これらの問題は, 後で第9章§84で取上げるであろう.

第4章 地殻の化学熱力学

§26 地殻構成物質の熱力学的研究

　熱力学の第一および第二法則は，いずれも19世紀の中ごろに定式化せられた．それにもとづく熱力学の体系は，19世紀の後半から20世紀の始めにかけて樹立された．ことに20世紀の始めは，熱力学的な物理化学の体系が成立して，学界の注目を集めていた時期であった．1901年にはじまったNobel賞の初期の受賞者のなかに，van't Hoff (1901年)，Arrhenius (1903年)，Ostwald (1909年)，van der Waals (1910年)など，この方面の人が多く含まれているのは，そのことの反映である．

　このような状況のもとで，19世紀の末ごろから地学にも熱力学的な物理化学を応用しようという気運がおこってきた．晩年のvan't Hoff (1912, 他)の岩塩堆積鉱床の成因論的研究は，その時代の物理化学の巨人が直接示した地学への応用の模範として，この気運に少なからぬ影響を与えた．20世紀が始まったばかりのころから，J. H. L. Vogtは相律の立場から火成岩の結晶作用を研究して，地質学者の先頭を進んでいた．1910年代になると，V. M. Goldschmidtが相律の立場から変成岩の鉱物構成の研究を行った．また彼が，珪灰石生成反応や交代作用の反応の研究をおこなったのも，有意義な先駆的な試みであった．こういう流れのなかから，1920年代の始めに結晶して出たのが，火成岩の成因についてのBowenの反応原理と，変成岩の成因についてのEskolaの鉱物相の原理であった．この二つによって，それぞれの分野が体系的に組織された．この二つの原理は，どちらも，岩石を熱力学的な一つの系とみるという，19世紀の地学にはほとんどなかった新しい思想の凝固したものであった．そこで具体的に使われている手段は，岩石の生成を支配している多相平衡の相律的な解析であった．

　しかし，地殻の造岩鉱物の化学平衡には，普通の物理化学で取扱う系とは異ったいろいろな問題がはいってくる．たとえば，地殻における物質の移動性とか，系内の固相と気相との圧力の違いとか，大部分の固相が広い範囲の固溶体を形成し，また酸化還元の影響をうけやすいことなどはその例である．これらのことをも考慮に入れて地殻内の化学平衡を論ずることは，1950年代になってはじめておこなえるようになった．この方面では，D. S. KorzhinskiiやJ. B. Thompsonの功績がことに大きい．この章では，このようにして構成

§27 熱力学の基礎

された地殻構成物質の熱力学的物理化学を取扱うことにする．

§27 熱力学の基礎

物体の巨視的な状態，すなわち熱力学的な状態が定まれば，それに応じて一義的に大きさの定まる量を**状態量**(quantity of state)という．物体の温度，圧力，体積，内部エネルギー，エントロピーなどは，いずれも状態量である．これに対して，仕事や熱量は状態量ではない．

温度，圧力，体積などは，直接に測定できる直観的な状態量である．熱力学の第一法則は内部エネルギー，第二法則はエントロピー，という直接に測定できない状態量の存在を明らかにした．これらを基礎にして，エンタルピー，自由エネルギー，化学ポテンシァル，フュガシティー，活動度などの状態量が導かれ，熱力学が構成されている．これらの概念の詳細な内容は，熱力学の概説書を参照せられたい(たとえば，Guggenheim, 1950; Rossini, 1950; Kubaschewski & Evans, 1958; Everett, 1959; Lewis & Randall, 1961; 小島, 1952; 宮原, 1959)．また，それらを岩石や鉱物の研究に用いる具体的な方法については，筆者の他の著書(都城, 1960 a)を参照せられたい．ここでは§27〜30に，それらの状態量についての記憶を新たにするために簡単な記述をおこなうにとどめる．

ある物体の内部エネルギーを U, 圧力を P, 体積を V とするとき，$H=U+PV$ という函数を考え，この H を**エンタルピー**(enthalpy)または**熱含量**(heat content)という．一定の圧力のもとで何かの変化がおこったときに，系が外部から吸収する熱量は，その系の有するエンタルピー H の増加(すなわち ΔH)に等しい．ΔH が正の値の場合には熱は外部から系にはいり，ΔH が負の値の場合には熱は系から外部に出る．化学反応によるエンタルピーの増加(すなわち反応生成物の H から，もとの物質の H を引いた値)は，その反応のときに吸収する熱量，すなわち**反応熱**(heat of reaction)に等しい．

内部エネルギー U と同様に，エンタルピー H は絶対的な大きさのわからない量である．そこで，純粋な元素が圧力1atm(気体ではフュガシティー1atm)，温度25°C(298.16°K)で安定にある状態を**標準**にとって，そのときのそれらのエンタルピーを0とすることに規約する．このような標準状態の元素が反応して1atm, 25°C のもとにあるさまざまな化合物をつくるときの反応熱は，それらの元素のエンタルピーを0とした時のそれらの化合物のエンタルピーそのものを表わすことになる．これを**標準生成熱**(standard heat of formation)とよび，$\Delta H°_{298}$ と書く．造岩鉱物の標準生成熱の例を，第5表に示す．

第5表 造岩鉱物および関係物質の標準生成熱，標準エントロピー，標準生成自由エネルギー，および1atm, 25°Cにおける分子熱

化学式	鉱物名	$\Delta H°_{298}$ kcal/mole	$S°_{298}$ cal/deg.mole	$\Delta G°_{298}$ kcal/mole	$C°_P$ cal/deg.mole
$\alpha\text{-}Al_2O_3$	コランダム	−399.1	12.19	−376.8	18.88
C	グラファイト	0	1.361	0	2.066
C	ダイアモンド	+0.4532	0.583	+0.685	1.449
CO_2	(気体)	−94.05	51.06	−94.26	8.874
$CaSiO_3$	珪灰石	−378.6	19.6	−358.2	20.38
$CaCO_3$	方解石	−288.45	22.2	−269.78	19.57
$CaCO_3$	アラゴナイト	−288.49	21.2	−269.53	19.42
$Fe_{0.95}O$	ウスタイト	−63.7	12.9	−58.4	12.43
Fe_3O_4	磁鉄鉱	−267.0	35.0	−242.4	34.28
Fe_2O_3	赤鉄鉱	−196.5	21.5	−177.1	25.04
Fe_2SiO_4	Fe橄欖石	−343.7	35.4	−319.8	31.75
H_2O	(液体)	−68.32	16.72	−56.69	17.996
H_2O	(気体)	−57.80	45.11	−54.64	8.025
$KAlSi_3O_8$	氷長石	−905.3	51.4	−851.7	
MgO	ペリクレス	−143.84	6.4	−136.13	8.94
$Mg(OH)_2$	ブルース石	−221.0	15.09	−199.3	18.41
$MgSiO_3$	単斜頑火輝石	−357.9	16.2	−337.2	19.56
Mg_2SiO_4	Mg橄欖石	−508.2	22.75	−479.6	28.21
$NaAlSiO_4$	ネフェリン	−490.9	29.1	−463.4	28.38
$NaAlSi_2O_6$	ヒスイ輝石	−701.9	31.8	−659.3	38.34
$NaAlSi_3O_8$	アルバイト	−906.7	49.2	−853.2	48.96
O_2	(気体)	0	49.00	0	7.017
SiO_2	石英	−205.4	10.0	−192.4	10.62
SiO_2	トゥリディマイト	−204.8	10.4	−191.9	10.66
SiO_2	クリストバル石	−205.0	10.2	−192.1	10.56
SiO_2	コース石	−205.6	8.6	−192.2	
SiO_2	(ガラス)	−202.5	11.2	−190.9	10.60

注 主として, Rossini *et al.* (1952), Eitel(1952)および Kubaschewski & Evans(1958)による. ここにあげた $\Delta H°_{298}$ および $\Delta G°_{298}$ は，問題の物質が単体元素から生成する場合の値である. そのほかに，酸化物から生成する場合のそれらの値もよく用いられる.

任意の化学反応において，反応式の右辺の物質の $\Delta H°_{298}$ の和から左辺の物質の $\Delta H°_{298}$ の和を引いた値は，1atm, 25°Cにおける反応熱である. たとえば SiO_2 組成のガラスが石英になる反応:

$$SiO_2(シリカガラス) = SiO_2(石英)$$

$\Delta H°_{298}:$ −202.5   −205.4   kcal/mole

において，反応熱は −205.4−(−202.5)=−2.9 kcal/mole である.

固体物質の**分子熱**(molar heat, すなわち 1mole の熱容量)C_P は，0°Kでは0で，温度

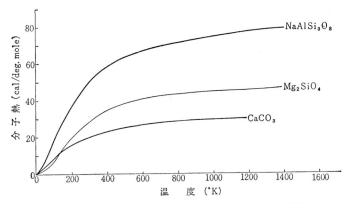

第29図 分子熱 C_P の温度変化. アルバイト (NaAlSi$_3$O$_8$), 橄欖石 (Mg$_2$SiO$_4$) および方解石 (CaCO$_3$) の分子熱を示す.

が上昇するとしだいに大きくなる. 固体化合物の分子熱は, 常温またはそれ以上の温度においては, その化合物を構成する元素または酸化物の固体状態における分子熱の和に, ほとんど等しい. たとえば紅柱石 (Al$_2$SiO$_5$=Al$_2$O$_3$·SiO$_2$) の分子熱は 1000°K において約 45.0 cal/deg. mole である. この温度におけるコランダム (Al$_2$O$_3$) の分子熱は 29.6 cal/deg. mole で, 石英 (SiO$_2$) の分子熱は 16.3 cal/deg. mole であるから, その和 29.6+16.3=45.9 cal/deg. mole は紅柱石の分子熱にほとんど等しい. したがって, 常温またはそれ以上の温度で固体ばかりの間に反応がおこって固体ができるときには, その反応による熱容量の変化 ΔC_P は, ほとんど 0 である.

任意の化学反応において, 反応熱 ΔH と反応による熱容量の変化 ΔC_P とのあいだには, 次のような Kirchhoff の方程式が成立つ:

$$\left(\frac{\partial(\Delta H)}{\partial T}\right)_P = \Delta C_P \tag{4·1}$$

そこで, 25°C における反応熱 ΔH_{298} が知られている場合には, 同じ圧力のもとで任意の温度における反応熱 ΔH_T は次のようにして求められる:

$$\Delta H_T = \Delta H_{298} + \int_{298}^{T} \Delta C_P dT \tag{4·2}$$

熱力学の第三法則によると, 0°K において, 任意の純粋な完全に規則正しい結晶性固体 (元素および化合物) のエントロピー (entropy) は, 圧力に関係なく, 0 とすることができる. (固溶体をつくっている物質やガラスのエントロピーは, 0°K でも 0 にはならない.) そこ

でこれを基準にして，任意の状態にある物質のもつエントロピーの値を求めることができる．

任意の可逆的な微小変化がおこったときに，その変化に伴って吸収した熱量をQとし，絶対温度をTとすれば，エントロピーの増加dSは，

$$dS = \frac{Q}{T} \tag{4・3}$$

である．一定の圧力のもとで加熱する場合には，$Q=C_P dT$ であるから，

$$dS = \frac{C_P}{T} dT \tag{4・4}$$

となる．そこで，$0°K$ から $T°K$ までの間に，T_1 と T_2 とで相転移をし，それぞれ熱量 ΔH_1 と ΔH_2 を吸収する純粋な結晶性固体の $T°K$ におけるエントロピー S_T は，

$$S_T = \int_0^{T_1} \frac{C_P}{T} dT + \frac{\Delta H_1}{T_1} + \int_{T_1}^{T_2} \frac{C_P}{T} dT + \frac{\Delta H_2}{T_2} + \int_{T_2}^{T} \frac{C_P}{T} dT \tag{4・5}$$

となる．したがって，エントロピーを求めることは，熱量の測定に帰する．そのほかに気体では，分光学的研究からも計算できる．

1atm, 25°C(298.16°K)という標準状態でのエントロピーを**標準エントロピー**(standard entropy)とよび，$S°_{298}$ と書く．造岩鉱物の標準エントロピーの例をも，第5表に示す．

一般に固相ばかりが反応して固相を生ずるような場合や，相転移の場合におけるエントロピーの変化 ΔS は大へん小さく，$\Delta S=0$ と考えてよいことがかなり多い．したがって，固体物質のエントロピーは，それを構成している元素または酸化物の固体状態でのエントロピーの和として，近似的に計算で求めることができる．変成鉱物のなかには H_2O や CO_2 のように標準状態では固体でない物質を含むものが多い．それらの鉱物の標準エントロピー $S°_{298}$ を，その構成酸化物の $S°_{298}$ の和として求めようとする場合には，H_2O および CO_2 の固相としての $S°_{298}$ は，それぞれ 9.5 cal/deg. mole および 10.5 cal/deg. mole とすれば，計算値と実測値はかなりよく合う．

§28 自由エネルギーとフュガシティー

エンタルピーを H, エントロピーを S, 絶対温度を T とするとき，$G=H-TS=U+PV-TS$ という関数 G を考え，これを Gibbs の**自由エネルギー**(free energy)，または単に自由エネルギーという．温度も圧力も一定という条件のもとで何かの変化がおこる場合に，系のもつ自由エネルギーは決して増加しない．すなわち，その変化が可逆変化である場合には，自由エネルギーの値は変化しないし，その変化が不可逆変化である場合には，自由

エネルギーはかならず減少する．したがって，自由エネルギーが最小の状態にある系には，それ以上の不可逆変化はおこりえない．可逆変化というのは実は平衡状態のことなのである．そこで，自由エネルギーが最小の状態にある系は，安定な平衡状態にあることになる．このように，Gibbs の自由エネルギーは，一定の温度と圧力のもとでの系の安定度を測る尺度になるので重要である．

圧力 1atm のもとにおいては，石英(SiO_2)とトゥリディマイト(SiO_2)との間の転移点は 870°C である，すなわち 870°C 以下の温度では石英が安定で，それ以上の温度ではトゥリディマイト(SiO_2)の方が安定だといわれている．このことは，870°C 以下ではトゥリディマイトの 1mole がもつ自由エネルギーよりも石英の 1mole がもつ自由エネルギーの方が小さく，870°C 以上ではその反対になることを意味する．ちょうど 870°C では，トゥリディマイトと石英の自由エネルギーが相等しく，一方が他方に転移しても自由エネルギーの値は変化しない．これはすなわち可逆変化であって，この温度ではトゥリディマイトと石英とは平衡しうることを意味する．

温度および圧力の変化によっておこる自由エネルギーの変化は，

$$dG = VdP - SdT \tag{4・6}$$

したがって，

$$\left(\frac{\partial G}{\partial P}\right)_T = V \tag{4・7}$$

$$\left(\frac{\partial G}{\partial T}\right)_P = -S \tag{4・8}$$

である．

低温低圧においては，自由エネルギー $G = U + PV - TS$ のうちで $PV - TS$ の値が小さい．そこで G の値は，主として内部エネルギー U の値によって支配される．結晶においては，U は，構成原子の位置のエネルギー（これを格子エネルギーという）と運動のエネルギーからなっているが，低温では運動のエネルギーは小さいので，結局，格子エネルギーの小さい結晶相が U も小さく，したがって G も小さくて，安定だということになる．ところが，温度や圧力が高くなると，U のなかで構成原子の運動のエネルギーの占める割合が増し，また $PV - TS$ の値が大きくなってくる．そのために，場合によっては，格子エネルギーの大きい相の方がかえって G が小さいようなこともおこりうる．この場合には，相転移がおこる．

同じ化学組成をもつ二つの異る結晶相（または結晶集合）A，B があるとする．一定の圧

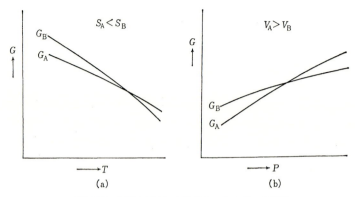

第30図 温度と圧力による自由エネルギーの変化

力のもとでしだいに温度を上げる場合を考えてみる．ある温度でAの方がBよりも安定だとすれば，$G_A<G_B$ である．温度が上ると，$\partial G/\partial T=-S<0$ であるから，G_A も G_B も必ず小さくなる．もし $S_A<S_B$ であるとするならば，第30図(a)に示すように，G_B の曲線の方が G_A の曲線よりも急傾斜で下降する．したがって，どこかで二つの曲線は交わるはずである．その交点の温度においては，$G_A=G_B$ となり，AとBとは平衡に共存しうる．それより高い温度においては，$G_A>G_B$ となり，Bの方がAよりも安定である．要するに，エントロピーの大きい値をもっているBの方が，エントロピーの小さいAよりも高い温度で安定である．

統計力学の教えるところによると，一つの相のエントロピーの大きさは，その相の無秩序の程度の反映である．そこで，熱振動のおこないやすいような，すきまの多い結晶構造のものの方が，エントロピーが大きい場合が多い．したがって，多くの場合，密度の小さい相の方がエントロピーが大きく，高温で安定になる傾向がある．たとえば，石英よりもトゥリディマイトの方が密度がずっと小さい．液体や気体は，同じ組成の固体よりもはるかにエントロピーが大きい．

次に，温度を一定にして，しだいに圧力を上げる場合を考えてみよう．ある圧力でAの方がBよりも安定だとすれば，$G_A<G_B$ である．圧力が増すと，$\partial G/\partial P=V>0$ であるから，G_A も G_B も必ず大きくなる．もし $V_A>V_B$ であるとするならば，第30図(b)に示すように，G_A の曲線の方が G_B の曲線よりも大きい傾斜をもっている．したがって，この二つの曲線はどこかで交わるはずである．その交点の圧力においては，$G_A=G_B$ となり，

AとBとは平衡に共存しうる．それよりも高い圧力においては，$G_A > G_B$ となり，Bの方がAよりも安定になる．要するに，体積の小さいBの方が，体積の大きいAよりも高い圧力のもとで安定である．よく知られているように高圧で安定なものほど密度が高いという関係は，このような熱力学的根拠をもっている．

一つの化学反応において，反応式の右辺の諸物質の自由エネルギーの和から，左辺の諸物質の自由エネルギーの和を引いたものを**反応の自由エネルギー**(free energy of reaction)とよび，ΔG と書く．この反応が，元素から一つの化合物のできる反応である場合には，その ΔG をとくに**生成の自由エネルギー**(free energy of formation)という．1atm，25°C (298.16°K) という標準状態にある元素から，同じ標準状態にあるいろいろな物質の生成するときの生成の自由エネルギーのことを，**標準生成自由エネルギー**(standard free energy of formation)とよび，$\Delta G°_{298}$ と書く．造岩鉱物についての $\Delta G°_{298}$ の例を，第5表に示す．標準生成自由エネルギーは，標準状態にある元素の自由エネルギーを0とした場合の，いろいろな化合物の自由エネルギーそのものを表わす．そこで，任意の反応式を考えて，その右辺の諸物質の $\Delta G°_{298}$ の和から，左辺の諸物質の $\Delta G°_{298}$ の和を引けば，その値はその反応が 1atm, 25°C でおこる場合の反応の自由エネルギーに等しい．

反応または生成の自由エネルギー ΔG については，

$$\Delta G = \Delta H - T\Delta S \tag{4・9}$$

という関係があるから，反応熱または生成熱 ΔH と，反応のエントロピー ΔS とが知れれば，ΔG はただちに計算できる．任意の温度 T における反応熱または生成熱は前記の式(4・2)で与えられ，また反応のエントロピーは，次の式で与えられる．

$$\Delta S_T = \Delta S_{298} + \int_{298}^{T} \frac{\Delta C_P}{T} dT \tag{4・10}$$

したがって，温度 T における反応の自由エネルギーは，

$$\Delta G_T = \Delta H_T - T\Delta S_T = \Delta H_{298} + \int_{298}^{T} \Delta C_P dT - T\left(\Delta S_{298} + \int_{298}^{T} \frac{\Delta C_P}{T} dT\right) \tag{4・11}$$

そこで，標準状態における ΔH_{298} および ΔS_{298} と，温度の函数としての ΔC_P がわかっていると，任意の温度における ΔG_T を計算することができる．

前に述べたように，固相ばかりの間におこる反応においては，一般に ΔC_P は，常温以上の温度では小さい値をもっている．そこで $\Delta C_P = 0$ とおいても差支えない．そうすると，上式は次のように簡単になって便利である：

$$\Delta G_T = \Delta H_{298} - T\Delta S_{298} \tag{4・12}$$

温度を一定にした場合の,圧力による反応の自由エネルギーの変化は,次の式で与えられる.

$$\frac{\partial (\Delta G)}{\partial P} = \Delta V \tag{4・13}$$

したがって,圧力 P_1 および P_2 における反応の自由エネルギーをそれぞれ ΔG_1 および ΔG_2 とすれば,

$$\Delta G_2 = \Delta G_1 + \int_{P_1}^{P_2} \Delta V dP \tag{4・14}$$

となる.固相ばかりの間におこる反応においては,ΔV の値は小さく,したがって ΔG の圧力による変化は小さい.しかも,固体の熱膨脹や圧縮率はごく小さいので,広い温度・圧力の範囲にわたって ΔV を一定の値とみて,たとえば常温,1atm の値を使ってもよい.

一定の温度において,理想気体の 1mole の圧力を P_1 から P_2 まで変化させたときにその自由エネルギーは G_1 から G_2 まで変化するものとすると,

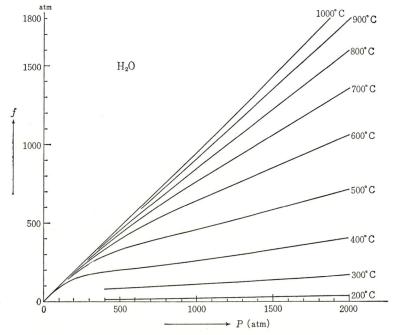

第 31 図　H_2O の温度・圧力とフュガシティーの関係
(Holser, 1954, 都城, 1960 による)

§28 自由エネルギーとフュガシティー

$$G_2 - G_1 = RT \ln \frac{P_2}{P_1} \tag{4・15}$$

という関係が成立つ．次に，実在気体についてもこれと同じ形の式：

$$G_2 - G_1 = RT \ln \frac{f_2}{f_1} \tag{4・16}$$

が成立つものと規約する．この f_1, f_2 を，それぞれ圧力 P_1, P_2 におけるその気体のフュガシティー (fugacity) という．これだけの定義では，まだその値が一義的に決らないので，理想気体のフュガシティーはその圧力に等しいものとし，実在気体のフュガシティーも圧力が十分低くなった極限では圧力に等しくなるものとするという規約をつけ加える．した

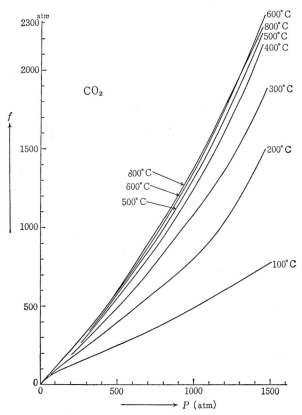

第32図　CO_2 の温度・圧力とフュガシティーの関係
(Majumdar & Roy, 1956, 都城, 1960 による)

がって，フュガシティーとは，熱力学的に補正された気体の圧力のことである．それは圧力と同じディメンションをもち，圧力と同じ単位(たとえば atm や bar)で測られる．圧力のかわりにこの量を用いると，実在気体についても理想気体と同じ形の関係式が成立つ．いろいろな温度・圧力のもとにおける実在気体の体積の測定値があると，それからフュガシティーを計算することができる．第31図と第32図に示すように H_2O や CO_2 については，フュガシティーは 2000 atm くらいまで求められている (Holser, 1954; Majumdar & Roy, 1956)．固体や液体のフュガシティーは，それと平衡する蒸気のフュガシティーに等しいものと規約する (p. 164 参照)．

§29 化学ポテンシァルと活動度

二つ以上の成分が混り合って均質な1相をつくっているものを**溶液**(solution)という．それは気体であっても，液体であっても，固体であってもかまわない．固体ならば**固溶体**(solid solution)である．

溶液の温度，圧力，および問題の成分以外のすべての成分の量を変化しないようにしておいて，ただ一つの成分(第 i 成分)の mole 数だけを無限小量 ∂n_i だけ増加したときにおこる，その溶液全体の自由エネルギーの増加を ∂G とすれば，

$$\mu_i = \left(\frac{\partial G}{\partial n_i}\right)_{P, T, n} \quad (4\cdot17)$$

で定義される μ_i のことを，その溶液の中における第 i 成分の**化学ポテンシァル**(chemical potential)という(上式で添字の n は，n_i よりほかの成分の mole 数が一定なことを示すものとする)．それは，その溶液のなかで，その成分の 1 mole がもっている仮想的な自由エネルギーのことであると考えられる．溶液の温度，圧力，組成がきまると，そのなかのおのおのの成分の化学ポテンシァルも一義的に決った値をとる．

ただ一つの成分からなる純粋な物質を，溶液の特別な場合と考えてみると，その成分の化学ポテンシァルは，1 mole あたりの自由エネルギーに等しい．したがって，純粋な理想気体および実在気体の化学ポテンシァルは，式 (4・15) および (4・16) によってそれぞれ，

$$\mu = \mu_0 + RT \ln P \quad (4\cdot18)$$

および，

$$\mu = \mu_0 + RT \ln f \quad (4\cdot19)$$

である．この (4・18) および (4・19) において，μ_0 はそれぞれ単位の圧力およびフュガシテ

§29 化学ポテンシァルと活動度

ィーの場合におけるそれらの気体の化学ポテンシァルをあらわす. このように, 気体の化学ポテンシァルは圧力およびフュガシティーとともに大きくなる.

一つの溶液を構成する成分の mole 数を $n_1, n_2, n_3, \cdots$ とし, それらの成分の化学ポテンシァルを $\mu_1, \mu_2, \mu_3, \cdots$ とすれば, 溶液全体の自由エネルギー G は,

$$G = n_1\mu_1 + n_2\mu_2 + n_3\mu_3 + \cdots \qquad (4\cdot20)$$

で与えられる.

二つ以上の溶液が, 一定の温度と圧力のもとで平衡に共存するための条件は, おのおのの成分の化学ポテンシァルが, それの出入しうるすべての相において等しい値をもつことである. 何故ならば, もし第 i 成分の化学ポテンシァルが相 A と相 B とで等しくないとし, かりに $\mu_i^A > \mu_i^B$ だとすれば, その成分の微小量 dn_i が A から出て B へはいれば, 系の自由エネルギーは $\mu_i^B dn_i - \mu_i^A dn_i = (\mu_i^B - \mu_i^A)dn_i$ だけ変化する. この値は負であるから, このような変化は自然におこりうる. したがって系は平衡状態ではない. またかりに, $\mu_i^A < \mu_i^B$ とすると, その逆の変化がおこりうる. したがって, 平衡が成立つためには, どうしても $\mu_i^A = \mu_i^B$ でなくてはならない.

つぎに, いろいろな種類の溶液の化学組成と熱力学的な性質との間の関係を調べよう. まず, 溶液を構成している成分のなかで, ある一つの成分の mole 数が, 他の諸成分の mole 数の総和よりも圧倒的に大きいような場合に, その溶液を**希薄溶液**(dilute solution)という. そのうちとくに多量に含まれている成分を**溶媒**(solvent)といい, その他の諸成分を**溶質**(solute)という. 溶液の組成を表わすのに, しばしば**モル分率**(mole fraction)を用いる. 第 i 成分のモル分率とは, 溶液のなかの第 i 成分の mole 数を, すべての成分の mole 数の和で割った値, すなわち $n_i/(n_1+n_2+\cdots)$ のことである. 希薄溶液では, 溶媒のモル分率は 1 に近い. 希薄溶液の化学組成と, その熱力学的性質との間には, 簡単な関係が成立つ. たとえば, 希薄溶液の溶媒に対しては, **Raoult の法則**が成立つ. すなわち, 溶液上において溶媒の呈する蒸気分圧 P は, 次の式に示すように, 溶液中における溶媒のモル分率 x に比例する:

$$P = P^\circ x \qquad (4\cdot21)$$

ここで, P° は $x=1$ のとき, すなわち溶媒だけが純粋にあるときに呈する蒸気圧である.

もっと一般的に, すべての温度と圧力のもとで, すべての濃度において, そのすべての構成成分について上記の Raoult の法則を一般化した関係式:

$$f_i = f_i^\circ x_i \qquad (4\cdot22)$$

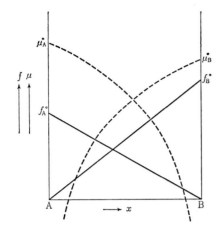

第33図
A, Bよりなる2成分理想溶液のモル分率 x とフュガシティー f(実線)と化学ポテンシァル μ(点線)との関係

が成立つような溶液を考えてみよう．これを**理想溶液**(ideal solution)という．ただしここで，第 i 成分のモル分率を x_i とし，その呈するフュガシティーを f_i とし，$x_i=1$ のとき(すなわちその成分が純粋にあるとき)に呈するフュガシティーを $f_i°$ とする．2成分理想溶液について，式(4·22)の関係を第33図に示す．もし理想溶液と平衡する気体が理想気体であるならば，フュガシティーは圧力に等しくなり，(4·22)は Raoult の法則と一致する．実在溶液のなかには，理想溶液と考えてよいものもあるが，またそれから大へんはずれているものもある．

　理想溶液に対しては式(4·22)の関係が成立ち，それと平衡する気体に対しては式(4·19)の関係が成立つので，この二つから，理想溶液のなかの任意の一つの成分の化学ポテンシァル μ_i と，その成分のモル分率 x_i との間に次の式を導くことができる：

$$\mu_i = \mu_i° + RT \ln x_i \tag{4·23}$$

ここで $\mu_i°$ は，$x_i=1$ すなわち第 i 成分が純粋にあるときの1mole あたりの自由エネルギーで，温度と圧力だけの函数である．この式において，モル分率 x_i が減少すると，μ_i も減少する．$x_i \to 0$ において，μ_i は負の無限大になる．この関係をも第33図に示す．

　理想溶液の体積およびエンタルピーは，その構成成分が溶液と同じ温度と圧力のもとで純粋に分れて存在するときの体積の和およびエンタルピー和に，それぞれ等しい．したがって，成分を混合するときに体積の増減もなく，熱の出入もおこらない．このように，理想溶液では体積とエンタルピーとは加算性をもっているが，エントロピーや自由エネルギ

§29 化学ポテンシァルと活動度

ーは加算性をもたない．

理想溶液でない一般の溶液では，その任意の成分の呈するフュガシティーは，一般にモル分率に比例しない．第34図に，フュガシティーとモル分率との間の関係の三つの代表的な場合を示す．この図の(c)のように，フュガシティーの曲線に極大と極小ができるほど

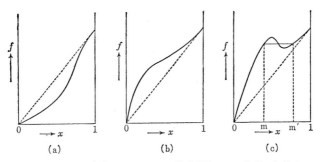

第34図　一般の溶液における一つの構成成分のモル分率 x とその成分のフュガシティー f (実線)との関係．点線は理想溶液とした場合のフュガシティーを表わす．(c)の場合に，m～m′の間は均質な溶液が生じない範囲(すなわち不混和組成範囲)である．

理想溶液からのはずれが大きいときには，極大と極小の付近は安定な平衡としては実現されないで，その代りにそこに不混和現象がおこる．したがって，安定な平衡だけに限定すれば，一般の溶液でも，その成分のモル分率の増加とともに，その呈するフュガシティーは高くなるということができる．

x が1に近いところでは希薄溶液になるので，第34図の(a), (b), (c)いずれの場合でも，実在溶液のフュガシティーの曲線は，それを理想溶液と仮定したときのフュガシティーを表わす直線に接するようになる．x が0に近いところではやはり希薄溶液になる．そこで，希薄溶液の溶質に対して成立つ Henry の法則：$P_i = k_i x_i$ のなかの圧力をフュガシティーに変えて一般化した次の関係式が成立つ：

$$f_i = k_i x_i \tag{4・24}$$

ここで k_i は，それぞれの系に特有な定数である．もし $k_i = f_i°$ ならば，式(4・24)は(4・22)に一致するが，一般にはそうならない．

一般の溶液の性質を表わすのに，しばしば**活動度**(activity)という量を用いる．溶液の第 i 成分の活動度 a_i というのは，問題の状態におけるその成分のフュガシティー f_i と，適当に選ばれたある標準状態におけるその成分のフュガシティー $f_i°$ との比のことである．

すなわち，

$$a_i = \frac{f_i}{f_i^\circ} \tag{4・25}$$

そうすると，(4・19)を用いて次の関係を導くことができる．

$$\mu_i = \mu_i^\circ + RT \ln a_i \tag{4・26}$$

この定義(4・25)から明らかなように，標準状態におけるその物質の活動度は1で，その状態におけるその成分の化学ポテンシァルが μ_i° である．式(4・25)を(4・22)と比較し，式(4・26)を(4・23)と比較してみると，一般の溶液における活動度は，ちょうど理想溶液におけるモル分率にあたる量であることがわかる．それはいわば，熱力学的に補正されたモル分率のことであって，温度・圧力および組成の函数である．どのような状態を標準状態として用いるかは，原理的には任意である．そこで実際的に便利なようにとればよいのであるが，多くの場合下記のようにとるのが慣習になっている．

　純粋な気体に対する標準状態，および気体溶液のなかに含まれている成分気体に対する標準状態としては，普通はおのおのの温度において単位のフュガシティーをもつという状態を用いる．その上，その標準状態におけるエンタルピーは，それと同じ温度で圧力が無限小の状態でその気体がもっているエンタルピーに等しいという仮定をつけ加える．すなわち，気体に対しては $f_i^\circ = 1$ であるから，

$$a_i = f_i \tag{4・27}$$

となり，式(4・26)は(4・19)と一致する．

　純粋な液体や固体に対する標準状態としては，普通はおのおのの温度において，それが単位の圧力のもとにある状態を用いる．

　液体や固体の状態にある溶液の場合には，溶媒と溶質とで異った標準状態を用いることが多い．すなわち，溶媒または比較的多量に含まれている成分に対しては，その成分が純粋にある状態(すなわちモル分率 $x=1$)を標準状態にする．溶液を構成するすべての成分に対して，このようなとり方をすることもある．こうすると，$x=1$ に近いところで活動度はモル分率とほとんど一致する．

　しかし，液体や固体をなしている溶液のなかの溶質に対してもっと普通に用いられる標準状態は，希薄溶液の溶質について成立つ Henry の法則を一般化した関係式(4・24)が，$x_i = 1$ に達するまで成立つと仮想して，その $x_i = 1$ の状態である．換言すれば，標準状態のフュガシティー f_i° は(4・24)の k_i に等しい．この f_i° は，純粋な溶質が実際にもつフュ

ガシティーとは一般に異っている．標準状態をこのようにとると，$x_i=0$ に近いところで活動度はモル分率にほとんど一致する．

理想溶液では，すべての温度と圧力のもとにおいて，そのすべての成分の活動度はモル分率に等しい．一般の溶液の場合には，活動度とモル分率とは等しくないので，その違いの程度を表わすために，

$$\gamma_i = \frac{a_i}{x_i} \qquad (4\cdot28)$$

という量を用いることがある．この γ_i を**活動度係数**(activity coefficient)という．

鉱物のなかには，普通は一定した化学組成をもつと考えられているものがたくさんある．もし厳密に一定した化学組成をもつとすれば，それを構成する元素や元素群の割合が変化しないので，それらの元素や元素群の化学ポテンシァルを考えることはできない．しかし，構成元素や元素群の割合が，どんなに僅かでもよいが有限の大きさだけ変化しうるものならば，それらの化学ポテンシァルを考えることができる．なぜならば，その鉱物は，組成の変化の範囲が特別に小さい固溶体とみることができるからである．たとえば，方解石($CaCO_3$) のように，ほぼ一定した化学組成の鉱物においても，CaO と CO_2 との量の割合が僅かに変化しうるものならば，方解石のなかの CaO や CO_2 の化学ポテンシァルについて語ることができる．組成の変化の範囲があまり小さいときには，実験的にそれを証明することはできないが，おそらく一般に，一定した組成をもつと考えられている化合物でも，ごく僅かに組成を変化しうるものと思われる．

方解石が CO_2 の気相と平衡している場合の機構を考えてみよう．気相における CO_2 の化学ポテンシァルは，式(4・18)あるいは(4・19)の示すように，圧力やフュガシティーとともに大きくなる．したがって，気相と平衡している方解石における CO_2 の化学ポテンシァルも，同様に変化するはずである．ところが，式(4・20)によると，方解石の自由エネルギー G_{CaCO_3} とその成分の化学ポテンシァルとの間には，

$$G_{CaCO_3} = \mu_{CaO} + \mu_{CO_2} \qquad (4\cdot29)$$

という関係が成立つ．この G_{CaCO_3} の値は，方解石のなかの CaO と CO_2 との割合が少し変化すれば，それに応じて少しは変化するはずであるが，その変化はおそらく小さいであろう．そこで，気相の CO_2 の圧力が高まって μ_{CO_2} が大きくなるに応じて，μ_{CaO} は小さくなる．次に，これらの方解石および CO_2 の気相と平衡して珪灰石($CaSiO_3$)が共存するとしよう．そうすると，珪灰石のなかの CaO の化学ポテンシァル μ_{CaO} は，方解石のな

かの CaO の化学ポテンシァル μ_{CaO} に等しいはずである．ところが珪灰石の自由エネルギー G_{CaSiO_3} とその成分の化学ポテンシァルとの間には，

$$G_{CaSiO_3} = \mu_{CaO} + \mu_{SiO_2} \qquad (4\cdot30)$$

という関係が成立つ．したがって，μ_{CaO} が小さくなるに応じて μ_{SiO_2} は大きくなるであろう．結局，気相の CO_2 の圧力が高くなるにしたがって，珪灰石のなかの μ_{SiO_2} は大きくなる．

ところが，こうして決った μ_{SiO_2} の値が，その温度と圧力における石英の自由エネルギーの値よりも小さければ系はこのまま安定であるが，もし逆に大きいならば，次の反応

$$\overset{\text{方解石}}{CaCO_3} + \overset{\text{石英}}{SiO_2} = \overset{\text{珪灰石}}{CaSiO_3} + CO_2 \qquad (4\cdot31)$$

が左に進行して石英を生じた方が，系の自由エネルギーが減少する．すなわち，気相の CO_2 の圧力が或る程度よりも小さいときには(4・31)の右辺が安定であるが，それよりも大きくなると(4・31)の左辺の方が安定になる．これは後に第42図に示されているような安定関係の成立する機構の解釈である．

§ 30 化学反応の平衡条件

均一系(ただ1相からなる系)でも，不均一系(二つ以上の相からなる系)でもよいが，そのなかに一つの化学反応がおこって，ある物質が減少し，それに応じて他の物質が増加し，系内の物質の mole 数に変化がおこるものとする．このような反応の平衡を考えてみよう．蒸発，結晶作用，多形転移などの，いわゆる物理的な変化は，一つの相の物質が減少し，それに応じて他の相の物質が増加するという現象であるから，上記の化学反応の特別な場合とみることができる．

一つの化学反応：

$$aA + bB + \cdots = mM + nN + \cdots \qquad (4\cdot32)$$

を考える．ここで，A, B, …, M, N, … は物質の化学記号を表わし，$a, b, \cdots, m, n, \cdots$ はそれぞれの mole 数を表わす．

一定の温度と圧力のもとにおける平衡の条件は，系の自由エネルギーが極小になることである．ところが，自由エネルギーの変化 dG は，構成成分の mole 数の変化しうる系においては，一般に次の式で与えられる：

$$dG = VdP - SdT + \sum_i \mu_i dn_i \qquad (4\cdot33)$$

ここで μ_i は第 i 成分の化学ポテンシァルで，n_i はその mole 数である．これを一定の温度と圧力のもとでおこる上記の(4・32)の変化に適用すれば，$dP=dT=0$ で，その平衡条件は，

$$dG = \sum_i \mu_i dn_i$$
$$= -(\mu_A da + \mu_B db + \cdots) + (\mu_M dm + \mu_N dn + \cdots)$$
$$= 0$$

そして，(4・32)にしたがう変化においては，$da/a = db/b = \cdots = dm/m = dn/n = \cdots$ である．そこで，次の関係がえられる：

$$a\mu_A + b\mu_B + \cdots = m\mu_M + n\mu_N + \cdots \tag{4・34}$$

これが，化学反応の平衡の条件の一般的な形を表わす重要な式である．(4・32)と(4・34)を比較してみると，反応を表わす化学方程式の物質記号の代りに，それの化学ポテンシァルを書き入れれば，平衡の条件をえられることがわかる．

式(4・34)の $\mu_A, \mu_B, \cdots$ のところに，具体的なそれぞれの場合に応じた化学ポテンシァルの式を入れれば，もっと具体的な条件式を得る．

§31 変成反応の種類

変成作用をうける岩石の大部分は，地向斜堆積物である．そこには，地表の低い温度のもとで安定な鉱物よりなる泥質や石灰質の堆積岩が多量に含まれているであろう．これが累進変成作用をうけて再結晶が進むと，順次に高温で安定な鉱物組成に変化する．Le Chatelier の原理にしたがって，このときにおこる反応はすべて，吸熱反応である．温度の上昇に伴って，あまり大きな遅れなしに反応が進んでゆくならば，その反応は近似的には，化学平衡の成立つ可逆反応であると見ることができる．

地向斜堆積物のなかに泥質や石灰質の岩石が大きな割合を占めていて，それらが累進的な変成作用をうける限りは，一般に変成反応全体としては大きな吸熱過程である．この点からみると，累進変成作用とは，地球の内部の熱エネルギーが岩石の鉱物組成の変化として化学的に固定保存される過程である．変成岩の上に積み重なっている岩石が侵食で取り去られ，変成岩が地表に露出し，風化して地表で安定な鉱物に変化するときに，鉱物に固定保存されていたエネルギーは再び熱として放出される．地球の内部のエネルギーは，熱伝導や熱水の上昇のほかに，このような過程によっても地表に運ばれて，地球外の空間へ失われる．

累進変成作用のときにおこる化学反応のなかにも，以上に述べたとはまるで性質の違うものも含まれている．すなわち，火山ガラスが再結晶したり，玄武岩が緑色片岩になったりする変化は，高温で生じた物質がもっと低温で安定な物質に変わる過程であって，発熱反応である．この反応熱は，必ずしも小さなものではない．たとえば SiO_2 組成のガラスが再結晶して石英になる反応では，$25°C$，1 atm において反応熱(ΔH)は -2.9 kcal/mole で，石英の温度を $260°C$ も上昇させるに足りる．しかし変成空間全体を見ると，発熱反応をする岩石は比較的少なくて，累進変成作用は圧倒的に吸熱反応であろうと思われる．

今後本章では，化学平衡の成立しうる可逆反応を取上げて論ずることにする．

§32 一定組成の固相ばかりの間の反応

まず，一定の化学組成をもつ固相ばかりの間におこる化学反応を取上げよう．すなわち，固溶体も，流体相も反応に関係しないような場合である．造岩鉱物のほとんどすべては固溶体をつくるし，変成鉱物の大部分は H_2O や CO_2 を含んでいるので，厳密にみてこの種類に属する反応は，きわめて少ない．しかし，それらの鉱物が，固溶体系列の一つの端成分に近い組成をもっている場合には，近似的には一定組成の固相とみなして取扱うことができる．そこで，この種の変成反応に属すると考えてよいものの例をあげてみよう：

$$\underset{\text{ヒスイ輝石}}{NaAlSi_2O_6} + \underset{\text{石英}}{SiO_2} = \underset{\text{アルバイト}}{NaAlSi_3O_8} \tag{4・35}$$

$$\underset{\text{ヒスイ輝石}}{2NaAlSi_2O_6} = \underset{\text{アルバイト}}{NaAlSi_3O_8} + \underset{\text{ネフェリン}}{NaAlSiO_4} \tag{4・36}$$

$$\underset{\text{アラゴナイト}}{CaCO_3} = \underset{\text{方解石}}{CaCO_3} \tag{4・37}$$

$$\underset{\text{藍晶石}}{Al_2SiO_5} = \underset{\text{珪線石}}{Al_2SiO_5} = \underset{\text{紅柱石}}{Al_2SiO_5} \tag{4・38}$$

始めの二つの式はふつうの固相反応を表わすが，後の二つの式は同質多形をなす鉱物間の相転移を表わす．始めの三つの式では，左辺の鉱物または鉱物集合の方が右辺の鉱物または鉱物集合よりも体積が小さい．したがって，同じ温度では，左辺の方が右辺よりも高圧のもとで安定である．また，第35図に示すように始めの三つの式に対しては，実験的に平衡曲線が決定されているが，いずれの場合にも左辺より右辺の方が高い温度で安定である．したがって，平衡曲線はいずれも正の傾斜をもっている．

前に述べた（§28）ように，一つの化学平衡式において，体積のより小さい辺の方がより高い圧力のもとで安定である．エントロピーのより大きい辺の方がより高い温度で安定で

第6表 固相ばかりの間の反応の熱力学的定数

反応	1atm, 25°Cでの反応熱(kcal)	1atm, 25°Cでの反応のエントロピー(cal/deg)	体積変化(cm³)	文献
式(4・35)	−0.9	7.6	17.2	Kracek, et al.(1951); 都城(1960 a)
式(4・36)	3.3	15.0	33.4	Robertson et al. (1957); 都城(1960 a)
式(4・37)	0.16	1.1	2.9	MacDonald(1956)
藍晶石→珪線石	0.3	3.0	5.7	Clark et al. (1957); 都城(1960 b)〔p.164参照〕
珪線石→紅柱石	−0.8	−0.7	2.6	Clark et al. (1957); 都城(1960 b)〔p.164参照〕

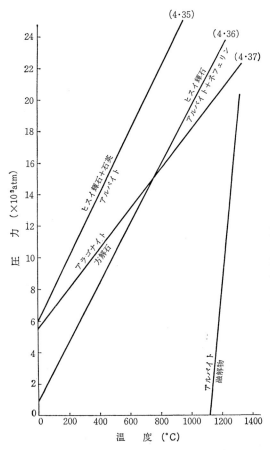

第35図
実験的に決定された平衡曲線. 直線(4・35), (4・36)および(4・37)は, それぞれ本文の式(4・35), (4・36)および(4・37)に対応する平衡曲線である. (4・35)と(4・36)は600～1100°Cで合成して平衡曲線を決め, それを低温の方へ延長してある((4・35)はBirch & LeComte. 1960の研究, (4・36)はRobertson, BirchおよびMacDonald. 1957の研究, (4・37)はSimmons & Bell, 1963の研究による. アルバイトの融解曲線はKennedy, 1961より引用).

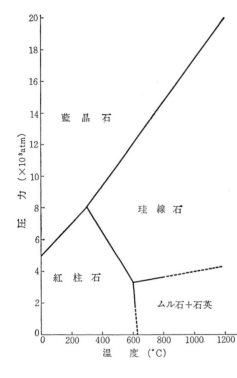

第36図
Al₂SiO₅ 系の状態図. 藍晶石と珪線石の間の平衡曲線は Clark(1961)によって決定された. 藍晶石-珪線石-紅柱石の間の3重点の位置は, Bell(1963)によって決定された. Khitarov(1963)も, ほぼ同じ結果をえた. ムル石の領域は, ほぼ Khitarov ら (1963)による (p. 164 参照).

ある. ところが多くの場合に, 体積のより大きい辺の方がエントロピーもより大きい. そこで多くの場合には, より低圧で安定な辺の方が, より高温で安定である. 換言すれば, 平衡曲線は正の傾斜をもつことになる.

最後の式(4・38)は, Al₂SiO₅ の三つの同質多形鉱物をあらわしている. この式で左から右へ藍晶石(kyanite)→珪線石(sillimanite)→紅柱石(andalusite)の順序に体積が大きくなるので, 同じ温度で安定な場合には, この順序で, より低い圧力のところに安定領域をもつことになる. 岩石学的経験によると, 藍晶石よりは珪線石の方が高い温度で安定である. 珪線石と紅柱石を比較すると, 通則と逆に体積の小さい珪線石の方が高温で安定である. そこで, 珪線石と紅柱石との間の平衡曲線は, 通則と逆に負の傾斜をもつことになる. 藍晶石, 珪線石, 紅柱石のあいだの安定関係は, 近年実験的に決定された. その結果を, 第36図に示す.

これらの平衡曲線は, 相律でいう自由度1の平衡を表わしている. その傾斜は, 次のよ

§32 一定組成の固相ばかりの間の反応

うな Clapeyron-Clausius の方程式によって与えられる。

$$\frac{dP}{dT} = \frac{\Delta H}{T\Delta V} = \frac{\Delta S}{\Delta V} \tag{4・39}$$

ここで，ΔH と ΔS とはそれぞれ反応熱と反応のエントロピーであり，ΔV は反応による体積変化である。固体においては，熱膨脹係数や圧縮率は小さく，しかも反応前の物質の熱膨脹や圧縮は，反応後の物質のそれらとかなり相殺する。そこで，反応による体積変化 ΔV の値は，温度と圧力の広い範囲にわたって一定の値とみなしてよい。大ていの場合，常温 1 atm における ΔV の値を使って差支えない。

反応のエントロピーの圧力および温度による変化は次の式で与えられる：

$$\left(\frac{\partial(\Delta S)}{\partial P}\right)_T = -\left(\frac{\partial(\Delta V)}{\partial T}\right)_P \tag{4・40}$$

$$\left(\frac{\partial(\Delta S)}{\partial T}\right)_P = \frac{\Delta C_P}{T} \tag{4・41}$$

ところが，固相ばかりの反応では，ΔV の温度変化は上述のように小さく，また常温以上では ΔC_P もきわめて小さい（§27）。したがって，常温以上の温度における固相反応では，ΔS の値は温度や圧力によってほとんど変化しないで，ほぼ一定値をとる。

このように，ΔV も ΔS も，常温以上の固相反応ではほとんど一定の値なので，式 (4・39) により平衡曲線の傾斜 dP/dT もほとんど一定である。換言すれば，固相ばかりの間の反応の平衡曲線は，常温以上では，ほとんど直線になる。これは重要な事実である。

これまで本節で，同質多形鉱物の間の相転移の例として用いてきたのは，$CaCO_3$ という組成をもつアラゴナイトと方解石の間の転移 (4・37) や，Al_2SiO_5 という組成をもつ鉱物間の転移 (4・38) であった。これらの転移では，転移曲線の上で 2 相の平衡が成立ち，それからはずれるとただ 1 相だけが安定である。すなわち，エントロピーや体積が転移曲線のところで不連続的に変化する。このような転移を，**第 1 次の相転移** (first-order transition) という。造岩鉱物の間には，この種の相転移も多いが，これと異った**高次の相転移** (higher-order transition) とよばれる種類の相転移も多い。高次の相転移では，ある温度と圧力の幅のなかでエントロピーや体積がやや急に変化するけれど，その変化は連続的である。したがって，どの温度と圧力においても $\Delta S = \Delta V = 0$ であって，Clapeyron-Clausius の方程式 (4・39) は不定である。（高次の相転移の原子論的内容については，§52 で述べる。）

一定の温度と圧力のもとで平衡が成立つための条件は，系の自由エネルギーが極小になることである。換言すれば，おこりうる反応の自由エネルギーが 0 になることである。（現

在の場合には溶液が関係していないので，すべての物質の化学ポテンシァルはその1moleの自由エネルギーに等しい．そこで式(4・34)の平衡条件から出発しても，ただちにこれと同じ結果に達する．）反応の自由エネルギーの温度による変化は式(4・12)で与えられ，圧力による変化は式(4・14)で与えられる．また，ΔV は一定とみてよい．したがって，標準状態における反応熱と反応のエントロピーが熱化学的測定によって知られている場合には，任意の温度と圧力における反応の自由エネルギーは容易に計算でき，したがって平衡状態を求めることができる．

一例として，式(4・36)のヒスイ輝石の分解する反応の自由エネルギーを計算してみると，標準状態における反応熱は $\Delta H_{298}=6.1$ kcal，反応のエントロピーは $\Delta S_{298}=14.7$ cal/deg.mole で，反応による体積の変化は $\Delta V=33.4$ cm³ である．したがって，$T°K$, P atm におけるその反応の自由エネルギー $\Delta G_{T,P}$ は，

$$\Delta G_{T,P}=6.1-14.7\times 10^{-3}T+0.81\times 10^{-3}P \text{ (kcal)}$$

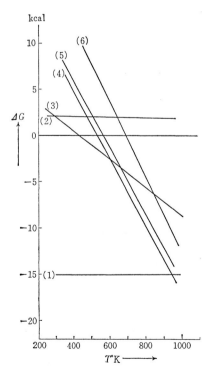

第37図
1atm のもとにおける反応の自由エネルギーの温度による変化．

ペリクレス　石英　　橄欖石
(1) $2MgO + SiO_2 = Mg_2SiO_4$
$\Delta S_{298}=0$ cal/deg

単斜頑火輝石　橄欖石　　石英
(2) $2MgSiO_3 = Mg_2SiO_4 + SiO_2$
$\Delta S_{298}=0.3$ cal/deg

ヒスイ輝石　　アルバイト
(3) $2NaAlSi_2O_6 = NaAlSi_3O_8$
ネフェリン
$+NaAlSiO_4$　$\Delta S_{298}=15.0$ cal/deg

ブルース石　ペリクレス
(4) $Mg(OH)_2 = MgO + H_2O$
$\Delta S_{298}=36.4$ cal/deg

方解石　石英　珪灰石
(5) $CaCO_3+SiO_2=CaSiO_3+CO_2$
$\Delta S_{298}=38.5$ cal/deg

マグネサイト ペリクレス
(6) $MgCO_3 = MgO + CO_2$
$\Delta S_{298}=41.8$ cal/deg

これらのなかで，(1)～(3)は固相ばかりの間の反応で，(4)～(6)は流体相を含む反応である．固相ばかりの間の反応の自由エネルギーの曲線は，流体相を含む反応のそれよりもはるかに傾斜がゆるやかである．ことに(1)，(2)の曲線は，ほとんど水平である．これは，固相ばかりの間の反応のエントロピーは，流体相を含む反応のエントロピーよりも，はるかに小さいためである．

になる．この式において，$\Delta G_{T,P}=0$ とおけば，式(4・36)の反応の平衡曲線の方程式が求められる．すなわち，

$$P=-7530+18.2T$$

をうる(都城，1960 a, pp. 30～38 参照)．

この反応は，固相ばかりの間の反応としては，例外的に大きな反応のエントロピーをもっている．他の多くの固相ばかりの間の反応では，反応のエントロピーはこの反応の場合の数分の1またはそれ以下である．そのために，固相ばかりの間の反応の多くの例では，$\Delta G_{T,P}$ の温度による変化はきわめて小さい．そのことを，第37図に示す．また，反応による体積の変化も小さいので，$\Delta G_{T,P}$ の圧力による変化もきわめて小さい．結局，多くの場合には，反応の自由エネルギー $\Delta G_{T,P}$ の値は，主として ΔH_{298} の値によって支配される．

ところが，測熱実験のデータから計算された反応熱 ΔH_{298} は，多くの場合にはあまり精度が高くない．そのために，こうして計算された固相ばかりの間の反応に対する平衡曲線は，精度がよくない．

他方では，平衡曲線はいろいろな温度と圧力で合成実験をおこなうことによっても求められる．合成実験の温度と圧力は，かなり高い精度をもって調節することができる．しかし，合成実験で何が生成するかは，安定関係だけでなく，反応速度にも関係している．そのために，真に安定でない鉱物を生じやすい．この点からみると，合成実験による安定関係の決定は，信頼性に乏しい．むしろ自由エネルギーの計算による安定関係の決定の方が，精度はよくなくても，真の安定関係を与えていることは疑いないという良さをもっている．結局，両者を併用して，正しい結果をうるように判断する必要がある．

合成実験は，ことに比較的低い温度では反応速度もおそく，準安定相をも生じやすくて，よい結果がえられない．そこで，多くの場合には比較的高い温度で実験して平衡曲線を決定し，すでに述べたように固相ばかりの間の反応の平衡曲線は常温以上ではほとんど直線であるという性質を用いて，低温に向って延長する．

§33 共存する固溶体鉱物の平衡(その1)

まず，構成成分のなかに共通なもののある二つの固溶体鉱物の平衡を考えよう．たとえば，斜方角閃石とカミングトン閃石とが共存するときには，どちらも $Mg_7Si_8O_{22}(OH)_2$ および $Fe_7Si_8O_{22}(OH)_2$ という二つの構成成分を共通にもっている．アラゴナイトと方解石

とが共存するときには，$CaCO_3$ という構成成分が共通である。

この場合には，化学反応式(4・32)に対応するものは，その共通な成分が一つの相から他の相へ移るという反応を表わす式である．たとえば，アラゴナイトと方解石との共存するときには，

$$(CaCO_3)_{aragonite} = (CaCO_3)_{calcite} \tag{4・42}$$

である。したがって，(4・34)に対応する平衡の条件式は，

$$\mu_{CaCO_3}^{aragonite} = \mu_{CaCO_3}^{calcite}$$

となる。もっと一般化して書けば，その共通な成分の化学ポテンシァル μ について，

$$\mu' = \mu'' \tag{4・43}$$

が平衡の条件である．ただし ' と " とは，共存する二つの相を表わす．式(4・26)によって，それぞれの化学ポテンシァルに対して，$\mu = \mu° + RT \ln a$ という関係が成立つから，これを上式に入れると，

$$\ln \frac{a''}{a'} = \frac{\mu°' - \mu°''}{RT} = \frac{-\varDelta G}{RT} \tag{4・44}$$

をうる。$\mu°' - \mu°''$ は，活動度の標準状態すなわち2相がどちらも純粋に問題の共通成分だけでできているときにおける，1mole あたりの自由エネルギーの差 $-\varDelta G$ に等しい．それは温度と圧力の函数である．そこで，

$$\frac{a''}{a'} = e^{-\frac{\varDelta G}{RT}} = K(T, P) \tag{4・45}$$

を得る。

この(4・44)，(4・45)などが，1891年 Nernst によって発見されたいわゆる**分配律**(partition law)を表わすものである．理想溶液では活動度はモル分率に等しいので，これらの式は共存する2相におけるモル分率の間の関係を示す．また $\varDelta G$ の値がわかっている場合には，その関係が計算できる．たとえばアラゴナイトと方解石との平衡(4・42)の場合には，1atm, 25°C において $\varDelta G = 0.2$ kcal/mole であるから，$a^{calcite}/a^{aragonite} = 1.4$, したがって $a^{aragonite} = 0.7 a^{calcite}$ となる．そこで，もしアラゴナイトも方解石も理想溶液で，1atm, 25°C のもとで平衡に共存すると仮定すれば，方解石はほとんど純粋に $CaCO_3$ よりなっているとしても，アラゴナイトのなかの $CaCO_3$ 成分は 70 mole% またはそれ以下になるはずである．天然のアラゴナイトのなかには，たしかに $CaCO_3$ 以外に $SrCO_3$ や $PbCO_3$ などをかなりの量含んでいるものもあるが，$CaCO_3$ 成分の量はいつも 90% を超えている．し

たがって，アラゴナイトや方解石を理想溶液またはそれに近いものと見るならば，天然のアラゴナイトのなかには 1 atm, 25°C で安定なものはないと考えられる (MacDonald, 1956).

§34 共存する固溶体鉱物の平衡(その2)

斜方輝石 $(Mg, Fe)SiO_3$ とカルシウム輝石 $Ca(Mg, Fe)Si_2O_6$ とが共存する場合を考えてみよう．もしたとえば，斜方輝石では $MgSiO_3$ と $FeSiO_3$, カルシウム輝石では $CaMgSi_2O_6$ と $CaFeSi_2O_6$ というような，普通に使われている"分子"を成分とみるならば，共存する二つの鉱物の間に共通の成分はないことになる．したがって，化学平衡の取扱い方が，共通の成分をもつような前節の場合とは少し違ってくる．

この場合に，たとえば共通の成分として，MgO, FeO, SiO_2 をもっていると考えることは可能である．もしそう考えるならば，式(4·43)に対応する平衡の条件として，この場合には，

$$\mu'_{MgO}=\mu''_{MgO}, \quad \mu'_{FeO}=\mu''_{FeO}, \quad \mu'_{SiO_2}=\mu''_{SiO_2} \tag{4·46}$$

をうる．ただし，'および"はそれぞれ斜方輝石とカルシウム輝石を示す．ところが，これらの関係が成立つ場合には，

$$\mu'_{MgSiO_3}+\mu''_{CaFeSi_2O_6}=\mu'_{FeSiO_3}+\mu''_{CaMgSi_2O_6} \tag{4·47}$$

が成立つことを証明することができる．この式は，実は次のような Mg-Fe 交換反応の平衡条件である:

頑火輝石　　ヘデン輝石　　鉄珪輝石　　透輝石
$$MgSiO_3+CaFeSi_2O_6=FeSiO_3+CaMgSi_2O_6 \tag{4·48}$$

すなわち，式(4·48)を(4·32)に対応する反応式とみれば，(4·47)は(4·34)に対応する平衡の条件になっている．したがって，斜方輝石とカルシウム輝石との平衡を論ずるには，はじめからこれらの鉱物は $MgSiO_3$, $FeSiO_3$, $CaMgSi_2O_6$, $CaFeSi_2O_6$ などの普通に使われている構成成分の固溶体だと考えて，(4·48)の交換反応の平衡を考えればよいことになる．

斜方輝石およびカルシウム輝石のなかにおける原子比 $Fe/(Mg+Fe)$ の値を，それぞれ x および y で表わすことにし，どちらも理想溶液と仮定すると，(4·23)により，

$$\left.\begin{array}{l} \mu'_{MgSiO_3}=\mu°_{MgSiO_3}+RT\ln(1-x) \\ \mu'_{FeSiO_3}=\mu°_{FeSiO_3}+RT\ln x \\ \mu''_{CaMgSi_2O_6}=\mu°_{CaMgSi_2O_6}+RT\ln(1-y) \\ \mu''_{CaFeSi_2O_6}=\mu°_{CaFeSi_2O_6}+RT\ln y \end{array}\right\} \tag{4·49}$$

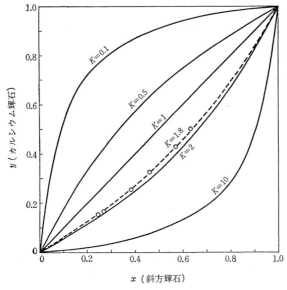

第 38 図
共存する斜方輝石とカルシウム輝石との化学組成の関係. 実線はさまざまな K の値に対して式(4・51)による x と y との関係を示す. 小さい円は Howie(1955) の記載した Madras のチャルノク岩のなかの6対の輝石を示し, 点線は $K=1.8$ としたときの x と y との関係を示す.

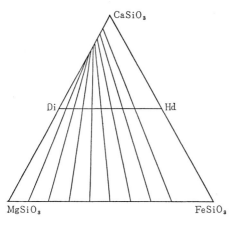

第 39 図
$K=1.8$ とした場合に, 共存する斜方輝石とカルシウム輝石との化学組成を表わす点を結んだ直線群. 斜方輝石は底辺上に, カルシウム輝石は Di-Hd 線上にのるものとする.

(4・49)を(4・47)に入れて変形すると，次の式が導かれる：

$$\ln \frac{x(1-y)}{(1-x)y} = -\frac{\Delta G}{RT} \tag{4・50}$$

あるいは，

$$\frac{x}{1-x} \times \frac{1-y}{y} = e^{-\frac{\Delta G}{RT}} = K(T, P) \tag{4・51}$$

ここで ΔG は，反応式(4・48)の各項がそれぞれ純粋な物質を表わすと仮定した場合の，反応の自由エネルギーである．したがって，それは温度と圧力の函数である(Mueller, 1960; Bartholomé, 1962)．

一定の温度と圧力のもとにおいては，(4・51)は x と y との間の関係を示す式である．そこで，たとえば第38図のように，直交座標の二つの軸に x と y とをとって，いろいろな温度と圧力(すなわち，いろいろな K の値)に対する x と y との関係を示すことができる．Howie(1955)はインドの Madras のグラニュライト相の変成岩(チャルノク岩類)のなかに共存している6対の斜方輝石とカルシウム輝石との分析を与えている．これから x と y を計算して記入してみると，みごとに $K=1.8$ の線の上にのる．おそらく，これらの岩石はほぼ一様な温度と圧力のもとで変成されて平衡に達したものであって，また斜方輝石やカルシウム輝石はほぼ理想溶液であると考えてよいのであろう．

斜方輝石やカルシウム輝石などの組成を表わすのに，しばしば $CaSiO_3$, $MgSiO_3$, $FeSiO_3$ を頂点にもつ第39図のような三角図表が用いられる．Hess(1941)は，塩基性貫入岩体を構成する火成岩のなかに共存する斜方輝石とカルシウム輝石とをこの三角図表に記入し，その二つの点を結ぶ直線を延長すると，それは $CaSiO_3$—$MgSiO_3$ 辺と交わり，その交点はほぼ $Ca:Mg=75:25$ の位置であるということを経験的に述べた．Muir と Tilley(1958)は，変成岩のなかに共存する斜方輝石とカルシウム輝石についても，同様の関係が成立つと結論した．しかし多くの正確なデータを調べてみると，火成岩のなかの共存する輝石を結ぶ直線でも，Hess の提案した $Ca:Mg=75:25$ という点を通らないものが少なくない．またその直線の方向に対しては，温度や圧力の影響もあるであろう．これらの問題について，1960年から1962年にわたって Geological Magazine 誌上で約10人の研究者が論争し，その過程で Hess や Tilley のような古い経験主義的なやり方の限界が明らかになった．式(4・51)は，K の値をきめると，それに応じて x と y との間の一つの関係を与えるので，三角図表 $CaSiO_3$—$MgSiO_3$—$FeSiO_3$ の上で1対になった斜方輝石とカルシウム輝石を

表わす点が決る．x をいろいろに変えて求められた対になった点を，それぞれ直線で結んで延長してみると，第39図に示すように，$K>1$ ならばその直線群は $CaSiO_3$—$MgSiO_3$ 辺と交わる．しかし決して，その辺上の1点で交わるわけではない．K の値を変化させて同様の図表をつくってみればすぐわかることであるが，三角図表 $CaSiO_3$—$MgSiO_3$—$FeSiO_3$ にこのように図示する方法では，K の違いによる共存関係の違いが第38図による方法ほど明瞭に表われない．そのために，温度・圧力の効果は Muir, Tilley などには見のがされていたのである．

K の値に対する温度や圧力の効果は次のように計算される．式(4・51)と(4・12)により，温度の変化に対しては，

$$\ln K = -\frac{\varDelta G}{RT} = -\frac{\varDelta H_{298} - T\varDelta S_{298}}{RT}$$

したがって，

$$\ln \frac{K_2}{K_1} = \frac{\varDelta H_{298}}{R}\left(\frac{1}{T_1} - \frac{1}{T_2}\right) \tag{4・52}$$

また圧力の変化に対しては，(4・51)と(4・13)から，

$$\ln \frac{K_2}{K_1} = -\frac{\varDelta G_1 - \varDelta G_2}{RT} = -\frac{\frac{\partial G}{\partial P}(P_2 - P_1)}{RT} = \frac{\varDelta V(P_1 - P_2)}{RT} \tag{4・53}$$

この式によって数値を計算してみると，圧力の効果はきわめて小さいことがわかる．すなわち，K の変化は主として温度によっておこる．

実際の岩石のなかに共存している輝石の組成から K の値を求めてみると，

(a) 変成岩のなかで共存している輝石では，$K=1.96-1.66$（平均約1.8）

(b) 火成岩のなかで共存している輝石では，$K=1.45-1.30$（平均約1.4）

(c) 玄武岩のなかの橄欖石ノジュールの輝石では，$K=1.3-0.9$（平均約1.2）

これからみると，生成温度が高いほど K の値は小さくなっているようである．K が1.6よりも大きい値をもっている，共存する輝石の対のなかのカルシウム輝石の $Ca/(Ca+Mg+Fe)$ 比は 0.45 以上であるが，K が 1.6 よりも小さい対のなかのカルシウム輝石の $Ca/(Ca+Mg+Fe)$ 比は 0.45 以下である．これは，温度が高くなると共存する二つの輝石の間にある不混和な組成範囲が狭くなり，そのためにカルシウム輝石の $CaSiO_3$ 含有量が減少するのである．式(4・50)や(4・51)を導くときには，問題を簡単化して，斜方輝石は $MgSiO_3$ と $FeSiO_3$ との溶液であり，それと共存するカルシウム輝石は $CaMgSi_2O_6$ と $CaFeSi_2O_6$

との溶液であると仮定した.実際に岩石のなかに共存する場合には,前者も少量の $CaSiO_3$ を含み,後者の $Ca/(Ca+Mg+Fe)$ 比は 0.5 よりも小さい.このことは輝石の Mg-Fe 分配にも何らかの影響をおよぼすはずであるが,わかっていない(Kretz, 1961; Bartholomé, 1962).

以上に述べたと同じような方法によって,共存する斜方輝石と橄欖石との間の平衡(Ramberg & DeVore, 1951; Bartholomé, 1962)や,斜方輝石とザクロ石との間の平衡 (Kretz, 1961)も研究されている.

§35 H_2O または CO_2 が固相から放出される反応.開いた系と閉じた系

変成鉱物の大部分は水素を含んでいる.その水素は,鉱物のなかでは大部分は OH^- イオンになっている(少しは H_2O 分子や H_3O^+ イオンになっているものもあるかもしれない).温度が上昇すると,それらの鉱物は分解して,水素は放出されてふつうは H_2O 分子になる.一般に OH^- を含むもとの鉱物よりも,H_2O が放出された状態の新しい鉱物と放出された H_2O とをいっしょにしたものの方がエントロピーが大きいから,その方がより高温で安定である.もちろん逆に温度が低くなると,OH^- を含む鉱物が生成しうる.

石灰質の堆積岩は方解石 $CaCO_3$,ドロマイト $CaMg(CO_3)_2$ などの炭酸塩鉱物を含んでいる.これが変成作用をうけて温度が上昇すると,CO_2 を放出するような反応がおこる.

この種の反応の例をあげよう:

$$\underset{\text{ブルース石}}{Mg(OH)_2} = \underset{\text{ペリクレス}}{MgO} + H_2O \tag{4・54}$$

$$\underset{\text{白雲母}}{KAl_3Si_3O_{10}(OH)_2} + \underset{\text{石英}}{SiO_2} = \underset{\text{カリウム長石}}{KAlSi_3O_8} + \underset{\text{珪線石}}{Al_2SiO_5} + H_2O \tag{4・55}$$

$$\underset{\text{方解石}}{CaCO_3} + \underset{\text{石英}}{SiO_2} = \underset{\text{珪灰石}}{CaSiO_3} + CO_2 \tag{4・56}$$

$$\underset{\text{ドロマイト}}{CaMg(CO_3)_2} = \underset{\text{方解石}}{CaCO_3} + \underset{\text{ペリクレス}}{MgO} + CO_2 \tag{4・57}$$

これらのなかで,(4・55)～(4・57)の反応は累進変成作用や熱変成作用でしばしばおこる.変成岩のなかのペリクレスは一般に(4・57)の反応でできる.この反応で放出された CO_2 がどこかへ逃げ去った後で温度が低下すると,こんどは(4・54)の反応が右から左へ進み,ペリクレスはブルース石に変化することが多い.

これらの反応の反応熱やエントロピーを第7表に示す.これを第6表と比較すればわかるように,H_2O や CO_2 を放出する反応の反応熱やエントロピーは,固相ばかりの間の反

第7表 H_2O や CO_2 を放出する反応の熱力学的定数

反応	1atm, 25°Cでの反応熱(kcal)	1atm, 25°Cでの反応のエントロピー(cal/deg)	固相だけの体積変化(cm³)	文献
式(4·54)	19.4	36.4	−13.0	MacDonald(1955); Roy & Roy(1957)
式(4·55)	約20	約37	−10.4	都城(1960 b)
式(4·56)	21.2	38.5	−19.7	Danielsson(1950); 都城(1960 a)
式(4·57)	29.7	約42	−16.7	Graf & Goldsmith (1955); Weeks(1956)

応の反応熱やエントロピーよりもずっと大きい．そして，標準状態における反応のエントロピーは，放出される H_2O や CO_2 の1moleについて，約36～42 cal/degという，ほぼ同じ程度の大きさの値である．そのために，第37図に示すように，これらの反応の自由エネルギーの曲線は，どれもほぼ同じ傾斜をもって，温度の上昇とともに急速に減少する．反応の自由エネルギーが0になる温度は，その圧力のもとにおいて平衡の成立つ温度である．この場合には，反応の自由エネルギーの曲線の傾斜が大きいので，熱化学的測定値から平衡の成立つ温度を正確に計算することが容易である．実際，式(4·54)や(4·56)の反応はきわめて正確に計算されている．

ことに(4·56)の珪灰石を生ずる反応の平衡曲線は，古く V. M. Goldschmidt (1912 a) が近似計算をおこなって以来，変成作用の温度と圧力を推定するための重要な基準線の一つとみられてきた．1950年に A. Danielsson が反応(4·56)をとり上げて，この種の計算に含まれているいろいろな仮定を検討し，厳密な取扱い方の模範を示した．これはただ(4·56)の性質を明らかにしたのみならず，H_2O や CO_2 を放出する反応の一般的性質の理解に貢献するところが大であった．

このように，固相と H_2O または CO_2 の流体相とを含む平衡を実現する簡単な実験法の一つは，固体と純粋な H_2O または CO_2 とをいっしょに容器に入れて，流体に圧力をかけることである．この場合には，固相と流体相とは同じ大きさの圧力をうけている．大部分の合成実験は，このような条件のもとでおこなわれている．地殻内でも，鉱物の粒間あるいは岩石の割目に純粋な H_2O または CO_2 の流体相があって，岩石と流体とが力学的にも熱力学的にも安定な平衡に達しているときは，この場合に相当する．

しかし，地殻のなかでこのような状態がどの程度の頻度で実現されているかは問題である．かりに岩石に割目があって，そのなかの流体の圧力は固相のうけている圧力と同じであるとしても，その流体は一般には純粋な H_2O や CO_2 ではないであろう．場合によっては，純粋な H_2O に近いようなことはあるかもしれないが，純粋な CO_2 に近いことがある

か否かは疑わしい．たいていは CO_2 とともに，少なからぬ H_2O を伴っているであろう．流体の組成の違いに応じて，同じ温度と圧力のもとにおいても，そのなかの反応する成分（H_2O または CO_2）の化学ポテンシァルあるいはフュガシティーが違う(Walter, 1963)．そこで，それと固相との間に化学平衡の成立つ温度が違ってくる．このような化学平衡を実験的に実現させるには，流体に，反応する成分のほかに反応しない成分（たとえばアルゴン）を混じてやるとよい(Harker, 1958; Greenwood, 1961; Wyllie, 1962)．その例を第40図に示す．

岩石に割目があって，そのなかに流体がはいっているとしても，その流体相の圧力は固相のうけている圧力と同じ大きさだとは限らない．割目の壁をつくっている岩石が変形に

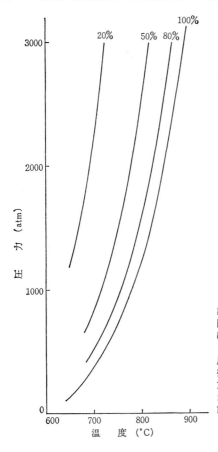

第40図
固相と流体相とが同じ圧力をうけていて，流体相は CO_2 とアルゴンとの混合物である場合の，反応：$MgCO_3 = MgO + CO_2$ の平衡曲線．流体相のなかの CO_2 の重量％が，100％，80％，50％，および20％の場合を示す(Harker, 1958 による)．

抵抗するならば，割目のなかの流体相の圧力は，割目の外の固相の圧力よりもずっと小さい状態がおこりうるであろう．第3章§18に述べたように，この状態は力学的にも熱力学的にも不安定であるから，十分長い時間の後には機械的変形や拡散と結晶生長によって割目が満されて，圧力の差が解消するであろう．しかし，それまでの期間は，この状態が続いているから，もし化学反応の速度がそれよりも速ければ，圧力の差があるままで，その化学反応については平衡に達するであろう．この状態は，一種の**浸透平衡**(osmotic equilibrium)と見ることができる．すなわち，割目の壁が半透膜の役割をして，その両側の圧力の違いを支えている．その壁を通過しうる成分についてだけ，化学平衡が成立つ．

しかし多くの場合には，岩石のなかには流体相を保つような割目はなく，鉱物の粒間にも流体相はないかもしれない．しかしそのような場合にでも，H_2O や CO_2 は鉱物粒の境界面に沿って拡散移動しうる．そして，鉱物と，そのような状態にある H_2O や CO_2 との間に化学平衡が成立ちうるであろう．この場合には，第3章§22で論じたように，本来の流体相の圧力というものは存在しないが，仮想的な圧力を化学ポテンシァルの代りに用いることができる．かりに岩石のなかに H_2O あるいは CO_2 だけを通すような硬い半透膜でつくった箱を設置したと考えると，その箱のなかの H_2O や CO_2 は岩石のなかのそれらの成分と同じ大きさの化学ポテンシァル(およびフガシティー)をもつようになって平衡するであろう．その仮想的な箱のなかにおける H_2O または CO_2 の圧力を，固相と平衡している H_2O または CO_2 の圧力とみることができる．この圧力は，箱の外の岩石の圧力よりも一般に小さい．

この場合に，もし H_2O や CO_2 が岩石内を自由に移動しうるならば，岩石内の広い範囲にわたって H_2O や CO_2 の化学ポテンシァル(およびフガシティーあるいは仮想的圧力)が同一の値になるであろう．岩石内の小さい範囲をとって一つの系と考えると，H_2O や CO_2 は系に自由に出入しうることになる．すなわち，系は H_2O や CO_2 について開いている(§21)．すでに述べたように，変成岩は多くの場合 H_2O については開いているらしい．

地殻内を全く自由に移動することができ，系に出入することができる成分を，Korzhinskii は**完全移動性成分**(perfectly mobile component)とよんだ．それに対して，全く移動しない成分を**固定性成分**(inert or fixed component)という．実際の物質は，移動するとしても全く自由というわけではなく，移動しないとしても全く移動しないというわけでもないであろう．その点を強調すると，実際の物質は完全移動性成分と固定性成分との中間のいろいろな程度の移動性をもっている．しかしこの点を強調すると，移動の速度が問題にな

り，平衡は成立たなくなる．そこで，理想化された平衡を論ずるためには，すべての成分を固定性成分と完全移動性成分とにはっきり分ける必要がある．こうすると，系内の固定性成分の量は全く外部条件によらないで一定であるが，完全移動性成分の量は，系とそれを取りまく物体とでその成分の化学ポテンシァルの値が等しいという条件によって決定される．完全移動性成分とは，このように理論的な必要から理想化された，無限に大きい移動性をもつと仮定されている成分のことである．

以上の議論からわかるように，H_2O や CO_2 が放出される反応の場合には，固相の圧力あるいは岩石の圧力 (rock pressure) と，流体相の圧力あるいは H_2O や CO_2 の圧力 (H_2O or CO_2 pressure) とを区別せねばならない．一般には前者の方が後者よりも大きく，特別な場合にのみ両者が等しくなる．

§36 H_2O または CO_2 が放出される反応の平衡曲線の傾斜

固相の受けている圧力を P_s，流体相の圧力を P_f とすると，一定の温度と一定のそれらの圧力のもとでの平衡状態では，次の関係が成立つ：

$$\Delta G = \Delta U - T\Delta S + P_s \Delta V_s + P_f \Delta V_f = 0 \qquad (4\cdot 58)$$

$$d(\Delta G) = \Delta V_s dP_s + \Delta V_f dP_f - \Delta S dT = 0 \qquad (4\cdot 59)$$

ここで，G は自由エネルギー，U は内部エネルギー，S はエントロピーを表わし，ΔV_s と ΔV_f とはそれぞれ問題の反応によっておこる固相および流体相の体積変化である．(4·59) から次の三つの関係式が導かれる：

$$\left(\frac{\partial P_s}{\partial T}\right)_{P_f} = \frac{\Delta S}{\Delta V_s} \qquad (4\cdot 60)$$

$$\left(\frac{\partial P_f}{\partial T}\right)_{P_s} = \frac{\Delta S}{\Delta V_f} \qquad (4\cdot 61)$$

$$\left(\frac{\partial P_f}{\partial P_s}\right)_T = -\frac{\Delta V_s}{\Delta V_f} \qquad (4\cdot 62)$$

また，式 (4·59) から，平衡状態で成立つ次の式を導くことができる．

$$\left(\frac{dP_s}{dT}\right)_{\Delta G=0} = \frac{\Delta S}{\Delta V_s + \Delta V_f \dfrac{dP_f}{dP_s}} \qquad (4\cdot 63)$$

(4·63) において $P_s = P_f = P$ とすると，固相と流体相とが同じ圧力をうけているときの次の式を得る：

$$\left(\frac{dP}{dT}\right)_{\Delta G=0} = \frac{\Delta S}{\Delta V_s + \Delta V_f} = \frac{\Delta S}{\Delta V} \tag{4.64}$$

ΔV は固相と流体相とを含む全体の体積変化である。この式は Clapeyron-Clausius の方程式(4·39)と同じ形である。これらの式(4·59)〜(4·64)によって、次のようないろいろな条件の場合の平衡曲線の傾斜が与えられる(Thompson, 1955, p. 83)。

(a) 固相の圧力と流体相の圧力とが等しい場合

式(4·54)〜(4·57)のような、H_2O や CO_2 を放出する反応では、圧力があまり高くないときには H_2O や CO_2 は大きな体積をもっている。そこで、反応によっておこる固相と流体相とを含む全体の体積の変化 ΔV は、正の大きな値である。また、吸熱反応であるから、$\Delta S > 0$ である。したがって、固相と流体相とが同じ圧力をうけているときの平衡曲線の傾斜は、式(4·64)により正の小さな値である。もっと圧力が高くなると、固相の体積はあまり変化しないが H_2O や CO_2 ははなはだしく圧縮せられ、ΔV は小さくなる。そこで、平

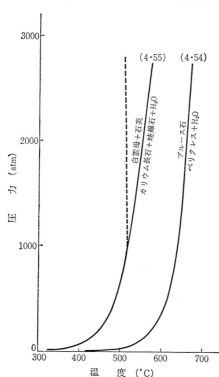

第41図
ブルース石の脱水分解反応(4·54)および白雲母と石英との反応(4·55)の平衡曲線。実線は、固相の圧力と流体相の圧力とが等しい場合の平衡曲線を表わす。点線は流体相の圧力を1000 atm に固定しておいて、固相の圧力だけを高めた場合(4·55)の平衡曲線を表わす (Roy & Roy, 1957 および都城、1960による)。

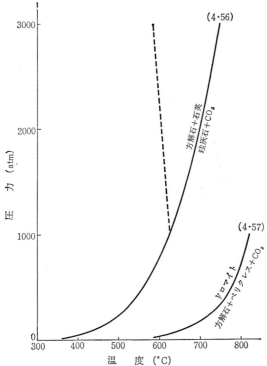

第42図
CO_2 を放出する反応 (4·56) および (4·57) の平衡曲線. 実線は, 固相の圧力と流体相の圧力とが等しい場合の平衡曲線を表わす. 点線は流体相の圧力を1000 atm に固定しておいて, 固相の圧力だけを高めた場合の (4·56) の平衡曲線を表わす ((4·56) の曲線は Danielsson, 1950 と都城, 1960 a により, (4·57) の曲線は Graf & Goldsmith, 1955 および Weeks, 1956 による).

衡曲線の傾斜は大きくなる. 第41図と第42図に, 固相と流体相とが同じ圧力をうけているような条件のもとにおける, H_2O や CO_2 を放出する反応 (4·54)～(4·57) の平衡曲線を示す. このように, 低圧のところでは傾斜がゆるやかであるが, 圧力が数百 atm のあたりで大きく湾曲して, 急な傾斜になる.

大部分の含水ケイ酸塩鉱物の脱水分解の平衡曲線は第41図のような形をしていて, 2000 atm 以上のところの傾斜は $dP/dT = 20\sim 200$ atm/deg くらいである. §32 で取扱ったような, 固相ばかりの間の反応や相転移の平衡曲線の傾斜は, 多くの場合には $dP/dT = 8\sim 30$ atm/deg くらいの範囲にはいる. したがって, 2000 atm 以上の高い圧力では脱水分解の平衡曲線は, 固相ばかりの反応の平衡曲線の多くよりもはるかに急な傾斜をもっている. そして, 湾曲が少なくなって, 直線に近くなる.

圧力が高くなると H_2O や CO_2 は圧縮が進み, ΔV はさらに小さくなる. 或る反応にお

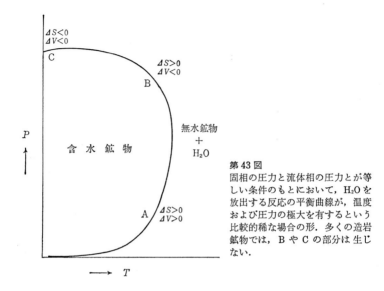

第43図
固相の圧力と流体相の圧力とが等しい条件のもとにおいて,H₂Oを放出する反応の平衡曲線が,温度および圧力の極大を有するという比較的稀な場合の形.多くの造岩鉱物では,BやCの部分は生じない.

いて,もし $\Delta V=0$ に達すると仮定するならば,(4・64)により平衡曲線は直立する.さらに圧縮が進んでもし $\Delta V<0$ になるようなことがおこれば,平衡曲線の傾斜も負になる.圧力が高くなると,体積が小さくなるだけでなく,エントロピーも減少する.反応のエントロピーの圧力による変化は,式(4・40)によって与えられる.H_2O や CO_2 を放出する反応では,圧力が高くなると ΔS は小さくなる.もし $\Delta V<0$ であるのみならず,$\Delta S<0$ になるようなことがおこるならば,(4・64)により平衡曲線はまた正の傾斜をもつようになる.これらの場合の平衡曲線の形を,第43図に示す.すなわち,このようなことがおこる場合には,平衡曲線は温度および圧力について極大をもつことになる.しかし第43図のBやCの部分がおこる反応は,比較的稀である.

第43図のAのように傾斜が正の部分から,連続してBのように傾斜が負の部分まで続くという珍しい平衡曲線は,たとえば $NaCl \cdot 2H_2O$ の脱水分解反応($NaCl \cdot 2H_2O = NaCl + 2H_2O$)で見出されている(Adams, 1931).ケイ酸塩鉱物では,Aの部分からBの部分に続くような平衡曲線は,おそらくいろいろな種類の沸石について将来見いだされるであろう.沸石は密度が小さいので,脱水分解すると体積がはるかに小さい固相を生ずる(Coombs et al., 1959, p. 80).

方沸石(analcite)の脱水分解によってヒスイ輝石を生ずる反応:

$$\underset{\text{方沸石}}{\text{NaAlSi}_2\text{O}_6 \cdot \text{H}_2\text{O}} = \underset{\text{ヒスイ輝石}}{\text{NaAlSi}_2\text{O}_6} + \text{H}_2\text{O} \tag{4・65}$$

は，低圧ではヒスイ輝石が不安定になって式(4・36)および第35図のようにアルバイトとネフェリンとに分解するので，比較的高い圧力のもとでのみ安定な平衡を問題にしうる．方沸石は密度の低い鉱物であるから，そのような高い圧力のもとでは，上の式(4・65)は右辺の方が体積が小さい．したがって，もし $\Delta S>0$ であれば平衡曲線はBの部分のように負の傾斜をもち，$\Delta S<0$ であれば平衡曲線はCの部分のように正の傾斜をもつことになる．Griggs と Kennedy (1956)は，予備的な実験によって第43図のBの部分に相当するような負の傾斜をもつ平衡曲線をえた．それに対し，Fyfe と Valpy (1959)は他の相平衡の実験結果と熱化学的データを組合せて計算し，少なくとも低温においては $\Delta S<0$ で，平衡曲線は正の傾斜をもつCの部分に相当すると考えた．

(b) 固相の圧力と流体相の圧力が等しくない場合

次に，固相の圧力と流体相の圧力とが等しくない場合を検討してみよう．固相の圧力または流体相の圧力のなかで，一方を一定に保っておいて，もう一つの方を変化させる場合のそれらの圧力と温度との関係は，(4・60)と(4・61)とで与えられる．ΔS は一般に正である．したがって，この場合の平衡曲線の傾斜の符号は，$\Delta V_s, \Delta V_f$ の符号によって決る．ΔV_f はもちろん正である．したがって，

$$\left(\frac{\partial P_f}{\partial T}\right)_{P_s} = \frac{\Delta S}{\Delta V_f} > 0$$

すなわち，固相の圧力を一定に保っておいて，流体相の圧力を高くすると，反応の平衡温度は高くなる．

Thompson (1955, p. 84)は，多くの脱水反応について固相の体積変化 ΔV_s をしらべた．その結果によると，ほとんどすべての場合にその値は負である．したがって，ほとんどすべての場合に，

$$\left(\frac{\partial P_s}{\partial T}\right)_{P_f} = \frac{\Delta S}{\Delta V_s} < 0$$

すなわち，流体相の圧力を一定に保っておいて，固相の圧力を高くすると，反応の平衡温度は低くなる．ΔV_s は圧力によってほとんど変化しないから，この場合の平衡曲線の湾曲度は，主として ΔS の変化によって決る．その流体が気体または気体に似た状態にあるときには，ΔS は大きくて，傾斜は大である．ΔS の変化もかなり大きく，平衡曲線は湾曲する．しかしその流体が液体または液体に似た状態にあるときには，ΔS はより小さく，ΔS

の変化も小さい．そこで平衡曲線は，ほとんど直線になる．第41図に，流体相の圧力を一定に保った場合の，反応(4・55)の平衡曲線をも示してある．

Thompson がしらべた多くの脱水反応のなかでは，緑簾石が石英や白雲母と反応して脱水する場合だけが，例外的に $\Delta V_s > 0$ になる．この場合には，流体相の圧力を一定に保った平衡曲線は正の傾斜をもつことになる．

もっと一般的に，固相の圧力も流体相の圧力も，両方とも変化する場合の平衡を，式(4・63)によって考えてみよう．かりに岩石の割目に流体がはいっていて，その割目は長く連なっているものと想像する．その割目は地表まで達していてもよく，達していなくてもよい．この場合，固相の圧力はその上にのっている岩石の荷重で決り，下方に下るにしたがってもちろん大きくなる．流体相の圧力も，下方に下るにしたがって大きくなる．この場合の岩石と，それに隣接する流体との間に化学平衡が成立つものとすると，式(4・63)の dP_f/dP_s の値は，流体と岩石との密度の比に等しいことになる．(割目の壁は静水的でない力をうけているので，流体とその壁である岩石との間の化学平衡は，流体とそれから離れた部分の岩石との間の化学平衡とは異った点がある．ここでは流体とそれから離れた部分との間の化学平衡だけを取上げる．)

割目の流体はほとんど純粋に近い H_2O であると仮定しよう．問題の化学反応は，H_2O を放出する反応であるとすると，流体相の体積増加 ΔV_f は，反応で放出される H_2O の体積とほとんど等しい．そこで，岩石の密度を 2.7 g/cm³ とすると，近似的に

$$\Delta V_f \frac{dP_f}{dP_s} = y \times \frac{\text{水の分子量}(=18)}{\text{岩石の密度}(=2.7)} = 6.7y \text{ cm}^3$$

となる．ここで y は，問題の化学反応によって放出される H_2O の mole 数である．そこで式(4・63)は次のようになる：

$$\frac{dP_s}{dT} = \frac{\Delta S}{\Delta V_s + 6.7y} = \frac{\Delta S/y}{(\Delta V_s/y) + 6.7} \tag{4・66}$$

すでに述べたように，ほとんどすべての場合に ΔV_s は負であるが，その多くの場合に $-\Delta V_s/y = 8 \sim 20 \text{ cm}^3$ くらいの値をもっている (Thompson, 1955, p. 84)．したがって，式(4・66)の分母は多くの場合には負になり，したがって $dP_s/dT < 0$ になる．すなわち，この場合の平衡曲線は負の傾斜をもっている(第44図)．

地下の下方へ進むにつれて，一般に温度も圧力も高くなる．そこで，地下の温度-圧力関係を示す線は，正の傾斜をもっている．したがって，下方へ進むにつれて，一般に H_2O

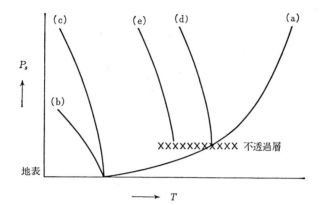

第44図 流体が希薄な水溶液であるときの，H_2O を放出する反応の平衡曲線の普通の形 (Thompson, 1955)
(a) $P_s = P_f$ の場合
(b) $P_f = $ 一定の場合
(c) 流体が岩石の割目を満たし，その割目は地表までつづいている場合
(d) 流体が岩石の割目を満たし，その割目は地下の不透過層から下方につづいて，不透過層の下面で $P_s = P_f$ である場合
(e) 流体が岩石の割目を満たし，その割目は地下の不透過層から下方につづいていて，不透過層の下面で $P_s > P_f$ である場合

の放出される方向に化学反応が進むはずである．

以上の議論では，H_2O を放出する反応だけをおもに考えてきたが，CO_2 を放出する反応でも事情は同じである．この場合にも ΔV_s は一般に負であって，流体相の圧力を一定に保ったときの平衡曲線は，負の傾斜をもっている．このことを，反応(4・56)について第42図に示す．

§37 H_2O または CO_2 が放出される反応の平衡曲線の計算

次に，H_2O または CO_2 が放出される反応の平衡曲線を，反応の自由エネルギーから計算によって求めてみよう．固相はすべて，一定の化学組成をもつものとする．反応を次のような一般的な形の式で表わすことにする．

$$aA + bB = mM + nN + yY \tag{4・67}$$

ここで，A, B, M, N は固相を表わし，Y だけが気体とする．a, b, m, n, y は，それぞれの

mole 数を表わす．(固相の種類がもっと多い場合にも，結果は全く同様になる．)

気体の化学ポテンシァルは，式(4・19)によって与えられる．そこで(4・67)に対する平衡の条件は，次のようになる：

$$a\mu_A + b\mu_B = m\mu_M + n\mu_N + y(\mu°_Y + RT \ln f)$$

ただし，$\mu°_Y$ は単位のフュガシティーのときのYの化学ポテンシァルを表わす．したがって，

$$(m\mu_M + n\mu_N + y\mu°_Y) - (a\mu_A + b\mu_B) = -yRT \ln f$$

この式で，左辺は，この反応(4・67)による自由エネルギーの増加 ΔG に等しい．ただし，ΔG を計算するときに，固相については問題の温度と圧力のもとにおける自由エネルギーを用い，気体についてはその温度で $f = 1$ atm なる状態での自由エネルギーを用いねばならない．そうすると右辺の f も atm という単位ででてくる．そこで，

$$\Delta G = -yRT \ln f \tag{4・68}$$

この式では，固体の自由エネルギーはその圧力における値であるが，しかし，固体についても 1 atm という標準的な状態での自由エネルギーを用いるように，式を書き直した方が計算に便利である．自由エネルギーの圧力による変化は(4・14)で与えられるので，1 atm という状態での反応の自由エネルギーを $\Delta G°$ で表わすことにすれば，(4・68)は次のように書ける：

$$\Delta G° + \int_1^{P_s} \Delta V_s dP_s = -yRT \ln f$$

したがって，

$$\Delta G° = -yRT \ln f - \int_1^{P_s} \Delta V_s dP_s$$
$$= -yRT \ln f - (P_s - 1)\Delta V_s \tag{4・69}$$

固相に対する圧力の効果が問題になるような場合には $P_s \gg 1$ atm である．自然対数を常用対数に改め，ΔV_s の単位を cm³ とし，$\Delta G°$ の単位を cal にすることにして，R の値を入れると，

$$\Delta G° = -4.575 yT \log f - P_s \Delta V_s / 41.27 \tag{4・70}$$

$\Delta G°$ は，任意の温度において，固体では圧力 1 atm，気体ではフュガシティー 1 atm という状態にある物質の間で，式(4・67)の反応によっておこる自由エネルギーの変化である．ΔV_s は，その反応による固体だけについての体積増加であって，ふつうの精度では温度や圧力に無関係な定数と考えてよい．これらの式(4・69)や(4・70)は，固相の圧力と気相の圧

力とが等しくなくても成立つので，これによってこの二つが等しくないいろいろな場合を計算できる．

しかし，式(4・69)や(4・70)における固相の圧力に関する項は一般にあまり大きくない．そこで，高い精度を要しないときには省略することができる．そうすると，

$$\Delta G° = -yRT \ln f \tag{4・71}$$

あるいは，

$$\Delta G° = -4.575 yT \log f \tag{4・72}$$

となる．また，気体を理想気体とみなせば，気体のフュガシティー f は気体の圧力 P に等しくなるので，

$$\Delta G° = -yRT \ln P \tag{4・73}$$

$$\Delta G° = -4.575 yT \log P \tag{4・74}$$

を得る (Danielsson, 1950; Weeks, 1956; 吉永, 1958; 都城, 1960 a)．

気体の圧力が実験的にわかっているときには，これらの式によって逆に反応の自由エネルギーを計算することができる．

反応熱 ΔH に対しては，次の式が成立つ．

$$\frac{\partial \ln f^y}{\partial T} = \frac{\Delta H}{RT^2} \tag{4・75}$$

これは van't Hoff の**反応定容式** (reaction isochore) といわれるものの特別な場合にあたる．反応熱の温度による変化は比較的小さいので，それを一定とみなしてこれを積分すれば，

$$\ln f = -\frac{\Delta H}{yRT} + \text{const} \tag{4・76}$$

となる．したがって，$\ln f$ と $1/T$ とは直線的な関係にあり，これによって f から反応熱を計算できる．一般的傾向として，H_2O や CO_2 が放出される反応では，放出されるこれらの物質 1 mole についての反応熱が大きい反応ほど，平衡曲線が高温のところを走っている．

§38 鉱物の安定性と鉱物集合の安定性の違い

ある温度，固相の圧力，H_2O の圧力などの外的条件のもとで，鉱物 A, B, C, D の集合体が安定であるためには，それと同じ条件のもとで，A, B, C, D のおのおのが単独に存在するとしても安定であることが必要である．しかし逆に，A, B, C, D のおのおのが単独に存在して安定であったとしても，それだけでそれらの集合体が安定であるとは限らない．

たとえば，固相の圧力は1atmで，H_2O は存在しない場合に，温度 0～800°C の範囲内では，ペリクレスも石英も，おのおのが単独に存在すれば安定である．ところがこの二つの鉱物が集ると，反応して橄欖石または輝石を生ずる．第37図の曲線(1)に示したように，上記の条件の範囲内では，ペリクレスと石英の集合体よりも橄欖石の方が安定である．

A, B, C, D のおのおのが単独に存在する場合に安定であるか否かは，それらの鉱物のおのおのとそれが転移，分解，融解などして生ずる物質とのあいだの自由エネルギーの大小によって決るものである．ところが，A, B, C, D が集合している場合に，もしそれらの間に化学反応がおこりうる可能性があるならば，その集合体の安定性は，その集合体と反応生成物との間の自由エネルギーの大小によって決るものである．したがって変成岩のなかに，ある一つの鉱物が安定に出現しうる温度や圧力などの条件の範囲は，その鉱物が反応しうるような他の鉱物が共存しない場合がいちばん広い．この場合には，その鉱物が転移または分解しない限り安定である．しかし反応しうるような他の鉱物が共存するならば，単独には安定な条件の範囲内でも共存鉱物との反応によって消滅するかもしれない．

たとえば，第35図に，ヒスイ輝石の安定領域を示したが，それが単独に存在する場合には，曲線(4・36)の高圧側で安定である．ところが石英が共存する場合には，ヒスイ輝石と石英との間に反応がおこりうるので，ヒスイ輝石の安定領域はずっと狭くなって，曲線(4・35)の高圧側でのみ安定である．

ある一つの反応：

$$A+B=C+D \qquad (4・77)$$

の自由エネルギー変化を $\Delta G_{(4・77)}$ とする．反応生成物 D は，もし他の鉱物 E が付近に存在するならば，それと次のように反応する性質があると仮定する：

$$D+E=F \qquad (4・78)$$

この反応の自由エネルギーを $\Delta G_{(4・78)}$ とすると，上記の仮定により，

$$\Delta G_{(4・78)} < 0 \qquad (4・79)$$

E が存在する場合に実際におこる反応は，(4・77)と(4・78)とを加えた反応：

$$A+B+E=C+F$$

であって，その自由エネルギー変化は $\Delta G_{(4・77)}+\Delta G_{(4・78)}$ である．(4・79)の関係があるので，この値は $\Delta G_{(4・77)}$ よりも小さい．

一例として，白雲母の分解反応：

§38 鉱物安定性と鉱物集合の安定性の違い

$$\underset{\text{白雲母}}{\text{KAl}_3\text{Si}_3\text{O}_{10}(\text{OH})_2} = \underset{\text{カリ長石}}{\text{KAlSi}_3\text{O}_8} + \underset{\text{コランダム}}{\text{Al}_2\text{O}_3} + \text{H}_2\text{O} \qquad (4\cdot80)$$

を考えてみる．1 atm, $T°$K におけるこの反応の自由エネルギーは，

$$\Delta G°_{(4\cdot80)} = 23.0 - 37.4 \times 10^{-3} T \qquad (4\cdot81)$$

で表わされる．ここで $\Delta G°_{(4\cdot80)}$ の単位は kcal である．もし白雲母の付近に石英が存在するならば，分解によってできたコランダムは石英と反応してケイ酸アルミニウム鉱物（たとえば珪線石）を生ずるであろう：

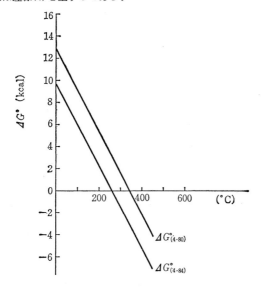

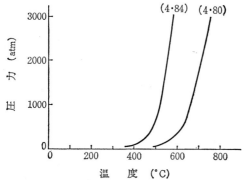

第 45 図
白雲母の分解反応(4・80)と(4・84)の自由エネルギーと平衡曲線．(4・80)は石英が共存しない場合で，(4・84)は共存する場合を示す．

$$\underset{\text{コランダム}}{Al_2O_3} + \underset{\text{石英}}{SiO_2} = \underset{\text{珪線石}}{Al_2SiO_5} \tag{4・82}$$

この反応の自由エネルギーは，約 -3 kcal 程度と仮定する．

$$\varDelta G°_{(4・82)} = -3 \tag{4・83}$$

(4・80)と(4・82)を加えると，次の反応式を得る：

$$\underset{\text{白雲母}}{KAl_3Si_3O_{10}(OH)_2} + \underset{\text{石英}}{SiO_2} = \underset{\text{カリ長石}}{KAlSi_3O_8} + \underset{\text{珪線石}}{Al_2SiO_5} + H_2O \tag{4・84}$$

これは実は，前にあげた式(4・55)と同じである．この反応の自由エネルギーは，(4・81)と(4・83)を加えることによってえられる．すなわち，

$$\varDelta G°_{(4・84)} = 20.0 - 37.4 \times 10^{-3}T$$

すなわち，(4・80)よりも(4・84)の反応の自由エネルギーの方が -3 kcal だけ小さい．その関係を，第45図の上半部に示す．

このように反応の自由エネルギーが求められたので，式(4・70)によって，固相の圧力と気相の圧力とが等しい条件のもとでの平衡曲線を計算してみると，第45図の下半分に示すようになる．すなわち，反応(4・84)の平衡曲線の方が(4・80)の平衡曲線よりもはるかに低温のところにある(都城, 1960 b)．

石英は地殻のなかに広く分布し，しかも多くの造岩鉱物と反応することができる．したがって，ことに石英の有無は変成岩の鉱物構成に影響するだけでなく，変成反応のおこる温度や圧力に影響し，変成鉱物の安定領域に影響を与える(都城, 1960 b)．

鉱物の安定性と鉱物集合の安定性の違いは，共生関係の図的表現を記述した後で，もう一度論ずることにしよう(§48)．

§39 地殻のなかの酸素と酸化鉄鉱物

酸素は，地球の主要な構成元素の一つである．それは，重量の割合でいって地殻とマントルの約半分を占め，体積の割合でいうと実にそれらの約90%を占めている．地殻のなかの酸素は，水圏のなかの酸素の9倍に及び，水圏のなかの酸素は，気圏のなかの酸素の1000倍に及んでいる．

気圏のなかの酸素は，量の割合からみるとこのようにきわめて少ないが，しかしその大部分は化合しないで，遊離の状態にある．そのために，気圏における酸素の分圧は，地表付近では約 0.2 atm に達している．ところが，地殻のなかの酸素は，大部分が化合している．そのために，地殻のなかにおける酸素の分圧は，後で論ずるように，多くの場合 10^{-10}～

§39 地殻のなかの酸素と酸化鉄鉱物

10^{-40} atm というような，きわめて低い値である．

したがって，大気のなかの酸素は，地殻の大部分とは平衡にはありえない．地殻のなかで地表にごく近い部分は大気の酸化作用をうけている．しかし，大気の酸化作用は地殻の深部には及ばない．もちろん，大気の酸化作用が長く続けば，地殻のなかでその作用をうけている層はしだいにその厚さを増す傾向がある．しかし，侵食作用がその層を上から削り取り，変成作用がその層を下から消去するので，この酸化帯は無制限に厚くはならない．

大気の混入していない，初生の火山ガスは，遊離の酸素をほとんど含んでいない．地球上にできた最初の大気は，主として地球の内部からでてきたガスから構成され，遊離の酸素をほとんど含んでいなかったと，今日多くの人が考えている．現在大気のなかに多量に含まれている酸素は，主として植物の同化作用によって生じたものであろう．大気は，先カンブリア時代のなかのある時期に，同化作用によって多量の酸素をもつようになったらしい(Goldschmidt, 1934)．

地殻のなかに広く分布していて，酸素の分圧を示すインディケイターとして最も便利なのは，鉄の酸化物すなわち赤鉄鉱(hematite)，磁鉄鉱(magnetite)，ウスタイト(wüstite)などである．これらの鉱物は，酸素を遊離する次のような反応によって，相互に関係づけられている：

$$6\underset{\text{赤鉄鉱}}{Fe_2O_3} = 4\underset{\text{磁鉄鉱}}{Fe_3O_4} + O_2 \tag{4·85}$$

$$2\underset{\text{磁鉄鉱}}{Fe_3O_4} = 6\underset{\text{ウスタイト}}{FeO} + O_2 \tag{4·86}$$

$$2\underset{\text{ウスタイト}}{FeO} = 2\underset{\text{自然鉄}}{Fe} + O_2 \tag{4·87}$$

$$\frac{1}{2}\underset{\text{磁鉄鉱}}{Fe_3O_4} = \frac{3}{2}\underset{\text{自然鉄}}{Fe} + O_2 \tag{4·88}$$

これらの反応は，気体を放出するという点では，H_2O や CO_2 を放出する反応と同じである．したがって，この場合にも，前にあげた式(4·69), (4·70)などが成立ち，これらによって平衡を計算することができる．これらの反応の標準自由エネルギーは，たとえば Kubaschewski と Evans (1958)の表に与えられている．この場合にも，固相に対する圧力の効果は小さく，たいていの議論ではそれを無視することができる．また，酸素の圧力はきわめて低いので，それを理想気体とみなすことができる．したがって，たいていの場合の計算には，式(4·73)や(4·74)で十分である．

こうした計算や，実測によって決定された上記の反応の平衡曲線を，第46図と第8表に

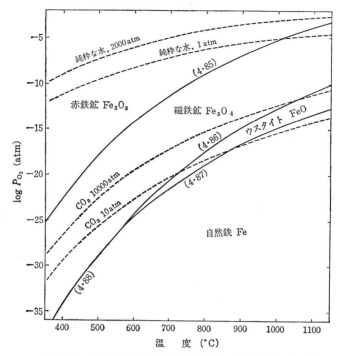

第46図 酸化鉄および自然鉄の安定関係. 曲線(4・85), (4・86), (4・87)および(4・88)は, それぞれ反応(4・85), (4・86), (4・87), (4・88)の平衡曲線を示す. 純粋な水の解離によって生ずる酸素の圧力の曲線を, $P_{H_2O}=1$ atm および $P_{H_2O}=2000$ atm の場合につき示す. また, グラファイトと平衡する酸素の圧力の曲線を, $P_{CO_2}=10$ atm および $P_{CO_2}=10000$ atm の場合につき示す(都城, 1964).

示す (Eugster, 1959; Ernst, 1960; Eugster & Wones, 1962; 都城, 1964). この図から明らかなように, 酸素の圧力が高い場合には赤鉄鉱が安定である. それより低くなると磁鉄鉱が安定, もっと低くなるとウスタイトが安定, 最も低い状態では自然鉄が安定である. 2相, たとえば赤鉄鉱と磁鉄鉱とが共存する場合には, 一定の温度と圧力(固相の圧力)のもとでは系の状態は一義的に決り, 酸素の圧力も決る.

　これらの鉱物のなかで, 地殻のなかに最も広く分布し, 変成岩のなかにも最も広く出現するのは, 磁鉄鉱であろう. 赤鉄鉱は, 変成温度の低い変成岩などのなかに, かなりしばしば出現する. しかし, ウスタイトや自然鉄が地殻のなかに出現することは, きわめて稀

である．このことから考えると，地殻のなかで酸化帯より深い部分における酸素の分圧は，多くの場合は $10^{-10} \sim 10^{-40}$ atm の程度の範囲であろう．

天然の酸化鉄鉱物は TiO_2 を含んでいる．そこで実は，第47図のように3成分系 $FeO-Fe_2O_3-TiO_2$ に属するものとして取扱うことが望ましい．この系に属するチタン鉄鉱(ilmenite)がしばしば伴って出現する．チタン鉄鉱と赤鉄鉱の間には，かなり広い範囲にわたる固溶体系列がつくられる．変成岩のなかの磁鉄鉱の TiO_2 含有量は比較的小さい(Buddington et al., 1955). そこで磁鉄鉱は組成 Fe_3O_4 の1点で表わすことにすれば，3成分系 $FeO-Fe_2O_3-TiO_2$ におけるこれらの鉱物の共生関係は，第47図のようになる．この場合には，磁鉄鉱と赤鉄鉱，または磁鉄鉱とチタン鉄鉱の2相が一定の温度と圧力(固相の圧力)のもとで共存しても，まだ系の状態は一義的には決らない．すなわち，赤鉄鉱やチタン鉄鉱の組成の変化に応じて，系の状態は変化し，酸素の圧力も変化する．磁鉄鉱，赤鉄鉱，チタン鉄鉱の3相が存するときにはじめて，系の状態は温度と圧力だけで一義的に決り，酸素の圧力も決る(Chinner, 1960).

地殻を構成する鉱物の大部分は，酸素を含んでいる．もし地殻のなかの酸素の圧力が限りなく小さくなるならば，これらの鉱物はすべて，分解して酸素を放出する傾向があるはずである．しかし実際は，地殻のなかの酸素の圧力は，それほど小さくはない．Si, Al, Ti, Fe, Mn, Mg, Ca, Na, K, P などの主要造岩元素のなかでは，完全に酸素を失った元素状態で地殻のなかに出現することがあるのは，Fe だけであり，しかもそれはきわめて稀である．酸素と化合する場合には，上記

第8表 酸化鉄鉱物と平衡する酸素の圧力の対数($\log P_{O_2}$)

温度 (°C)	赤鉄鉱＋磁鉄鉱 式(4·85)		磁鉄鉱＋ウスタイト 式(4·86)		ウスタイト＋自然鉄 式(4·87)		磁鉄鉱＋自然鉄 式(4·88)	
	$P_s=1$atm	$P_s=2000$atm	$P_s=1$atm	$P_s=2000$atm	$P_s=1$atm	$P_s=2000$atm	$P_s=1$atm	$P_s=2000$atm
427	−21.19	−21.58					−32.82	−33.21
560	−15.55	−15.86*	−26.14	−26.50*	−26.14	−26.50*	−26.14	−26.50*
627	−13.28	−13.62	−23.16	−23.51	−23.60	−23.94		
827	−8.25	−8.55	−16.58	−16.89	−18.14	−18.44		
1027	−4.76	−5.03	−12.02	−12.29	−14.35	−14.61		

注 固相の圧力(P_s)が1atm および 2000atm の場合における酸素の圧力(単位 atm)の常用対数を示す．*印をつけた値は，鉄鉱には 561°C のものである(Ernst, 1960 による)．

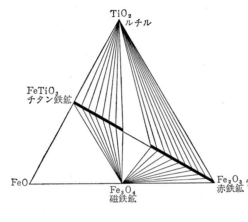

第47図
ある角閃岩相の変成岩地域における鉄およびチタンの酸化物の共生関係(Chinner, 1960).

の元素のなかでは Fe, Mn よりほかのものは, それぞれ一定した原子価がある. したがって, Fe, Mn よりほかの主要元素に関する限り, 地殻のなかの酸素の圧力の変化は, その出現状態と無関係である. ところが Fe は, 多くの造岩鉱物の主要な成分の一つであり, その原子価には2価と3価とがある. 地殻のなかの酸素の圧力に応じて, その酸化状態が変化する. Fe を含む鉱物の安定性は, 酸素の圧力によって大いに変化する.

この重要性が十分理解せられ, それを支配する法則が研究されはじめたのは, 1950年代の中ごろから後のことである. それは, 一部分は, 変成岩の鉱物構成の理論的解析が進んで, 酸素の圧力の影響を論じうるようになったことから来ている. 他の一部分は, 高温高圧のもとで酸素の圧力をコントロールして鉱物の合成をおこない, その安定関係を知る実験的方法が Eugster (1957, 1959) によって開拓せられ, それがこの問題に対する注意を促したことから来ている.

§40 地殻のなかの酸素の圧力を支配する因子

岩石のなかには, 鉄の酸化物やケイ酸塩が含まれている. これらは, 地殻のなかの酸素の圧力に対して, **緩衝作用**(buffer action)を呈する.

たとえば, 岩石が赤鉄鉱と磁鉄鉱とを含んでいるとしよう. 温度を一定にすると, この場合の平衡な酸素の圧力は, 第46図の曲線(4・85)で示されるように, ある一定の値になる. もしかりに, それよりも高い酸素の圧力をもつ流体が外部から浸入して来たと仮定すると, 浸入して来た酸素の一部分は, 磁鉄鉱と反応して赤鉄鉱を生ずる. それに応じて, 酸素は

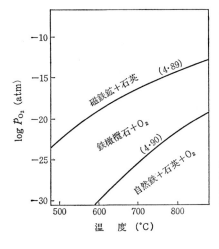

第48図 鉄橄欖石の安定領域．曲線は反応(4・89)および(4・90)の平衡を表わす．

減少し，その圧力は低くなるであろう．そこで，磁鉄鉱が全部使い尽くされるより前に，浸入して来た酸素の圧力がもとの平衡な圧力の値にもどるならば，この場合には緩衝作用が有効にはたらいたのである．しかし浸入してきた酸素の量が多い場合には，磁鉄鉱が使い尽くされても，まだ酸素の圧力は，もとの平衡な圧力の値までは下らないかもしれない．この場合には，赤鉄鉱だけになって，それと平衡する新しい酸素の圧力が樹立されるわけである．したがって，緩衝作用がどの程度に有効にはたらくかは，磁鉄鉱の量と浸入して来た酸素の量との関係によってきまる．

緩衝作用は鉄のケイ酸塩でもおこる．たとえば第48図に示すように，鉄橄欖石は酸素の圧力が或る定まった範囲内の値のときに安定である．酸素の圧力がそれより高いと橄欖石のなかの鉄が酸化して磁鉄鉱を生じ，それより低いと分解して酸素を放出して自然鉄を生じる：

$$2Fe_3O_4 + 3SiO_2 = 3Fe_2SiO_4 + O_2 \tag{4・89}$$
(磁鉄鉱　石英　鉄橄欖石)

$$Fe_2SiO_4 = 2Fe + SiO_2 + O_2 \tag{4・90}$$
(鉄橄欖石　自然鉄　石英)

そこで鉄橄欖石のある付近の酸素の圧力は，その安定な範囲内の値に保たれようとする傾向がある．

地殻のなかには多かれ少なかれ H_2O があって，その一部分は水素と酸素に解離しているはずである：

$$H_2O \rightleftarrows H_2 + \frac{1}{2}O_2 \tag{4・91}$$

地殻のなかの酸素の圧力は,それが何によって支配されているにせよ,この解離平衡に関与する酸素の圧力と等しいはずである.この解離平衡に対しては,一般に次の関係式が成立つ:

$$\Delta G° = -RT \ln K$$

$$= -RT \ln \frac{P_{H_2} \times P_{O_2}^{\frac{1}{2}}}{P_{H_2O}}$$

$$= -4.575T \log \frac{P_{H_2} \times P_{O_2}^{\frac{1}{2}}}{P_{H_2O}} \tag{4・92}$$

$\Delta G°$ はこの反応の標準自由エネルギー変化で,ほぼ $\Delta G° = 58900 - 13.1T$ (cal) である (Kubaschewski & Evans, 1958). 簡単のために,H_2O,水素および酸素は理想気体とみなし,P_{H_2O}, P_{H_2} および P_{O_2} はそれぞれの圧力(分圧)である.一定の温度で,一定の P_{H_2O} のもとでは,P_{H_2} が大きくなるにしたがって P_{O_2} は小さくなる.

もしかりに,最初に純粋な水があって,それが解離して水素や酸素を生ずると仮定すると,H_2 と O_2 との分子数の比は $2:1$ で,$P_{H_2}:P_{O_2}$ の比もほぼ $2:1$ である.この条件を上式(4・92)に入れると,

$$P_{O_2} = \left(\frac{K \times P_{H_2O}}{2}\right)^{\frac{2}{3}} \tag{4・93}$$

を得る(Eugster, 1959). 水の圧力を 1 atm および 2000 atm とした場合に対し,この式で計算した酸素の圧力を,第 46 図に示す.

この図から明らかなように,水の圧力をかりに 1 atm としても,純粋な水の解離によって生ずる酸素の圧力はなかなか高く,約 1000°C 以下の温度では,安定な鉄の酸化物は赤鉄鉱である.1000°C を超えてはじめて,磁鉄鉱が安定になる.水の圧力がもっと高くなると,酸素の圧力ももっと高くなる.水の圧力が 2000 atm になると,約 1200°C までの温度すなわち火成岩や変成岩の生成するすべての温度において,赤鉄鉱が安定である.

これは明らかに,地殻のなかの実際の状況と一致しない.火成岩でも変成岩でも,赤鉄鉱よりは磁鉄鉱を含んでいる方が普通である.したがって,地殻のなかの酸素の圧力は,普通は純粋な水の解離によって生ずるよりは低いと考えねばならない.すなわち,火成岩や変成岩の生成に関与している流体のなかの $H_2:O_2$ の体積比は,多くの場合には $2:1$ よ

§40 地殻のなかの酸素の圧力を支配する因子

りも大きい．変成作用に関与する水溶液は，過剰の水素を含む水溶液である．したがって，われわれの問題は，このような水素の過剰（あるいは酸素の不足）を生ずる原因は何であるかということになる．

　地球の深部から水素や一酸化炭素などの還元性の気体が上昇してきて，地殻のなかに浸透し，水素の過剰や酸素の不足を生ずるようなこともおこるかもしれない．しかし，水素の過剰を生ずるおもな原因は，むしろ変成反応自体にあるのではないかと考えられる．大ていの堆積物は，元来，多かれ少なかれ有機物を含んでいる．それは，変成作用をうけると分解して，水素や炭化水素や炭素を生ずるであろう．これらが水溶液を還元し，酸素の圧力を減少させるであろう．ことに永続的な効果を及ぼすのは，有機物の分解によってグラファイト(graphite)として遊離される炭素である(都城，1964)．

　グラファイトは，泥質および半泥質の変成岩の大部分のものに含まれている．しかし従来，グラファイトの重要性が認識されなかったために，変成岩の分析では，炭素は定量されないことが多く，稀に定量されている場合にはグラファイトとCO_2とが区別されていないことが多い．これらのグラファイトは，少なくともその大部分は有機物起源であろうが，しかし一部分は，たとえば地球の深部から上昇してきた一酸化炭素から分離生成したようなものでないとも限らない．

　グラファイトと気体との間には，次のような平衡が成立つ：

$$C + O_2 = CO_2 \tag{4・94}$$

固相に対する圧力の効果を無視すれば，

$$\Delta G° = -RT \ln \frac{P_{CO_2}}{P_{O_2}}$$

$$= -4.575 T \log \frac{P_{CO_2}}{P_{O_2}} \tag{4・95}$$

ここで，$\Delta G°$ は反応(4・94)の標準自由エネルギーで，$\Delta G° = -94200 - 0.2T$(cal) である (Kubaschewski & Evans, 1958)．O_2 および CO_2 を理想気体と仮定すれば，P_{O_2} および P_{CO_2} はそれぞれの圧力(分圧)である．

　任意の温度で，P_{CO_2} の値を指定すれば，それに応じて式(4・95)により P_{O_2} の値がきまる．地殻のなかの P_{CO_2} の値は場合によってさまざまであろうけれど，それは固相の圧力に等しいか，またはそれより小さいであろう．大陸地殻の底部の固相の圧力をほぼ1万atmとすると，P_{CO_2} は1万atmよりも小さいと考えてよい．このことから，地殻内でグラファ

イトと平衡する P_{O_2} の値に上限が生ずる(都城, 1964).

CO_2 の圧力を 10 atm および 10000 atm とした場合の P_{O_2} の値の曲線を, 第 46 図に示してある. 地殻のなかの CO_2 の圧力は, 大ていの場合にはこの二つの場合の中間にくるであろう. したがって, グラファイトを含む岩石のなかの O_2 の圧力は, 大ていの場合には, この二つの曲線の間のある値であろう. これからみると, グラファイトの強い還元作用は明らかである. グラファイトが存在すると, 変成岩の生成温度の範囲の大部分において, 安定な鉄の酸化物は磁鉄鉱である. このことは, 実際の変成岩の状況とよく一致している.

泥質岩には大ていの場合グラファイトがあるので, 鉄の酸化物が生ずれば大ていは磁鉄鉱である. しかし, 鉄の酸化物を生じないで, すべての鉄は 2 価の状態に還元されて, ケイ酸塩鉱物や硫化物のなかにはいっていることも多い. 泥質岩のなかにも, きわめて稀には, グラファイトを含まないものがある. また, 火成岩起源の変成岩などは, 一般にグラファイトを含まない. これらの岩石のなかの O_2 の圧力は, もっと大きく変化しうる.

§41 地殻のなかの酸素の移動性

H_2O や CO_2 は, 地殻のなかを, かなり自由に移動しうるということを, 前に述べた (§22). ところが O_2 はそれと異り, 変成作用の間に地殻のなかを, ほとんど移動しないということが, 1950 年代になって強調されるようになった(Rankama & Sahama, 1950, p. 232; Thompson, 1957; Eugster, 1959; Mueller, 1960; Chinner, 1960). たとえば, カナダ盾状地の変成した鉄鉱層のなかには, 赤鉄鉱を含む薄層や, 磁鉄鉱を含む薄層があって, くりかえし重なっていることがある. 同じ種類の鉄含有ケイ酸塩鉱物(たとえばアクチノ閃石)がどの層にも出現する場合には, その鉱物の鉄含有量は, 赤鉄鉱を含む層のなかにある場合の方が, 磁鉄鉱を含む層のなかにある場合よりも小さい. 次節で論ずるように, このことは, 赤鉄鉱を含む層のなかの O_2 の圧力の方が, 磁鉄鉱を含む層のなかの O_2 の圧力よりも大きいことを意味する. 赤鉄鉱を含む薄層と磁鉄鉱を含む薄層との境はシャープなこともあるが, また幅数十 cm 程度の中間帯を生じて, そこには赤鉄鉱と磁鉄鉱と両方が含まれていることもある. このことは, 層によって O_2 の圧力に違いがあったにもかかわらず, 変成作用の間に O_2 の移動がきわめてわずかしか, おこらなかったことを示している.

式(4・91), (4・92)に示すように, O_2 の圧力と H_2 の圧力とは密接な関係がある. たとい O_2 は移動しなくても, かりに H_2 が自由に移動して層による H_2 の圧力の違いがなくなったならば, O_2 の圧力の違いもなくなったはずである. そこで, 層による O_2 の圧力の違い

§41 地殻のなかの酸素の移動性

が，変成作用の間になくならなかったということは，ただちに，H_2の圧力にも違いがあったにもかかわらず，H_2もほとんど移動しなかったことを意味する．H_2は，あらゆる物質のなかでも，もっとも移動しやすい物質と考えられている．したがって，この事実は，人びとを驚かせた．

このようにO_2やH_2が変成作用の間にほとんど移動しないのは，地殻のなかにおけるこれらの気体の圧力や濃度がきわめて小さいことによるのであろう．地殻のなかにおけるH_2OやCO_2の圧力は数千atmに達することは珍しくないであろう．ところがO_2の圧力は，ふつうは，$10^{-10} \sim 10^{-40}$ atm という小さな値である．赤鉄鉱および磁鉄鉱の両方と平衡するO_2の圧力は，$400 \sim 600°C$では$10^{-23} \sim 10^{-15}$ atmである（第46図）．そこで(4・92)によって，このときのH_2の圧力を計算してみると，ほぼ$10^{-5} \times P_{H_2O}$ atm になる．地殻のなかのP_{H_2O}を，たとえば$10^0 \sim 10^4$ atmの範囲だと仮定すれば，P_{H_2}は$10^{-5} \sim 10^{-1}$ atmとなり，P_{O_2}よりはずっと大きいが，P_{H_2O}よりはずっと小さい．たとえば，O_2とH_2Oとを含む流体が流動して移動する場合を考えてみると，移動するO_2とH_2Oとの量（体積）の比は，ほぼ$P_{O_2} : P_{H_2O}$の比に等しい．また，拡散で移動する場合を考えてみると，移動するO_2の量は，その濃度勾配に比例する．ところが，濃度勾配の値の上限は，濃度の値の最大値によって本質的に制限される．そこで，どちらの場合にも，圧力や濃度の小さいO_2の移動量はきわめて小さい．

岩石のなかのP_{H_2}は，赤鉄鉱が存在するような場合には，上記のように小さいが，それよりP_{O_2}が小さくなるにつれて，逆に大きくなる．たとえばウスタイトや自然鉄を生ずるほどP_{O_2}が小さくなると，P_{H_2}は大へん大きくなって，P_{H_2O}よりも大きくなることもある．このようにP_{H_2}が大きい場合には，H_2の移動も大きいであろう．しかし，ウスタイトや自然鉄を生ずるほどP_{O_2}が小さくなることは，地殻のなかには，ほとんどおこらない．

O_2やH_2が岩石のなかをほとんど移動しないとすると，P_{O_2}は岩石のなかで部分によって違った値をもつことになる．それは主として，その岩石の原岩の化学組成と温度によって支配される．したがって，温度，固相の圧力，H_2OやCO_2の圧力などのように変成地域のなかの比較的広い範囲にわたってほぼ一様な値を示す外的条件と違って，P_{O_2}は個々の岩石の性質とみられる．

しかしこの場合にも，泥質および半泥質の変成岩の大部分がグラファイトを含んでいるということは，重要である．第一に，グラファイトを含む岩石では，式(4・95)に示すように，一定の温度ではP_{CO_2}とP_{O_2}との比は一定である．ところがP_{CO_2}は変成地域内の広

い範囲にわたって一定になろうとする傾向が強いので，P_{O_2} の方も，それと同じ程度に広い範囲にわたって一定になろうとする傾向を生ずる．第二に，グラファイトを含む岩石では，すでに述べたように，P_{O_2} が小さくなる．そこで，式(4・92)からわかるように P_{H_2} が大きくなる．このために，H_2 の移動性を増大する．グラファイトを含む岩石のなかの H_2 が，そのまわりのグラファイトを含まない岩石のなかに浸入していって，その付近全体の P_{H_2} を大きくする傾向があるであろう．そのことは直ちに，その付近全体の P_{O_2} を小さくし，かつ一様にする傾向があることを意味する．したがって，グラファイトを含まない変成岩のなかの P_{O_2} は，グラファイトを含む岩石との距離や，変成作用のつづく時間の長さによって大いに異るであろう．いずれにしても，このように，グラファイトを含む変成岩が広く分布することは，地域内の P_{O_2} を一様化する傾向，換言すれば見掛け上の O_2 の移動性を増大する効果を呈するであろう(都城，1964)．

変成した鉄鉱層のなかで O_2 がほとんど移動せず，P_{O_2} が薄層ごとに違った値を呈するということは，それらの岩石の多くがグラファイトを含まないことによるのであろう．また火成岩起源の変成岩は一般にグラファイトを含まないから，そのなかの P_{O_2} はさまざまで，泥質岩の場合よりもはるかに複雑な条件に支配されている．

§42　鉄を含むケイ酸塩鉱物の安定関係

鉄を含む一定の化学組成のケイ酸塩鉱物の一例として，鉄橄欖石($Fe_2^{+2}SiO_4$)の安定関係をすでに第 48 図に示した．固相の圧力と温度とを与えると，それに応じて定まったある範囲内の P_{O_2} のもとで，鉄橄欖石は安定である．

鉄を含む一定の化学組成のケイ酸塩鉱物のなかでも，OH^- イオンを含むものの場合には，H_2O の圧力もその安定関係に影響するので，安定関係を支配する変数がもう一つ増加する．その一例として，Eugster と Wones(1962)によって実験的に研究された雲母の一種アナイト(annite, $KFe_3^{+2}AlSi_3O_{10}(OH)_2$)の安定関係を第 49 図に示す．この実験は，流体相の圧力(全圧)が固相の圧力に等しいという条件のもとでおこなわれているので，安定関係を支配する独立変数は，固相の圧力と P_{O_2} と温度とである．そこで，この鉱物は，この三つの変数を座標軸にとった空間のなかの，ある定まった体積のなかで安定である．

この場合に，温度が高くなると，アナイトは脱水分解して，無水の鉱物を生ずる点では，鉄を含まない含水ケイ酸塩鉱物と同じである．アナイトのなかの鉄は 2 価であるが，P_{O_2} が高くなると，それは分解して鉄が酸化され，磁鉄鉱や赤鉄鉱やその他の鉱物を生ずる．と

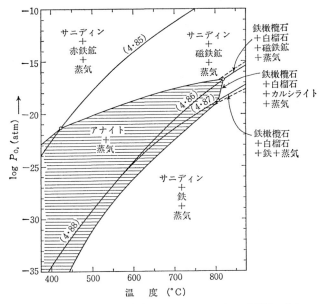

第49図 アナイト雲母の組成 $KFe_3AlSi_3O_{10}(OH)_2$ に水溶液の加わった系の相関係. ただし, 固相の圧力と流体相の全圧 ($P_{H_2O}+P_{H_2}+P_{O_2}$) とは等しくて一定で, 2040 atm とし, 温度と P_{O_2} との函数として実験的に決定した相関係を示してある. (4・85), (4・86), (4・87), (4・88)は, 酸化鉄の P_{O_2} を示す曲線で, 第48図のそれぞれの番号の曲線に対応する (Eugster & Wones, 1962).

ところが, 分解によってできるこれらの鉱物はすべて無水なので, 結局, P_{O_2} が増すと脱水分解することになる. 他の条件が一定であるならば, 温度が低い方が酸化しやすいので, 温度が下ると P_{O_2} が増したと同じ効果がおこり, アナイトが脱水分解し, 鉄が酸化される. P_{O_2} が低くなるとアナイトは分解して鉄が還元され, 自然鉄を生ずる.

鉄を含むケイ酸塩鉱物のなかでも, エジリン($NaFe^{+3}Si_2O_6$)やマグネシオリーベック閃石($Na_2Mg_3Fe_2^{+3}Si_8O_{22}(OH)_2$)では, 鉄は3価であるから, もうこれ以上酸化されない. したがって, これらは高い P_{O_2} のもとでも安定である (Ernst, 1960).

天然の鉄を含む鉱物は, 鉄橄欖石やアナイトのように一定組成であったり, あるいは端成分であることは稀であって, 大ていは固溶体をつくっている. この場合には, 固溶体の化学組成が変数になる. たとえば, 前にあげた式(4・89)の反応:

$$\underset{\text{磁鉄鉱}}{2Fe_3O_4}+\underset{\text{石英}}{3SiO_2}=\underset{\text{鉄橄欖石}}{3Fe_2SiO_4}+O_2 \qquad (4・96)$$

において，一定組成の鉄橄欖石があるのではなくて，橄欖石固溶体 Mg_2SiO_4-Fe_2SiO_4 があるものとし，上式の Fe_2SiO_4 はこの固溶体の一つの成分を表わすものとする．そうするとこの式で表わされる化学平衡は，4成分で4相になる．気相の圧力と固相の圧力とを同じ大きさと仮定しても，この系の自由度は2である（§43参照）．そこで，温度のほかに，P_{O_2}（＝固相の圧力）をも変化させることができる．P_{O_2} の変化に応じて，平衡に共存している橄欖石固溶体の組成が変化する．

すなわち，一定の温度において，P_{O_2} が大きくなると，橄欖石のなかの Fe_2SiO_4 分子がしだいに分解して，式(4・96)に示すように磁鉄鉱と石英になる．そこで，P_{O_2} が大きいほど，橄欖石は鉄に乏しくなる．橄欖石の Fe/Mg 比は，P_{O_2} のインディケイターになる．

橄欖石に限らず，一般に鉄を含む固溶体鉱物には，このような関係がみられる．たとえば Mueller(1960) は，カナダ盾状地の Quebec 州で角閃岩相に属する変成作用をうけた鉄鉱層を研究した．そこには，酸化鉄鉱物としては磁鉄鉱だけを含む薄層と，磁鉄鉱と赤鉄鉱を両方含む薄層とが多いが，ごく稀には赤鉄鉱だけを含む薄層もあった．それらの3種の薄層における P_{O_2} は，ここにあげた順序に高くなっているらしい．それらのなかに含まれているアクチノ閃石(actinolite)の Fe/(Mg+Fe) 比は，酸化鉄鉱物として磁鉄鉱だけを含む薄層では 0.72〜0.16 の範囲であったが，磁鉄鉱と赤鉄鉱を両方含む薄層では約 0.13 で，赤鉄鉱だけを含む薄層では 0.09 であった．磁鉄鉱だけを含む薄層のなかのケイ酸塩鉱物の Fe/(Mg+Fe) 比が，たとえば上記のアクチノ閃石の例のように大きく変化しうることは，この種の薄層のなかの P_{O_2} は，場合によってかなり大きく異っていることを示すものであろう．磁鉄鉱と赤鉄鉱を両方含む薄層のなかの P_{O_2} は，ほとんど一定している．

§43 相律と鉱物学的相律

ここに，c 個の成分からなる一つの系があって，その系のなかの相の数は p であるとする．この系が平衡状態にあるためには，おのおのの成分の化学ポテンシァルが，すべての相において等しい値をもたねばならない．すなわち，肩につけたダッシュの数によって相を区別することにすれば，

第1成分： $\mu_1' = \mu_1'' = \mu_1''' = \cdots\cdots = \mu_1^{(p)}$

第2成分： $\mu_2' = \mu_2'' = \mu_2''' = \cdots\cdots = \mu_2^{(p)}$

$\cdots\cdots \qquad\qquad \cdots\cdots\cdots\cdots$

第 c 成分： $\mu_c' = \mu_c'' = \mu_c''' = \cdots\cdots = \mu_c^{(p)}$

§43 相律と鉱物学的相律

これらの平衡条件式の総数は，$c(p-1)$ 個である．

　平衡状態において，温度と圧力とは系内のすべての相において同じ値をもつものとする．(したがって，もし流体相が存在するならば，その圧力は固相の圧力に等しいような場合を考えるのである．)　そうすると，系の状態を一義的に指定するために決定せねばならない変数は，系の温度と圧力，およびおのおのの相のなかのおのおのの成分のモル分率である．ただし，一つの相のなかのすべての成分のモル分率の和は1であるから，結局，変数の総数は，$2+p(c-1)$ 個である．

　変数の総数から平衡条件式の総数を引いた残りを**自由度**(degree of freedom)とよび，それを F で表わすと，

$$F = 2+p(c-1)-c(p-1) = c+2-p \qquad (4\cdot97)$$

この F は，その平衡状態をくずさないで，われわれがある範囲内で自由に変化させることのできる変数の数である．これが Willard Gibbs によって1874年に発見された**相律**(phase rule)である．

　相律でいう成分の数 c とは，その濃度を独立に変化させうる成分の数のことである．たとえば，水蒸気 H_2O があると，それは一部分解離して，H_2 と O_2 とを生じているが，平衡状態では(4·92)のように，H_2O と H_2 と O_2 との間に一つの関係式が成立つ．また，H_2 の数は O_2 の数の2倍だという当量の関係が一つある．したがって，H_2O と H_2 と O_2 と三つの成分があるようにみえても，相律にいう成分 c は3ではなくて，それから関係式の数を引いた残り，すなわち1である．H_2O に，任意の量の O_2 を加えた混合物では，当量の関係がなくなるので，c は2になる．成分や相の概念を岩石学的問題に用いる場合におこるいろいろな問題については，最近 Zen(1963)によってやや詳細な吟味がおこなわれている．

　地殻のなかにある岩石を一つの閉じた系と考えると，その岩石の温度と圧力とは一般に外的条件によって決り，それに応じて平衡が成立つ．そこで，自由度 F のなかで，二つだけは外的条件によって決るものであって，われわれが勝手に値を選ぶことはできない．したがって，ほんとうに自由に値を変化させて選ぶことができる変数の数は，

$$F-2 = (c+2-p)-2 = c-p \text{ 個} \qquad (4\cdot98)$$

だけである．平衡が成立つためには，この値は0または正でなくてはならない．したがって，

$$c-p \geqq 0, \quad c \geqq p \qquad (4\cdot99)$$

流体相が存在しない場合には，pは鉱物の数を表わす．流体相が存在すれば，鉱物の数はそれよりも一つだけ少ない．結局，岩石を閉じた系とみた場合には，温度と圧力とのある範囲内での安定な平衡において，共存することのできる鉱物の最大の数は，その系の成分の数に等しい．これが，V. M. Goldschmidt (1911, 1912 b) によって発見された**鉱物学的相律** (mineralogical phase rule) である．

岩石を開いた系と考える場合には，その温度と圧力だけでなく，完全移動性成分の化学ポテンシァルも外的条件によって決る (§ 35)．完全移動性成分の数を c_m とし，固定性成分の数を c_i とすれば，

$$c = c_m + c_i \tag{4.100}$$

そして，自由度 F のなかで，$2+c_m$ 個だけは外的条件によって決るので，自由に変化させて，われわれが勝手に値を選ぶことができる変数の数は，

$$F-(2+c_m)=(c+2-p)-(2+c_m)=c_i-p \text{ 個} \tag{4.101}$$

だけである．平衡が成立つためには，この値は 0 または正でなくてはならない．したがって，

$$c_i - p \geqq 0, \quad c_i \geqq p \tag{4.102}$$

すなわち，岩石を開いた系とみた場合には，温度と圧力とのある範囲内で，しかも完全移動性成分の化学ポテンシァルの値もある範囲内で，安定な平衡をつくって共存することのできる鉱物の最大の数は，その系の固定性成分の数に等しい．これが D. S. Korzhinskii (1936, 1959) の発見した，**開いた系の鉱物学的相律**である．

一例として，3成分よりなる閉じた系である岩石を考える．Goldschmidt の鉱物学的相律によると，平衡に共存することのできる鉱物は 3 種以下である．もし鉱物が三つあると，Gibbs の相律によると自由度は 2 であるから，外的条件に応じて温度と圧力とが決る．もし鉱物が四つあると，自由度は 1 である．外的条件によって圧力がある値に決ったならば，それに応じてある定まった一つの温度でのみ，平衡が成立つ．もし変成地域のなかに温度の勾配があるならば，地域内のどこかに，ちょうどその温度になる場所があるかもしれない．もしあるならば，その場所では，四つの鉱物が平衡に共存してもよいわけである．もし鉱物が五つあると，自由度は 0 で，ある定まった一つの温度と一つの圧力でのみ平衡が成立つ．しかし，変成地域のなかには，偶然そのような温度と圧力の地点が生ずることがないとは断言できない．したがって，鉱物学的相律の制限する数よりもたくさんの鉱物が平衡に共存することは，稀にはありうるのであるが，鉱物学的相律は，そのようなことが

地域内に広くたびたびはおこらないといっているのである．この点では，Korzhinskii の開いた系の鉱物学的相律も同じである．

§44 一定の外的条件のもとでの鉱物の共生関係の図的表現．その1．組成-共生図表

ある一定の外的条件のもとにおける，いろいろな変成岩の鉱物の安定な共生関係を解析するために，しばしば化学組成と鉱物組成との間の関係の図的表現が用いられる．4成分系までは，平面上の図によって定量的に表現できる(Philipsborn, 1928, Barth, 1936). しかし，描きやすく読みやすいのは，3成分系までであって，三角図表がもっとも広く用いられている．そこで，その図表の一般的な性質を，述べよう．ここでは，端成分の化学組成は〔 〕をつけた記号で示し，それからできている鉱物は〔 〕なしの記号で示すことにする．

まず，3成分〔A〕，〔B〕，〔C〕よりなる閉じた系の岩石を考えてみよう．この場合には，外的条件は温度と圧力であるから，温度と圧力の或る定まった値のもとで成立つ共生関係を図的に表現するためには，第50図のように，三つの成分を頂点にもつ三角図表を用いることができる．この図上の1点は，一定の化学組成とある定まった温度と圧力に対応している．Goldschmidt の鉱物学的相律によるとこの3成分系の岩石のなかに，ある範囲の温度と圧力のもとで安定に共存することのできる鉱物の数は，三つまたはそれ以下である．そこで簡単のために，もし，この系に出現する鉱物 A, B, C, D, E, F がすべて，それぞれ一定の化学組成をもち，したがって三角図表上ではそれぞれ1点で表わされると仮定すると，その三角図表は，たとえば第50図に示すように，鉱物を表わす点を頂点とするいくつかの小さい三角形に分割されるはずである．小さい三角形の内部の点は，3相の共存を示し，小さい三角形の辺上の点は，2相の共存を示し，頂点は1相を示す．このような図表を，**組成-共生図表**（composition-paragenesis diagram）とよぶ．

実際は，変成岩のなかに出現する鉱物の大部分は，かなり広い範囲の固溶体をつくる．したがって，その化学組成は第51図に示すように三角図表上のある面積で表わされる．これは，(4·98)において $c=3, p=1$ とすると，温度と圧力以外の自由に変化させうる変数（すなわち組成に関する変数）の数が2になることに対応している．2相が共存する場合には，$c=3, p=2$ なので，自由に変化させうる組成上の変数の数は1である．したがって，そのおのおのの鉱物の組成は，三角図表上の一つの曲線によって表わされる．その曲線は，その鉱物が1相だけあるときの組成領域を取りかこむ輪郭線である．そして，その曲線上

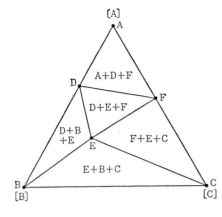

第50図
閉じた3成分系〔A〕-〔B〕-〔C〕に一定組成の鉱物 A, B, C, D, E, F があるときの組成-共生図表．共存する鉱物を線で結ぶことにより，図表は3相共存を示す小さい三角形に分割される．開いた系の場合には，〔A〕,〔B〕,〔C〕を固定性成分と考えれば，全く同様の関係が成立つ．

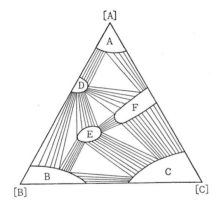

第51図
閉じた3成分系〔A〕-〔B〕-〔C〕に固溶体鉱物 A, B, C, D, E, F があるときの組成-共生図表．鉱物の組成領域の輪郭線上の1点と他の輪郭線上の1点とを結ぶ直線は，その二つが共存することを示す．開いた系の場合には，〔A〕,〔B〕,〔C〕を固定性成分と考えれば，全く同様の関係が成立つ．

の任意の一点に対応して，それと共存するもう一つの鉱物の組成が決っている．そのもう一つの鉱物の組成を表わす点も，そちらの鉱物の組成領域をとりかこむ輪郭線上にある．この2相の共存関係を，第51図の組成-共生図表では直線で結んで示してある．3相が共存する場合には，自由に変化させうる組成上の変数の数は0で，その三つの鉱物はおのおの決った組成をもっている．

　以上の議論は閉じた系についておこなったが，開いた系の場合についてもほぼ同様に取扱える．開いた系の場合には，外的条件は温度と圧力と完全移動性成分の化学ポテンシァルであって，そのほかに固定性成分の量の割合を指定すれば状態が決るわけである．そこで，この場合に上記の外的条件のおのおのがある定まった値であるときに成立つ共生関係

を図的に表現するためには，固定性成分の割合を図上に表わすようにすればよい．すなわち，開いた系では組成-共生図表の頂点には固定性成分だけをとるのである．問題の開いた系は，〔A〕，〔B〕，〔C〕という三つの固定性成分よりなるものとすると，前記の第50図の三角図表をそのまま使って次のように論ずることができる：Korzhinskii の鉱物学的相律によると，ある範囲の外的条件のもとでこの系の岩石のなかに，安定に共存することのできる鉱物の数は，三つまたはそれ以下である．もしこの系に出現する鉱物 A, B, C, D, E, F がすべて，それぞれ一定の化学組成をもつと仮定すると，たとえばその第50図に示すように，この三角図表は，鉱物を表わす点を頂点とするいくつかの小さい三角形に分割されるはずである．(閉じた系では，図的表現においてすべての成分の割合を表わさねばならないが，開いた系では固定性成分の割合だけを表わせばよいので，成分の総数は三つより多くてもよくなる．)

実際は，変成鉱物の大部分はかなり広い固溶体をつくるので，開いた系の場合にも，三つの固定性成分を含む系の鉱物の共生関係は，たとえば第51図に示すようになる．1相だけある場合の組成はこの三角図表上の面積で表わされる．2相の共存するときのおのおのの相の組成は線で表わされる．3相の共存するときのおのおのの組成は定まった点である (Korzhinskii, 1959).

§45 一定の外的条件のもとでの鉱物の共生関係の図的表現．その2．成分の数の減少

閉じた系では成分の総数，開いた系では固定性成分の数が3である場合には，前節のように図的表現ができる．ところが実際の変成岩は，大ていの場合はそれより多くの成分または固定性成分からできている．そこで，図的表現を用いうるように，成分または固定性成分の数を少なくするような工夫が必要である．この目的のために，ふつうは次のようないろいろな手段が用いられる．

(1) 無関与成分の除外 ある一群の低温の変成岩では，その岩石のなかの成分 TiO_2 は，ほとんどすべてルチル TiO_2 に含まれていて，それよりほかの鉱物の TiO_2 の含有量は無視してもよい程度であることがある．この場合には，TiO_2 の有無や量は，ルチルの有無や量に関係するだけであって，それよりほかの鉱物の共生には影響しない．そこで，成分のなかから TiO_2 を除外し，それと同時に鉱物のなかからルチルを除外するならば，成分 c と相 p とがどちらも1ずつ減少するので，Goldschmidt の鉱物学的相律(4·98), (4·99)ではそれらが相殺し，結局，その他の成分と鉱物に対して，同じ形の式が成立つ．これによっ

て，成分の数を一つ減少させることができる．開いた系においても，もし TiO_2 が固定性成分であるならば，同様にして成分 TiO_2 と鉱物ルチルとを同時に除外しても，残りの固定性成分と鉱物に対して Korzhinskii の鉱物学的相律が成立つ．

このように，ある一つの成分が，単独にただ一つの鉱物を構成しているだけであって，他の鉱物には実際上含まれていない場合には，それは他の鉱物の共生には影響しないので，**無関与成分** (indifferent component) という (Korzhinskii, 1959, p. 67)．

相律や共生関係の図的表現に用いられる成分としては，SiO_2, Al_2O_3, MgO というような単純な酸化物が採用されることも多いが，もっと違う成分のとり方も可能である．すべての相の化学組成が表現できるような組でさえあれば，どんなにとっても差支えはない．変成岩のなかの ZrO_2 は，たいていの場合は実際上すべてジルコン $ZrSiO_4$ に含まれている．そこで，ZrO_2 でなくて，$ZrSiO_4$ を一つの成分として採用すれば，この成分は単独にジルコンを構成しているだけであって，他の鉱物には含まれていない．したがって，これは無関与成分である．そこで，前述の場合と同じように，成分 $ZrSiO_4$ と鉱物ジルコンとを同時に考察から除外し，成分を一つ減少させることができる．

(2) **過剰成分の除外** ある一群の岩石が，すべて，ある一つの鉱物を共通に含んでいるものとする．その岩石が閉じた系であるならば，その共通な鉱物の化学組成は，純粋な一つの成分に一致するものとする．たとえば，石英は多くの変成岩に共通に含まれていて，その組成は SiO_2 であるから，この条件を満す場合が多い．このような場合に，その成分の量の増減は，ただその共通な鉱物の量の増減をおこすだけであって，そのほかの鉱物の共生関係には影響しない．このような成分を，**過剰成分** (excess component) という．過剰成分は，いま問題にしている共通な鉱物だけでなく，他の多くの鉱物にも含まれているという点において，無関与成分とは異っている．

しかしこの場合にも，いろいろ異った成分のとり方が可能である．石英 SiO_2 のように単純な酸化物でなくて，もっと複雑な化学組成の鉱物が一群の岩石に共通に含まれている場合にでも，その鉱物が一定の組成とみなしうるならば，その化学組成を一つの成分とみなすことによって，それを過剰成分として取扱うことができる．成分の選び方は，原理的には，それによってすべての相の化学組成が表わされるかぎりは自由であるが，しかし選び方によっては，或る相の組成を表わすためには，或る成分の量を負の値であると考えねばならないこともおこる．

その共通に含まれている鉱物よりほかの鉱物の間の共生関係は，共通な鉱物の組成を過

剰成分とみると，過剰成分よりほかの成分の比によってきまる．したがって，閉じた系においては，成分のなかからその過剰成分を除外し，同時にその共通な鉱物を除外して，その残りの成分と鉱物だけを矛盾なく図表上に表現することができる．Goldschmidt の鉱物学的相律において，成分 c と相 p とが，どちらも 1 ずつ小さくなるので，それらは相殺して，自由度は変化しない．

岩石が開いた系である場合にも，ほぼ同様に考えることができる．或る一群の岩石が或る一つの鉱物を共通に含み，その共通な鉱物の化学組成が，純粋な一つの固定性成分に一致しているか，またはそれに任意の一定量の完全移動性成分が加わっただけのものであるならば，その固定性成分の増減は，ただその共通な鉱物の量の増減をおこすだけである．したがってこの場合にも，その固定性成分を過剰成分とよぶことができる．その共通な鉱物よりほかの鉱物の共生関係は，その過剰成分よりほかの固定性成分の比で決る．そこで，図的表現からその過剰成分を除外し，同時にその共通な鉱物を除外して，その残りの固定性成分と鉱物だけを図上に表現できる．固定性成分 c_i と相 p とが，どちらも 1 ずつ減少するので，Korzhinskii の相律ではそれらが相殺し，同じ形の式が成立つ．

たとえば CO_2 について開いている一群の岩石に，いつでも方解石 $CaCO_3$ が含まれているならば，CaO を過剰成分として除外し，同時に方解石を除外することができる．

(3) **微量成分の除外** NiO, CoO, Cr_2O_3, V_2O_3 などの成分は，変成岩のなかに一般にはきわめてわずかに含まれているだけである．それらは，それらの成分の強く濃集した独自の鉱物をつくらないで，主要な固溶体鉱物のなかに同形置換によって微量に含まれているのが普通である．それらが含まれることによる固溶体鉱物の性質の変化はきわめてわずかであって，ふつうは無視できる．そこで，共生関係の解析においては，このような微量成分を普通は無視してもよい．

(4) **固溶体鉱物の取扱い** ある一つの鉱物のなかに，ある成分が固溶体として溶けこみうる場合に，溶けこみうる限度内の量である限りは，その成分は鉱物内の置換される成分といっしょにして 1 成分と数えてもよいという考え方が古くからあって，共生関係の図的表現に広く用いられてきている．たとえば，3 成分系 MgO-Al_2O_3-SiO_2 に第 4 成分としてきわめて微量の NiO を加えた場合，そのなかの鉱物(たとえば輝石 $MgSiO_3$)の MgO を置換して NiO が固溶体として溶けこむであろう．この場合に，NiO は MgO といっしょにして，一つの成分と考えてもよいという考え方である．この考え方は，溶けこむ成分がきわめて微量である限りは前述の理由によって許されるが，一般には正しくない．

この考え方は元来，一つの成分が加わっても，それが固溶体に溶けこんでしまうならば，相の数の増加をひきおこさないから，相律や共生関係の図的表現においては，その成分はないのと同じだと考えたことからきている．二つの成分の間の同形置換によって，もし完全な固溶体系列がつくられる場合には，相の数の増加をひきおこさないから，その二つの成分はいつもいっしょにして，一つと数えてもよいとされた．もっとも普通に，そのような二つの成分と考えられたのは，MgO と FeO である．MgO-Al$_2$O$_3$-SiO$_2$ 系に任意の量の FeO を加えても，それは (MgO+FeO)-Al$_2$O$_3$-SiO$_2$ という3成分系であるとみなされた．

しかし，たとえば輝石をとってみると，それが FeO を含まないで MgSiO$_3$ 組成である場合には，その低温型と高温型との間の転移点は，定まった圧力のもとでは一定である．或る岩石の生成の温度が偶然その転移点に一致することは，一般にはおこらないから，一般には1相だけが存在する．ところが FeO がはいって，輝石が MgSiO$_3$ と FeSiO$_3$ の固溶体になると，低温型と高温型との間に或る温度の幅をもった転移間隔ができ，そこでは両方の相が共存することになる．或る岩石の生成の温度がこの転移間隔に落ちて，2相を生ずることはありうることである．

また，反応の平衡のおこる温度の幅も，FeO が加わることによって拡大する．3成分系 MgO-Al$_2$O$_3$-SiO$_2$ では，たとえば

$$\underset{\text{コランダム}}{5Al_2O_3} + \underset{\text{菫青石}}{Mg_2Al_4Si_5O_{18}} = \underset{\text{珪線石}}{5Al_2SiO_5} + \underset{\text{スピネル}}{2MgAl_2O_4} \qquad (4\cdot103)$$

という反応は，おそらく右辺の方が高温の組合せであろうが，この4相の共存する平衡は自由度1であって，一定の圧力のもとではある定まった温度でのみ成立つ．ところがこれに FeO がはいると，その4相の平衡の自由度は2になり，平衡はある温度の範囲で成立つようになるから，4相の共存が出現する可能性がずっと大きくなる．実際この4相の共存は，Scotland の Comrie 地方のホルンフェルスなどにしばしばみられる．この地方を研究した Tilley (1924 b) は，それを平衡でない鉱物共生だと考えたが，その考えは誤りである．この場合 FeO/MgO 比の値は，菫青石のなかよりも共存するスピネルのなかにおける方がずっと大きく，MgO と FeO とが独立な成分であることは明らかである (Bowen, 1925)．

これらの例からわかるように，同形置換によって固溶体をつくる成分をいっしょにして一つと数えることは，原理的には決して許されないことである．しかし実際は，変成岩を構成する成分の数が多すぎて，そのような手段をとらなくては三角図表に表現できない場合がおこる．そこで，やむをえず，そのような便宜的な手段をとることになる．鉱物相の

記述にもっとも広く用いられているEskolaのACF図表やAKF図表などは，そのような便宜的な図表の例である．したがって，このような図表では，前節で述べたような熱力学的関係は，かならずしも成立たない．三角図表が，小さい三角形に分割されるとは限らない．

§46 外的条件の変化による共生関係の変化の図的表現．その1．温度-圧力図表

§44～45では，外的条件を一定にした場合の共生関係の図的表現を取扱ったが，こんどは，外的条件の変化による共生関係の変化を取扱うことにしよう．

まず温度と圧力の変化による共生関係の変化をみるために，第52図のように温度と圧力を二つの座標軸にとった直交図表を考えよう．ある c 成分系が，もし $c+2$ 個の相を含んでいるならば，相律(4・97)によってその自由度は0である．したがって，その平衡はある定まった温度と圧力においてのみ成立つ．したがって，$c+2$ 相よりなる系は，温度-圧力図表上の一つの定点で表わされる．

$c+1$ 個の相を含む系は，自由度が1なので，温度-圧力図表上の一つの曲線の上で安定である．$c+2$ 相を含んでいる系から，相を一つ除くと，$c+1$ 相を含む系になる．その除く相の選び方は，$c+2$ 通りある．そこで，第52図に示すように，$c+2$ 相の平衡を表わす点

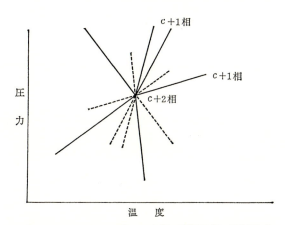

第52図 Schreinemakersの束．$c+2$ 相の平衡を表わす定点から，$c+1$ 相の平衡を表わす平衡曲線が $c+2$ 本射出している．平衡曲線のうち，定点の一定の側が安定な平衡を表わし，この図では実線で示す．他方の側は準安定な平衡を表わし，この図では点線で示す．

から，$c+1$ 相の平衡を表わす平衡曲線が $c+2$ 本射出するはずである．この $c+2$ 本の曲線群を，**Schreinemakers の束**(Schreinemakers bundle)ということがある．その曲線のおのおのにおいて，$c+2$ 相の平衡を表わす定点の一方の側は定安な平衡を表わし，他方の側（すなわち安定な平衡を表わす部分の延長）は準安定な平衡を表わす．

これらの平衡曲線群によって，温度-圧力図表は $c+2$ 個の領域に分割される．そしてそのおのおのの領域では，最大 c 個の相が平衡に共存することができる．おのおのの領域のなかでも，成分の割合を変えると鉱物組成が変化する．そこで§44～45 に取扱ったようにして，おのおのの領域に対するその関係を組成-共生図表で表現することができる．

c 個の成分よりなる $c+1$ 個の相の化学記号の間には，一般に一つの方程式を書くことができる．上記の平衡曲線のおのおのは，このような方程式の反応の平衡を表わしている．これらの平衡曲線の傾斜は，Clapeyron-Clausius の方程式(4・39), (4・64)によって与えられる．しかし実際にその値を求めるためには，反応による体積やエントロピーの変化を知らねばならない．

もしわれわれが，$c+2$ 相を表わす定点のまわりを 1 回まわると，$c+2$ 本の平衡曲線の安定部分およびその延長である準安定部分と順次にぶつかるはずである．このぶつかる順序は，その定点に共存する $c+2$ 相の化学組成だけで決る．このことは，1910 年代に F. A. H. Schreinemakers によって発見された．これによって，温度-圧力図表上の曲線の位置関係に大きな制限が課せられる(Morey & Williamson, 1918; Niggli, 1954; Zernike, 1955)．

もっとも簡単な例として，1 成分系を考えてみよう．たとえば SiO_2 の状態図(第 64 図)や Al_2SiO_5 の状態図(第 36 図)にみられるように，$c+2$ 相，すなわちこの場合には 3 相の共存するときの温度と圧力は定まっていて，温度-圧力図表上の定点で表わされる．これを **3 重点**(triple point)という．そこから 3 本ずつの平衡曲線が射出している．3 重点のまわりをまわったときに，3 重点に会する 3 本の平衡曲線にぶつかる順序は，かならず第 53 図の(a)のように，平衡曲線の安定な部分(実線)と準安定な部分(点線)とに交互にぶつかるようになっていることが証明できる．決して，たとえば同じ図の(b)のように，ひきつづいて安定な部分ばかりにぶつかることはしない．

3 成分系では，5 相の共存は温度-圧力図表上の一つの定点で表わされる．4 相の共存は，平衡曲線上でおこる．式(4・56)で表わされる珪灰石生成反応の平衡はその例で，この平衡曲線は第 42 図に示した．一般に 3 成分 4 相の化学平衡において，その 4 相の化学組成の間の関係に二つの場合がある．すなわち，4 相の化学式を A, B, C, D とし，適当な正の係数

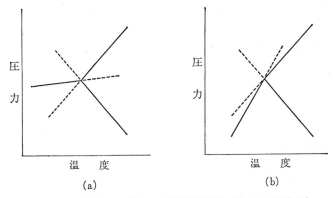

第53図 1成分系の3重点における平衡曲線の交わり方. 実線は安定な平衡の部分, 点線は準安定な平衡の部分を表わす. (a)のような交わり方がおこり, (b)のような交わり方はおこらない.

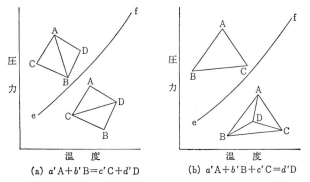

(a) $a'A+b'B=c'C+d'D$ (b) $a'A+b'B+c'C=d'D$

第54図 3成分4相系の二つの種類. 平衡曲線 e-f の一方の側と他方の側で, 組成-共生図表に変化がおこることを示す.

を a', b', c', d' としたとき, 反応式が

$$a'A+b'B=c'C+d'D \tag{4・104}$$

という形に書ける場合と,

$$a'A+b'B+c'C=d'D \tag{4・105}$$

という形に書ける場合である. 第54図に示すように, 前者の場合には, 組成-共生図表上で三角形 ABC をつくると, 点 D はその三角形の外にあり, 線 AB について点 C と D とは反対側にある. 後者の場合には, 点 D は三角形 ABC の内部にある.

前者の場合には，A, B, C, D のいずれも，平衡曲線の両側で安定であるが，それらの間の共生関係が一方の側と他方の側で異る．後者の場合には，平衡曲線の一方の側では D が安定であるが，他方では安定でない．A, B, C のおのおのは両側で安定であるが，共生関係が一方の側と他方の側で異る．

§47 外的条件の変化による共生関係の変化の図的表現．その2．化学ポテンシァル図表

開いた系の場合には，温度-圧力のほかに完全移動性成分の化学ポテンシァルが外的条件によってきまる．したがって，完全移動性成分の化学ポテンシァルの変化による共生関係の変化をも問題にせねばならない．

ある二つの完全移動性成分だけを取上げて，それらの化学ポテンシァルの変化による共生関係の変化を論ずることにしよう．それ以外の c_m-2 個の完全移動性成分の化学ポテンシァルと温度と圧力とは，一定に保っておくものとする．したがって，ある値に一定に保っておく変数の数は，全部で c_m 個である．そこで，平衡が成立つためには，この系の自由度は c_m またはそれより大でなくてはならない．相律(4・97)と式(4・100)より，

$$F=c+2-p=c_m+c_i+2-p\geqq c_m$$

したがって，

$$c_i+2\geqq p \qquad (4\cdot106)$$

換言すれば，開いた系の場合に，二つの完全移動性成分の化学ポテンシァルを座標軸にとった図表，すなわち Korzhinskii の化学ポテンシァル図表(chemical potential diagram 上に出現する鉱物共生を構成する相の数は，c_i+2 個またはそれより少ない(Korzhinskii, 1959).

c_i+2 相を含む鉱物共生の場合には，座標軸にとった二つの完全移動性成分の化学ポテンシァルは，ある定まった値になり，したがってその共生は図表上では1点によって表わされる．c_i+1 相を含む鉱物共生は，化学ポテンシァル図表上では，曲線によって表わされる．そしてそれらの曲線は，c_i+2 相を含む定点から射出している．c_i+2 相から1相を除いて c_i+1 相をつくる方法は c_i+2 通りあるから，そのような c_i+1 相の平衡を表わす曲線は c_i+2 本射出しているはずである．その曲線のおのおのにおいて，定点の一方の側は安定な平衡を表わし，他方の側は準安定な平衡を表わす．

これらの c_i+1 相の平衡を表わす曲線群によって，化学ポテンシァル図表は c_i+2 個の

領域に分割される.そして,そのおのおのの領域では,最大 c_i 個の相が平衡に共存することができる.おのおのの領域のなかでも,固定性成分の割合を変えると鉱物組成が変化する.そこでこの場合にも,おのおのの領域に対して§44〜45で取扱ったようにして,化学組成の変化による鉱物組成の変化を図的に表現することができる.

ここまでは,化学ポテンシァル図表は,温度-圧力図表とよく似た性質をもっている.しかし,化学ポテンシァル図表の場合には,c_i+2 相の共生を表わす定点から射出する c_i+2 本の平衡曲線の傾斜は,その平衡を表わす化学反応式から直ちに求められる点が,温度-圧力図表の場合の平衡曲線と異っている.

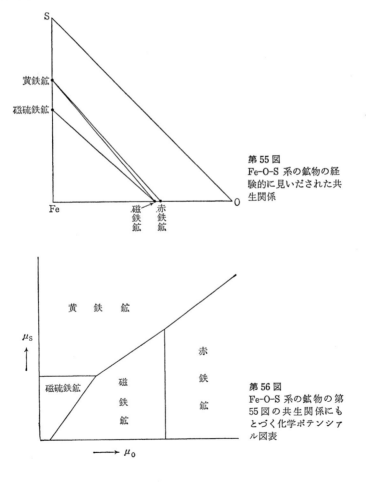

第55図
Fe-O-S 系の鉱物の経験的に見いだされた共生関係

第56図
Fe-O-S 系の鉱物の第55図の共生関係にもとづく化学ポテンシァル図表

もっとも簡単な場合として，固定性成分がただ一つ，すなわち $c_i=1$ の例について，そのことを具体的に説明しよう．固定性成分が Fe で，完全移動性成分は O と S であるとする．そうすると，この Fe-O-S 系に出現する鉱物は，磁鉄鉱 Fe_3O_4，赤鉄鉱 Fe_2O_3，磁硫鉄鉱 FeS，黄鉄鉱 FeS_2 などである．ある岩石群にみいだされたこれらの鉱物の共生関係を，第55図に示す．稀には磁鉄鉱と黄鉄鉱が平衡に共存することがあるが，赤鉄鉱と磁硫鉄鉱は共存しない．しかし多くの場合には，これらの鉱物のなかのただ一つだけが存在する．それは，$c_i=1$ であるから，Korzhinskii の鉱物学的相律(4・102)によって制限されているためであろう．

第55図によると，磁鉄鉱＋磁硫鉄鉱＋黄鉄鉱，および磁鉄鉱＋黄鉄鉱＋赤鉄鉱という，二つの3相共生がある．この二つは，それぞれ化学ポテンシァル図表上の定点を表わすはずである．これらの定点のおのおのからは，2相の共存を表わす平衡曲線が3本ずつ射出する．そこで3相磁鉄鉱＋磁硫鉄鉱＋黄鉄鉱の共生点の方を考えてみると，この点から射出する2相平衡線は，次のような反応の平衡を表わしている：

$$\overset{磁鉄鉱}{Fe_3O_4}+3S = \overset{磁硫鉄鉱}{3FeS}+4O \qquad (4\cdot 107)$$

$$\overset{磁硫鉄鉱}{FeS}+S = \overset{黄鉄鉱}{FeS_2} \qquad (4\cdot 108)$$

$$\overset{黄鉄鉱}{3FeS_2}+4O = \overset{磁鉄鉱}{Fe_3O_4}+6S \qquad (4\cdot 109)$$

これらのおのおのに対して，式(4・34)のような化学反応の平衡条件を書くと，それぞれ，

$$\mu_{Fe_3O_4}+3\mu_S = 3\mu_{FeS}+4\mu_O \qquad (4\cdot 107)'$$

$$\mu_{FeS}+\mu_S = \mu_{FeS_2} \qquad (4\cdot 108)'$$

$$3\mu_{FeS_2}+4\mu_O = \mu_{Fe_3O_4}+6\mu_S \qquad (4\cdot 109)'$$

磁鉄鉱，磁硫鉄鉱，黄鉄鉱などはほぼ一定組成の鉱物であるから，それらの化学ポテンシァルは一定とみなすことができる．したがって，μ_O と μ_S を変化させると，上の式からそれぞれ次のような関係をえられる：

$$3d\mu_S = 4d\mu_O, \qquad \therefore \quad \frac{d\mu_S}{d\mu_O} = \frac{4}{3} \qquad (4\cdot 107)''$$

$$d\mu_S = 0, \qquad \therefore \quad \frac{d\mu_S}{d\mu_O} = 0 \qquad (4\cdot 108)''$$

$$4d\mu_O = 6d\mu_S, \qquad \therefore \quad \frac{d\mu_S}{d\mu_O} = \frac{2}{3} \qquad (4\cdot 109)''$$

§47 化学ポテンシァル図表

これらの三つの式は，それぞれ(4・107), (4・108), (4・109)に対応する平衡曲線の傾斜を与える．これらの平衡曲線は直線である．このことを，第56図に示す．

3相共生を表わす定点で交わるこれら3本の直線のおのおのにおいて，定点のどちら側が安定な部分であるかを知るには，Le Chatelier の原理を用いる．たとえば，(4・107)によると磁鉄鉱＋磁硫鉄鉱の平衡曲線よりも μ_S の大きい側では磁硫鉄鉱が安定であり，平衡曲線よりも μ_O の大きい側では磁鉄鉱が安定である．したがって，磁硫鉄鉱＋黄鉄鉱の平衡曲線の安定な部分は前記の平衡曲線よりも μ_S の大きい側にあり，磁鉄鉱＋黄鉄鉱の平衡曲線の安定な部分は μ_O の大きい側にあるにちがいない．

このようにして平衡曲線の安定な部分が決定されたならば，また Le Chatelier の原理より，そのどちら側でどの相が安定であるかを判定する．こうして，平衡曲線によって分割された領域のおのおのにおいて安定な相が決定される．その結果を第56図に示してある．こうして，化学ポテンシァル図表の半定量的な形は，実験や測定がなくても描くことができる．これから，化学ポテンシァルの変化による鉱物の安定性の変化を定性的に知ることができる．

もちろん，3相の共生を表わす定点が O_2 および S_2 の圧力がいくらの位置にあるかを知るためには，熱化学的な実測値から計算せねばならない．実際にそういう計算によって求めた結果を第57図に示す．式(4・18), (4・19)から明らかなように，化学ポテンシァルの増減は，その成分の圧力やフュガシティーの対数の増減に比例しているので，第56図と第57図との形の類似は当然である．

温度や圧力が変化しても，第55図のような共生関係を示す図表に変化がおこらない限りは，化学ポテンシァル図表の一般的な形は変化しない．ただ，図表上の平衡曲線が平行に移動し，3相共生の定点の位置が動くだけである（第57図を参照）．

次に，固定性成分が三つ，すなわち $c_i=3$ の場合をみよう．完全移動性成分のうち二つのものの化学ポテンシァルが変化し，それよりほかの完全移動性成分の化学ポテンシァルや温度や圧力は一定に保たれているものとする．そうすると，5相まで平衡に共存することができ，5相の共生は化学ポテンシァル図表上の一つの定点で表わされる．その定点から，5本の平衡曲線が射出され，その曲線上ではそれぞれ4相が共存する．これらの平衡曲線によって分割されたおのおのの領域のなかでは，平衡に共存しうる相の数は三つまたはそれより少ない．

この4相の共存を表わす平衡曲線は，その曲線の一方の側の鉱物組合せから他方の側の

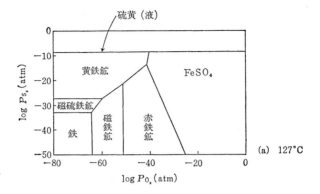

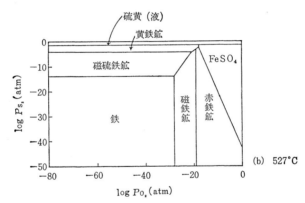

第57図 熱化学的測定値から計算された Fe-O₂-S₂ 系の鉱物の安定関係. P_{S_2} が高まるにつれて, 自然鉄→磁硫鉄鉱→黄鉄鉱の順序に安定になるが, さらに高まって硫黄と書いた線まで達すると液体の硫黄が凝縮しはじめ, これ以上 P_{S_2} は高まらない. P_{O_2} の方には, そのような上限はない. 温度が変化すると, 平衡曲線は平行に移動する. この図の二つの図表は, 第56図の化学ポテンシァル図表と同じ形で, 対応する平衡曲線はたがいに平行になっている (Holland, 1959 による).

それに移るための反応の平衡を表わしている. この反応の平衡条件式を微分することによって, 平衡曲線の傾斜を求めることができる. 一定組成の鉱物の間の反応の平衡曲線は, 化学ポテンシァル図表上で直線になる. なぜならば, 完全移動性成分の化学ポテンシァルの変化が, その反応によって吸収または放出されるそれらの成分の量に影響しないからである. ところが, もし完全移動性成分の化学ポテンシァルの変化が, 鉱物のなかに含まれ

ているそれらの成分の量の変化をひき起すならば平衡曲線は湾曲する．

平衡曲線のうちの安定な平衡を表わす部分と準安定な平衡を表わす部分とは，前の場合と同様に Le Chatelier の原理によって決定できる．平衡曲線によって分割された領域のおのおのごとに，三つの固定性成分の量の割合と鉱物組成との関係を示す三角図表がつくられる．

§48 鉱物の出現消滅は何に支配されるか

累進変成作用で，或る温度に達すると或る鉱物が出現しはじめるとか，あるいは消滅するとかいうことの意味を，もう少し掘り下げて考えてみよう．或る鉱物が出現しはじめると，"その鉱物が安定になった"といわれることが多い．しかしこの表現は，きわめて誤解

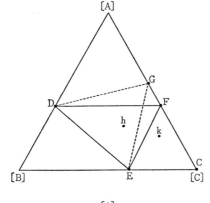

第58図
3成分系〔A〕-〔B〕-〔C〕の一部分の組成-共生図表．C, D, E, F, G は鉱物を示す．ある温度で F の分解反応：F=C+G がおこる

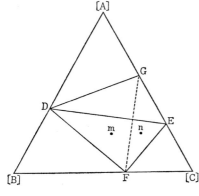

第59図
3成分系〔A〕-〔B〕-〔C〕の一部分の組成-共生図表．D, E, F, G は鉱物を示す．ある温度で反応：D+E=F+G がおこる．

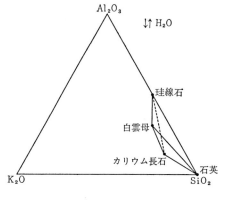

第60図
固定性成分 K_2O, Al_2O_3, SiO_2 よりなり，H_2O について開いている系の組成-共生図表．白雲母+石英=カリウム長石+珪線石+H_2O.

をおこしやすい．すでに述べたように(§38)，或る一つの鉱物が単独にある場合の安定性と，その鉱物を含む鉱物集合の安定性とは違っていて，或る温度で或る鉱物が出現しはじめることは，その鉱物が単独でも安定になることによる場合もあるが，その岩石のもつ鉱物集合の安定性に関係していることが多いのである．

或る温度で或る鉱物が出現または消滅する場合のなかで最もわかりやすいのは，もちろん，その鉱物が単独にあっても安定になったり，不安定になったりするような場合である．たとえば変成岩が Al_2SiO_5 鉱物を含んでいて，温度が藍晶石から珪線石への転移点を超える場合には，藍晶石は消滅し，珪線石は出現する．第58図に，3成分系 [A]-[B]-[C] の組成-共生図表を示す．低温では鉱物共生 D+E+F や E+F+C が安定であるが，ある温度に達すると鉱物 F が不安定になって，F=C+G と分解するものとする．それ以上の高温では，共生 D+E+G や E+G+C が安定になる．点 h や k で表わされる化学組成の岩石をみていると，低温では鉱物 F を含んでいるが，高温では F が消滅して G を含むようになる．

開いた系では，完全移動性成分は組成-共生図表に現われない．そこでたとえば，CO_2 について開いている場合には，方解石と石英が反応して珪灰石を生ずる式(4·56)の変化もこの場合に入れられる．

第二の場合は，どの鉱物も単独に考えたときには，新しく安定になったり，不安定になったりするわけではないが，共生関係に変化がおこり，そのために一定の化学組成の岩石を考えると，そのなかに新しい鉱物が出現したり，或る鉱物が消滅するような場合である．第59図の3成分系 [A]-[B]-[C] において，四つの鉱物 D, E, F, G のおのおのは単独で

は，問題の温度範囲全体にわたって安定であるとする．しかしそのなかの比較的低温では，共生 D+E が安定であるが，或る温度に達すると D+E=F+G という反応がおこって，共生 F+G の方が安定になるとする．点 m の化学組成の岩石は，低温では D+E+F よりなるが，高温では E が消滅して，その代りに G が出現する．点 n の化学組成の岩石は，低温では同じく D+E+F よりなるが，高温では D が消滅して，その代りに G が出現する．この例からわかるように，この場合には，どの鉱物が消滅し，どの鉱物が出現するかは，その岩石の化学組成により異なっている．一例として，H_2O について開いていて，K_2O, Al_2O_3,

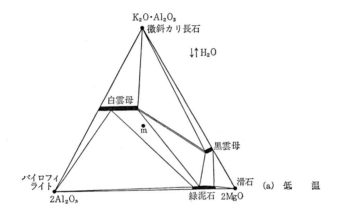

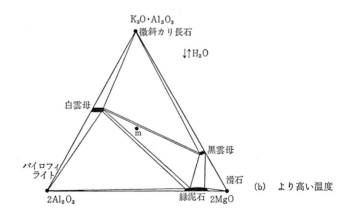

第 61 図　$K_2O \cdot Al_2O_3$-$2Al_2O_3$-$2MgO$ 系の組成-共生図表．ただし，SiO_2 を過剰成分とし，H_2O について開いているものとする (Ernst, 1963 c による)．

SiO₂ という三つの固定成分よりなる系の組成-共生図表の一部分を，第60図に示す．白雲母と石英とは，或る温度で式(4・55)や(4・84)のように反応して，カリウム長石と珪線石と H_2O を生ずる．これらの鉱物は，おのおの単独には，反応の前後を通じて安定である．

　第三の場合は，温度の上昇によって固溶体鉱物の化学組成が変化し，そのために一定の化学組成をもっている岩石のなかに新しい鉱物が出現したり，或る鉱物が消滅したりする場合である．たとえば白雲母は，低温の変成岩のなかでは，第61図(a)に示すように広い化学組成範囲をもつ固溶体である．点 m の化学組成をもつ岩石のなかには，低温では白雲母と緑泥石が共生している．ところが温度が上昇すると，白雲母の組成範囲が狭くなる．そこで第61図(b)に示すように，その岩石のなかに黒雲母が出現してきて，白雲母＋緑泥石＋黒雲母を含む岩石になる (Ernst, 1963 c)．

追　記

1000°C, 10000 bars までの H_2O のフュガシティーは，次の論文に与えられている：

G. M. Anderson (1964) The calculated fugacity of water to 1000°C and 10,000 bars. *Geochim. Cosmochim. Acta*, Vol. 28, pp. 713-715.

藍晶石，珪線石，紅柱石，ムル石の熱力学的性質については，次の論文を参照せよ：

D. R. Waldbaum (1965) Thermodynamic properties of mullite, andalusite, kyanite and sillimanite. *Amer. Mineral.*, Vol. 50, pp. 186-195.

第5章　造岩鉱物の結晶化学

§49　結晶化学と化学結合

　結晶化学は，造岩鉱物の性質を理解するための重要な基礎である．今日のような結晶化学の歴史は比較的新しい．1910 年代に Laue や Bragg によって結晶構造の X 線的解析が始められ，解析の結果がしだいに蓄積した．その結果の解釈にもとづいて，1920 年代から 1930 年代にかけて，結晶化学の基礎が組織された．結晶化学の建設の立役者 V. M. Goldschmidt においては，地学に対する応用が興味の大きな源となっていた．

　結晶の性質を支配しているもっとも根本的な要素は，その化学結合の性質である．化学結合は一般に，次の4種類に分類されている：イオン結合(ionic bond)，共有結合(covalent bond)，金属結合(metallic bond)および van der Waals 結合(van der Waals bond)．結晶のなかには，この4種類のなかのどれか一つの結合によって構成されているものがある．しかしまた，一つの結晶のなかに，二つの種類の結合がいっしょに含まれているものも多い．また，イオン結合と共有結合との間や，共有結合と金属結合との間には，それぞれ中間的な性質の化学結合がある．

　このような一般的なことの記述は，結晶化学の専門書(たとえば Evans, 1948; Wells, 1950)にゆずる．本章では，造岩鉱物の性質の理解に直接必要な範囲の結晶化学の基礎をなるべく簡単に述べ，その岩石学的な応用を記すことにしよう．

§50　イオン半径と配位

　造岩鉱物の大部分はケイ酸塩と炭酸塩と酸化物である．それらの鉱物のなかでは，化学結合のほとんどすべてはイオン結合か，またはイオン結合と共有結合との間の中間的な性質のものである．したがって，イオン結合によって構成された結晶，すなわち**イオン結晶**(ionic crystal)の性質を理解する必要がある．

　イオン結晶では，原子の外殻電子のいくつかが失われてできた陽イオンと，外殻電子のいくつかを得てできた陰イオンとが，電気力で互いに引き合って，結晶をつくっている．イオンの間の力は，任意の一つのイオンとその付近にあるすべての他のイオンとの間にはたらき，特定の空間的方向に向わないで等方性である．一つのイオンの電子雲は，それと

隣接するイオンの電子雲と，ほとんど重なっていない．そして，互にある一定の距離よりも近くに接近すると，電子雲が重なることによって強い反発力が生ずる．そのために，隣接するイオンは互にほとんど一定の距離に保たれている．したがって，結晶のなかのイオンは，近似的に一定の半径をもった剛体の球であって，それが相接して並んでいると考えても差支えない．その仮想的な球の半径を，**イオン半径**(ionic radius)という．

ケイ酸塩や炭酸塩や酸化鉱物のなかの陰イオンの大部分は O^{-2} である．そのほかに少しの $(OH)^-$，F^-，Cl^- などがある．これらの陰イオンのイオン半径は，第9表に示すごとくであって，大部分の陽イオンよりも大きい．

岩石のなかに多量に存在する陽イオンのなかで最も大きいものは K^+ で，これは O^{-2} とほぼ同じ大きさをもっている．陽イオンの荷電や半径を第62図に示す．一般的傾向としては，荷電の大きい陽イオンは，半径が小さい．陰イオンと陽イオンが相接しているとき，その二つの中心間の距離は，両者のイオン半径の和にほぼ等しい．

第9表 陰イオンのイオン半径

イオン	半径(Å)
O^{-2}	1.32
$(OH)^-$	1.32
F^-	1.33
Cl^-	1.81
S^{-2}	1.74

注 V.M. Goldschmidt (1926, 1954)による．これは配位数6の場合であるが，配位数の違いによる変化は小さい．

イオン結晶では，一つのイオンAのまわりに，反対の荷電をもった他のイオンBが規則正しい幾何学的配置で取り巻こうとする傾向がある．この配置状況を，BについてのAの**配位**(coordination)といい，Aのまわりに直接に接して配位しているBの数を**配位数**(coordination number)という．ケイ酸塩鉱物では，それを構成するイオンのなかで小さい陽イオンの配位が結晶構造に対して支配的な影響を及ぼしている．ケイ酸塩鉱物の陽イオンに最も多くみられる配位数は，4，6，8などである．配位数が4の場合には，一般に陰イオンが正四面体の角にあって，陽イオンがその中心にあるような位置の関係になっている．配位数が6の場合には，陰イオンが正八面体の角にあって，陽イオンがその中心にあるような関係になっている．

イオン結晶において，イオンの配位を決定する最も重要な因子は，関係する両イオンの**半径比**(radius ratio)である．ところが，配位は結晶構造の基本的な要素であるから，結晶構造は主として半径比によって支配されるといってもよい．結晶構造を支配するのは，イオンの化学的な性質や半径の絶対的な大きさではないことは，興味深い．

一つの陽イオンAのまわりを，何個かの陰イオンXが取り巻いているとする．一般にAとXとの半径比 R_A/R_X が小さくなると，Aの配位数も小さくなる．それぞれの配位には，

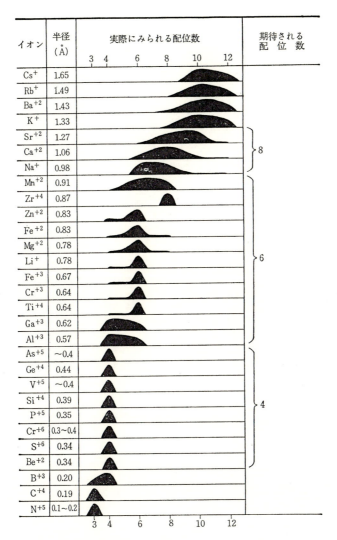

第62図 地殻のなかのおもな陽イオンのイオン半径と配位数
(Rankama & Sahama, 1950, p. 118)

とりうる半径比の値の下の限界があって，半径比がそれよりも小さくなると，もっと小さい配位数をもっている構造の方が安定になる．この半径比の値の下の限界になっているのは何であるかというと，Aのまわりを取り巻く陰イオンが相互にちょうど接触するように

なった状態の値である．そこで，限界の値は簡単な幾何学的計算によって求められる．こうして求められた値を，第10表に示す．（陰イオンは一般に陽イオンより大きいので，一つの陰イオンを取り巻く陽イオンが相互に接触するような状態はおこらない．したがって，陰イオンの配位数については，陽イオンの場合のような半径比による制限はおこらない．陰イオンの配位を支配しているのは，荷電の中和という条件によって決定されている陽イオンの数である．）

第10表　イオン結晶におけるイオンの配位数と半径比との関係

Aの配位数	配位するXの位置	半径比 R_A/R_X
8	立方体の角	1 ～0.73
6	正八面体の角	0.73～0.41
4	正四面体の角	0.41～0.22
3	正三角形の角	0.22～0.15
2	線状（反対側）	0.15～0

ケイ酸塩や炭酸塩や酸化鉱物の場合には，大部分の陰イオンは O^{-2} であるから，O^{-2} に対する陽イオンの半径比が，陽イオンの配位に支配的な影響を及ぼす．陽イオンが小さいほど，半径比 R_A/R_X が小さく，したがって配位数も小さくなる．この一般的傾向がどの程度に成立っているかを示すために，第62図では，陽イオンを大きさの順序にならべ，半径比から期待される配位数と，実際にいろいろな鉱物のなかで見られる O^{-2} についての配位数を示した．この図をみると，半径比と配位数との上述の関係はだいたい成立っていることがわかる．ことに半径の小さい陽イオンについては，厳密に成立っている．

ケイ酸塩鉱物のおもな陽イオンをみると，Si^{+4} は半径 0.39Å という小さい値で，常に配位数4，すなわち4配位の状態である．Al^{+3} の半径は 0.57Å であって，O^{-2} に対する半径比が4配位の範囲と6配位の範囲との境界の値である．そのために，Al^{+3} はケイ酸塩鉱物のなかで4配位になったり，6配位になったりする．4配位の場合には，Si^{+4} を置換することが多く，6配位の場合にはもっと大きい Fe^{+2}, Mg^{+2} などを置換することが多い．Al^{+3} がこのように二つの異る位置にいることは，鉱物の化学式と構造の関係をはなはだしく複雑にしている．高温低圧で生成する鉱物のなかでは Al^{+3} は4配位になりやすく，低温高圧で生成する鉱物のなかでは Al^{+3} は6配位になりやすい傾向がある(Wickman, 1943; Buerger, 1948)．

Ti^{+4}, Fe^{+3}, Mg^{+2}, Fe^{+2}, Mn^{+2} などは，半径が約 0.6～0.9Å で，多くの場合は6配位に

なっている．Na^+, Ca^{+2}, K^+ などは，半径が約 1.0～1.3Å で，配位数が8またはそれより大きいことが多い．しかし異常に小さいこともある．

このように，イオン半径が互に似ているイオンは，結晶構造上の同種の位置を占めて互に置換し，相伴って出現することが多い．このように，2種のイオンが結晶構造のなかで同種の位置を占めて互に置換し，それによって固溶体を形成するための最も重要な条件はイオン半径が類似していることであって，荷電の同一性や化学的性質の類似ではない．これは Goldschmidt (1926) の確立したきわめて重要な法則である．ある鉱物のなかで，二つのイオンが構造上の同種の位置を占めていて，互に置換しうるときに，その二つのイオンは diadochic であるという．たとえば化学式 AX なる鉱物において，イオンAがBによって diadochic な置換をうけていることを示すためには，化学式を $(A, B)X$ というように書く．AとBの荷電が等しくない場合には，結晶は全体としては電気的に中性を保たなくてはならないから，同時にもう1組の荷電の違うイオン間の置換がおこらねばならない．たとえば，斜長石では，Na^+ が Ca^{+2} によって置換されると同時に，Si^{+4} が Al^{+3} によって置換される．これを NaSi の CaAl による置換というようにいうこともある．$Mg^{+2}Si^{+4}$ の $Al^{+3}Al^{+3}$ による置換も，造岩鉱物にしばしばみられる．

§51 分極と電気陰性度

陽イオンの荷電を $+z$ とし，そのまわりに配位している陰イオンの数を n 個としたときに，z/n はその一つの化学結合の強さを表わす量である．一般に荷電は結晶内の小さい範囲で中和しようとする傾向があって，一つの陰イオンに，そのまわりの陽イオンから達しているすべての結合についてその z/n の総和を求めると，それは，その陰イオンの負の荷電の絶対値と等しくなることが多い．

もし陰イオンに，まわりの陽イオンから達している結合のなかの或る一つのものの z/n が，その陰イオンの負の荷電の絶対値の半分を超えるならば，その一つの結合は，その陰イオンに対する他のすべての結合の総和よりも強いことになる．そこで，その陰イオンはその陽イオンだけにとくに強く結合していることになる．その陽イオンのまわりにそのような陰イオンが n 個あると，その原子群が結晶内でとくに強く結合した一つの塊になるわけである．このような原子群を含む構造を，anisodesmic な構造という．

これに反し，陰イオンに達するどの結合の z/n もその陰イオンの荷電の絶対値の半分に達しない場合には，構造のなかに特別に強く結合した原子群はない．このような構造を，

isodesmic な構造という．これら二つの場合の間のちょうど境に，陰イオンに達する結合のなかの一つの z/n が，その陰イオンの荷電の絶対値の半分に等しい場合がある．これを mesodesmic な構造という (Evans, 1948)．

このように結晶内でとくに強く結合した原子群を生ずるような陽イオンは，荷電が大きくて配位数の小さいものである．Si^{+4} は配位数が一般に 4 であるから，$z/n=1$ となり，O^{-2} の荷電の絶対値の半分に等しい．したがって，ケイ酸塩鉱物は一般に SiO_4^{-4} という原子群をもつ mesodesmic な構造をしている．炭酸塩鉱物では，C^{+4} の配位数は 3 であって，CO_3^{-2} という原子群を含み，anisodesmic な構造である．

しかし実は，このような原子群のなかの強い結合力は，純粋にイオン性のものではなくて，イオン結合と共有結合とのあいだの中間的な性質をもっている．イオン結合の方から出発してそれを説明するには，分極(polarization)という観念を用いる．イオンは一定の半径をもつ剛体の球のようなものだという考え方は，第 1 近似として真実であるにすぎない．イオンは，そのまわりにある他のイオンの作用で変形する．これが分極である．変形の程度は，そのイオンが大きいほど大きい．また，まわりにある他のイオンの半径が小さくて荷電が大きいほど，それが生ずる電場が強くなるので，変形が大きくなる．変形が大きくなるほど，そのイオンの電子雲は結合相手のイオンの方へ移動し，共有結合に近くなってくる．

Mesodesmic または anisodesmic な構造のなかにある強く結合した原子群の中心をなす陽イオンは，半径が小さくて荷電が大きい．そこで，まわりの陰イオンを強く分極し，イオン結合と共有結合との中間の結合状態を生じている．しかし，このような原子群をつくっていないふつうのイオンの間の結合でも，厳密にいうと，完全なイオン結合ではなくて，多かれ少なかれ共有性を含んでいるのである．

個々の化学結合が，どの程度にイオン性や共有性を含んでいるかを示すための尺度を見いだすことが，いろいろ試みられている．その一つは，Pauling(1960)によって定量化を試みられた電気陰性度 (electronegativity) である．電気陰性度とは，中性原子が電子を引

第 11 表　Pauling (1960) の電気陰性度

原子	電気陰性度
K	0.8
Na	0.9
Li, Ca, Sr	1.0
Mg	1.2
Zr	1.4
Mn, Al, Ti	1.5
Zr, Cr, Ga	1.6
Fe^{+2}, Co, Ni, Pb, Si, Ge	1.8
Cu^{+1}, Fe^{+3}	1.9
Cu^{+2}	2.0
H, P	2.1
I, S, C	2.5
Br	2.8
Cl, N	3.0
O	3.5
F	4.0

§51 分極と電気陰性度

きつける能力のことであって，Pauling は第11表に示すような数値を与えた．一般に電気陰性度が大きい原子は，電子を引きつけて陰イオンになりやすく，電気陰性度の小さい原子は，陽イオンになりやすい．他の条件が同じであるならば，同じ電気陰性度をもつ二つのイオンAとBが，他のイオンXに対してつくる結合 A-X と B-X とのイオン性は，同じ程度の大きさである．また，AとXとの電気陰性度の差が，BとXとのそれよりも大きいならば，結合 A-X のイオン性の方が，結合 B-X のそれよりも大きい．そこで第11表から，たとえば結合 Mg-O のイオン性の方が，結合 Fe-O のそれよりも大きいことがわかる．

化学結合のイオン性の程度を，イオン化ポテンシァル (ionization potential) で表わすこともある (Ahrens, 1952, 1953)．同じ荷電のイオンを比較すると，多くの場合，イオン化ポテンシァルの大小の順序は，電気陰性度の大小の順序と一致している．

化学結合の性質は，鉱物の形成や diadochic な置換に大きな影響を及ぼしている．O^{-2} よりも S^{-2} の方が，イオン半径がはるかに大きくて，分極されやすい．また，OよりもSの方が電気陰性度が小さくて，陰イオンになりにくい．したがって，O^{-2} を陰イオンとするケイ酸塩や炭酸塩よりも，S^{-2} を陰イオンとする硫化物の方が，その化学結合の性質がずっと共有結合に近い．一方では，電気陰性度の大きい金属原子は陽イオンになりにくく，したがって共有結合にやや近い結合をつくりやすい．そこで，電気陰性度の大きい金属原子は，ケイ酸塩や炭酸塩よりも，むしろ硫化物をつくりやすい．たとえば，中くらいの大きさ（半径 0.6～1.0 Å）の2価の陽イオンを比較してみると，

陽イオン	Mg^{+2}	Mn^{+2}	Zn^{+2}	Fe^{+2}	Co^{+2}	Ni^{+2}	Cu^{+2}
電気陰性度	1.2	1.5	1.6	1.8	1.8	1.8	2.0

電気陰性度のいちばん小さい左端の Mg^{+2} は，地球上では多量のケイ酸塩や炭酸塩をつくるが硫化鉱物にはならない．次の Mn^{+2}, Zn^{+2}, Fe^{+2} の三つは，ケイ酸塩や炭酸塩でも硫化物でもつくる．それより右の三つは，主として硫化鉱物として出現する (Ahrens, 1952, 1953)．

イオン半径がほとんど同じ大きさであっても，電気陰性度があまり違うと diadochic な置換がおこりにくい．たとえば，Mg^{+2} と Ni^{+2} を比較し，あるいは Na^+ と Cu^+ を比較すれば，それぞれイオン半径はよく似ているが，電気陰性度がはるかに違うために，置換の程度はきわめて限られている．前に，イオン半径の似ているイオンは置換しやすいという Goldschmidt の法則を記したが，これは化学結合のイオン性の強いものの間でのみ成立つ関係なのである (Ahrens, 1952, 1953; Ringwood, 1955)．

§52 鉱物の同質多形と相転移

同じ化学組成をもっている物質が，二つまたはそれ以上の異る結晶相として出現することを，**同質多形**または単に**多形**(polymorphism)という．熱力学的には，多形をなす相のあいだの転移は第1次の相転移と，高次の相転移とに分けられる(§32)．転移の速度は場合によってさまざまで，石英の高温型-低温型転移のように瞬間的におこるものから，石英-トゥリディマイト転移のようにおこすことのきわめて困難なものまである．

二つの相が第1次の相転移によって結びつけられているような種類の同質多形のなかには，二つの相の結晶の構造が全く違う場合も多いが，また一つの相の結晶構造を，単位胞のスケールで規則正しく双晶させると，もう一つの相の構造，またはそれにごく近い構造がえられるような場合も，しばしばある．たとえば，カミングトン閃石と直閃石，ピジョン輝石と斜方輝石，緑簾石とゾイサイトなどの関係はそれである．また，珪灰石とパラ珪灰石，三斜クロリトイドと単斜クロリトイドなどの関係もそうである．単位胞のスケールで規則正しく双晶を繰返すと，それは熱力学的な性質にも影響するので，熱力学の立場からは，こうしてえられた相は異った結晶相とみるべきものである．

高次の相転移のなかに，**置換秩序-無秩序**(substitutional order-disorder)型の転移というものがあって，造岩鉱物によくみられる．この場合には，高温では，構造のなかの或る1組の位置に2種類のイオンAとBとが全くでたらめに分布している状態が安定であるが，低温になると，それらの位置のなかの或るものにはAが，他のものにはBが集中しはじめ，十分低温では位置によるAとBの分離が完全になる．この種の鉱物の例は，次章でたくさんあげられるであろう．

ふつうに高温型-低温型転移とよばれているような，迅速におこる，構造変化の少ない転移の多くは高次の相転移らしい．しかし第1次と高次の相転移は，いつでもはっきり区別できるわけではない．ある温度に近づくと高次の相転移のように体積やエントロピーが漸次変化するが，その変化が或るところまで進むと，こんどは第1次の相転移のように突然不連続的に変化するような，第1次と高次の混合型転移もある．石英の高温型-低温型転移は混合型らしいといわれている．

ポリタイピズムとよばれる種類の同質多形は，次章で緑泥石や雲母に関連して述べる．

§53 ケイ酸塩鉱物の構造と分類

ケイ酸塩鉱物のなかでは，Si^{+4} と O^{-2} との間の化学結合は最も強く，結晶の骨組になっ

§53 ケイ酸塩鉱物の構造と分類

ている.すでに述べたように,Si^{+4} はほとんどすべての場合に4配位で,Si^{+4} を中心にもつ四面体の角にある O^{-2} に取り巻かれている.この Si-O 四面体の稜(すなわち O^{-2}-O^{-2} 間の距離)は約 2.6 Å である.Si^{+4}-O^{-2} 間の距離は 1.60 Å である.この Si^{+4} を Al^{+3} が置換することができる.このときは,Al-O 四面体は Si-O 四面体よりもすこし大きい(Smith, 1954; Smith & Bailey, 1963).

Si-O および Al-O 四面体は,結晶のなかに独立した原子群として存在することもある.しかしまた,一つの四面体の角の O^{-2} が,同時に隣接する四面体の角の O^{-2} になるように,O^{-2} を共有することによって四面体が結びついていることもある.O^{-2} を共有する場合にも,第63図にみられるように四面体の一つの角の O^{-2} だけを共有する場合と,二つの角の O^{-2} を共有する場合と,三つの角の O^{-2} を共有する場合と,四つの角の O^{-2} を共有する場合とに分れる.このような Si^{+4}-O^{-2} 結合の骨組によって,ケイ酸塩を結晶構造的に分類することが,Machatschki(1928)や Bragg(1930)によって提案せられた.その後,この分類は,Berman(1937)や Strunz(1941, 他)によって,すべてのケイ酸塩にまで適用せられ,普及した.この分類がおこなわれるより前には,ケイ酸塩は,いろいろな種類の仮想的なケイ酸の塩として古くから説明せられていたが,この古い説は急速に滅びて,今はただ,ケイ酸塩という言葉に過去の考え方の跡をとどめているにすぎない.

このようなケイ酸塩の構造的分類法の要旨を,第12表と第63図に示す.Si^{+4} およびそれを置換する Al^{+3} よりほかの陽イオンは,Si-O 四面体の骨組を相互に結びつける役割をしている.

今日知られているケイ酸塩のなかで,この構造的分類の枠にはまらないものは,SiO_2 の同質多形相であるシリカWとスティショフ石だけであろう.シリカWにおいては,Si-O 四面体はその隣の Si-O 四面体と稜を共有して接続し,長い鎖をつくっている.この異常な構造は準安定であって,人工的に生成するだけで,水にふれると分解する.スティショフ石の方は,ルチル構造をもち,Si^{+4} は6配位である.この鉱物は,Si^{+4} の配位数が大きいことに対応して,比重は 4.35 に達し,10万 atm 以上の高圧のもとで安定である(Stishov & Popova, 1961, 他).10万 atm を超えると,他のいろいろなケイ酸塩も Si^{+4} の配位数が6になるような構造に転移するかもしれない(Ringwood & Seabrook, 1962 a,b).しかしそのような物質は,ケイ酸塩というよりも酸化物に入れた方がよいであろう.

上記の構造的分類は,ケイ酸塩鉱物の形態や劈開や化学式による分類とよく対応している.また,ケイ酸塩鉱物において,Al^{+3} が Si^{+4} を置換する程度は,一般に四面体が隣接

第12表　ケイ酸塩鉱物の構造的分類

構　造　群	Si-O 四面体の結合様式	例
ネソケイ酸塩 (nesosilicates または は orthosilicates)	Si-O 四面体は一つずつ分離していて，どの角をも共有しない（第63図 a）	橄欖石 $(Mg, Fe)_2SiO_4$ ザクロ石 $(Mg, Fe, Mn, Ca)_3(Al, Fe)_2 \cdot (SiO_4)_3$ 藍晶石 Al_2SiO_5
ソロケイ酸塩 (sorosilicates)	二つの Si-O 四面体が一つの角を共有してつながっている（第63図 b）	黄長石 $Ca_2(Mg, Al)(Si, Al)_2O_7$
サイクロケイ酸塩 (cyclosilicates または は ring silicates)	Si-O 四面体は二つの角を共有してつらなり，環をつくっている．一つの環をつくる四面体の数は，3個，6個，12個など（第63図 c）	ベニト石 $BaTiSi_3O_9$ 菫青石 $(Mg, Fe)_2Al_3Si_5AlO_{18}$ 大隅石 $(K, Na)(Mg, Fe)_2(Al, Fe)_3 \cdot (Si, Al)_{12}O_{30} \cdot H_2O$
イノケイ酸塩 (inosilicates または は chain silicates)	Si-O 四面体が二つの角を共有してつらなり，長い鎖をつくっている（第63図 d）．または，その鎖が二つ連結して複鎖をつくっている（第63図 e）	輝石 $(Ca, Mg, Fe)SiO_3$ 珪灰石 $CaSiO_3$ 角閃石
フィロケイ酸塩 (phyllosilicates または sheet silicates)	Si-O 四面体は三つの角を共有して，平らな板状構造をつくっている（第63図 f）	雲母 緑泥石 $(Mg, Al)_3(Si, Al)_2O_5(OH)_4$
テクトケイ酸塩 (tectosilicates または network silicates)	Si-O 四面体は四つの角をすべて共有し，3次元的につながって網状構造をつくっている	石英 SiO_2 長石 $(K, Na, Ca)(Al, Si)_4O_8$

注　ここで Si-O 四面体とよんでいるものは，Si の一部分が Al によって置換されている場合をも含む．

する四面体と角を共有する程度が増すとともに増す傾向がある．角を共有しないネソケイ酸塩(第12表)では，一般に Al はほとんど Si を置換していない．イノケイ酸塩では Si の1/4程度まで置換され，テクトケイ酸塩では Si の1/2程度まで置換されうる．

また，Mg, Fe^{+2}, Si, O, OH よりなる一連のケイ酸塩を，次のように，Si-O 四面体の角を共有する程度の増加の順序に並べてみる：橄欖石→斜方輝石→斜方角閃石→滑石．このなかの任意の二つが平衡に共存する場合には，一般に後に書いた鉱物ほど Fe^{+2}/Mg 比が小さくなっている傾向がある．このように，Al の置換可能性や，Fe/Mg 比が構造型とともに変化することに対する説明としては，四面体が角を共有する程度が増すにつれて，化学結合の性質が変化し，電気陰性度の小さい陽イオンが構造にはいりやすくなる．すなわち，Si^{+4} よりも Al^{+3} の方が，また Fe^{+2} よりも Mg^{+2} の方が電気陰性度が小さいので，はいりやすくなるのだといわれている (Ramberg, 1952 a)．

このような構造的分類が普及し，月並み化して以来，ケイ酸塩鉱物の性質を何でもみな，この分類に関係づけて説明しようとする人がある．そこで現在ではむしろ，この分類は万

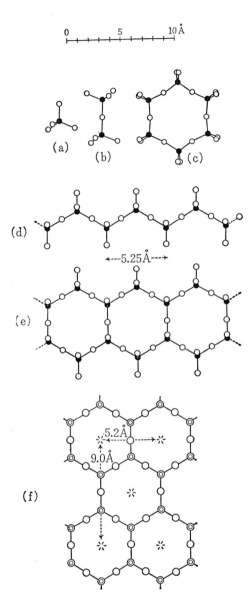

第63図
ケイ酸塩鉱物におけるSi-O四面体の結合様式. Siは黒丸で, Oは白丸で表わす. 重なった位置にくるときは, 少しずらして両方見えるように書いてある. ただし(f)では, Oの向う側にあるSiは小さい同心円で示す. (a)ネソケイ酸塩, (b)ソロケイ酸塩, (c)サイクロケイ酸塩で, 6個の四面体よりなる環(菫青石), (d)イノケイ酸塩の鎖(輝石), (e)イノケイ酸塩の複鎖(角閃石), (f)フィロケイ酸塩.

能ではなくて，岩石学的あるいは地質学的目的には必ずしも適しているとは限らないことを強調する方が有意義なようにさえみえる．ケイ酸塩鉱物の性質のなかには，Si-O 四面体の共有される角の数とは無関係なものも多いことは明らかである．四面体の共有される角の数の違いによって熱力学的性質の違いが生じる．また，四面体のつながる方向やその間にはいる他の陽イオンの状態や種類の違いによっても熱力学的性質の違いが生ずる．しかし後者の方が大きい場合が多いようにみえる．したがって，鉱物の安定関係は，むしろ四面体のつながる方向やその間にはいる他の陽イオンの種類によって支配的な影響をうけることになる．

たとえば，SiO_2 の同質多形鉱物である石英，トゥリディマイト，クリストバル石およびコース石は，いずれもテクトケイ酸塩であるが，石英は低温低圧で安定であり，クリストバル石は高温低圧で安定であり，コース石は高圧で安定であって，安定領域はさまざまである（第 64 図）．

紅柱石と藍晶石とは，どちらも Al_2SiO_5 という組成で，どちらもネソケイ酸塩であるが，Al の配位数が前者では 6 と 5 で，後者では 6 である．この違いに対応して，前者は低圧で安定で，後者は高圧で安定である（第 36 図）．ザクロ石もネソケイ酸塩であるが，そのなかで 8 配位の位置に Mn^{+2} がはいったスペサルティンは 1 atm のもとでも安定であるが，その位置に Mg^{+2} のはいったパイロープは 1 万 atm 以上の高圧のもとで安定になる．これはおそらく，8 配位の位置には大きい Mn^{+2} のはいった方が構造に無理がないからであろう（都城, 1953; Zermann, 1962）．

したがって，ケイ酸塩鉱物の分類には，目的によってさまざまに違った体系が存在しうるはずである．かりに結晶化学的に分類するとしても，Si-O 四面体の結合様式とは違った特徴による分類法が，いろいろ可能であろう．結晶化学建設の功労者 Machatschki の著書"Spezielle Mineralogie"(1953)が上記の月並みな構造的分類法を用いないで，成因や共生関係を主にした分類法を用いているのは一つの見識である．

第6章　個々の変成鉱物

§54　変成鉱物の研究

変成作用の解明という立場からみると，変成鉱物研究の目的は，何よりもまず変成作用を支配する温度，固相の圧力，H_2O の圧力などの外的条件を明らかにすることである．したがって，いろいろな研究法のなかで，この目的にかなうようなものが重視される．たとえば，鉱物の安定関係の決定，共生関係の解析，外的条件のインディケイターとして役立つような性質の探求などは，その目的にかなっている．

変成鉱物の記載的研究は19世紀に始まったが，1930年ごろまではデータの量も少なく，質もよくなかった．そのころに自在廻転台式顕微鏡が完成し，また電磁分離器が発明せられたことは，記載的データの増加と改良に大きな便宜を与えた．Köhler(1941)が斜長石に高温型と低温型とが存在することを発見したのは，単に長石の研究にとって重要であっただけでなく，長石のように十分理解されていると考えられていた鉱物についてでさえ，われわれがいかに知らないかを明らかにし，造岩鉱物の研究全体に大きな刺激を与えた．第二次大戦後，X線装置が発達普及し，化学分析法も改良せられ，変成鉱物の記載的データはいまやおそるべき勢いで集積しつつある．すでに述べたように，熱力学や結晶化学が有効に使われるようになったのも，この時期になってからである．

変成鉱物をもふくむ造岩鉱物全体の研究の最近までの発達状況は，Deer, Howie および Zussman の好著 "Rock-forming minerals"(全5巻，1962~1963)によくまとめられている．

この章では，変成鉱物の分類は，たいていおいてそれが主として出現する変成岩の化学組成にもとづいておこなうことにする．ただし，そのほかに，一つの族に属する鉱物はいっしょにして置くという一般方針をつけ加える．そのために，厳密には母岩の化学組成によるのではない場合も，おこってくる．

§55　さまざまな化学組成の変成岩に出現する鉱物

(a)　石英(quartz) SiO_2

SiO_2 という化学組成をもつ同質多形相は，石英，トゥリディマイトおよびクリストバル石だけだと長年にわたって信じられていた．しかし近年になって，次々とそのほかの新し

い相が見いだされてきた．そのなかで安定な温度圧力領域を有するものは，第64図に示す五つの相とスティショフ石とである．しかしこのなかで，パイロ変成作用をうけた岩石を除く，ふつうの変成岩に広く出現するのは石英だけである．パイロ変成作用をうけた岩石には，トゥリディマイトやクリストバル石が出現することがある．地殻は，その底部に達

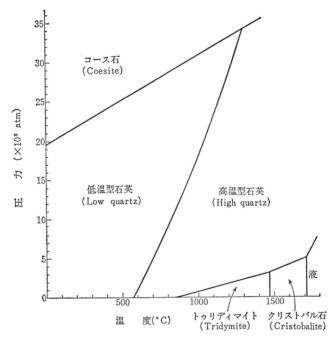

第64図 SiO_2 の多形相の安定関係 (Boyd & England, 1960による)．このほかに，0°Cで約10万atm以上の高圧のところにスティショフ石(stishovite)が安定領域をもっている(この図に示す五つの結晶相はいずれもテクトケイ酸塩であるが，スティショフ石はルチル構造をもつ)．

しても，圧力約1万atmの程度にすぎないから，コース石やスティショフ石がもし地球の内部に存在することがあるとすれば，それは地殻ではなくて，マントル内であろう．それらは，地表では，隕石の落下によって衝撃をうけた岩石に生じている．

石英の多くの標本では，高温型-低温型転移は1atmのもとでは573°C付近でおこる．しかしこの転移温度は，標本によってかなり異り，最も低いものと高いものとでは40°C

ぐらいも違っている．一般的傾向としては，高い温度で生成した石英ほど転移温度が低い (Keith & Tuttle, 1952)．この関係は，変成岩のなかの石英についても成立っている（飯山，1954）．

(b) 長石族(feldspar group)．その1．カリウム長石(potassium feldspar) $KAlSi_3O_8$（記号 Or）

長石はテクトケイ酸塩で，Si^{+4} の一部分が Al^{+3} によって置換され，それによる荷電の変化をちょうど中和するように，Si-O 四面体の間の隙間に K^+, Na^+, Ca^{+2} などがはいっている．K のはいっているのがカリウム長石であり，Na や Ca のはいっているのは斜長石である．

カリウム長石には，最も高温で安定な**高温型サニディン**(high sanidine)，それにつぐ温度で安定な普通の**サニディン**(sanidine)，もっと低い温度で安定な**正長石**(orthoclase)，最も低温で安定な**微斜カリ長石**(microcline)という，四つの種類が，光学的性質の違いによって識別される．これらの4種類のものの結晶構造は，互にきわめてよく似ている．それは，同じ一般的構造のなかで，Si と Al との配列状態が違うことによってできているらしい．

高温型サニディンでは，Si と Al とが完全に置換無秩序な配列をしているが，普通のサニディンでは，少し秩序配列がはじまっている．正長石では，4配位の位置のうちの特定の半数は Si によって占められ，残りの半数は Si と Al によって無秩序に占められている．微斜長石では，Si と Al は秩序ある配列をしている．この秩序化のために，微斜長石以外の3種類は単斜晶系であるが，微斜長石は三斜晶系になる．これらの4種類のあいだには，中間的な結晶状態があって，連続的に移り変わる(Barth, 1959)．転移の温度ははっきりしないが，高温型サニディンと普通のサニディンとの間の境は約 800°C，普通のサニディンと正長石との間の境は約 650°C，微斜カリ長石が完全に近い秩序配列をするようになるのは，約 300°C 以下だろうといわれている(第65図)．完全に近い秩序配列をする微斜カリ長石を，しばしば**最大微斜カリ長石**(maximum microcline)とよぶ．

高温では，K と Na との間に容易に diadochic な置換がおこりうるようになる．そのために，第65図に示すように，カリウム長石とナトリウム長石との間に，**アルカリ長石**(alkali feldspar)の連続固溶体系列ができる．しかし，K と Na との間のイオン半径の違いがかなり大きいので，低温では固溶体の形成される組成の範囲が両端に近い部分に限られ，その中間に広く不混和の領域ができる．

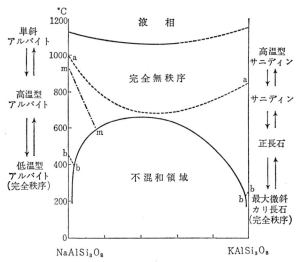

第65図 アルカリ長石 $NaAlSi_3O_8$-$KAlSi_3O_8$ の安定な相関係(融点付近の複雑な関係は省略してある). 点線 a-a より上では, Si と Al とは完全に無秩序に配列している. a-a と b-b との間で, 秩序化が進み, b-b より下ではほぼ完全に秩序ある配列をしている. m-m は単斜晶系と三斜晶系のアルバイトの境界を示す(Mackenzie & Smith, 1961).

　高温でできた均質なアルカリ長石固溶体は, 温度が下降すると不安定になり, カリウム長石の相と, そのなかに包まれているナトリウム長石の相とに分裂することがある. これをペルト長石(perthite)という. しかしペルト長石のなかには, カリウム長石とナトリウム長石とが, 初めから別な相として同時に結晶してできるものや, 交代作用によってできるものもあるといわれている(たとえば Heier, 1955). そのナトリウム長石相の形によって patch perthite, vein perthite, film perthite, string perthite などに分けられているが, 大たい patch perthite は緑色片岩相で生成し, vein perthite と film perthite は緑簾石角閃岩相で生成し, string perthite は角閃岩相やグラニュライト相で生成する傾向があるといわれている(Rosenqvist, 1952).

　Heier(1957, 1961)や紫藤(1958)によると, 大たい角閃岩相の中ほどより低い温度の変成岩のなかでは, 微斜カリ長石が安定であるが, 角閃岩相の高温部やグラニュライト相の変成岩では, 正長石が安定である. 輝石ホルンフェルス相にも, 多くは正長石が出現する.

　しかしこのような規則性からはずれて, 角閃岩相の高温部やグラニュライト相の岩石に

も微斜カリ長石が出現する場合も，きわめて多い．これは，いったん生じた正長石が，その後に温度が下降してから微斜カリ長石化したのかもしれない．最も高温を表わすサニディナイト相ではサニディンが安定で，カリウム長石とナトリウム長石との間に連続的な固溶体系列ができうるようになる．

(c) 長石族．その2．斜長石(plagioclase) $(Na, Ca)(Si, Al)AlSi_2O_8$

ナトリウム長石 $NaAlSi_3O_8$ をアルバイト(曹長石，albite)とよぶ．それには，950°C 以上で安定な単斜アルバイト(monoclinic albite)と，950°C から 700°C 付近の間で安定な高温型アルバイト(high albite)と，700°C 以下で安定な低温型アルバイト(low albite)とがある．ただし，単斜アルバイトを冷却すると，かならず高温型または低温型のアルバイトに転移する．高温型と低温型のアルバイトの間の転移は，Si と Al との配列についての置換秩序-無秩序型らしく，連続的に中間の状態がある．

カルシウム長石 $CaAl_2Si_2O_8$ をアノーサイト(灰長石，anorthite)という．角閃岩相およびそれより高温の変成岩や，火成岩では，ナトリウム長石成分(アルバイト成分，記号 Ab)とカルシウム長石成分(アノーサイト成分，記号 An)との間に連続的な固溶体系列を生ずる．これが斜長石である．ナトリウム長石に高温型と低温型のアルバイトがあるのに対応して，斜長石にも高温型と低温型がある．これも Si と Al の配列についての置換秩序-無秩序型転移によって互に結ばれている．一般に，火山岩に出現する斜長石は高温型で，深成岩や変成岩に出現する斜長石は低温型である．このことはさきに述べたように，Köhler (1941)によって発見され，1940年代の末から1950年代にかけて長石の研究が世界的に活発になる一つの出発点となった．Ab 成分の多い斜長石では，高温型と低温型とのあいだの光学的性質の違いが大きくて，識別がとくに容易である(Smith, 1958)．

斜長石は一般に，カリウム長石成分を少量固溶体として含んでいる．その含有量は，生成温度が高くなるとともに増大する傾向がある(Sen, 1959)．

ローソン石はアノーサイトに H_2O がつけ加わったような化学組成をもっている．また，ゾイサイトや緑簾石も，それに比較的近い組成をもっている．したがって，H_2O の圧力が高く，比較的温度が低い条件のもとでは，アノーサイトは不安定になって，ローソン石や緑簾石を生ずる．実験的に決定されたそれらの間の安定関係を，第87図に示してある．しかし天然の場合には，この実験と違って固相にかかっている圧力よりも流体相の圧力の方が小さいかもしれない．また，ゾイサイトや緑簾石は，アノーサイトやローソン石がほとんど含んでいない Fe をかなり多量に含みうる．その上，アノーサイトは純粋に出現するこ

とはほとんどなくて，斜長石固溶体をつくっている．それらや，その他の事情のために，天然には第87図とはやや違った関係が見られることになる．

一般に低温の変成条件のもとでは，An 成分の多い斜長石は不安定になって分解し，もっと An 成分の少ない斜長石と緑簾石との集合になる．この変化は，一般に温度が低くなるにしたがって連続的に進行すると考えられてきた．たとえば Sulitelma 地方のハンレイ

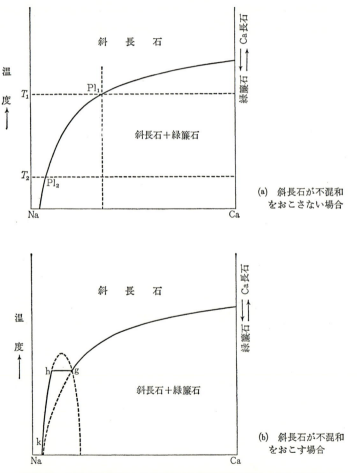

第66図　低温の変成岩における斜長石と緑簾石との平衡．系は H_2O について開いており，また SiO_2 は過剰成分であるとする．

岩の変成作用において，変成温度が低くなるにつれて斜長石の An 成分の含有量が連続的に減少しているのがみられた(Vogt, 1927)．斜長石固溶体と緑簾石の関係は，第66図に定性的に示されている．この図で，組成 Pl_1 の斜長石は，温度 T_1 以上では安定であるが，T_1 以下になると分解してもっと An に乏しい斜長石と緑簾石との集合になる．温度 T_2 では，斜長石 Pl_2 と緑簾石との集合である．

カルシウム長石は H_2O や Fe_2O_3 を含まないが，緑簾石はそれらを含んでいる．またこの二つの鉱物は，Ca：Al：Si の比も異っている．したがって，P_{H_2O} や P_{O_2} や Fe：Ca：Al：Si の比などが多かれ少なかれ斜長石と緑簾石の平衡に影響するはずである．また長石にくらべると，緑簾石は体積がずっと小さいので，固相の圧力の増大は，平衡を緑簾石と An に乏しい斜長石との集合の方へ移動させる．すなわち第66図(a)の緑簾石と平衡する斜長石の組成を表わす曲線は，場合によって或る程度上下する．累進変成作用の研究によれば，温度の上昇に伴う斜長石の An 成分の増加は，An が約30％に達するまではゆるやかであるが，それを超えると大へん急になるようである．その点からいうと，緑簾石と平衡する斜長石の組成が An 30％になるところがしばしば鉱物相の境界線にされていることに意味がある．

近年のX線的研究によれば，An 成分が約3～23％の範囲の斜長石の標本は，低温では An 3％ 付近および An 23％ 付近の組成の2種類の斜長石の超顕微鏡的な微細葉片の積み重なりの構造になっている．このような長石を peristerite という．これが熱力学的な意味で不混和な2相であるか，あるいは熱力学的には全体が1相であるかは，明らかでない (たとえば Zen, 1963)．もしそれが熱力学的に2相であるならば，当然，斜長石と緑簾石との間の平衡に影響してくるはずである(Christie, 1959; Noble, 1962)．すなわち，第66図(b)のように，An 成分が約3～23％の間に不混和領域があるので，それが緑簾石と平衡する斜長石の組成を表わす曲線と交わるところで，斜長石の組成は g から h まで飛躍し，それから k へ向って変化することになる．

累進変成作用の場合に，温度の上昇に伴って，斜長石の組成が An 成分10％（または5％）付近から20％付近まで突然に飛躍的に増大し，その中間の組成の斜長石はほとんど出現しないということが，かなり多くの変成地域から報告されている(Lyons, 1955; de Waard, 1959; Brown, 1962)．このような飛躍的な変化は，この組成領域の斜長石が，低温では上記の原因で不安定になるためであろうといわれている．そうかもしれない．辻慎太郎 (未発表)は，不混和領域の両側の斜長石と思われる2相が同一の変成岩のなかに共存し，

変成温度の上昇とともに2相の化学組成が互いに近接し,ついに1相になることを肥後変成岩の低温地域で見いだした.しかし,斜長石の組成の急激な変化は,共存する鉱物の種類が変化したりしても,おこりうることであって,いつでも不混和現象によらなくては説明できないとは限らない.この問題はまだ十分解決されていない.

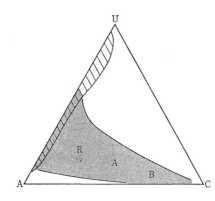

第67図
岩石のなかに含まれている斜長石の双晶の割合を示す図表.Uは双晶していない斜長石,Aはアルバイト式およびペリクライン式双晶をしている斜長石,Cはカルルスバド式およびアルバイト-カルルスバド式双晶をしている斜長石を示す.変成岩は斜線を引いた領域におち,火山岩や深成岩は影をつけた領域におちる.B,A,Rは,それぞれ玄武岩,安山岩,流紋岩の集中する付近を示す(牛来,1951).

斜長石はしばしば**双晶**(twinning)をしていて,双晶の頻度や種類はそれを含む岩石の種類と関係がある.牛来正夫(1951)は,多くの火成岩や変成岩の斜長石の双晶について統計的研究をおこなった(第67図).アルバイト式やペリクライン式やエイクライン式の双晶は,火成岩の斜長石にも,変成岩の斜長石にも出現する.ところが,カルルスバド式やアルバイト-カルルスバド式の双晶は,火成岩(火山岩と深成岩)の斜長石には多いが,変成岩の斜長石にはほとんど出現しない.マネバッハ式,バヴェノ式,アラ式などの双晶は出現が稀であるが,それらも火成岩の斜長石に限られている.牛来は,火成岩に特有なカルルスバド式などの双晶は,それがマグマから結晶したことを示すものであると解釈した.わが国のカコウ岩の多くは,他の普通の火成岩と同様にカルルスバド式などの双晶を多くもっているので,火成岩であろうと考えた.近年Tobi(1962)は変成岩の斜長石の双晶を多く観察して,牛来とは少し違った結果を得ている.岩崎(1963)は,変成温度が高くなると斜長石全体のなかで双晶している結晶の割合が増加することを見いだした.

双晶のなかには,その生長のときにできる1次的なものと,その後の変形運動などによってできる2次的なものとがある.斜長石の場合には,カルルスバド式双晶は1次的であるが,アルバイト式やペリクライン式の双晶は2次的なものらしいということは,昔からいわれていた(Smith, 1962; Brown, 1962).

緑色片岩相や藍閃石片岩相のような低温あるいは低温高圧の条件のもとでは，安定な斜長石はアルバイトだけである．しかし，アルバイトは低温の条件でいつも安定だとは限らない．ある程度以上低温高圧になると，式(4·35)のように，ヒスイ輝石と石英の集合に変化する(第35図)．また，P_{H_2O} が大きい場合には，アルバイトは低温で方沸石になる(Saha, 1961, 他)．このことは，後でまた取上げる(§75)．

(d) 緑泥石(chlorite)　$(Mg, Fe, Al)_{12}(Si, Al)_8 O_{20}(OH)_{16}$

緑泥石はフィロケイ酸塩であって，その構造の単位になっている層は，厚さが14.2Åある．それは，滑石の構造をつくっている組成 $(Mg, Fe, Al)_6(Si, Al)_8 O_{20}(OH)_4$ の層が1枚と，ブルース石の構造をつくっている組成 $(Mg, Fe, Al)_6(OH)_{12}$ の層が1枚と重なったものである．このような単位層が積み重なって，結晶を生じているのであるが，積み重なり方がいく通りもある．そのために，同質多形を生じる．このように単位層の積み重なり方の違いによって生ずる同質多形は，フィロケイ酸塩にはしばしば見られるものであって，**ポリタイピズム**(polytypism)とよぶ．緑泥石には，約14Åの単位層が1枚で単位胞をつくっている場合もあれば，2枚または3枚重なって単位胞をつくるような積み重なり方になっている場合もある．

緑泥石は化学組成の上では，次の二つの端成分の固溶体と考えることができる：

$(Mg, Fe)_{12}Si_8 O_{20}(OH)_{16}$　　蛇紋石(serpentine)

$(Mg, Fe)_8 Al_8 Si_4 O_{20}(OH)_{16}$　　アメス石(amesite)

すなわち，蛇紋石に $(Mg, Fe)Si \longrightarrow AlAl$ という置換をおこなうと緑泥石の組成を得る．しかしこの端成分に相当する天然の鉱物である蛇紋石とアメス石とは，どちらも約7Åの厚さの単位層よりなるカオリン型構造の鉱物であって，緑泥石ではない．約14Åの単位層よりなる天然の緑泥石固溶体は，化学式を上記のように書いた時にSi=約7.2～4.5の範囲に存在する．(そのなかで，出現頻度の高いのは，Si=6～5の範囲である．)熱水合成では，14Åの緑泥石構造の鉱物が，Si=7～4の範囲でつくられる．ところが一方では，緑泥石と同じ組成をもち，7Åのカオリン型構造の鉱物が，Si=8～4の範囲で合成される．14Å構造と7Å構造との多形の安定関係はわからないが，合成では前者の方がより高い温度と高い圧力のもとで生ずる傾向がある．後者は準安定相かもしれない．緑泥石と同じ化学組成をもつ7Å構造の鉱物を，**セプテ緑泥石**(septechlorite)とよぶ(Nelson & Roy, 1958)．

緑泥石のなかには，やや稀に，Fe_2O_3 がかなり多いもの(たとえば4%以上)がある．それを酸化緑泥石(oxidized chlorite)とよぶことがある．

緑泥石は，緑色片岩相や藍閃石片岩相などのような低温の変成岩に広く分布する鉱物である．泥質岩起源の変成岩では多くは白雲母に伴い，塩基性変成岩では多くはアクチノ閃石や緑簾石に伴っている．このような産出状態から判断して，緑泥石は低温でのみ安定な鉱物であるかのごとき印象をもちやすい．しかし実際は，緑泥石が単独に存在する場合には，P_{H_2O} が固相の圧力に等しいならば，それは約 700°C まで安定である (Yoder, 1952; Nelson & Roy, 1958)．天然の場合には，一般に P_{H_2O} は固相の圧力より低く，また緑泥石は大ていは共存する他の鉱物と反応してもっと低い温度で消滅するのであろう．

たとえば，泥質岩起源の変成岩では，温度が上昇すると緑泥石は白雲母と反応して黒雲母を生ずることが多いであろう (第61図)．また，いろいろな鉱物と反応して，ザクロ石や菫青石を生ずることも多いであろう．このような反応の過程で，緑泥石固溶体自身の化学組成も変化するが，確かなことはわかっていない．緑泥石と白雲母とが反応して黒雲母を生ずる場合には，次の式：

$$\underset{\text{蛇紋石分子}}{5(Mg, Fe)_6Si_4O_{10}(OH)_8} + \underset{\text{白雲母}}{6KAl_3Si_3O_{10}(OH)_2} = \underset{\text{黒雲母}}{6K(Mg, Fe)_3AlSi_3O_{10}(OH)_2}$$

$$+ \underset{\text{アメス石分子}}{3(Mg, Fe)_4Al_4Si_2O_{10}(OH)_8} + \underset{\text{石英}}{14SiO_2} + 8H_2O \tag{6・1}$$

に示すように，緑泥石のなかの Al を含まない成分の方が選択的に使われて，Al を含む成分を生じ，そのために緑泥石は Al に富むようになってくると想像されている (Ramberg, 1952 b)．

塩基性変成岩では，温度が上昇すると，緑泥石はたとえば緑簾石や石英と反応してアクチノ閃石を生じたり，または緑簾石やアクチノ閃石や石英と反応して，Al に富む角閃石を生ずる (紫藤, 1958, p. 180)．

(e) スチルプノメレン (stilpnomelane) $(K, Ca)_{0\sim1}(Fe, Mg, Al)_{7\sim8}Si_8O_{23\sim24}(OH)_4\cdot2\sim4H_2O$

スチルプノメレンは，結晶構造上は滑石に関係ある，鉄に富むフィロケイ酸塩らしいが，まだよく解析されていない．そのために，化学式も確立していない．化学組成は鉄に富む緑泥石に似ているが，Fe_2O_3 に富むフェリスチルプノメレン (ferristilpnomelane) と，FeO に富むフェロスチルプノメレン (ferrostilpnomelane) とがあって，その関係も確定していない．Hutton (1938) は，この二つの間には $Fe^{+3}O^{-2} \rightleftarrows Fe^{+2}(OH)^{-}$ という関係があると考えた．フェリスチルプノメレンは薄片で濃い赤褐色であるが，フェロスチルプノメレンは暗緑色である．おそらく前者の方が後者よりも高い酸素の圧力のもとで安定であろう．一つの岩石標本のなかでも，Fe_2O_3 の多いスチルプノメレンを含む部分と，Fe_2O_3 の少ないス

チルプノメレンを含む部分とがあることもある．これは酸素の移動性が小さいことを示している(由井，1962)．スチルプノメレンは，光学的性質が黒雲母に似ていて，昔はよくまちがえられていた．

スチルプノメレンは，古くから鉄鉱床に伴う鉱物として知られていた．Superior 湖地方のわずかに変成した鉄鉱層では，スチルプノメレンが，ミネソタ石(minnesotaite)やグリーナライトとともに，主要な含鉄ケイ酸塩鉱物となっている地帯がある．

スチルプノメレンは，緑色片岩相や藍閃石片岩相に属する低温の変成岩のなかに，かなり広く出現する(Hutton, 1938; Kozima, 1944)．ニュージーランドの Otago 片岩やわが国の三波川変成岩に広く出現するが，Scottish Highlands や Appalachians の変成岩にも知られている．その母岩は，鉄に富む泥質またはケイ質の堆積岩が変成した岩石のこともあり，また塩基性の緑色片岩あるいはその中に含まれるレンズ状体のこともある．岩崎(1963, p.83)によると，徳島付近の三波川変成地域において，変成温度の低い地帯のスチルプノメレンはフェリスチルプノメレンが多いが，変成温度が高くなると FeO が増す傾向がある．スチルプノメレンを含む泥質変成岩の鉱物の共生関係の解析は，Zen(1960)によって試みられている．

スチルプノメレンは，稀に火成岩から報告されている．グリーンランドの Skaergaard 塩基性貫入岩体の急冷周縁相のなかにあるグラノファイアーに出現する例は有名である(Wager & Deer, 1939)．

(f) ザクロ石族(garnet group) $(Mg, Fe^{+2}, Mn, Ca)_3(Al, Fe^{+3})_2Si_3O_{12}$

ザクロ石(柘榴石，石榴石)は，ネソケイ酸塩に属している．独立した Si-O 四面体は，

第13表 ザクロ石の普通の成分

名　　称	化　学　式	屈折率 n_D	比重 d	格子定数 $a_0(Å)$
パイロープ (pyrope)	$Mg_3Al_2Si_3O_{12}$	1.714	3.582	11.459
アルマンディン (almandine)	$Fe_3^{+2}Al_2Si_3O_{12}$	1.830	4.318	11.526
スペサルティン (spessartine)	$Mn_3^{+2}Al_2Si_3O_{12}$	1.800	4.190	11.621
グロシュラール (grossular)	$Ca_3Al_2Si_3O_{12}$	1.734	3.594	11.851
アンドラダイト (andradite)	$Ca_3Fe_2^{+3}Si_3O_{12}$	1.887	3.859	12.048

注 B.J. Skinner(1956)による．なお，ウヴァロヴァイト $Ca_3Cr_2Si_3O_{12}$ は，屈折率 1.86，比重 3.90，格子定数 12.00 Å である．ハイドログロシュラールの系列で，Si が完全になくなるまで置換の進んだ $Ca_3Al_2(OH)_{12}$ は，屈折率 1.60，比重 2.5，格子定数 12.55 Å である(Yoder, 1950)．パイラルスパイトとグランダイトとの識別には，格子定数の測定が簡単有効である．ザクロ石の屈折率，比重，格子定数は，構成成分のモル百分率に比例して変化する(Fleischer, 1937; 都城, 1959 b)．

その間の配位数6の位置にはいった3価の陽イオン(Al, Fe^{+3})や，配位数8の位置にはいった2価の陽イオン(Mg, Fe^{+2}, Mn, Ca)によって，相互に結びつけられている．

ザクロ石の固溶体の組成はきわめて多様であるが，普通の変成岩に出現するザクロ石は，第13表に示す五つの成分の固溶体と考えることができる．純粋なこれらの成分のおのおのの化学組成を有する合成ザクロ石の屈折率と比重と格子定数を，その表に示す．天然のザクロ石のなかには，比較的純粋にこれらの成分のなかの一つに近い組成をもつものもあるが，多くの場合には二つ以上の成分をかなり多量に含んでいる．第13表のはじめの三つの成分は，連続的な固溶体系列をつくる．この系列を，三つの成分の語頭をつなぎ合せて，**パイラルスパイト**(pyralspite)という．同表の最後の二つも連続的な固溶体系列をつくる．この系列を，**グランダイト**(grandite)という．この二つは，産出状態が全く違っている．

ザクロ石には，このほかにもいろいろなものがある．グロシュラールの Al_2O_3 が Cr_2O_3 によって置換されたものを，**ウヴァロヴァイト**(uvarovite)という．グロシュラールの Si^{+4}

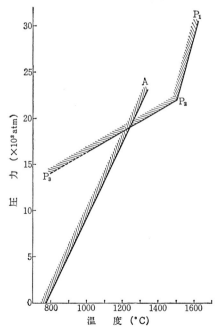

第68図
パイロープとアルマンディンの安定領域．パイロープは折れ線 P_1-P_2-P_3 の左上側で安定である．P_1-P_2 は融解曲線，P_2-P_3 は固相変化曲線である．アルマンディンは線Aの左上側で安定で，この線の右下側ではそのかわりに鉄菫青石+鉄橄欖石+ヘルシナイトが安定である (Boyd & England, 1959; Yoder, 1955).

がぬけて，その代りに荷電を中和するように $4O^{-2}$ が $4(OH)^-$ に置換されたザクロ石がある．天然には，Si のうちの約 1/3 がぬける程度までこの置換は進みうる．この系列をハイドログロシュラール（hydrogrossular）という．人工的には，Si が完全にぬけてしまった物質 $Ca_3Al_2(OH)_{12}$ まで合成することができる．

ザクロ石は昔からしばしば，変成岩に特有な鉱物であると考えられたり，高圧鉱物であると考えられた．たしかに変成岩にきわめて広く分布する鉱物ではあるけれど，しかし，変成岩に特有なものではなく，適当な条件さえそろえば火成岩のなかでも結晶しうるものである．また，スペサルティン，アンドラダイト，ウヴァロヴァイトなどは 1 atm のもとでも合成できる．アルマンディンはおそらく 1 atm では約 785°C 以下のある範囲の温度で安定である．したがって，ザクロ石を単独にとり上げた場合に，一般に高圧鉱物だというわけではない．ただパイロープは決定的に高圧鉱物で，たとえば 100°C 以上の温度では 7000 atm 以上の圧力がかかっていないと安定でない（Boyd & England, 1959）．グロシュラールの無水結晶を合成するためには，固相の圧力が P_{H_2O} に等しい条件のもとでは，780°C 以上の温度で，1.5万 atm 以上の圧力が必要である．これより低い温度と圧力では，ハイドログロシュラールが生ずるといわれている（Pistorius & Kennedy, 1960）．

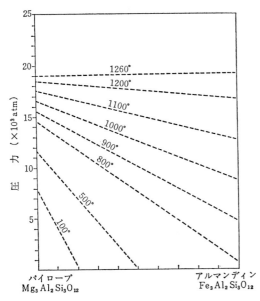

第69図
パイロープ-アルマンディン系列のザクロ石の生成に必要な最小の圧力．これらの線より上では，それぞれに示された温度においてザクロ石が安定である．これらの線のすぐ下側では，ザクロ石とその分解生成物との集合が安定である（Yoder & Chinner, 1960）．

パイラルスパイトは，泥質岩や砂質岩が広域変成作用をうけて生じた片岩や片麻岩に広く出現する．また，塩基性火成岩が或る種の広域変成作用をうけて生じた角閃岩にも，しばしば出現する．これらのパイラルスパイトの組成の範囲を第70図に示す．このように，パイロープとアルマンディンとの間に連続固溶体系列ができ，アルマンディンとスペサルティンとの間にも連続固溶体系列ができるが，パイロープとスペサルティンとの間にはできない．それは，Mg^{+2} と Fe^{+2}，また Fe^{+2} と Mn^{+2} はイオン半径が近いが，Mg^{+2} と Mn^{+2} とのイオン半径の差は大きすぎるためであろう．

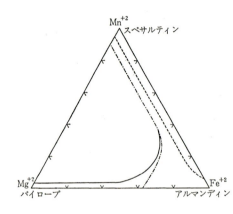

第70図
パイラルスパイトの化学組成の範囲の拡大．緑色片岩相の変成岩に出現するパイラルスパイトは点線の右側の領域にはいる．緑簾石角閃岩相と角閃岩相の変成岩に出現するパイラルスパイトは，鎖線の右側の領域にはいる．グラニュライト相およびエクロジャイト相の岩石に出現するパイラルスパイトは，実線の下側の領域にはいる（都城，1953）．

パイラルスパイトが変成岩のなかで緑泥石，黒雲母，角閃石または輝石と共生する場合には，Mn はパイラルスパイトに濃集し，Mg は緑泥石，黒雲母，角閃石，または輝石に濃集する．ケイ酸塩鉱物における Mg^{+2} や Fe^{+2} の普通の配位数は6であるが，ザクロ石では Mg^{+2}, Fe^{+2}, Mn^{+2}, Ca^{+2} は配位数が8の位置にはいっている．この異常に大きい配位数からわかるように，この位置は Mg^{+2} や Fe^{+2} には大きすぎ，Mn^{+2} や Ca^{+2} に適している．そのために，ザクロ石は Mn^{+2} や Ca^{+2} を濃集して含みやすい．Mn^{+2} や Ca^{+2} を含むザクロ石は1atmでも合成できるが，Mg^{+2} を含むザクロ石は高圧のもとでのみ安定になるのも，これによるのであろう（都城，1953; Zermann, 1962）．

パイラルスパイトのなかでは，Mn^{+2} に富むものが変成岩に最もできやすく，第70図に示すように，温度の低い緑色片岩相でもできる．ただしこの場合には，やや Mn に富んでいる母岩にだけ生ずるので，出現頻度は小さい．もっと変成温度が高くなって，緑簾石角閃岩相や角閃岩相に達すれば，第70図に示すように，生成するパイラルスパイトの組成

の範囲は広がって，Mn^{+2} が少なく Fe^{+2} が多い典型的なアルマンディンが生ずるようになる．この場合は，母岩に Mn が多くなくても生成しうるようになるので，パイラルスパイトの出現頻度が急に大きくなる．広域変成地域の分帯で，アルマンディン-アイソグラッド（§11）となって現われるのは，この温度に達した線である．もっと温度や圧力の高いグラニュライト相やエクロジァイト相では，パイラルスパイトの組成範囲はもっと広くなって，Mg の多いものをも生じうるようになる（都城，1953）．

上記のようにパイラルスパイトの化学組成の範囲が累進的に拡大することは，広い組成の範囲の変成岩を調べたときに認められることである．もっと組成の範囲を狭くして，普通の泥質岩起源の変成岩だけを調べると，パイラルスパイトの組成が，温度の上昇とともに Mn→Fe→Mg の方向へ順次に変化する．このようなパイラルスパイトの化学組成の変化は，パイラルスパイトおよびそれと共存する鉱物の間の元素の分配状態が変化することによっておこる．したがって，パイラルスパイトの化学組成を，変成温度のインディケイターとして用いることが可能である（都城, 1953; Heier, 1956; Sturt, 1962）．

ザクロ石の安定な温度と圧力の範囲は，もちろん共存する鉱物によって異っている．たとえば，次のような反応が考えられる：

$$2\underset{\text{ザクロ石}}{(Mg,Fe)_3Al_2Si_3O_{12}} + 4\underset{\text{珪線石}}{Al_2SiO_5} + 5\underset{\text{石英}}{SiO_2} = 3\underset{\text{菫青石}}{(Mg,Fe)_2Al_4Si_5O_{18}} \quad (6\cdot 2)$$

$$4\underset{\text{ザクロ石}}{(Mg,Fe)_3Al_2Si_3O_{12}} + 2\underset{\text{白雲母}}{KAl_3Si_3O_{10}(OH)_2} + 3\underset{\text{石英}}{SiO_2}$$
$$= 3\underset{\text{菫青石}}{(Mg,Fe)_2Al_4Si_5O_{18}} + 2\underset{\text{黒雲母}}{K(Mg,Fe)_3AlSi_3O_{10}(OH)_2} \quad (6\cdot 3)$$

$$\underset{\text{ザクロ石}}{(Mg,Fe)_3Al_2Si_3O_{12}} + \underset{\text{白雲母}}{KAl_3Si_3O_{10}(OH)_2}$$
$$= \underset{\text{黒雲母}}{K(Mg,Fe)_3AlSi_3O_{10}(OH)_2} + 2\underset{\text{珪線石}}{Al_2SiO_5} + \underset{\text{石英}}{SiO_2} \quad (6\cdot 4)$$

$$\underset{\text{ザクロ石}}{(Mg,Fe)_3Al_2Si_3O_{12}} + \underset{\text{カリウム長石}}{KAlSi_3O_8} + H_2O$$
$$= \underset{\text{黒雲母}}{K(Mg,Fe)_3AlSi_3O_{10}(OH)_2} + \underset{\text{珪線石}}{Al_2SiO_5} + 2\underset{\text{石英}}{SiO_2} \quad (6\cdot 5)$$

このような反応の平衡は，固相にかかる圧力が高くなるとザクロ石を含む辺に移動し，ザクロ石の生成を促すであろう．

スペサルティンやアルマンディンは，そのほかに，ホルンフェルス，火山岩（斑状結晶として，または空孔のなかに），カコウ岩，ペグマタイト，アプライトなどに出現する．カコウ岩のなかのザクロ石は一般にアルマンディンであるが，ペグマタイトのなかのザクロ

石はスペサルティンからアルマンディンに至るいろいろな組成のものである(都城, 1955).

グランダイトやハイドログロシュラールは, 石灰質の堆積岩が熱変成作用または広域変成作用をうけてできた岩石のなかにしばしば出現する. また, 超塩基性岩や塩基性岩が, 低温で変質してグランダイトやハイドログロシュラールを含む岩石(たとえばロジン岩 rodingite)を生ずることがある. 準長石を含むアルカリ火成岩(たとえばネフェリン閃長岩やイジョラ岩)にも, しばしばグランダイトが出現し, 時には主成分の一つとなることもある(たとえば, Trögger, 1959).

(g) 赤鉄鉱(hematite) α-Fe_2O_3, **チタン鉄鉱**(ilmenite) $FeTiO_3$, **磁鉄鉱**(magnetite) Fe_3O_4

これらはいずれも, FeO-Fe_2O_3-TiO_2 系に属する鉱物で, その安定関係は酸素の圧力と密接な関係があることは, すでに第4章§39で詳細に述べた.

赤鉄鉱はコランダム α-Al_2O_3 と同じような結晶構造をしている. それは, 1300°C では約10重量%の Al_2O_3 を固溶体として含みうるが, 天然の赤鉄鉱の Al_2O_3 の含有量は一般にきわめて少ない. チタン鉄鉱は赤鉄鉱とほとんど同じ構造であるが, 陽イオンが2種類あって秩序配列をしているために, 対称が低くなっている. コランダムや赤鉄鉱の空間群は $R\bar{3}c$ であるが, チタン鉄鉱のそれは $R\bar{3}$ である.

しかし高温では, チタン鉄鉱の Fe^{+2} と Ti^{+4} とは無秩序配列をするようになって, 空間群は $R\bar{3}c$ になる. また第71図に示されているように, 約 1000°C 以上の高温では赤鉄鉱とチタン鉄鉱との間に連続的な固溶体系列が生ずる. しかし温度が低くなると, その系列の中央部に不混和領域があらわれ, その両側の固溶体の組成範囲は急速に狭くなる(Nicholls, 1955; 上田, 1958; 石川, 1958; 石川・秋本, 1958). 天然の赤鉄鉱やチタン鉄鉱は, それぞれチタン鉄鉱および赤鉄鉱の exsolution lamellae を含むことがしばしばある.

チタン鉄鉱は, 塩基性や中性の火成岩に多い. また緑色片岩相や, それより高温の変成岩にも, 広く出現する. しかし藍閃石片岩相にはほとんど出現しないが, これはその鉄が酸化されて分解するためであろう. しかし, 酸性の火成岩や低温の変成岩では, Ti の多くはむしろスフェーン(sphene)$CaTiSiO_5$ をつくろうとする傾向がある.

赤鉄鉱は, 流紋岩やカコウ岩に出現することがあるが, 一般に火成岩には稀である. 普通の組成の変成岩のなかでは, 藍閃石片岩相や緑色片岩相などの低温で生成するが, それより高温では一般に生成しない(坂野・兼平, 1961). 先カンブリア時代の変成した鉄鉱層には多量に含まれていて, この場合には角閃岩相のように高い変成温度になっても存続する(Eugster, 1959; 本書, §39~41).

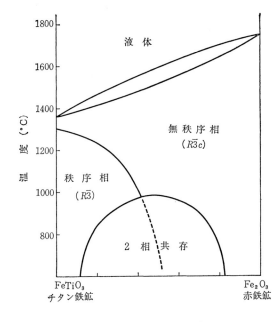

第71図 チタン鉄鉱-赤鉄鉱系の状態図. 置換秩序-無秩序転移線の延長(点線)は, 2相に分離しない準安定状態の転移点を示す. 組成は分子比で示す(上田, 1958; 石川, 1958).

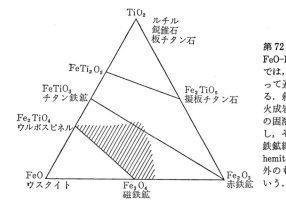

第72図 FeO-Fe_2O_3-TiO_2系の鉱物. 高温では, 図に示す三つの直線に沿って連続固溶体系列がつくられる. 斜線で影をつけた部分は, 火成岩に出現するスピネル構造の固溶体鉱物の組成の範囲を示し, そのなかでチタン鉄鉱-赤鉄鉱線付近のものを titanomaghemite (準安定) とよび, それ以外のものを titanomagnetite という.

磁鉄鉱はスピネル $MgAl_2O_4$ と同じような結晶構造である. Fe, Ti を含むスピネル構造の鉱物には, この外にウルボスピネル (ulvöspinel) $Fe_2^{+2}TiO_4$ とマグヘマイト (maghemite) γ-Fe_2O_3 とがある. 三つとも逆スピネル型で, マグヘマイトは陽イオンの位置の一部分が空になっている. マグヘマイトは, 赤鉄鉱と同じ化学組成をもつ準安定相で, 加熱すると

不可逆的に赤鉄鉱になる．その多くは，地表で磁鉄鉱が変質してできたものである．

FeO-Fe$_2$O$_3$-TiO$_2$ 系の鉱物のあいだの化学組成上の関係を，第72図に示す．磁鉄鉱とウルボスピネルとの間には，約600°C以上では連続固溶体系列が形成される．さらに，この図で磁鉄鉱とウルボスピネルを結ぶ線より右側の，斜線で影をつけた範囲に Ti を含む磁鉄鉱の固溶体（いわゆる titanomagnetite）が形成される．これは，チタン鉄鉱成分およびマグヘマイト成分を含む固溶体と考えることができる (Buddington *et al.*, 1955; 秋本ら, 1957)．

磁鉄鉱は，塩基性から酸性までの火山岩や深成岩にきわめて広く分布している．また，接触変成岩にも広域変成岩にも，広く分布している．あらゆる変成温度で再結晶した広域変成岩に見いだされる（坂野・兼平, 1961)．

Buddington と協力者(1955)の研究によると，高い温度で結晶した岩石のなかの磁鉄鉱ほど，TiO$_2$ の含有量が大きい．玄武岩やハンレイ岩は結晶作用の温度が高いので，結晶したときの磁鉄鉱は10～24%くらいの多量の TiO$_2$ を含む固溶体である (FeTiO$_3$ の TiO$_2$ 含有量は52.7%)．ただし，ハンレイ岩では，後にその Ti の大部分は離溶してチタン鉄鉱やウルボスピネルの葉片になって含まれている．安山岩や閃緑岩の磁鉄鉱の TiO$_2$ は 7～16%で，カコウ岩や流紋岩はもっと温度が低くて3～7%くらいである．グラニュライト相や，角閃岩相の高温部の変成岩のなかの磁鉄鉱の TiO$_2$ は，或る種のカコウ岩や流紋岩のそれと同じく，3～4%の程度であるが，角閃岩相の低温部の変成岩の磁鉄鉱の TiO$_2$ は，1～3%である．

岩石の磁性の原因になっているのは，主として磁鉄鉱であり，それについで赤鉄鉱成分を固溶体として含むチタン鉄鉱である．これらは，固溶体の組成によって磁気的性質が異っている．硫化物のなかでは，磁硫鉄鉱が磁性をもっている（永田, 1961)．

ついでに，FeO-Fe$_2$O$_3$-TiO$_2$ 系に属するそのほかの鉱物のことに簡単に触れておこう．

ウスタイト(wüstite)が生成するためには，第46図に示したようにきわめて低い酸素の圧力が必要で，その上それは約560°C以下では不安定である．したがって天然に産出することはきわめて稀である．

TiO$_2$ の組成を有する鉱物には，ルチル(rutile)，鋭錐石(anatase)，板チタン石(brookite)の三つがあるが，1 atm で液相から結晶するのも，また火成岩および変成岩にもっとも広く出現するのもルチルである．それは変成岩では，藍閃石片岩相，エクロジァイト相，グラニュライト相に出現する．安定関係は決定されていないが，あらゆる条件のもとでルチルが安定であるかもしれない．三つとも，Ti-O 八面体の連結によってできた構造をも

っているが，その連結法が違っている．

擬板チタン石(pseudobrookite)はちょっと板チタン石に似ているだけで，全く別の鉱物である．それは，火山岩のなかの空孔や，捕獲岩の反応生成物などに出現する珍しい鉱物である．人工的には，$FeTi_2O_5$ との間に連続固溶体がつくられる．

なお念のために付記すれば，鉄の酸化物は地表で水のある状態では安定ではないかもしれない．地表の温度の範囲では，淡水のなかでも海水のなかでも，鉄の水酸化物(goethite, α-FeO·OH，または lepidocrocite, γ-FeO·OH)が生ずるといわれている．褐鉄鉱(limonite)は，これが水を吸着したものの野外名である．

§56 主として泥質堆積岩起源の変成岩に出現する鉱物

(h) 雲母族(mica group)．その1．白雲母(muscovite) $K_2(Al, Fe^{+3}, Fe^{+2}, Mg)_4(Si, Al)_8 \cdot O_{20}(OH, F)_4$

雲母はフィロケイ酸塩であって，その構造をつくっている単位層は，厚さが約10Åある．そのなかには Si-O 四面体が三つの角を共有するように結びあって生じた薄板が2枚向いあっていて，その間に配位数6の陽イオン(Al, Fe^{+3}, Fe^{+2}, Mg)がはいっている．この単位の層が積み重なるときには，層と層との間に K^+ または Na^+ イオンがはいって結びつける．その層の積み重なり方の違いによって，ポリタイピズム(p.185)がおこる．そうしてできるおのおのの構造を，普通は 1M, $2M_1$, $2M_2$, 3T などのような記号で表わす．ここで，始めの数字1, 2, 3などは，単位胞に含まれている上記のような単位層の枚数を示す．次の文字は単位胞の対称を示し，M は単斜晶系，T は三方晶系で，添字はそれをさらに細

第14表 単位層の簡単な積み重ね方によっておこる雲母のポリタイピズム

多形	対称	層の数	a_0(Å)	b_0(Å)	c_0(Å)	β	所属する種類
1M	単斜	1	5.3	9.2	10	100°	大部分の黒雲母はこれに属す．紅雲母の一部もこれに属す．
$2M_1$	単斜	2	5.3	9.2	20	95°	大部分の白雲母とナトリウム雲母とはこれに属す．
$2M_2$	単斜	2	9.2	5.3	20	98°	紅雲母の一部はこれに属す．
2O	斜方	2	5.3	9.2	20	90°	黒雲母，紅雲母などの小部分はこれに属す．
3T	三方	3	5.3	—	30	—	
6H	六方	6	5.3	—	60	—	

注 Smith と Yoder(1956)による．このほかに，もっと複雑な積み重ね方によっておこる多くの多形構造があるが，出現は比較的まれである．

別したものである(第14表).

　雲母族を大きく二つの群に分ける.一方は,配位数6の陽イオンのはいる位置のなかの約2/3だけが主としてAl^{+3}によって占められ,残りの約1/3は空所になっている種類で,これを **di-octahedral micas** という.$O_{20}(OH, F)_4$を基準にして化学式を書くと,上記の白雲母の式にみられるように配位数6の陽イオンの数は4(または4と5との間)になる.白雲母やナトリウム雲母はこれに属し,前者はK^+を含み,後者はNa^+を含む.もう一方は,配位数6の陽イオンのはいる位置のすべて,またはほとんどすべてが,陽イオンによって満されている種類で,これを **tri-octahedral micas** という.$O_{20}(OH, F)_4$を基準にして化学式を書くと,後で示す黒雲母の式にみられるように配位数6の陽イオンの数は6(または5と6との間)になる.黒雲母や紅雲母はこれに属し,前者では配位数6の陽イオンは主としてMg^{+2}, Fe^{+2}であるが,後では主としてLi^+, Al^{+3}である.

　白雲母の簡単化した本来の理想式は$K_2Al_4Si_6Al_2O_{20}(OH)_4$であるが,配位数6のAlの一部分は$Fe^{+3}$により置換されうる.また上記の化学式に,$Al^{+3}Al^{+3} \longrightarrow (Mg, Fe)^{+2}Si^{+4}$という置換を行った白雲母を**フェンジャイト**(phengite)$K_2(Mg, Fe)Al_3Si_7AlO_{20}(OH)_4$という.この置換は,この化学式の組成までおこりうる(Crowley & Roy, 1964).**絹雲母**(sericite)とは細粒の白雲母のことで,化学組成上は本来の白雲母のこともあり,フェンジャイトのこともあり,それらよりK_2Oが少なくH_2Oが多いこともある.

　白雲母は,泥質堆積岩起源の変成岩のなかに広く分布している.ことに藍閃石片岩相や緑色片岩相のように低温の岩石に多い.変成温度が上昇すると,緑泥石と反応して黒雲母を生じたり,黒雲母と反応してアルマンディンまたは菫青石を生じたりする.もっと温度が上昇して角閃岩相の高温部まで達すると,石英が共存するならば式(4・55)または(4・84)の反応がおこって,白雲母は消滅する.しかし石英が共存しない岩石では,白雲母の分解反応は,式(4・80)にしたがって,もう少し高い温度でおこる(第45図).グラニュライト相や輝石ホルンフェルス相では,白雲母は不安定である.

　白雲母は,比較的低温では,塩基性変成岩にも少量含まれていることがある.温度が上昇して,ほぼ角閃岩相に達すれば,白雲母は角閃石と反応して,おそらく黒雲母,斜長石などを生ずる(p.199).

　藍閃石片岩相や緑色片岩相のような低温の岩石では,白雲母固溶体の組成の範囲が広くて,本来の白雲母からフェンジャイトにまで及び,またFe^{+3}をかなりたくさん含むことが多い.ところが,変成温度が上昇すると,この鉱物はしだいに他の鉱物と反応して,その

§56 泥質変成岩に出現する鉱物

組成の範囲が狭くなり，本来の白雲母に近い組成のものだけになるらしい．角閃岩相の岩石やペグマタイトの白雲母は，白雲母の本来の理想式に近い組成をもっている (Lambert, 1959; Ernst, 1963 c; 都城, 1958; 本書, 第 61 図).

P_{H_2O} が比較的高い場合には，白雲母が単独で分解するか，または石英と反応して分解する温度は，カコウ岩質マグマの最低融点より高くなるので，マグマから白雲母が結晶する

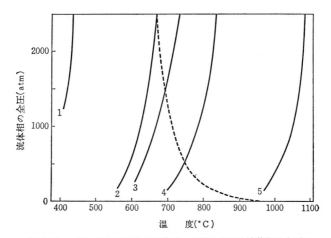

第 73 図 いろいろな雲母の分解曲線．固相の圧力は流体相の全圧に等しいものとする．アナイトの分解曲線だけは，酸素の圧力によって大いに異る．曲線の(1)は赤鉄鉱-磁鉄鉱の平衡する酸素の圧力で，(4)は磁鉄鉱-ウスタイトの平衡する酸素の圧力での曲線であって，(4)はアナイトの安定な最高の温度を表わしている．点線はカコウ岩の融解しはじめる温度を示す．

(1) アナイト $\rightleftarrows$ サニディン+赤鉄鉱+磁鉄鉱+H_2O
(2) ナトリウム雲母 $\rightleftarrows$ アルバイト+コランダム+H_2O
(3) 白雲母 $\rightleftarrows$ サニディン+コランダム+H_2O
(4) アナイト $\rightleftarrows$ カルシライト+リューサイト+鉄橄欖石+磁鉄鉱+H_2O
(5) 金雲母 $\rightleftarrows$ カルシライト+リューサイト+マグネシウム橄欖石+H_2O

(Yoder, 1959 および Eugster & Wones, 1962 による)

ことも可能である（第73図）．しかし実際にカコウ岩のなかに出現する白雲母には，初生変質や固体反応で生成したものも少なくないかもしれない．

(i) 雲母族．その 2. ナトリウム雲母 (paragonite) $Na_2Al_4Si_6Al_2O_{20}(OH)_4$

白雲母のなかの K の代りに Na のはいったものが，ナトリウム雲母である．しかし．

K と Na とのイオン半径の差はかなり大きいので，天然の岩石ではこの二つの鉱物の間に固溶体の形成される範囲は限られている．白雲母とナトリウム雲母との中間にある不混和領域は，温度が上るとしだいに狭くなる．かなり高い温度と圧力のもとで合成すると，完全に連続した固溶体系列ができる(Eugster, 1956)．

比較的近年まで，ナトリウム雲母はきわめて稀な鉱物だと思われていた．しかし，泥質または塩基性の変成岩のなかで従来よく確かめることなく白雲母あるいは絹雲母とよばれている鉱物のなかには，実はしばしばナトリウム雲母やパイロフィライトが含まれていることが明らかになった(Eugster & Yoder, 1954 ; Banno, 1960)．白雲母とナトリウム雲母が共存する場合，変成温度の上昇とともに，白雲母のナトリウム含有量は増加し，ナトリウム雲母のカリウム含有量も増加し，二つの間の不混和領域はせまくなる (Rosenfeld et al., 1958 ; Lambert, 1959 ; Zen & Albee, 1964)．

ナトリウム雲母の分解温度は，白雲母のそれよりも低い(第73図)．広域変成地域では，それは藍晶石帯で分解するといわれている(Rosenfeld, 1956)．それは火成岩には出現しないであろう．

(j) 雲母族．その3．黒雲母(biotite) $K_2(Mg, Fe^{+2}, Al)_{6\sim5}(Si, Al)_8O_{20}(OH, F)_4$

黒雲母のなかで，配位数6の位置がすべて Mg によって満されているものが，**金雲母** (phlogopite) $K_2Mg_6Si_6Al_2O_{20}(OH)_4$ である．金雲母を出発点にして考えると，黒雲母の固溶体は主として次の三つの方法でつくられる．(a) Mg が Fe^{+2} によって置換される．(b) $(Mg, Fe^{+2})Si$ が AlAl によって置換される．(c) $3(Mg, Fe^{+2})$ が $2Al^{+3}$ (すべて配位数6)によって置換される．この(a)と(b)の置換だけがおこなわれるときには，金雲母から次の四つの成分が導かれる：

金雲母(phlogopite)	$K_2Mg_6Si_6Al_2O_{20}(OH)_4$
アナイト(annite)	$K_2Fe_6^{+2}Si_6Al_2O_{20}(OH)_4$
イーストナイト(eastonite)	$K_2Mg_5AlSi_5Al_3O_{20}(OH)_4$
シデロフィライト(siderophyllite)	$K_2Fe_5^{+2}AlSi_5Al_3O_{20}(OH)_4$

この四つの成分を角にとった四角図表を用いると，黒雲母の組成を近似的に表わすことができる．しかし実際は，そのほかに(c)の置換がおこって，配位数6の位置の陽イオンの数が，理想的な tri-octahedral micas の場合の数よりも減少していることがしばしばある．この減少を進めると，ついには di-octahedral micas になるはずであるが，実際はそこまで連続的には進まない．黒雲母は，比較的少量の Fe^{+3}, Mn, Ti などを含んでいる．

§56 泥質変成岩に出現する鉱物

黒雲母は，泥質堆積岩起源の変成岩の主成分鉱物の一つである．熱変成地域では，再結晶作用が認められるようになると同時に黒雲母が出現する．広域変成地域では，多くの場合には，最も低温の部分に，まだ黒雲母の生成する温度に達しないような地帯がある．温度が上昇すると，緑泥石と白雲母の反応によって，黒雲母を生ずるようになる．この反応は，第61図または式(6・1)によって近似的に表わされた．もっと温度が上ると，黒雲母の一部分はザクロ石や菫青石をつくる反応に使われるが，しかし一般には黒雲母はなくならない．黒雲母の Fe^{+2}/Mg 比は，共存する菫青石のそれよりも大きく，共存するザクロ石（アルマンディン）のそれよりも小さい．

泥質変成岩のなかの黒雲母の組成は，共存する鉱物によって影響されるが，まだよく解析されていない．一般的傾向としては，変成温度が上昇するにつれて，Mn, Fe^{+2}, Fe^{+3} が減少し，Mg, Ti, 配位数4の Al などが増加する（都城, 1958；Lambert, 1959；Engel & Engel, 1960；大木, 1961 b）．変成温度の低い岩石のなかの黒雲母には緑褐色調の強いものがしばしば出現する．そして，変成温度の高い岩石のなかの黒雲母には赤褐色調のものがある．緑褐色調は Fe^{+3} が多いことにより，赤褐色調は Ti が多いことによるのかもしれない（都城, 1958；Engel & Engel, 1960；Hall, 1941；端山, 1959）．

黒雲母は，塩基性変成岩，ことに角閃岩のなかにもしばしば出現する．塩基性変成岩では，もっと温度が低い場合には，たとえば次の関係に示されるように，黒雲母の代りに白雲母を含むのであろう：

$$3KAl_3Si_3O_{10}(OH)_2 + Ca_4(Mg, Fe)_9AlSi_{15}AlO_{44}(OH)_4$$
（白雲母）　　　　　　　（角閃石）

$$= 3K(Mg, Fe)_3AlSi_3O_{10}(OH)_2 + 4CaAl_2Si_2O_8 + 7SiO_2 + 2H_2O \quad (6\cdot 6)$$
（黒雲母）　　　　　　　（カルシウム長石）（石英）

黒雲母は，緑簾石角閃岩相，角閃岩相，輝石ホルンフェルス相などの変成岩に広く分布する．しかし，グラニュライト相では分解しかかって，一般にその出現頻度も量も少なく，化学組成の範囲も限られている．黒雲母の分解する温度は，組成や酸素の圧力によって大いに違う．第73図に示すように，Mg に富む金雲母の分解温度は，ナトリウム雲母や白雲母のそれよりもはるかに高い．Fe^{+2} に富むアナイトの分解温度や分解生成物は，酸素の圧力によって大いに変化する（第49図をも参照）．

金雲母は Fe^{+2}/Mg 比の小さい石灰質変成岩に出現する．ただし石英が共存する場合には，変成温度が高くなると方解石や石英と反応して透輝石やカリウム長石になってしまう．

黒雲母は深成岩にも広く出現する．一般的傾向としては，それらの岩石の SiO_2 の含有

量が増すにつれ，そのなかの黒雲母の Fe^{+2}/Mg 比が大きくなる (Heinrich. 1946). また白雲母と共生する黒雲母は，共生しない黒雲母より Al_2O_3 の含有量が大きい (Nockolds, 1947).

 (k) 藍晶石(kyanite), 紅柱石(andalusite), 珪線石(sillimanite). いずれも Al_2SiO_5

この三つの同質多形結晶相は，いずれも泥質岩起源の変成岩に最も普通に出現する鉱物である．化学組成はほとんど一定であり，H_2O をも含まないので，これらの間の安定関係はほとんど温度と固相の圧力だけによって支配されている．したがって，変成作用の温度・圧力のインディケイターとして重要である．

この三つの鉱物ではいずれも，Al-O 八面体が，その両側に隣接している同様な Al-O 八面体と，それぞれ一つの稜を共有して結合し，長い鎖をつくっている．鎖と鎖との間には，Si, Al などがはいってそれらを結びつけている．鎖の間にある Al は，藍晶石では配位数 6, 紅柱石では配位数 5, 珪線石では配位数 4 である (§53). 十字石や緑簾石やローソン石も，類似した Al-O および Al-O-(OH) 八面体の鎖をもっている．このような鎖を構成している Al は，ほとんど Fe^{+3} によって置換されない (§58-y).

藍晶石と紅柱石と珪線石の安定関係は，すでに第 36 図に示した．

藍晶石は，中くらいの変成温度の広域変成岩に出現する．泥質岩起源の岩石に最も多いが，時には砂質あるいは塩基性の変成岩や，変成地域の石英脈にも出現する．珪線石は，温度の高い広域または接触変成岩に出現し，紅柱石は圧力の低い広域または接触変成岩に出現する．

藍晶石は一般に片状組織のある広域変成岩に出現するが，紅柱石はしばしば熱変成岩に出現するという経験的事実を説明するために，Harker (1918, 1932) は，前者は岩石内のずれ応力が或る値よりも大きいような条件のもとでのみ安定であるが，後者はずれ応力のないような条件のもとで安定なのだという仮説を立てた．彼は前者のような鉱物をストレス鉱物 (stress minerals) と名づけ，藍晶石のほかに，十字石，アルマンディン，クロリトイド，緑泥石，白雲母，緑簾石などの，結晶片岩に出現しやすい鉱物を入れた．また，後者のような鉱物を，アンチストレス鉱物 (anti-stress minerals) と名づけ，紅柱石のほかに，菫青石や斜方輝石などの，熱変成岩に出現しやすい鉱物を入れた．その後，ストレス鉱物およびアンチストレス鉱物という観念は，地質家たちに愛好せられて，変成岩の鉱物構成を説明するために広く用いられるようになった．そして，同じ変成岩のなかに藍晶石と紅柱石，あるいは十字石と紅柱石がいっしょに含まれている例が，異常なものとして興味をもって記載せられた (Kieslinger, 1927; Erdmannsdörffer, 1928; Suzuki, 1930 b).

§56 泥質変成岩に出現する鉱物

筆者(都城, 1949 a, b, 1951)は藍晶石, 紅柱石, 珪線石, その他の変成鉱物の産出状態を, ストレス鉱物というような観念によらないで説明しようと試みるべきことを強調し, そのとき第36図に似た Al_2SiO_5 系の定性的な状態図を提案した. そのような状態図は Thompson (1955) によっても提案せられた. 後に, Clark ら(1957)や Bell(1963)や Khitarov ら (1963)によって実験的に証明された. 広域変成岩と接触変成岩との生成条件の違いは, ずれ応力の有無だけではないから, Harker のストレス鉱物の仮説に何も根拠があるわけではなかった. 今日では, Harker がストレス鉱物とした鉱物のすべては, ずれ応力なしに容易に合成されている. それは比較的高い圧力かまたは比較的低い温度のもとで生成する鉱物なのである.

高温できわめて低圧の条件では, 第36図に示すように, Al_2SiO_5 という組成の鉱物の代りにムル石(mullite)$3Al_2O_3 \cdot 2SiO_2$ が安定である. ムル石は, 珪線石とよく似た構造をしていて性質もほとんど同じであるために, 古くは珪線石とまちがえられていた. Bowen ら (1924)が, まず合成実験において, それが珪線石とは違うものであることを発見し, ついで Scotland の Mull 島の玄武岩のなかのパイロ変成作用をうけた捕獲岩片に含まれていることを発見した. その後他の数カ所からも発見されたが, いずれも玄武岩, 粗粒玄武岩, またはハンレイ岩のなかの捕獲岩片か, または接触部の, Al に富む岩石のなかからである (Chudoba, 1960). わが国の安山岩や流紋岩のなかには捕獲岩中の鉱物, あるいは分離した結晶として珪線石が出現することがあり, これはムル石ではないことが確かめられている (都城・荒牧, 1963).

(1) クロリトイド族(chloritoid group) $(Fe^{+2}, Mg, Mn^{+2})Al_2SiO_5(OH)_2$

クロリトイド(硬緑泥石)族の鉱物は, 見かけが緑泥石や雲母類に似ているので, フィロケイ酸塩だと思われていたが, 近年ネソケイ酸塩であることがわかった(Harrison & Brindley, 1957). 三斜晶系のものと単斜晶系のものとある(§52). これらは, 変成岩のなかに一方だけが出現することもあり, 両方いっしょに出現することもある. 合成しても, 両方いっしょにできる. 相互の間の安定関係は不明であるが, その他の鉱物に対する安定関係はほとんど同じらしい(Halferdahl, 1961).

クロリトイド族の鉱物のうちで, Fe^{+2} の多い普通のものをクロリトイド(chloritoid)とよび, Mn^{+2} の多い稀な種類をオットレ石(ottrelite)とよぶ. クロリトイドは, Al と Fe に富んでいる, 低温または中くらいの温度の広域変成岩(千枚岩または片岩)に出現することが最も多い. しかし, 接触変成帯に出現することもある. 藍晶石や十字石や藍閃石に伴

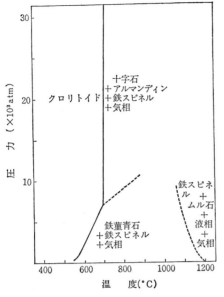

第74図 クロリトイドの安定領域 (Halferdahl, 1957)

うこともあるが,紅柱石や菫青石に伴うこともある.これらの産出状態からみても,第74図のような合成実験の結果からみても,クロリトイドは低圧から高圧まで広い圧力の範囲で安定である.

(m) 十字石(staurolite) $Fe_4^{+2}Al_{18}Si_8O_{46}(OH)_2$

十字石は,まだ化学式がはっきりしない.Náray-Szabó と Sasvári(1958)が結晶構造の研究から導いた上記の式は,化学分析と十分合わない.Juurinen(1956)が化学分析から導いた式 $H_4Fe_4^{+2}Al_{18}Si_8O_{48}$ は,荷電が中和していない.

十字石は,広域変成地域で,中くらいの変成温度で,Al や Fe の多い岩石に出現するのが,もっとも普通である.それは Alps の第三紀結晶片岩や,また Scottish Highlands や Appalachians の広域変成岩に広く出現し,いずれも藍晶石とほとんど同じか,または少し低い変成温度のところである.紅柱石と伴うこともあって,この鉱物の生成にとくに高圧が不可欠だというわけではないらしい.接触変成帯にも出現するが,稀である.

クロリトイドや十字石のもっとも生成しやすい岩石は,普通の泥質岩よりもやや Fe の多い変成岩である.そのような岩石で,変成温度が低いときに前者,高いときに後者を生ずると考えられている.もっと温度が高くなると,十字石は石英と反応して分解し,ザク

§56 泥質変成岩に出現する鉱物

ロ石や藍晶石を生ずる：

$$3\ \underset{十字石}{Fe_4Al_{18}Si_8O_{46}(OH)_2} + 11\underset{石英}{SiO_2} = 4\underset{アルマンディン}{Fe_3Al_2Si_3O_{12}} + 23\underset{藍晶石}{Al_2SiO_5} + 3H_2O \qquad (6 \cdot 7)$$

(n) 菫青石(cordierite) $(Mg, Fe^{+2})_2Al_3Si_5AlO_{18} \cdot nH_2O$

菫青石は，サイクロケイ酸塩で，6個の Si-O 四面体がおのおの二つの角を共有して連結してつくっている環をもっている．その環が縦に重なって筒のようになり，筒と筒は，その間にはいっている Mg^{+2}, Fe^{+2}, Al^{+3} などによって結びつけられている．しかし，6個の四面体のなかの1個の Si は，Al によって置換されている．この Si と Al とは秩序配列をしているらしく，そのためにその環は六角形よりも少し歪んで，斜方晶系の対称になっている．

ところが，千数百度の高温になると，環のなかの Si と Al の配列がそれよりも無秩序化し，環は六方対称をもつようになる．このような六方晶系の結晶が存在することを，筆者と飯山敏道(1954)が，最初に合成物について発見し，次にインドの Bokaro 炭田地方で昔炭層の自然燃焼によって融かされた泥質岩のなかから発見した．そこでこの鉱物をインド石(indialite)と名づけた．

Bokaro 炭田よりほかのところの菫青石はすべて，六方対称よりはずれているが，そのはずれ方の程度はさまざまである．おそらく，環のなかの Si と Al との配列の秩序化が連続的に進むにつれて，環の形も六角形からの歪みが大きくなるのであろう(都城，1957 a)．

菫青石の構造の筒のなかには，H_2O 分子がいくらかはいりうる．また O^{-2} のなかのきわめて少しは，$(OH)^-$ によって置換されているらしい．したがって，菫青石には，低温で生ずる**含水菫青石**(hydrous cordierite)と，高温で生ずる**無水菫青石**(anhydrous cordierite)とがある(飯山，1960)．これらの研究の経過については，都城と荒牧(1963)の記述を参照せられたい．

菫青石は，接触変成作用または比較的圧力の低い広域変成作用をうけた泥質岩のなかに，きわめて広く出現する鉱物である．菫青石は，黒雲母，アルマンディン，直閃石，ときにはスピネルなどの Fe-Mg 鉱物とよく共存するが，それらの共存する鉱物のどれよりも小さい $Fe^{+2}/(Mg+Fe^{+2})$ 比をもっている．変成岩のなかの菫青石で，この比の値が 0.5 を超えることは，きわめて稀である．

菫青石は，そのほかに，カコウ岩やペグマタイトに出現することもある．また，稀には，安山岩のなかに斑晶状結晶として出現したり，そのなかの捕獲岩に出現することもある．

変成岩，深成岩およびペグマタイトのなかの菫青石は含水菫青石であるが，火山岩のなかのものは無水菫青石である．ペグマタイトのなかの菫青石には，$Fe^{+2}/(Mg+Fe^{+2})$ 比が 0.5 を超えるものが多い．

従来火山岩のなかの菫青石として記載されている鉱物のなかには，ほんとうの菫青石もある．しかし，都城(1956)は，結晶構造も化学組成も菫青石とは違う一つの鉱物が，しばしば菫青石と誤認されていることを発見した．鹿児島県(大隅国)垂水町咲花平の流紋岩に含まれているその鉱物を研究して，**大隅石**(osumilite) $(K, Na, Ca)(Mg, Fe^{+2})_2(Al, Fe^{+3})_3 \cdot (Si, Al)_{12}O_{30} \cdot H_2O$ と名づけた．この鉱物は，12個の Si-O 四面体が結びついて構成する複環をもっている．

Mg 菫青石および Fe 菫青石は，1 atm ではそれぞれ 1470°C および 1210°C で分解熔融する．高い圧力のもとでは他の固相に変化するのであろうが，まだわかっていない．圧力の低い条件で変成した岩石(接触変成岩や広域変成岩)には多いが，圧力の高い広域変成岩には出現しない．これは，少なくとも主として，圧力が高くなると共存する鉱物と反応して，たとえば式(6・2)に示すように，ザクロ石などに変化するためであろう．

§57 主として石灰質堆積岩起源の変成岩に出現する鉱物

(o) 炭酸塩鉱物(carbonate minerals)．**その 1. 方解石**(calcite) と **アラゴナイト**(aragonite)．どちらも $CaCO_3$

無水の炭酸塩鉱物は結晶構造上大きく二つの同形鉱物群に分けられる．それは方解石群(三方晶系)と霰石群(斜方晶系)である．これらはいずれも，$Ca^{+2}, Mg^{+2}, Sr^{+2}$，その他の陽イオンと，炭酸イオン CO_3^{-2} とからできている．炭酸イオンは，C^{+4} をとりまく正三角形の頂点に O^{-2} が位置するような形をしている．陽イオンが Ca^{+2} またはもっと小さいものであるような炭酸塩類，すなわち方解石 $CaCO_3$，マグネサイト(magnesite) $MgCO_3$，シデライト(siderite) $FeCO_3$，ロードクロサイト(rhodochrosite) $MnCO_3$ などは方解石群に属している．ドロマイト(dolomite) $CaMg(CO_3)_2$ は方解石と似た三方晶系の構造であるが，一般に Ca と Mg とが秩序配列をしていて，そのために少し対称が低くなっている．(方解石やマグネサイトの空間群は $R\bar{3}c$ で，ドロマイトのそれは $R\bar{3}$ である．)他方では，その陽イオンが Ca^{+2} またはもっと大きいものであるような炭酸塩類，すなわち霰石 $CaCO_3$，ストロンチアン石(strontianite) $SrCO_3$ などは，霰石群に属している．Ca^{+2} は，ちょうどその境の大きさなので，$CaCO_3$ には両方の構造がみられる(Bragg, 1937)．

§57 石灰質変成岩に出現する鉱物

$CaCO_3$ には少なくとも五つの同質多形相があるが,そのなかで天然にふつうに出現し,安定領域をもっているのは,方解石とアラゴナイト(霰石)だけである.1 atm のもとでは,方解石が安定である.アラゴナイトは,高圧のところに安定領域をもっている.その関係は,MacDonald(1956)や Simmons と Bell(1963)によって研究されたが,後者の結果はすでに第35図に示した.1919年 M. Siegbahn は,18°C の方解石の劈開面に平行な格子面間隔の 3029.04 分の1を X 単位と名づけて,X 線の波長測定の単位として用いた.その 1000倍が今日 kX と書かれる単位で,それは Å に近いが,Å よりも約 0.2 % ほど長いことが知られている.

方解石もアラゴナイトも,天然のものは多くの場合 $CaCO_3$ にごく近い組成をもっているが,時として方解石は Mg, Fe, Mn などを,アラゴナイトは Mg, Sr などをかなりの量含んでいることがある.600°C 以上の高温では,方解石とロードクロサイトとの間に連続固溶体系列ができる.1100°C 以上の高温では,第75図に示すように方解石とドロマイトとの間にも連続固溶体系列ができる.ドロマイトとマグネサイトとの間には,同じ図に示すように広い不混和領域がある.方解石とシデライトとの間にも,不混和領域がある.

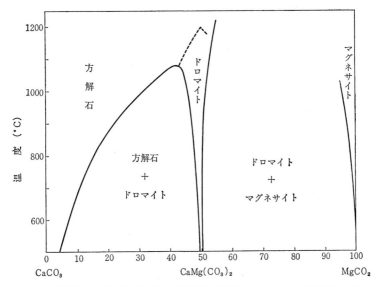

第75図 $CaCO_3$-$MgCO_3$ 系の固相の平衡関係.ドロマイトの領域の上方の点線は,Ca と Mg とが秩序配列をする範囲を示す.この固相平衡に対する圧力の効果はきわめて小さい(Goldsmith & Heard, 1961).

石灰岩が変成作用をうけると，その温度の上昇に応じて，第75図に示すように，方解石のなかに Mg が溶けこみうる限度が増大するはずである．この固溶体の組成は，単位胞の大きさを X 線で測定することによって，容易に推定できる (Goldsmith *et al.*, 1961). その測定の結果から推定すると，変成した石灰岩のなかの方解石には，ほとんど Mg を含まないものもあるが，最大 Mg/(Ca+Mg)=0.09 くらい Mg を含むものもある．平衡状態でこれだけ Mg を含むためには，第75図によると 600°C 以上の温度であったと考えられる．ところが，そのように高い温度では，温度の下降に伴って Mg の一部分を析出する速度も大きかったはずである．何故析出がおこらなかったかは明らかでない．変成した石灰岩の中には，方解石がドロマイトの微粒片をペルト石状に含んでいて，magnesian calcite が Mg を析出してそれを生じたようにみえる構造も見いだされている (Goldsmith *et al.*, 1955).

　第35図と第36図から明らかなように，アラゴナイトが安定になる圧力は，藍晶石が安定になる圧力よりもごく少し高いだけである．したがってその圧力は，広域変成作用のときにはかなりしばしば実現せられたはずである．たといアラゴナイトが生成したとしても，圧力が下降した後でまた方解石に帰ることもあろう．しかし，アラゴナイトが保存されている可能性もないわけではない．実際，最近になって，California の藍閃石片岩を生ずるような高圧の広域変成地域で，広くアラゴナイトが生成保存されていることが発見された (McKee, 1962 b).

　方解石のほかにいくらか石英を含む石灰岩が，高温の広域変成作用やカコウ岩の接触変成作用をうけると，式 (4・56) や第42図に示すような反応がおこって，珪灰石を生ずる．塩基性小貫入岩体などの接触変成作用によって，もっと高い温度に達するか，または CO_2 が逃げやすいときには，スパー石 (spurrite) $(Ca_2SiO_4)_2CaCO_3$ やラーン石 (larnite) Ca_2SiO_4 などを生ずることもある (第15表).

　1 atm では約 975°C で方解石は高次の相転移をおこすらしい．さらに高温になると熱解離 $CaCO_3=CaO+CO_2$ がおこる．この解離反応の平衡曲線は，第76図に示すように，温度のきわめて高いところにある．1 atm では 894°C であるが，100 atm になるともう 1200°C くらいになる．そこで，変成作用ではこの反応はおこらない．これまでに天然に発見された唯一つの石灰 CaO は，イタリアの Vesuvius 火山から放出された石灰岩塊のなかに，マグマに加熱されて生じたものである．

　方解石は，1000 atm の圧力では 1310°C で分解熔融して，CaO-CO_2 系の液相と蒸気相を

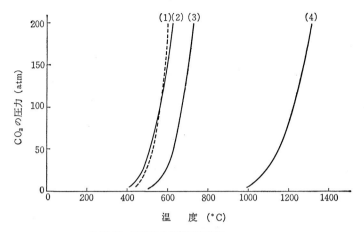

第76図 炭酸塩の解離平衡曲線
(1) $MnCO_3 \rightleftarrows MnO+CO_2$
(2) $MgCO_3 \rightleftarrows MgO+CO_2$
(3) $CaMg(CO_3)_2 \rightleftarrows CaCO_3+MgO+CO_2$
 (反応(4・57)に同じ)
(4) $CaCO_3 \rightleftarrows CaO+CO_2$

生ずる．しかし H_2O が存在する場合には，方解石は1000 atm，740°C ですでに融解しはじめ，温度が上昇すると液相の割合が増す．このように比較的低い温度で方解石の融解がおこる以上は，地殻のなかに局部的に炭酸塩マグマが生成することは，ありえないことではない．

(p) 炭酸塩鉱物．その2．ドロマイト(dolomite) $CaMg(CO_3)_2$

Ca^{+2} と Mg^{+2} とはイオン半径がかなり違うので，ドロマイトではこれらが秩序配列した状態が安定である．しかし，1200°C を超えるほど高温になると，Ca^{+2} と Mg^{+2} とは無秩序化する．そうすると，構造も対称も方解石と全く同じになり，方解石との間に連続固溶体系列を生ずる(第75図)．

ドロマイトを合成する場合，その結晶が生成して間もないときには，Ca^{+2} と Mg^{+2} とがまだかなり無秩序に配列しているような準安定な構造状態になることがある．これをプロトドロマイト(protodolomite)という．これをやや高温に長時間保つと，秩序化を増して普通のドロマイトになる．ところが，このような準安定なプロトドロマイトは，天然にも古生代から現在までのいろいろな時代の堆積岩のなかのドロマイトにしばしば見られる．変

成作用をうけたものは，完全に秩序配列に変わっている(Goldsmith & Graf, 1958)．

ドロマイトは，堆積岩のなかに1次的に結晶することもあるが，既存の石灰岩が交代作用をうけて生ずることが多いといわれている．交代作用は，石灰岩の堆積直後に海底でおこることもあり，ずっと後に地下でおこることもあるという．第76図に示すように，ドロマイトが解離して方解石とペリクレスを生ずる温度は，方解石の解離温度よりもずっと低い．この解離は，高温の接触変成作用でおこる．ただし，こうして生じたペリクレスは，しばしば反応(4・54)の逆行によって，ブルース石に変化してしまう．

ドロマイトを含む石灰岩が石英をも含んでいる場合には，それが変成作用をうけると，CaやMgを含むさまざまなケイ酸塩鉱物ができる．たとえば，ふつうのカコウ岩による接触変成作用や広域変成作用では，滑石，透閃石，透輝石，マグネシウム橄欖石，珪灰石などができる．塩基性小貫入岩体による接触変成作用では，もっと高温に達するか，またはCO_2が逃げやすいことがあり，その場合にはモンチセリ橄欖石，メリ石(melilite)，スパー石，マーウィン石，ラーン石など特異な鉱物を生ずる．変成温度と生成する鉱物との関係を第15表に示す．

第15表 SiO_2 や MgO を含む石灰岩の累進変成
作用で生成する鉱物の順序

温度上昇の順序	鉱 物	生成しはじめる変成相
1	滑石 $Mg_3Si_4O_{10}(OH)_2$	緑色片岩相
2	透閃石 $Ca_2Mg_5Si_8O_{22}(OH)_2$	
3	透輝石 $CaMgSi_2O_6$	角閃岩相
4	Mg 橄欖石 Mg_2SiO_4	
5	珪灰石 $CaSiO_3$	
6	ペリクレス MgO	輝石ホルンフェルス相
7	モンチセリ橄欖石 $CaMgSiO_4$	サニディナイト相
8	オケルマン石 (akermanite) $Ca_2MgSi_2O_7$	
9	ティレイ石 (tilleyite) $Ca_5Si_2O_7(CO_3)_2$	
10	スパー石 (spurrite) $Ca_5Si_2O_8(CO_3)$	
11	ランキン石 (rankinite) $Ca_3Si_2O_7$	
12	マーウィン石 (merwinite) $Ca_3MgSi_2O_8$	
13	ラーン石 (larnite) Ca_2SiO_4	

注 変成温度が高くなるにしたがって，シリカ質ドロマイト質石灰岩のなかにはこの表の順序で特徴的な鉱物が生ずる．ドロマイト質でないときには，このなかから Mg を含む鉱物を除いた残りの鉱物ができる．この種の変成作用の研究は，Bowen(1940)によって骨組がつくられた．後に Tilley(1948 b, 1951) が少し追加し，Weeks(1956) や Harker と Tuttle(1956) が一部分を修正した．珪灰石とペリクレスの生成反応はそれぞれ式(4・56)および(4・57)に示す(第42図参照)．透閃石の生成反応は(8・4)，透輝石のそれは(8・8)に示す．

(q) 珪灰石(wollastonite) $CaSiO_3$

$CaSiO_3$ には三つの同質多形相がある．そのなかで，いちばん普通に出現するのは珪灰石(三斜晶系)である．これは Si-O 四面体が各々の二つの角を共有して連なり，長い鎖をつくっているという点では，輝石と同じくイノケイ酸塩であるが，鎖の形が輝石とは違っているので，輝石族には入れない．もう一つの相は，**パラ珪灰石**(parawollastonite, 単斜晶系)とよばれ，珪灰石の構造に単位胞のスケールで規則正しく双晶をおこなわせたようなイノケイ酸塩の構造をもっている珍しい鉱物である(§52)．最後の一つは高温で安定で，**擬珪灰石**(pseudowollastonite, 三斜晶系)とよばれ，サイクロケイ酸塩である．

珪灰石とパラ珪灰石との安定関係は不明であるが，石灰質の接触および広域変成岩に出現する $CaSiO_3$ 鉱物の大部分は珪灰石である．パラ珪灰石の方は，これまでに Vesuvius 火山，Santorin 火山などの石灰質放出岩片や，少数の接触変成帯から見出されている(Peacock, 1935)．Vesuvius では，同じ岩片に両方含まれていることもある．珪灰石(またはパラ珪灰石?)は 1120°C 以下で安定であるが，擬珪灰石はそれより高い温度で安定で，容易に合成せられ，またスラッグなどに出現する．変成作用で 1120°C より高い温度に達することは，ほとんどおこらないから，擬珪灰石は普通の変成岩には出現しない．西南ペルシャに，有史以前に炭化水素が自然燃焼して，石灰質の堆積岩が焼かれているところがある．そこから擬珪灰石が発見されたことがあるのが，ただ一つの自然界の産出例である(McLintock, 1932)．

石灰岩が変成作用をうける場合に，方解石と石英が反応して，式(4・56)に示すように珪灰石を生ずる．この反応の平衡曲線は，第42図に示すように熱力学的に計算することもできるが，また Harker と Tuttle(1956)は合成実験によって求めた．ところが，もっと温度が上昇するか，または CO_2 が逃げやすいときには，珪灰石は方解石と反応してスパー石を生ずる．

$$2CaSiO_3 + 3CaCO_3 = (Ca_2SiO_4)_2CaCO_3 + 2CO_2 \qquad (6\cdot 8)$$
(珪灰石) (方解石) (スパー石)

この反応の平衡曲線は，Tuttle と Harker(1957)によって決定された．方解石の方が十分多量にあるときは，珪灰石はこの反応によって消滅してしまう．しかし広域変成作用や多くの接触変成作用では，変成温度はこの反応がおこるほど高くはならない(第15表)．

ふつうの変成作用でできた珪灰石は，ほとんど純粋に $CaSiO_3$ の組成をもっているが，ハンレイ岩の接触部や火山岩のなかの捕獲岩片のように，とくに高温に熱せられた岩石の

なかの珪灰石は，Ca のなかのかなりの部分が Fe^{+2} によって置換されていることがある（たとえば Tilley, 1948 a; 一色, 1954）. $CaSiO_3$-$FeSiO_3$ 系の合成実験では，高温で広い組成範囲にわたって珪灰石固溶体をつくることができる（Bowen et al., 1933）.

珪灰石は，きわめて稀に，フォノライトやイジョラ岩などのアルカリ火成岩の構成鉱物として出現することがある.

§58 主として塩基性変成岩に出現する鉱物

(r) 角閃石族（amphibole group）. その 1. カルシウム角閃石類（calcium amphiboles）
$Na_{0\sim1}Ca_2(Mg, Fe^{+2})_{3\sim5}Al_{2\sim0}[Si_{6\sim8}Al_{2\sim0}O_{22}](OH, F)_2$

角閃石族の鉱物は，Si-O 四面体の複鎖を含むイノケイ酸塩であって，そのなかには単斜晶系のものと，それが単位胞のスケールで双晶を繰返したような構造をもつ斜方晶系のものとがある（§52）. いろいろな陽イオンの置換がおこって，複雑な固溶体をつくっている. ことに，構造のなかに大きい空孔があって，そこに Na^+ イオンがはいることもあり，ほとんどはいらないこともあって，陽イオンの総数が一定しないことが，複雑さを増している. そこで，角閃石族の一般式は次のように書ける：

$X_{2\sim3}Y_5Z_8O_{22}(OH, F)_2$

ここで，X は最も大きいイオン（Ca, Na, Mn, Fe^{+2}, Mg など）で，そのうち 2 を超える部分は空孔にはいっている. Y はそれより小さい配位数 6 の陽イオン（Fe^{+2}, Mg, Fe^{+3}, Al など）である. Z は配位数 4 の陽イオン Si, Al である. X と Y との大部分が，Mg, Fe^{+3}, Al などの小さい陽イオンによって占められている場合には，その角閃石は斜方晶系，すなわち直閃石になる. もっと大きい Fe^{+2}, Mn, Ca, Na などがかなり多量に含まれると，単斜晶系になる（Whittaker, 1960）.

角閃石族は次の四つに大分けされる：カルシウム角閃石類，アルカリ角閃石類，直閃石類，カミングトン閃石類.

カルシウム角閃石類（単斜晶系）とは，化学式を上記のように書いたときに，Ca 原子の数が 1.5～2.0 くらいのものである. そのうちで，Al も Na もほとんど含まないものを，**透閃石-アクチノ閃石系列**（tremolite-actinolite series）$Ca_2(Mg, Fe^{+2})_5 Si_8O_{22}(OH, F)_2$ という. この系列のうち，Mg 端に近いものが透閃石で，それより Fe^{+2} の多いものがアクチノ閃石である. 透閃石-アクチノ閃石系列に対して，$(Mg, Fe^{+2})Si \longrightarrow AlAl$ という置換をおこなうと，**ツェルマク閃石-鉄ツェルマク閃石系列**（tschermakite-ferrotschermakite series）

$Ca_2(Mg, Fe^{+2})_3Al_2Si_6Al_2O_{22}(OH, F)_2$ がえられる. ツェルマク閃石は Mg の多いものを表わし, 鉄ツェルマク閃石は Fe の多いものを表わす. また, 透閃石-アクチノ閃石系列に対して, Si⟶NaAl という置換 (この Na は空孔に入る) をおこなうと, **エデン閃石-鉄エデン閃石系列** (edenite-ferroedenite series) $NaCa_2(Mg, Fe^{+2})_5Si_7AlO_{22}(OH, F)_2$ を得る. エデン閃石は Mg の多いものを表わし, 鉄エデン閃石は Fe の多いものを表わす. この置換をさらに進めると, $Na_2Ca_2(Mg, Fe^{+2})_5Si_6Al_2O_{22}(OH, F)_2$ という式がえられるが, 空孔には Na イオンが 1 個以上ははいれないので, この式は角閃石の組成としては不可能である. この式を Hallimond は Ha' という記号で示した. 透閃石-アクチノ閃石系列に対して, 上記の 2 種類の置換を両方ともおこなうと, **パーガス閃石-鉄ヘイスチングス閃石系列** (pargasite-ferrohastingsite series) $NaCa_2(Mg, Fe^{+2})_4AlSi_6Al_2O_{22}(OH, F)_2$ を得る. パーガス閃石は

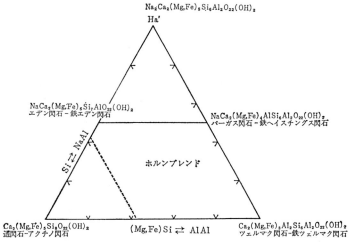

第 77 図　カルシウム角閃石におけるおもな置換関係. 角閃石の結晶構造上の制約のために, この三角図表のなかで高さ半分より下の台形の部分だけが実現される (Hallimond, 1943).

Mg の多いものを表わし, 鉄ヘイスチングス閃石は Fe の多いものを表わす. カルシウム角閃石にみられる, これらのおもな置換は, 第 77 図のような三角図表によって表わされる. 上記のような角閃石の結晶構造上の制約のために, この図のなかで, 高さが半分以下の台形の部分だけが実際に可能である.

　実際のカルシウム角閃石の化学分析を計算して記入してみると, 大部分はこの図の台形

のなかにはいる．これらのカルシウム角閃石を，大きく二つの群に分けることがよくある．それは，透閃石-アクチノ閃石の角に近いものと，それ以外のものとで，普通は前者をアクチノ閃石群とよび，後者を，**ホルンブレンド**(hornblende)とよぶ．その境界は人によって異るが，Si=7.1〜7.2 くらいのところに，角閃石の出現頻度の小さくなる組成があって，それを第77図では点線で示してある．われわれは，この線を境にして2分したと考えることにしよう．この出現頻度の小ささが，アクチノ閃石群とホルンブレンドとの間に，或る条件のもとで不混和があることによるのか，あるいはもっと他の原因によるのかは，十分明らかではない．しかし塩基性変成岩のなかに出現する角閃石がアクチノ閃石からホルンブレンドに変わるくらいの低い温度では，少なくとも見掛け上は，この二つの間に不混和領域が生ずる(紫藤，1958；紫藤・都城，1959；Leake，1962)．

透閃石-アクチノ閃石系列では，おそらく $Mg-Fe^{+2}$ の間には完全な diadochic な置換がおこりうるのであるが，出現頻度は $Fe/(Mg+Fe)=0.0〜0.5$ の範囲のものが圧倒的に多い．ドロマイト質の石灰岩が低い温度の広域または接触変成作用をうけると透閃石ができる：

$$5\,CaMg(CO_3)_2 + 8\,SiO_2 + H_2O = Ca_2Mg_5Si_8O_{22}(OH)_2 + 3\,CaCO_3 + 7CO_2 \qquad (6\cdot9)$$
(ドロマイト，石英，透閃石，方解石)

もっと変成温度が高くなると，透閃石は，ドロマイトと反応して橄欖石と方解石になったり，方解石および石英と反応して透輝石になったり，方解石と反応して橄欖石と透輝石になったりして，消滅する(Bowen，1940；本書，p.208，第15表)．

アクチノ閃石は，塩基性または中性の火成岩起源の変成岩のうちで，変成温度の比較的低いもの(緑色片岩相や藍閃石片岩相)に，主成分鉱物として出現する．もっと変成温度が高くなると，その代りにホルンブレンドが出現するようになる．この場合にも，アクチノ閃石が単独に不安定になるわけではなくて，共存する緑泥石や緑簾石と反応してホルンブレンドになるのである．透閃石が単独でも不安定になって分解するのは，固相の圧力と H_2O の圧力が等しくて，たとえば 1000 atm であるとすれば，840°C という高い温度である(Boyd，1959)．

ホルンブレンドのなかで，第77図におけるエデン閃石-鉄エデン閃石系列の角や，ツェルマク閃石-鉄ツェルマク閃石系列の角に近い組成のものは，出現がきわめて稀である．したがって，大部分のホルンブレンドは，透閃石-アクチノ閃石系列の角とパーガス閃石-鉄ヘイスチングス閃石系列の角とを結んだ対角線に沿う幅広い帯のなかにはいる．この図で台形の中央に近いあたりにくるホルンブレンドを，**普通ホルンブレンド**(common hornblende) という．ホルンブレンドは深成岩および変成岩にきわめて広く出現する鉱物である．変成岩では，緑簾石角閃岩相や角閃岩相のみならず，グラニュライト相の低温部にまで及んでいる．

塩基性または中性の火成岩起源の変成岩において，緑色片岩相のときの角閃石はすでに述べたようにアクチノ閃石であるが，緑簾石角閃岩相またはそれより高い温度になるとホルンブレンドを生ずるようになる．ホルンブレンドの色は，変成温度とともにほぼ一定した傾向の変化を示す．すなわち，緑簾石角閃岩相や角閃岩相の低温部のホルンブレンドは，軸色Zが青緑色である．ところが温度がそれより高くなると，青色調が消えて，緑色，緑褐色，褐色などになる．この色の変化の原因は明らかでないが，平均してみると青色調のあるホルンブレンドの方が Fe_2O_3/FeO 比がより大きく，H_2O がより多い (Seitsaari, 1953)．ホルンブレンドの Al および Na 含有量は，変成温度だけでなくて，母岩の組成にも影響されるので，一つの地域内でもかならずしも温度とともに規則正しく増加するわけではない．たとえば，共存する斜長石の組成が Ab 成分に富むほど，ホルンブレンドも Na に富む傾向がある．しかし，それぞれの変成温度で含みうる Na の含有可能の最大量は，変成温度とともに増加する．石英が共存するときには，角閃岩相の高温部までゆくと，ツェルマク閃石分子は石英と次のように反応して分解する傾向がある (紫藤・都城，1959)：

$$\underset{\text{ツェルマク閃石分子}}{7Ca_2Mg_3Al_4Si_6O_{22}(OH)_2} + \underset{\text{石英}}{10SiO_2}$$
$$\rightleftarrows \underset{\text{カミングトン閃石}}{3Mg_7Si_8O_{22}(OH)_2} + \underset{\text{カルシウム長石}}{14CaAl_2Si_2O_8} + 4H_2O \qquad (6\cdot10)$$

バーガス閃石は，石英があるとそれと反応して分解するので，石英を含まない変成石灰岩に限って出現する．しかし，鉄ヘイスチングス閃石の方は，石英を含んでいる岩石にも出現しうる (Boyd, 1959)．閃緑岩やカコウ岩のなかに出現する角閃石の多くは普通ホルンブレンドであるが，カコウ岩のなかには鉄ヘイスチングス閃石も出現することがある．

カルシウム角閃石類とは，すでに述べたように，化学式を上記のように書いたときに Ca=1.5～2.0 くらいになる角閃石のことであって，Ca の量がこれより少ないものは出現頻度が急に減少する．Ca=1.0～1.5 くらいの角閃石を**バロワ閃石** (barroisite) またはサブカルシックホルンブレンド (subcalcic hornblende) とよび，藍閃変成作用でできた塩基性その他の組成の変成岩に広く出現する．バロワ閃石は，カルシウム角閃石とアルカリ角閃石とのあいだの中間的な角閃石である．別子地方においては，低温でアクチノ閃石の出現する地帯と，やや高温でホルンブレンドの出現する地帯との中間に，バロワ閃石の出現する地

帯がある(岩崎, 1960a；坂野, 1964).

(s) **角閃石族. その2.** 直閃石(anthophyllite) $(Mg, Fe^{+2}, Al)_7 (Si, Al)_8 O_{22} (OH)_2$

ホルムクィスト閃石(holmquistite)という Li を含むきわめて珍しい斜方角閃石を除くと，斜方晶系の角閃石は直閃石だけである(Greenwood, 1963). 直閃石は，単斜晶系の角閃石が単位胞のスケールで規則正しく双晶を繰返した状態に近い構造をしている(§52).

直閃石のなかで，Al に乏しいもの，すなわち狭義の直閃石 $(Mg, Fe^{+2})_7 Si_8 O_{22} (OH)_2$ では，$Fe^{+2}/(Mg+Fe^{+2})=0.0 \sim 0.4$ の範囲のものしか存在しない(第78図). これと同じ形の化学

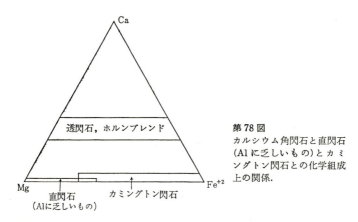

第78図
カルシウム角閃石と直閃石(Al に乏しいもの)とカミングトン閃石との化学組成上の関係.

式をもつカミングトン閃石 $(Mg, Fe^{+2})_7 Si_8 O_{22} (OH)_2$ では，$Fe^{+2}/(Mg+Fe^{+2})=0.3 \sim 1.0$ であるから，その二つはこの比の値が 0.3～0.4 の範囲で重なっている (Sundius, 1933；Eskola, 1950). しかし，カミングトン閃石は Al をあまり含むことができないが，直閃石の方は多量の Al を，$(Mg, Fe^{+2})Si \rightleftarrows Al\ Al$ 置換によって含むことができる. 多量の Al を含む直閃石を，ゼードル閃石(gedrite)とよぶが，その場合には $Fe^{+2}/(Mg+Fe^{+2})$ 比はほとんど0から1に及ぶ任意の値をとりうる(関・山崎, 1957).

直閃石は，変成岩にのみ出現する鉱物である. 直閃石と菫青石を主成分とする特異な変成岩が，Orijärvi その他の多くの場所に見いだされ，交代作用によってできたものだと考えられた(Eskola, 1914；Tilley, 1935). また直閃石は，超塩基性岩が変成作用をうけたときに多量にできることがある. 直閃石は，同一岩石のなかに透閃石，またはホルンブレンドまたはカミングトン閃石と共生することがある(Tilley, 1958；Rabbitt, 1948).

§58 塩基性変成岩に出現する鉱物　215

(t) 角閃石族. その3. カミングトン閃石(cummingtonite) $(Mg, Fe^{+2})_7Si_8O_{22}(OH)_2$

天然のカミングトン閃石では, $Fe^{+2}/(Mg+Fe^{+2})=0.3\sim1.0$ であるが, 合成ではこの比が 0.15 くらいまでできる. したがって, この比が 0.4 より小さい範囲では, 直閃石と同質多形である. この固溶体系列の中で, Fe の多い端のへんのものを**グリュネ閃石**(grunerite)とよんで, 比較的 Mg の多いものだけをカミングトン閃石とよぶこともある.

カミングトン閃石は, 火山岩(たとえばデイサイト)にも, 深成岩(たとえばハンレイ岩や閃緑岩)にも, 変成岩にも出現する. 変成岩では, 角閃岩相の接触および広域変成岩に多い. それはしばしばホルンブレンドおよび斜長石とともに, 角閃岩を構成している. 角閃岩相のなかでも高温部になると, ホルンブレンドのツェルマク閃石分子が式(6・10)に示すように分解して, カミングトン閃石を生ずるので, その出現頻度が増加する.

ホルンブレンドは Ca の含有量が大きく, カミングトン閃石はそれがごく小さい. 第78図に示すように, その間には組成上の広い間隙がある(たとえば Eskola, 1950). この不混和領域の幅は, 温度が高くなると狭くなるらしい(Asklund et al., 1962). カミングトン閃石は, また, 直閃石とともなって出現することもある. この場合にはカミングトン閃石の方が Al および Fe^{+3} の含有量がより少ない.

直閃石やカミングトン閃石は, もっと高温になると斜方輝石や鉄橄欖石に変化する:

$$\underset{\text{カミングトン閃石}}{(Mg, Fe^{+2})_7Si_8O_{22}(OH)_2} = 7\underset{\text{斜方輝石}}{(Mg, Fe^{+2})SiO_3} + \underset{\text{石英}}{SiO_2} + H_2O \tag{6・11}$$

この関係を, 第79図に示す.

グリュネ閃石は, 鉄鉱層が変成作用をうけたときに多量に生成する.

(u) 角閃石族. その4. アルカリ角閃石類(alkali amphiboles) $(Na, Ca)_{2\sim3}(Mg, Fe^{+2}, Mn, Al, Fe^{+3})_5(Si, Al)_8O_{22}(OH)_2$

アルカリ角閃石類のおもな種類は, 次のようである(都城, 1957 a ; Deer et al., 1963, Vol. 2):

藍閃石(glaucophane) $Na_2Mg_3Al_2Si_8O_{22}(OH)_2$

リーベック閃石-マグネシオリーベック閃石系列(riebeckite-magnesioriebeckite series) $Na_2(Fe^{+2}, Mg)_3Fe_2^{+3}Si_8O_{22}(OH)_2$

アルベゾン閃石-マグネシオアルベゾン閃石系列(arfvedsonite-magnesioarfvedsonite series) $Na_{2.5}Ca_{0.5}(Fe^{+2}, Mg, Fe^{+3})_5Si_{7.5}Al_{0.5}O_{22}(OH)_2$

カトフォル閃石-マグネシオカトフォル閃石系列(katophorite-magnesiokatophorite

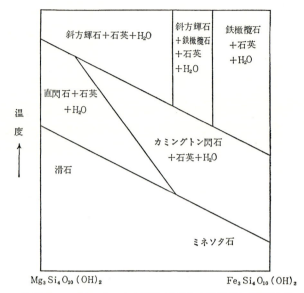

第79図 マグネシウムおよび鉄の含水および無水ケイ酸塩の仮想的状態図(Boyd, 1959)

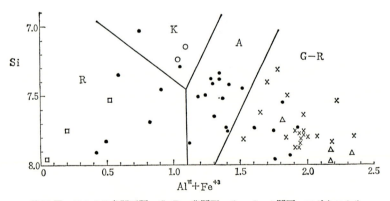

第80図 アルカリ角閃石類. G-R＝藍閃石・リーベック閃石・マグネシオリーベック閃石, A＝アルベゾン閃石・マグネシオアルベゾン閃石, K＝カトフォル閃石・マグネシオカトフォル閃石, R＝リヒテル閃石.
　○は火山岩に出現するもの, ●は深成岩・ペグマタイトまたはそれに関係したもの, ×は結晶片岩に出現するもの, □は変成した石灰岩に出現するもの(都城, 1957).

series) $Na_2Ca(Fe^{+2}, Mg)_4Fe^{+3}Si_7AlO_{22}(OH)_2$
リヒテル閃石(richterite) $Na_2Ca(Mg, Mn)_5Si_8O_{22}(OH)_2$

このなかで，リーベック閃石とアルベゾン閃石とカトフォル閃石とは，それぞれの系列のなかで Fe^{+2}/Mg 比の大きいものをさし，それに"マグネシオ"という語をつけたものは Fe^{+2}/Mg 比の小さいものを指す．カトフォル閃石とマグネシオカトフォル閃石とアルベゾ

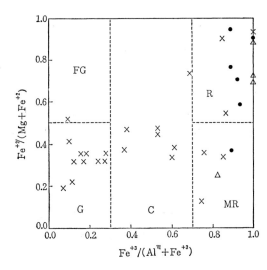

第81図
藍閃石，リーベック閃石，マグネシオリーベック閃石の関係と産出(都城, 1957).
G=藍閃石, FG=鉄藍閃石, C=クロス閃石(またはサブ藍閃石), MR=マグネシオリーベック閃石, R=リーベック閃石．×は結晶片岩に出現するもの，●はアルカリ深成岩やペグマタイトに出現するもの，△は鉄鉱層に出現するもの．

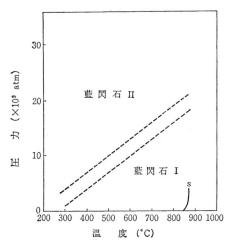

第82図
藍閃石の同質多形と安定領域. 2本の点線は藍閃石ⅠとⅡとの安定領域の境界を示し，この2本の間では中間的な大きさの単位胞をもつ．右下の曲線 s は，藍閃石の分解及び融解開始曲線である (Ernst, 1963 b).

ン閃石との産出は，アルカリ火成岩に限られている．マグネシオアルベゾン閃石は，アルカリ火成岩にも出現するが，三波川変成岩からも発見された(坂野，1958 b)．リヒテル閃石は，アルカリ火成岩に関係した熱水作用をうけた岩石に出現することもあるが，変成した石灰岩に出現することもある．変成した石灰岩には，透閃石やパーガス閃石が出現することもあり，透閃石の Ca が Na_2 によって置換されたものがリヒテル閃石であって，この二つの間には固溶体もできる．

　変成岩に出現するアルカリ角閃石のなかで，いちばん重要なのは，藍閃石とリーベック閃石とマグネシオリーベック閃石である．これらの間には連続固溶体系列がある．その関係を，第81図に示す．リーベック閃石やマグネシオリーベック閃石は，アルカリ火成岩にも結晶片岩にも出現する．それらはまた，南アフリカやオーストラリアの先カンブリア鉄鉱層のなかに，繊維状の**青石綿**(crocidolite)としてしばしば出現する．ところが，藍閃石やそれに近い組成の角閃石，すなわち第81図の**クロス閃石** (crossite) あるいは**サブ藍閃石**(subglaucophane)は，藍閃石片岩相の変成岩にのみ出現する．

　藍閃石には，藍閃石Ⅰおよび藍閃石Ⅱとよばれる同質多形相があって，前者は比較的高温低圧のところ，後者は低温高圧のところに安定領域をもっている(第82図)．藍閃石Ⅰの方が，単位胞の大きさがより大きい．藍閃石ⅠではAlが配位数6の位置に無秩序に分布しているが，藍閃石Ⅱではそのなかのある位置に集中しているのであろう．従来しらべられた限りのすべての天然の藍閃石は，藍閃石Ⅱである(Ernst, 1963 b)．藍閃石Ⅰは，固相の圧力が H_2O の圧力に等しくて，500〜2000 atm であるときには，約 860〜870°C まで安定である(Ernst, 1961)．

　このⅠとⅡの二つの結晶相の存在は，藍閃石だけでなく，クロス閃石にも認められるが，$Fe^{+3}/(Al+Fe^{+3})$ の増大とともに単位胞の大きさの違いは減少し，リーベック閃石やマグネシオリーベック閃石になると差が認められなくなる．これは，リーベック閃石やマグネシオリーベック閃石には同質多形がないということを意味するのではなくて，Mg と Fe^{+3} とのイオン半径がほとんど同じであるために，二つの結晶相がほとんど同じ大きさの単位胞をもっているのかもしれない．

　第82図に示されているように，藍閃石は，それが単独にある場合には，低圧から高圧に至るきわめて広い圧力の範囲で安定である．しかし天然に藍閃石が出現するのは，広域変成岩に限られ，しかもそれは藍閃石片岩相という低温高圧の鉱物相の変成岩に限られている．このことは，藍閃石片岩相よりほかの温度圧力条件のもとにおいては，一般に他の

鉱物と反応して分解することを意味するのであろう（§38）．したがって，おそらく，ふつうの化学組成をもつ変成岩では，藍閃石は藍閃石片岩相の温度・圧力条件のもとでしか生じないが，もっと特殊な化学組成をもつ岩石(すなわち藍閃石と反応する鉱物を生じないような岩石)では，藍閃石はもっと広い温度圧力の範囲で生じうるであろう．天然にも，時としては，そのような特殊な化学組成のために低い圧力でできた藍閃石があるかもしれない．

なお，藍閃石の分解反応：

$$\underset{\text{藍閃石}}{Na_2Mg_3Al_2Si_8O_{22}(OH)_2} = \underset{\text{橄欖石}}{Mg_2SiO_4} + \underset{\text{斜方輝石}}{MgSiO_3} + \underset{\text{アルバイト}}{2NaAlSi_3O_8} + H_2O \qquad (6 \cdot 12)$$

の実験的に決定された平衡曲線から反応熱を計算すると，約 330 kcal/mole という値を得る．これは，第7表(p.118)に示されているような普通の脱水反応熱よりも，放出される H_2O の 1 mole あたりの値がほぼ一桁大きい値である．したがって，この反応のエントロピーは異常に大きい．もしこれが正しいならば，藍閃石のエントロピーは異常に小さいと考えられる(Ernst, 1961)．

リーベック閃石やマグネシオリーベック閃石は Fe を含んでいるので，その安定関係には酸素の圧力も影響する(Ernst, 1960, 1962)．

(v) 輝石族(pyroxene group)．その1．カルシウム輝石類(calcium pyroxenes) $(Ca, Mg, Fe^{+2})_2Si_2O_6$

輝石族の鉱物は，Si-O 四面体がそれぞれ二つの角を共有して連結した鎖をもつイノケイ酸塩である．鎖と鎖の間には Mg, Fe, Ca, Na, Al などの陽イオンがはいって，鎖を相互に結びつけている．その陽イオンの種類によって，輝石にもいろいろな種類がある．輝石のなかで斜方晶系に属するものは，$(Mg, Fe)_2Si_2O_6$ の組成のものだけであって，それよりほかのさまざまな輝石は，単斜晶系に属している．斜方晶系の輝石は，単斜晶系の輝石が単位胞のスケールで規則正しく双晶を繰返した状態に近い構造をしている．

輝石族と角閃石族との間には，結晶構造上も化学組成上も出現状態上も，著しい対応関係がある．たとえば，Ca の多い輝石と角閃石とは，単斜晶系である．Mg および Fe^{+2} の多い輝石や角閃石には，単斜晶系のものと斜方晶系のものとがあり，互に双晶的な構造関係になっている．Ca は Na に置換せられてアルカリ輝石やアルカリ角閃石を生じ，そのなかで Fe^{+3} に富むもの(エジリンやリーベック閃石)はアルカリ火成岩にも変成岩にも出現するが，Al に富むもの(ヒスイ輝石や藍閃石)は藍閃石片岩相の変成岩にだけ出現する．

しかし，角閃石族の固溶体の組成に比較すると，輝石族のそれの方がはるかに単純である．角閃石族では構造のなかの空孔に Na^+ がはいりうるので，陽イオンの総数が一定しないが，輝石族では陽イオンの総数はほぼ一定している．角閃石族は OH^- イオンを含んでいるが，輝石族は含まない．そして，輝石族のおのおのの種類の生成の温度は，対応する角閃石族の鉱物の生成の温度よりも，やや高温にずれている傾向がある（たとえば，第79図を参照）．それに応じて，輝石族は変成岩にも出現するけれど，むしろ火成岩，ことに火山岩に広く出現する重要な鉱物である．角閃石族は火成岩にも出現するけれど，むしろ変成岩に広く出現する鉱物である．

ふつうに出現する輝石のうちの大部分は，第1近似として，$CaSiO_3$（記号 Wo），$MgSiO_3$（記号 En）および $FeSiO_3$（記号 Fs）という三つの成分（"分子"）の固溶体と考えることができる．ただし，分子比で $CaSiO_3 < MgSiO_3 + FeSiO_3$ の範囲のものだけが存在する．したがって，最も Ca が多いのは，透輝石（diopside）$CaMgSi_2O_6$-ヘデン輝石（hedenbergite）$CaFe \cdot Si_2O_6$ 系列である．$CaSiO_3$ という組成の鉱物は珪灰石であるが，これは輝石とは構造が違

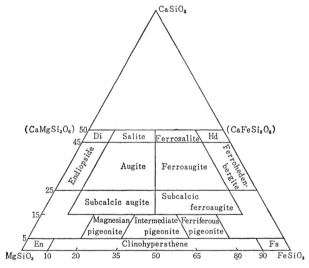

第83図 Di（diopside, 透輝石）-Hd（hedenbergite, ヘデン輝石）-Fs（clinoferrosilite, 単斜鉄珪輝石）-En（clinoenstatite, 単斜頑火輝石）系の単斜輝石の分類と命名．組成は分子%で示す（Poldervaart & Hess, 1951 による）．

§58 塩基性変成岩に出現する鉱物

っている.この3成分系に属する輝石には,単斜晶系のものと斜方晶系のものとあるが,単斜晶系のものに対しては,第83図に示すような煩瑣な分類と命名がおこなわれている.この図で subcalcic augite および subcalcic ferroaugite とよんでいる領域の輝石は,実際はほとんど出現しない.そこでこの系の単斜輝石は,$CaSiO_3$ 分子が 25% 以上のものと,それが 15% 以下のものとに 2 大別されることになる.$CaSiO_3$ 分子が 25% 以上,最大 50% まで含まれている透輝石,サーラ輝石(salite),オージャイト(augite),その他の単斜輝石をここでは**カルシウム輝石**とよぶことにする.

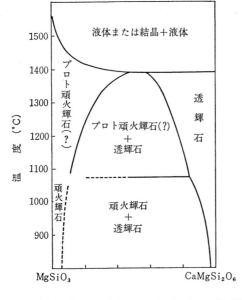

第 84 図
$MgSiO_3$-$CaMgSi_2O_6$ 系の固相状態図.組成は重量%による (Schairer & Boyd, 1957).

第83図の左辺にそう $MgSiO_3$-$CaMgSi_2O_6$ 系の固相の平衡関係を第84図に示す.このように,低温では広い不混和領域があって,その領域は温度が高くなるとしだいに狭くなるけれど,なくなってしまわない前に固相線に達している.このような不混和領域の中心線は,第83図でおそらく subcalcic augite および subcalcic ferroaugite の線にそって伸びている.したがって,カルシウム輝石においては,温度が低い場合にはとくに Ca の多い固溶体(すなわち透輝石,サーラ輝石など)だけが生成しうるが,温度が高くなるともっと Ca の少ないオージャイトなどが生成しうるようになる.

ドロマイト質石灰岩が接触または広域変成作用をうけると,低温で反応 (6・9) によって

できていた透閃石が，温度の上昇に伴い次の反応によって透輝石を生ずる：

$$\underset{透閃石}{Ca_2Mg_5Si_8O_{22}(OH)_2} + \underset{方解石}{3CaCO_3} + \underset{石英}{2SiO_2} = \underset{透輝石}{5CaMgSi_2O_6} + 3CO_2 + H_2O \quad (6\cdot13)$$

普通はこの反応は，緑簾石角閃岩相の高温部か角閃岩相の低温部でおこる．変成した石灰岩のなかには，とくに Al に富むカルシウム輝石が出現することがある．それを**ファサ輝石**(fassaite)という．

塩基性火成岩起源の変成岩のなかで比較的 Ca の含有量の多いものでは，ドロマイト質石灰岩とほぼ同じ変成温度で，ホルンブレンドのなかの透閃石成分が類似の反応をおこなってサーラ輝石を生ずる．角閃岩相の高温部に達すると，おそらくホルンブレンドの分解が少しずつ始まって，サーラ輝石を含む角閃岩の出現頻度が高くなる．変成温度の上昇とともに，しだいに Ca 含有量のより少ないカルシウム輝石が生成しうるようになり，ついにはサーラ輝石のかわりにオージァイトが生ずるようになる（紫藤，1958; Binns, 1962）．

グラニュライト相や輝石ホルンフェルス相の塩基性変成岩では，カルシウム輝石は斜方輝石とともに主成分の一つである．変成岩におけるこの2種の輝石の共生関係については，すでに前に記した (§ 34)．

(w) 輝石族．その2．斜方輝石類 (orthopyroxenes) $(Mg, Fe^{+2})SiO_3$

$CaSiO_3$-$MgSiO_3$-$FeSiO_3$ 系の輝石のなかで，Ca の少ない，ほぼ $Ca/(Ca+Mg+Fe) < 0.15$ の範囲のものには，いろいろな結晶相があって相関係は複雑である．その Ca の少ない輝石の中で，ほぼ $Fe^{+2}/(Mg+Fe^{+2}) = 0.0 \sim 0.3$ の範囲のものには，プロト頑火輝石構造(proto-enstatite structure, 斜方)と，頑火輝石構造(enstatite structure, 斜方)と，単斜頑火輝石構造(clinoenstatite structure)と三つの結晶相があるらしい．ほぼ $Fe^{+2}/(Mg+Fe^{+2}) = 0.3 \sim 1.0$ の範囲には，ピジョン輝石構造(pigeonite structure, 単斜)と，紫蘇輝石構造(hypersthene structure, 斜方)と二つの結晶相がある．これらの構造の間の安定関係は，まだ十分明らかではない．これらのなかで天然に出現するのは，頑火輝石構造から紫蘇輝石構造へひとつづきの斜方輝石および，ピジョン輝石構造の単斜輝石である．

天然の斜方輝石は Ca に乏しく，大ていの場合 $Ca/(Mg+Fe+Ca) = 0.00 \sim 0.05$ の範囲にはいる．Mg と Fe^{+2} とは diadochic で，$Fe^{+2}/(Mg+Fe^{+2}) = 0.0 \sim 0.9$ の範囲の固溶体が見いだされている．変成岩のなかの斜方輝石は，ときにはきわめて多量の Al を含むことがある．

斜方輝石は，超塩基性，塩基性および中性の火成岩にしばしば出現するが，また高温の

変成岩にも出現する．接触変成作用では輝石ホルンフェルス相，広域変成作用ではグラニュライト相に達すると，角閃石類や黒雲母の分解によって斜方輝石を生ずる．その関係は，たとえば第79図に示されている．カルシウム輝石は緑簾石角閃岩相の高温部や角閃岩相の低温部ですでにでき始めるので，斜方輝石の生成の方がそれよりもずっと高い温度を必要とする．

ピジョン輝石構造の単斜輝石の出現は，火山岩およびそれに伴う小貫入岩体に限られている．化学組成上は一般に第83図の Ca/(Mg+Fe+Ca)=0.05〜0.15 の範囲にはいる．

(x) 輝石族．その3．アルカリ輝石類(alkali pyroxenes) (Na, Ca) (Fe^{+3}, Al, Mg, Fe^{+2})・Si$_2$O$_6$

透輝石-ヘデン輝石系列 Ca(Mg, Fe^{+2})Si$_2$O$_6$ に対して，Ca(Mg, Fe^{+2})⟶NaFe^{+3} という置換をいろいろな程度におこなわせると，エジリンオージャイト(aegirinaugite)という単斜輝石がえられる．この置換がほとんど完全におこなわれたものが，エジリン(aegirine) Na・Fe^{+3}Si$_2$O$_6$ である．

透輝石-ヘデン輝石系列に対して，Ca(Mg, Fe^{+2})⟶NaAl という置換をいろいろな程度におこなわせると，オンファス輝石(omphacite)という単斜輝石がえられる．この置換がほとんど完全におこなわれたものが，ヒスイ輝石(jadeite)NaAlSi$_2$O$_6$ である．エジリンとヒスイ輝石との中間のものは，従来ほとんど記載されていない(第85図)．これらのなかで，透輝石-ヘデン輝石系列を除いたもの，すなわち多量に Na を含む輝石を，アルカリ輝石と総称する．

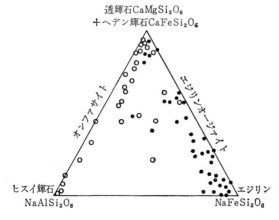

第85図
アルカリ輝石の固溶体．
○は変成岩に産するもの，
●は火成岩に産するものを示す(岩崎，1960 b)

エジリンオージァイトおよびエジリンは，主としてネフェリン閃長岩，閃長岩，カコウ岩などのアルカリ深成岩に出現する．しかし比較的稀には，特殊な化学組成をもつ結晶片岩のなかに出現することもある(坂野，1959 a; White, 1962)．それらのなかで，藍閃石片岩に伴う結晶片岩のなかのものは，かなり多くのヒスイ輝石成分を含むことがあるが，そうでない変成岩のなかのものは，ヒスイ輝石成分をほとんど含んでいない．

オンファス輝石は，主としてエクロジァイトに出現する鉱物である．典型的なエクロジァイトは，オンファス輝石とパイロープ-アルマンディン系列のザクロ石とを主成分とする岩石である．

ヒスイ輝石は，藍閃石片岩相の広域変成作用で生ずる鉱物で，いろいろな化学組成の岩石に出現する．石英と伴うこともあり，伴わないこともある(de Roever, 1955 a; 関，1960; McKee, 1962 a)．またヒスイ輝石はその種の広域変成地域にある蛇紋岩体のなかに，脈状あるいは塊状をなして出現することもある(関ら，1960; 茅原，1960)．ヒスイ輝石は，比較的低温高圧で安定な鉱物で，ことに石英と伴うときには，生成に高い圧力を必要とする．温度が高くなるか，圧力が低くなると，式(4・35)または(4・36)の反応がおこって，アルバイトやネフェリンになる．これらの反応の平衡曲線は，第35図に示されている．

ヒスイ輝石が単独に存在する場合には，それは常温，1 atm では安定でないとしても，その生成に要する圧力は大したものではない(第35図)．それが透輝石やエジリンと固溶体をつくったときには，もっと低い圧力まで安定であろう．しかしそれらが岩石に出現する場合には，共存する鉱物の種類によって生成する条件の範囲が違っているであろう(§38)．

(y) 緑簾石族 (epidote group) $(Ca, Ce^{+3})_2(Al, Fe^{+3}, Mn^{+3}, Fe^{+2})_3Si_3O_{12}(OH)$

緑簾石族の鉱物には，Al-(O, OH)六面体が隣接する同様の六面体と稜を共有して連結して構成する鎖がある．それらの鎖の間には，Si-O 四面体や，Si-O 四面体が二つ結合した Si_2O_7 群や，(Al, Fe^{+3}) や Ca がはいっている(伊藤ら，1954)．斜方晶系に属するものと，単斜晶系に属するものとあり，前者は後者が単位胞のスケールで双晶を繰返したような構造をしている(§52)．後者の方が，はるかにしばしば出現する．

斜方晶系のものをゾイサイト (zoisite) $Ca_2Al_3Si_3O_{12}(OH)$ という．この Al の一部分が Fe^{+3} によって置換されるが，その範囲は $Fe^{+3}/(Al+Fe^{+3})=0.0\sim0.2$ である．ゾイサイトは，不純な石灰質の広域変成岩に出現することが多いが，稀には塩基性火成岩起源の角閃岩のなかにでることもある．

単斜晶系に属するものは次のようである：

§58 塩基性変成岩に出現する鉱物

緑簾石 (epidote)　$Ca_2(Al, Fe^{+3})_3Si_3O_{12}(OH)$

紅簾石 (piemontite)　$Ca_2(Al, Fe^{+3}, Mn^{+3})_3Si_3O_{12}(OH)$

褐簾石 (allanite)　$(Ca, Ce^{+3})_2(Al, Fe^{+3}, Fe^{+2})_3Si_3O_{12}(OH)$

緑簾石においては，$Fe^{+3}/(Al+Fe^{+3})=0.00\sim0.40$ である．このなかで，Fe^{+3} に乏しいものは，ゾイサイトと同質多形であって，**クリノゾイサイト** (clinozoisite) とよばれる．しかし緑簾石のなかでは，$Fe^{+3}/(Al+Fe^{+3})=0.15\sim0.35$ くらいの範囲のものが，最もしばしば出現する．緑簾石の含む Al のなかの 2/3 は六面体の鎖にはいり，1/3 は鎖の間にはいっている．おそらく，他の鉱物の場合と同様に，鎖のなかの Al は Fe^{+3} によって置換され難い (§56-k) が，鎖の間にある Al は Fe^{+3} によって置換された状態が最もでき易いのであろう．そのために，緑簾石では $Fe^{+3}/(Al+Fe^{+3})=0.33$ に近い組成のものが，最も低い変成温度ででき，温度が高くなるにつれて，それからはずれた組成のものもできるようになる．しかし $Fe^{+3}/(Al+Fe^{+3})$ が 0.40 を超えるほどは，鎖のなかの Al の Fe^{+3} による置換は進まない (都城・関，1958)．

緑簾石は，緑色片岩相，緑簾石角閃岩相，藍閃石片岩相などの低温の変成岩に広く出現する鉱物である．塩基性または中性の火成岩起源の変成岩に多いが，他の化学組成の変成岩にもしばしばでる．変成温度が上昇するにつれて，緑簾石は斜長石のなかのカルシウム長石成分に変わる．そこで，緑簾石と平衡する斜長石の組成が，しだいにカルシウムに富むようになる (第66図)．結局，角閃岩相まで達すると，緑簾石は消滅する．

変成岩のなかの緑簾石の結晶は，しばしば帯状構造を示している．たいていの場合は，結晶の周縁部の方が Fe^{+3} 含有量が少なくなっている．これは，累進変成作用をうけたときに，温度の上昇に伴って Fe^{+3} の一部分が還元せられて Fe^{+2} になり，共存する他のケイ酸塩鉱物にはいるためであろう．しかし，ある変成地域では，緑簾石は周縁部の方が Fe^{+3} により富むような帯状構造を示している．これは，変成過程の末期に温度の下降する状態のもとで生じたのかもしれない (都城・関，1958)．

紅簾石は緑簾石とひとつづきの固溶体系列をなしていて，近似的に $Ca_2Al_2Fe^{+3}Si_3O_{12}\cdot(OH)-CaAl_2Mn^{+3}Si_3O_{12}(OH)$ 系列の固溶体と考えることができる．紅簾石は，わが国やニュージーランドで藍閃石片岩相や緑色片岩相などの低い温度の結晶片岩にしばしば特徴的な紅簾石片岩をつくって出現する．また，もっと高い温度の変成岩やペグマタイトや火山岩の初生変質をうけた部分やマンガン鉱床に出現することもある．第86図に示されているように，黒雲母がまだ出現しないほど低い温度で変成した結晶片岩のなかの紅簾石は，

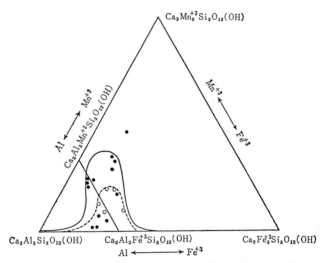

第86図 緑簾石と紅簾石との化学組成の範囲の拡大. ○は黒雲母を生じないほど低温の変成岩のなかの紅簾石を示し, ●はそれ以外の紅簾石を示す(都城・関, 1958).

もっと高い温度で生成した紅簾石よりも Mn の含有量が少ない. おそらく, 緑簾石と紅簾石を通じて, 生成温度が低い場合には $CaAl_2Fe^{+3}Si_3O_{12}(OH)$ に近い組成のものが生じやすいのであろう. 生成温度が高くなるにつれてその化学組成の範囲が広くなり, $CaAl_2Fe^{+3}\cdot Si_3O_{12}(OH)$ よりも Fe^{+3} のより少ないものや, より多いものや, Mn^{+3} のより多いものができるようになるのであろう.

緑簾石に対して $Ca(Al, Fe^{+3}) \longrightarrow Ce^{+3}Fe^{+2}$ という置換がおこなわれると, 褐簾石がえられる. (ここで, Ce^{+3} の一部分は, そのほかの希土類イオンに置換されている.) 大部分の褐簾石では, $Ce/(Ca+Ce)=0.3\sim0.5$ である. したがって褐簾石の固溶体の組成範囲は, 緑簾石のそれとは連続していない(長谷川, 1960). 褐簾石は, カコウ岩に少量ながら広く分布している鉱物である. ことに, カコウ岩のなかの捕獲岩の内部や付近に多い傾向がある (たとえば杉, 1930, p. 48). また, ペグマタイトにしばしば含まれている. 片麻岩や結晶片岩にも出現することがある.

(z) ローソン石(lawsonite) $CaAl_2Si_2O_7(OH)_2\cdot H_2O$, パンペリ石(pumpellyite) $Ca_4(Mg, Fe^{+2})Al_5Si_6O_{23}(OH)_3\cdot 2H_2O$, ブドウ石(prehnite) $Ca_2Al_2Si_3O_{10}(OH)_2$

ローソン石とパンペリ石とは, どちらも緑簾石に似た化学組成をもち, どちらも緑簾石

§58 塩基性変成岩に出現する鉱物

の単位胞の a_0, b_0 とよく似た a_0, b_0 の値をもっている．ローソン石は緑簾石と同じように，Al-(O, OH)八面体の鎖をもち，鎖と鎖は Si_2O_7 群によって結びつけられているソロケイ酸塩である．パンペリ石の構造はまだ解析されていない．

ローソン石は，ほとんど一定した化学組成をもち，次のような関係がある．

$$\underset{\text{カルシウム長石}}{CaAl_2Si_2O_8} + 2H_2O = \underset{\text{ローソン石}}{CaAl_2Si_2O_7(OH)_2} \cdot H_2O \tag{6.14}$$

固相だけの体積を比較すると，左辺と右辺とでほとんど同じである．したがって，固相の圧力はこの平衡にあまり影響しないであろう．ローソン石は天然には，ほとんど藍閃石片岩相の広域変成岩にのみ出現する(たとえば関，1958)．それは，しばしばパンペリ石や藍閃石と共生し，塩基性火成岩起源の変成岩に多いが，その他のいろいろな組成の変成岩にもよく出現する．ローソン石は自形の結晶をつくることが多いが，原岩のオフィティック(ophitic)な構造を残したままで，斜長石がローソン石に変わった場合も知られている．しかしニュージーランドの南島では，藍閃石は出現しない地域にかなり広くローソン石が出現するという，例外的な産出状態が知られている(Coombs, 1960).

パンペリ石は，1950年以前には比較的珍しい鉱物と思われていた．しかし，いまでは，藍閃石片岩相の地域に広く出現する変成鉱物であることが知られた(関，1961a)．しかしパンペリ石は，藍閃石片岩の見出されたことのない地域にもしばしば出現する．このなかの少なくとも或るものは，Coombs(1960, 1961)がブドウ石-パンペリ石変成グレイワケ相とよんだ変成相の条件のもとで，広域的なスケールで生成したものである．しかしなかには，局部的な熱水変質によってできたのもあるかもしれない．PalacheとVassar(1925)がパンペリ石を新鉱物としてはじめて記載したのは，カナダ盾状地のSuperior湖地方の変質した熔岩の杏仁状空孔からであった．藍閃石片岩相の地域のパンペリ石は，一般に比較的Feに乏しい種類のものであるが，その他の地域にはFeに乏しいものも，富んでいるものも出現する(関，1961a).

ブドウ石も，ローソン石やパンペリ石と似た化学組成をもっている．この鉱物は脈や火山岩の空孔のなかの鉱物としては昔から知られていたが，岩石学者の注意を強くひくようになったのは，最近Coombs(1954, 1960, 1961)によって，ブドウ石-パンペリ石変成グレイワケ相という低温の変成相の変成岩のなかに広域的に生じていることが発見されてから後のことである．今日までのところ，藍閃石片岩相からは見出されていない．おそらくパンペリ石と同様に，広域的なスケールの変成作用によってできることもあるが，局部的な変

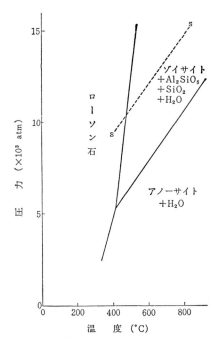

第87図 実験的に決定されたローソン石やアノーサイトの安定領域．これは，流体相の圧力は固相にかかっている圧力に等しいという条件のもとでおこなわれている．点線 s–s は藍晶石と珪線石との間の相転移のおこる線（第36図）であって，Al_2SiO_5 はこの線の左上では藍晶石，右下では珪線石である（Newton & Kennedy, 1963）．

質によってできることもあるのであろう（関, 1965）．ブドウ石の結晶構造はまだ明らかでない．その化学組成は，ほとんど一定している．

H_2O の圧力が固相の圧力に等しいという条件のもとで実験的に決定されたローソン石の安定領域を，第87図に示す．（ただし，この図でローソン石の安定領域とされている範囲のなかの低圧の部分では，実際は沸石類が生ずるのではないかと思われる．）ローソン石，パンペリ石，ブドウ石および緑簾石の産出状態や理論的考察から推定した安定関係を，第92図に示す．これらの鉱物は化学組成が違うので，同一の温度・圧力のもとでも或る範囲で共存することもできるのであるが，第92図では簡単のためにそのことを無視してある．

第7章 変成岩における化学平衡と鉱物相の原理

§59 変成岩の研究における化学平衡論の意義

　変成作用がおこっているときには，変成帯の中央部や深部は一般に周縁部や浅所よりも温度が高くて，前者から後者に向って熱の流動がおこっているに違いない．したがって，全体としては平衡状態にはありえない．ところがこの変成作用を岩石学的に研究する場合には，普通はまず，変成地域を温度上昇に応ずる鉱物変化によって分帯する．同一の帯に属するすべての変成岩は，変成作用の温度や圧力や移動性成分の化学ポテンシァルの値がほぼ等しいものと見なされる．そして多くは，化学平衡の状態に達したものと見られる．全体としては化学平衡にありえない変成帯を，化学平衡論的に取扱うことは，それを小さく分割することによってはじめて可能となる．こうして取扱われる平衡状態は，大ていの場合は変成温度がそれぞれの地点でほぼ最高に達したときの状態である (§23)．

　変成作用の研究は，変成空間全体にわたる作用を，時間的にも始めから終りまで明らかにすることを目標にせねばならない．この点から見ると，化学平衡論的な岩石学的研究は，変成作用の研究全体のなかの一部分，あるいは一面ではあっても，それだけで全体となりえないことは明らかである．変成作用の研究には，もっと他のいろいろな面をも解明して，全体的・総合的に把握するように努めねばならない．

　しかし，化学平衡論的な岩石学的研究は，変成作用の研究全体のなかでそれが占めるべき正当な役割を理解して用いられる限り，最も確実で信頼できる結果を与えてくれる．それによってのみ，変成作用の温度や圧力やそのほかの外的条件の手掛りがえられる．変成空間全体の状況を知るためには，そのような分析的な研究をあらかじめ必要とするのである．

　本書では，すでに第4章で平衡状態の熱力学を記述した．本章と次章とで，平衡論的な変成岩岩石学を記述する．変成作用のもっと全体的・総合的な記述は，第9章から第13章までの間でおこなわれる．

§60 化学平衡の判定

ある変成岩の標本のなかに含まれている鉱物が，すべて互に化学平衡の状態に達しているか否か，もしそうでないならば，どれだけが互に平衡の関係にあるか，というようなことを決定する必要は，たえずおこってくる．たとい変成温度が最高に達した時期に化学平衡になっていた鉱物が現在の変成岩の標本の大部分を占めているとしても，それよりも前の時期の鉱物が少しは残っていることもある．また，それよりも後の温度下降の時期にできた鉱物が含まれていることも多い．それらの鉱物は，それぞれの時期の温度や圧力を示すものとしてみれば，それぞれに有意義である．

しかし，たとえば Zen (1963) によって論ぜられているように，化学平衡が成立っているか否かを判断することは，かならずしも容易ではない．平衡が成立っていないことを示す証拠の方がわかり易いから，そちらから始めよう．

まず，平衡の成立っていない証拠の第一は，固溶体鉱物の**帯状構造**である．すなわち，一つの連続的な固溶体系列に属するいろいろな化学組成のものが重なって帯状構造を示す結晶は，火成岩にも変成岩にもよくみられるが，これは明らかに化学平衡からのはずれを示している．変成岩のなかでよく目につく帯状構造をつくる鉱物の一つは緑簾石であろう（杉, 1931, p. 108; 都城・関, 1958）．累進変成作用の場合に，結晶の内部には初期の低温のときの平衡状態を表わす化学組成が残っているが，周縁部には高温で平衡な状態を表わす化学組成の鉱物を生じて，帯状構造を示すようになることがある．また逆に，結晶の内部は変成温度が最高に達していた時期の状態を残しているが，周縁部はそれ以後の温度の下降期に変化をうけたために帯状構造を示すこともある．緑簾石には，場合によってどちらも見られる．

変成作用の温度は一般に火成岩の結晶作用の温度よりもずっと低いので，火成岩のなかでは広い固溶体を形成する鉱物でも，変成岩のなかではそれを形成しえないものもある．たとえば斜長石は，火成岩のなかでは一般に著しい帯状構造を示すが，三波川変成岩のなかでは一般に示さない．多くの三波川変成岩の生成条件のもとでは，斜長石のなかでアルバイトだけが安定であって，他の組成の斜長石をつくりえない．したがって斜長石は，帯状構造を生じえない．この場合に帯状構造のないこと自体は，必ずしも火成岩よりも三波川変成岩の方が化学平衡に近づいていたことを示すとは限らない．

第二に，明らかに平衡には共存しえない二つまたはそれより多くの鉱物が同一の岩石のなかに含まれている場合がある．もちろん，二つまたはそれより多くの鉱物が平衡に共存

しうるか否かは，温度や圧力によっても異り，またそれらの鉱物が固溶体をつくる場合にはその化学組成によっても異るわけである．たとえば，白雲母と石英とは，変成作用の温度の大部分の範囲内では平衡に共存しうるが，角閃岩相の高温部以上の温度になると共存しえなくなって式(4·55)のように反応する．菫青石が安定な条件の範囲内では，スピネルと石英とは反応して菫青石をつくるので平衡には共存しえないが，菫青石が安定でない条件の場合には，それらは共存しうるかもしれない．コランダムと石英とは，おそらく変成岩および火成岩の生成するすべての条件の範囲内で平衡には共存しえないで，反応して紅柱石，藍晶石，珪線石，ムル石などを生ずる(都城, 1960 b)．

第三に，**相律**あるいは鉱物学的相律(§43)は，平衡に共存しうる相の数に制限を与える．もしその制限より多くの数の相があれば，明らかに平衡にないといえる．しかし実際は，平衡状態にある場合でも，相律の許す最大の数の相をもつことは比較的稀である．たとえば角閃岩のおもな相は角閃石と斜長石とただ二つだけであって，成分の数よりははるかに少ない．したがって，相の数が相律の許す範囲内であったとしても，そのなかには平衡ではないものが混っているかもしれない．

化学平衡にないことを示す上記のような特徴が見られない場合には，一応化学平衡の状態にあるものと仮定して取扱うことが，普通におこなわれている．しかしもっと積極的に，化学平衡が成立っていることを示すことも，不可能ではない．

まず第一に，平衡に共存する二つの固溶体鉱物の化学組成の間には一定の関係がある．したがって，たとえば Kretz (1959) や Mueller (1960) がおこなったように，変成岩でその種の関係が成立っていることが示されるならば，それは平衡に対するかなり強い証拠である．

第二に，一定の物理的および化学的な条件のもとでは，安定な平衡状態はただ一つあるだけである．したがって，外的条件を一定にしておいて岩石の総化学組成を変化させると，それに応じて鉱物組成が規則正しく，一義的に変化するはずである．このような規則性を見出すことができれば，それは化学平衡に対する証拠である．このことは，すでに述べたように，Goldschmidt (1911) によって Kristiania 地方のホルンフェルスで見いだされ，さらに Eskola (1915, 1920) によって有効に用いられて鉱物相の樹立の一つの基礎となった．

最後に，誤って解釈されやすい一つの事実に対して注意を喚起しておきたい．ある鉱物 A がそのまわりから他の鉱物 B によって置換されかかって，B によって取り巻かれている状態が顕微鏡下に見られると，A が不安定になったのだと考える人がよくある．たしかにこの場合には A のできた時期の方が B のできた時期よりは古く，したがって B のできた時

期を標準にすればAは**残留鉱物**(relict mineral)である．しかしそうだからといって，ただちにAを不安定だと断定するのは誤りである．Bのできる時期に，Aの一部分だけを使ってBができ，Aの残りはBと安定に共存するようになったのかもしれない．斜長石＋斜方輝石＋単斜輝石よりなるハンレイ岩が，或る変成作用をうけたとする．斜方輝石と単斜輝石が反応してホルンブレンドを生じるが，単斜輝石が多ければその一部分は使い残される．そこで斜長石＋ホルンブレンド＋単斜輝石よりなる角閃岩を生じる．この場合にホルンブレンドは，使い残った単斜輝石を取り巻いているかもしれない．しかし，ホルンブレンドと残った単斜輝石とは，変成作用の条件のもとで化学平衡に達しているかもしれない．残留鉱物がすべて不安定だというわけではなくて，そのなかにも安定なものと不安定なものとがあることは，すでに古くからEskola(1920)が強調していることである．

一般的にいって，生成の時期の違う鉱物が一つの変成岩のなかに含まれていても，それだけの理由でそれらの鉱物は互に平衡にないと断定することはできない．古い時期に生成した鉱物は，新しい時期になっても安定であって，新しい外的条件のもとでも平衡に達したかもしれない．ことに石英や方解石は広い温度・圧力の範囲で安定であって，新しい条件のもとで再結晶作用をうけても安定に存続する場合が多い．

§61 Eskolaにおける鉱物相の概念の成立

Eskolaが鉱物相の原理を樹立するまでの歴史的状況は，すでに第2章§12に述べた．ここでは，もう少しその論理的内容に立ちいって見ることにしよう．

GoldschmidtやEskolaの研究によると，多くの変成岩は或る時期に化学平衡に近い状態に達して，そのときの鉱物構成を保持している．一般に一定の温度と圧力のもとで変成再結晶作用をうけて化学平衡に達した岩石群においては，そのなかの任意の岩石の鉱物組成は，その岩石の化学組成(総化学組成)だけによって支配される．同一の温度と圧力のもとで変成された変成岩は，その化学組成が同一でありさえすれば，過去の歴史と無関係に，同一の鉱物組成をもち，化学組成が異れば一定の規則にしたがって鉱物組成も変化するはずである．Eskolaは，このように同一の温度と圧力のもとで変成したと考えられるいろいろな岩石を，一つの**変成相**に属すると定義した(Eskola, 1915, p. 115)．

岩石が化学平衡にさえあれば，一つの変成相に属する岩石の鉱物組成は，その化学組成だけによって決るものであって，再結晶作用が温度の上昇過程でおこったか，下降過程でおこったかとは無関係である．再結晶作用が粒間流体の媒介によっておこったか否か，と

§61 Eskola における鉱物相の概念の成立

も無関係であると考えられた．また，その化学組成が原岩の化学組成をそのままうけついでいるものであるか，あるいは交代作用によって獲得されたものであるかとも無関係である．このように変成反応は，試験管のなかの化学反応と全く同じ性質のものとして理解された．後で述べるように，Eskola のこの考え方は一つの重大な誤りを含んでいたけれど，このように岩石を化学系として理解するというセンスは，19世紀の地質学者たちにはほとんどなく，Eskola の当時にも十分進歩的な意義のあるものであった．

Eskola が Orijärvi 地方の岩石を研究した時代には，変成岩の鉱物構成がすでによく解析せられていたのは，Kristiania 地方の接触変成岩だけであった．この二つの地域の変成岩を比較してみると，性質がはなはだしく異っている．Kristiania 地方のカリウム長石はすべて正長石であるが，Orijärvi 地方のそれは微斜カリ長石である．Kristiania 地方ではカリウム長石は紅柱石や董青石と共存することができるが，Orijärvi 地方では共存しないで，それらの鉱物は互に反応して白雲母や黒雲母を生ずる：

$$\underset{\text{カリウム長石}}{KAlSi_3O_8} + \underset{\text{紅柱石}}{Al_2SiO_5} + H_2O = \underset{\text{白雲母}}{KAl_3Si_3O_{10}(OH)_2} + \underset{\text{石英}}{SiO_2} \quad (7 \cdot 1)$$

$$\underset{\text{カリウム長石}}{8KAlSi_3O_8} + \underset{\text{董青石}}{3Mg_2Al_4Si_5O_{18}} + 8H_2O$$
$$= \underset{\text{白雲母}}{6KAl_3Si_3O_{10}(OH)_2} + \underset{\text{黒雲母}}{2KMg_3AlSi_3O_{10}(OH)_2} + \underset{\text{石英}}{15SiO_2} \quad (7 \cdot 2)$$

Kristiania 地方で正長石＋斜長石＋斜方輝石という共生を生ずるような化学組成の変成岩は，Orijärvi 地方ならば黒雲母＋ホルンブレンドを生ずる．前者で黒雲母と透輝石を生ずるような化学組成の変成岩は，後者ならばホルンブレンドと微斜カリ長石を生ずる．Kristiania 地方のいま問題にしている接触変成岩類は角閃石族を含まないが，Orijärvi 地方にはさまざまな角閃石族の鉱物が生じている．Eskola は，このような違いは，二つの地域の温度や圧力の違いによるのだと考えた．おそらく，Orijärvi 地方の方が，温度がより低くて，圧力はより高かったのであろうと推測した．

Eskola が後につけた名前でいうと，Kristiania 地方の接触変成岩は輝石ホルンフェルス相（ホルンフェルス相）に属し，Orijärvi 地方の広域変成岩は角閃岩相に属するものであった．こうして，いろいろな変成相を確立し，それによって変成岩をその生成の温度と圧力によって経験的に分類する道が開かれた．そこで次の問題は，ここに見いだされた方法によって地球上の代表的な種類の変成岩を研究し，変成岩分類の大枠をつくることであった．Eskola は Karelia 地方（Onega 湖西北岸で，今日はソヴェト連邦）の先カンブリア時代の

低温の変成岩を研究したり，また 1919～1920 年には Oslo 大学へいって Goldschmidt の研究室でノルウェーのエクロジァイトを研究した．

こういう準備の後で Eskola(1920) は，変成岩の変成相による分類についての総括的な論文を発表した．同一の温度と圧力のもとでは，化学平衡の状態にある限り，変成岩でも火成岩でも，その鉱物組成はその岩石の化学組成だけによって決るはずである．その鉱物が水溶液から結晶したか，マグマから結晶したかというようなことは，でき上った鉱物組成には影響しないはずであるという考えを述べ，彼は変成相という観念を火成岩にも拡張適用しようとした．彼は，おのおのの変成相に対応して，それと同じ温度と圧力のもとで結晶し，同じ鉱物の共生の法則に従っている火成岩群があると考え，それらを一つの**火成相**に属するとした．そして，変成相と火成相とをいっしょにして，**鉱物相**とよんだ．"一つの鉱物相は，たいへん類似した温度・圧力条件のもとで生成した，すべての岩石を含んでいる"(Eskola, 1920)．

彼はまず，次の五つの変成相と，それに対応する五つの火成相とを提案した (Eskola, 1920)：

(1) **緑色片岩相** これは緑色片岩などの属する，低い温度の変成相で，これに対応する火成相を，ヘルシンカイト相とよんだ．

(2) **角閃岩相** これは角閃岩の生ずる変成相で，Orijärvi の変成岩はこれに属している．これに対応する火成相を，ホルンブレンド・ハンレイ岩相とよんだ．

(3) **エクロジァイト相** これはエクロジァイトの生ずる変成相で，高い圧力を表わすと考えられた．これに対応する火成相を，火成エクロジァイト相とよんだ．

(4) **ホルンフェルス相** Kristiania の接触変成岩はこれに属している．これに対応する火成相を，ハンレイ岩相とよんだ．

(5) **サニディナイト相** これはパイロ変成岩の属する高温の変成相で，これに対応する火成相を，輝緑岩相とよんだ．

このように，鉱物相の名前には，主として塩基性の岩石がその相の変成作用あるいは結晶作用をうけたときに生ずる変成岩または火成岩の名前がつけられた．それは，このような化学組成の岩石の鉱物組成は，生成の温度と圧力の違いに応じて比較的敏感に変化するからである．

おのおのの鉱物相には，それを特徴づける鉱物または鉱物の組合せがある．Eskola は，それを critical な鉱物または鉱物組合せとよんだ．それは，どれか或る一つの変成相(と

§61 Eskola における鉱物相の概念の成立

それに対応する火成相)だけで安定な鉱物または鉱物の組合せであって,それによってただちにどの変成相であるかを判定することができる.

この Eskola の提案した五つの変成相のおのおのは,地球上に互いに遠く,離れて出現する,互いに全く無関係な変成岩群を研究して設定されたものである.したがってそれは,変成地域の分帯とは無関係であった.そのために鉱物相の相互のあいだの関係を実証的に問題にすることができなかった.鉱物相の原理が発表されたときに,Becke(1921), Tilley (1924 a)などが論評を加え,ことに Becke は Eskola の五つのなかのどれにもはいらない変成岩群をいろいろあげた.なかでも,角閃岩相がさらに細分できることや,角閃岩相と緑色片岩相とのあいだの中間の性質をもつ変成相があることを強調した.この中間相の存在は,後に Vogt(1927)が Sulitelma 地方で分帯によって確立し,Eskola はそれを緑簾石角閃岩相とよぶようになった.Vogt のこの研究は,高温のハンレイ岩相から角閃岩相,緑簾石角閃岩相をへて,最低温の緑色片岩相に至るまでの鉱物相の温度系列の存在を確立し,鉱物相概念の発展にきわめて大きな貢献をした.その後 Wiseman(1934)の Scottish Highlands の塩基性変成岩の研究や,Barth(1936)の New York 州 Dutchess County の泥質岩起源の変成岩の研究その他によって,変成相と分帯との関係はしだいにはっきりした.

Eskola 自身の考えも進み,1929 年には藍閃石片岩相とグラニュライト相とを追加した.鉱物相についての Eskola の最後の体系的記述は,Barth および Correns と共著の岩石学概説書 "Die Entstehung der Gesteine"(1939)に述べられている(第16表).そこでは,変

第16表　Eskola(1939)のおもな鉱物相の一覧表

	温　度　の　低　下　→			
圧力の上昇↓	実験的に研究されている平衡			
	サニディナイト相 (輝緑岩相)		沸石の生成	
	輝石ホルンフェルス相 (ハンレイ岩相)	角閃岩相 (ホルンブレンド・ハンレイ岩相)	緑簾石角閃岩相	緑色片岩相
	グラニュライト相			
	エクロジァイト相	藍閃石片岩相		

注　二つの鉱物相名を並べて書き,下方のものを括弧に入れてある場合には,上方のものが変成相で,下方のものはそれに対応する火成相を示す."実験的に研究されている平衡"というのは,当時までにおこなわれていた 1 atm またはそれに近い条件での合成実験の平衡を意味する.ここに示す温度と圧力の高低の関係は,Eskola の想像であって,かならずしも根拠が十分あったわけではない.この図は歴史的な興味のためにあげたのであって,このまま現在の考えと一致するわけではない.

成相に対しては，次のように改悪された定義が与えられている："同一の総化学組成をもつときには同一の鉱物組成を示すが，総化学組成が変化するとその鉱物組成が一定の規則にしたがって変化するような岩石は，一つの定まった相に属する"(Eskola, 1939, p. 339). この定義を文字通りに解すると，たとえば純粋に石英だけからできている或る一つの珪岩は，広い温度・圧力のもとで安定で同じ鉱物構成をもっているので，いろいろな鉱物相のどれにでも入れることができる．そこで，一つの鉱物相は特定の範囲の温度・圧力に対応しないという困ったことになる．

鉱物相は，物理的条件や化学平衡の観念を基礎とするものであるにもかかわらず，この定義はわざとそれらの観念を表面に出さないようにして，経験的事実だけにもとづくように努めている．これは，力という仮説的な観念を用いないで力学を再構成しようとしたKirchhoff や Hertz の精神に通じ，原子や分子という仮説的な観念を用いないで物理化学を再構成しようとした Ostwald の精神に通ずる，実証論的傾向を示すものである．Eskolaは若い日に，Ostwald が原子や分子の実在性を疑い，そのような仮説を用いないで物理化学を再構成しようとした試みを見て，おおいに魅せられたと後年自分で語っている(Eskola, 1954). それにしても Eskola の上記の定義は，実証論的精神が少し発露のしかたを誤ったものといえよう．

Eskola は何度も Grubenmann の深度帯説を論じ，それよりも自分の鉱物相分類の方が変成岩の分類としてすぐれていることを強調した(§10～12). これは当時においては必要な弁明であった．Eskola の説が発表せられても，当時の世界の学界は，ほとんど受けいれなかった．スイスやドイツなどの大陸諸国では，依然として Grubenmann の深度帯説，およびそれをわずかに修正しただけの Niggli の説 (Grubenmann & Niggli, 1924) が支配的であった．イギリスや日本やソヴェト連邦では，A. Harker (1918, 1932) の変成論(§56-k参照)が支配的であった．アメリカには，まだ変成岩の研究というほどのものは生れていなかった．Eskola の変成論，ことに鉱物相の原理が世界的に広く理解されるようになったのは，第二次世界大戦以後のことである．

§62 鉱物相の概念の発達

Eskola の鉱物相は，その当時としてはきわめて優れた革新的な概念であったが，もちろん完全なものではなかった．この概念が形成された1920年前後には，岩石や鉱物の熱力学的な性質は，実験的にも理論的にも，まだほとんど理解されていなかった．個々の造岩

鉱物の化学組成や産出状態も，きわめて不十分にしか知られていなかった．分帯された変成地域も少なく，個々の地域における鉱物共生の解析もきわめて不十分であった．こういう状況を考慮に入れてみると，Eskola の鉱物相がいろいろな欠陥を含んでいたのは，当然である．一つ一つの鉱物相や鉱物についての誤りは別としても，鉱物相の概念自体に本質的な欠陥が少なくとも二つあった．

第一に，Eskola の鉱物相は変成地域の分帯とよく結びついていなかった．がんらいそれは，角閃岩相は Orijärvi 地方，エクロジャイト相はノルウェーのいくつかの地点，というように，断片的な地域でおこなわれた研究をつづり合わせて構成されたものである．したがって，相と相との間の関係は想像されるだけであり，その間の移過状態や境界は，まるで問題にされなかった．Vogt の Sulitelma 地方の研究以来，少しずつ分帯と結びつくようになってきたが，なかなか根本的には改まらなかった．そのことの一つの結果として，固溶体の役割に対する認識が足りなかった．ほとんどすべての造岩鉱物は固溶体であって，温度や圧力の連続的な変化に応じて，その共生関係も連続的に変化する．したがって，鉱物相の厳密な定義は，どうしても固溶体についての限定を含まねばならない．

固溶体鉱物の共生関係の解析に注意をむけて，鉱物相概念の進歩にとくに貢献した人としては，Ramberg (1952b) をあげることができる．彼は鉱物相に対して次のような定義を与えている．"限定された組成をもっている或る critical な諸鉱物が安定であることによって境界を決められているところの，或る温度・圧力の範囲内で生成した，すなわち再結晶した岩石は，同一の鉱物相に属する"(Ramberg, 1952b, p. 136)．

Eskola の鉱物相の概念のもっていた，もう一つの，そしてもっと重大な欠陥は，移動性成分に関係している．Eskola は，同じ化学組成の岩石が，異った温度・圧力のもとで再結晶すると，異った鉱物組成を生じ，したがって異った鉱物相に属すると考えた．しかし，異った鉱物相に属する同じ化学組成の岩石だと考えられたものの多くは，実際は厳密には同じ化学組成ではない．たとえば，緑色片岩と角閃岩とエクロジャイトとは，いずれもほぼ塩基性火成岩の化学組成をもっているとしても，明らかに H_2O の含有量が異っている．不純な石灰岩起源の変成岩では，高温で変成したものほど CO_2 を放出する反応が進んで，CO_2 の含有量が減少している．これをみると，鉱物組成の違いは，H_2O や CO_2 の量の違いと密接に関係している．

このことは，実はかなり多くの人びとによって鉱物相の欠陥としてあげられていたのであるが，それに対して最も烈しい攻撃をかけたのは Yoder (1952) であった．彼は，現在認

められているいろいろな鉱物相の間の違いは，H_2O の含有量の違いによって生じたものであって，温度や圧力の違いを表わすとは限らないと強調した．そして，たとえば約600°C 1000 atm という一定の条件のもとで，現在認められている鉱物相のすべてのものを暗示するようないろいろな鉱物組合せをえられることを，実験的に証明したと宣言した．この宣言は，当時の多くの岩石学者にショックを与えた．しかしYoderが実験的に証明したといっている鉱物のなかには，実は想像しただけであって，とてもその温度・圧力では安定でありえないことが後に証明されたものも含まれている（たとえば，パイロープ）．また彼のあげる鉱物の組合せは，かならずしも彼がそれを割当てる鉱物相にとって critical ではない．したがって，Yoder の宣言は額面の通りに実験的に証明された事実にもとづくものでなくて，半ばは想像によるものであった．

しかし Yoder の議論のもっと根本的な誤りは，変成しつつある岩石を閉じた系であると考えたことにあった．変成作用の進行とともに明らかに H_2O や CO_2 はどこかに失われる．したがって実際の多くの変成岩は，おそらく H_2O や CO_2 については開いた系(§21, §35)である．そこで，温度や圧力と同様に，H_2O や CO_2 の化学ポテンシァルも外的条件によって決るものである．変成岩の H_2O や CO_2 の含有量は，温度・圧力と，その岩石の固定性成分の量と，H_2O や CO_2 などの移動性成分の化学ポテンシァルとによって支配されているものである．すなわち，Yoder が考えたように H_2O の含有量が原因となっているのではなくて，それは実は結果なのである．このことは，Thompson(1955, 1957)によって明瞭に指摘せられた．

Eskola(1915, 1939)は，変成作用のときにはいつでも H_2O は含水鉱物の生成に必要な量よりも多量にあった，すなわち過剰にあったので，鉱物組成には影響しないから考察外におくことができると述べている．H_2O が過剰にあったという考えの意味はあまり明瞭ではないが，おそらく，変成反応は粒間流体を通しておこなわれるという考えと密接な関係のある考えで，純粋な H_2O に近い組成をもつ流体相があったと考えたのであろう．しかしそのような相が一般に存在する証拠はない(§22)．Yoder(1952)は，H_2O が過剰にある場合と，不足している場合とを区別した．H_2O が過剰にある場合というのは，Eskola の考えと同じく，純粋な H_2O に近い組成をもつ流体相が共存している場合のことらしい．岩石を閉じた系と考えれば，含水鉱物が自由にできるためには H_2O が過剰になくてはならないであろう．しかし岩石を，H_2O について開いた系と考えれば，そう考える必要はなくなる．H_2O は必要に応じて外部から浸入してこられるからである．

§62 鉱物相の概念の発達

Thompson(1955)は，開いた系における鉱物の安定関係を体系的に論じた．m 個の完全移動性成分を含む岩石における或る鉱物集合の安定領域は，一般には温度・圧力および m 個の成分の化学ポテンシァルという $m+2$ 個の変数をもつ，$m+2$ 次元空間のなかの一つの体積である．したがって，そのような体積と体積との間の境界は，$m+1$ 個の変数をもつ面である．ある一つの体積のなかで，固定性成分の量の割合を変化させると，それに応じて鉱物組合せが変化する．そのような組合せの全体が，一つの鉱物相に属しているのである．

開いた系においては，固定性成分の量はその系に固有のものであるが，移動性成分の量の方は外的条件によって変化する．したがって，"同じ化学組成の岩石が異った温度・圧力のもとで再結晶すると，異った鉱物組成を生じ，したがって異った鉱物相に属する" と Eskola がいった場合の，"同じ化学組成" という言葉は，今日では固定性成分の組成（相互の割合）が同じだという意味だと解すべきものであって，移動性成分の量が同じであることを必要としない．そこで，移動性成分の化学ポテンシァルをも含めて一定の外的条件のもとでは，系の固定性成分の組成と鉱物組成との間に一定の関係があって，それがたとえば組成-共生図表で表わされるわけである．

Korzhinskii(1959, p.64)は，この見地から鉱物相を次のように定義している："固定性成分に関する化学組成と鉱物組成との間の関係が同一の規則性にしたがう程度に，互に類似している外的条件のもとで生成した諸岩石は，同一の鉱物相に属すると考えうる" ここで同一の規則性とよんでいるものは，もっと具体的にいえば，たとえば同一の組成-共生図表などをさしている．

ところが，多くの鉱物は固溶体をつくり，共存する鉱物の化学組成のあいだの関係は，外的条件とともに連続的に変化する．したがって，一つの組成-共生図表は，厳密にいえば，ある一つの温度と圧力と移動性成分の化学ポテンシァルとの値，すなわち，前記の $m+2$ 次元空間の1点の状態をあらわすにすぎない．ところが，鉱物相というものを，このように1点と考えることは，便利でもなく，近年の慣習とも一致しない．実際に用いられている鉱物相は，$m+2$ 次元空間の或る体積に対応するものである．変成地域を分帯した場合に，一つの鉱物相に対応する地域は，地質図上に示されうる程度の大きさをもつ範囲なのである．したがって，一つの鉱物相における岩石の化学組成と鉱物組成との関係を示す図表は，外的条件の或る一定の範囲の値のもとでの状況を示すような，近似的な組成-共生図表であると理解せられる(Korzhinskii, 1959)．

ある火成岩と変成岩とが同じ化学組成をもち,しかも同じ鉱物組成をもつならば,相対応する火成相と変成相に属するはずである.しかし,一方がマグマから結晶し,他方が固体の状態で再結晶したとするならば,温度や固相の圧力や H_2O の圧力の範囲に,或る違いがあったであろう.マグマのなかの方が変成岩よりも H_2O の圧力が高くて,したがって同じ鉱物組成を生ずる場合には,マグマの結晶作用の方が変成岩の再結晶作用よりも高い温度でおこなわれたかもしれない.Eskola のいう火成相と変成相との対応は,Eskola が考えたように相応する相が同じ温度・圧力のもとで生じたことを意味するわけではない.しかしそれと同様のことは,変成相だけのなかの H_2O の圧力の異る条件についてもいえるわけであろう.

§63 ACF 図表,AKF 図表,その他の組成-共生図表

岩石の鉱物組成と化学組成との関係を示す組成-共生図表については,熱力学の章(§44～45)ですでに記述した.本節では,とくに鉱物相を特徴づけるという目的のために工夫された,それに類する図表を取扱うことにする.この問題は,Eskola(1915)によって,Orijärvi 地方の変成岩を材料にして詳細に論ぜられたのが最初である.そして Eskola の議論は,今から見ても古典的な価値をもっている.

Eskola は,まず Orijärvi 地方の変成岩において観察された鉱物の共生関係を,第88図のように直観的に表現した.これを,岩石や鉱物の化学組成に関係づける必要がある.そのために彼は,**ACF 図表**(ACF diagram)および **AKF 図表**(AKF diagram)というものを考案した.これらの図表は,変成岩のおもな構成鉱物の種類や量に最も大きな影響を及ぼすのは,$Al_2O_3 : CaO : (MgO+FeO) : K_2O$ 比であるという経験的事実に基づいて考案された.以下,Eskola(1915)の解析をもとにして,現在の岩石学の立場をも考慮しながらこの二つの図表を解説しよう.

普通の変成岩を構成するおもな化学成分は,$SiO_2, TiO_2, Al_2O_3, Fe_2O_3, FeO, MgO, MnO, CaO, Na_2O, K_2O, H_2O, P_2O_5$, S などである.このなかで,$P_2O_5$ はほとんど燐灰石だけに含まれ,Na_2O は主として斜長石のなかのアルバイト分子に含まれている.そこで,P_2O_5 は無関与成分(§45)として図的表現から除外することができる.Na_2O の方は,一般にはアルバイトが独立した相をなしていないので,除外することは相律の立場からは許されないのであるが,この図表では除外することになっている.変成岩はしばしば黄鉄鉱や磁硫鉄鉱などの硫化物を含み,その種類や量は温度と圧力とSやそのほかの成分の量に関係してい

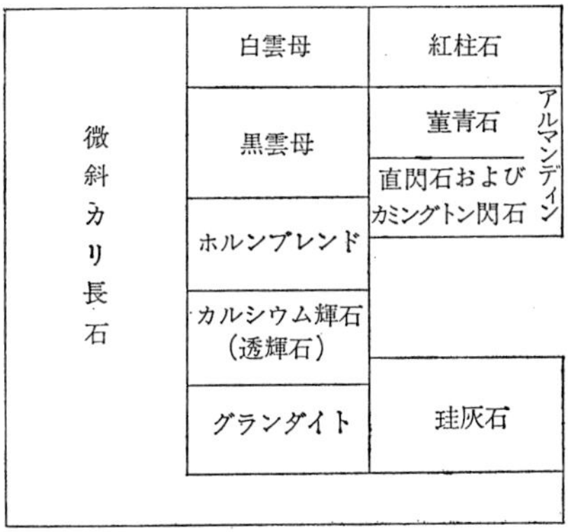

微斜カリ長石	白雲母	紅柱石	アルマンディン
	黒雲母	菫青石	
		直閃石および カミングトン閃石	
	ホルンブレンド		
	カルシウム輝石 （透輝石）		
	グランダイト	珪灰石	

第88図 Orijärvi 地方の変成岩における鉱物の共生関係(Eskola, 1915). ただし, 石英を含む岩石だけを取扱う. この図で, 相互に一つの線または点で相接する鉱物は平衡に共存しうる. 相接しない鉱物は共存しない. この図には書いてないが, 斜長石は, 珪灰石を除く, そのほかのすべての鉱物と共生しうる. 直閃石とカミングトン閃石は別々にでることもあり, いっしょに伴っていることもある. 菫青石と直閃石は Fe^{+2}/Mg 比の比較の小さい岩石に出現し, この比が大きいとその代りにアルマンディンが出現する(Eskola は, 紅柱石＋菫青石＋黒雲母＋白雲母という共生は不安定だと考えたが, おそらくこの共生も安定と思われるので, この図ではその点を修正してある).

る. しかしこれらの鉱物は一般に量が少ないので, その関係は問題にしないことにして, これらの鉱物やSは図的表現から除外する. 赤鉄鉱や磁鉄鉱も, 同じ理由により, 表現から除外する. TiO_2 は, チタン鉄鉱, スフェーン, ルチルなどに含まれているが, これらも同じ理由により図的表現から除外する. さらに問題を簡単にするために, 石英を含む岩石だけを取上げることにしよう. そうすると, SiO_2 は過剰成分(§45)となって, 石英とともにわれわれの図表から除外される.

Eskola は, 変成作用のときには H_2O はいつも過剰にあるものと考えて考察から除外した. 純粋な H_2O に近い組成をもつ流体相が共存するならば, 成分 H_2O とその流体相とを同時に図表から除外しうることは, 石英の場合と同じである. しかし, 変成しつつある岩石を H_2O について開いた系で, H_2O は完全移動性成分であると考えれば, 固定性成分だけを頂点にとる組成-共生図表上の成分としては現われない. そこで, 流体相はなくても, 結果だけみれば, Eskola がやったと同じように, H_2O は除外してよいことになる. (もし Yoder が考えたように岩石が閉じた系であるならば, H_2O を組成-共生図表上の成分と

せねばならない.)

次に, Al_2O_3 と Fe_2O_3 は, 互に置換して固溶体をつくることが多いという理由でいっしょにされる. また FeO と MgO と MnO も, 同じ理由でいっしょにされる. これは, 厳密な相律の立場からは許されないことである. その上いまでは, Fe^{+3} は原子価の違う Fe^{+2} や Mg^{+2} を置換することも少なくないことを知っているから, 上記のような処置は好ましくないと考えられる. しかし図的表現のためには, 成分の数を減少させねばならないので, やむをえない.

とにかく, こうして成分の数を減少させてゆくと, 残ったのは $Al_2O_3+Fe_2O_3$, $FeO+MgO+MnO$, CaO, K_2O という4成分だけである. このなかで, K_2O を除く三つの成分をそれぞれ A, C, F と書き, それらを頂点にとってモル比率で表わした三角図表を ACF 図表という:

$$A = Al_2O_3 + Fe_2O_3 - (Na_2O + K_2O)$$
$$C = CaO$$
$$F = FeO + MgO + MnO$$

ここで $Al_2O_3+Fe_2O_3$ から Na_2O+K_2O を引くのは, Al_2O_3 のなかでアルカリ長石をつくっているもの, または条件によってはつくりうる可能性のあるものは除くという意味である. そこで, アルカリ長石は図表には表現されない. 雲母においては, 大ていは $Al_2O_3+Fe_2O_3 > Na_2O+K_2O$ なので A は正になり, 図表上にあらわれる(第89図).

方解石が含まれている場合について, Eskola は, CaO の全体のなかから CO_2 と等しい量の CaO を除いた残りを C にすると書いている. こうすると, 方解石は除外せられ, 図表上には現われないことになる. しかし CO_2 を完全移動性成分だと考えると, 方解石を図的表現から除外しないで, C の角に書いてもよいことになり, CO_2 と等しい Ca を除く処置は不必要である. Eskola 自身もこの点では首尾一貫せず, 方解石を書き入れている場合がある. われわれも書くことにしよう.

岩石の分析値からそれを ACF 図表に記入するには, 次のようにする. まず, 燐灰石の量は P_2O_5 の量からわかるので, それに対応する CaO を CaO の総量から除く. 次に黄鉄鉱, 磁硫鉄鉱, 赤鉄鉱, 磁鉄鉱, チタン鉄鉱, スフェーンなどの量を何かの手段(たとえば薄片上の面積測定)で決定し, それらのなかに含まれている Fe^{+2} と Fe^{+3} と CaO を, それぞれ FeO と Fe_2O_3 と CaO から引き去る. 残った成分の量から, 上記の式にしたがって A, C, F の分子比を計算する. この図表に鉱物を記入するには, はじめから上記の式にし

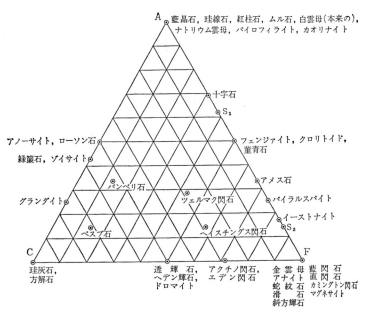

第89図 ACF図表上における変成鉱物の位置. S_1およびS_2は, スチルプノメレンのうちFe_2O_3の多いものと少ないものを示す.

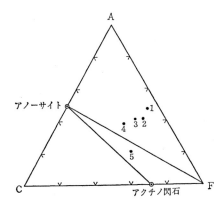

第90図
ACF図表上の岩石. アノーサイト-アクチノ閃石線より左側の岩石は, CaOの過剰をもつ. アノーサイト-F線より上方の岩石の多くは, Al_2O_3の過剰をもつ. 点1, 2, 3, 4, 5は, 第1表(p.14)に示す諸種の変成岩の平均化学組成を示し, その数字は表の分析番号に対応する.

たがって A, C, F を計算すればよい．

　ACF 図表の一つの大きな欠点は，重要な成分である K_2O が表現せられていないことである．K_2O は，変成岩のなかでは主として白雲母や黒雲母やカリウム長石をつくっている．角閃岩相のなかの或る温度を境にしてそれより低い温度では白雲母や黒雲母の安定性が大きくて，たとえば式(7・1)や(7・2)の右辺の方が安定である．したがって，カリウム長石は紅柱石や菫青石と共生することができない．同じ理由から，カリウム長石は藍晶石，アルマンディン，直閃石，カミングトン閃石などとも共生することができない．Orijärvi 地方の変成岩はこの場合に属し，第88図に示すように，紅柱石，菫青石，直閃石などは微斜カリ長石と共存しない．この場合に，K_2O の少ない岩石には紅柱石，菫青石，直閃石，アルマンディンなどが生じうるが，K_2O が増加するとそれらの鉱物は白雲母や黒雲母に変化する．そしてそれらの鉱物が変化し尽した後にさらに K_2O が増加すると，カリウム長石が生じはじめる．カリウム長石と共生することのできない紅柱石や菫青石やその他の鉱物は，ACF 図表ではほぼ AF 辺上にくる鉱物である．

　ところが，角閃岩相のなかの或る温度よりも高温になると，白雲母は石英が存在すると，たとえば(7・1)や(7・2)の逆反応をおこして分解する．したがって，カリウム長石は，紅柱石，珪線石，菫青石，アルマンディンなどと平衡に共存することができるようになる．直閃石やカミングトン閃石は，高温になると斜方輝石になるが，これもカリウム長石と共存することができるようになる．そこでこの場合には，K_2O の少ない岩石でも多い岩石でも，紅柱石，珪線石，菫青石，アルマンディン，斜方輝石，黒雲母などを含むことができる．K_2O 含有量の多少は，主としてカリウム長石の量の多少に影響するだけである．

　したがって，比較的低温の鉱物相では，カリウム長石と共存することのできない菫青石などのような鉱物を含む岩石に対する ACF 図表と，そのような鉱物を含まない岩石に対する ACF 図表とを分けてつくる必要がある．Eskola は，カリウム長石と共存することのできない鉱物を含む岩石のことを，K_2O の不足(deficiency)をもつ岩石とよび，そのような鉱物を含まない岩石を，K_2O の過剰(excess)をもつ岩石とよんだ．本書でもこの用語を用いる．高温の鉱物相では，二つの場合を区別する必要がなくなる．

　ただし，カリウム長石と共生することのできない鉱物は，ACF 図表の AF 辺上にあるので，図表上でカリウム長石の有無の影響の及ぶのは，アノーサイトができる鉱物相では，アノーサイトとアクチノ閃石とを結ぶ線より右側の領域だけである．また温度が低くて，アノーサイトの代りに緑簾石ができる鉱物相では，緑簾石とアクチノ閃石とを結ぶ線より

右側の領域だけである．これらの線より左側の領域では，石英があるかぎり温度にかかわらず白雲母や黒雲母は出現しない．すなわち，実際上すべての K_2O はカリウム長石となる．そこで，K_2O の量の多少は鉱物の種類に影響しない．Eskola は灰長石とアクチノ閃石を結ぶ線より左側におちる岩石を，**CaO の過剰**をもつ岩石とよび，その線より右側におちる岩石を，**CaO の不足**をもつ岩石とよんだ（第90図）．CaO の過剰をもつ岩石は，カリウム長石と共存できないような鉱物を含んでいないから，いつでも K_2O の過剰をもつと考えられる．

岩石のなかの Al_2O_3 が，そこにあるすべての Na_2O，K_2O，CaO と化合して長石をつくっても，なお余りがあるほど多量に含まれている場合，すなわち分子比で $Al_2O_3 > Na_2O + K_2O + CaO$ の場合には，その岩石は **Al_2O_3 の過剰**をもつという．また，$Al_2O_3 < Na_2O + K_2O + CaO$ の場合には，その岩石は **Al_2O_3 の不足**をもつという．ACF 図表のAのなかに，もし Fe_2O_3 が含まれていないとするならば，アノーサイトとFの角とを結ぶ線よりも上方の領域におちる岩石は，Al_2O_3 の過剰をもち，その線よりも下方におちる岩石は，Al_2O_3 の

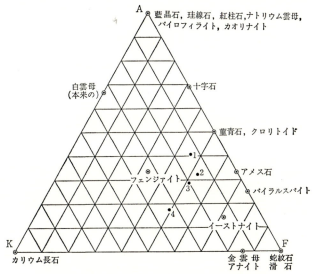

第91図　AKF 図表上における変成鉱物と，泥質および石英長石質変成岩の位置（点 1, 2, 3, 4 は第90図と同じ）．

不足をもつことになる.Aのなかに Fe_2O_3 が含まれていると,その程度に応じて境界線が上方に動く.

角閃岩相またはそれよりも高い温度においては,Al_2O_3 の過剰をもつ岩石のなかの大部分では,CaO は,主としてアノーサイトに含まれている.そこでこの場合には,ACF 図表の AF 辺上にあるいろいろな鉱物に対する K_2O の量の影響をみるためには,$Al_2O_3+Fe_2O_3$ の総量のなかから,アルカリ長石およびアノーサイトに含まれている Al_2O_3 を除いた残りを問題にすればよい.そこで Eskola は,次のような三つの成分 A, K, F を頂点にとって,モル比率で表わした三角図表を用い,これを AKF 図表とよんだ:

$$A = Al_2O_3 + Fe_2O_3 - (Na_2O + K_2O + CaO)$$
$$K = K_2O$$
$$F = FeO + MgO + MnO$$

この図表は,ことに泥質および砂質堆積岩起源の変成岩の鉱物共生の研究に有用である(第 91 図).

緑簾石角閃岩相や緑色片岩相では,Al_2O_3 の過剰をもつ岩石のなかの大部分では,CaO は主として緑簾石に含まれている.もし AKF 図表によって鉱物組成をなるべく厳密に表現しようとするならば,そのことを考慮に入れねばならない.

ACF 図表および AKF 図表は,以上の解説から明らかなように,成分を減少させるためのいろいろな便宜的な処置を含んでいる.それは化学組成と鉱物組成とのあいだの関係を図上に表現しようとするものであるが,相律の立場から厳密に構成された組成-共生図表とは異るものである.したがって,実際の変成岩にみられる鉱物の共生関係は,決して ACF 図表や AKF 図表を小三角形に分割することによって完全に表わされるものではない.これらの図表が,普通は小三角形に分割されているのは,主として出現頻度の多い鉱物の組合せまたはその一部分を示しているものである.場合によっては,単なる審美上の要求からそう描かれているにすぎないかもしれない.

しかしながら,そこに用いられている便宜的な処置は,やむをえないものである.この二つの図表,ことに ACF 図表は,鉱物相のだいたいの特徴を平面上に描く図表としては,最も便利である.

取扱う変成岩の化学組成の範囲が比較的狭い場合には,もっと厳密な組成-共生図表をつくることもできる.たとえば,泥質堆積岩起源の変成岩に対する Thompson (1957) の図表は,そのようなものである.

第8章 個々の変成相

§64 変成相の数と名称

前章に述べたように(§61と第16表)，Eskola(1939)は，八つのおもな変成相を樹立した．今日からみても，この八つによって，地球上のおもな変成岩の多様性の輪郭が，かなり正しく示されている．しかし変成相の数は，八つに限る理由はなく，変成岩のなかにはこの八つに入らないものもあるし，また生成条件をもっと細かく分割して，もっと多くの変成相を設けることも可能である．累進変成作用においては，いろいろな化学組成の岩石にさまざまな鉱物変化がおこるから，たくさんの鉱物変化を取上げて，それがおこるところを変成相の境界にすれば，きわめて多くの変成相を定義することができる．実際，変成相をはじめて分帯と結びつけて系統的研究をおこなった Th. Vogt(1927)は，変成相を細かく分けて，多くの新しい相を提案した．その後も，その種の提案が，Turner やそのほかのいろいろな人びとによっておこなわれた．

変成相を細かく分けることは，もしそれによって鉱物共生に対する理解が助けられるとか，そのほか何か有用な点があるならば，もちろん結構なことである．しかし，共生関係の解析が正確・精密におこなわれ，また異る地域の間の関係が十分明らかにされない限り，一つの地域の累進変成作用の研究だけであまり細かく分けた変成相を設定することは，変成相全体の相互の関係づけを困難にするだけである．その点からみると，変成相の全体を見渡すためには，Eskola の八つの古典的変成相に分ける程度が，現在でも最も適当なように思われる．

Eskola(1939)より後に提案された変成相のなかで，明らかに Eskola には含まれていなかった重要な新しい相とみるべきものは，主として Coombs によってニュージーランドで解明せられた沸石相とブドウ石-パンペリ石変成グレイワケ相との二つである．したがって本書では，Eskola の八つにこの二つを加えた10個の変成相を論じ，必要に応じてそのなかの或るものを細分して**亜相**(subfacies)を設けることにしよう．このことはもちろん，Eskola の考えを全面的に受けいれることを意味しない．個々の変成相の内容についての理解も，変成相の相互の関係についての理解も，Eskola の時代と現在とではかなり変化している．個々の相を取扱う節で，それに関連しておこっている変化のおもなものを論じよ

う.

一つの変成相を特徴づけるためには，その変成相にだけ出現して，他の変成相には出現しないような鉱物または鉱物共生，すなわち critical な鉱物または鉱物共生を示すことが望ましい．しかし相によって，これが容易なこともあるが，そうでないことも多い．

§65 沸石相(zeolite facies)

Eskola(1939)の八つの変成相のなかでは，最も低い温度と圧力とに相当するものは緑色片岩相であると考えられていた．しかし，彼の与えた鉱物相の一覧表(p.235)には，それよりも低い圧力に相当する場所に，"沸石の生成"と書かれていた．Eskola は，このような低温・低圧で沸石ができると考えたが，そこに沸石相という鉱物相を設けようとはしなかった．何故ならば，沸石の集合は化学平衡の状態を表わすものではなく，流動する熱水溶液のなかから順次に結晶するものであって，沸石の種類はその溶液の性質とともに変わるであろうと考えたからである．

ところが，1950年代になって Coombs(1954)は，ニュージーランド南島の南部の Southland syncline を構成する厚い三畳紀堆積物を研究して，そのなかに広域的なスケールで沸石類が生じていることを発見した．しかも地下深所へ向う温度と圧力の上昇に応じて，沸石やそのほかの鉱物の種類が規則正しく変化していることがわかった．この沸石類は，ある程度化学平衡の状態を表わすものであって，一つの鉱物相とみなすことができる．そこで Turner は，この状態を表わすために zeolitic facies という言葉をつくった(Fyfe et al., 1958, p.215)．Coombs ら(1959)は，それを zeolite facies と改めた．そこでわれわれが温度・圧力の低い方の鉱物相から順次に取上げるとすれば，まずこの沸石相から始めることになる．

ニュージーランドには，古生代末期からジュラ期に至る時期に New Zealand geosyncline とよばれる大きな地向斜があって，その厚い堆積物はジュラ紀の造山運動をうけて変形し，一部分は変成して Otago schists などの広域変成岩を生じている(第144図)．Southland syncline の三畳紀のグレイワケ，凝灰岩などを主とする堆積物もその一部分であって，厚さは約1万mもある．この地域には，火成岩の貫入もなく，変形もごく少ない．その層序上の上半部にあたる地帯では，ヒューランド沸石(heulandite)や方沸石(analcite)が生じ，石英と共生している．(ここでヒューランド沸石は clinoptilolite を含むものとする．)ところが，下半部にあたる地帯になると，これらの沸石は消滅して，その代りにロ

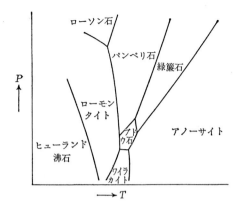

第92図
Ca-Al ケイ酸塩の安定関係の推定. 鉱物の間の化学組成の違いを調節するように, いつも緑泥石, 石英, H_2O が共存するものとする. Coombs(1960)による. なお, 第87図をも参照せよ. Ernst(1963 a)には, ローソン石, パンペリ石, 緑簾石の推定された関係が与えられている.

ーモンタイト(laumontite)が出現し, これも石英と共生している. 最下部になると, あちこちに, ローモンタイトの代りにパンペリ石やブドウ石などが出現しはじめる(第145図).

ヒューランド沸石, ローモンタイト, パンペリ石, ブドウ石, 緑簾石などは, Ca, Al, Si をおもな陽イオンとする含水ケイ酸塩鉱物である. それらは Ca:Al:Si 比の値も異り, またこれら以外の陽イオンをも含んでいるので, それらの鉱物の間の安定関係は, 温度, 固相の圧力, H_2O の圧力のほかに, 化学的条件にも影響される. また場合によっては, 二つまたはそれ以上の鉱物が平衡に共生しうるであろう. しかし, そのような事情を一応無視して, 固相の圧力は P_{H_2O} に等しいものとし, これらの鉱物の間の温度・圧力についての大たいの安定関係を示せば, 第92図のようになる(Coombs, 1960). ヒューランド沸石→ローモンタイト→パンペリ石→ブドウ石→緑簾石という順序は, H_2O の含有量の減少する順序であって, 大たいにおいて温度の上昇に伴って生ずる順序を表わしている. たとえば, ヒューランド沸石の脱水分解反応によって, 次のようにローモンタイトを生ずる:

$$\underset{\text{ヒューランド沸石}}{CaAl_2Si_7O_{18} \cdot 6H_2O} = \underset{\text{ローモンタイト}}{CaAl_2Si_4O_{12} \cdot 4H_2O} + \underset{\text{石英}}{3SiO_2} + 2H_2O \tag{8・1}$$

ヒューランド沸石や方沸石が生ずるような物理的条件, およびローモンタイトが生ずるような物理的条件のもとにおける, 鉱物の共生関係を, 第93図に示す. 沸石類の生成に対しては, H_2O の圧力はもちろん, CO_2 の圧力も大きな影響を及ぼしている. CO_2 の圧力が高くなると, Ca を含む沸石類は分解して方解石を生ずる傾向がある. したがって, CO_2 の圧力の高い地域においては, 沸石は生じにくくなる(Zen, 1961 b).

ニュージーランドの南島においては, ヒューランド沸石と方沸石の安定な地帯(すなわ

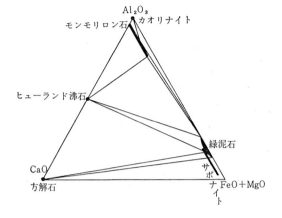

(a) 沸石相ヒューランド沸石帯の石英を含む岩石における共生関係(このほかに方沸石,セラドナイトなども出現しうる)

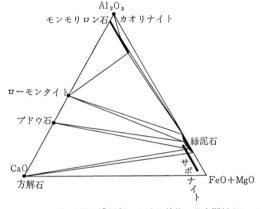

(b) 沸石相ローモンタイト帯の石英を含む岩石における共生関係(このほかにアルバイト,アデュラリア,セラドナイトなどが出現しうる).

第93図 沸石相における鉱物の共生関係(Coombs, 1961による)

ち,層序上の上半部)では,原岩のなかの An 成分に富む斜長石は変化を蒙らないで,ほとんどそのまま残っている.全般的に再結晶は不完全であって,岩石はまだ普通に変成岩とよぶほどの状態には達していない.したがって,この地帯に関する限り,沸石相の状態にあるのは,岩石のなかの新しく生じた鉱物の部分だけである.これを鉱物相あるいは変成相とよぶことが適当かどうかは言葉の定義によることである.

層序上もっと下部にあたる,ローモンタイトが安定な地帯では,全般的に再結晶が進んでいて,十分に変成岩とよぶことができるようになってくる. An 成分に富む斜長石はアルバイトによって交代されている.ここで安定な鉱物としてアルバイトが出現しはじめる

§65 沸石相

ということは，方沸石と石英との集合よりも，アルバイトの方が安定になったということを意味している．すなわち，

$$\underset{\text{方沸石}}{\text{NaAlSi}_2\text{O}_6 \cdot \text{H}_2\text{O}} + \underset{\text{石英}}{\text{SiO}_2} = \underset{\text{アルバイト}}{\text{NaAlSi}_3\text{O}_8} + \text{H}_2\text{O} \qquad (8 \cdot 2)$$

ヒューランド沸石，方沸石，ローモンタイトについての以上のような関係は，すべて石英と共存する場合に成立つものである．石英が共存しない場合には，これらの沸石の安定な温度・圧力の範囲は，もっと広くなる．沸石相は，少なくとも，ヒューランド沸石，方沸石，またはローモンタイトが石英と共存して普通に生成するような物理的条件の範囲内で生成したすべての岩石を含むものと定義されている(Coombs et al., 1959; Coombs, 1960)．しかし，沸石のなかには，石英の共存しない，SiO_2 の活動度の小さい条件のもとでのみ生成しうるものもある．ナトロライト(natrolite)，トムソン沸石(thomsonite)などはその例である．また，SiO_2 に過飽和な溶液からのみ結晶しうる準安定な沸石もあるらしい．

Coombs の研究が発表されるまでは，沸石相が存在することは誰にも気づかれなかった．しかし発表されて後は，それが刺激になって，類似した変成作用は世界の多くの地域に見られることがわかってきた．わが国にも，第三紀に生じている(吉村, 1961)．

沸石相の変成作用は，ニュージーランドをはじめ多くの地域において，特定の火成岩体と成因的な関係はなく，いわば広域的におこっている．この点からみれば，一種の広域変成作用としてもよいのであるが，差動運動がほとんどなくて，片状組織を生じない点で，普通の広域変成作用と異っている．すなわちそれは，Coombs が埋没変成作用と名づけたものである(§2)．

低温の広域的なスケールの変成地域のなかには，ニュージーランドのように沸石相や次節に述べるブドウ石-パンペリ石変成グレイワケ相の変成岩が広く生成し，さらに温度が上昇するとそれが緑色片岩相地帯に移過するような地域もある．しかし一方には，北部 Appalachians(Zen, 1960)のように，沸石相やブドウ石-パンペリ石変成グレイワケ相を生じないで，非変成地帯から直接に緑色片岩相地帯に移過する地域もある．したがって，最も低温の変成相は緑色片岩相だと考えていた昔の見解が，全面的にまちがっていたというわけではない．Zen(1961 b)はこの問題を論じて，H_2O の圧力が高く，CO_2 の圧力が低いような地域には沸石相を生じやすいが，H_2O の圧力が低く，CO_2 の圧力が高いような地域には沸石相を生じにくいことを指摘した．この問題は後でもう一度とり上げよう(§75)．

§66 ブドウ石-パンペリ石変成グレイワケ相(prehnite-pumpellyite-metagreywacke facies)

ニュージーランドの南島の Southland syncline の沸石相の堆積層の最下部には, 沸石類がほとんどなくなって, その代りにパンペリ石やブドウ石が出現しはじめている. 沸石類を欠いて, その代りにパンペリ石やブドウ石を生じているような弱変成のグレイワケを主とする地層は, ニュージーランドの南島には Canterbury やそのほかの地方に広く露出している(第144図). これも New Zealand geosyncline に堆積して, ジュラ紀に造山運動と変成作用をうけたものである. Canterbury 地方のこの種の変成地域は, 西方に向って順次に変成温度が高くなり, いわゆる Alpine schists の緑色片岩相地帯に移過する. したがって, このブドウ石やパンペリ石を生じている変成地域は, 沸石相と緑色片岩相とのあいだの中間を占める変成相を表わすものと考えられる(第145図). Coombs(1960, 1961)は, これをブドウ石-パンペリ石変成グレイワケ相と名づけた.

ニュージーランドの南島の中央部にある Alpine schists や, その東南方延長にあたる Otago schists は, Turner(1938), Hutton(1940), Reed(1958), Mason(1962)などによってよく研究されている. これらの人びとは, 広く発達している緑泥石帯を, 岩石の再結晶の進み方を示す組織の変化によって Chlorite 1, Chlorite 2, Chlorite 3, Chlorite 4 という四つの subzones に分けている(第145図). これは組織による分帯であるから, おのおのの帯が一定の温度を示すものではないが, 狭い地域についていえば, おそらくこの順序に温度が高くなっていると考えてもよいであろう. Turner(1948)などは, これら全体を緑色片岩相に入れていた. それは, Chlorite 1 よりも低温では再結晶はおこっていないと考え, これらの subzones は最も低い変成温度を表わすから緑色片岩相であるとされたものらしい. しかしそのなかの低温の部分には, 世界の普通の緑色片岩相の地域と違って, パンペリ石が出現する. Coombs の研究によって, それに続くもっと低い温度の地域も実は広く変成して, ブドウ石-パンペリ石変成グレイワケ相になっていることが判明した. そこで Coombs(1960)は, この緑泥石帯のなかで低温の部分のパンペリ石の出現する地帯(普通の場合 Chlorite 1 と Chlorite 2)は, ブドウ石-パンペリ石変成グレイワケ相のなかの高温の部分であると考えることにした(この部分にはブドウ石は出現しない). そして, 緑泥石帯のなかでパンペリ石の出現しない部分(普通の場合 Chlorite 3 と Chlorite 4)は, 世界の多くの緑色片岩相地帯と同様に, Ca-Al 含水ケイ酸塩鉱物としては緑簾石類だけを含んでいるので, 緑色片岩相に属するとした(第145図).

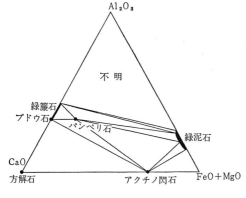

第94図 ブドウ石-パンペリ石変成グレイワケ相における鉱物の共生関係(Coombs, 1961による)

ただし,パンペリ石は,藍閃石片岩相にもかなり広く出現する.したがって,ブドウ石-パンペリ石変成グレイワケ相に属するのは,パンペリ石を生成しうるけれど,藍閃石片岩相には属しないような物理的条件の範囲で生成した岩石であると考えねばならない.

ブドウ石-パンペリ石変成グレイワケ相における鉱物の共生関係を,第94図に示す.Coombs(1960, 1961)は,この変成相を特徴づける鉱物集合として,石英+ブドウ石+緑泥石,および石英+アルバイト+パンペリ石+緑泥石をあげている.

最近,関陽太郎とその共同研究者(1964)は,紀伊半島中央部の三波川変成帯において,結晶片岩地域の南方に続く古生層や中生層が,広域的にこの相の変成作用をうけていることを発見した.橋本光男(未発表)によると三郡変成岩の低温部にも見られる.

ブドウ石-パンペリ石変成グレイワケ相の変成作用は,一般に広域的なスケールでおこる.それによって生じた変成岩は,片状構造を生じていることもあり,生じていないこともある.その点からみると,これは,埋没変成作用と普通の広域変成作用とのあいだの中間的な性質のものであるといえる.

§67 緑色片岩相(greenschist facies)

緑色片岩相の岩石は,低温の広域変成地域にしばしば広く発達している.この名前は,この変成相では塩基性変成岩は普通は**緑色片岩**になることから来ている.緑色片岩とは,緑泥石,緑簾石,アルバイトなどを主成分とする片岩のことである.アクチノ閃石をかなり含むことも多い.緑色片岩相の一つの特色は,方解石,ドロマイト,マグネサイトなどの炭酸塩が広く出現することである.

254   第8章 個々の変成相

しかし，緑色片岩相にだけ出現する critical な鉱物または鉱物集合をあげることは，きわめて困難である．むしろ，他の変成相には出現するけれど，緑色片岩相には出現しないような鉱物をあげることによって，消極的に定義する方が，現在可能な道である．すなわち，緑色片岩相の岩石，ことに石英を含む岩石には，沸石は出現しないことによって，沸石相から区別される．ブドウ石が出現しないことによって，ブドウ石-パンペリ石変成グレイワケ相から区別される．前にのべたように Turner(1948,他)は，パンペリ石は緑色片岩相にも出現しうるとしたが，われわれは Coombs(1960, 1961)にしたがって，パンペリ石をも緑色片岩相から除外しよう．

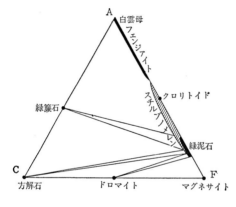

(a) H_2O および CO_2 の圧力が高い場合の SiO_2 を過剰にもつ岩石

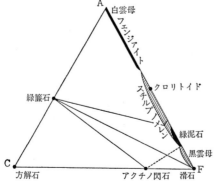

(b) H_2O および CO_2 の圧力が低い場合の SiO_2 を過剰にもつ岩石

第95図　緑色片岩相の ACF 図表．白雲母-フェンジァイト固溶体と緑泥石の組成範囲は黒く，黒雲母とスチルプノメレンの組成範囲は斜線で影をつけて示してある

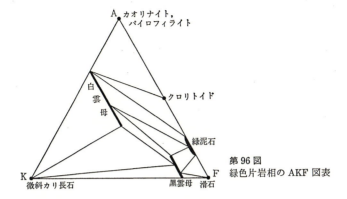

第96図 緑色片岩相の AKF 図表

　藍閃石片岩相の地域のなかには，緑簾石やアルバイトを全く生成しないような，全く緑色片岩相とは異る，いわゆる典型的な藍閃石片岩相地域もある．しかし緑泥石，緑簾石，アルバイトなどを生じて，緑色片岩相にかなり似ている地域もある．後者の場合には，藍閃石片岩と入りまじって緑色片岩が出現するのが普通であって，これは典型的な藍閃石片岩相と緑色片岩相とのあいだの中間的な物理的条件に対応しているものである．わが国の藍閃石片岩地域は，この種の場合に属している．この場合に，どこまでを藍閃石片岩相とし，どこからを緑色片岩相とするかは原理上は任意であるが，やや普通の化学組成の範囲にはいる変成岩に藍閃石が出現し始めるところからを藍閃石片岩相と定義するならば，これらの地域の緑色片岩は緑色片岩相ではなくて藍閃石片岩相に属することになる．

　このように，緑泥石，緑簾石およびアルバイトのおのおのも，それらの集合も，緑色片岩相の critical な鉱物や鉱物集合ではない．緑色片岩相の緑色片岩と，ブドウ石-パンペリ石変成グレイワケ相や藍閃石片岩相の緑色片岩とでは，化学組成の範囲に違いがある．また，たとえば緑泥石の固溶体の組成範囲に違いがあるのであろうが，まだ確認されていない．

　次に，緑色片岩相と緑簾石角閃岩相との関係を取上げよう．緑簾石角閃岩相の塩基性変成岩は，ホルンブレンドを含むことが特徴である．ところが典型的な緑色片岩は，緑泥石＋緑簾石＋アルバイトを主とし，角閃石族の鉱物を含まない．実際 Eskola(1939) は，緑色片岩相は角閃石を生じないと定義している．Eskola は，アクチノ閃石緑色片岩は緑簾石角閃岩相に属し，緑色片岩相よりも高温で安定であると考えた．これは主として Sulitelma 地方における Vogt(1927) の研究を根拠としたらしい．しかし，この考えは少くとも一般

的には受けいれられないように思われる．緑色片岩の分布する多くの地帯，たとえば Scottish Highlands の緑泥石帯や黒雲母帯には，典型的な緑色片岩と入りまじってアクチノ閃石を含む緑色片岩が出現する．Tilley(1924 a)や Wiseman(1934) はこの角閃石をホルンブレンドとよんでいるが，実際はアクチノ閃石なのである．三波川変成帯においても，典型的緑色片岩とアクチノ閃石を含む緑色片岩とは，入りまじって出現する．これからみると，アクチノ閃石緑色片岩は，少くともかなり多くの地域では典型的な緑色片岩と同じ鉱物相に出現すると考えられる．

アクチノ閃石と，緑泥石の蛇紋石分子との間には，次のような関係がある：

$$\underset{\text{蛇紋石分子}}{5(Mg, Fe)_3Si_2O_5(OH)_4} + \underset{\text{方解石}}{6CaCO_3} + \underset{\text{石英}}{14SiO_2}$$
$$= \underset{\text{アクチノ閃石}}{3Ca_2(Mg, Fe)_5Si_8O_{22}(OH)_2} + 6CO_2 + 7H_2O \qquad (8\cdot3)$$

H_2O と CO_2 とを完全移動性成分と考えても，この平衡を表わす系は CaO, MgO, FeO, SiO_2 および緑泥石のアメス石分子の含む Al_2O_3 よりなる5固定性成分をもち，4相を含んでいるから，緑泥石とアクチノ閃石とが共存することは相律と矛盾しない．したがって，アクチノ閃石緑色片岩が典型的な緑色片岩と入りまじって出現する地域がある方が普通であろう．そこでわれわれは，アクチノ閃石（および透閃石）は緑色片岩相でも安定な鉱物であると考えよう．緑色片岩相であるがアクチノ閃石も出現することを強調するには，**アクチノ閃石緑色片岩相**(actinolite-greenschist facies)とよんだらよいであろう．緑色片岩相と緑簾石角閃岩相との境は，アクチノ閃石の代りにホルンブレンドが安定になる温度におかれる．

上記の式(8・3)からわかるように，CO_2 や H_2O の圧力が高いと，アクチノ閃石は不安定になり，その代りに緑泥石や方解石が多くなる．CO_2 の圧力が十分高いと，次の反応式の左辺のようにドロマイトと石英が安定になる：

$$\underset{\text{ドロマイト}}{5CaMg(CO_3)_2} + \underset{\text{石英}}{8SiO_2} + H_2O = \underset{\text{透閃石分子}}{Ca_2Mg_5Si_8O_{22}(OH)_2} + \underset{\text{方解石}}{3CaCO_3} + 7CO_2 \qquad (8\cdot4)$$

第95図の ACF 図表には，このように CO_2 の圧力の高い場合と，それより CO_2 の圧力の低い場合とが示してある．

緑色片岩相を上述のように定義すると，Barrow などの研究した Scottish Highlands の Dalradian 統の変成地域においては，緑泥石帯と黒雲母帯とがこれに属することになる．したがって，この鉱物相の低温部では，普通の泥質変成岩は黒雲母を含まない白雲母-緑

泥石片岩であるが，高温部になると黒雲母を含むようになる．おそらく，緑泥石帯の岩石の白雲母はしばしばフェンジァイト分子をかなり含んでいるが，それが緑泥石と反応して黒雲母を生ずる変化：

フェンジァイト分子　　　　　緑泥石
$$8KMg_{0.5}Al_{3.5}Si_{3.5}O_{10}(OH)_2+Mg_5Al_2Si_3O_{10}(OH)_8$$

白雲母分子　　　　黒雲母　　　　石英
$$=5KAl_3Si_3O_{10}(OH)_2+3KMg_3AlSi_3O_{10}(OH)_2+7SiO_2+4H_2O \qquad (8\cdot5)$$

と，緑泥石のなかの蛇紋石分子が白雲母と反応して黒雲母を生ずる変化：

蛇紋石分子　　　　　白雲母
$$5Mg_6Si_4O_{10}(OH)_8+6KAl_3Si_3O_{10}(OH)_2$$

黒雲母　　　　　アメス石分子
$$=6KMg_3AlSi_3O_{10}(OH)_2+3Mg_4Al_4Si_2O_{10}(OH)_8+14SiO_2+8H_2O \qquad (8\cdot6)$$

との複合したものが起るのであろう．これらの式で，Mg の一部分は Fe によって置換されている．そして，固定性成分の数よりも相の数の方が少ない．したがって，たとえば第61図からわかるように，黒雲母が出現しはじめる温度は，岩石の総化学組成によって異るはずである．一般に原岩の化学組成にばらつきがあることを考慮すれば，黒雲母はどこからともなく漸次に出現しはじめて，温度の上昇とともに頻度と量が増加するであろう．Scottish Highlands では，褐色の黒雲母が出現しはじめる線を黒雲母アイソグラッドとしているが，それより低温の緑泥石帯にも，稀な特殊な岩石には緑色の黒雲母が出現することがある (Tilley, 1925)．

緑色片岩相に広く出現し，ときには critical だと考えられてさえいる含水鉱物も，それが単独にある場合には H_2O の圧力が高ければ意外に高い温度まで安定なことが多い．したがって或る鉱物が critical か否かは，よほど慎重に判断せねばならない．たとえば，緑泥石のなかのクリノクロアは，約700°C すなわち緑色片岩相の範囲よりはるかに高い温度まで安定である (Yoder, 1952)．Eskola (1939) は，滑石がこの鉱物相の critical な鉱物であると考えた．しかし滑石は，約800°C まで安定である (Bowen & Tuttle, 1949)．天然の岩石から判断しても，滑石は緑色片岩相より高い温度まで安定である (Ramberg, 1952 b, p. 143)．緑色片岩相に属する SiO_2 に乏しい岩石には，蛇紋石やブルース石が出現する．実験によると，蛇紋石は約500°C まで安定で，ブルース石は約600°C まで安定である (Bowen & Tuttle, 1949; Roy & Roy, 1957)．

緑色片岩相には，そのほかに，クロリトイド，スチルプノメレン，紅簾石，MnO に富むザクロ石などが出現することがある．ナトリウム雲母も出現しうる．

緑色片岩相を，いくつかの亜相に分けることもできる．たとえば Fyfe ら(1958)は，緑泥石帯の表わす亜相と黒雲母帯の表わす亜相とを設けている．スチルプノメレンも，出現する地域と，出現しない地域とがあって，亜相の定義に使いうるかもしれない．しかし，これらの亜相を厳密に定義できるほどには，鉱物の共生関係の解析が進んでいない．Vogt (1927, p. 384)は本書で緑色片岩相としている温度範囲の塩基性岩を，高温から低温に向って順次にアクチノ閃石緑色片岩相，緑色片岩相，アルバイト-緑泥石片岩相の三つの相に分けようとした．始めの二つはアクチノ閃石の有無によって区別されたが，一般にはこれは好ましくないことを，われわれはすでに論じた．最後のものは緑簾石を欠き，アルバイト＋緑泥石＋石英を主成分としている．しかし緑簾石がなくなると，一般に岩石の総化学組成が変化するであろう．したがって，Al_2O_3 などまで移動性成分と考えられるような特別な場合を除けば，この岩石は独立した鉱物相を表わすものとは考えられない．

Turner(1948)や Turner と Verhoogen(1951)は，接触変成作用の場合にも角閃岩相より低温のところにアルバイト＋緑簾石の共存を特徴とする変成相があると考えて，これをactinolite-epidote-hornfels subfacies とよんだ．後に彼らは，これを albite-epidote hornfels facies と改名した(Fyfe *et al.*, 1958)．アクチノ閃石が出現することからいえば，これは緑色片岩相の亜相とも見られるものであろう．しかし，鉱物相は鉱物の共生関係だけによって定義せられるべきものであって，接触変成作用であるか広域変成作用であるかというようなことを定義に持ち込むことは好ましくない．ところが，この相の共生関係はよく研究されていない．第95図に示すような共生関係の緑色片岩相の典型的に見られる地域を，たとえば Scottish Highlands であるとすると，もしその相に Al_2SiO_5 鉱物が出現するならば，それは藍晶石であろうと推定される．しかし実際は，Al_2SiO_5 鉱物は出現しない．おそらく，その代りに含水鉱物が生じているのであろう．そこで，緑色片岩相のなかには紅柱石の安定なような亜相もあるかもしれないと考えることもでき，上記の Turner の相はそれかもしれないとも考えられる．しかし，この場合にも，ある温度より低温になれば，紅柱石の代りに含水鉱物が安定になるのであろうけれど，その点はまだわかっていない．Salotti(1962)は，この亜相の FeO の多い岩石にアルマンディンやゼードル閃石が生ずることを強調している．共生関係に対する ACF 図表の試案を，第 97 図に示す．

上記の亜相では，アクチノ閃石＋アルバイト＋緑簾石という共生が安定だと考えられているのであるが，一方には，比較的低圧の接触変成作用でできる岩石のなかには，アクチノ閃石＋ラブラドライトという組合せが生じていることが阿武隈および北上山地で見いだ

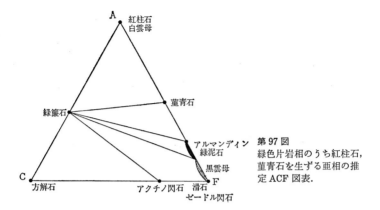

第 97 図
緑色片岩相のうち紅柱石，菫青石を生ずる亜相の推定 ACF 図表．

されている (紫藤，1958，pp. 199〜201; 関，1961 c). すなわち，この岩石では，角閃石がホルンブレンドになるよりも低い温度で，すでに An に富む斜長石を生じている．アクチノ閃石が安定である点では緑色片岩相に似ているが，An に富む斜長石が生ずる点で全く違い，この岩石は従来のどの鉱物相にも入れられない (§ 83). 筆者はこれを，actinolite-calcic plagioclase hornfels facies とよんだことがある (都城，1961 b, p. 307). 要するに，緑色片岩相の低圧の部分またはそれに近い変成相はまだよく解明されていない．

Eskola (1920) の考えでは，変成岩の緑色片岩相に対応する火成相としては，ヘルシンカイト相 (helsinkite facies) というものがあることになっていた．ヘルシンカイトというのは，バルト盾状地でカコウ岩に伴って出現するアルバイト-緑簾石岩のことであるが，これは，おそらくはマグマから直接に結晶したままの岩石ではないであろう．後に Eskola (1939) は，この火成相を抹殺した．たぶん，このような低温で結晶する火成岩はないのであろう．

§ 68 緑簾石角閃岩相 (epidote-amphibolite facies)

緑簾石角閃岩相という変成相は，Eskola (1920) の最初に提案した五つの変成相のなかには含まれていなかったが，Becke (1921) や Vogt (1927) がその存在を指摘したので，後に Eskola (1939) も受けいれた (第 16 表). この変成相は，がんらい広域変成作用のときに，緑色片岩相の地帯よりは高温で，角閃岩相の地帯よりは低温な，その中間の地帯で再結晶した岩石の属する相と考えられた．しかし厳密な定義は，人によってさまざまに与えられ

ている.

　Eskola(1939)の定義では，緑色片岩相は塩基性変成岩に角閃石類を生じない範囲に限定されているので，アクチノ閃石でもホルンブレンドでも，角閃石類を生ずるようになった地域の岩石は緑簾石角閃岩相に入れられる．しかし，この定義は不適当で，アクチノ閃石(や透閃石)は緑色片岩相でも安定と考えられることは，すでに論じた．この考えをとると，アクチノ閃石自体は緑色片岩相にでも，緑簾石角閃岩相にでも出現する鉱物であって，緑簾石角閃岩相の特徴はホルンブレンドが出現しはじめることにある．普通の塩基性変成岩だけについてみると，緑色片岩相で生ずる角閃石はアクチノ閃石であるが，緑簾石角閃岩相になるとホルンブレンドになる．塩基性変成岩でホルンブレンドの生成する反応は，たとえば次の式で表わされる：

$$\underset{\text{アクチノ閃石}}{Ca_2Mg_5Si_8O_{22}(OH)_2} + 14\underset{\text{緑泥石}}{Mg_5Al_2Si_3O_{10}(OH)_8} + 24\underset{\text{緑簾石}}{Ca_2Al_3Si_3O_{12}(OH)}$$

$$+ 28\underset{\text{石英}}{SiO_2} = 25\underset{\text{ツェルマク閃石分子}}{Ca_2Mg_3Al_4Si_6O_{22}(OH)_2} + 44H_2O \qquad (8\cdot7)$$

緑簾石角閃岩相でアクチノ閃石(透閃石)が生ずるのは，もっと Al に乏しい化学組成の岩石(たとえば石灰岩)である.

　緑色片岩相よりも温度が高くなる場合にみられる，もう一つの顕著な現象は，緑簾石と平衡する斜長石の組成が，アルバイトよりももっと An 成分に富むようになることである．Scottish Highlands では，もしホルンブレンドの出現しはじめるところから緑簾石角閃岩相がはじまるものとすると，それはほぼ泥質岩に対するアルマンディン・アイソグラッドに一致する．アルマンディン帯のなかの低温部の塩基性変成岩の斜長石は，緑簾石と平衡していても，アルバイトである．しかし，その帯のなかの高温部では，オリゴクレスが出現し，ときにはアンデシンも出現するかもしれない(Wiseman, 1934)．そこで，もしアルマンディン帯に相当する範囲を緑簾石角閃岩相にいれるとするならば，緑簾石と平衡する斜長石の組成は，アルバイト(約5％An)から約30％ An に及ぶことになる．そして，30％ An という組成をもって，緑簾石角閃岩相と角閃岩相との境界とすることができる.

　Ramberg(1952 b)も，緑簾石角閃岩相と角閃岩相との境界を，緑簾石と平衡する斜長石の組成が 30％An になる温度に置いた．そして，この温度は，同時に，広域変成作用で透輝石が生成しはじめる温度に一致していると述べている．その反応は：

$$\underset{\text{透閃石}}{Ca_2Mg_5Si_8O_{22}(OH)_2} + 3\underset{\text{方解石}}{CaCO_3} + 2\underset{\text{石英}}{SiO_2}$$

$$= 5\underset{\text{透輝石}}{CaMgSi_2O_6} + 3CO_2 + H_2O \qquad (8\cdot8)$$

§68 緑簾石角閃岩相

であって，これは第15表で透輝石の生成する反応にあたる．

一方，Ramberg(1945, 1952 b)は，緑簾石角閃岩相の低温の限界を，緑簾石と平衡する斜長石の組成が10% An を超える温度におこうとした．ところが Turner (1948) や Turner と Verhoogen (1951) は，それと異り，この変成相では斜長石の組成は10% An に達しないことが本質的であると考えて，アルバイト-緑簾石角閃岩相(albite-epidote-amphibolite facies)と名づけた．近年はさらに，10% An に近い組成の斜長石が peristerite を形成するという問題(§ 55-c)に関係してきて，緑色片岩相と緑簾石角閃岩相との境界付近の斜長石の性質は大きな問題になっている(Noble, 1962, 他)．

近年 Turner(Fyfe et al., 1958; Turner & Verhoogen, 1960)は，緑簾石角閃岩相の範囲が人によってさまざまに定義されていることや，アクチノ閃石とホルンブレンドを薄片で鑑定するのが困難なことがあるというような理由をあげて，この変成相を抹殺しようとした．そして彼が昔，アルバイト-緑簾石角閃岩相とよんだものを，名前を変えて緑色片岩相のなかの一つの亜相とするように定義しなおした．しかしこのような理由は，一つの鉱物相を抹殺する理由としては，妥当ではない．

緑簾石角閃岩相に属する塩基性変成岩は，一般にアルバイト(またはオリゴクレス)＋緑簾石＋ホルンブレンドという鉱物組合せをもっている．この組合せはこの鉱物相に critical である．このホルンブレンドは，一般にZの軸色が青緑色である．泥質岩起源の変成岩では，アルマンディン＋黒雲母＋白雲母＋石英という鉱物組合せが普通にみられる．FeO/MgO 比の大きい泥質岩には，クロリトイドが出現することもある．

一般にアルマンディン・アイソグラッドまたはザクロ石アイソグラッドとよばれるものは，アルマンディンが出現しはじめる線として定義されている．しかし，ここでアルマンディンとよぶものは，アルマンディン成分を主成分とするだけであって，そのほかのスペッサルティンやパイロープの成分をも多かれ少なかれ含んでいる固溶体である．アルマンディンの生成する温度・圧力の範囲は，その岩石の化学組成によって異るはずであって，またそれに応じて生成するアルマンディン固溶体の組成も異るはずである．母岩やアルマンディンの化学組成を指定しない限り，アルマンディン・アイソグラッドは一定の温度や圧力を示すものではない．

Scottish Highlands で泥質変成岩に広く出現してアルマンディンとよばれているものは，多くは MnO が 2.5% 以下，MgO が 5.5% 以下で，FeO＝29～35% の範囲にはいっている(Sturt, 1962)．このアルマンディンは，黒雲母アイソグラッドよりもかなり高い温度にな

って出現しはじめる．しかし，世界の他の地方には，泥質変成岩に黒雲母が生成しないほど低い温度でも，アルマンディンに近い組成のザクロ石が生成する場合が，たくさん知られている(Goldschmidt, 1921; Tilley, 1923; Banno, 1959 b)．このようなザクロ石は，アルマンディンを主成分とするけれど，かなり多量の MnO または CaO または両方を含んでいることが多い．したがって，MnO や CaO，ことに前者の多いパイラルスパイトは，黒雲母よりも低い温度から生成しはじめると考えられる．すなわち，それは緑色片岩相あるいは藍閃石片岩相でも生成しうる．

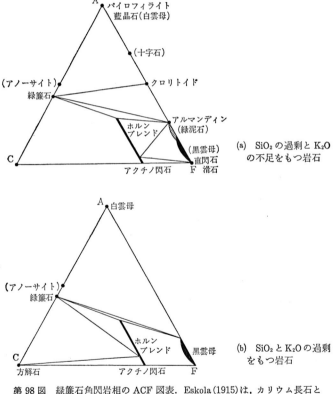

第 98 図　緑簾石角閃岩相の ACF 図表．Eskola(1915)は，カリウム長石と共存できない Al, Mg, Fe に富む鉱物を含む岩石を K_2O の不足をもつ岩石とよび，そのような鉱物を含やない岩石を K_2O の過剰をもつ岩石とよんだ (P.244)．この定義から，図 (a) の頂点 C に近い部分は，空の領域になる．

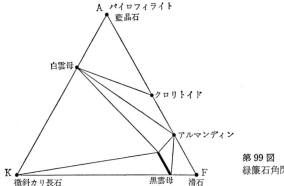

第99図 緑簾石角閃岩相の AKF 図表

　MnO や CaO の多いパイラルスパイトは，MnO や CaO の多い泥質岩に生じやすい．たとえば，ある泥質岩の MnO/(MgO+FeO) 比がきわめて小さければその MnO は緑泥石や黒雲母に含まれてしまうことができるような温度・圧力においても，もしその比がもっと大きいならば，MnO のすべてが緑泥石や黒雲母にはいってしまうことはできないで，もっと MnO のはいりやすい鉱物であるパイラルスパイトを生じる．MnO の割合が同じである場合には，FeO/MgO 比が大きい岩石の方がパイラルスパイトを生じやすい．したがって，泥質岩の化学組成が或る範囲のなかで変動し，MnO：FeO：MgO 比がさまざまである限りは，ザクロ石の生成しはじめる温度は岩石によってさまざまであり，アルマンディン・アイソグラッドは，あまり明確な一線としては現われない．

　この変成相では，塩基性変成岩でもアルマンディンを含んでいることがある．Scottish Highlands では，泥質変成岩のなかにアルマンディンが出現しはじめるとほとんど同じ温度から，塩基性変成岩のなかにもそれは出現しはじめる．

　この変成相の岩石に対する ACF 図表と AKF 図表とを，第98図および第99図に示す．

　Turner (1948) や Turner と Verhoogen (1951) は，接触変成作用でも角閃岩相より低温のところに緑簾石角閃岩相の変成岩が生ずると考え，それをアルバイト-緑簾石角閃岩相のなかの actinolite-epidote-hornfels subfacies とよんだ．しかし前節に述べたように，これは塩基性変成岩にアクチノ閃石を含むので緑簾石角閃岩相の亜相ではなくて，むしろ緑色片岩相の亜相とみるべきものである．したがって，もしこの相を認めるならば，温度上昇に伴って，緑色片岩相から直接に角閃岩相へ移行することになる．

　深成岩のなかには，しばしば緑簾石角閃岩相の鉱物構成をもつものがある．しかしそれ

が，マグマからの結晶作用によって直接できたものであるか否かは明らかでない．おそらく多くの場合には，結晶後に緑簾石角閃岩相の変質，あるいは変成作用をうけて生じたのであろう．

§69 角閃岩相(amphibolite facies)

広域変成岩において，緑簾石角閃岩相の表わす温度よりも高い温度に達すると，緑簾石は消滅して，それだけ斜長石の組成が An 成分に富むようになる(第66図)．したがって，最も普通の塩基性変成岩は，ホルンブレンドと 20～80％An 組成の斜長石とを主成分とする角閃石片岩または角閃岩になる．緑簾石が使いつくされて後の斜長石の化学組成は，共存するホルンブレンドの化学組成の変化によって少しは変化しうるが，大たいはその岩石の総化学組成によって決っている．

Eskola(1939)は，緑簾石が消滅して，普通の角閃岩が安定になったところを角閃岩相としている．しかし Ramberg(1952 b) は，緑簾石と共存する斜長石の組成が 30％An を超える温度を，緑簾石角閃岩相と角閃岩相との境とし，ほぼこの温度で，石灰質の岩石では反応(8・6)がおこって，透輝石が出現しはじめると考えた．しかし，緑簾石と共存する斜長石の組成が 30％An を超える温度と，100％An までの組成の斜長石が生じうるようになる温度との差は，あまり大きくないらしい(§55-c)．したがって Eskola と Ramberg との定義の違いは，見掛けほど大きくはない．本書では Ramberg の定義をとる．

Eskola の八つの変成相のなかでは，角閃岩相はおそらく世界的に最も多量の変成岩を含んでいる相である．世界の広域変成帯のなかの広い部分のみならず，接触変成帯のなかの多くの部分も，この変成相に属している．このような出現状態の広さや多様性に応ずるように，鉱物の共生関係にも多様性がある．したがって，角閃岩相における鉱物の共生関係を詳細に論ずるためには，どうしてもこの変成相をいくつかの亜相に分けることが必要である．

Turner(Fyfe et al., 1958; Turner & Verhoogen, 1960)は，接触変成作用の角閃岩相のことをホルンブレンド・ホルンフェルス相(hornblende-hornfels facies)とよび，広域変成作用の角閃岩相をアルマンディン角閃岩相(almandine-amphibolite facies)とよぶことにし，後者をさらに三つの亜相に分けた．しかし鉱物相は，鉱物の共生関係によって定義されるべきものであって，接触変成作用であるか広域変成作用であるかという区別に鉱物相の違いが厳密に対応すべきものではないし，そのような定義のしかたは好ましくない．その上

Turner がホルンブレンド・ホルンフェルス相の典型的な例としている Aberdeenshire や Orijärvi の変成岩は，実は本来の接触変成岩ではなくて，一種の広域変成岩とみるべきものである．

角閃岩相の地域のなかには，藍晶石を生ずる場合と，紅柱石を生ずる場合と，珪線石を生ずる場合とがある．Hietanen(1956)は，この三つの Al_2SiO_5 鉱物をすべて含んでいる変成岩，すなわちこの三つの Al_2SiO_5 鉱物の間の3重点付近の温度・圧力条件のもとで変成されたと考えられる岩石を記載したが，それに伴う石灰質の変成岩においては，緑簾石と共存する斜長石の組成は36％Anであった．したがって，Al_2SiO_5 鉱物の3重点は，角閃岩相のなかの低温の部分か，または角閃岩相と緑簾石角閃岩相との境界付近にあると考えられる．

本書では，角閃岩相を，藍晶石を生ずる亜相と，紅柱石を生ずる亜相と，珪線石を生ずる亜相とに3分しよう．このような分け方の利点は，亜相の間の温度・圧力の関係が，藍晶石，紅柱石，珪線石の安定関係(第22, 36図)から明瞭なことである．合成実験の結果を示す第87図によると，アノーサイトの安定領域は主として珪線石の安定領域のなかにあり，アノーサイトと藍晶石は共存しえない．しかし天然の場合には，多くは流体相の圧力は固相の圧力より低いであろうから，この実験結果をそのまま適用することはできない．また，アノーサイトが一般に純粋な鉱物としてでないで，斜長石固溶体をつくることも，それを安定化するのに貢献しているであろう．

多くの広域変成作用がおこるような高い圧力のもとでは，藍晶石-珪線石間，および紅柱石-珪線石間の平衡曲線よりも，多くの脱水変成反応の平衡曲線の方が，おそらく大きな傾斜をもっているであろう(たとえば第22図をみよ)．流体相の圧力が固相の圧力よりも小さいことは，脱水反応の曲線の傾斜をさらに大きくしているであろう．そこで，この二つの種類の曲線群は交わり，それによって温度・圧力の違いによってさまざまな共生関係の変化を生ずることになるであろう．しかし，その変化は，まだよく解明されていない．

(a) 角閃岩相のなかの藍晶石を生ずる亜相

この亜相は，角閃岩相のなかで比較的高圧低温の部分に相当する．Scottish Highlands では，泥質変成岩に対する藍晶石帯の変成岩がこの亜相に属する最も典型的な岩石であるが，十字石帯の岩石をも入れてもよい．これは，一面からみると緑簾石角閃岩相とこの亜相との境界をどこにおくかという定義の問題に関係しているが，他面からみると藍晶石の出現しはじめる低温の限界がはっきりしないことにも関係している．Scottish Highlands

では，藍晶石は十字石よりも少し高い温度から出現しはじめるが，北部 Appalachians ではほとんど同じ温度で出現しはじめ，藍晶石帯と十字石帯とを区別することができない．もっと他の地域では，藍晶石はザクロ石帯に相当するところに出現することもあるといわれている(Francis, 1956)．このような違いの一部分は，固相や H_2O の圧力の違いによるのであろうが，一部分は，藍晶石を生ずる反応がいろいろあって，母岩の総化学組成によって異る反応がおこるためであろう．

藍晶石を生ずる反応としては，次のようなものが考えられる：

パイロフィライト　　　藍晶石　　　石英
$$Al_2Si_4O_{10}(OH)_2 = Al_2SiO_5 + 3SiO_2 + H_2O \qquad (8\cdot 9)$$

ナトリウム雲母　　　石英　　　アルバイト　　　藍晶石
$$NaAl_3Si_3O_{10}(OH)_2 + SiO_2 = NaAlSi_3O_8 + Al_2SiO_5 + H_2O \qquad (8\cdot 10)$$

十字石　　　石英　　　アルマンディン　　　藍晶石
$$3Fe_4Al_{18}Si_8O_{46}(OH)_2 + 11SiO_2 = 4Fe_3Al_2Si_3O_{12} + 23Al_2SiO_5 + 3H_2O \qquad (8\cdot 11)$$

これらの反応のおこる温度は，おそらくこの順序に高くなっている．式 $(8\cdot 11)$ の反応によって，石英を含む岩石のなかの十字石は，藍晶石が安定な温度の範囲内で消滅してしまう．しかし，石英を含まない岩石のなかでは，もっと高温まで存続しうる．十字石が出現し，$(8\cdot 11)$ の反応がおこるよりも低温の範囲を十字石帯とよび，それよりも高温で藍晶石の出現する範囲を藍晶石帯とよぼうという提案もおこなわれている(Turner, 1948; Francis, 1956)．そうしても差支えはないが，これは Barrow の元来の定義とは違うものである．

この亜相では，泥質岩起源の変成岩でも，塩基性の変成岩でも，アルマンディンを含むことがある．しかしことに塩基性の変成岩の場合には，アルマンディンが出現するか否かは，その岩石の化学組成のわずかの違いによっている．したがって，温度や圧力のインディケイターとしては適しない．石灰質の変成岩には，透輝石やグランダイトが出現する．しかし，珪灰石を生ずるほどは温度が高くない．

この亜相の ACF および AKF 図表を，第100図に示す．この亜相の共生関係はまだよく研究されていないが，藍晶石，十字石，アルマンディン，直閃石などは，おそらくカリウム長石と共存することができないのであろう．したがって，ACF 図表は，K_2O の過剰をもつ岩石に対するものと，それをもたない岩石に対するものとを分けて描く方がよいのであるが，ここでは，いっしょに描いておく．

(b) 角閃岩相のなかの紅柱石を生ずる亜相

Eskola (1915) が Orijärvi 地方で詳細な解析をおこなった角閃岩相は，この亜相に属し

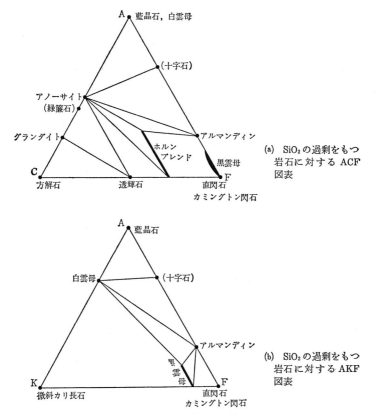

第100図　角閃岩相のうち藍晶石を生ずる亜相の ACF および AKF 図表

ている．Turner(Fyfe et al., 1958; Turner & Verhoogen, 1960)がホルンブレンド・ホルンフェルス相(hornblende-hornfels facies)とよんで，接触変成作用による鉱物相としているものは，この亜相によく似ている．しかしこの亜相は，接触変成岩に限るわけではなく，広域変成岩のなかにもこれに属するものは世界的にたくさんある．領家帯や阿武隈高原の広域変成岩のなかの大きな部分が，これに属している．

紅柱石は，第36図に示したように，藍晶石よりも低い圧力で安定である．したがって，紅柱石を生ずる角閃岩相は，藍晶石を生ずる角閃岩相よりも低い圧力を表わしている．しかし，紅柱石を生ずる角閃岩相のなかでも，圧力の比較的高いものと低いものとでは，共

生関係がかなり異っている．すなわち，比較的圧力の高い場合には，十字石やアルマンディンがしばしば出現し，藍晶石を生ずる亜相によく似ている．圧力が低くなると，十字石やアルマンディンはほとんど出現しなくなり，その代りに菫青石がしばしば出現するようになる．この関係は，高圧では十字石やアルマンディンが安定になり，低圧では菫青石が安定になるというような印象を与えやすい．実際，十字石が高圧で生じ，菫青石が低圧で生ずるという関係は，たとえば第74図にもあらわれていて，その印象は一面の真実を含んでいるにちがいない．しかし同時に，アルマンディンや菫青石は固溶体鉱物であって，それらの安定関係は固溶体の組成や母岩の化学組成と密接な関係があることを無視している点では，その印象は正しくない．たとえば Orijärvi 地方において，Eskola(1915) は ACF 図表にはアルマンディンを記入していないけれど，第88図に示したように，FeO/MgO 比の大きい岩石では菫青石と直閃石の代りにそれが出現するのである．

　パイロープーアルマンディン系のザクロ石については，固相の圧力が低く温度が高い状況のもとにおいては，FeO/MgO 比の大きいアルマンディンだけが安定である．圧力が高くなり，温度が低くなるにしたがって，FeO/MgO 比の小さいザクロ石が生成しうるようになる(第69図)．また菫青石については，おそらく，固相の圧力が低い状況のもとでは，FeO/MgO 比の任意の値のものが安定である．しかし，圧力が高くなるにしたがって，FeO/MgO 比の小さいものだけが生成しうるようになるであろう．このような圧力による固溶体鉱物の組成範囲の変化に応じて，鉱物の共生関係が変化する．その推定された関係の要旨を，第101図に示す．この図には，黒雲母，ザクロ石，菫青石，紅柱石(または珪線石)の間の共生関係が固相の圧力とともに変化し，そのために，低い圧力のもとでは菫青石を生ずる岩石の化学組成の範囲が広く，高い圧力になるとザクロ石を生ずる岩石の化学組成の範囲が広くなることが示されている．

　MnO の多い岩石には，低い圧力でもアルマンディン-スペサルティン系のザクロ石を容易に生じうることは，もちろんである．

　この亜相における鉱物の共生関係は，すでに§63に述べたように，Eskola(1915)によって詳細に解析されている．K_2O の少ない岩石には紅柱石，菫青石，直閃石，アルマンディンなどが生じうるが，K_2O が増加すると，それらの鉱物は白雲母や黒雲母に変化する．それらの鉱物が使い尽された後に，さらに K_2O が増加するとカリウム長石が生じはじめる．すなわち，紅柱石，菫青石，直閃石，アルマンディンは，カリウム長石と共存することができない．そこで，この亜相の ACF 図表は，K_2O の過剰をもつ岩石に対するものと，不

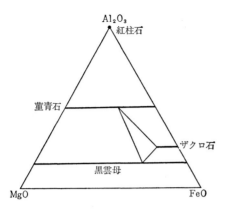

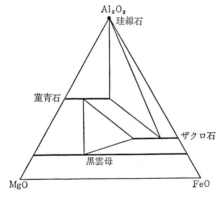
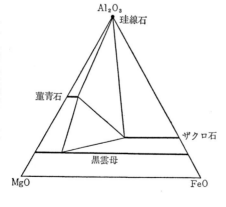

第101図
泥質変成岩における，黒雲母，ザクロ石，菫青石，紅柱石(または珪線石)の共生関係の圧力による変化. (a)では菫青石はMg-Feの全体にわたって置換が可能であるが, (b)や(c)では組成の範囲が狭くなる. ザクロ石の組成の範囲は，それと逆に広くなる. そのために(a), (b), (c)の順序に，菫青石を生ずる岩石の組成の範囲が狭くなり，ザクロ石を生ずる岩石の組成の範囲が広くなる. 3相の共存を示す線は書いてあるが, 2相の共存を示す線は省略した(主としてChinner, 1962による).

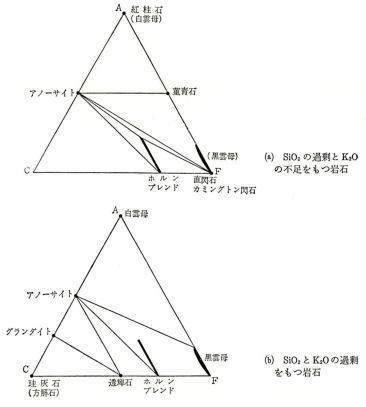

第102図 角閃岩相のうち紅柱石を生ずる亜相の ACF 図表. 第98図におけると同じ理由から, 図(a)の頂点Cに近い部分は空の領域である.

足をもつ岩石に対するものと分けて描くことが望ましい. この亜相に属する岩石の ACF および AKF 図表を, 第102図と第103図とに示す.

この亜相のなかで比較的低温の部分, あるいは CO_2 の圧力の高い場合では, 方解石は石英と共存しうる. しかし高温の部分, あるいは CO_2 の圧力の低い場合には, 反応して珪灰石を生ずる.

石英を含む石灰岩のなかでは, 黒雲母は方解石と反応して, 次の式の示すように透輝石を生じたり, ホルンブレンドを生じたりする:

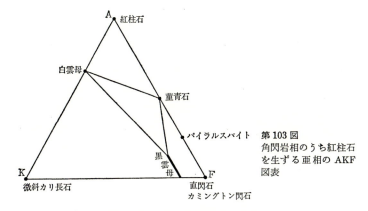

第103図
角閃岩相のうち紅柱石
を生ずる亜相の AKF
図表

$$\underset{黒雲母}{KMg_3AlSi_3O_{10}(OH)_2} + \underset{方解石}{3CaCO_3} + \underset{石英}{6SiO_2}$$
$$= \underset{透輝石}{3CaMgSi_2O_6} + \underset{カリウム長石}{KAlSi_3O_8} + 3CO_2 \tag{8・12}$$

しかし石英を含まない岩石のなかでは，黒雲母は方解石と共存することができる．石灰質の変成岩のなかには，グランダイトはよく出現するが，アルマンディンは出現しない．それは，次のような反応がおこるためであろう (Ramberg, 1952 b, p. 154):

$$\underset{アルマンディン}{3Fe_3Al_2Si_3O_{12}} + \underset{方解石}{4CaCO_3}$$
$$= \underset{透輝石}{4CaFeSi_2O_6} + \underset{橄欖石}{Fe_2SiO_4} + \underset{スピネル}{3FeAl_2O_4} + 4CO_2 \tag{8・13}$$

この亜相は，低温の側では，緑色片岩相のうちの紅柱石を生ずる亜相に移過するのかもしれない．高温の側では，或る場合には次に述べる角閃岩相のなかの珪線石を生ずる亜相に移過し，他の場合には直接に輝石ホルンフェルス相に移過する．

(c) 角閃岩相のなかの珪線石を生ずる亜相

角閃岩相のなかで比較的高温の部分においては，珪線石が安定である．この亜相の岩石は，広域変成岩に多いけれど，接触変成岩のなかにもある．

Scottish Highlands の広域変成地域においては，Barrovian zones の珪線石帯の変成岩はこの亜相に属する．この場合には，この亜相の地帯は，低温の側では角閃岩相のなかの藍晶石を生ずる亜相の地帯と境を接しているわけである．阿武隈高原や領家変成帯においては，変成温度の比較的高い部分がこの亜相に属する．この場合には，この亜相の地帯は，低温の側では角閃岩相のなかの紅柱石を生ずる亜相の地帯と境を接している．接触変成帯

においては，最も高温の部分でも紅柱石が安定なことも多いが，珪線石が安定になることもある．後者の場合に，その地帯は輝石ホルンフェルス相に属することもあるが，角閃岩相のこの亜相に属することもある．たとえば，北上山地の遠野カコウ閃緑岩体のまわりの接触変成帯の最高温部は，この亜相に属する(関, 1957, 1961 c).

したがって，おそらく，この亜相は比較的高い圧力から低い圧力までの広い範囲に対応している．圧力の違いに応じて，鉱物の共生関係にも変化があり，将来はいくつかに細分することが望ましいであろう．圧力が高い場合には，たとえばアルマンディンができやすくて，それは泥質変成岩にのみならず，塩基性変成岩(すなわち角閃岩)にも普通に出現する．圧力が低い場合には，アルマンディンは泥質変成岩，ことに MnO のやや多いものには出現するが，塩基性変成岩にはほとんど出現しない．

この亜相のなかの比較的低温の一部分では，藍晶石や紅柱石を生ずる亜相と同じように，カリウム長石は珪線石，菫青石，アルマンディン，直閃石などと共存することができない．しかしこの亜相のなかの比較的高温の部分になると，白雲母は石英と反応して，次の式：

$$\underset{\text{白雲母}}{KAl_3Si_3O_{10}(OH)_2} + \underset{\text{石英}}{SiO_2} = \underset{\text{珪線石}}{Al_2SiO_5} + \underset{\text{カリウム長石}}{KAlSi_3O_8} + H_2O \tag{8·14}$$

に示される変化がおこり，珪線石はカリウム長石と平衡に共存しうるようになる．また，次の反応：

$$\underset{\text{白雲母}}{6KAl_3Si_3O_{10}(OH)_2} + \underset{\text{黒雲母}}{2K(Mg, Fe)_3AlSi_3O_{10}(OH)_2} + \underset{\text{石英}}{15SiO_2}$$
$$= \underset{\text{菫青石}}{3(Mg, Fe)_2Al_4Si_5O_{18}} + \underset{\text{カリウム長石}}{8KAlSi_3O_8} + 8H_2O \tag{8·15}$$

がおこり，菫青石はカリウム長石と共存しうるようになるかもしれない．次の反応：

$$\underset{\text{白雲母}}{KAl_3Si_3O_{10}(OH)_2} + \underset{\text{黒雲母}}{K(Mg, Fe)_3AlSi_3O_{10}(OH)_2} + \underset{\text{石英}}{3SiO_2}$$
$$= \underset{\text{アルマンディン}}{(Mg, Fe)_3Al_2Si_3O_{12}} + \underset{\text{カリウム長石}}{2KAlSi_3O_8} + 2H_2O \tag{8·16}$$

もおこって，アルマンディンもカリウム長石と共存しうるようになるかもしれない．擬人的にいえば菫青石は Mg を好み，アルマンディンは Fe を好むので，岩石の Fe/Mg 比が小さいときは(8·15)がおこりやすく，大きいときには(8·16)の方がおこりやすい．もちろん $MnO/(MgO+FeO)$ 比が大きければ，(8·16)がおこりやすくなる．

前にふれたように，Al_2SiO_5 鉱物の間の転移平衡曲線よりは，式(8·14)～(8·16)のような脱水平衡曲線の方が，おそらく傾斜が大きくて，交わるであろう(第22図)．したがっ

§69 角閃岩相

て，この転移温度と脱水反応温度との高低関係は，圧力によって異っている．もちろんそのほかに，脱水平衡曲線が，地域的な H_2O の圧力の違いによって移動することで，事情はもっと複雑になる．Scottish Highlands におけるその関係については，これまでに信頼できる記載が発表されていない．Appalachians の北部の広域変成地域では，藍晶石帯と珪線石帯との境界よりもずっと高温になって，(8・14) の反応がおこる．この反応がおこる地点を連ねる線を，orthoclase isograd，あるいは sillimanite-potash feldspar isograd などとよんでいる(Heald, 1950; Guidotti, 1963). もちろん，ここで potash feldspar とよぶものは，いくらかの Na_2O を含む固溶体(正長石または微斜カリ長石)であるから，厳密にはそのことを考慮に入れねばならない．

阿武隈高原や領家変成帯においては，紅柱石の安定な地帯から珪線石の安定な地帯にはいる境界線よりもずっと高い温度になって，反応(8・14)がおこる(都城, 1958; 大木, 1961 a)．ところが Kristiania や Comrie 地方にみられるような輝石ホルンフェルス相の変成岩においては，紅柱石が安定であるにもかかわらず，反応(8・14)にあたるものはすでにおこってしまっている．

Scottish Highlands の広域変成地域においては，角閃岩相の珪線石を生ずる亜相の岩石のなかで，方解石と石英とは安定に共存することができる．珪灰石は生じない．ところが中部阿武隈高原の広域変成地域や，多くの接触変成帯では，この亜相の岩石のなかでは方解石と石英とは反応して珪灰石を生じていることが，かなり多い．このことは，高圧の変成地域では一般に CO_2 の圧力も高いということを示すのであろうか？

この亜相の岩石に対する ACF および AKF 図表を，第104図に示す．この亜相では，カリウム長石は珪線石，菫青石，アルマンディンなどと共存しうる場合が多いので，K_2O の過剰をもつ岩石と，不足をもつ岩石とを，区別して ACF 図表をつくる必要が少なくなっている．そこで，第104図でもその区別をしない．

変成岩における角閃岩相に対応する火成相を，Eskola(1920, 1939)はホルンブレンド・ハンレイ岩相(hornblende-gabbro facies)とよんだ．鉱物組成上は，ホルンブレンド・ハンレイ岩は，角閃岩とほとんど同じである．造山帯のカコウ岩やハンレイ岩の大部分は，この鉱物相に属するものと考えられる．しかし，これらの岩石のなかには，本質的に火成岩でないものもあるかもしれない．また，たといがんらいは火成岩であったとしても，現在それが角閃岩相の変成地域のなかに露出している場合には，現在の鉱物組成は形成後に受

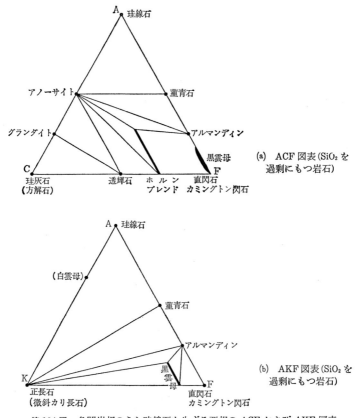

第104図　角閃岩相のうち珪線石を生ずる亜相の ACF および AKF 図表

けた変成作用によってできたのかもしれない．もしそうしてできたのであるならば，その岩石は変成岩であって，角閃岩相に属すると考えねばならない．しかし実際は，しばしば決定が困難である．

　角閃岩相の変成地域には，一般に多くのペグマタイト岩体が出現し，またしばしばいわゆるミグマタイトが出現する．これは，場合によっては岩石の部分的融解がおこりはじめることを示すものかもしれない．H_2O の圧力の高い状態では，角閃岩相の温度は，直接融解の温度に接しているのかもしれない．もしそうであるならば，それよりも高い温度を表わすグラニュライト相や輝石ホルンフェルス相は，H_2O の圧力の低い状態でのみ実現せら

れることになる．しかしまた，これらのペグマタイトもミグマタイトも，融解なしに，再結晶作用によってできたのかもしれない (Ramberg, 1949, 1952 b)．

§70 グラニュライト相 (白粒岩相, granulite facies)

　グラニュライト相は，Eskola (1920) の最初に提案した五つの変成相のなかに，はいっていなかったが，後に彼 (Eskola, 1929 a) によって追加された鉱物相である．グラニュライトという岩石名については，すでに第１章§4に解説してある．Eskola によるとこの鉱物相は，角閃石や雲母のような H_2O を含む鉱物を欠き，比較的多量のパイロープ成分を含むザクロ石の出現することが特徴である．しかしこの鉱物相に属する岩石が，いかなる地質学的過程によって生成するかは，当時は全くわからなかった．Eskola (1929 b) は，フィンランド北部の Lapland のグラニュライトを，高圧のもとで結晶した特殊な火成岩であると考え，それは推し被せ運動をうけたために H_2O がマグマから逃げ去り，そのために高温で結晶して H_2O を含まない鉱物を生じたのであろうと空想した．後に Eskola (1939) は，グラニュライト相の岩石が変成岩かもしれない可能性は十分認めたが，まだ地殻の正規の鉱物相系列には入れないで，何か特別な条件でできる岩石だと考えていた．この相が，広域変成作用の最も高い温度を表わす変成相であることは，第二次世界大戦後になって広く認められるようになった．グリーンランドのグラニュライト相の地域の研究に基く Ramberg の変成論 (ことに Ramberg, 1949) は大戦後の岩石学の転換に大きく貢献した．インド半島やその他の地方に産するグラニュライト相の岩石であるチャルノック岩についての多くの研究 (たとえば，Howie, 1955; Subramaniam, 1959, 1962) も，人びとの注意をひいた．しかし，この種の岩石のなかのいくらかが火成岩であるかもしれない可能性は，今も残っている．

　グラニュライト相の地域は，造山帯の中心部に広い面積を占めて出現することがある．しかし，それが累進変成作用によって他の変成相の地域に移過するところを，詳細に研究されている場合は稀である．Heier (1960) は，ノルウェー北部の Langöy 島のカレドニア変成地域において，角閃岩相からグラニュライト相へ移過する状態を見いだした．Binns (1962) は，オーストラリアの Broken Hill 地方の先カンブリア変成地域において，角閃岩相からグラニュライト相へ移過する状態を研究した．これらの例からみても，グラニュライト層の地域が低温の側で角閃岩相の地域に移過することは明らかである．ノルウェー南部の Örsdalen 地方 (Heier, 1956) や，Scotland の Scourie 地方 (Sutton & Watson, 1951a)

では，グラニュライト相の地域の一部分が下降変成作用をうけて，他の変成相に変わっているのが見出された．

すでに述べたように，石英が共存している場合には，白雲母は角閃岩相の高温部においてそれと反応して分解する．しかし，黒雲母や角閃石は，角閃岩相の全体にわたって安定である．ところが，典型的なグラニュライト相においては，黒雲母も角閃石も安定でない．そこで，たとえば次のような分解反応が考えられる：

$$\underset{\text{金雲母}}{KMg_3AlSi_3O_{10}(OH)_2} + \underset{\text{石英}}{3SiO_2} = \underset{\text{斜方輝石}}{3MgSiO_3} + \underset{\text{カリウム長石}}{KAlSi_3O_8} + H_2O \qquad (8\cdot17)$$

$$\underset{\text{アクチノ閃石}}{Ca_2Mg_5Si_8O_{22}(OH)_2} = \underset{\text{透輝石}}{2CaMgSi_2O_6} + \underset{\text{斜方輝石}}{3MgSiO_3} + \underset{\text{石英}}{SiO_2} + H_2O \qquad (8\cdot18)$$

$$\underset{\text{ツェルマク閃石}}{Ca_2Mg_3Al_4Si_6O_{22}(OH)_2} + \underset{\text{石英}}{SiO_2} = \underset{\text{斜方輝石}}{3MgSiO_3} + \underset{\text{アノーサイト}}{2CaAl_2Si_2O_8} + H_2O \qquad (8\cdot19)$$

$$\underset{\text{直閃石}}{Mg_7Si_8O_{22}(OH)_2} = \underset{\text{斜方輝石}}{7MgSiO_3} + \underset{\text{石英}}{SiO_2} + H_2O \qquad (8\cdot20)$$

これらや，そのほかこれに類する雲母や角閃石の分解反応のおこる温度は，もちろん反応ごとに異っている．同じ形の反応でも，固溶体鉱物の組成が違うと違ってくる．したがって，これらのなかのどの反応がおこるところをもって角閃岩相とグラニュライト相との境界にするかによって，それらの広さが異ってくる．

多くの場合，普通の中性または塩基性組成の岩石に，角閃石が減少して斜方輝石が出現しはじめるところをもって，グラニュライト相の始りとしている．出現しはじめた斜方輝石は，一般に角閃石類と平衡に共存している．温度がさらに上昇すると，輝石の割合が増加する．そしてついには，角閃石が消滅する．角閃石の消滅する温度は，岩石の FeO/MgO 比や過剰の SiO_2 の有無によって異る．SiO_2 の過剰がない岩石では，角閃石が高温になっても残っている．そのために，塩基性岩には比較的角閃石が多く，酸性岩には比較的斜方輝石が多い傾向がある．これは，火成岩の普通の傾向と逆である．

黒雲母の分解と，それに伴う斜方輝石の生成とは，角閃石の輝石化よりも少し高い温度でおこるらしい．この分解反応も，SiO_2 の過剰のない岩石ではきわめておこりにくい．

したがって，SiO_2 の過剰をもつ岩石だけ考えてみても，角閃岩相の状態から角閃石も雲母も含まない**典型的なグラニュライト相**の状態までの間には，広い中間領域がある．グラニュライト相を，典型的なグラニュライト相の部分と，そういう中間状態の部分との，二つの亜相に分けることもできる．Turner (Fyfe et al., 1958; Turner & Verhoogen, 1960) が pyroxene-granulite subfacies および hornblende-granulite subfacies とよんで区別し

ているのは，それぞれ上記の二つの亜相に対応するものである．しかし，ここで典型的なグラニュライト相の部分とよんだような亜相の岩石の産出することは，稀である．

Lapland, グリーンランド，インドなどのグラニュライト相に属するグラニュライトやチャルノック岩は，いろいろな特異な鉱物学的性質をもっている．すなわち，そのなかの石英は肉眼的に青色または灰青色で，長石も，肉眼的に青，青緑または褐緑の色を呈している．そのために，石英や長石の多い酸性岩でも，肉眼的には塩基性岩のような暗い色にみえる．この色は，石英や長石がこの相の条件のもとで生長したときに，そのなかに固溶体として取りこまれた Fe などが後に析出して微細な包有物になっているためではないかといわれている．パイラルスパイトは，角閃岩相のそれよりもはるかに多くのパイロープ成分を含むことができ，パイロープ成分の量は最大 55% に及ぶことがある．斜方輝石は，しばしば多量の Al_2O_3 を含んでいることがある．このような性質は，一部分はたしかに生成の温度が高かったことによるのであろうけれど，もっと高温で生成した火成岩の鉱物にもみられない性質であるから，生成の圧力が高かったことも重要な役割を演じているのであろう (Eskola, 1957 a)．

ところが，フィンランド南部の Uusimaa 地方のグラニュライト相の岩石においては，石英は着色せず，パイラルスパイトのパイロープ成分は 27% 以下であり，斜方輝石の Al_2O_3 含有量はきわめて少ない(Parras, 1958)．すなわち，上にあげたような特異な性質をほとんどもっていない．このグラニュライトは，Orijärvi 地方をも含む Svecofennides 変成地域のなかの高温の部分に生じたものであって，おそらく圧力は比較的低かったのであろう．その構成鉱物が特異な性質を示さないのは，そのためであろう．もっと圧力が低くなると，グラニュライト相は輝石ホルンフェルス相に移過するのであろう．

以上のようなグラニュライトやチャルノック岩においては，Al_2SiO_5 鉱物が出現する場合には，それは珪線石である．ところが，グラニュライトの最も古くから知られた産地であるドイツの Sachsen の Granulitgebirge のグラニュライトは藍晶石を含み，またその石英も長石も普通の明るい色をしている．そのためにこのグラニュライトは，肉眼的に白，淡紅または淡黄色に見える．これは，生成の温度がやや低かったのかもしれない．

グラニュライト相の岩石に出現するカリウム長石は，一般に正長石または微斜カリ長石である．Eskola(1952)は，Lapland のグラニュライトにおいて，元来存在した正長石が後に微斜カリ長石化してゆく過程を見いだした．Heier(1960)によると，Langöy 島においては，角閃岩相の地帯の石英は無色で，カリウム長石は一般に微斜カリ長石であるが，グラ

ニュライト相に近づくと正長石になり，グラニュライト相の地帯にはいると石英は青灰色になる．しかし Ward (1959) は，東部アメリカの或るグラニュライト相のカコウ岩のなかに，正長石もあるが，そのほかにサニディンらしい長石が出現することを見いだした．また，グラニュライト相の岩石には，いろいろな組成の斜長石が出現する．カリウム長石や斜長石は，それぞれペルト長石やアンチペルト長石をなしていることが多い．

グラニュライト相の岩石の斜方輝石には，異常に強い多色性を呈するものもあり，ほとんど多色性を呈しないものもある．多色性の強さは，FeO/MgO 比とも Fe_2O_3/FeO 比とも無関係で，何に支配されているのか不明である．斜方輝石の Al_2O_3 含有量は，最大 8% を少し超えることがある (Eskola, 1957 a)．

グラニュライト相の岩石には，しばしば斜方輝石とカルシウム輝石(サーラ輝石やオージャイト)とが共存している．この平衡関係については，前に論じた(§34)．Binns (1962) は，グラニュライト相のなかでも温度が上昇するにしたがって斜方輝石とカルシウム輝石の平衡関係が変化し，またカルシウム輝石のなかに固溶体として含まれる En+Fs 成分の量が増加することを論じた．

Eskola (1939) は，真のグラニュライト相の岩石には菫青石は出現しないと考えた．実際，たとえばインドのチャルノク岩には，菫青石は出現しない．しかし Lapland や Uusimaa 地方のグラニュライト相地域には，菫青石が出現する．菫青石の安定性は岩石の FeO/MgO 比によって大いに異る．普通の泥質岩起源の変成岩の FeO/MgO 比の値の範囲では菫青石を生じなくても，第 101 図(c)に示すように，FeO/MgO 比がそれより小さい岩石ではそれを生じうるであろう．この比がとくに小さい岩石があれば，グラニュライト相の温度・圧力の範囲の少なくとも大部分においては，菫青石を生じうるのではないかと思われる．もちろん，グラニュライト相のなかでも圧力の小さい部分の方が生じやすいであろう．

グラニュライト相に出現するホルンブレンドは，薄片で褐色または緑褐色で，TiO_2 に富んでいる．TiO_2 は，角閃石や黒雲母に含まれているほかに，酸性岩ではルチル，塩基性岩ではチタン鉄鉱をつくる．スフェーンは，方解石や透輝石を含むようなとくに石灰質の岩石にのみ出現する．Langöy では，角閃岩相の地帯にはスフェーンが出現するが，グラニュライト相の地帯には出現しないことが認められた (Heier, 1960, p. 123)．

SiO_2 の不足をもつ岩石に橄欖石，コランダム，スピネルなどが出現するのは当然であるが，スピネルは石英を含む岩石にも出現することがある．これは少なくとも FeO/MgO 比の大きい菫青石は不安定であって，その代りにその比の大きいスピネルと石英を生ずるの

であろう．

　グラニュライト相の岩石のなかでは，方解石と石英とが安定に共存して珪灰石を生じないことが多いが，Uusimaa 地方のように，反応して珪灰石を生じていることもある．また，この変成相では一般にグランダイトをも生じないし，ドロマイトの熱解離もおこらないといわれている．しかし，この相のなかの低圧の部分で，輝石ホルンフェルス相に近い条件のもとでは，グランダイトも生じ，ドロマイトの解離もおこるのではないかと思われる．

　典型的なグラニュライト相の岩石に対する ACF および AKF 図表を，第 105 図に示す．

　グラニュライト相の変成岩は，それが高温で生成したものであるために，鉱物組成が火

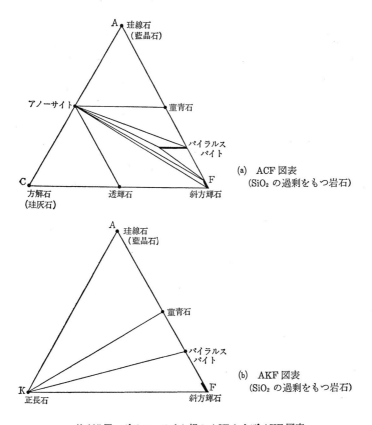

第 105 図　グラニュライト相の ACF および AKF 図表

成岩のそれにかなり似ている．したがって，火成岩であるか，変成岩であるか，決定しにくい場合がしばしばおこってくる．19世紀にその種の岩石を記載した人びとのほとんどすべては，それを火成岩と考えた．今日多くの人びとが代表的なグラニュライト相の変成岩だと考えているチャルノク岩も，それが始めて Holland (1900, 他) によって詳細に研究され，記載命名されたときには，火成岩と考えられていた (§4)．その後もこれを火成岩と考える人が多く，変成岩と考える人が目立ってきたのは第一次大戦以後のことである．その研究史は，Pichamuthu (1953) や Parras (1958) によって総括されている．

1939年の Eskola の鉱物相の一覧表 (第16表) には，グラニュライト相は火成相とも変成相とも指定してないが，後に Eskola (1957 a) は，それを変成相とし，それに対応する火成相を**マンゲル岩相** (mangerite facies) とよんでいる．マンゲル岩というのは，ノルウェー西南部の Bergen 地方において，推し被せ岩体の主要部分を構成して出現するアノーソサイトやチャルノク岩に伴っている中性の深成岩様の岩石に対して C. F. Kolderup が1904年に与えた名称であって，斜方輝石を含んでいる．

グラニュライト，あるいはチャルノク岩の産出状態に関連してとくに注意すべきことの一つは，それがしばしば，**アノーソサイト** (斜長岩, anorthosite) およびいわゆる**エクロジャイト**と密接に伴って，大規模に先カンブリア時代の変成地域に出現することである．Davidson (1943, pp. 103～104) は，チャルノク岩とアノーソサイトとエクロジャイトがいっしょに出現する例として，彼の記載したイギリスの Outer Hebrides のほかに，インドの Madras, アフリカの Ivory Coast, ソヴェトの Ukraine, 南ノルウェー (Bergen 地方など)，アメリカの Adirondacks などの地方のものをあげている．また，チャルノク岩とアノーソサイトとがいっしょに出現する地方として，アフリカの Angola をあげている．ここにわれわれは，Langöy 島を追加してもよいであろう．また彼は，チャルノク岩とエクロジャイトがいっしょに出現する地方として，南極の Adelie Land, ソヴェトの Kola 半島，東北グリーンランド，アフリカの Gold Coast と Uganda をあげている．

エクロジャイトという岩石名は，元来19世紀の始めごろ Haüy によって始めて使われた古い言葉であって，その意味はやや曖昧であるから，上にあげたような地方に出現するザクロ石と単斜輝石を主成分とする岩石をエクロジャイトとよぶことは，別に誤りではない．そして実際，これらのなかにも，エクロジャイト相に属するエクロジャイトもあるかもしれない．しかし，これらのエクロジャイトの大部分は，おそらくは本来のエクロジャイト相のものではなくて，ここでいうグラニュライト相に属するものであろう．パイラル

スパイトとカルシウム輝石との集合は，次の式に示すように，橄欖石ハンレイ岩と同じ化学組成をもっている：

$$\underset{\text{パイロープ}}{Mg_3Al_2Si_3O_{12}} + \underset{\text{透輝石}}{CaMgSi_2O_6} = \underset{\text{橄欖石}}{Mg_2SiO_4} + \underset{\text{斜方輝石}}{2MgSiO_3} + \underset{\text{カルシウム長石}}{CaAl_2Si_2O_8} \quad (8 \cdot 21)$$

したがって，塩基性火成岩がグラニュライト相の条件のもとで再結晶すれば，そのようなエクロジァイトを容易に生じうるはずである．

アノーソサイトとチャルノク岩とが密接な成因的関係があるということは，古く Rosenbusch (1910, p. 183) が気がついて，それを Charnockit-Anorthositreihe という言葉で表わしている．Goldschmidt (1922 b) は，とくに H_2O の含有量が少ない場合に生ずるマグマの分化系列として，彼が Anorthosit-Charnockit-Stamm または Mangerit-Stamm とよぶものをあげて，この種の岩石の間の成因的関係を強調した．ノルウェーの Bergen 地方のカレドニア造山帯の推し被せ岩体の主要部分を構成していて，Goldschmidt (1916) が Bergen-Jotun-Stamm とよんだものは，その典型的な例であった．これらの人はいずれも，アノーソサイトやチャルノク岩を火成岩としていた．アノーソサイトの方は，今日でもおそらく大部分の人びとはまだ火成岩だと考えているであろう．たとえば Bowen (1917) はそれを，ハンレイ岩質マグマのなかから結晶した斜長石が集積して生じた火成岩であると説明した．たしかに，Stillwater や Bushveld のような塩基性層状貫入岩体のなかには，アノーソサイトの層ができていることが多く，これはハンレイ岩質マグマの結晶分化によってできたようにみえる．このアノーソサイトは，An 成分が 50～80% くらいの組成をもっている．ところが世界のあちらこちらの先カンブリア変成地域には，それとは違って，ドーム状あるいはバソリス状の岩体をなして出現するアノーソサイトがある．この方の斜長石は An 成分が 35～65% くらいの組成をもっている．チャルノク岩とよく伴うのは後者の種類である．こちらのアノーソサイトは，カコウ岩を除けば最も巨大なバソリスをつくって出現することのある岩石である．カナダやノルウェーに多く，カナダの Quebec 州 Saguenay 地方の岩体は 1.5 万 km² (四国くらいの面積) に及んでいる．カナダおよびそれに隣接するアメリカの Adirondacks の巨大なアノーソサイト岩体は，カナダ盾状地のなかの Grenville province に属し，今から約 10～14 億年前に生成したものである．このようなアノーソサイトが，塩基性層状貫入岩体をつくっているアノーソサイトと同じ成因によるとは考え難いであろう．

チャルノク岩やエクロジァイトを伴うようなアノーソサイトは，何かグラニュライト相

の変成作用に関係ある過程によってできたのではなかろうか．変成作用の温度が過度に高くなると融解がおこってもよいから，このアノーソサイトがそうしてできた融解物の結晶作用によって生成した火成岩であったり，貫入したりする可能性をかならずしも否定するわけではないが，アノーソサイトの化学組成を生ずる上で，グラニュライト相の変成作用が重要な役割を演じているのではなかろうか．そして少なくとも或る場合には，変成作用とそれに伴う物質移動だけで生じた変成岩なのではないかと思われる．多くのアノーソサイトにおいては，斜長石につぐ主成分鉱物は斜方輝石やカルシウム輝石であって，それはグラニュライト相に属すると考えてよい鉱物組成をもっている．カコウ岩やチャルノク岩の研究史をみてもわかるように，昔の人は特別に反対する理由がないときには，結晶質の岩石はすべて火成岩と考えようとする傾向が強かった．

Ramberg (1951) は，グリーンランドの西海岸のグラニュライト相の片麻岩と，角閃岩相または緑簾石角閃岩相の片麻岩とを比較すると，前者の方が Si, Na, K, O, OH により乏しいことを見出した．そしてこれは，グラニュライト相の岩石は地殻の最深部を占め，角閃岩相などの岩石はそれより上層にあったために，Si, Na, K, O, OH などの物質が重力や温度差の作用のもとで，グラニュライト相のところから角閃岩相などのところへ向って拡散移動して行ったためであると説明した．すなわち，グラニュライト相の変成地域では塩基性化 (basification) がおこったと考えた．グラニュライト相変成岩の塩基性化は，Adirondacks においては Engel と Engel (1958, 1962 a) によって具体的に研究されている．Ramberg が考えたような拡散移動がおこるか否かは疑問であるが，そうでなくても，グラニュライト相は温度が高いから，岩石の部分的融解 (すなわち差別的アナテクシス) が始まって，融解部分が移動してもよいわけである．

世界の巨大なアノーソサイト岩体の実際上すべてと，グラニュライト相の変成地域の大部分とは，先カンブリア時代に生成したものである．こう書くと，地球の歴史のなかの古い時代ほど，何か今とは異った状態になっていて，これらの岩石を生じやすかったような印象を与えやすく，実際，普通はそう解釈されている．しかし，この解釈は正しくないであろう．カナダのアノーソサイトはいずれも今から約10~14億年前に生成したものであり，ノルウェーのアノーソサイトはそれと同時代か，またはもっと新しい．先カンブリア時代の最古の岩石は，今から約30億年前で，古生代の始まりは今から約6億年前であるから，アノーソサイトが大規模に形成されたのは，先カンブリア時代が半分以上過ぎて後のことである．地球の歴史からいえば，比較的新しい時代のことなのである．先カンブリア時代

は，カンブリア紀以後の4倍もの長さがあるから，偶然ある一つの時代を選び出せば，それは先カンブリア時代のなかにはいる確率の方が，古生代以後になる確率の4倍ある（都城，1960 c）．それにしても，地球の歴史のなかの比較的限られた或る時期に，地球がこのような岩石を生じやすい状態になっていたことは，事実のようにみえる．

もしわれわれが，角閃岩相で大規模にミグマタイトのできはじめるあたりを，やや高い H_2O の圧力のもとで，石英長石質あるいは泥質の岩石が融解しはじめる温度だと解釈してもよいならば，グラニュライト相になってもまだ融解しないで変成岩を生ずるためには，H_2O の圧力がそれより低く，したがって融解しはじめる温度はより高くなっていると考えねばならないであろう．

§71 輝石ホルンフェルス相 (pyroxene-hornfels facies)

グラニュライト相と同じように高温であるが，それよりも低圧の条件を表わすのは，輝石ホルンフェルス相である．この相においては，高温のために白雲母も角閃石も不安定で，その代りに正長石や斜方輝石やカルシウム輝石を生ずる．また，低圧であるために，アルマンディンやパイロープを生じないで，紅柱石や菫青石が広く出現する．

Goldschmidt (1911) の古典的研究によって知られている Kristiania 地方のホルンフェルスは，この変成相に属している．はじめ Eskola (1920) は，この相を単にホルンフェルス相 (hornfels facies) とよんでいた．しかし，一般にホルンフェルスとよばれている岩石のなかで，変成温度の高いものはこの変成相に属するけれど，変成温度の比較的低いもの（たとえば造山帯のカコウ岩のまわりに生ずるホルンフェルスの大部分）は角閃岩相に属している．したがって，単にホルンフェルス相とよぶと，まちがいをおこしやすいので，後に輝石ホルンフェルス相と改めた (Eskola, 1939)．

Kristiania 地方（第12図）では，広い先カンブリア変成地域のなかに，二畳紀に生じた地溝に，大規模な割目噴出や中心噴出の火山活動がおこり，多くのカルデラをも生じた．それに伴って，地下の浅いところに，ハンレイ岩，モンゾニ岩，閃長岩，ネフェリン閃長岩，カコウ岩などの大小のアルカリ岩系の貫入岩体を生じた．これらの，volcanic association の貫入岩体がそのまわりの古生層に対して生じた接触変成作用が，観察されているのである (Barth, 1945; Oftedahl, 1959, 1960)．Goldschmidt は，接触変成作用の性質は，それをおこしたのがハンレイ岩であるかカコウ岩であるかというような岩型の違いとは無関係に，同一であることを見いだした．接触変成帯のなかの火成岩体に近い高温の部分には輝石ホ

ルンフェルス相のホルンフェルスを生じている．火成岩体から遠い，比較的低温の部分には，再結晶は不完全だが，角閃岩相らしいホルンフェルスを生じている．

　輝石ホルンフェルス相では，白雲母は不安定であるが，黒雲母は安定である．角閃岩相のなかで，輝石ホルンフェルス相と同じように紅柱石を生成する亜相の少なくとも大部分においては，白雲母は安定である．おそらく，角閃岩相のなかで紅柱石を生成する亜相を，さらに細かく，比較的圧力の高い部分と，低い部分とに分割すると，前者は温度が上昇すると珪線石を生ずる角閃岩相の亜相に移過し，やがて白雲母の分解をおこすが，後者は温度が上昇すると，紅柱石が安定なままで，輝石ホルンフェルス相に移過するのであろう．後者の場合にも，白雲母の分解する温度の方が，角閃石の分解する温度よりも低いらしい (Bateman *et al.*, 1963)．しかし，この部分の状況は，まだよく研究されていない．

　輝石ホルンフェルス相とグラニュライト相との境界も，ほとんど論ぜられていない．輝石ホルンフェルス相の Al_2SiO_5 鉱物は，一般に紅柱石であるが，場合によっては Comrie 地方 (Tilley, 1924 b) のように珪線石を伴うこともある．グラニュライト相では一般に珪線石が安定である．輝石ホルンフェルス相では，アルマンディン-パイロープ系列のザクロ石は普通生成しないが，グラニュライト相では広く生成する．そのほかいろいろな違いがあるが，グラニュライト相のなかでも Uusimaa (Parras, 1958) のような場合は，前にのべたように，グラニュライト相と輝石ホルンフェルス相との中間状態ともみられる．この二つの相の境界を定義するのに何を用いてもよいわけであるが，ここではアルマンディン-パイロープ系列のザクロ石が普通の泥質変成岩で安定か否かをもって分けることにしよう．そうすると，Uusimaa の場合はグラニュライト相にはいる．しかし，ことに FeO/MgO 比の大きい異常な泥質岩があれば，輝石ホルンフェルス相でもアルマンディンを生じうるであろう．スペサルティンやグランダイトは，輝石ホルンフェルス相においても安定である．菫青石は輝石ホルンフェルス相にきわめて広く出現し，石英と方解石は反応して珪灰石を生ずる．

　この相に出現するカリウム長石は一般に正長石であるが，Tilley (1924 b) は Comrie 地方のこの相のホルンフェルスのなかに，稀にサニディン状の長石が出現することを記している．（このことは，輝石ホルンフェルス相とサニディナイト相との間の境界の問題に関係してくるので，次節で論ずることにしよう．）これらのカリウム長石は，紅柱石や菫青石と平衡に共存することができる．

　輝石ホルンフェルス相に属する，SiO_2 の過剰をもつ変成岩の鉱物構成は，Goldschmidt

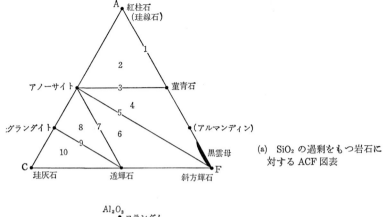

第106図 輝石ホルンフェルス相における共生関係

によって Kristiania 地方で詳細に解析された. その結果を, 第106図(a)の ACF 図表に示す. Goldschmidt は, Al_2O_3 に富む泥質の変成岩から, CaO に富む石灰質の変成岩までの系列を, おもな構成鉱物の組合せによって10種類の Klasse に分類した. それは,

Klasse 1: 紅柱石-菫青石ホルンフェルス

Klasse 2: 斜長石-紅柱石-菫青石ホルンフェルス

Klasse 3: 斜長石-菫青石ホルンフェルス

Klasse 4: 斜長石-斜方輝石-菫青石ホルンフェルス

Klasse 5: 斜長石-斜方輝石ホルンフェルス

Klasse 6: 斜長石-透輝石-斜方輝石ホルンフェルス

Klasse 7: 斜長石-透輝石ホルンフェルス

Klasse 8: グロシュラール-斜長石-透輝石ホルンフェルス

Klasse 9: グロシュラール-透輝石ホルンフェルス

Klasse 10: グロシュラール-珪灰石-透輝石ホルンフェルス

である.これらの Klasse の番号をも ACF 図表上に示してある.石英や正長石は,これらのなかのどれにでも出現しうる.黒雲母は,とくに石灰質なものを除いた,1～7の Klasse に出現する.とくに石灰質のホルンフェルスでは,黒雲母は方解石や石英と反応して,式 (8・12)のように透輝石になる.Klasse 10 のホルンフェルスには,場合によってベスブ石が出現することがある.

SiO_2 の不足をもつ石灰質の変成岩には,方解石,マグネシウム橄欖石,金雲母などが出現する.ドロマイトは式(4・57)のように解離して,ペリクレスを生ずる.

泥質の変成岩のうちで SiO_2 の不足をもつものには,コランダム,スピネル,橄欖石などが出現しうる.そのような変成岩における鉱物の共生関係を,第106図(b)に示す.FeO/MgO 比の値が大きいと,アルマンディンやスピネルが生じやすくなるので,共生関係は厳密にはこの図表だけでは表わせない.この図表に示す鉱物のほかに,黒雲母や正長石を伴うことも多い.菫青石,黒雲母,アルマンディンおよびスピネルの共存する場合には,それらの鉱物における FeO/MgO 比の値は,ここにその名前をあげた順序に大きくなっている(Stewart, 1942).

このように SiO_2 の不足をもち,コランダムやスピネルを含む輝石ホルンフェルス相のホルンフェルスは,Scottish Highlands の Comrie 地方の閃緑岩のまわり(Tilley, 1924b)や,Belhelvie 地方のハンレイ岩のまわり(Stewart, 1942, 1946)の接触変成帯から記載されている.どちらも,カレドニア造山運動に関係して生じた貫入岩体であろうが,貫入の時期はその地域の広域変成作用より後で,広域変成岩をホルンフェルス化している.どちらも,紅柱石のみならず,珪線石まで生じている.コランダムとスピネルを含むホルンフェルスは,SiO_2 約40%,Al_2O_3 約25～35%,FeO 8～18%,MgO 3～5% という異常な化学組成をもっている.

このように異常に SiO_2 が少なくて,Al_2O_3 や FeO の多いホルンフェルスは,もちろんそのような化学組成の岩石がもとからあって,それが変成作用をうけてホルンフェルス化したのかもしれない.しかし Comrie でも Belhelvie でも,ホルンフェルス化されないで

残っている付近の岩石の性質から判断する限りでは，原岩がそれほど異常な化学組成をもっていたか否かは疑わしい．この異常な化学組成は，変成作用のときの物質移動によって生じたのかもしれない．グラニュライト相のところで述べたと同様に，輝石ホルンフェルス相の変成作用も高温の過程であるから，泥質あるいは石英長石質の変成岩は，部分的融解（差別的アナテクシス）をおこす可能性がある．そうして生じた SiO_2 に富む液体が，何かの過程で取り去られれば，あとには Al_2O_3 や FeO に富む固相を主とする物質が残り，異常な化学組成の岩石が生ずることになる．部分的融解のおこったときの温度は，輝石ホルンフェルス相の温度よりも高くて，珪線石の代りにムル石が安定であったかもしれない．そうすると，残る固相はムル石やスピネルを含むであろう．ムル石は後に分解して，珪線石（または紅柱石）＋コランダムを生じうる．

輝石ホルンフェルス相に対応する火成相を，Eskola は**ハンレイ岩相**(gabbro facies)とよんだ．この相に属する火成岩の多くは，造山帯のなかでは構造運動や広域変成作用より後に貫入してホルンフェルスをつくるような貫入岩体であるか，または非造山地域の貫入岩体である．

§72 サニディナイト相(sanidinite facies)

輝石ホルンフェルス相の表わす温度よりも高温になると，カリウム長石はサニディンになり，アルカリ長石の連続固溶体系列が形成されうる．また斜長石は高温形になり，ムル石が生じうるようになる．このような状態を表わす変成相を，Eskola(1920, 1939)はサニディナイト相とよんだ．それは，すべての鉱物相のなかで，最も高温で低圧の状態を表わすものと考えられる．この相の変成岩は，火山岩のマグマに取りこまれてパイロ変成作用をうけた包含岩塊にみられる．また，volcanic association に属する貫入岩体の接触部に生じていることがある．

サニディナイト相にはサニディンが出現するけれど，サニディンはこの相に限るものではないらしい．すでに述べたように，サニディンと思われる長石は，稀にはグラニュライト相や輝石ホルンフェルス相の一部分の岩石からも発見されている．もし Eskola(1939)のように，サニディンをもってサニディナイト相の critical な鉱物とするならば，これらの岩石もその相に入れねばならなくなる．しかし，そのほかの点ではグラニュライト相と考えてもよいような岩石を，サニディンが出現するというだけの理由でサニディナイト相に入れると，鉱物の共生関係のはなはだしく違うものをいっしょにすることになって，よく

ない．その上，グラニュライト相や輝石ホルンフェルス相のカリウム長石が現在一般には微斜カリ長石や正長石であるとしても，それらは変成作用のときにはサニディンとして生成したのかもしれない．サニディンから他の低温構造への転移は，変成地域の冷却という緩やかな過程では，容易におこったかもしれない．サニディンの出現をもってサニディナイト相の特徴とすると，他の相との境界が実際上はっきりしなくなる．そこで本書では，サニディンをサニディナイト相の critical な鉱物とは考えない．

　サニディナイト相では，Or 成分から Ab 成分まで，アルカリ長石の連続的な固溶体系列が生じうる．また，斜方輝石が生ずることもあるが，場合によってはその代りにピジョン輝石を生じうる．Eskola(1939) は，アルカリ長石固溶体のサニディンとピジョン輝石とを，この相の critical な鉱物としている．アルカリ長石の完全固溶体系列は約 650°C 以上になると形成されるが，ピジョン輝石の方はその生成の条件がよくわかっていないようである．

　サニディナイト相では，珪灰石はかなり多量の $FeSiO_3$ 成分を固溶体として含みうる．アルミニウムのケイ酸塩としては，珪線石を生ずることもあるが，ムル石を生ずることもある．シリカ鉱物としては，石英を生ずることもあるが，トゥリディマイトやクリストバル石を生ずることが多い．しかしクリストバル石は，準安定相として生じたのかもしれない．

　スペサルティンよりほかのザクロ石は，シリカ鉱物が共存するとすべて不安定である．たとえば次のように，分解反応がおこる：

$$\underset{\text{グロシュラール}}{Ca_3Al_2Si_3O_{12}} + \underset{\text{シリカ}}{SiO_2} = \underset{\text{珪灰石}}{2CaSiO_3} + \underset{\text{アノーサイト}}{CaAl_2Si_2O_8} \qquad (8\cdot22)$$

$$\underset{\text{ザクロ石}}{MgFe_2Al_2Si_3O_{12}} + \underset{\text{透輝石}}{CaMgSi_2O_6} + \underset{\text{シリカ}}{SiO_2} = \underset{\text{輝石}}{2MgFeSi_2O_6} + \underset{\text{アノーサイト}}{CaAl_2Si_2O_8} \qquad (8\cdot23)$$

　これらのいろいろな特徴的な鉱物が生成または分解する温度と圧力の範囲は，鉱物によってそれぞれ異っている．したがって，サニディナイト相をいくつかの亜相に分けることも可能であろう．しかし，この相の変成岩は，平衡に達していないことが多く，研究に困難が多い．この鉱物相における共生関係は，火山岩の石基のそれと同じであると考えられ，また 1 atm のもとにおける無水融解実験にみられる結晶相の関係とほとんど同じであると考えられている．そこで，これらのものの知識をもって，変成岩の知識の不足が補われている．サニディナイト相の岩石は，高温のためにしばしば融けかかって，ガラスを含んでいる．しかし，融けかかった岩石は，本来の変成岩というよりも，変成岩と火成岩の中間

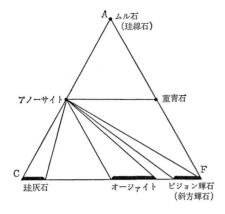

(a) SiO_2 の過剰をもつ岩石に対する ACF 図表

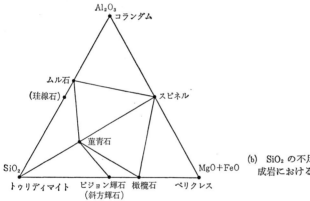

(b) SiO_2 の不足をもつ泥質変成岩における共生関係

第 107 図 サニディナイト相における共生関係

的な性質のものと解せられる.

サニディナイト相に属する, SiO_2 の過剰をもつ岩石に対する ACF 図表と, SiO_2 の不足をもつ泥質岩起源の変成岩に対する共生関係の図表とを, 第 107 図に示す.

サニディナイト相の石灰質変成岩は高温のために反応が進み, モンチセリ橄欖石, メリ石, スパー石, マーウィン石, ラーン石などの特有の鉱物を生ずる (p. 208, 第 15 表).

SiO_2 の過剰をもつ岩石では, 第 107 図(a)に示すように一般に H_2O を含む鉱物を生じない. これは, この相の温度が高く, その上 H_2O の圧力が小さいことによるのである. しか

し，SiO_2 が不足な場合には，黒雲母はおそらくサニディナイト相の岩石のなかの或るものでは安定である．黒雲母の安定な温度の範囲は，SiO_2 が不足な程度が甚しいほど，高温の方へ伸びてゆく(都城，1960 b, part 5)．

ドイツの Rheinische Schiefergebirge には，第三紀から第四紀の始めまで多くの火山があった．そこの Laacher See 地方に，粗面岩質の火山噴出物に伴って，**サニディナイト** (sanidinite)とよばれる岩石の放出物が多数産出する．サニディナイト相という名前はこの岩石名からきたものである．サニディナイトは，地下深所で粗面岩質マグマに取りこまれた結晶片岩塊が，パイロ変成作用と交代作用をうけて生じた特殊な岩石である．十字石，紅柱石，ザクロ石などのような，もとの結晶片岩に含まれていた鉱物も残っていることがあるが，多くの新しい鉱物を生じている．すなわち，サニディン(またはアノルソクレス)を主成分とし，しばしばノゼアンまたはアウインを含む．斜方輝石，カルシウム輝石，黒雲母，菫青石，珪線石，コランダム，スピネルなども出現する．サニディナイトは，古くは R. Brauns や G. Kalb の多くの論文によって世界に知られた．近年，Frechen(1947)や Schürmann(1960)の新しい研究が発表されている．Scotland の Mull 島の玄武岩質貫入岩のなかの，ムル石を含む包含物については，Thomas(1922)の記載が有名である(Bowen *et al.*, 1924)．

変成岩におけるサニディナイト相に対応する火成相を，Eskola(1920, 1939)は**輝緑岩相** (diabase facies)とよんだ．火山岩の多く，および volcanic association に属する貫入岩のなかの或るものは，この相に属する．しかし火山岩の属する鉱物相の性質は，まだよくわかっていない．

§73 藍閃石片岩相(glaucophane-schist facies)

Eskola(1920)が最初に提案した五つの変成相のなかには，藍閃石片岩相ははいっていなかった．しかし彼は，藍閃石やローソン石は或る特定の変成相でできるという考えはすでに持っていて，その相はエクロジァイト相に近縁のものだと考えていた(Eskola, 1920, p. 176)．また，ヒスイ輝石はエクロジァイト相の鉱物だと考えていた．1929年になって彼は，藍閃石片岩相を提案した(Eskola, 1929 a, 1939)．その時代には，藍閃石片岩やそれに伴う岩石の性質は，まだきわめて不十分にしか理解されていなかったが，それでもそれらは藍閃石，ローソン石，パンペリ石などのやや珍しい鉱物を含んでいたので，Eskola の注意を引いたのであろう．Eskola(1939)は，これらの鉱物を，この相に対して critical であると

考えた.

ところが一方では,他の多くの地質家たちは,藍閃石片岩は超塩基性または塩基性の貫入岩体から放出されてその周囲の岩石に浸透して行った Na その他の物質による交代作用によって生じたのであると主張した(鈴木, 1934, 1939; Taliaferro, 1943). Turner(1948) や Turner と Verhoogen(1951)はこの説を支持して,藍閃石片岩相は緑色片岩相や緑簾石角閃岩相と実質上同じ温度・圧力を表わすものであると結論して,この鉱物相の存在を抹殺しようとした.

しかし,藍閃石は,次の式に示すように,アルバイトと適当な鉄マグネシウム鉱物とをいっしょにしたような化学組成をもっている.

$$\underset{\text{アルバイト}}{2NaAlSi_3O_8}+\underset{\text{蛇紋石}}{Mg_3Si_2O_5(OH)_4}=\underset{\text{藍閃石}}{Na_2Mg_3Al_2Si_8O_{22}(OH)_2}+H_2O \quad (8\cdot24)$$

$$\underset{\text{アルバイト}}{50NaAlSi_3O_8}+\underset{\text{緑泥石}}{9Mg_5Al_2Si_3O_{10}(OH)_8}+\underset{\text{アクチノ閃石}}{6Ca_2Mg_5Si_8O_{22}(OH)_2}$$
$$=\underset{\text{藍閃石}}{25Na_2Mg_3Al_2Si_8O_{22}(OH)_2}+\underset{\text{緑簾石}}{6Ca_2Al_3Si_3O_{12}(OH)}+\underset{\text{石英}}{7SiO_2}+14H_2O \quad (8\cdot25)$$

藍閃石片岩のなかには,藍閃石やアルバイトを多量に含んでいて,Na 含有量の多いものもいくらかあるが,しかし多くのものはそうではない.Washington(1901)は,藍閃石片岩と普通の角閃岩との間に化学組成上の一定の差異を見いだそうとして努力したけれど,成功しなかった.このことからもわかるように,藍閃石片岩の多くのものは,H_2O の含有量を除けば,緑色片岩や角閃岩と同じような化学組成をもっている.その化学組成が,原岩の化学組成をそのまま受けついでいるものであっても,あるいは交代作用によって獲得せられたものであっても,鉱物相の立場からみれば,何ら区別する必要はない.たとい交代作用があったとしても,そのことは藍閃石片岩相の存在と矛盾するものではない.固定性成分について同じ化学組成をもつ岩石が異る鉱物組成を示す以上は,異った鉱物相に属すると考えねばならない.そこで,de Roever(1955 a, b)や都城と坂野(1958)などは藍閃石片岩相の存在を強く支持した.de Roever は,ヒスイ輝石が藍閃石片岩相の特徴的な鉱物であることを示した.

Taliaferro, Turner, その他ほとんどすべての California の研究者を誤らせる一つの原因となっていたのは,Franciscan 層群では,藍閃石片岩は不変成の地域のなかに斑点状に出現し,そして藍閃石片岩の出現する地点の付近には,しばしば超塩基性または塩基性の貫入岩が存在するという野外所見であった.ところが,この野外所見自体が正しくないこ

とが明らかになった．まず Bloxam(1956)は，不変成と思われていたグレイワケのなかに，実は変成作用によって藍閃石，ローソン石，ヒスイ輝石などが生じていることを発見した．やがて McKee(1962 a)その他の人によって，それらの鉱物の生成は斑点状ではなくて，広大な地域に及んでいる場合のあることが明らかになった．したがって，Franciscan 層群は，広い範囲にわたって或る変成作用の温度圧力のもとにおかれたのであるが，多くの場合には再結晶が不完全なままで終って，普通の変成岩のような外観を呈するに至らなくて，局部的に再結晶が進んだところの岩石だけが従来注意をひいていたのであることが明らかになった．Franciscan 層群のなかで，超塩基性または塩基性の貫入岩体のまわりでは，それらの岩体から放出されたり，それらを通路として上昇してくる物質の作用によって，再結晶が促進されて，みごとな藍閃石片岩を生成したことがあるかもしれない．しかし，藍閃石は少量ずつならば広域的に生成していて，その生成は貫入岩の作用を必要とするわけでもなく，その分布は貫入岩の付近に限るわけでもない(Bloxam, 1959, 1960)．

　ヒスイ輝石は，常温以上の温度では，かなり高い圧力(固相の圧力)がかかっていないと安定ではない．ことにヒスイ輝石が石英と共存する場合には，それは高い圧力のもとでのみ安定である(第35図)．藍閃石片岩相の岩石のなかにヒスイ輝石と石英の共生が生成しうることは，Celebes(de Roever, 1955 a)，California(Bloxam, 1956; McKee, 1962 a)，日本(関・紫藤, 1959; 関, 1960)などで見いだされている．このことは，藍閃石片岩相が高い圧力を表わすことを最も直接的に示すので重要である．藍閃石片岩相の岩石の中には，広い地域にわたってアラゴナイトが出現することが，最近発見された(McKee, 1962 b; Coleman & Lee, 1962)．アラゴナイトも，高い圧力のもとで安定な鉱物である(第35図)．また，藍閃石片岩相の地域は，しばしば不変成の地域に移過するところからみると，この相は比較的低い温度を表わすと考えられる．ヒスイ輝石，アラゴナイト，ローソン石などは，いずれも低温のもとでの方ができやすい鉱物である．

　この鉱物相の表わす温度の値がどれくらいであるかは明らかでないが，かりに 200°C とすると，ヒスイ輝石＋石英が安定であることは1万 atm 以上の圧力を意味する．これは，地下 35 km 以上の深さに対応する圧力である．もっと温度が高いとすると，もっと圧力も高くなる必要がある．ヒスイ輝石＋石英という共生の生成する圧力は，ヒスイ輝石が固溶体をつくればもっと低くなるであろう．しかし，藍閃石片岩を生ずるような変成地域には，アラゴナイトや藍晶石も出現することがあって，これらの鉱物が安定であるためには，200°C とすればそれぞれ，8000 atm および 7000 atm の圧力が必要である(第35, 36図)．

§73 藍閃石片岩相

　これらは，地下の深さでいうと約 29 km および 25 km に相当する圧力である．

　なお，藍閃石片岩はとくに強い差動のもとで形成されるというような意見を述べた人もあるが，根拠があるわけではない．長年の慣習によって，藍閃石を含む岩石を藍閃石片岩というが，実は片状でないことも多い．そこで片岩とよぶことを避けて，granofels または hornfels とよんだ人もあるほどである (McKee, 1962 a)．

　以上のことから類推すると，藍閃石片岩のなかの最も特徴的な鉱物である藍閃石も，高圧でのみ安定な鉱物であろうと想像されるかもしれない．しかし，これは事実ではないことが，近年明らかになった．すなわち，Ernst (1961) は，藍閃石が，適当な特殊な化学的条件のもとにおいては，きわめて低い圧力でも容易に合成できることを示した (第 82 図)．したがって，藍閃石が出現するというだけのことから，その生成の圧力が高いか低いかを決めることはできない．温度・圧力だけからみると，藍閃石は，緑色片岩相，緑簾石角閃岩相，角閃岩相などの岩石のみならず，或る種の火成岩にも出現してもよいであろう．ただ，それらの変成相の岩石や火成岩に出現するためには，或る化学的条件が満されねばならない．天然には，そのような化学的条件が満されることがほとんど(または全く)ないために，藍閃石はそれらの変成相や火成岩には，ほとんど(または全く)出現しないのであろう．

　藍閃石片岩相においては，普通の化学組成をもった塩基性または酸性の岩石にでも，藍閃石が出現する．普通の化学組成をもった塩基性岩は，たとえば緑色片岩相においては緑色片岩になるが，それがそうならないで藍閃石片岩になるためには，或る特定の範囲の温度・圧力のもとで変成しなくてはならない．その範囲が藍閃石片岩相に対応している．このように温度・圧力の値が或る特定の範囲にあったために生じた藍閃石片岩を，そのことを強調するために**青色片岩** (blueschist) とよび，藍閃石片岩相のことを**青色片岩相** (blueschist facies) とよぶことがある (Ernst, 1963 a)．おそらく地球上のほとんどすべての藍閃石片岩は，この意味では青色片岩であろう．Ernst (1963 b) はさらに，藍閃石にⅠとⅡと二つの同質多形相があることを発見した (第 82 図)．藍閃石片岩に出現するのは，低温高圧形である藍閃石Ⅱの方である．

　藍閃石片岩相の地域を，同じく比較的低温を表わす緑色片岩相や緑簾石角閃岩相の地域とくらべると，それらに出現する鉱物がかなり似ている場合と，甚しく異る場合とがある．甚しく異る場合の方を，**典型的な藍閃石片岩相**とよぶことができるであろう．そのような典型的な藍閃石片岩相の岩石は，たとえば California の Franciscan 層群などに広く発達

している．その地域では，変成岩のほとんどすべてが，多かれ少なかれ藍閃石を含んでいる．斜長石や緑簾石は出現しないで，その代りにヒスイ輝石とローソン石がきわめて広く出現する．パンペリ石は出現することもあり，しないこともある．緑泥石，アクチノ閃石，白雲母，スチルプノメレンなどは，岩石によって出現することがあるが，一般にその量は多くない(Bloxam, 1959, 1960)．このような岩石群に対するACF図表を，第108図に示す．

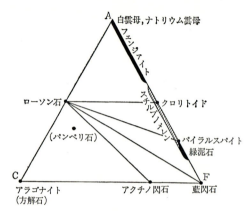

第108図
典型的な藍閃石片岩相のACF図表．この図は，CO_2の圧力が比較的小さい場合を示す．CO_2の圧力が大きくなると，アラゴナイト(方解石)が緑泥石やスチルプノメレンと共存しうるようになる．最も特徴的な鉱物であるヒスイ輝石は，この図表には表わされない．

藍閃石片岩相のなかで緑色片岩相に似た性質のものは，典型的な藍閃石片岩相と緑色片岩相とのあいだの中間的なものだとみられる．その場合には，藍閃石を含む岩石は比較的稀である．塩基性変成岩でも，藍閃石片岩になっていることもあるが，わずかの化学組成の違いによって藍閃石を含まない緑色片岩になっていることが多い．アルバイトや緑簾石は広く出現する．また緑泥石，アクチノ閃石，白雲母などが広く多量に出現する．パンペリ石は出現するかもしれないが，ローソン石やヒスイ輝石は出現しない．

わが国では，藍閃石片岩相の地域は三波川変成帯や神居古潭変成帯のなかの大きな部分を占めていて，その一部分にはローソン石やヒスイ輝石も出現するが，大部分は緑色片岩相に似た性質のものである．藍閃石片岩の出現は比較的稀で，塩基性岩のなかでも藍閃石片岩よりも藍閃石を含まないアクチノ閃石緑色片岩の方が多く，普通その二つは密接に相伴い，入り混って出現する．藍閃石片岩相のなかのこのような部分において，藍閃石片岩と緑色片岩との違いは，それらの岩石の化学組成の違いによって生ずるのである(岩崎, 1963)．なお，この場合に，藍閃石片岩と入りまじって出現する緑色片岩は，もちろん藍閃

石片岩相に属するのである．Turner(Fyfe et al., 1958, p. 225～228)などが，その事実を，藍閃石片岩相の岩石と緑色片岩相の岩石とが入りまじって出現するのだと解しているのは，誤りである．

藍閃石片岩相を生ずるような変成作用を**藍閃変成作用**(glaucophanitic metamorphism)という．藍閃変成作用が一種の累進的な広域変成作用であって，累進的鉱物変化にもとづいて変成地域の分帯をおこなうことができるということは，わが国ではじめて，坂野昇平(1958a)の青海変成岩の研究や，関陽太郎(1958)の関東山地の研究によって示された．その後，坂野は別子地方や北海道の幌加内地方で分帯をおこない(都城・坂野，1958；坂野・羽田野，1963；坂野，1964)，関は渋川地方や天竜川地方で分帯をおこなった(関ら，1960；関，1961b)．また，岩崎(1963)は四国東部で，橋本(1960)は上伊那地方でおこない，田崎(1964)は神居古潭渓谷の南方でおこなった．藍閃変成地域の分帯は，わが国ではこのように多くの地域でおこなわれているが，ほかの国では，まだ一つも確実な結果はえられていない．(Californiaの藍閃石片岩の記載で，従来，累進的な変化という言葉が使われている場合があるが，これは再結晶作用が累進しているという意味であって，温度上昇に伴う累進的な鉱物変化のことではない．)

わが国でおこなわれた分帯の結果からみると，藍閃石片岩相の地帯は，低温の側では非変成地帯(すなわち，再結晶していない地帯)に移過している．反対に，高温の側では，多くの場合には，緑色片岩相の地帯に移過している．ただし別子地方においては，藍閃石片岩相の地帯は，緑色片岩相の地帯をほとんど経過しないで，直接に緑簾石角閃岩相の地帯に移過する．

藍閃石片岩相の岩石には，これまでにあげた鉱物のほかに，ナトリウム雲母，クロリトイド，スペサルティンまたはアルマンディン，紅簾石，スフェーン，ルチルなどが出現することがある．藍閃石片岩相の変成地域の一つの著しい特徴は，エジリン，エジリンオージャイト，リーベック閃石，マグネシオリーベック閃石などのアルカリ鉱物が，しばしば出現することである(鈴木，1934，1939；鈴木・鈴木，1959；都城・岩崎，1957；坂野，1959a)．これらのアルカリ鉱物は，どうしてできたのであろうか？

もちろん，アルカリ火成岩が変成作用をうけてエジリンやリーベック閃石を含む変成岩を生ずることも，考えられないわけではない．実際，或る他の変成相に，アルカリ火成岩起源らしい変成岩の出現することも報告されている．しかし，エジリンやリーベック閃石を含む変成岩は，藍閃石片岩相に出現することの方が，はるかに多いように思われる．ま

た，藍閃石片岩地域のエジリンやリーベック閃石を含む岩石は，アルカリ火成岩がもちえないほど多量の SiO_2 を含んでいることがよくある．もしそうならば，それらは，藍閃石片岩相に特有な何かの変成過程によって生成したのではなかろうかと考えられる．

火成岩の場合には，主成分鉱物である長石やネフェリンでは，$(Na_2O+K_2O+CaO)/Al_2O_3$ 比は 1 である．岩石のこの比の値の大小によって，構成鉱物が変化する．ことに，岩石の $(Na_2O+K_2O)/Al_2O_3$ 比が 1 よりも大きくなるほど Na_2O+K_2O に富んでいる場合には，その Na_2O や K_2O はアルカリ長石をつくっても余りがあるので，エジリンやリーベック閃石を生ずる．ところが，藍閃石片岩相の変成岩の多くにおいては，K_2O はカリウム長石ではなくて白雲母を生ずる．白雲母の K_2O/Al_2O_3 比の値は，カリウム長石のそれよりもはるかに小さい．そこで，岩石全体の $(Na_2O+K_2O)/Al_2O_3$ 比が 1 よりも小さくても，そのなかに白雲母を生ずるならば，同時にエジリンやリーベック閃石を生じうる．変成岩では，アルマンディンのようにアルカリを含まないで Al_2O_3 を含む鉱物をも生じうることも，エジリンやリーベック閃石の出現を助けるかもしれない．結局，火成岩や高温低圧の変成岩ならばエジリンやリーベック閃石を生じないような化学組成の岩石でも，藍閃石片岩相ではそれらの鉱物を生ずることが，ありうるであろう．

実際にエジリンやリーベック閃石を含む藍閃石片岩相の変成岩を調べてみると，$(Na_2O+K_2O)/Al_2O_3$ 比が 1 よりも小さい場合もある．しかし，この比が 1 よりも大きい，きわめてアルカリの多い特殊な化学組成をもっていることもある．たとえば，ほとんど石英とリーベック閃石とエジリンオージァイトだけからできているような片岩が記載されているが，その $(Na_2O+K_2O)/Al_2O_3$ 比はきわめて大きい（鈴木，1934）．これはどうしてできるのであろうか．

藍閃石片岩相のエジリンやリーベック閃石を含む変成岩は，しばしば赤鉄鉱や石英を伴っている（都城・岩崎，1957；坂野，1959 a）．これを理想化して，$Fe-O-Na-SiO_2-H_2O$ 系の多相平衡を考えよう．SiO_2 を過剰成分とみなし，H_2O を完全移動性成分とみなすことにしよう．O および Na の化学ポテンシァルについての化学ポテンシァル図表をつくると，第 109 図のようになる．この図からわかるように，Na の化学ポテンシァルは一定であっても，μ_{H_2O} や μ_O が大きくなると，磁鉄鉱や赤鉄鉱の代りにリーベック閃石やエジリンが安定になる．そこで，鉄鉱が交代されてリーベック閃石やエジリンが生じうる．

藍閃変成作用は，おそらく μ_{H_2O} の大きい変成作用である．また，赤鉄鉱がよく出現することからわかるように，酸化条件の強い変成作用であって，他の条件が同じならば，μ_O

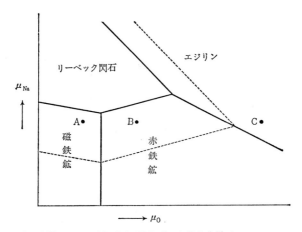

第109図 FeO–O–Na–SiO$_2$–H$_2$O 系における化学ポテンシァル図表.或る一定の μ_{H_2O} のもとにおける,それぞれの鉱物の安定領域を実線で示す.μ_{H_2O} がそれより大きくなると,リーベック閃石の安定領域が大きくなる.大きくなった場合の一例を点線で示す.μ_{Na} が一定の値をもつ三つの場合 A, B, C をみると,μ_{H_2O} が小さいならば A や B の状態では磁鉄鉱や赤鉄鉱を生ずるが,μ_{H_2O} が大きくなるとリーベック閃石を生ずるようになる.また μ_O が大きくなった C の場合には,エジリンを生ずるようになる.

が大きいものと考えることができる.したがって,藍閃変成作用では,上記のような交代作用がおこって,アルカリ鉱物を生じやすいのは当然である.この交代作用は,必ずしも Na の濃度あるいは μ_{Na} の増大を必要としない.むしろ鉄鉱が,その変成作用の条件のもとで自発的に Na を周囲から吸い取ってアルカリ鉱物を生ずるのである.変成作用を支配する外的条件と,それによって生ずる変成岩の化学組成との間に密接な関係があるらしいことは,すでにグラニュライト相や輝石ホルンフェルス相の場合に強調しておいた.ここにわれわれは,藍閃石片岩相の場合にもそれが成立っているらしいことがわかった.

Eskola(1939)は,藍閃石が先カンブリア時代の基盤岩類にはほとんど出現しないことを指摘した.de Roever(1956)は,藍閃石片岩を生成した変成作用の大部分は,中生代またはそれ以後のものであることを強調した.第110図に,世界における藍閃石の分布を示す.オーストラリア東部やソヴェトの Ural 山脈の藍閃石片岩や,わが国でも熊本市東方の木山地方のそれは古生代のものだといわれている.しかしこのような比較的少数の例外を除けば,世界の藍閃石片岩の大部分は中生代や新生代の広域変成作用によって生成したもの

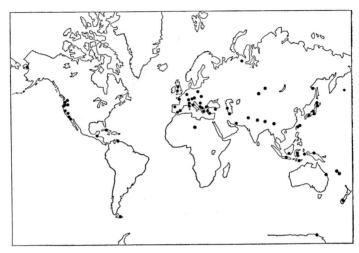

第110図 世界における藍閃石片岩の産地の分布. California, Alps, ギリシア, Celebes, その他の産出地点(黒丸で示す)は, 多くは中生代および新生代の造山帯にそって分布している (van der Plas, 1959).

のようである. この問題は, 後でまた取上げる(§113).

藍閃石片岩相は低温の鉱物相であるから, それに対応する火成相は存在しない.

§74 エクロジァイトとエクロジァイト相(榴輝岩相, eclogite facies)

エクロジァイトという岩石名は, 1822年に Haüy が Fichtelgebirge 産の, ザクロ石と輝石を主成分とする岩石に対して与えたのが始まりだといわれている. 元来の定義は漠然としたものであったが, その後長年の間に確立した慣習によると, そのザクロ石はアルマンディン-パイロープ系列に属するものであり, 輝石は透輝石およびヘデン輝石の成分のほかに, 多かれ少なかれヒスイ輝石成分を含む単斜輝石固溶体, すなわちいわゆるオンファス輝石である. 場合によっては, かなり多量のエジリン成分をも含むことがある. エクロジァイトは, 火成岩と考えられたこともあり, 変成岩と考えられたこともある.

Eskola(1920)は, 最初に提案した五つの変成相のなかに, すでにエクロジァイトの生成条件を表わす相として, エクロジァイト相というものを入れている. しかも, この相の記述には, 他の多くの相の記述よりもより多くのページをさいている. 同時に彼は, それに対応する火成相として, 火成エクロジァイト相(igneous eclogite facies)というものを設け

て長い記述を与えている．彼は，これらの記述の基礎となった彼のノルウェーのエクロジァイトの研究を別に発表した(Eskola, 1921)．エクロジァイトは，ハンレイ岩と同じような塩基性岩であるが，それが現在のような特異な鉱物組成をもつ以上は，特異な温度・圧力のもとで結晶または再結晶したのであろうと考えたので，彼はそれを表わすためにエクロジァイト相を設けたのである．

ところが，この鉱物相はまことに不思議な性質を与えられた．Eskola(1920, p. 168)は，"疑いもなくエクロジァイト相に属する岩石は，橄欖石岩，頑火輝石岩，橄欖石パイロープ岩，エクロジァイト，クロロメラナイト岩(chloromelanitite)およびヒスイ輝石岩(jadeitite)だけである"と書いた．したがって，この相には，このようにエクロジァイトに伴って出現するきわめて限られた化学組成の岩石よりほかの普通の化学組成の岩石が含まれているのか否か不明ということになった．もし含まれていないとすれば，なぜないのか？ しかも，Eskolaが列挙した岩石のなかで，ヒスイ輝石岩は，今日の立場からみれば，その一部分または全体が藍閃石片岩相に属すると考えられる．そこで，エクロジァイト相と藍閃石片岩相との関係を明らかにする必要がおこってくる．Eskola(1920)の最初の五つの変成相のなかには，藍閃石片岩相は含まれていない．このときには彼は，藍閃石やローソン石は，エクロジァイト相に近縁の一つの鉱物相で生ずるのであろうと，軽くふれているだけである．後に彼は，藍閃石片岩相を独立させた(Eskola, 1929 a, 1939)．しかし藍閃石片岩相とエクロジァイト相の関係を論じなかった．ただ，その関係は，角閃岩相と輝石ホルンフェルス相との関係に似ていると，比喩的な書き方をしているだけである．

次に，Eskola(1920, 1939)の記述から判断すると，彼は，すべてのエクロジァイトはエクロジァイト相かまたは火成エクロジァイト相に属すると考えていたようである．ところが，Eskola自身で詳細に研究してその相の記述の基礎にしたノルウェーのエクロジァイトのうち，Bergen地方のものは，前にグラニュライト相のところで書いたBergen-Jotun-Stammに属するアノーソサイト岩体のなかに含まれて，層状またはレンズ状などの形で出現するのである．今日からみると，このアノーソサイトは，グラニュライト相またはそれに近い鉱物相に属していると考えられる．したがって，Bergenのエクロジァイトはグラニュライト相またはそれに近い鉱物相のものであろう．Eskola(1920)の最初の五つの鉱物相のなかにはグラニュライト相は含まれていなかった．グラニュライト相はエクロジァイト相の一部分のように取扱われていたともいえる．しかし，後にグラニュライト相を設立した(Eskola. 1929 a, 1939)以上は，エクロジァイト相とグラニュライト相との関係は重要

な問題である．Eskola はこの問題を全く論じていない．

このように，Eskola の考え自体が今日の立場からみるときわめて不十分であるから，われわれはそれにとらわれないで，彼の考えのなかの価値あるものだけを生かすようにせねばならない．今日では，グラニュライト相や藍閃石片岩相は，その共生の規則性も地質学的性質もかなりよく理解されている．したがって，もし Eskola がエクロジァイト相と考えた条件の範囲のなかに，グラニュライト相や藍閃石片岩相のそれらと重なっている部分があるならば，その部分はグラニュライト相または藍閃石片岩相として，エクロジァイト相から取除くのが実際上便利であろう．

まず，エクロジァイトといわれている岩石のなかの，かなり多くは，グラニュライト相に属している．Eskola(1921)の研究した Bergen 地方のものもこれらしいが，その種のもののなかで詳細な記載が発表されている一例は，Scotland の Outer Hebrides 群島の Rodil 地方のエクロジァイトである (Davidson, 1943)．その輝石はヒスイ輝石分子をほとんど含んでいない．この地方はグラニュライト相の変成地域であって，そのエクロジァイトは，橄欖石ハンレイ岩と同様の化学組成をもっている．そのことは次の式から理解できる：

$$\underset{\text{パイロープ}}{Mg_3Al_2Si_3O_{12}}+\underset{\text{透輝石}}{CaMgSi_2O_6}=\underset{\text{橄欖石}}{Mg_2SiO_4}+\underset{\text{斜方輝石}}{2MgSiO_3}+\underset{\text{アノーサイト}}{CaAl_2Si_2O_8} \quad (8\cdot26)$$

$$\underset{\text{ザクロ石}}{CaMg_2Al_2Si_3O_{12}}=\underset{\text{橄欖石}}{Mg_2SiO_4}+\underset{\text{アノーサイト}}{CaAl_2Si_2O_8} \quad (8\cdot27)$$

これらの式では，左辺の方が近似的にエクロジァイト鉱物を表わし，おそらく右辺の火成鉱物より低温高圧で安定な組合せを示す．前に書いた(§70)ように，チャルノク岩とアノーソサイトとエクロジァイトとが密接に伴って出現する例は，世界のあちこちにある．その種のエクロジァイトの多くはグラニュライト相またはそれに近いものと思われる．

Sachsen の Granulitgebirge には，おそらくその種のものらしいエクロジァイトが多くの地点から見つけられているが，また橄欖岩や蛇紋岩のなかに出現することもある(たとえば Hentschel, 1937)．これもその地域のグラニュライト相またはそれに近い変成作用でできたのかもしれない．

第二に，エクロジァイトのなかには，角閃岩相，緑簾石角閃岩相，またはアクチノ閃石緑色片岩相のようにみえる片麻岩，片岩，またはカコウ岩の地域のなかに出現するものがたくさんある．Eskola(1921)が研究したノルウェーの Nordfjord 地方のものを始め，Scotland の Glenelg 地方(Alderman, 1936)，ドイツの Fichtelgebirge(Tilley, 1936)，Tasmania の Lyell Highway (Spry, 1963)などのものは，おそらくこの種のエクロジァイトである．

§74 エクロジァイトとエクロジァイト相

この種のエクロジァイトは，構成鉱物の性質もグラニュライト相のエクロジァイトとは異っている．その輝石は，化学的条件さえ許せば，かなり多量のヒスイ輝石成分を含むオンファス輝石である．しかしザクロ石が，多量のパイロープ成分を含みうる点では，グラニュライト相に似ている．

Nordfjord や Glenelg や Lyell Highway のエクロジァイトには，石英を含んでいるものもある．グラニュライト相では，石英があると次の反応は右辺へ進行するので，左辺のエクロジァイト鉱物は生じない：

$$\underset{\text{パイロープ}}{Mg_3Al_2Si_3O_{12}}+\underset{\text{透輝石}}{CaMgSi_2O_6}+\underset{\text{石英}}{SiO_2}=\underset{\text{斜方輝石}}{4MgSiO_3}+\underset{\text{アノーサイト}}{CaAl_2Si_2O_8} \quad (8\cdot28)$$

$$\underset{\text{ザクロ石}}{CaMg_2Al_2Si_3O_{12}}+\underset{\text{石英}}{SiO_2}=\underset{\text{斜方輝石}}{2MgSiO_3}+\underset{\text{アノーサイト}}{CaAl_2Si_2O_8} \quad (8\cdot29)$$

また，Fichtelgebirge や Nordfjord のエクロジァイトには，少量の藍晶石を含んでいるものがある．ところがグラニュライト相では，藍晶石は次のように輝石と反応するので，エクロジァイトを生じないはずである：

$$\underset{\text{藍晶石}}{Al_2SiO_5}+\underset{\text{透輝石}}{CaMgSi_2O_6}=\underset{\text{アノーサイト}}{CaAl_2Si_2O_8}+\underset{\text{斜方輝石}}{MgSiO_3} \quad (8\cdot30)$$

これらのことからみると，この種のエクロジァイトは，グラニュライト相ではない鉱物相に属している．これらの式 $(8\cdot28)$〜$(8\cdot30)$については実験的データはないが，一般にこのような固相ばかりの反応の平衡曲線は正の傾斜をもつのが普通である．そして左辺の固相の方が体積が小さい．したがって，左辺の方が右辺よりも低温高圧の条件を表わすと考えてよいであろう．また，式$(8\cdot26)$, $(8\cdot27)$の平衡曲線よりも，それぞれ$(8\cdot28)$, $(8\cdot29)$の平衡曲線の方が，もっと低温高圧のところを走っていると考えられる．$(8\cdot28)$〜$(8\cdot30)$の左辺の鉱物の組合せが安定であるような鉱物相こそ，本来のエクロジァイト相とすることができるであろう．Eskola (1939)は，オンファス輝石と Mg および Ca に富むパイラルスパイトとをエクロジァイト相の critical な鉱物だとした．しかし石英や藍晶石と共存しない場合には，それらがここでいうエクロジァイト相の critical な鉱物であるかどうかは疑わしい．

エクロジァイトは，昔から高温高圧の条件のもとで生成する岩石だといわれてきた．その密度が大きいということは，一般に高圧をさしていると解釈することができる．しかし，それを高温と解釈することには理由がない．グラニュライト相と上記のように定義した本来のエクロジァイト相とを比較する場合に，何よりも目につく違いは，グラニュライト相

には石英がある限り多量の斜長石が生じやすいが，エクロジァイト相ではたとえば(8・26), (8・27), (8・28)のような反応によって斜長石が消滅する傾向があることである．斜長石のなかのアルバイト成分は，ヒスイ輝石成分となって輝石にはいってゆく．これも当然，低温高圧の方がおこりやすい．

Eskola (1921) や，そしておそらく Alderman (1936) も，これらのエクロジァイトは火成岩であると考えていた．そうすれば，エクロジァイトの鉱物相はその周囲の岩石の鉱物相と違ってもよいわけである．この種のエクロジァイトは，岩体の周縁から角閃岩化しつつあるのが普通である．これは後に，周囲の岩石の鉱物相に同化しようとしている過程とみることができる．

しかし，このような解釈を疑わせる事実もある．Nordfjord 地方では，近年の調査によれば (Holtedahl, 1960, pp. 230~235), 周囲の片麻岩は一部分に斜方輝石を含むこともあるといわれている．Eskola 自身の記載でみても，この地方には，エクロジァイトは片麻岩のなかだけでなく，橄欖岩のなかにも出現する．したがって，かつてこの地方全体がエクロジァイト相の変成作用をうけてエクロジァイトをあちらこちらに生じ，後に角閃岩相の条件になってまた一部分で再結晶がおこったのかもしれない．エクロジァイトは再結晶作用をうけ難くて，岩体の中央部に残ったのかもしれない．もし周囲のカコウ岩質片麻岩がエクロジァイト相におかれたとしたら，どうなっていたであろうか？　エクロジァイト相はグラニュライト相よりやや低温であるとすると，すこし輝石を生じたとしても，黒雲母や角閃石は大部分残っていたと考えてよいであろう．カリウム長石はおそらく高圧でも安定であろうから，そのままであろう．ナトリウム長石は，一部分は輝石化したとしても，この種のエクロジァイトの輝石では Na/Ca 比は約1が上限であるから，大部分のナトリウム長石はそのまま残ったであろう．そうしてみると，石英長石質変成岩がもしエクロジァイト相にあったとしても，角閃岩相のときとの鉱物組成の違いはわずかである．それが後に角閃岩相や緑簾石角閃岩相の条件のもとで少し再結晶すれば，ほとんどわからなくなってしまうと考えられる．

もしそうならば，この種のエクロジァイトも広域変成作用でできた変成岩であって，エクロジァイトはエクロジァイト相にはいる多種多様な変成岩のなかで，最も特徴がはっきりしているために他の鉱物相から容易に区別されるというにすぎないことになる．

なお，Nordfjord 地方には，エクロジァイトと密接に伴ってアノーソサイトや橄欖岩が出現する．Eskola は，この三つの岩石は何か成因的に関係があると考えた．アノーソサイ

トが，グラニュライト相だけでなく，このようにエクロジァイト相のエクロジァイトにも伴うことがあるのは注意をひく．

　第三の種類のエクロジァイトとして，われわれは藍閃変成地域に出現するものをあげよう．たとえば California の Healdsburg (Borg, 1956) や Valley Ford (Bloxam, 1959) では，藍閃石片岩地域のなかにエクロジァイトが出現する．そのエクロジァイトと藍閃石片岩その他の岩石との変成温度の関係は不明である．Valley Ford では，エクロジァイトと藍閃石片岩は転石として入りみだれて，ヒスイ輝石の生じている変成グレイワケ地域に出現する．Healdsburg では，藍閃石片岩の分布地帯とエクロジァイトの分布地帯とは，地図上でやや分離できる．しかし，これらのエクロジァイトは，いずれも C. I. P. W. ノルムでネフェリンを含むような特殊な化学組成の岩石であって，ふつうの藍閃石片岩と同じ化学組成ではないから，上記の地図上の分離を累進変成作用にもとづく分帯とみることはできない．むしろその密接な伴い方から判断すると，変成温度にはほとんど違いはないのかもしれないとも考えられる．Alps で，枕状構造を示す熔岩の枕の内部はエクロジァイトになっているが，枕と枕の間の部分は藍閃石片岩の鉱物組成をもっている場合も報告されている (Bearth, 1959). この事実も，エクロジァイトと藍閃石片岩との生成を支配している一つの因子は化学組成であることを示していると解されよう．

　第三の種類のエクロジァイトの輝石は，多量のヒスイ輝石成分と少しのエジリン成分とを含むオンファス輝石（またはクロロメラナイト）である．ザクロ石は，アルマンディン成分が多く，パイロープ成分は少ない．そのザクロ石の特徴の一つは，Ca 含有量が大きいことである（$Ca/(Mg+Fe^{+2}+Mn+Ca)$ 比が 0.3 に近い）．これは，Ca が長石や緑簾石にならないで，多量にザクロ石にはいっていることを示している．そしてこれらの岩石が SiO_2 に乏しいことが，(8・23)に示すように Ca の多いザクロ石の生成を促しているのであろう．これらの鉱物学的特徴は，いずれもこのエクロジァイトの生成条件が低温高圧であることと調和している．おそらくは，この種のエクロジァイトは，藍閃石片岩相のなかの一部分か，またはそれに近い条件で生成したものであろう．オンファス輝石（クロロメラナイト）は，藍閃石片岩相でも明らかに安定である（たとえば橋本，1964）．

　ところが，藍閃変成地域のエクロジァイトにも，これとは違った性質のものがある．それは，藍閃変成地域のなかにある橄欖岩体に伴って出現するエクロジァイトである．別子地方東赤石山の橄欖岩体のなかに板状になって含まれているエクロジァイト（堀越，1937b；紫藤，1959）や，Scotland 南部の Girvan 地方のエクロジァイト（Bloxam & Allen, 1960）

はその例である．別子地方では，この岩体は最も変成温度の高い地帯（藍閃石片岩相よりは高温のところ）にある．この種のエクロジャイトの輝石は，ヒスイ輝石分子をほとんど含まない．ザクロ石はパイロープ成分に富んでいる．これらのエクロジャイトは，橄欖岩とともに貫入した火成岩またはその捕獲岩であって，現在の位置の変成作用で生成したものではなさそうである．別子地方のエクロジャイトには，角閃石をやや多量に含む部分があって，そこの輝石はヒスイ輝石分子を含み，ザクロ石はパイロープ成分に乏しい．いずれにしても，この種のエクロジャイトは，藍閃石片岩に伴うエクロジャイトよりは高温で生成したと考えてよいであろう．グラニュライト相，エクロジャイト相，藍閃石片岩相などのエクロジャイトは，いずれも地殻のなかで生成したと考えられるが，ここに問題としているエクロジャイトは，マントル内で生成した橄欖岩体とともに上昇してきたものかもしれない．現在の位置に上昇してきた後で，まわりの変成作用の影響をうけて，一部分が変化したのではなかろうか．

　最後に，ダイアモンドを含むキンバーレイ岩（kimberlite）のなかの包含岩片として産するエクロジャイトがある．この種のエクロジャイトは，南アフリカやSiberiaのダイアモンド鉱山地方だけでなく，世界の他の地方のキンバーレイ岩にも出現する（Williams, 1932; Nixon et al., 1963）．このエクロジャイト自体がダイアモンドを含んでいることもあって，地下の深所（おそらく地下100km以上のマントル）で生成して，キンバーレイ岩に持ち上げられてきたのであろう．その輝石の大部分はヒスイ輝石成分をほとんど含まない透輝石であるが，稀にヒスイ輝石成分をかなり含むものも見いだされている．そのザクロ石はパイロープ成分に富んでいる．すなわち多くの場合は，藍閃変成地域の橄欖岩に含まれているエクロジャイトとよく似ている．それはしばしば藍晶石を含んでいる（Williams, 1932）．（稀には珪線石を含むという記載もあるが，それは誤りだといわれている．）このエクロジャイトは，式(8・28)の左辺の鉱物組合せをもっていて，エクロジャイト相に属すると考えられる．しかしこれこそは，高温高圧で生成した岩石に違いないであろう．

　以上の検討の結論として，次のように考えられる：本来のエクロジャイト相は，地殻のなかでは，グラニュライト相よりも低温，藍閃石片岩相よりも高温の程度の中間的温度領域を表わしている高圧相である．しかし，そこから地球内部に向って，マントルのかなり深いところまで，この相は及んでいる．一方，エクロジャイトの生成する温度・圧力条件の範囲は，本来のエクロジャイト相よりも広くて，グラニュライト相や藍閃石片岩相にまで及んでいる．藍閃変成地域には，緑簾石角閃岩相の地帯が出現することがあるが，この

相でもエクロジァイトを生成しうるかもしれない．エクロジァイト相の岩石は，それが塩基性火成岩またはそれに近い化学組成をもつときには，エクロジァイトまたはそれに似た岩石になって人びとの注意を引くが，それ以外の化学組成のときには近接する他の鉱物相の岩石と似ていて，それがエクロジァイト相であることが見逃されるのであろう．また，多くの場合には下降変成作用などをうけてその特性が失われているのかもしれない．ただし，エクロジァイト相のなかでマントル内の高温・高圧を表わす部分では，石英長石質組成などの岩石は融解するかもしれない．

塩基性または超塩基性の組成よりほかの組成の岩石における鉱物の共生関係が不明なので，ACF 図表などをつくることは困難であるが，わかっている部分だけを第 111 図に示す．

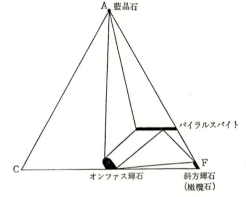

第 111 図
本来のエクロジァイト相の岩石に対する ACF 図表

しかもこれは，エクロジァイト相のうち，グラニュライト相に近い部分における共生関係である．単斜輝石とザクロ石以外では，石英，藍晶石，斜方輝石，橄欖石，ルチルは明らかに安定である．そのほかに，斜長石，白雲母，黒雲母，カルシウム角閃石，グラファイト（またはダイアモンド）なども，この相のなかの或る部分では安定かもしれない．エクロジァイト相のうちで，藍閃石片岩相に近い部分における共生関係は不明である．

エクロジァイトがしばしば橄欖岩に伴って出現することは，大部分はエクロジァイトの生成に適する化学組成が橄欖岩のなかに生じやすいことによるのであろう．しかしキンバーレイ岩の場合や，ことによると藍閃変成地域の橄欖岩の場合には，地下深所で生じたエクロジァイトが橄欖岩体とともに上昇してくるのであろう．

エクロジァイトのなかの大部分は変成岩であるが，一部分は火成岩であるかもしれない．

Eskola (1920, 1939) は火成岩のものがあることを強調した．彼ははじめ，エクロジァイト相に対応する火成岩を**火成エクロジァイト相**とよんでいたが，晩年になって**グリクァ岩相** (griquaite facies) という名称をつくった (Eskola, 1957 a)．グリクァ岩というのは，Beck (1907) が，キンバーレイ岩のなかのエクロジァイトはキンバーレイ岩マグマから結晶した火成岩であるという説を支持して，エクロジァイトという言葉の代りに用いた岩石名である．しかし，この岩石名も相名も，一般に用いられていない．

§75 変成相の温度と圧力の値

いろいろな変成相の温度や固相の圧力や H_2O の圧力（または化学ポテンシァル）の相対的な高低関係は，本章でこれまでに述べてきたようにして，岩石学的方法によってかなりな程度まで知ることができた．純粋に岩石学の内部から見れば，こうして得られた知識が相互に矛盾のない体系を構成しさえすれば，ある程度は満足することができるかもしれない．しかし岩石学的な研究を，地球科学のその他の分野と結びつけようとすると，変成作用の温度・圧力などに数値を与えることがきわめて重要になってくる．1950 年以後，変成鉱物の安定関係が実験的に決定されるようになって，そのことが始めて可能となった．温度・圧力の相対的な高低がすでにわかっているので，少数の実験によっていくつかの定点を決めれば，それと比較することによって，変成作用の全体についてかなり正確な見通しをうることができる．

この目的に対してとくに重要なのは，H_2O をも CO_2 をも含まない変成鉱物の間の安定関係の決定である．なぜならば，この種の安定関係は，H_2O や CO_2 の圧力と無関係であるから，変成作用を支配している温度と固相の圧力を知る手掛りとして用いやすいからである．なかでも重要なのは，藍晶石-紅柱石-珪線石の安定関係（第36図）である．Bell (1963) によると，この三つの間の3重点は $300\pm50°C$, 8000 ± 500 atm のところにある．一方，岩石学的研究によると，この3重点は角閃岩相の低温部かまたは角閃岩相と緑簾石角閃岩相との境界くらいのところにあたる（§69）．そして，角閃岩相のなかには，藍晶石を生ずる亜相と紅柱石を生ずる亜相と珪線石を生ずる亜相とがある．グラニュライト相の変成岩に出現するのは大ていは珪線石であるが，Granulitgebirge には藍晶石が出現する．エクロジァイト相に出現するのは藍晶石である．これだけの事実から，個々の変成相の温度と圧力を，すでにかなり限定することができる．こうして限定された個々の変成相の温度・圧力の範囲を，第112図に示す．

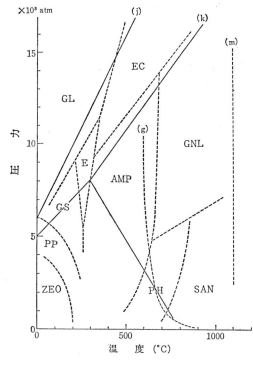

第 112 図 個々の変成相の表わす温度・圧力の見積り．変成相は H_2O や CO_2 の圧力にも関係するので，この図表はごく大たいの関係を示すにすぎない．実線 (j) はヒスイ輝石＋石英＝アルバイトの平衡曲線，(k) は藍晶石＝珪線石の平衡曲線である．相の境界は点線で示す．GL＝藍閃石片岩相，EC＝エクロジャイト相，GS＝緑色片岩相，E＝緑簾石角閃岩相，AMP＝角閃岩相，GNL＝白粒岩相，PH＝輝石ホルンフェルス相，SAN＝サニディナイト相，PP＝ブドウ石－パンペリ石変成グレイワケ相，ZEO＝沸石相．(g) は H_2O の圧力が固相の圧力に等しい条件でカコウ岩が融けはじめる線で，したがってほぼ火成作用の温度の可能な下限を示す．(m) は大たい変成作用の温度の可能な上限を示す．

H_2O や CO_2 の圧力の関係しない固相反応の平衡のなかで，もう一つきわめて重要なのは，ヒスイ輝石＋石英＝アルバイトという反応である（第35図）．ヒスイ輝石＋石英という組合せは，藍閃石片岩相のなかでも，比較的低温高圧の部分に限られて出現する．第112図では，このことも考慮してある．アラゴナイト＝方解石という反応の平衡曲線も実験的に決定されていて，アラゴナイトの安定な出現もこれまでのところ藍閃石片岩相に限られている．しかしこの転移はケイ酸塩の転移よりもおこりやすいので，変成作用によっていったんアラゴナイトができても，また方解石にもどる場合も少なくないであろうから，アラゴナイトの出現または欠除を温度・圧力の推定に使用するには用心が必要である．

次に，H_2O が鉱物から放出されるような変成反応においては，H_2O の圧力(化学ポテンシァル)によって平衡曲線の位置がはなはだしく異る．同じ温度と固相の圧力でも，H_2O の圧力が違うと変成相が異ることもおこりうる．第3章§22に述べたように，少なくとも変成温度の高い場合には，一般に H_2O の圧力は固相の圧力より小さいと思われるが，し

かもその小さい程度がはっきりしない。そのために，この種の反応の平衡曲線についていくら実験データがあっても，変成作用の温度・圧力を限定するのに，直接的にはあまり役に立たない。しかしそのデータを，固相ばかりの間の反応の平衡曲線と比較することによって，H_2O の圧力が固相の圧力よりもずっと小さいことを知ることはできる．

角閃岩相の中ほど，または高温部において，白雲母が石英と反応して分解し，H_2O が放出される反応(8・14)がおこる。白雲母についての実験値から出発して，固相の圧力および H_2O の圧力の広い範囲の値に対してこの反応の平衡温度を計算してみると，450～590°C くらいになる(都城，1960 b)。この値は，藍晶石-紅柱石-珪線石のあいだの安定関係とよく調和している．

変成作用の温度の上限は，岩石が融けはじめるところになる。H_2O の圧力が固相の圧力に等しい場合，その圧力が 3000 atm より高ければ，カコウ岩，泥質岩，玄武岩などの融けはじめる温度は，約 600～800°C くらいである(第1図)。しかし実際は H_2O の圧力は固相の圧力よりもかなり低いはずであるから，融けはじめる温度はこれよりもかなり高いであろう。大して根拠はないが，多くの場合 700～950°C くらいと考えることができる．

造山運動をうけて厚くなった地殻は，70 km くらいにも達しうる。そうすると，その底部の固相の圧力は，約2万 atm になる。大たいにおいて，これを変成作用の圧力の上限と考えてよいであろう．

変成作用の温度と圧力の下限は，沸石相まで考えに入れると，常温，1 atm に近いところまで及ぶであろう。しかし，かなり多くの変成地域においては，沸石相やブドウ石-パンペリ石変成グレイワケ相は生じないで，いちばん低い温度を表わすのは緑色片岩相であるから，緑色片岩相の温度がどれくらいかという問題は，興味あることである．1950年代の初期まで一般に持たれていた考え方によると，運動変成作用(§2)では温度の上昇なしに変形運動がおこるが，広域変成作用では温度の上昇が変形運動に伴う。そしてこの二つは，互いに漸移的である．したがって，広域変成作用のなかで最も低い温度を表わす部分(緑色片岩相あるいは緑泥石帯)は，ほとんど常温からはじまることになる(たとえば，Harker, 1932, p. 209)．Ramberg (1952 b, p. 137)が緑色片岩相の温度を常温から 200°C くらいまでとし，Barth (1952, p. 334)がそれを 100～250°C くらいとしているのは，そのような考えからきているのであろう．

ところが，1950年代の後半になって沸石相が樹立せられ，さらにブドウ石-パンペリ石変成グレイワケ相が提唱せられるようになると，緑色片岩相はそれよりも高温を表わすと

考えられ，そのために急にずっと高い温度を割当てられるようになった(たとえば Fyfe et al., 1958)．緑色片岩相では，少なくとも石英を含む岩石のなかには沸石は出現しない．したがって緑色片岩相は，石英と共存する沸石の安定な温度の上限よりも高い温度に対応すると考えられるわけである．沸石相のなかでも比較的低温低圧のところでは，方沸石+石英という組合せは安定であるが，沸石相のなかの高温部以上では，その代りに式(8・2)に示すようにアルバイトが安定になる．Coombs ら(1959)の合成実験では，1000 atm で約 280°C までは方沸石+石英を生じた．それ以上の温度でも短時間ならば方沸石を生じえたが，長い時間たつとアルバイトを生じた．Saha(1961)の合成実験に至っては，1000~2000 atm で実に 360°C まで方沸石を生じ，しかもその方沸石はアルバイトに H_2O がつけ加わったような化学組成をもっていた．もしこれらの合成実験の与える温度を採用するならば，沸石相の中ほどですでに 280°C あるいは 360°C という高い温度になってしまう．緑色片岩相は，これよりもなお高い温度から始まることになる．そうすると，緑色片岩相の下限は，藍晶石-紅柱石-珪線石の間の 3 重点の温度である 300°C よりも高いという不思議なことになる．

この不思議さは，どのように解き明かされるだろうか？ 第一に，これらの合成実験は，準安定な合成領域を示すだけであって，安定な相関係を示していないのかもしれない．方沸石+石英の安定な温度の上限は，もっとも低い温度，たとえば 200°C くらいのところにあるのではなかろうか？ 第二に，これらの合成実験は，H_2O の圧力が固相の圧力に等しい条件のもとでおこなわれているが，この条件が実際の岩石の変成作用に，どこまで妥当するか明らかでない．少なくとも，藍晶石-紅柱石-珪線石の間の 3 重点までは妥当しないといってよいであろう．H_2O の圧力が小さくなると，沸石の安定な温度の上限は急速に低くなる(たとえば，Coombs et al., 1959, Fig. 7)．したがって，沸石相とブドウ石-パンペリ石変成グレイワケ相と緑色片岩相とは，温度の増加よりもむしろ，たとえば H_2O の圧力の減少する順序を表わしているといった方がよいのかもしれないと考えられる．

ニュージーランドにおいて，沸石相の岩石は全く片状組織を示さず，典型的な埋没変成作用によってできたようにみえる．したがってこの相の岩層においては，深部では水溶液を含む孔隙は互いに切り離されて，H_2O の圧力はほとんど固相の圧力に等しくなっていると考えてよいであろう．ところが，ブドウ石-パンペリ石変成グレイワケ相では，片状組織が現われはじめる．緑色片岩相になると，一般に片状組織は顕著である．したがって，沸石相から緑色片岩相への移りかわりは，変形運動あるいは差動の増大によって特徴づけ

られる.すでに第3章§21で論じたように,差動に伴って孔隙の水溶液が追い出されるであろう.そして,H_2O の圧力は固相の圧力よりも小さくなるであろう.H_2O の圧力の減少によっておこる鉱物変化は,温度の上昇によっておこるそれとよく似ているであろう.そこで,沸石相から緑色片岩相に至る変化は,温度の上昇のみならず,H_2O の圧力の減少によって支配されているのであろう.この考えを,第113図に示してある.そうすれば,

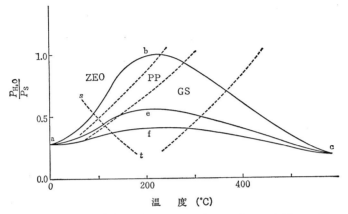

第113図 低温の変成相の表わす温度と固相および H_2O の圧力との関係の推定.ZEO=沸石相,PP=ブドウ石-パンペリ石変成グレイワケ相,GS=緑色片岩相.a-b-c は沸石相を生ずるような変成作用の温度・圧力曲線,a-e-c や a-f-c は沸石相を生じないような変成作用の温度・圧力曲線を示す.再結晶のおこる温度の下限を s-t とすれば,温度・圧力曲線が a-f-c のような場合には,緑色片岩相より低温では再結晶しないことになる.

緑色片岩相の温度の下限は常温に近いところにまで及んでいるという Harker や Ramberg の見解もかならずしも誤りではなくなる.

非変成地帯(非再結晶地帯)から直接に緑色片岩相の地帯に移過する Appalachians のような地域と,その二つの地帯の間に沸石相やブドウ石-パンペリ石変成グレイワケ相の地帯を生ずるニュージーランドのような地域との違いは,主として H_2O や CO_2 の圧力の違いにあるらしいということは,すでに Zen(1961 b)によって示唆されている.

第9章 変成相系列

§76 変成相系列の概念と分類

　一つ一つの変成相は，変成作用を支配する温度・圧力その他の外的条件の一定の範囲に対応するものである．実際に変成岩が生成するときには，或る一つの変成相に属する岩石だけが孤立してできるわけではない．一般に変成温度の低いものから高いものまで，空間的に或る規則的な配置をもって生ずるわけである．これらの温度の範囲，およびそれに伴った圧力の範囲は，ふつうはいくつかの変成相に対応している．したがって，一つの変成作用，変成地域または変成帯は，特定の変成相の系列をもっている．一つの変成作用の，外的条件についての特徴は，このような**変成相系列**(metamorphic facies series)あるいは略して**相系列**(facies series)とよぶものによって表わされる．

　Eskola(1915, 1920)の変成相の観念は，それがはじめて提案されたときには，変成地域の分帯とは全く無関係であった．その結果として，一つ一つの相は孤立したものであって，変成相系列という概念によって統合されてはいなかった．後に Vogt (1927) が Sulitelma 地方の広域変成作用を研究して，変成相を分帯に結びつけた．ここではじめて，変成相系列という概念が登場してきた．この概念を仲介としてはじめて，分析的な岩石学的な研究が，変成作用のもっと全体的な研究に発展することができる．

　ところが Sulitelma 地方においても，また Barrow 以来多くの人びとによって研究されてきた Scottish Highlands においても，広域変成作用によってできている変成相は，低温から高温へ向って，緑色片岩相→緑簾石角閃岩相→角閃岩相の順序であった．そこでただちに，この変成相系列が広域変成作用の変成相系列の唯一のものであるかのように考えられるようになった．Eskola(1939, p. 359)は，この変成相系列に輝石ホルンフェルス相とサニディナイト相を加えたものを，"normale Faziesserie der Sialkruste" とよんで重視して，それに属さないと考えられたグラニュライト相，エクロジァイト相，藍閃石片岩相は，なにか特殊な条件のもとでできるものと考えた．第二次大戦直後にグラニュライト相の研究が進み，それが広域変成作用の相系列で，角閃岩相のすぐ高温側に位置する変成相であることが判明した．それによって，広域変成作用の相系列は緑色片岩相→緑簾石角閃岩相→角閃岩相→グラニュライト相であると考えられるようになり，輝石ホルンフェルス相や

サニディナイト相は接触あるいはパイロ変成作用の相としてそれから分離された．たとえば Turner (1948) や Turner と Verhoogen (1951) はこの見解の典型的な主張者であった．その見解を徹底させた彼らは，Orijärvi 地方の変成相はそれが紅柱石や菫青石を生ずるという理由で広域変成作用の相系列から除き，藍閃石片岩類は特殊な交代作用によってできた岩石だとして藍閃石片岩相の存在を否定したので，広域変成作用の変成相系列は，緑色片岩相からグラニュライト相に至る完全にただ一筋になってしまった．

筆者は 1940 年代の末ごろに変成岩の研究を始めたが，まもなく，この考え方に強い抵抗を感ずるようになった．すなわち，領家，阿武隈，三波川，神居古潭などのような，わが国の代表的な変成帯は一種の広域変成作用によってできたものと思われるが，それらの広域変成作用は，いずれも Turner (1948) や Turner と Verhoogen (1951) が広域変成作用の相系列としているものとは異った相系列をもっている．したがって，広域変成作用についての考え方を，変えねばならないと思われた (都城，1953，1958)．

最近では，世界の変成地域の調査が大いに進み，世界全体の変成岩の状態や性質を或る程度見渡しうるようになった (§16)．その結果から判断すると，Vogt や Turner のあげたような変成相系列は，たしかに世界的にかなり広く出現する一つの相系列ではあるが，決して唯一のものでもなく，圧倒的に多いわけでもない．わが国にみられるような広域変成作用も，それに劣らず広く世界的に出現するようにみえる．したがって，このような変成作用に対して変成相系列を確立することが重要な問題になる．幸いにして近年，関陽太郎，坂野昇平，紫藤文子，その他の若い研究者の努力によって，わが国のおもな広域変成地帯に対する変成相系列が樹立された．これを標準として，世界の広域変成作用をはるかに良く理解しうるようになった．そこで筆者は，その結果に基いて，世界の広域変成作用の相系列の分類を試みた (都城，1961 b)．

変成作用を支配する温度・圧力・H_2O や CO_2 の圧力 (化学ポテンシァル) などの外的条件を座標軸とする多次元空間において，一つの変成相系列は一つの曲線または曲線群に対応している．したがって，変成相系列には原理的には無限に多様な変化がありうる．しかし実際の分類は，研究の現状において，どの程度に分けることが有意義であるかということによって決定されるであろう．

現状において，容易にみとめられる鉱物上の違いに基いて分類するとすれば，次のような五つの種類，あるいはタイプに分けるのが最も便利であろう．このタイプの区別の基準に採用されるのは，なるべく固相の圧力を表わすような鉱物，すなわち藍晶石，紅柱石，

珪線石，ヒスイ輝石，藍閃石などである．これらの鉱物のなかのどれが出現するかによって，広域変成作用あるいはその変成相系列を藍晶石-珪線石タイプ，紅柱石-珪線石タイプ，およびヒスイ輝石-藍閃石タイプとよぶ三つの**標準タイプ**(standard types)にまずわける．ところがこれら三つのタイプにちょうどあてはまらないで，その中間と思われるものもしばしば出現する．そこで上記の1番目と2番目との標準タイプのあいだの中間，および2番目と3番目との標準タイプのあいだの中間にはいる**中間群**をそれぞれ一つずつ設ける．これらを合せて五つになる(都城，1961 b)．

§77 藍晶石-珪線石タイプ(kyanite-sillimanite type)の広域変成作用

このタイプの変成相系列の特徴は，化学的条件が許すならば，変成温度の比較的低いところに藍晶石が生じ，高いところに珪線石が生ずることである．紅柱石や藍閃石は出現し

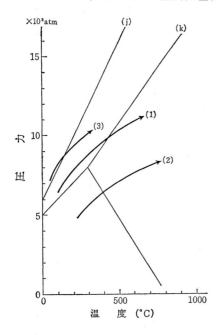

第114図
広域変成作用の三つの変成相系列の表わす温度・圧力関係．(j)はヒスイ輝石+石英=アルバイトの平衡曲線を示し，(k)は藍晶石=珪線石の平衡曲線をしめす(第35，36図参照)．(1)は藍晶石-珪線石タイプ，(2)は紅柱石-珪線石タイプ，(3)はヒスイ輝石-藍閃石タイプの相系列の温度・圧力曲線を示す(都城，1961 b)．第112図と比較せよ．

ない．このタイプの変成相系列の表わす温度・圧力曲線を第114図に示してある．このタイプの広域変成作用の地域のなかで，現在までに最も詳細に研究されていて，**模式変成地域** (type metamorphic terrain)とでもいうべきものは，Scottish Highlands のなかの Grampian Highlands の主要部分で Barrovian zones を生じている地域にある(第134図). こｺで主要部分とことわったのは, Grampian Highlands のなかの東北部の Banffshire 付近の変成岩はこのタイプに属しないので除き, それよりほかの部分だけをさすからである (§99). この主要部分の広域変成作用の研究は, Barrow (1893, 1912) の画期的な分帯にはじまり, Tilley (1925), Harker (1932), Wiseman (1934), Snelling (1957), Chinner (1960), Johnson (1963) などによっておこなわれている.

このタイプの変成相系列は, 緑色片岩相→緑簾石角閃岩相→角閃岩相よりなっている.

藍晶石-珪線石タイプ

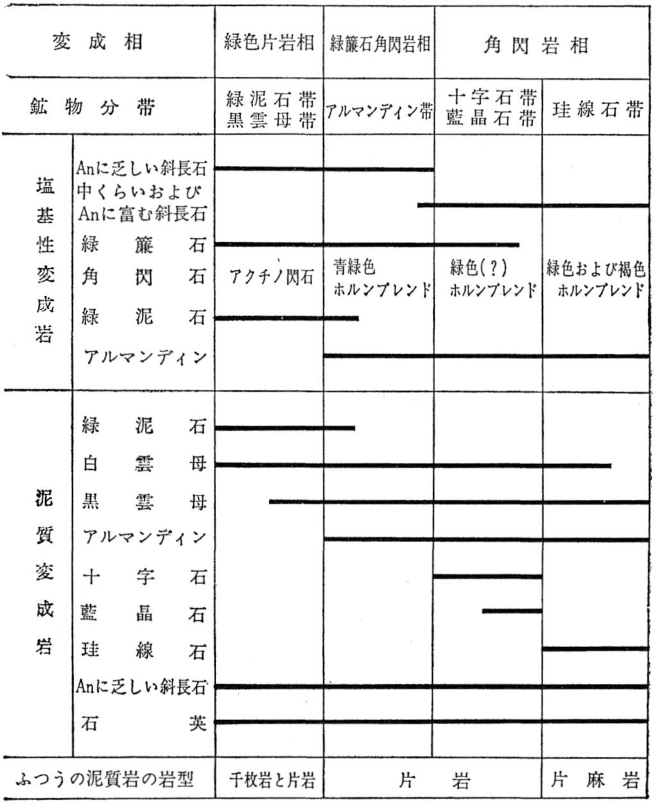

変成相		緑色片岩相	緑簾石角閃岩相	角閃岩相	
鉱物分帯		緑泥石帯 黒雲母帯	アルマンディン帯	十字石帯 藍晶石帯	珪線石帯
塩基性変成岩	Anに乏しい斜長石			────────	────────
	中くらいおよびAnに富む斜長石				
	緑簾石	────────	────────		
	角閃石	アクチノ閃石	青緑色ホルンブレンド	緑色(?)ホルンブレンド	緑色および褐色ホルンブレンド
	緑泥石	────────			
	アルマンディン		────────	────────	────────
泥質変成岩	緑泥石	────────			
	白雲母	────────────────────	────────	
	黒雲母		────────────────────	────────
	アルマンディン		────────	────────	────────
	十字石			────────	
	藍晶石			────────	
	珪線石				────────
	Anに乏しい斜長石	────────────────────	────────	
	石英	────────────────────	────────	
ふつうの泥質岩の岩型		千枚岩と片岩	片岩	片麻岩	

第115図 Scotland の Grampian Highlands の主要部における広域変成作用. 都城 (1961 b) による.

この角閃岩相は，藍晶石を生ずる亜相および珪線石を生ずる亜相である．アルマンディンは，中程度以上の変成温度のところに，泥質変成岩にも塩基性変成岩にも広く出現する．十字石もふつうに出現するが，菫青石は欠けている．変成地域は，通常，温度上昇の順序に泥質岩におこる鉱物変化により，それぞれ緑泥石，黒雲母，アルマンディン，藍晶石，珪線石を特徴とする累進変成帯に分帯される．アルマンディン帯と藍晶石帯との間に十字石帯を独立させてもよい．累進変成作用に伴う鉱物変化を，第115図に示す．

　Grampian Highlands でこのタイプの累進変成作用を示す地層を Dalradian 統というので，筆者はこのタイプのことを Dalradian type とよんだことがある (都城, 1958)．しかし Dalradian 統のなかでも，前記のように Banffshire 付近のものはこのタイプには属しないから，この名前はやめた方がよいであろう．Scotland よりほかの地方では，ノルウェーのカレドニア変成地域の主要部分 (§100) や，北アメリカのアパラチア変成地域の主要部分 (§90) も，おそらくこのタイプに属するであろう．このタイプの相系列の最高温部には，グラニュライト相が出現することがある (Chapman, 1952)．

　Vogt や Turner が広域変成作用の相系列としたものは，このタイプに相当するものである．Harker (1932) が normal regional metamorphism とよんだのも，このタイプの変成作用のことである．Harker, Turner ら多くの人びとは，このタイプの広域変成作用が世界の広域変成作用の大部分または全体を占めていると想像したが，それは明らかに誤りである．Grampian Highlands の変成地域もノルウェーのカレドニア変成地域も，カレドニア造山帯に属している．第10章§86で述べるように，大陸移動説によると，この造山運動がおこった時代にはヨーロッパは北アメリカに近いところにあって，この造山帯はアパラチア造山帯に直接続いていた．したがって，藍晶石-珪線石タイプの広域変成作用は，世界でも主としてこの造山帯でのみおこった特殊なものなのではないかと思われる．

　このタイプの広域変成作用は，一般に多量のカコウ岩類の貫入を伴っている．それよりずっと少量のハンレイ岩や超塩基性岩を伴うことも普通にみられる．

§78　紅柱石-珪線石タイプ (andalusite-sillimanite type) の広域変成作用

　このタイプの変成相系列の特徴は，化学的条件が許すならば，変成温度の比較的低いところに紅柱石が生じ，高いところに珪線石が生ずることである．藍晶石や藍閃石は出現しない．十字石も一般には出現しない．第114図から明らかなように，このタイプの変成相系列は藍晶石-珪線石タイプの変成相系列よりも低い固相の圧力を表わす．このタイプの

広域変成作用の模式変成地域として，阿武隈高原の中部をとろう．この地域は，都城(1953, 1958)，柴藤・都城(1959)などによって研究された．

このタイプの変成相系列は，中部阿武隈高原においては緑色片岩相→角閃岩相よりなっていて，緑簾石角閃岩相は実際上欠けている．藍晶石-珪線石タイプの変成作用では，温度上昇に伴って塩基性変成岩にホルンブレンドが出現しはじめる温度よりも，斜長石がAn 30％に達する温度の方が高いので，緑色片岩相と角閃岩相との間にホルンブレンド＋アルバイト(またはオリゴクレス)という組合せを特徴とする緑簾石角閃岩相が生ずるのである．ところが紅柱石-珪線石タイプの模式変成地域では，ホルンブレンドの出現しはじめる温度と斜長石がAn 30％に達する温度とがほとんど等しい．そのために，緑簾石角閃岩相が実際上欠けてくる．しかしこれらの鉱物変化のおこる温度は，いずれも多くの条件によって影響されるものであるから，場合によっては狭い緑簾石角閃岩相の地帯を生ずることがあるかもしれない．このタイプの相系列に属する角閃岩相は，紅柱石を生ずる亜相と珪線石を生ずる亜相である．

このタイプの変成作用では，アルマンディンは変成温度の高い泥質岩のなかの或るものには出現しうるが，ふつうの塩基性変成岩には出現しない．変成温度が低いか，または中くらいのところでは，パイラルスパイトは稀で，もしそれが出現するならばそれはMnOに富んでいる(都城, 1953)．菫青石はふつうに出現する．

中部阿武隈高原では，普通の化学組成をもつ変成岩は，十字石を生じない．しかし，とくに十字石の生成に適するような化学組成の変成岩(たとえば Fe, Al に富み，Si に乏しい岩石)があると，生じうるかもしれない．最近その地方の角閃岩相のなかの高温部において，スピネルや多量のザクロ石や珪線石を含むきわめて特殊な化学組成の変成岩のなかに，十字石が見いだされた(蟹沢・宇留野, 1962)．

中部阿武隈高原における累進変成作用による鉱物変化を，第116図に示す．

この変成地域において，広域変成作用の最高の温度を表わすのは，上述のように角閃岩相である．広域変成作用とほぼ同時に貫入した深成岩類のなかのカコウ岩は，広域変成作用とほとんど同じ相系列の接触変成作用をおこしている．ところが，その深成岩類のなかのハンレイ岩の接触変成作用は，もっと高温に達し，斜方輝石を生ずるに至っている．もし斜方輝石を生ずることをグラニュライト相の特徴とみるならば，この高温部はその相に属するわけである．しかしこれは典型的なグラニュライト相と輝石ホルンフェルス相とのあいだの中間的な状態であるから，どちらにはいると考えるかは，二つの相の定義による

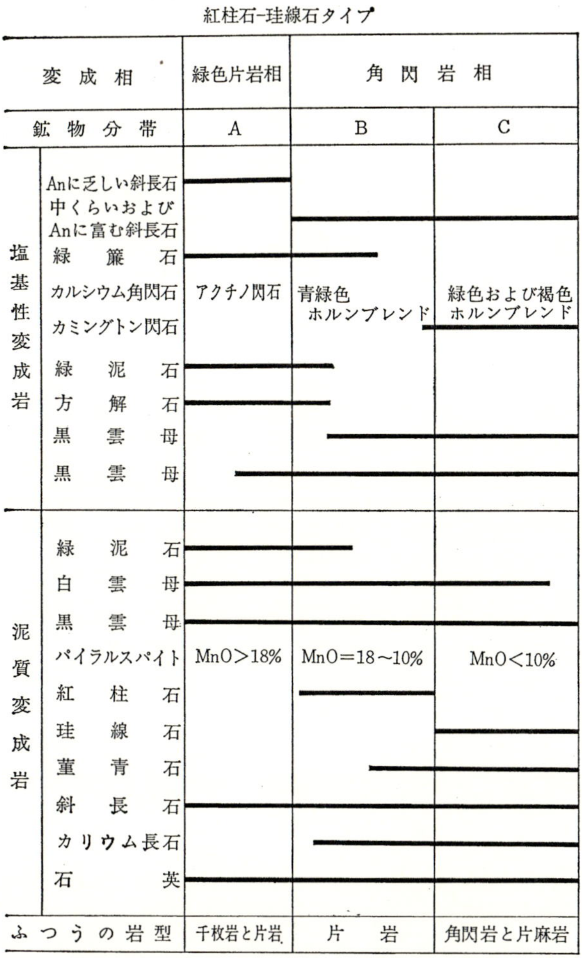

紅柱石-珪線石タイプ

変成相		緑色片岩相	角閃岩相	
鉱物分帯		A	B	C
塩基性変成岩	Anに乏しい斜長石	———		
	中くらいおよびAnに富む斜長石		———————————	
	緑簾石	—————————		
	カルシウム角閃石	アクチノ閃石	青緑色ホルンブレンド	緑色および褐色ホルンブレンド
	カミングトン閃石		—————————	
	緑泥石	—————————		
	方解石		———————————	
	黒雲母		———————————	
	黒雲母	———————————————————		
泥質変成岩	緑泥石	———————		
	白雲母	—————————————————————————		
	黒雲母	———————————————————		
	パイラルスパイト	MnO＞18%	MnO＝18〜10%	MnO＜10%
	紅柱石		———————————	
	珪線石			———
	菫青石		———————————	
	斜長石		———————————	
	カリウム長石		———————————	
	石英	———————————————————		
ふつうの岩型		千枚岩と片岩	片岩	角閃岩と片麻岩

第116図 中部阿武隈高原における広域変成作用

ことである(紫藤, 1958).

わが国では, 領家変成作用もこのタイプに属するであろう(§105). また, オーストラリア東南部の New South Wales の古生代の変成帯にもこれに属するものが広く発達しているらしい(§103).

このタイプの広域変成作用は, 従来ふつうは, 紅柱石や菫青石が出現することと, カコ

ウ岩類を伴うことが多いという理由とから,接触変成作用とみなされてきた.しかし,紅柱石や菫青石が出現することは温度・圧力の値によることであって,接触変成作用である証拠にはならない.カコウ岩を伴ってはいても,変成地域の温度分布が個々のカコウ岩体の形や分布と無関係である場合には,変成作用をひきおこした温度上昇の原因は個々のカコウ岩体ではなく,したがってその変成作用は広域変成作用とみるべきである.

このタイプの広域変成作用は,いつも多量のカコウ岩を伴っている.また,それよりもずっと少量のハンレイ岩や超塩基性岩をも伴うことが多い.

§79 ヒスイ輝石-藍閃石タイプ (jadeite-glaucophane type) の広域変成作用

このタイプの変成相系列の特徴は,ヒスイ輝石+石英という鉱物組合せが安定であること,およびふつうの化学組成の岩石に藍閃石が出現しうることである.このタイプの変成相系列は,第114図に示すように,藍晶石-珪線石タイプの変成相系列よりも高い固相圧を表わしている.このタイプの相系列の模式変成地域としては,前に典型的な藍閃石片岩相(§73)としたものに属する岩石を含んでいるような変成地域をとることが望ましいかもしれない.おそらく,California の Franciscan 層群の変成岩は,大部分この条件を満しているであろう(§93).しかし,Franciscan 層群は研究がまだ不十分であって,累進変成作用の状況が明らかになっていないので,模式変成地域とすることができない.この条件を或る程度満す地域のなかで,詳細に研究せられていて,累進変成作用の状況がもっとも明らかになっているのは,関陽太郎(1958, 1960, 1961 a)によって研究された関東山地の三波川変成地域である(§106).そこで,この地域を模式変成地域にとることにする.

関東山地の三波川変成地域にみられる変成相系列は,藍閃石片岩相→緑色片岩相である.ローソン石やパンペリ石が出現し,パイラルスパイトもふつうに出現する.そのパイラルスパイトは,或る場合にはアルマンディンであり,他の場合にはアルマンディンとスペサルティンの間の中間である.ヒスイ輝石も出現する.注意すべきことは,このタイプの定義に使われているのは,石英と共存する場合のヒスイ輝石なのであって,石英と共存しないヒスイ輝石は,おそらくもっと広い範囲の条件のもとで生成しうるであろう(第35図).関東山地における累進変成作用に伴う鉱物変化を,第117図に示す.

関東山地では,変成温度の最も高い部分でも緑色片岩相にすぎない.もっと変成温度が高くなったら何になるかは,わからない.同じ三波川変成帯のなかでも,紀伊半島以西では,石英と共存するヒスイ輝石は発見されていない.したがって,この地域の変成作用は,

§79 ヒスイ輝石-藍閃石タイプ

たぶんヒスイ輝石-藍閃石タイプではなくて，後で述べる高圧中間群に属するものであろう．この地域のなかの四国の別子地方においては，藍閃石片岩相→緑簾石角閃岩相という相系列が見られる．すなわち，緑色片岩相とみるべき地帯がほとんど欠けている（坂野，1959 a, 1964)．また，藍閃石片岩地帯には，しばしばエクロジァイトが出現する．前に論

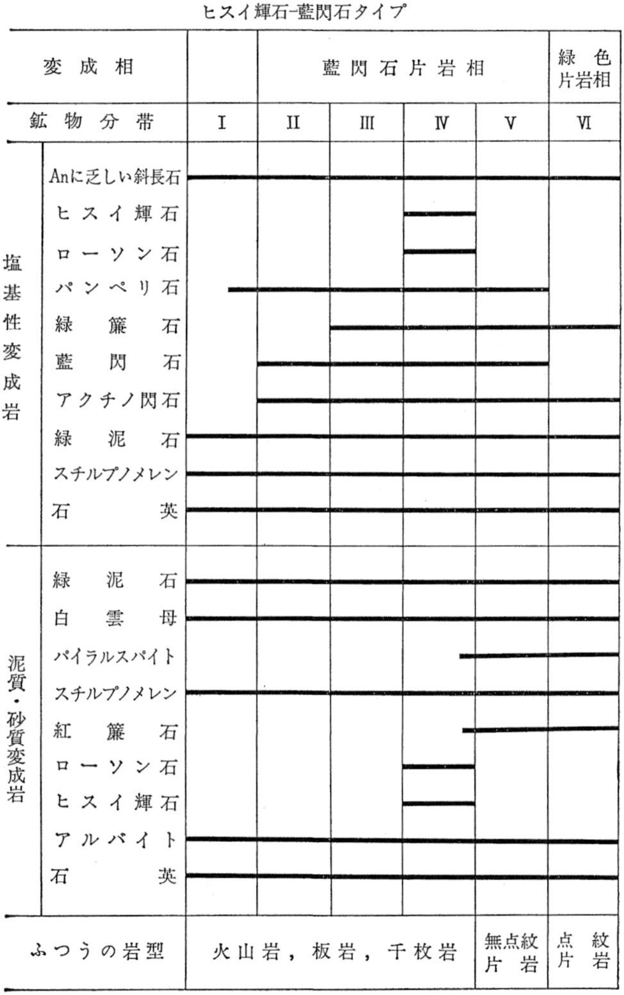

ヒスイ輝石-藍閃石タイプ

変成相		藍閃石片岩相					緑色片岩相
鉱物分帯		I	II	III	IV	V	VI
塩基性変成岩	Anに乏しい斜長石						
	ヒスイ輝石						
	ローソン石						
	パンペリ石						
	緑簾石						
	藍閃石						
	アクチノ閃石						
	緑泥石						
	スチルプノメレン						
	石英						
泥質・砂質変成岩	緑泥石						
	白雲母						
	パイラルスパイト						
	スチルプノメレン						
	紅簾石						
	ローソン石						
	ヒスイ輝石						
	アルバイト						
	石英						
ふつうの岩型		火山岩，板岩，千枚岩			無点紋片岩	点紋片岩	

第117図　関東山地における広域変成作用．第I帯は再結晶作用がきわめて不十分である．

じたように(§74)，これらのエクロジァイトの多くは，藍閃石片岩相や緑簾石角閃岩相に属するであろうが，しかし一部分は真のエクロジァイト相に属するかもしれない．これらの事実から判断すると，ヒスイ輝石-藍閃石タイプの広域変成作用は，高い温度になると緑簾石角閃岩相やエクロジァイト相の変成岩を生ずるのではないかと思われる．

Al_2SiO_5 鉱物は，このタイプの変成岩には出現しない．おそらくその代りに，Al の含水鉱物が生じているのであろう．坂野(1957)は別子地方の緑簾石角閃岩から藍晶石を見いだした．それからわかるように，もし Al_2SiO_5 鉱物を生ずることがあれば，それは藍晶石であろう．もちろん，菫青石も出現しない．

このタイプや，そのほかこれと近縁で藍閃石を生ずるような広域変成作用のことを，前にのべたように**藍閃変成作用**とよぶ(§73)．わが国では，神居古潭変成作用も藍閃変成作用であって，しかも，少なくともかなり多くの部分はヒスイ輝石-藍閃石タイプに属している(坂野・羽田野, 1963)．

このタイプの広域変成地域には，ふつうは多量の超塩基性岩(たいていは蛇紋岩)の貫入がおこっている．また，ハンレイ岩質の岩石が伴うことが多い．しかし，カコウ岩は欠けている．

§80 低圧中間群と高圧中間群(low-pressure and high-pressure intermediate groups)

変成相系列が，紅柱石-珪線石タイプと藍晶石-珪線石タイプとのあいだの中間的な性質をもつような場合が，実際はしばしばみられる．中間的といっても，場合によってその性質にはいくらかの違いがあるが，それらを総称して，**低圧中間群**の変成相系列あるいは変成作用とよぶことにする．それは，固相圧の大きさにおいても，二つの標準タイプのあいだの中間なのであろう．

低圧中間群の例として，藍晶石，紅柱石，十字石を含む朝鮮半島中部の漣川変成岩(山口, 1951)をあげることができよう．また，一つの岩石に藍晶石＋紅柱石＋珪線石が共生する例も Idaho の変成岩から報告せられている(Hietanen, 1956)．これも低圧中間群に属すると考えられる．

Scottish Highlands のなかの Grampian Highlands の主要部分の変成地域の相系列は，前にのべたように藍晶石-珪線石タイプであるが，その東北部(Aberdeenshire や Banffshire)の変成地域は性質が異って，紅柱石や菫青石を含んでいる点では紅柱石-珪線石タイプに似ている．しかしまた，十字石がかなりふつうに出現するらしい (Harker, 1932, pp. 230~235). したがってそれは, おそらく, 低圧中間群に属するものであろう. Read (1952) はこの地域の変成作用を Buchan type とよんだ(§99). 紅柱石と十字石とが一つの変成地域に共存することは, バルト盾状地やカナダ盾状地やヘルシニア造山帯や, そのほか多くの変成地域にみられることである. これらの大部分は, 低圧中間群に属すると考えてよいのであろう.

一方ではまた, 藍晶石-珪線石タイプとヒスイ輝石-藍閃石タイプとの間の中間的な性質の広域変成作用とみられるものも存在する. これにもまた, 性質のいくらか異るさまざまなものが存在しうるが, それらを総称して, **高圧中間群**とよぶことにする. それは, 固相圧の大きさにおいても, 二つの標準タイプのあいだの中間なのであろう.

たとえば, 藍閃変成作用をうけた地域ではあるが, 石英と共存するヒスイ輝石は生じていないような場合がしばしば知られている. 四国の三波川変成地域はそうである. もしわれわれが石英と共存するヒスイ輝石を見落しているのでなくて, 実際に生じなかったのであるならば, その変成作用は, 高圧中間群に属すると考えてよいであろう. 一般的性質は藍晶石-珪線石タイプに似ているが, 稀に藍閃石が出現するような変成地域の変成作用は, 少なくとも大部分は, 高圧中間群に属するものと考えてよいであろう.

Alps の Pennine nappes の広域変成作用は, 藍閃石を生じているという点では藍閃変成作用であるが, ヒスイ輝石+石英という共生はなく, 他の多くの藍閃変成作用とちがって, 変成温度の高い部分には角閃岩相にまでいたる変成岩を生じている. 十字石や藍晶石も広く生じている. そしてこの変成地域には, 少量ながらも同じ時代のカコウ岩が伴われている. これはおそらく, 高圧中間群のなかでも比較的藍晶石-珪線石タイプに近い性質のものであろう(§102, 114).

世界で実際に出現する面積からいうと, 低圧中間群と高圧中間群の変成岩はきわめて大きな割合を占めている. おそらくどちらも, 三つの標準タイプよりは広い地域に出現しているであろう.

§81 変成相系列と固溶体鉱物

藍晶石, 紅柱石, 菫青石, ヒスイ輝石, 藍閃石などのように, あるタイプの変成相系列を特徴づける鉱物種が出現する場合には, その変成作用がどのようなタイプに属するかを決定することは比較的容易である. しかし, 存在する変成岩の化学組成の範囲が限られているために, そのような鉱物が出現しえないような変成地域も少なくない. この場合に,

そのタイプを決定するための手掛りになるのは，固溶体鉱物の性質である．

たとえば，どんなタイプの広域変成作用でも，泥質岩起源の変成岩のなかにパイラルスパイトを生ずることはありうる．しかしそれを生ずるためには，藍晶石-珪線石タイプの場合よりも，紅柱石-珪線石タイプの場合の方が，岩石の MnO 含有量がより大きい必要がある．そして，生じたパイラルスパイトの MnO 含有量は，藍晶石-珪線石タイプの場合よりも，紅柱石-珪線石タイプの場合の方が，ずっと大きい(都城，1953，1958)．また，ふつうの塩基性変成岩のなかのホルンブレンドの Na_2O 含有量は，ヒスイ輝石-藍閃石タイプの変成作用では比較的大きいが，藍晶石-珪線石タイプの変成作用では小さく，紅柱石-珪線石タイプの変成作用ではもっと小さい傾向がある(紫藤，1958；紫藤・都城，1959)．どんなタイプの変成作用でも，温度の上昇とともに緑簾石と共存する斜長石の An 含有量は増加する傾向がある．しかし，その増加の速さは，紅柱石-珪線石タイプの場合よりも藍晶石-珪線石タイプの場合の方が小さい(都城，1958；紫藤，1958)．ヒスイ輝石-藍閃石タイプの場合には，アルバイト(やたぶんオリゴクレス)は生じうるが，それより An 成分に富む斜長石は生じない．

§82 一つの変成帯内の変成相系列の変化

一つの変成相系列は，本来一つの累進変成地域のなかでみられるものである．同一の広域変成帯に属する累進変成地域でも，地域が違えばそこにみられる変成相系列はかならずしも同一であるとは限らない．実際，多くの広域変成帯において，その変成相系列の性質が，帯内の部分によって異る場合がある．

たとえば，わが三波川変成帯においては，関東山地や中部地方の一部分では石英と共存するヒスイ輝石が見いだされていて，ヒスイ輝石-藍閃石タイプであるが，近畿地方や四国では石英と共存するヒスイ輝石は見出されていない．四国のものは，おそらく高圧中間群に属するのであろう．Scotland の Grampian Highlands では，主要部分は藍晶石-珪線石タイプの変成地域であるが，東北部はおそらく低圧中間群に属している．

筆者の知る限りでは，一つの広域変成帯のなかにみられる相系列の性質の違いは，前に述べた三つの標準タイプのなかのどれか二つを含むような変成帯を生ずるほどは大きくない．一つの標準タイプと，それに隣接する一つの中間群を生ずる程度である．換言すれば，一つの広域変成帯のなかに出現する標準タイプは，一般にはただ一つにすぎない．したがって，その標準タイプをもって，その変成帯の性質の近似的な目じるしとすることもできる．

§83 接触変成作用の相系列

これまではすべて,広域変成作用を取上げて,その変成相系列を論じてきた.同様にして,接触変成作用の相系列をも論ずることが望ましい.変成作用を広域変成作用と接触変成作用というように分類するのは,その地質学的な関係に基づいているのであるから,この分類がかならずしも,変成相あるいは変成相系列の違いに対応しているわけではない.接触変成作用は,広域変成作用と同じような相系列を生ずることもあるが,異った相系列を生ずることもある.しかし接触変成作用の研究は遅れていて,それによってどんなさまざまな変成相系列が生じうるか,十分明瞭に展望することのできる状態には,現在まだ達していない.

接触変成作用の古典的地域であるノルウェーの Kristiania 地方では,変成作用の原因となったのはアルカリ岩系の volcanic association の浅所貫入岩体であって,変成作用の圧力はごく低かったであろう.Goldschmidt(1911)がよく研究したのは,十分再結晶の進んでいる接触変成帯内帯の岩石であって,それは輝石ホルンフェルス相に属し,そこで安定な Al_2SiO_5 鉱物は紅柱石である.外帯は再結晶が不十分であるが,そこにはホルンブレンドも出現し,角閃岩相に属するかもしれない.この接触変成作用の相系列は,明らかに広域変成作用のどの相系列とも異っている.それは,広域変成作用のどの相系列よりも低い圧力を表わすと考えてよいであろう.

接触変成作用のなかには,比較的低温の部分に紅柱石を生ずるが,高温の部分には珪線石を生ずる場合がしばしばある.おそらくこの多くは,Kristiania 地方の場合よりも圧力が高くて,紅柱石と珪線石の間の転移温度がより低い温度に移動している場合を示すのであろう(第36図).Scotland の Comrie 地方の接触変成作用(Tilley, 1924 b)は,一般的性質は Kristiania 地方によく似ていて,輝石ホルンフェルス相の岩石を広く生じ,安定な Al_2SiO_5 鉱物は多くは紅柱石であるが,一部分には珪線石も生じている.もっと広く珪線石の出現する接触変成帯もたくさんあって,これらは紅柱石-珪線石タイプの相系列をもつと考えられる.たとえば,中部阿武隈高原で広域変成作用とほぼ同時に貫入したカコウ岩体のまわりの接触変成帯(紫藤,1958)の変成相系列は,その地方の広域変成作用の相系列と同じく,紅柱石-珪線石タイプである.

北上山地有住地方の遠野カコウ岩体のまわりの接触変成帯(関,1961 c)も,比較的低温の部分に紅柱石を生じ高温の部分に珪線石を生じている限りでは,紅柱石-珪線石タイプである.しかしここでは,変成温度の上昇に伴って,塩基性変成岩の斜長石の An 含有量

がきわめて急速に増すために，カルシウム角閃石がまだアクチノ閃石であってホルンブレンドが出現しないほど低温のうちに，斜長石の化学組成はラブラドライトに達する．そこで角閃岩相より低温のところで，塩基性変成岩にアクチノ閃石＋ラブラドライトという特異な鉱物組合せを生ずる．これと同じ鉱物組合せは，実は中部阿武隈高原の入遠野地方の広域変成作用より後で貫入したカコウ岩体のまわりの接触変成帯にも発見されている(紫藤，1958, pp. 199~201)．そして，この岩石は，従来ふつうにあげられている鉱物相のなかのどれにも属しない特異なものであって，かつてその属する変成相は actinolite-calcic plagioclase-hornfels facies とよばれた(都城，1961 b, p. 307)．

変成温度の上昇とともに塩基性変成岩の斜長石の An 含有量が増加する速さは，広域変成作用の三つの標準タイプのなかでは紅柱石-珪線石タイプが最大であることを，さきに述べた(§ 81)．したがって，その速さは，一般に固相圧の低いほど大きいと考えることができる．上記の有住地方や入遠野地方の接触変成帯の actinolite-calcic plagioclase-hornfels facies は，中部阿武隈高原の広域変成作用よりは低い圧力を表わし，したがって斜長石の An 成分の増加がもっと速くて，その特異な鉱物組合せを生じたのであろう．Kristiania や Comrie のような接触変成帯でも，もし角閃岩相より低温の部分で再結晶がおこればこのような変成相を生ずるかもしれない．

接触変成帯のなかには，比較的低温の部分に紅柱石，高温の部分に珪線石を生ずるのみならず，十字石をふつうに生じているような例もある．たとえば，Compton (1960) の記載した Santa Rosa Range や，Akaad (1956) の記載した Donegal の接触変成帯などには，そうである．おそらくこれらは，低圧中間群に属する変成相系列をもっているのであろう．藍閃石の出現する接触変成帯さえ記載されている(たとえば Lobjoit, 1964)．

§ 84 変成作用の個性．結晶粒の大きさと再結晶作用のおこる最低温度

すべての人が個性をもっているように，すべての変成作用は個性をもっている．変成作用の個性を構成している要素としては，変成作用の地質学的原因，変成作用をうける原岩の組成や組織や構造，変成岩の分布や組成や組織や構造，変成作用の温度・圧力，H_2O や CO_2 の化学ポテンシァル，持続時間，そのほか多くのものをあげることができよう．これらの要素のおのおのは，本書のなかのいろいろな部分に取扱われている．それらの要素の一つ，またはいくつかの組合せに着目することによって，変成作用を分類することができる．

§84 変成作用の個性

　これらの要素のなかでも，変成作用の地質学的原因や温度・圧力，H_2O や CO_2 の化学ポテンシァルなどは，変成作用にとって本質的な，いわば内在的な要素である．変成作用の分類のなかでも，地質学的原因による分類(§2)や，温度・圧力に直接結びついている変成相や相系列による分類（第7～9章）は，その意味において変成作用の個性のなかの本質的な面を把握した分類である．それにくらべれば，原岩の組成や構造などは，非本質的な，偶然的なものとみることができる．もちろん，生成する個々の変成岩の性質に対する影響の大きさという点からみると，原岩の性質は重要である．したがって，生成する個々の変成岩の性質を問題にする場合には，そういう偶然的な要素をも重視せねばならないことになる．

　しかしここで本質的であるか非本質的であるかというのは，純粋に岩石学的な次元でおこなった区別である．もっと視野を広げて，変成作用を地殻の発展の過程のなかの一つの面とみるならば，火成活動も堆積作用もその過程のなかの他の面となり，それらのいろいろの面の間には当然何らかの関係があるはずである．こうみると，地向斜に形成される岩石の性質は変成作用と無縁だとは限らない．原岩の組成や構造をも，かならずしも偶然だとはいえなくなる．本書では，これまでの章では主として岩石学的な面を取上げたので，たとえば原岩の頻度などはあまり問題にならなかったが，これから後でもっと視野を広げて地殻の発展過程を問題にするときには，それがもっと大きな問題になってくるであろう．したがって，本質的，非本質的というような区別も，相対的なものにすぎない．

　さてもとにかえって，純粋に岩石学的な面を問題にすると，変成作用の原因や温度・圧力，H_2O の化学ポテンシァルというような強度性の量のほかにも，変成作用にとって本来の，本質的な性質がいくつかあるであろう．変成作用の持続時間は，明らかに重要な本質的要素であって，すでに幾らかは第3章§25で取上げた．持続時間が長いならば，それだけ一般に再結晶作用が進んで，変成温度を一定とすれば変成岩を構成する結晶粒が大きく生長し，また再結晶作用が低い温度にまで及ぶであろう．もちろん，結晶粒の大きさや，再結晶作用のおこる最低温度(threshold temperature)は，H_2O の圧力や変形運動の状況にも関係するので，持続時間だけの函数ではない．しかし，持続時間の手掛りを与える現象として，きわめて重要である．

　第118図に，中部阿武隈高原のなかの三つの地方の変成作用において，温度上昇に伴って塩基性変成岩の斜長石の結晶粒の大きさが大きくなる状況を示してある．ここで，御斎所-竹貫地方の広域変成岩(1)と，勿来地方で広域変成作用と同じ時期に貫入したカコウ岩

のまわりの接触変成岩(2)とは，生成した変成相系列はほとんど同じであるにもかかわらず，後者の方がはるかに細粒である．このことは，後者の方が変成地域のスケールがはるかに小さく，したがって温度の上昇や下降が速くて，再結晶作用の持続時間が短かかったためであろうと思われる．入遠野地方で，広域変成作用よりずっと後に貫入したカコウ岩のまわりの接触変成岩(3)は，もっと細粒である．

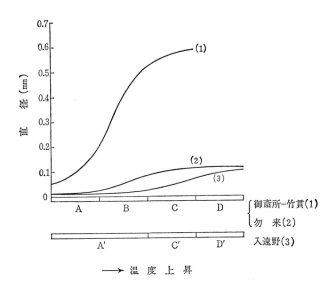

第118図 塩基性変成岩における斜長石結晶の大きさ．この図の横軸は，中部阿武隈高原の御斎所-竹貫，勿来，および入遠野地方の変成地域における変成温度の上昇を示す．鉱物分帯 A, B, C は第116図のそれに対応する．Dは勿来地方の接触変成作用で，斜方輝石のでる帯である．入遠野地方の接触変成帯の A′, C′, D′ は，それぞれアクチノ閃石，ホルンブレンドおよび斜方輝石の出現を特徴とする帯状地域である．説明は本文にあり，データの出所は都城(1958)および紫藤(1958)である．

再結晶作用のおこる最低温度は，場合によってさまざまであるらしい．ニュージーランド南島では，緑色片岩相の地帯より低温のところに，沸石相とブドウ石-パンペリ石変成グレイワケ相との再結晶作用がおこっている．関東山地では，緑色片岩相の地帯より低温のところに，藍閃石片岩相の地帯が再結晶している．しかし，Scotland や Appalachians の藍晶石-珪線石タイプの変成地域では，再結晶作用のおこった最低温度を表わすのは，緑色片岩相の地帯である．筑波地方の変成作用では，角閃岩相よりも低い温度のところの再

結晶作用は,きわめて不十分である.

藍晶石-珪線石タイプやヒスイ輝石-藍閃石タイプの広域変成作用では,泥質変成岩に黒雲母を生じえないほど低い温度のところにも十分再結晶作用がおこって,緑泥石帯やその他を生ずるのがふつうである.ところが,接触変成作用では,再結晶作用が不十分な状態でもすでに,多量の黒雲母を生ずるのがふつうである.Harker(1932, p. 231)はこの種の現象に注目し,再結晶作用のおこり始める温度の方をほぼ一定と見なして,接触変成作用では黒雲母の生成する温度の下限が低くなるのだと解釈した.たしかに,黒雲母の生成しはじめる温度は厳密に一定ではないであろう.しかし上記の現象の主な原因は,むしろ再結晶作用のおこる最低温度が接触変成作用では高くなることにあるのかもしれない.

Sutton と Watson(1951 b)は,Scottish Highlands の西北端部の先カンブリア変成地域にみられる Laxfordian 変成作用を研究した.ラブラドライトとカルシウム輝石を主成分とし,少量の斜方輝石や橄欖石を伴う粗粒玄武岩脈がこの変成作用をうけると,再結晶がおこりはじめたときにできる最初の鉱物は,青緑色ホルンブレンドやザクロ石である.すなわち,多くの広域変成作用の低温部にみられるような緑泥石,緑簾石,アルバイトなどは生じない.これは,再結晶作用のおこりはじめる温度が高いためであると解釈せられた.

第10章 北アメリカ大陸の生長と変成帯の構成

§85 大陸と大洋．大陸の生長

　大陸と大洋とは，地球表面の二つの根本的な構成要素である．大陸および大洋の起源は，地球科学の最も重要な問題の一つである．大陸地殻の表面に近い部分の物質と構造は，古くから地質学によって研究せられ，今日までにかなり多くのことが知られている．ところが，大洋底の物質と構造については，われわれの知識は最近にいたるまできわめて少なかった．これは，大洋の成因のみならず，大陸の成因を考える上でも，最大の障害であった．第二次世界大戦後，ことに1950年以後，大洋底の地球物理学的研究が急速に進み，この障害が軽減せられつつある．今日正しいと考えられている大陸と大洋の地殻構造の概要は，第1章§6に述べてある．

　長い時間のあいだには，陸が海になったり，海が陸になったりすることは，断片的には古代ギリシァの時代からいわれていたが，18世紀末から19世紀の前半にかけてHuttonやLyellによって地質学が体系化せられた時にも，強く主張された．この考えを無制限に一般化すると，大陸と大洋との間には，物質や構造の上で何も根本的な違いはなく，ただ海面上に広く出現しているところが大陸で，海面下に深く没しているところが大洋であるにすぎないということになる．この考えは，19世紀の地質学者の大部分のみならず，20世紀になっても第二次世界大戦のころまで保守的な地質学者の多くによって支持せられてきた(たとえば，Kober, 1942; Clarke, 1924, pp. 22～36)．

　現在大洋によって分離されている二つの大陸のあいだに，地質時代の陸上動植物の種類の類似が見られる場合がある．それを説明するためにNeumayr, Schuchert，その他多くの古生物学者は，その二つの大陸はかつて陸地，すなわち**陸橋**(land bridge)によってつながっていたが，後に陸橋は海底に没したのだと仮定した．現在の大西洋や太平洋のなかに，かつて大きな大陸があって，そこから多量の物質が北アメリカ大陸のそれぞれ東と西の周縁部の地向斜(アパラチアおよびコルディレラ地向斜)に運ばれて堆積したということも，広く信ぜられていた．20世紀になって，大陸と大洋とでは，地殻の物質や構造が根本的に違うものらしいということが，少しずつわかって来た．陸地が海になるとしても，それは

§85 大陸と大洋

浅海になりうるだけかもしれない．ことに最近では，大西洋や太平洋の底に，かつての巨大な大陸の地殻が潜没しているということは，ありえないことが明らかになって来た．しかし現在でも，大陸地殻が何かの作用で大洋地殻に転化するという過程を仮定することによって，上記の古くからの考えを救おうとしている人もある．

大陸と大洋との間の物質や構造の根本的な違いを認めたとしても，その成因については，なおいろいろと違った考え方がある．まず，大陸と大洋との違いは地球の歴史のなかのきわめて早い時期にできてしまったものであって，それ以後は，本質的な変化はおこらなかったのだという，**大陸および大洋の永続**(permanence of continents and oceans)という仮説がある．この説は，19世紀の中ごろ J. D. Dana によってはじめて唱えられ，かなりの支持者があった．陸上に，真の深海性堆積物が見いだされたことはほとんどないということが，その根拠とされた．また，20世紀のはじめごろに F. B. Taylor や A. Wegener は**大陸移動**(continental drift)という仮説を唱えて，大陸と大洋との間の根本的な違いを古生物分布上の事実と調和させようとした．

J. D. Dana は1873年に，彼の地向斜説の一部分として，**大陸の生長**という新しい考えを提唱した．すなわち大陸は，そのすぐ外側の海に新しい地向斜が生じて，造山運動をうけることによって，しだいに生長すると考えられた．ヨーロッパ大陸も造山運動によって生長したと考えられることは，19世紀の末ごろ M. Bertrand によって指摘された．この説は，その後多くの人によって支持発展せられたが，1930～1950年ごろには，むしろ反対する人の方が顕著になっていた．このころまでは，大陸の生長として考えられていた内容は，先カンブリア時代に生成した盾状地のまわりを取り巻くように，古生代以後の造山帯が生ずるということであった．ところが1950年ごろから後，放射性同位元素による岩石の年代測定が進み，大陸の生長は盾状地の内部にも認められることがわかった．1960年ごろには，北アメリカ大陸やヨーロッパ大陸でいずれも，先カンブリア時代のなかの早期に造山運動をうけた核があって，それを取り巻くように，しだいに外側に新しい造山帯が生じていることが確定的に明らかになった(たとえば第122図参照)．造山帯の移動という意味での大陸の生長は，きわめて強い根拠をもつことになった．その上，最近の同位元素地質学の進歩は，大陸地殻を構成する酸性物質自体も，地質時代とともに既存の大陸核の外側へしだいに付加せられて来たものであって，その意味においても大陸は生長したことを示唆している(§94)．

最近数年間，古地磁気学の方から大陸の移動に対する新しい強力な根拠が現われてきた．

こうして復活した大陸移動説は，大陸生長説と結びついて，大陸と大洋の起源についてのわれわれの考えを革新しつつある（たとえば Wilson, 1962, 1963 a, b）．

　造山運動の諸過程のなかで，エネルギー的に最も大きな部分を占めているのは，広域変成作用とカコウ岩体の形成である．大陸地殻の酸性物質をつくる作用が何であるかは，まだわからないが，それも広域変成作用と密接に関係があるかもしれない．したがって，広域変成作用とカコウ岩体の形成史を中心にして，大陸の生長史を語ることができる．第10～12章では，筆者はそれを試みようと思う．そしてその結果に基いて，本書の最後の第13章において，大陸地殻の形成と広域変成作用の原因についての一般的な結論をひき出したい．

§86 北アメリカ大陸の構造

　大陸の生長が最も明瞭に認められ，よく研究されているのは，北アメリカ大陸である．したがって，大陸の生長史は，北アメリカ大陸から始めることにしよう．北アメリカの地質および地史の一般的な記述は，King (1959) や Clark と Stearn (1960) の好著に与えられている．

　北アメリカ大陸の中核をなすものは，**カナダ盾状地**（Canadian shield）である．第119図に示すように，この盾状地はカナダの大部分からグリーンランドにまで及ぶ広大な地域であり，主に先カンブリア時代に生成したカコウ岩，片麻岩，片岩などが露出する地域である．この盾状地を取り巻くように，ことにその西南側に広く，**内部低地**（Interior Lowlands）とよばれる地帯がある．これは，盾状地と同じような先カンブリア時代のカコウ岩や変成岩が基盤として存在するのであるが，その上に比較的薄い古生代またはそれ以後の地層（厚さ 1 km 以下）が，ほとんど水平に載っている地域である．盾状地と内部低地とは，先カンブリア時代に造山運動をうけたが，古生代やそれ以後にはうけなかった地域であるという点では，ひと続きの安定地域である．次節で述べるように，この地域の内部でも，その中央部には先カンブリア時代のなかでも早期の岩石があり，周縁部にゆくほど先カンブリア時代のなかでも後の時代の岩石があって，大陸の生長が認められる．

　このような先カンブリア時代の安定地域を取り巻いて，第119図に示すように，その東側と西側と北側とに古生代以後の新しい造山帯が生じている．東側のものは，**アパラチア造山帯**（Appalachian orogenic belt）である．ここには，先カンブリア時代の最末期から古生代にかけて大きな地向斜が生じた．その地向斜のなかで外側（大西洋側）の部分は，火山

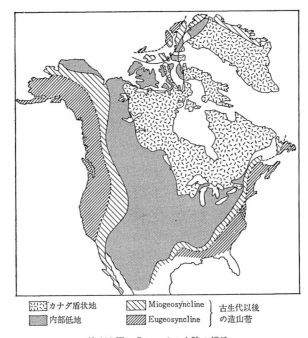

凡例	
▨ カナダ盾状地	◊ Miogeosyncline ⎫ 古生代以後
▓ 内部低地	▨ Eugeosyncline ⎭ の造山帯

第119図 北アメリカ大陸の構造

性の弧状列島をもち，そこから選別をあまりうけていない多量の堆積物が供給されて，厚いグレイワケや礫岩層を生じ，また熔岩や火山砕屑岩も供給されて，その間に挟みこまれた eugeosyncline であった．内側(大陸側)の部分は，分解と選別の進んだ堆積物をもち，火山活動のほとんどない miogeosyncline であった．それらが，古生代の中ごろから末ごろにかけて造山運動をうけ，一部分には広域変成作用がおこった．

先カンブリア時代に生じた安定地域の西側に生じたのは，**コルディレラ造山帯**(Cordilleran orogenic belt)である．(Cordillera というのは，Rocky 山脈, Sierra Nevada 山脈，海岸山脈などのアメリカ西部の山脈の総称である．) ここには，先カンブリア時代の最末期から中生代にかけて大きな地向斜が生じた．その地向斜のなかで外側(太平洋側)の部分はやはり eugeosyncline であったが，内側の大陸側の部分は miogeosyncline であった．それらが，中生代から新生代にかけて造山運動をうけ，一部分には広域変成作用がおこった．

安定地域の北方は，北極海上の島じまやグリーンランド北部であって，調査はまだ不十分であるが，ここにも古生代以後の造山帯がある．それは**イヌー造山帯**(Innuitian orogenic belt)とよばれている．これも，外側の部分に eugeosyncline，内側の部分に miogeosyncline をもっていたらしい．

　北アメリカ大陸の生長は，これで終わったわけではないかもしれない．最近20年間に，北アメリカ大陸の東方の大西洋の海底が，測深・重力・磁気・地震・試錐などの方法で調査された．その結果を総合すると，ここにほぼ海岸にそって細長く，きわめて厚い堆積物をもつ地帯が生じていることがわかった．この地帯も外側と内側との二つの部分に分れ，それらはそれぞれ，古生代の初期のアパラチア地向斜の eugeosyncline と miogeosyncline とに似た性質をもっている．現在はこの外側の部分に活火山はないけれど，過去の或る時代にはあったらしい．将来いつか，北アメリカ大陸がさらに東方へ伸びる日がくるかもしれない (Drake et al., 1959)．

　Wegener や Wilson (1963 a) は，現在の大西洋は中生代以降に大陸移動によって新たに生じたものだと考えた．そうすると，古生代のアパラチア造山帯は，その時代にはそのままヨーロッパのカレドニア造山帯に連続していたことになる．それは，北アメリカとヨーロッパとの二つの大陸の間の弱い地帯にそって生じたものと考えられよう．その関係を，

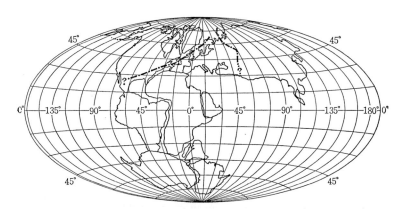

第120図　Wilson (1963 a, b) の大陸移動説にもとづく，中生代中期における大陸の配置状況．2本の鎖線は，もっと古い時代の大陸塊の移動により，その結合線にそってできた古い山脈を表わす．左の鎖線はアパラチアおよびカレドニア造山帯で，右の鎖線はウラル造山帯である．

第120図に示す．アパラチア変成帯とカレドニア変成帯とは，どちらも主として藍晶石-珪線石タイプであって，それがひと続きであったという考えは変成作用の見地からも好都合である．

§87 カナダ盾状地の発達

カナダ盾状地の面積の約80％は，カコウ岩やカコウ岩質片麻岩によって占められている．このなかのどれだけが火成岩で，どれだけが変成岩であるかは，はっきりしない．そのカコウ岩や片麻岩は，あちらこちらで，堆積岩または変成岩に貫入しているようにみえる．盾状地の面積のうち，残った約20％は，明瞭な変成岩や堆積岩や火成岩によって占められている．

明瞭な変成岩や堆積岩を，その出現状態によって大きく二つの種類に分けることができる．一つは，カコウ岩や片麻岩のなかに含まれて帯状あるいは斑点状に出現する変成岩で，これはそのカコウ岩より古くからあって，カコウ岩に貫入されたかまたはカコウ岩化され残った堆積岩や火山岩だと考えられる．一般に強い変形運動と変成作用とをうけていて，現在の傾斜はほとんど垂直になっている．この種の岩石を，従来の地質家たちは一般にArchean(太古代)の岩石とよんだ．もう一つの種類は，カコウ岩や片麻岩の上に不整合に載っている岩石で，一般にあまり変形や変成をうけていないことが多い．傾斜は一般に緩やかである．この種の岩石を，従来の地質家たちは，一般にProterozoic(原生代)の岩石とよんだ．つまり，はじめに太古代の岩石があって，それが造山運動や変成作用やカコウ岩の貫入をうけた後で，その上に原生代の岩石が堆積したと考えたわけである．こうして，カナダ盾状地の全体にわたって，岩相の似たカコウ岩は同じ地質時代のものとして対比され，岩相の似た変成岩や堆積岩も同じ地質時代のものとして対比されて，地史が編まれた．

ところが近年，放射性同位元素による年代測定が開発せられ，その結果が多量に出るようになって，上記の考えは根本的に誤っていることが明らかになった．カナダ盾状地のなかでも最古の岩石は，今から約37億年前という値を示している．また，今から約25億年前に形成せられた古いカコウ岩もあれば，約10億年前に形成せられた比較的新しいカコウ岩もある．変形や変成の強弱は，地質時代の古さとは何も関係はない．これまでArcheanとよばれていた岩石は，その地域の変成作用やカコウ岩の形成よりも古くからあった岩石であり，Proterozoicとよばれていた岩石は，それらよりも後で生成した岩石だというだけであって，それぞれの実際の生成年代は盾状地のなかでも部分によってさまざまであることが，明らかになった．化石による地層の対比が用いられない先カンブリア時代の地史の研究は，放射性同位元素による年代測定が用いられるようになってはじめて，確実な基礎をもつようになった(たとえば，James, 1960; 都城, 1960 c)．

今日では，カナダ盾状地のなかにおけるカコウ岩や変成岩の年代の分布はかなりよくわ

かって来た.また,Archeanとよばれた種類の岩石の構造分布もかなりよくわかった.そこで,この二つを組合せて,盾状地をいくつかの地質区(province)に分けることができる.一つの地質区のなかの地域は,ほぼ同じ時代に造山運動,広域変成作用,カコウ岩の形成作用をうけ,そしてほぼ同一の一般的構造方向をもっている.したがって,ここで一つの地質区というのは,古生代以後の時代の一つの造山帯と同じ性質のものである.カナダ盾状地は,こうして,時代の異る多くの造山帯が組合さってできていることが明らかになった(King, 1959; Stevenson, 1962).

第121図に,その地質区を示す.ここにみられるように,カナダ盾状地のなかでいちばん古い時代の造山帯を表わす地質区は,Superior湖付近の **Superior province** で,今から

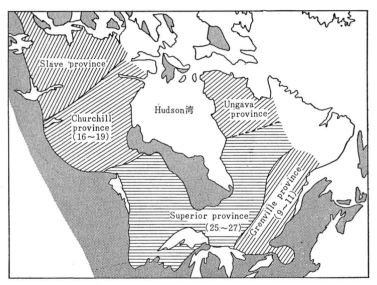

第121図 カナダ盾状地の地質区.おのおのの地質区に引いた線は,一般的な構造方向を示す.括弧内に示した数字は,主な広域変成作用やカコウ岩の形成のおこった時代が現在より約何年前であるかを,億年の単位で示す.影をつけた地域は,古生代およびそれより後の岩石におおわれている(ただし西北部の地質区は人によってかなり異っている).

25～27億年前に生成したものである.この地質区は,蛇紋岩帯をももっている(Hess, 1955).その東南側にある **Grenville province** は,高温の変成作用をうけた岩石をもっているので,かつては地球上で最も古い岩石の一つと思われていたが,放射性同位元素によ

§87 カナダ盾状地の発達　　　　335

る年代測定の結果は，先カンブリア時代のなかでは比較的末期のものであることが判明した．Grenville province の東南端は，合衆国の New York 州 Adirondack 山地に突き出ている．この地質区は，多くの巨大なアノーソサイト岩体をもっていることが一つの特徴である (Engel & Engel, 1953)．

このように年代測定によって主要な造山運動の時期を決めることは，カナダ盾状地だけでなく，そのまわりの内部低地の基盤をなしている先カンブリア岩類や，さらにまた古生代以後の造山帯に対してもおこなわれている．第122図に，そうして得られた結果を大き

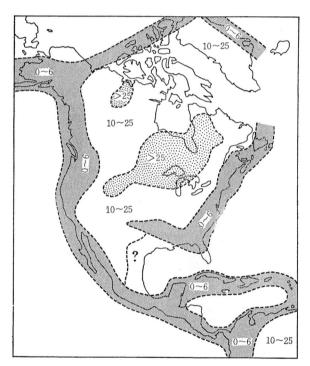

第122図　北アメリカのいろいろな部分における造山運動とカコウ岩の形成の時代．現在より前何年であるかを，億年の単位で示す (Engel, 1963 による．なお，Gastil, 1960 は，もっと細かく地域を分けて示している)．

く概括して示す．この図を見ると，北アメリカ大陸の生長の過程が追跡できる．いちばん古い，今から25億年以上前の時代に，Superior province やその延長にあたる地域が造山運動やカコウ岩の形成作用をうけた．この地帯が中核になって，その後はそのまわりにし

だいに造山運動やカコウ岩の形成がおこって，盾状地や内部低地の基盤ができた．さらに古生代以後に，それを取り巻くように，新しい造山帯ができた．

Superior province は，カナダ盾状地のなかでも最も古い地域なので，その研究は地球上に大陸地殻ができる過程を理解する上で重要である．この地域に，カコウ岩の形成より前に存在した岩石は，主として塩基性や中性の化学組成をもつ熔岩や火山砕屑岩と，選別をあまりうけていないグレイワケや礫岩などの堆積岩である．熔岩はしばしば枕状構造を示す．泥質岩はごく少なく，珪岩や石灰岩は欠けている．それは，eugeosyncline 性の急速な堆積物であって，しばしば graded bedding を示している (Pettijohn, 1943)．ところが，この地質区には miogeosyncline 性の堆積物は見出されない．Superior province の堆積物のなかにも，部分によっては，カリウム長石や雲母のような，カコウ岩の分解物らしいものを含むこともあるから，おそらく今はわからなくなった小さいカコウ岩質の地殻がもっと前にあったのかもしれない．

盾状地のなかでも，もっと新しい時代の地質区になると，塩基性火山岩が減少し，石英長石質火山岩が増加し，堆積岩はもっと風化，分解，選別の進んだ物質よりなるように変わる傾向がある．最も新しい Grenville province になると，泥質岩や珪岩や石灰岩が多い．こうして，盾状地のなかでも，岩石の種類は時代とともに変化して，新しい時代のものは古生代以後の造山帯のものに似て来ている (Engel, 1963)．

§88 カナダ盾状地の変成作用

カナダ盾状地では，Adirondack 山地，そのほかのごく限られた地域よりほかは，岩石学的研究はきわめて不十分である．盾状地の変成岩の大部分は，緑色片岩相から角閃岩相にいたる間の，いろいろな温度の変成作用をうけている．ただし Grenville province では，角閃岩相からグラニュライト相にいたる高温の変成作用が広くおこっている．この盾状地の変成作用の大部分は，広域変成作用と解すべきものであるが，それでも，一般的傾向としてはカコウ岩体の多い地域のほうが変成温度が高くなっている．これらの変成岩には，珪線石やパイラルスパイトが広く出現する．また，かなり多くの地域に，紅柱石，菫青石，十字石などが出現する．藍晶石は，全く出現しないというわけではないが，きわめて稀である．これらのことから判断すると，カナダ盾状地の大部分の変成作用は，低圧中間群に属するものらしい．

Adirondack 山地の中央部を構成しているのは，主としてアノーソサイト，ハンレイ岩，

石英閃長岩，カコウ岩などの深成岩の複合体である(Buddington, 1939). Adirondack 山地の西北部で，St. Lawrence 川にいたるまでの地域には，主として Grenville province の堆積岩起源の広域変成岩が露出している．ことに，半砂質岩起源の"paragneiss"やそれに伴う塩基性岩の累進変成作用が詳細に研究されている(Engel & Engel, 1953, 1958, 1960, 1962 a, b; Engel *et al.*, 1964). この地域で Adirondack 深成岩複合体から約 55 km 離れているところでは，変成岩は角閃岩相の高温部に属するが，複合体に近くなると変成温度が高くなり，グラニュライト相の低温部に達する．それに伴って，paragneiss から Si, K, H_2O などの一部分が逃げ去り，Fe^{+3}/Fe^{+2} が減少するような塩基性化（いわば degranitization) がおこっている．

鉄鉱層(iron formation)は，世界の先カンブリア時代の地層に特徴的に出現する岩石であるが，カナダ盾状地のなかでも，いろいろな地域に，いろいろな時代に生じている．そのなかで最大のものは，Superior province のなかで Superior 湖の西方および南方に出現するもので，世界最大の鉄鉱床となっている．この地方では，基盤をなすカコウ岩や片麻岩の上に不整合に，先カンブリア時代中期の Huronian 統という地層が載っている．この地層は，基盤のなかの変成している堆積岩と異って，泥質岩，珪岩，石灰岩などを多量に含み，また問題の鉄鉱層を含んでいる．Huronian 統のなかには変形も変成もうけていない部分もあるが，一部分は広域変成作用をうけ，またカコウ岩(今から14億年前)に貫かれている．Huronian 統の上に不整合に，Keweenawan 統がのっている．これはほとんど変成していない水平に近い地層で，厚さは最大 15000 m に達し，その下半部は玄武岩質熔岩(一種の台地玄武岩)で，上半部は砂岩である．この熔岩をつくったと同じ玄武岩質マグマは，同時に多くの貫入岩体をもつくった．そのなかで最大のものは，Duluth の巨大なハンレイ岩ロポリス(今から11億年前)である．Keweenawan 統の上には，不整合にカンブリア紀層が載っている．

James(1955)は，Superior 湖南方地域の Huronian 統の広域変成作用の研究をおこなった．変成地域は，泥質岩起源の変成岩に生ずる鉱物によって，温度上昇の順序に緑泥石帯，黒雲母帯，ザクロ石帯，十字石帯，珪線石帯に区別される(第123図)．藍晶石は出現せず，十字石帯に紅柱石が出現する．したがって，この広域変成作用は，低圧中間群に属するものであろう．緑泥石帯や黒雲母帯低温部の塩基性変成岩は緑色片岩であるが，黒雲母帯高温部からザクロ石帯のあたりの塩基性変成岩は緑簾石角閃岩で，十字石帯や珪線石帯のそれは角閃岩である．角閃岩はザクロ石をほとんど含んでいない．

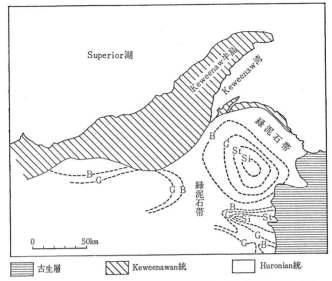

第123図 Superior湖南方地域の地質略図. B, G, St, Si と書いた点線は，それぞれ黒雲母帯, ザクロ石帯, 十字石帯, 珪線石帯のはじまるアイソグラッドを示す(James, 1955 による).

Jamesの研究がことに多くの人びとの注意をひいたのは，鉄鉱層の累進変成作用が明らかにされているためであった．鉄鉱層は，変成していない状態では，一般にチャートのなかに鉄の炭酸塩，酸化物，ケイ酸塩，硫化物などを含んだもので，とくにグリーナライト(greenalite)は特徴的な鉱物である．ところがこの地方ではすべての鉄鉱層が多かれ少なかれ変成作用をうけていて，グリーナライトはすでになくなっている．チャートは再結晶して，すでに細かな石英粒になっている．赤鉄鉱や磁鉄鉱は，すべての帯に出現する．緑泥石帯や黒雲母帯の鉄鉱層は，ミネソタアイト(minnesotaite)やスチルプノメレンを含んでいるが，ザクロ石帯や十字石帯になるとこれらの鉱物が消滅して，その代りにグリュネ閃石，青緑色ホルンブレンド，ザクロ石などが出現しはじめる．珪線石帯に達すると，輝石も出現しはじめる．

近年 Labrador 半島のいわゆる Labrador trough の鉄鉱層が大規模に開発され，それに伴ってその地方の詳細な研究がおこなわれはじめている．この地帯には，Superior province のカコウ岩や片麻岩の上に不整合に堆積した厚い地層があって，そのなかに鉄鉱層が含まれている．それが，今から約17億年前と約13億年前と，2回造山運動をうけ，その

地帯の西部は変形しただけであるが,東部になるほど強い変成作用をうけた.この変成作用によって,藍晶石,珪線石,十字石,パンペリ石などを含むいろいろな変成岩を生じた,この変成作用は,おそらく藍晶石-珪線石タイプか,高圧中間群に属するものであろう.この地帯の南部は,さらに後に Grenville province の変成作用をうけた(Gastil et al., 1960; Baragar, 1960; P. Sauvé 談).この地方の変成した鉄鉱層のなかにおける鉱物の共生関係は,Mueller (1960) や Kranck (1961) によって研究されている.

§89 アパラチア造山帯の構成

19世紀の後半に,Appalachians は世界でも最もよく構造の知られている大山脈であった.1859年に New York 州立地質調査所の James Hall は,この山脈の地質の研究から地向斜という概念に到達した.この概念は,その後 Dana やその他の世界の多くの地質学者たちによって発展させられて,地質学の最も基本的な概念の一つとなった.

アパラチア地向斜は,先カンブリア時代の最末期にはじまって,古生代の末近くまであったが,そのなかで最も重要なのは古生代の前期の堆積物である.ところが,この堆積物のかなり多くの部分が,西方の大陸方面からではなくて,東方から来たことを示す証拠が発見された.そこで,東方の大西洋方面にかつて Appalachia とよぶ大きな陸塊(borderland)があって,そこから堆積物が運ばれてきたのだという説が20世紀の前半には有力になった.しかし Kay (1951) は,現在の大西洋上にそのような大きな陸塊があったという考えを否定し,その地向斜のなかで比較的外側の部分に,火山性の弧状列島ができて,それらの島や火山から地向斜堆積物が供給されたのであろうと考えた.この弧状列島の地帯が eugeosyncline であって,その内側に火山列島のない miogeosyncline が生じていた.

Miogeosyncline の地帯を構成するのは,西方から続いてきている先カンブリア岩類の基盤の上に堆積した,カンブリア紀から二畳紀にいたる堆積岩で,おもに古生代の末ごろに強い変形運動はうけているが,変成作用は一部分が弱くうけているだけである.この地帯にはカコウ岩も形成されていない.そこで,この地帯を sedimentary Appalachians とよんでいる.Eugeosyncline の地帯は,基盤は不明である.その堆積物は,おそらく先カンブリア時代の最末期から古生代の前期にかけてのものである.それは強い変形運動をうけているのみならず,多かれ少なかれ変成作用をうけている.この地帯には,多量のカコウ岩も形成されている.変成作用やカコウ岩の形成の時代は,古生代の中ごろから末ごろまでである.この地帯を,crystalline Appalachians とよんでいる (King, 1959).

Sedimentary Appalachians と crystalline Appalachians との境界線の付近にそって,先カンブリア岩類の基盤が露出し,Appalachians の伸びの方向に細長く連なって,地形的にも小山脈をつくっている。アメリカ東部の最高峰 Mt. Mitchell(2037m)は,これに属している。この小山脈を,南部 Appalachians では Blue Ridge とよび,北部では Green Mountains という。この先カンブリア岩類は,カナダ盾状地の Grenville province の延長にあたるもの(今から 9~11 億年前)である。

アパラチア造山帯は,蛇紋岩のきわめて多くの小岩体の連なりからなる蛇紋岩帯をもっている。それは,crystalline Appalachians の西端に近いところを,山系のほとんど全長にわたって走っている。

南部で crystalline Appalachians のあらわれている地域を,Piedmont Plateau という。広域変成作用の温度は,この地域のなかにある或る軸部で最高に達し,さらに東方へゆくと低くなるらしい。もっと東方へゆくと,大西洋にそう海岸平野になり,ここでは古生代の岩石は中生代以後の地層におおいかくされていて,見えなくなっている。しかし,海岸平野に深い孔を掘ると,その底から変成していない古生代の地層が出てくるところがある。したがって,アパラチア変成帯は,南部では,現在の露出範囲を過ぎてすこし東へ進めば

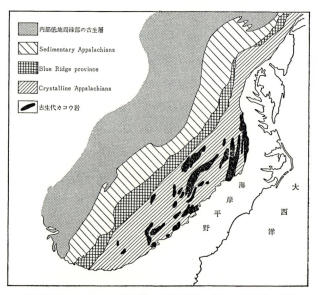

第124図 アパラチア造山帯の南半部(New York 市以南)の構造

終っているらしい．

アパラチア造山帯のカコウ岩や変成岩の年代測定の結果は，今から約4.3億年前（シルル紀の始め）から約2.3億年前（二畳紀末）にわたっている(Long et al., 1959; Faul et al., 1963)．おそらく，広域変成作用は古生代の長い期間にわたっておこり，その時期は変成帯のなかの部分によって異るらしい．地史学で従来 Taconic 造山（オルドヴィス紀末）とか，Acadian 造山（デヴォン紀）とよんでいるものが，ほぼ主な変成作用の時期にあたるらしい．カコウ岩の形成は，この時代から古生代の末にまで及んでいる．地史学者がふつうにアパラチア変革(Appalachian revolution)（二畳紀）とよんでいるのは，古生代末におこった主として sedimentary Appalachians の変形運動のことである．

§90 アパラチア造山帯の変成作用

アパラチア造山帯の地質学的研究は，世界の造山帯に先がけて始まったが，火成岩や変成岩の岩石学的研究はヨーロッパよりはるかに遅れ，その本格的な始まりは1930年代の後半であった．当時の国際的水準に達した最初の労作は，ノルウェーの Barth がアメリカによばれて，ヨーロッパ風のやり方でおこなった New York 市北方の Dutchess County の広域変成作用の研究であった(Barth, 1936)．

Dutchess County は，Green Mountains の線にそっている先カンブリア基盤岩類の露出よりもすこし西側にあり，その地方には前期古生代の泥質岩や石灰岩を主とする miogeosyncline の堆積物があった．それが，東南方の eugeosyncline の方へ向ってしだいに変成温度の高くなる広域変成作用をうけて，泥質岩は粘板岩-片岩-片麻岩という変成岩の系列を生じている．すなわち，変成地域の西縁が，この地方では先カンブリア基盤岩類の線よりも，すこし西側のところにある．変成作用は藍晶石-珪線石タイプであって，鉱物変化によって累進変成帯に分帯された．最近の年代測定によると，この変成作用は今から約4.3億年前（シルル紀の始め）である(Long, 1962)．Barth は，ことに変成作用に伴う大規模な物質移動とカコウ岩化作用を強調したが，この点に対しては近年疑いが投げられている．

Billings(1937)は，Dutchess County よりはるか東北方にある New Hampshire の Littleton-Moosilauke 地方の広域変成岩の調査をおこなった．それから今日まで彼の指導のもとに，Harvard 大学および Massachusetts 工業大学の多数の学生が手わけして Vermont から New Hampshire や Maine にかけての広大な変成地域の調査をおこない，その結果がたくさん発表されている．その多くは，岩石学的研究というよりも，一般的な地質調査で

あったが，なかには岩石学的に重要な結果を得たものもあった．また，その学生のなかからは，J. B. Thompson や E-an Zen(任以安)をはじめとする多くの岩石学者が現われた．最近では，Thompson の指導のもとに詳細な岩石学的研究も始まっている．この調査地域は，東西 200 km を超え，大きな造山帯のなかにおける広域変成帯の状況の全体的展望を与えたものとして重要である．

　第125図に，Billings, Thompson らの調査によって明らかになった変成帯の状況の一部分を示す．この図の左端に近い New York 州東北部では，ほぼ Champlain 湖の線から西は Adirondack 山地の先カンブリア岩類の露出地域である．そのすぐ東側の地域は，アパラチア地向斜の miogeosyncline の堆積物よりなり，変成作用をうけていない．東方にゆくにしたがって，しだいに変成再結晶作用がはじまり，緑泥石帯にはいり，さらに黒雲母帯に進む．この地帯については，Zen(1960)が詳細な岩石学的研究をおこなった．その東側のところを Green Mountains が南北方向に走っていて，ここに古生層の基盤をなす先カンブリア岩類が露出している．これはアパラチア変成作用を蒙って，黒雲母帯の物理条件のもとで下降変成的再結晶をしている．

　さらに東方へ進むと，eugeosyncline の堆積物の変成した地帯にはいり，変成温度は高くなって，ザクロ石帯になり，次に十字石帯に進む．この十字石帯には，藍晶石もしばしば出現し，十字石帯と藍晶石帯とを区別できない．この地帯は，Thompson によって岩石学的に詳細に研究されているが，結果はまだほとんど発表されていない．さらに東方へ進むと，こんどは急に変成温度が低くなって，Vermont と New Hampshire の境界になっている Connecticut 川の線で緑泥石帯まで低下する．

　さらに東進すると，変成温度はふたたび高くなり，狭い黒雲母帯，ザクロ石帯，十字石帯をへて，広大な珪線石帯にはいる．この地帯は，カコウ岩類が広く出現する地帯である．さらに東方へ進んで，大西洋岸に近くなると，変成温度が急に低下し，緑泥石帯に達する．ところが，海岸のところでまた変成温度が高くなって十字石帯に達し，そのまま海底に没している．そして近い海上にある小島に珪線石帯の岩石が露出している．

　このように，この巨大な変成帯には，中心軸となっている広大な珪線石帯のほかに，その両側に少なくとも一つずつの副次的な変成温度の高まりの軸がある．このような温度分布が何によって支配されているかは明らかではないが，一つの事実としては，副次的な軸のあたりにも深成岩体が出現する傾向がある．この深成岩体の出現は，温度の高まりの一つの原因かもしれないが，あるいはどちらも共通に他の或る原因からおこっているのかも

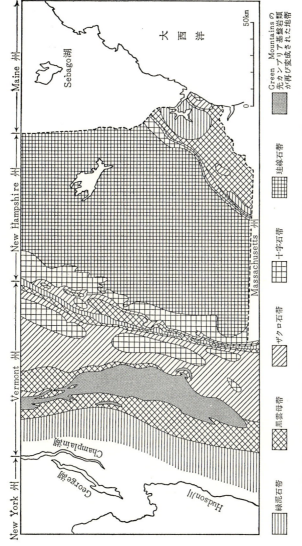

第 125 図 Vermont および New Hampshire におけるアパラチア変成地域の分帯. この図の西北隅 (Champlain 湖より西) は Adirondack 山地の先カンブリア基盤岩類によって占められている (Billings, Thompson & Rodgers, 1952. New Hampshire の地質は Billings, 1956 によって総括展望されている).

しれない．

これらの北部アパラチア変成帯の広域変成作用は，藍晶石や珪線石を広く生じていて，大部分あるいはかなり大きな部分は藍晶石-珪線石タイプに属する．しかし New Hampshire の南部には，高温の変成岩に菫青石を生じているところもかなりある．もしこれがその岩石の特殊な化学組成によるのでないならば，その地域の変成作用は低圧中間群に属するのかもしれない．最近 Green(1963)は，New Hampshire の北部において，比較的低温では紅柱石を生じ，高温においては珪線石を生じている広域変成作用を記載した．その紅柱石の出現する地帯には，同時に十字石が広く生じている．藍晶石は出現しない．したがってこの地域の変成作用は，低圧中間群に属している．

§91 コルディレラ造山帯の構成

Rocky 山脈から太平洋岸にいたる間の Cordillera 大山系は，幅 1500 km に及び，そのなかに高さ 4000 m を超える山脈をもっている．この地帯の地向斜は，先カンブリア時代の最末期に始まり，古生代および中生代の厚い堆積物を生じた．造山運動のおもな時期は中生代の後半であった．

コルディレラ地向斜も，第119図に示すように，先カンブリア安定地域に近い側にある miogeosyncline の地帯と，その外側にある eugeosyncline の地帯とに分けられる．Miogeosyncline の東端の線は，カナダではほぼ Rocky 山脈の東端と一致しているが，合衆国では Rocky 山脈よりもはるかに西方のところ，すなわち Colorado Plateau の西縁を走っている．Colorado Plateau やその東方にある南部 Rocky 山脈では，先カンブリア岩類の基盤の上に古生層や中生層が載っているが，それは薄くて地向斜堆積物とはいえない．

Eugeosyncline の地帯は，ジュラ紀から白亜紀に及ぶ Nevadan 造山運動をうけて，変形され，変成作用をうけ，カコウ岩類の形成作用をうけた．これによって，第126図に示すように，Coast Range, Idaho, Klamath, Sierra Nevada, Southern California などの巨大なバソリス(batholith)の連なりを生じている．ことに Coast Range バソリスは巨大で，カナダの西岸にそって長さ 2000 km に及んでいる．ただし，これらのバソリスのおのおのは，実は長い期間にわたって順次に生成した多くの深成岩体の複合体なのであって，それらの岩体の間にはその地域に前からあった岩石も残っている．

California では，Sierra Nevada の西に Great Valley という低地帯があって，その西方に太平洋岸にそって California の Coast Ranges がある．ここでは，典型的な eugeosyn-

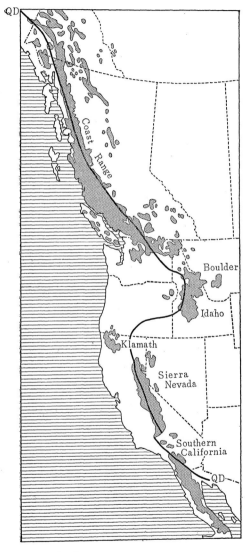

第 126 図
北アメリカ西部の巨大な中生代バソリスの連なり.図上にバソリスの名前を記してある.線 QD-QD は Moore (1959) および Moore ら (1961) の石英閃緑岩線である.

cline性の堆積物である Franciscan 層群が, Nevadan 造山運動によって藍閃変成作用をうけている．ここには，カコウ岩類は出現しない．

Sierra Nevada も California の Coast Ranges も，山脈の一般的方向にそって走る蛇紋岩帯をもっている．前者の蛇紋岩帯を構成する個々の岩体のなかには，橄欖岩が残っているものと，蛇紋岩化しているものとがあるが，後者の蛇紋岩帯を構成する岩体は，ほとんど完全に蛇紋岩化している．

California の Coast Ranges の中ほどを，東南-西北の方向に San Andreas 断層が走っている(第127図)．この断層は，中生代の末または第三紀の始めから現在までの間に，繰返し横動きをおこなった．その動きを総計すれば，断層の東北側に対して西南側が海の方へ 200 km 以上移動したことになる．そのために，この断層のすぐ南側の幅約 50 km の地域には，おそらく元来は Sierra Nevada の南方延長部にあったと思われるカコウ岩や変成岩が出現している．この地帯を Salina とよぶ．そのほかにもう一つ, Los Angeles の付近にも，Sierra Nevada の南方延長部から断層運動で西方へ移動してきたらしい Anacapia とよぶ地帯がある．Franciscan 層群の分布地域は，この二つの地帯によって切られて，大きく三つの地域に分れている(King, 1959)．ただし，第127図に示すように, Los Angeles より南方においては，バソリスの連なりの線が海岸にせまり，Franciscan 層群は太平洋上の島に断片的に見られるだけである．

Miogeosyncline の地帯は, eugeosyncline の地帯よりもすこしおくれて，主として白亜紀の後期から第三紀のはじめにかけて造山運動をうけた．これが **Laramide 造山運動**である．これは，アパラチア造山帯でも, miogeosyncline の造山運動の方が eugeosyncline の造山運動よりもおくれておこったのと似ている．Laramide 造山運動は，変形運動をおこしたけれど，変成作用や深成岩体の形成はおこさなかった．Laramide 造山運動の影響は，合衆国においては，miogeosyncline の地帯を超えて東方に及び，先カンブリア安定地域の西縁にも変動を与えた．それが南部 Rocky 山脈の形成をひきおこすことになったのである．南部 Rocky 山脈の高所には，隆起した先カンブリア基盤岩類が広く露出している．

§92　Cordillera 西部の巨大なバソリスの地帯の深成岩と変成岩

Southern California バソリスは Larsen(1948), Sierra Nevada バソリスは Bateman ら (1963), Idaho バソリスは Anderson(1952)によって，その全体的状況が記載されている．それらのおもな地質学的な性質は, Buddington(1959)によっても要約されている．

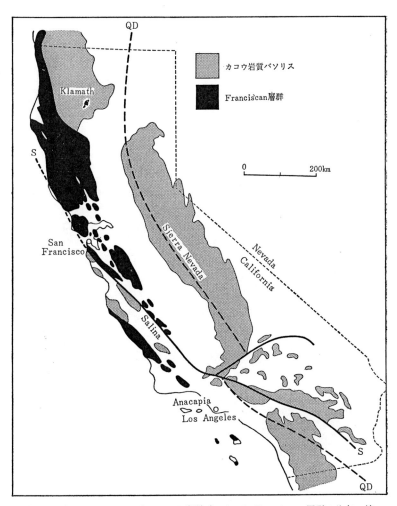

第127図 California におけるカコウ岩質バソリスと Franciscan 層群の分布．線 QD-QD は Moore(1959) の石英閃緑岩線．S-S は San Andreas 断層．

このように巨大で複雑な構造をもつバソリスは，超塩基性，塩基性，中性，酸性などの多様な深成岩を含んでいる．それは多数の小さいストックまたはバソリスの複合体であって，おのおのの小さいストックやバソリスの内部では，一般に始めにより塩基性の岩石が貫入し，後の時期になるほどより酸性の岩石が貫入していることが多いといわれている．このような岩体が多数，ほぼ同時に，あるいは順次に，あるいはかなり長い時間をおいて貫入し，巨大なバソリスの全体が構成されているのである．

Cordilleraの巨大なバソリスの連なっている地帯にみられる，バソリスおよびそれに随伴するすべての深成岩を，岩型によって分類し，岩型別の露出面積を求めてみると，第17表のような結果がえられる．これをみると，広義のカコウ岩がその大部分を占めているが，狭義のカコウ岩は比較的少ない．

第17表 合衆国西部諸州 (California, Oregon, Washington, Idaho, Montana, Nevada) の地質調査された地域の深成岩の露出面積

岩 型		面 積 (km^2)	面 積 (%)
超塩基性岩・ハンレイ岩		4797	10.7
閃 緑 岩		865	1.9
広義のカコウ岩	石英閃緑岩 ($Kf=0.0〜0.1$)	15141	33.7
	カコウ閃緑岩 ($Kf=0.1〜0.35$)	8550	19.1
	石英モンゾニ岩 ($Kf=0.35〜0.65$)	12416	27.6
	カコウ岩 ($Kf=0.65〜1.0$)	3165	7.0
閃 長 岩		65	0.1

（広義のカコウ岩の面積合計 87.4%）

注 広義のカコウ岩類は，$Kf=($カリウム長石＋ペルト長石$)/($全長石$)$ の値によって，四つに分けてある．Moore(1959)によるが，面積の単位を変更した．

これらの深成岩の岩型は，この地帯にいちように分布しているわけではない．西方の太平洋に近いところには超塩基性や塩基性の岩石が多く，東方へゆくほど酸性の岩石が多く出現する傾向がある．広義のカコウ岩だけをとってみても，それを長石全体のなかでカリウム長石の占める割合によって第17表のように4分してみると，石英閃緑岩はこの地帯の西部に多く，他の三つは東部に多い．第127図には，広義のカコウ岩のなかで石英閃緑岩が最も多い西部と，カコウ閃緑岩か，または石英モンゾニ岩＋カコウ岩の和かが最も多い東部とのあいだの境界線を示してある．これをMoore(1959)は，**石英閃緑岩線** (quartz-diorite boundary line) と名づけた．このように，東部にゆくほど酸性で，K/Na比の大きい，典型的な大陸的な組成になる．Mooreら(1961)はさらに，石英閃緑岩線は，California

からAlaskaまで，北アメリカ大陸の太平洋岸のほとんど全長にわたって引けることを示した．これは北アメリカの太平洋岸の地殻が，大陸内部にはいるほど平均して酸性でKに富むようになっていることを反映しているのであろうか？

コルディレラ地向斜のなかで，西部はeugeosyncline，東部はmiogeosynclineの地帯であったとすると，堆積物を平均すると東部の方が酸性でKに富むようになる傾向があるであろう．バソリスの連なりの地帯には，先カンブリア時代に生成したものであることが年代測定によって確められた基盤の岩石が，あちらこちらに出現する．したがって，この地帯までは，先カンブリア酸性岩類の基盤が延びてきていると考えられる．

地向斜の火山噴出物は主として玄武岩質であるということが，古くからいわれている．しかし，Dickinson(1962)によると，この巨大なバソリスの連なりの地帯の古生代および中生代の地向斜火山活動の噴出物は，主として玄武岩質ではなくて，主として安山岩質である．この安山岩に似た化学組成をもつ深成岩は，石英閃緑岩である．したがって，バソリスを構成するカコウ岩質の岩石のなかでは比較的塩基性である石英閃緑岩は，地向斜の深所で安山岩質の岩石が完全融解して生じたマグマの貫入固結によってできたのかもしれない．また，バソリスのなかのもっと酸性の岩石は，安山岩質の岩石が部分融解するか，あるいは，他の酸性の物質と混りあって生じたのかもしれない．

しかしコルディレラ地向斜の火山活動の噴出物は，どこでも主として安山岩質だというわけではなくて，巨大なバソリスの連なっている地帯でだけが主として安山岩質なのかもしれない．もっと西方のCoast Rangesの地帯では主として玄武岩質である可能性があるが，調査はまだ不十分である(Dickinsonの私信による)．地向斜堆積物ではないが新生代火山岩については，北アメリカの太平洋岸から東方へ進むにしたがって，K/Na比が大きくなる傾向のあることが，すでに知られている(Moore, 1962)．

Sierra Nevadaでは，はじめに広域変成作用がおこって，その後でバソリスを構成する深成岩が貫入した．貫入による接触変成作用が著しくて，古い広域変成作用を区別して認めることは，多くのところではできない．しかし地域によっては，緑色片岩相またはそれに近い低い温度の広域変成岩が残っていることもある．広域変成作用は，ところによっては角閃岩相に達したらしい．局地的には，スチルプノメレンやパンペリ石も出現するといわれている(Eric *et al.*, 1955; Compton, 1955; Bateman *et al.*, 1963)．

巨大なバソリスの連なっている地帯は，だいたいにおいてeugeosyncline の地帯またはeugeosynclineとmiogeosyncline との境界線付近なのであるが，IdahoバソリスとBoulder

バソリスとは東方に突出して，miogeosyncline の地帯にはいっている．Idaho バソリスの付近には，miogeosyncline の堆積物のなかの最下部を表わす Belt 統(先カンブリア時代末期)が分布している．Belt 統は広域変成作用をうけ，後に Idaho バソリスを構成する深成岩体の貫入をうけている．Idaho バソリスの西北方にある Belt 統の変成地域のなかで，変成温度の比較的低いところには，黒雲母やアルマンディンを含む片岩の地帯がある．もっと温度が高くなると，十字石や藍晶石が出現しはじめる．さらに温度が高くなると，珪線石の出現する地帯になる．しかし，藍晶石のでる地帯と珪線石の出る地帯との間のあたりに，藍晶石または珪線石に伴って紅柱石が出現することもある．稀には，藍晶石，紅柱石，珪線石が同一の岩石標本に出現し，さらに十字石または菫青石を伴うこともある．したがって，この地方の変成作用の表わす温度-圧力曲線は，藍晶石，紅柱石，珪線石の間の3重点の付近を通っているものと思われる．これは，低圧中間群に属する(Hietanen, 1956, 1961, 1962 a, b)．

変成温度は，だいたいは Idaho バソリスの本体の方へ近づくにしたがって高くなっている．しかしその地域内の変成温度分布は，個々の深成岩体の分布と直接結びついてはいない．Idaho バソリスの本体から十字石や藍晶石を生じている地帯までの距離は，40km くらいあることがある．したがって，この地域の変成作用の大部分は，一種の広域変成作用とみるべきであろう．しかしここでは，広域変成作用と接触変成作用との区別は，あまりはっきりしていない．

もっと北方の Coast Range バソリスに近い地域にも，広域変成岩の出現が知られている．東南 Alaska の Juneau 地方では，海岸から東方へ進んで Coast Range バソリスに達するまでの間に，累進変成作用がみられる．泥質変成岩について西から東に向って順次に，黒雲母帯，ザクロ石帯，十字石帯，藍晶石帯，珪線石帯に分帯できる．珪線石帯にはいるとすぐに，白雲母の分解がおこる．すなわち，それは典型的な藍晶石-珪線石タイプに属している(R. B. Forbes の談による)．

§93 California の Coast Ranges の変成岩

Coast Ranges というのは，California から Alaska の東南部に至るまで，北アメリカの太平洋岸に沿って走っている山脈のことであるが，山脈を構成する岩石は地域によって異っている．California では，Sierra Nevada バソリスは海岸から 150km も東方にある．海岸にそう Coast Ranges の地帯には Franciscan 層群(ジュラ紀～白亜紀)というグレイワケ

§93 California の Coast Ranges の変成岩

や火山噴出物を主とする eugeosyncline の堆積物が露出していて，その露出地域にはカコウ岩類は全く欠けている．Franciscan 層群はいちじるしい蛇紋岩帯をもち，一部分は藍閃変成作用をうけている(たとえば，関，1964)．その北方の Oregon 州から Washington 州にかけては巨大なバソリスの連なった地帯は大きく東方に突出し，そこに Idaho バソリスと Boulder バソリスを生じている．それに伴って，石英閃緑岩線も東方に突出している．さらに北方には，アメリカの Washington 州からカナダの南部にまたがって，数個のバソリスがある．この地域では，バソリスの地帯の西方に，Washington 州の北部に藍閃石片岩を含む変成帯がある．それは，Bellingham の郊外からはじまって，東南方へ約 200 km も断続しながら露出がみられ，その東南端は Cascade 山脈の基盤の第三紀火山岩類の下にはいって見えなくなっている．この変成帯は，California の Franciscan よりももっと古い時代の変成作用によってできたものらしい．岩石学的研究は発表されていない(P. Misch の談による)．

それよりももっと北方に進むと，カナダや東南 Alaska では，巨大な Coast Range バソリスが海岸まで迫ったり，海岸に達したりしている．したがって，その西方にかりに藍閃石片岩の地帯があるとしても，それは海底に沈んでいる．

California の Coast Ranges に藍閃石片岩が産出することは，19世紀の後半にはすでによく知られていた．1893年に Ransome は，それから新鉱物としてローソン石を発見した．それが Franciscan 層群の変成した岩石であることも，広く理解されていた．19世紀の後半に J.D. Whitney や G.F. Becker などは，その変成岩は一種の広域変成岩らしいという感じをもっていたらしい．しかしその後，19世紀の末ごろから20世紀の始めにかけて，F. L. Ransome, A. C. Lawson らは，Franciscan 層群のなかに貫入した塩基性および超塩基性の火成岩体が，その周囲の岩石に対して強い交代作用を含む接触作用をおこなって，藍閃石片岩やそれに伴う変成岩を生じたのだと考えるようになった．1930年代になって，わが国や Alps の藍閃石片岩の研究者も，この考えに追随するようになった．近年ではこの考えは，ことに Berkeley の California 大学の Taliaferro(1943), Turner(1948), Turner と Verhoogen(1951)によって強く支持された．これらの研究者は，Eskola の藍閃石片岩相という変成相の提唱に反対した．

これらの California の研究者たちは，肉眼的によくわかる程度に再結晶している変成岩にのみ注意を払っていた．そのような粗粒の変成岩は，分離した多数の比較的小さい地域に出現している．その一つ一つの地域は，最も大きくても長さ 10 km, 幅 1.5 km 程度にす

ぎない．ふつうは長さ1km以下である．その変成地域のなかに，塩基性または超塩基性の貫入岩体がしばしば見られる．見られない場合も多いが，そのときは地下に潜んでいると想像することができるので困らなかった．片岩は短距離で肉眼的に不変成に見える堆積岩に移過し，片岩の片理面は，それが見られるときには堆積面に平行である．しかし原岩が無方向性の場合には，それからできた変成岩も無方向性のことが多い．（無方向性でもかまわずに片岩とよぶのが，慣習であった．）これらの観察が，Californiaのほとんどすべての研究者をして，藍閃石片岩は広域変成作用ではなくて，塩基性および超塩基性貫入岩体から放出されるNaその他の物質による交代作用でできた変成岩だと信じさせたのである．貫入岩体のなかには片岩を生じていないものもあるし，貫入岩体の大きさとそれに伴う片岩の地域の大きさとも無関係であることは知っていたが，その信念を弱めるだけの力はなかった．

ところが1956年になって，Bloxamは，Franciscan層群に属する不変成のようにみえるグレイワケのなかに，実は変成作用によってヒスイ輝石が生じていることを発見した．ヒスイ輝石は，石英，ローソン石，藍閃石などを伴っていた．それから注意するようになってみると，これまで不変成といわれていたグレイワケに，同様の変成作用をうけているものがたくさんあることが判明してきた(Bloxam, 1959, 1960; McKee, 1962a; Coleman & Lee, 1963)．

ことに，McKee(1962a, b)の研究したPacheco Pass地方では，面積170km^{2}に及ぶ広い地域がヒスイ輝石，ローソン石，藍閃石などを生ずる藍閃石片岩相の変成作用をうけていることが見出された．この変成地域のなかの東南部においては，アルバイトは不安定で，ヒスイ輝石によって交代されている．しかし西北部においては，アルバイトは安定である．これらの変成岩は，もとの堆積岩または火成岩の構造を残しているので，肉眼的にはほとんど変成していないようにみえる．このような変成岩は，この地域全体にわたって露出しているが，そのほかに地域内のあちらこちらに局部的に，ことに主なShear zonesにそって，もっと再結晶作用が進んで片岩，片麻岩あるいはホルンフェルス状になった藍閃石を含む岩体も出現する．昔からCaliforniaの藍閃石片岩として広く記載研究されてきたのは，この種の再結晶作用のとくに進んだ岩石のことである．このように，再結晶の悪い岩石と進んだ岩石とは，Franciscan層群のなかの他の地域にもみられる．たとえばColemanとLee(1963)はCazadero地方でそれらを見いだした．この地方では，再結晶作用の進んだ方の岩石は，発見される場所の岩層とは無関係に，岩魂としてころがっている．エクロジァ

イトも，そのような産出状態を示している．このようにして，Franciscan 層群のなかの変成再結晶している地域は，昔考えていたよりははるかに広いことがわかったけれど，それでもその地域は，Franciscan の全露出面積の全体に比較すると，小さな割合にすぎないといわれている．Franciscan 層群の大きな範囲が変成作用と同様の温度・圧力のもとにおかれても，再結晶作用はそのなかのごく一部分にだけおこったのであろう．

こうして調査が進むにつれて，変成作用は塩基性または超塩基性の貫入岩と伴うとは限らず，貫入岩のない広い地域に起りうることは明らかになってきた．藍閃石を生じている玄武岩起源の変成岩は，変成していない玄武岩と同じ化学組成をもっているので，交代作用は必要でないことも明らかになってきた(たとえば Coleman & Lee, 1963)．そして前に述べたように，世界的に藍閃石片岩の鉱物の研究が進み，藍閃石片岩相の存在は疑うべからざるものになったので，California の研究者も藍閃石片岩を生じたのは一種の広域変成作用であると認めるようになった．

ただし，塩基性または超塩基性の貫入岩体の近くの方が再結晶が進んでいたり，藍閃石の量の割合が多い場合があるといわれている．これは，貫入岩体にそって起源不明の熱水溶液がきて，交代作用をおこなったためであろうとも解釈されている(Bloxam, 1960)．そういうこともあるかもしれない．しかしそれは藍閃石片岩相の存否とは別な問題である．

§94 酸性地殻の形成史

北アメリカ大陸について，これまでに大陸の生長を記述してきた．しかしこれまでに大陸の生長とよんできたのは，地質時代のあいだに造山帯が，現在の大陸地殻の中央部から周縁部へ向って，しだいに移動したという現象のことであった．このことは，地質時代のあいだに酸性物質がしだいに生成して，古い大陸の周縁に付着して新しい造山帯をつくり，それによって酸性の大陸地殻が大きくなったという意味であるかもしれない．そうならば，真の大陸の生長である．しかし他方では，酸性地殻は地球の歴史のきわめて初期から存在したのであるが，そのなかで，造山運動のおこる地域が地質時代とともに中央部から周縁部へ向って移動したということを意味するにすぎないかもしれない心配もある．もしそうならば，大陸の生長はただ見掛け上のことにすぎなくなる．そしてほんとうは，大陸および大洋の地殻の物質は永続するということになる．地質家のなかには，新しい造山帯の堆積物の基盤として古い造山運動でできた結晶質岩石が見られることがしばしばあるということを根拠として，後者の見解を支持する人がたくさんある．

ところが最近，Hurley とその協同研究者(1962)がおこなっているルビジウムとストロンチウムの同位元素地球化学の研究から，前者の見解を支持する有力な根拠が現われてきた．これは，大陸地殻の形成史を考える上できわめて重要なことであるから，ここでやや詳細に述べることにしよう．

いろいろな火成岩や，カコウ岩のなかの Rb の含有量を測定してみると，SiO_2 の含有量の多い岩石ほど，Rb の含有量も多くなっている傾向がある．ところが，Sr の含有量は，超塩基性岩から中性岩までは，SiO_2 とともに増加するが，もっと酸性の岩石では減少する．その結果として，両者の含有量比 Rb/Sr は，超塩基性岩から酸性岩までの全体にわたって，SiO_2 の含有量とともにはなはだしく大きくなる．すなわち，Rb/Sr 比は，超塩基性岩では約 0.01，塩基性岩では約 0.07，カコウ閃緑岩では約 0.28 である．ところが，Rb のうちの約 1/4 を占める Rb^{87} は，$Rb^{87} \longrightarrow Sr^{87}+\beta$ という崩壊をする．そこで，Rb/Sr 比の小さい岩石では，崩壊による Sr の同位元素比 Sr^{87}/Sr^{86} の変化は小さいが，Rb/Sr 比の大きい岩石ではその変化は大きい．大洋および大陸の玄武岩における Sr^{87}/Sr^{86} 比は，約 0.708 であって，その噴出の地質時代によって測定にかかるほどの変化をしていない．したがって，この値は，マントルにおける Sr^{87}/Sr^{86} 比を示すものと思われる．

このマントルの物質から，何かの過程によって酸性の物質が生じ，この物質は上述のように大きい Rb/Sr 比をもっているとすると，その時から酸性物質のなかにおける Sr^{87}/Sr^{86} が大きくなりはじめる．したがって，現在の Rb/Sr 比と Sr^{87}/Sr^{86} 比とを測定すれば，酸性物質が生成したのが今から何年前であるかを知ることができる．マントルの Sr^{87}/Sr^{86} 比の値を与えるに必要な Sr^{87} の量を超えた Sr^{87} の過剰分は酸性物質生成後に生じた放射性起源の Sr^{87} である．この (酸性物質生成後に生じた放射性起源の Sr^{87})/Rb^{87} の比は，酸性物質の生成後の年数とともに大きくなるはずである．

そこで Hurley ら(1962)は，北アメリカ大陸の多くのカコウ岩，片麻岩，片岩，流紋岩などについて (酸性物質生成後に生じた放射性起源の Sr^{87})/Rb^{87} 比の値を求めた．その値と，それらのカコウ岩の貫入の時代，または変成岩の変成の時代との間の関係を図表に示すと，第128図に記入した点のようになる．この図の直線は，マントルの物質から生成した酸性物質が生成するや否やただちに貫入固結あるいは変成したとした場合に示すべき (放射性起源の Sr^{87})/Rb^{87} の値の変化を示すものである．ほとんどすべての点は，その直線に近い位置に分布している．このことは，酸性物質が生成してから後，それが現在地殻にみられるようにカコウ岩となって貫入固結したり，堆積および変成作用をうけたりした

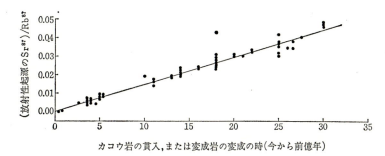

第128図 北アメリカ大陸のカコウ岩や変成岩の地質時代とそのなかの放射性起源の Sr の関係. 縦軸は, カコウ岩や変成岩をつくっている酸性物質が生成して後に放射性崩壊によって生じた Sr^{87} の量とそのもとになった Rb^{87} との比で, そのもとになった Rb^{87} の量の減少は無視できる程度である (Hurley et al., 1962 による).

時までのあいだの時間が比較的短かったことを示している. もし, たとえば今から30億年前に地殻をつくるすべての酸性物質が生成し, それが再融解して, それ以後の時代のカコウ岩マグマが生成し貫入したのだとすれば, 点は第128図にみられるように右上りの直線にそって分布しないで, ある水平線にそって分布するか, あるいはまた再融解のときにうける分化のために不規則に分散するであろう.

マントルにおける Sr^{87}/Sr^{86} 比の推定値も, Rb^{87} の崩壊定数も, 将来多少の変化はうけるであろう. それに伴って, 第128図の直線の位置に多少の変化はおこるであろう. しかしそれにもかかわらず, 酸性物質が生成してから比較的短時間(おそらく2～3億年以内)に現在のようにカコウ岩あるいは変成岩となって地殻に固定されたという上記の結論はきわめて強い根拠をもっているように見える. もしそうとすれば, はるかに古い時代に生成した酸性地殻の物質が再融解して上層に貫入するというようなことはほとんどおこらない. また, はるかに古い酸性地殻の物質が侵食と運搬と地向斜への堆積によって, 新しい堆積物に混入することは比較的少ないということになる. それぞれの地質時代の地向斜の堆積物は, 主としてその時代よりもあまり古くない過去に生じた酸性物質によって構成されていると考えねばならない.

もし地向斜の堆積物の大部分は, eugeosyncline に生じた火山の噴出物や, それが浸食や分解や堆積分化した物質よりなり, また広域変成作用の間にもし新たに付加される物質があるとし, しかもそれがマントルから新たに上昇してきた物質であるならば, 上述のような関係が成立つはずである. また, カコウ岩の物質というものは, 一般にマントルにお

いて造山運動のときに新たに生成するものであるか，または上記のような新しい地向斜堆積物が融解してできるものであるとすれば，上述のような関係が成立つはずである．

この Rb-Sr の間にみられるのと同じような関係が U-Pb の間にもあるらしい．U-Pb の関係に着目して，Pb の同位元素比を用いても，カコウ岩の酸性物質が形成されてから貫入するまでの間の時間が比較的短いということが示される．牛来(1960)はこれを発見して，それはカコウ岩マグマがマントルで生成して間もなく地殻に貫入してくることを示すものであるから，カコウ岩がマグマ起源の真の火成岩であることを示す証拠であると解釈した．しかし上記のように，地向斜の酸性堆積物も，それが酸性の化学組成をもつようになって間もなく堆積するものらしいから，その堆積物が変成しても，融解しても，どちらにしても現在カコウ岩にみられるような Pb の同位元素比を与えるはずである．したがって，この事実は，カコウ岩が真の火成岩であるか，変成岩であるかを判定する証拠にはならない．

かくして，北アメリカ大陸は，造山運動に伴って酸性地殻の物質が新たにつくられることによって，地質時代のあいだに真に漸次に生長してきたのである．しかし，アパラチア造山帯やコルディレラ造山帯の一部分に先カンブリア岩類の酸性基盤があることも事実であるから，これらの造山帯の地域の地殻がすべてこれらの造山運動によって新しくできたわけではない．おそらく，それらの地域では，先カンブリア岩類の基盤はカナダ盾状地の先カンブリア岩類ほど厚いものではなくて，その薄い基盤の上にアパラチアあるいはコルディレラ造山運動に伴う新しい地向斜堆積物が形成されて，厚い酸性地殻になったのであろう．

もしそれぞれの造山帯において，その造山運動よりも前の時代にできていた薄い酸性地殻を無視すれば，大陸の生長の速さはいろいろな時代に形成された造山帯の面積によって表わされることになる．北アメリカ大陸の形成は，今から約 28 億年前にはじまったが，それから今日までの間のいろいろな時期で，それぞれかなり長い時間の間をとって平均してみると，ほとんど一定の 7000 km^2/100 万年という速さで生長しつづけている(Hurley et al., 1962)．

この Rb と Sr の同位元素の方法ほど直接的ではないが，鉱床の Pb の同位元素によっても，大陸地殻が漸次生長してきたらしいことが示唆されている(Marshall, 1957)．

第11章 ヨーロッパ大陸の生長と変成帯の構成

§95 ヨーロッパ大陸の構造

ヨーロッパ大陸の生長の核となったのは，Baltic 海沿岸のフィンランドやスウェーデンに広く露出している先カンブリア岩類よりなる盾状地である．これを**バルト盾状地**(Baltic shield)という(第129図)．昔，Helsinki 大学の教授であった W. Ramsay は，バルト盾状地のことを Fennoscandia と名づけた．この名前も，しばしば用いられる．

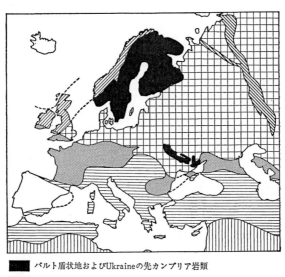

■ バルト盾状地およびUkraineの先カンブリア岩類
⊞ 先カンブリア岩類の基盤の上に平らに新しい地層の載った地域
▨ カレドニア造山帯
▨ ウラル造山帯
▨ ヘルシニア造山帯
☰ アルプス造山帯
∭ アフリカとアラビアの盾状地

第129図　ヨーロッパ大陸の構造

この盾状地の安定地塊は，さらに東方および南方の新しい地層の下に広くのびている．東方では Ural 山脈にまで及んでいる．この東方および南方の地域は，先カンブリア岩類の基盤の上に古生代およびそれ以後の時代の薄い堆積物の水平に近い地層が載っていて，北アメリカ大陸でいえば内部低地に相当する地域である．この地域を Russian platform という．ソヴェト連邦の Ukraine には，その表面の新しい地層が取り去られて，基盤の先カンブリア岩類がかなり広く露出している地域がある．これを**ウクライナ盾状地**(Ukrainian shield) という．バルト盾状地，Russian platform，およびウクライナ盾状地をいっしょにしたものを，**Fennosarmatia** とよぶことがある．

Fennosarmatia の先カンブリア岩類のなかには，35億年というように地球上最古の岩石に属するものから，ほとんどカンブリア紀の直前といってよいものまで，いろいろな時代に属するものがある．これらを今から約16億年前を境にして，大きく二つに分ける．その一つは，Fennosarmatia の中央部の広い面積を占めている地域で，今から35〜16億年前の期間に造山運動がおこり，変成作用やカコウ岩の形成作用をうけた．バルト盾状地でいうと，スウェーデンの東部やフィンランドや Kola 半島はこれに属している．この地域は南方につづき，Russian platform の大きな部分を占めて，ウクライナ盾状地に及んでいる．この古い造山地域を取り巻くように，今から約16億年前よりも新しい時代の多数の造山帯が生じて，ヨーロッパ大陸をつくり上げている．この，取り巻いて生じた新しい造山帯のなかには，先カンブリア時代に属する造山帯もあるが，カンブリア紀以後のカレドニア，ヘルシニア，ウラル，アルプスなどの造山帯も含まれている (Polkanov & Gerling, 1960)．

このように，ヨーロッパ大陸においても，中央部から周縁部へ向って大陸の生長がみられる．造山運動の舞台が中央部から周縁部へ移行した転換期は，今から約16億年前，すなわち先カンブリア時代の中ほどである．カンブリア紀以後におけるヨーロッパ大陸の造山帯が，先カンブリア時代の安定地域 Fennosarmatia を取り巻くように生じているということは，地質学者によって古くからいわれていた．しかし放射性同位元素による年代測定が進んでみると，生長史上の転換期は先カンブリア時代とカンブリア紀との間の境界にあるのではなくて，先カンブリア時代の中ほどにあることがわかったわけである．カンブリア紀以後の生長は，この転換期以後の生長のなかの最後の時期の状態を表わしている．先カンブリア時代とカンブリア紀以後の時代との間の境界は，生物進化に著しく認められるものであって，これが地殻の進化の転換期と必ずしも一致するわけはない．したがって，

Fennosarmatia とは，中央部の16億年より古い地域と，周縁部のそれより新しいが，ま だ先カンブリア時代に属する地域とをいっしょにした便宜的な範囲と解せられる．

カンブリア紀以後の新しい造山帯のなかでは，Fennosarmatia の西北の縁にそって Scotland からノルウェーにかけて生じたのが，カレドニア造山帯(Caledonian orogenic belt)である．この造山帯では，地向斜は先カンブリア時代の最末期からはじまり，造山運動や広域変成作用がおこったのはおもにカンブリア紀の末ごろからデヴォン紀に至る時期である．これによって，広い地域に変成作用がおこり，多量のカコウ岩類が形成された．Scottish Highlands の変成岩の大部分はそれに属している．

ノルウェーでは，カレドニア造山帯の西側は大西洋に没していてわからない．ところが Scotland では，カレドニア造山帯を横切るように西北方へ進むと，Scotland の西北端の地域には，この造山帯の西北方にあった先カンブリア岩類の安定地域の一部分と思われるものが出現する．この安定地域は，カナダ盾状地の東北端部にあたるものかもしれない．もし大西洋が，中生代の中ごろ以後の大陸移動によって生じたものであると仮定するならば，第120図に示すように，Scotland やノルウェーはカナダ盾状地の東北端部に接することになる．したがって，カレドニア造山帯はカナダ盾状地とバルト盾状地と二つの安定地塊のぶつかる線にそって生じたことになる．そしてそれは，かつては西南方へのばすと直接にアパラチア造山帯につながっていたことになる．

Fennosarmatia の東側の縁にそって生じたのは，ウラル造山帯(Uralian orogenic belt)である．これは，Fennosarmatia と，東方にある Siberia の安定地塊との間に生じた造山帯と考えられる．従来は Ural 山脈は，地向斜が古生代の初期からできて，造山運動が古生代の末期におこって山脈構造を生じた地帯とされていた．近年の年代測定によると，たしかに古生代後期(今から 2.25～3.0 億年前)の変成岩や深成岩もあるが，古生代の前期 (4.4～5.0 億年前) や中期 (3.4～3.9 億年前) のものもあって，変動はくりかえしおこっているらしい(Orchinnikov & Harris, 1960)．

Fennosarmatia の南側の縁にそっては，それとアフリカおよびアラビアの盾状地とのあいだの地帯に，ヘルシニア造山帯(Hercynian orogenic belt)およびアルプス造山帯(Alpine orogenic belt)を生じている．ヘルシニア造山帯は，第129図に示すように，西は Ireland の南端部や England の南端部やポルトガルから，フランスや南ドイツを通り，黒海の北半部に向い，さらに東方へのびている．この地帯では，主な造山運動は古生代の末期(石炭期～二畳紀)におこった．それに伴って，広域変成作用やカコウ岩の形成が広くおこった

が，変成岩の絶対年代測定は 2.9～3.3 億年(石炭紀)という年齢を与えている (Faul, 1962)．この造山帯の地域は，後にたくさんのブロックに分裂した．そのなかで，隆起したブロックにはいまは変成または不変成の古生層やカコウ岩が露出しているが，沈降したブロックには中生代や新生代の地層が堆積している．ヘルシニア造山帯のなかの一部分は，後にその南側に新しく生じたアルプス造山帯の運動にまきこまれた．

ヘルシニア造山帯の南側に，アフリカ盾状地との間のところに中生代に Tethys という海ができて，そこに地向斜堆積物を生じた．この地向斜に，中生代の末ごろから第三紀にかけて造山運動がおこって，アルプス造山帯を生じた．この造山帯は，Alps, Carpates, Balkan 半島，小アジアをへて Himalayas やビルマに及んでいる．Alps およびその付近では，もとの地向斜の中央部の地帯に広く藍閃変成作用がおこった．カコウ岩類は，きわめて少し生じただけである．

§96 バルト盾状地

この盾状地の研究は，1870 年代からしだいに盛んになった．盾状地にみられる先カンブリア時代のカコウ岩や片麻岩やそれに伴う変成岩類と，その上に不整合に，ほとんど水平に載っている古生代以後の非変成の地層との間の著しいコントラストは，研究者に強い印象を与えた．そこで当時の地質学者たちは，先カンブリア時代は古生代以後とは全く様子のちがった時代であったと考えた．盾状地のカコウ岩や片麻岩の多くは先カンブリア時代の早期，すなわち Archean に生成したものだと考えられた．そしてこの時代は，地球ができてからまだ間もない時代で，地球はまだ高温で，世界的に激しい火成活動がつづいてカコウ岩や火山岩の形成された時代であると考えられていた．地表が高温であったために地表ででもカコウ岩ができることがあったと考える人があった．

フィンランドの J. J. Sederholm がバルト盾状地の岩石の研究をはじめたのは 1883 年のことであった．彼は，先カンブリア時代も，古生代以後の時代と本質的に違った時代ではなくて，Uniformitarianism を適用することができるということを強く主張した．1897 年に Sederholm は，Archean とされていた変成岩のなかに，新しい地質時代のものと同じような礫岩や varve が，少し変成した状態で保存されていることを見いだした．Archean の時代にも，水が流れて礫岩ができるような堆積作用があり，varve ができるような氷河作用があったということは，当時の人びとには大きな驚きであった．フィンランドでは，20 世紀のはじめから，Sederholm の Uniformitarianism の主張は一般に受けいれられる

§96 バルト盾状地

ようになった.しかしフィンランド以外では,Sederholm の主張はあまり一般には受けいれられなかった.スウェーデンの P. J. Holmquist は強く反対し,彼と Sederholm との間に 1907 年から繰返し論争がおこなわれた.Holmquist は Uniformitarianism は Proterozoic や Archean の晩期には適用できるが,Archean の早期には適用できないと主張した(たとえば,都城,1960 c を参照).

バルト盾状地の地史を体系づけようとした Sederholm (1932) は,そこに見られるカコウ岩を,おもに岩相によって四つのグループに分けた.はじめの三つはそれぞれ異った時代の造山運動でできたものだという大きな仮定を設け,それに基いて地史を組立てようとした.しかしこの仮定は,あまり一般に認められなかった.

バルト盾状地は,一般的構造方向や岩相によって数個の地質区に分けられることが,古くから認められていた.そのなかでも最もはっきりしているのは,Svecofennides と Karelides であった(第130図).Svecofennides とは,フィンランドの南部からスウェーデンの中部にかけての地域で,その地域内における一般的な構造方向は,ほぼ東西である.この地域の変成岩の原岩は,泥質岩,砂質岩および塩基性または中性の火山噴出物が多く,珪岩や石灰岩はごく少ない.すなわち,eugeosyncline 性の堆積物である.変成岩の大部分は変成温度が高く,角閃岩相に属する片岩,片麻岩,角閃岩などである.Karelides は,フィンランドとスウェーデンの東部とで Svecofennides に属しない地域の大部分を含み,一般的構造方向は西北-東南である.この地域の変成岩の原岩は,泥質岩も多いが,珪岩や石灰岩の多いことが大きな特徴である.Karelides の変成岩の大部分は変成温度があまり高くなくて,緑色片岩相,緑簾石角閃岩相,角閃岩相低温部などに属する千枚岩,片岩,その他である(Backlund, 1936; Eskola, 1957 b; Simonen, 1960 a).

1930 年代から 1950 年代の終りに近いころまで,多くの地質家たちは一致して,Svecofennides と Karelides とは異った二つの造山帯を表わすものであって,Svecofennides の造山運動の方が Karelides のそれよりもずっと古いと考えていた.Svecofennides の方を古いと考えた一つの心理的な理由は,その方が一般に"変成度"が高いということである.古い地質家たちは,たとえば片麻岩類は,片岩や千枚岩類よりも古い時代のものだと考える傾向があった(p. 29 参照).Svecofennides の変成岩の原岩が堆積した基盤は確実にはわからないが,Karelides の変成岩の原岩は,その基盤であるカコウ岩質片麻岩の上に不整合に堆積していることがわかっていた.多くの人びとは,この Karelides の基盤になっているのは Svecofennides の岩石であると考えた.

362　　　　　　第11章　ヨーロッパ大陸の生長と変成帯

ところが1958年になって，Kouvoはいろいろな放射性同位元素法によるフィンランドの岩石の年代測定を発表し，このような地質家たちの見解を全面的に転覆させた．すなわち，Svecofennidesの岩石とKarelidesの岩石とは，いろいろな方法を用いても，すべて測定の誤差の範囲内で同じ年齢を与えることが示された．その値は，今から約18億年前である．そして，Karelidesの基盤になっている岩石はそれよりはるかに古く，21〜25億年前のものである．もしこのKouvoの結果を認めるならば，SvecofennidesとKarelidesとは同じ造山帯のなかの，堆積相と構造を異にする二つの部分にすぎないということにな

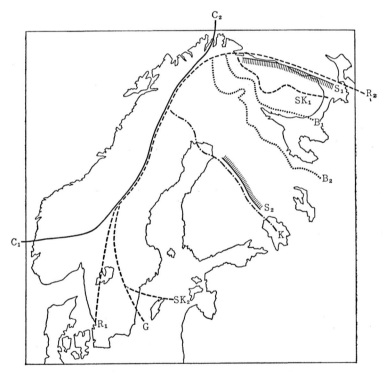

第130図　バルト盾状地の構造．線 S_1 と S_2 との間の地域がSaamidesで，B_1 と B_2 との間がBelomoridesで，SK_1 と SK_2 との間がSvecofennidesおよびKarelidesである(ほぼ線Kの西南側がSvecofennidesで，東北側がKarelidesである)．線Gと R_1 との間がGothidesで，R_1 より西方 C_1 までの間と R_2 より北方がRipheidesである．線 C_1-C_2 より西北の側はCaledonidesである(Polkanov & Gerling, 1960による)．

る. しかも Svecofennides は, 昔から世界でも最も古い岩石の一つのようにさえ思われていたにもかかわらず, 実際は先カンブリア時代のなかではあまり古くない時期のものであることになる. 当時多くの地質家たちは, Kouvo の結果をそのまま認めることを好まなかった (Schmidt, 1960).

しかしその後, ソヴェト連邦で Polkanov と Gerling (1960) がバルト盾状地の全体にわたる年代測定をおこない, フィンランドの部分はほぼ Kouvo と一致した結果に達した. しかし盾状地の東北端の Kola 半島には, 今から約35億年前という驚くべき古さのカコウ岩や片麻岩があることがわかった. そして, そこから始まって, 造山帯が順次に移動して, バルト盾状地の全体が形成される経過が明らかになった. この経過のだいたいのことは, すでに前節 (§95) に述べたが, ここではもう少し詳しく紹介しよう.

Polkanov と Gerling (1960) によると, バルト盾状地は, 今から約16億年前よりも以前に造山運動をうけた中央部と, それよりも新しい時代に造山運動をうけた周縁部とに2大別される. 中央部は, 年代順に次のような造山帯から構成されている (第130図参照).

(1) **Katarchean** (35～30億年前) これはカコウ岩や片麻岩で, Kola 半島にあり, 次にあげる Saamides のカコウ岩に取りかこまれている.

(2) **Saamides** (28.7～21.5億年前) これは Kola 半島に広く露出し, また Karelia やフィンランドの Karelides の基盤をなしている.

(3) **Belomorides** (21.0～19.5億年前) これは白海から西北に走る地域で, カコウ岩, 片麻岩, その他の変成岩よりなる. この造山帯は Saamides の地域の内部に形成された.

(4) **Svecofennides-Karelides** (18.7～16.4億年前) この二つは同じ時代の二つの地質区である. Svecofennides はスウェーデンの中部からフィンランドの西南部を占め, Karelides はそれよりも東北側で Kola 半島に及ぶ地域を占めている. Karelides の基盤をなして, Saamides と Belomorides のカコウ岩や片麻岩が出現する. フィンランド南部の Svecofennides および Karelides に巨大な岩体として出現するラパキヴィ (rapakivi)・カコウ岩は, 約16.4億年前のものであって, この造山帯の post-kinematic なカコウ岩である. このカコウ岩の貫入をもって, バルト盾状地中央部の硬化が完了した.

次におこったのは, 上記の中央部を取り巻くように, そのまわりに先カンブリア時代およびカンブリア紀以後の造山帯が形成されたことである. それを年代順にあげると, 次の通りである.

(1) **pre-Gothide interval?** (16.4～14.0億年前) この期間に造山運動があったか否かは

っきりしない.

(2) **Gothides**(14.0〜12.6億年前) スウェーデン南部の変成岩が，これに属している．

(3) **Ripheides**(11.25〜6.65億年前) これに属するカコウ岩や変成岩は，スウェーデンの西南部からノルウェーの南部にかけて広く露出している．そのほかに，この時期に属する岩石は，バルト盾状地の東北方の Kanin 半島から Timan 山脈の付近にも出現する．

ここまでが，先カンブリア時代に属している．これにつづいて，古生代の前期から中期にかけてのカレドニア造山運動がおこって，ノルウェーが変動をうけることになる．さらに後に，ヘルシニアおよびアルプス造山帯ができて，ヨーロッパ大陸ができ上った．

なお，ウクライナ盾状地においては，最古の岩石は30億年あるいはそれ以上にも達するが，おもなカコウ岩体の形成がおこったのは21〜15億年の間である．ことに21〜19億年の間に最高潮があった．したがって，ウクライナ盾状地は，おそらくバルト盾状地から Russian platform を通ってそこまでつづいている，約16億年より古い先カンブリア地域に属していて，おそらくこれが Fennosarmatia 全体の中央部を構成しているのであろう．

§97 Svecofennides の深成岩と変成岩

バルト盾状地のなかで，岩石学的に比較的よく研究されているのは，Svecofennides や Ripheides である．ことに前者は，長年にわたって世界の先カンブリア岩類研究の一つの中心であった．ここでは，Svecofennides の岩石の概観をしよう．

南フィンランドに2種類のカコウ岩，すなわち片麻状の灰色をした "oligoclase granite" と，無方向性の赤色をした "microcline granite" とがあることは，19世紀からよく知られていた．前者は，後者によって貫かれていて，相対的な古さも明らかであった．そこで1893年に Sederholm は，前者を **Older Granite**, 後者を **Younger Granite** とよんだ．Sederholm は，この二つのカコウ岩は Archean のなかのはなはだしく離れた二つの時代に生成したものであって，二つの異る造山サイクルに属しているとし，Bothnian formations は，その二つの時代の中間の時期に堆積したものであると考えた．彼はこの地層のなかに，前に述べたように礫岩や varve の構造が残っているのを見いだしたのである．後に Sederholm (1932)はこの考えを拡張して，前にも書いたようにバルト盾状地のカコウ岩を四つのグループに分けた．そのなかのはじめの二つは，彼が前に Older および Younger とよんだカコウ岩に相当し，これらは二つの異る造山サイクルに属しているとされた．三つめのものは第三の造山サイクルによって生じたものであるが，最後のグループ（ラパキヴィ・カ

コウ岩)は先カンブリア時代末期の非造山性カコウ岩だと考えた．

ところが，Eskola(1932 b)や Wahl(1936)は，一つの造山サイクルのなかでも，貫入の時期の違うカコウ岩は異った性質をもつであろうということを強調した．すなわち一般に，カコウ岩を構造運動と同じ時期に貫入した syn-kinematic なものと，構造運動の末期に貫入した late-kinematic なものと，構造運動の終了後に貫入した post-kinematic なものとの三つの種類に分けることができる．Sederholm の Older Granite は Svecofennides の造山運動の syn-kinematic なカコウ岩で，その構造運動によって片状になった．Younger Granite は同じ造山運動の late-kinematic なカコウ岩であると考えられた．

Simonen(1960 b)は，Svecofennides の深成岩を，岩相と共存関係と分布によって五つの岩石区に分けた．おのおのの岩石区にはいろいろな岩石を含んでいるが，そのなかでは酸性岩が最も多い．そこで岩石区の名前としては，それぞれを特徴づける酸性岩の名前を用いた．すなわち：

(1) Granodiorite province. これは超塩基性岩からハンレイ岩をへて石英閃緑岩やカコウ閃緑岩にまで及ぶが，石英閃緑岩やカコウ閃緑岩が大部分を占めている．一般に，より酸性の岩石の方が後から貫入している．それは Sederholm の Older Granite にあたり，南フィンランドに多い．

(2) Trondhjemite province. これは，ハンレイ岩からトロニエム岩に及び，Kalanti 地方に出ることがわかった．

(3) Charnockite province. これはチャルノク岩を主とし，少量の超塩基性岩やハンレイ岩を伴う．Turku 地方や west Uusimaa 地方に出現し，Parras(1958)などによってグラニュライト相の岩石として研究されたものである(§70)．

(4) Granite province. 超塩基性岩からカコウ岩にまで及ぶが，石英閃緑岩やカコウ閃緑岩が多い．Tampere 地方に広く出現する．

(5) Microcline granite. これは塩基性や中性の岩石を伴わないで，カコウ岩だけ出現する．Sederholm の Younger Granite はこれである．

これらのなかで，(1),(2),(3)は syn-kinematic な深成岩で，(5)は late-kinematic だと考えられる．(4)はそれらの両方，およびそのあいだの中間的なものを含んでいる．(1),(2),(3)では K/Na 比が小さく，(5)ではそれが大きい．Simonen の解釈によると，(1),(2),(3),(4)は一般にマグマの結晶作用によってできたもので，たぶん岩石区ごとに少しずつ違う化学組成をもつ石英閃緑岩質マグマが分化したのであろう．あるいは揮発性成分の量に違いがあ

ったのかもしれない．(5)は，交代的なカコウ岩化作用によってできたものであって，Kの含有量が多いのは，Kが多量にはいってきたためである．その岩体のなかには，カコウ岩化作用をうけた原岩である片岩や深成岩の大小の構造が，痕跡を残している．Sederholm (1907, 1923, 1926) が長年にわたって西南フィンランドで研究したミグマタイト化作用は，この microcline granite の形成に関係した過程であった．

Svecofennides の変成岩の大部分は，すでに述べたように，角閃岩相に属している．昔，Eskola (1914, 1915) によって詳細に研究されて，鉱物相の理論の出発点になった Orijärvi 地方は，Helsinki の西北西約 80 km のところにあって，Svecofennides に属している．しかし，Svecofennides のなかにも一部分には緑色片岩相の地域もあり，また Orijärvi に近い west Uusimaa からはグラニュライト相の地帯も知られている (Parras, 1958)．

その地向斜堆積物は，現在見られる限りの厚さが少なくとも 8 km はあり，その変成温度は一般的傾向としては層序学的な下位の方が高いといわれている．しかしもちろん，上位の部分でも高くなっているところもある．地下の深さは変成温度を支配する因子のなかの一つであるが，そのほかのものも影響していると思われる (Simonen, 1953, 1960 c)．

泥質堆積岩は，変成温度の上昇とともに一般に千枚岩→雲母片岩→ザクロ石や董青石を含む片麻岩という順序に変ってゆく．この片麻岩を，フィンランドでは広く kinzigite とよび，そのなかにザクロ石や董青石ができているのは Mg や Fe が交代作用によって侵入したためだと説明していた．しかし後にその化学組成をしらべてみると，千枚岩や片岩の化学組成と同じであって，Mg や Fe が侵入したと考える理由はないことが明らかになった．

Svecofennides の泥質変成岩は，比較的低い変成度では紅柱石を，高い変成度では珪線石を生じ，そのどちらにもしばしば董青石を伴うことがある．アルマンディンは，高い変成度になってはじめてふつうに出現するようになる．これからみると，Svecofennides の変成作用の大部分は紅柱石-珪線石タイプと考えられる．しかし，Tampere schist belt の一部分などでは，十字石も出現する．おそらく，低圧中間群に属する地域もあるのであろう (Seitsaari, 1951; Simonen, 1953)．

Svecofennides の変成作用は一般に比較的低圧のものであるために，そのなかの west Uusimaa 地方のようにグラニュライト相の部分も，実は典型的なグラニュライト相ではなくて，グラニュライト相と輝石ホルンフェルス相との間の中間的な性質のものである．

バルト盾状地のなかでは，Svecofennides に限らず，Karelides も Gothides も，少なく

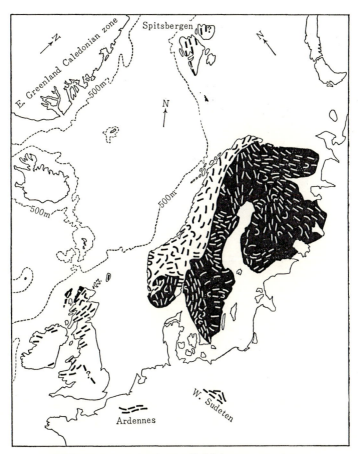

第131図　カレドニア造山帯．その構造方向を太い黒線で示す．黒地に白線で示したのは，先カンブリア盾状地の構造方向である．何も書いてない白地の地域は，古生代後期およびそれよりも後の地層よりなっている(Holtedahl, 1952による)．

ともその大部分は紅柱石-珪線石タイプまたは低圧中間群に属する変成作用をうけている．これらの地域にも紅柱石や菫青石が広く出現し，部分により珪線石や十字石も出現する．ごく稀には藍晶石も見いだされている(Eskola, 1927; Magnusson, 1960)．

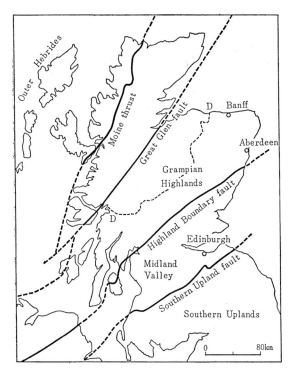

第132図
Scotland の地質区. Grampian Highlands では, 点線 D-D の西北側には Moine 統, 東南側には Dalradian 統の変成岩が出現している.

§98 イギリスのカレドニア造山地域

カレドニア造山帯は, 第131図に示すように, Ireland, Scotland, England の北部と Wales を含み, そこから, 北海の底をへてノルウェーにゆき, さらに Spitsbergen に向っている. 岩石学の歴史に輝く古典的研究によって知られている Scottish Highlands やノルウェーの Stavanger, Trondhjem, Sulitelma などの変成地域は, いずれもこの造山帯に属している. そこで, まずイギリスの部分からはじめよう.

Scotland の地質区を, 第132図に示す. Edinburgh や Glasgow のある低地を **Midland Valley** という. この低地の北を限っているのが, **Highland Boundary fault**, 南を限っているのは **Southern Upland fault** という大きな断層である. この二つの断層は, カレドニア造山運動の末期に生じ, その後現在まで少しずつ動いて地震をおこしている. Highland Boundary fault より北方の地域が **Scottish Highlands** である. この地域をほとんど2等分するように, **Great Glen fault** という大きい断層が走っている. この断層もカレ

ドニア造山運動より後にできて，その西北側が西南の方向に 100 km も水平移動したといわれている(Kennedy, 1948)．Scottish Highlands のなかで，Great Glen fault より東南の地域を Grampian Highlands とよび，西北側の地域を Northern Highlands という．Northern Highlands の西北部を Moine thrust という大きな逆断層が走っている．これは，その東南側のカレドニア造山帯とその西北方にある先カンブリア岩類の安定地域との境界となる断層である．Southern Upland fault の南方の山地を，Southern Uplands とよぶ．

Moine thrust より西北側の地域，すなわち Northern Highlands の西北縁部からOuter Hebrides 諸島の地域には，Lewisian とよばれる先カンブリア時代の深成岩と変成岩の複合体が露出している．これがカナダ盾状地の東北端にあたるかもしれないと考えられるものである．その深成岩は，超塩基性から酸性までのいろいろなものを含んでいる．Suttonと Watson(1951a)は，Lewisian のなかに生成時代の古いものと新しいものがあり，古い方の変成地域を変成後に貫いた粗粒玄武岩脈の一部分が，新しい方の変成作用をうけてまた変成岩になっていることを発見した．そこで古い方を Scourian, 新しい方を Laxfordian と名づけた．その後この発見は，放射性同位元素による年代測定で確認された．測定結果によると，Scourian はいまから約 25～27 億年前に変成作用をうけた古い岩石であるが，Laxfordian の方はいまから 15～16 億年くらい前に変成したものである(Sutton, 1960; Giletti et al., 1961)．これらの変成した基盤の上に，非変成の Torridonian 砂岩層が載っている．この地層は，先カンブリア時代末期のものであって，隣接するカレドニア造山帯のなかの Moine 統と同じ時代に堆積したものであろうと考えられている．Moine 統の方はカレドニア変成作用をうけたが，Torridonian は受けていないので，現在の岩相は甚しく異っている．

Northern Highlands のなかで Moine thrust より東南の側のカレドニア変成地域には，Moine 統が広く露出している．Moine 統はさらに Great Glen fault を超えて，Grampian Highlands の西北部にも出現する．Grampian Highlands の東南部には Dalradian 統という岩石が露出している．Moine 統と Dalradian 統とは，どちらも先カンブリア時代末期の地層がカレドニア造山により広域変成作用をうけたものであって，カレドニア地向斜の堆積物のなかの下部を表わすものである．たぶん，Moine よりは Dalradian の方が新しい．Dalradian は先カンブリア時代最末期であるが，一部分はカンブリア紀にかかっているかもしれない．昔は Moine や Dalradian の変成作用は，先カンブリア時代におこったもので

あるという説が有力であったが,近年はカレドニア造山運動に伴っておこったという説が広く認められるようになった.年代測定の結果によると,変成作用はカンブリア紀の末期から起りはじめ, Moine 統は主に約 4.2 億年前(シルル紀), Dalradian 統は主に約 4.7 億年前(オルドヴィス紀)となって,カレドニア説を支持している(Giletti et al., 1961; その他談による).

Southern Uplands や, England の西北端にある Lake District や Wales には,カンブリア紀からシルル紀にいたるカレドニア地向斜の堆積物の上部が広く露出している.そのなかには,ことにオルドヴィス紀の多量の火山噴出物が含まれている.たとえば, Lake District の火山噴出物層である Borrowdale volcanic series は,厚さ 3000 m を超えている.これらの火山噴出物には,玄武岩質のものも多いが,安山岩質や流紋岩質のものもかなり多い.これらの地域の岩石は,シルル紀の末期くらいに強い変形運動をうけているが,広域変成作用はほとんどおこっていない.その後この地域には,デヴォン紀の前期くらいになってカコウ岩の貫入があって,接触変成作用がおこった.

Midland Valley は,カレドニア造山運動の末期にできた地溝帯であって,そこにはデヴォン紀の Old Red sandstone や,それ以後の地層が堆積している. Old Red sandstone の堆積時代に,そこには多量の火山活動があり,またカコウ岩体の貫入もあった.

Moine thrust より西北方の先カンブリア地域の不変成の Torridonian 統と,東南方のカレドニア造山帯のなかの変成している Moine 統とは,同じ時代の堆積物と考えられるが,その化学組成に系統的な違いがある. Torridonian はアルコース砂岩であるが, Moine の方はもっと風化分解の進んだ真の砂岩の化学組成をもち, SiO_2 がより多く, Al_2O_3 や Na_2O がより少ない. Kennedy(1951)はこのことに注意し,カレドニア地向斜のこれらの堆積物の物質は,先カンブリア時代の末期に西北方にあった陸地から運ばれてきたので,陸地から遠いところをあらわす Moine の方に分解の進んだ物質が堆積したのだと解釈した.

実は,これと同じような化学組成の違いが,ノルウェーの先カンブリア時代の末期の Sparagmite 層に見られることは,古く Barth(1938)によって発見されていた.すなわち, Sparagmite でも,西北部に分布するものより東南部に分布するものの方が Al_2O_3 や Na_2O がより少ない. Barth はこれを,東南部の Sparagmite はほとんど不変成であるが西北部のそれは変成作用が進んでいることに関係づけて,変成作用の間の物質移動と交代作用によって Al_2O_3 や Na_2O が増加したのだと説明した.しかし, Scotland でも同じような性質の違いが見られ,しかも Scotland では変成作用の進んでいる Moine の方が逆に K_2O/Na_2O

比が大きいことを考えると，Sparagmite の化学組成の違いも，実は堆積作用のときの分化によって生じたのかもしれないと考えられる．なお，Scotland では分解の進んだ Moine の方が変成帯の温度の最高に達する軸にあり，ノルウェーでは分解の少ない Sparagmite の方が変成帯の軸にある．したがって，堆積盆地の等化学組成を表わす線は，変成帯の軸と斜交していることになる．

カレドニア地向斜における火山活動は，Scottish Highlands の地域にもいくらかあったけれど，ことに Southern Uplands 以南の地域で盛んであった．Southern Uplands の一部分では，オルドヴィス紀の岩石が変成して藍閃石片岩を生じていることが近年明らかになった (Bloxam & Allen, 1960)．これからみると，Scottish Highlands と Southern Uplands との関係は，後に第13章で強調するような，対になった変成帯のやや未発達な状態の一例であるかもしれない．

§99 Scottish Highlands の広域変成作用

Scottish Highlands のなかで，Northern Highlands の大部分と Grampian Highlands の西北側の約半分に露出しているのは Moine 統の変成岩である．これは大部分は砂質堆積岩から生じた石英長石質の変成岩であって，岩相の変化に乏しい．Grampian Highlands の東南側の約半分に露出しているのは Dalradian 統の変成岩であって，砂質岩のほかに，泥質岩から生じた変成岩が多く，また珪岩や石灰岩や塩基性火山岩起源の変成岩も含まれている．その上，変成温度のごく低いものから高いものまであって岩相の変化が多い．19世紀の末ごろ Barrow が研究して以来，多くの人びとによって Dalradian の研究が進められている．

Moine や Dalradian の地域には，多数のカコウ岩体がある．それをふつうは，**Older Granites** と **Newer Granites** との2種類に分けている．Older Granites というのは，一般に比較的小さい多数の岩体をなして，変成温度の高い地域（珪線石帯またはそれに近い地帯）に出現するカコウ岩である．そのまわりに対して接触変成作用を示さない．Barrow (1893) は，このカコウ岩が貫入したために，その地帯が全体的に温度の上昇を示し，広域変成作用がおこったのだと考えた．しかし Barrow が Older Granites としているものは，今日からみると，一部分はカコウ岩質貫入岩体のようであるが，他の部分は片麻岩質の変成岩にすぎないようである (Harry, 1958)．それは，広域変成作用の原因というよりも，広域変成作用に伴う広域的ミグマタイト化作用の結果として生成したものとみられる．したが

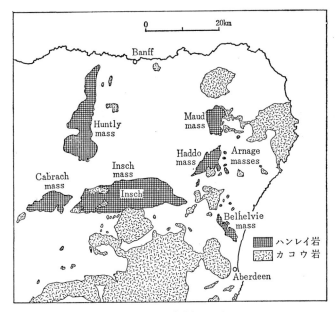

第133図 Grampian Highlands の東北部における Newer Intrusives

って Older Granites の大部分の生成は, Moine や Dalradian の広域変成作用とほぼ同じ時代で, おそらくオルドヴィス紀である. なお Scottish Highlands には, Carn Chuinneag のカコウ岩のように, 広域変成作用より前に貫入してホルンフェルス帯を生じ, それが後に広域変成作用をうけてさらに変化しているような場合もある. このようなカコウ岩をも, ふつうは Older Granites に入れている.

Newer Granites というのは, 一般に Older Granites よりも大きな岩体をなして, 周囲の構造に対して不調和的に貫入しているカコウ岩である. Scotland の簡単な地質図に示されているカコウ岩体は, すべてこれと考えてよい. 岩相は広義のカコウ岩に属するものが多いが, 閃緑岩やハンレイ岩も多い. したがってむしろ, Newer Intrusives とよんだ方がよいであろう (第133図). Aberdeen の近くにある Huntly, Haddo, Belhelvie, その他の有名なハンレイ岩は, これに属している (Read, 1935; Stewart, 1946). これらの Newer Granites は, 広域変成作用や Older Granites の形成よりも後に貫入したのであるが, 貫入の時期や機構にはいろいろなものがあるらしい. おそらくハンレイ岩体は, 広域変成作用の直後くらいに貫入した. それより少し遅れて, カコウ岩の一部分が forceful intrusions

として貫入した．さらに後の時期になると，カコウ岩はもっと静的，受動的に貫入して，たとえば Glen Coe や Ben Nevis の有名な cauldron-subsidence intrusions などを生じた (Read, 1961).

Newer Granites の貫入は，おそらくオルドヴィス紀の末ごろからデヴォン紀にいたる期間におこったものであって，これは Midland Valley や Southern Uplands 以南の不変成地域のカコウ岩の貫入とほぼ同じ期間になっている．すなわち，カコウ岩の形成作用は，カレドニア造山運動の前期には広域変成地域のなかの高温部に限られていたが，その後期になって不変成地域をも含むもっと広い範囲に広がったものとみられる．これらの Newer Granites は，周囲の岩石に接触変成作用を与えている．Comrie の接触変成作用 (Tilley, 1924 b) はその一例である．

Barrow (1893, 1912) が Grampian Highlands の東南端に近い地域において Dalradian 変成岩の分帯に成功したのは，すでに述べたように変成岩研究史上の大きな事件であった (§11). 彼は泥質堆積岩起源の変成岩におこる鉱物の変化に着目して，変成地域を次の七つに分帯した：(1)砕屑性雲母帯，(2)砕屑性雲母の再結晶した帯，(3)黒雲母帯，(4)ザクロ石帯，(5)十字石帯，(6)藍晶石帯，(7)珪線石帯．

後に Tilley (1925) は，上記の(1)と(2)とをいっしょにして緑泥石帯とよぶようにした．そして，この分帯を西南方へ延長して，Scotland の西海岸に達した．さらに Elles と Tilley は，Great Glen fault の方へ調査をひろげていった．Moine 統の変成岩は石英長石質の変成岩が多いので，Dalradian 統でおこなったような Barrovian zones を設けることはできない．Kennedy (1948) は，Northern Highlands の Moine のなかに含まれている石灰質の変成岩にみられる鉱物変化に着目して，Northern Highlands における変成温度の分布を明らかにし，その後 Great Glen fault によりおこった移動をも考慮して，Scottish Highlands 全体のカレドニア広域変成地域の変成温度の分布を論じた．

Dalradian 統の Barrovian zones における鉱物変化は，すでに藍晶石-珪線石タイプの相系列の代表として第 115 図に示してある(§ 77). Dalradian 統のなかには，塩基性またはそれに近い火山砕屑物の層が含まれていて，いっしょに変成されている．これを green bed とよんでいる．また，塩基性の岩床状小貫入岩体もあって，それもいっしょに変成されている．これを epidiorite とよんでいる．これらの累進変成作用も，よく研究されている (Phillips, 1930; Wiseman, 1934). Barrow が研究した Angus においては，近年 Chinner, (1960, 他) が詳細な再研究をおこないつつある．

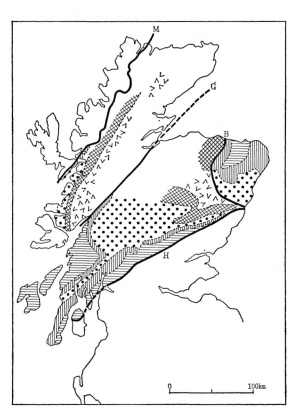

第134図
Scottish Highlands の広域変成帯. M は Moine thrust, G は Great Glen fault, H は Highland Boundary fault を示す. 線 B より西方は Barrovian region で, 東方は Buchan region である (Johnson, 1963).

		Barrovian region	Buchan region
		緑泥石帯	緑泥石帯
		黒雲母帯	紅柱石帯
		ザクロ石帯	紅柱石-珪線石帯
		藍晶石帯	
		珪線石帯	

§99 Scottish Highlands の広域変成作用

Scottish Highlands における Barrovian zones の分布を,第 134 図に示す.Barrow が研究したのはその東南端付近であって,そこではおのおのの帯がこの図に書けないほど狭くなって,狭い地域のなかで変成温度が最低の部分から最高の部分まで見られるようになっている.西南方へ進むと,おのおのの帯の幅が広くなる.これからみると,等温面はほぼ背斜状の形をしていて,背斜の軸がカレドニア造山帯の構造方向である東北-西南に向い,西南に傾斜していると思われる(Kennedy, 1948; Johnson, 1963).

Grampian Highlands のなかの東北部,すなわち Aberdeen から北へ Banff にいたる地域の変成岩が,Barrovian zones の性質に合わないということは,古くから知られていた.この地域では,泥質岩起源の変成岩に紅柱石,珪線石,菫青石,十字石などが出現し,藍晶石は出現しない.これは,低圧中間群の変成相系列に属するものと思われる.Read (1952) は,この変成岩を Buchan type とよんだ.そこで,この名前をとって,Scottish Highlands の広域変成地域を, **Barrovian region** と **Buchan region** とに分けることができる.第 134 図にその大たいの範囲を示す.Harker (1932, pp. 184, 230〜235) は,Barrovian region の広域変成作用を Normal regional metamorphism とよび,Buchan region のものを例外的な異常な性質のものと考えた.しかしこの種の,低圧中間群の変成相系列に属する広域変成作用は世界的に多くの地域で見られるものであって,それを例外的な異常なものとみる理由はない.構造的にみると,Barrovian region と Buchan region とはひと続きであって,その間に著しい構造線はない.ただ,再結晶のときに,Buchan region の方が比較的浅いところにあって,圧力が低かったのであろう.

前にも述べたように(§25), 造山運動のあいだにおこったいろいろな変形運動をもって時間の目盛にして,再結晶作用の時間的な進行を明らかにしようとする試みが,Scottish Highlands でも近年おこなわれはじめている(Rast, 1958; Sturt & Harris, 1961; Johnson, 1962, 1963). Dalradian 統における変形運動は,順次におこった F_1, F_2, F_3, F_4 という四つの時期に区分される(第 28 図). Ben Lui recumbent syncline や Banff nappe を形成したような大きな横臥褶曲のできたのは,F_1 の運動のときである.この時期には,変成温度は低くて,緑色片岩相の程度であった.Barrovian region では,F_1 と F_2 とのあいだの中間の時期に温度がやや上昇してザクロ石を生じはじめた.F_2 と F_3 とのあいだの中間の時期に温度は最高になり,十字石,藍晶石,珪線石などを生じ,またミグマタイトの形成もおこった.すなわち,これらの鉱物は,変形運動のやんでいる期間に,静的な状態で生成した.F_3 の運動に伴っては,下降変成作用がおこった.この F_1 から F_3 まではひとつづき

の変成期間であって，その途中で温度の下降するようなことはおこらなかった．Buchan region における変形運動と鉱物の生成の時期との関係も，これに似ていて，その変成温度が最高に達したのは，F_2 の変形運動が終って後のことである．この後で温度の下降がおこり，それから Newer Granites に属するハンレイ岩の貫入がおこった．その後でさらに F_3 の変形運動がおこった．F_1 はカンブリア紀中期からオルドヴィス紀後期の間のいつかにおこり，F_3 と F_4 とはオルドヴィス紀の後期からシルル紀の間におこったらしいといわれている．

Moine 統にも，F_1, F_2, F_3, F_4 という四つの変形運動の時期が認められ，変成温度はほぼ F_2 の時期に最高に達した．しかしこれらの変形運動の時期と，Dalradian 統の変形運動の時期とが同時か否かは不明である (Johnson, 1963)．

§100 ノルウェーのカレドニア変成地域

第 129~131 図に示すように，Scandinavia 半島の東半部にはバルト盾状地の先カンブリア岩類が露出している．それから西方へ大西洋岸にいたるまでの間は，カレドニア造山帯に属している．ノルウェーのカレドニア造山地域では，基盤の先カンブリア時代のカコウ岩や変成岩類は今から約 11~8 億年前のものである (Barth & Dons, 1960)．その上に，カレドニア地向斜の最初の堆積物である Sparagmite という砂岩層が載っている．これは先カンブリア時代最末期の地層で，カンブリア紀層の下に密接に伴っているので，Eocambrian ともよばれる．その上に，カンブリア紀，オルドヴィス紀，シルル紀の地向斜堆積物が載っている．Sparagmite やこれらの下部古生層の大部分は，カレドニア造山運動によって変成している．

Th. Vogt (1927) は，Scandinavia 半島の下部古生層の泥質堆積岩やそれから生じた変成岩の化学組成を検討し，そのなかで半島の東部にあるものと西部にあるものとの間に系統的な違いがあることを発見した．すなわち，東部のものはふつうの泥質岩の化学組成をもっているが，西部のものはそれより MgO が多く，Al_2O_3 が少く，K_2O/Na_2O 比が小さい．これらの岩石は，カレドニア地向斜の西方にあった陸地から運ばれて来た物質からできたために，陸地に近い西部には，よく風化分解していない物質が多く堆積して，上記のような化学組成を生じたものと解せられた．これは Kennedy (1951) が，Scotland の Moine と Torridonian との間に見られる化学組成上の違いに対して与えた解釈と同じである．

Goldschmidt (1915) は，すでに述べたように (§11)，Trondhjem (Trondheim) 地方のカレ

ドニア変成地域を研究して，Barrow の研究を知らないで独立に，鉱物変化による分帯をおこなった．第10図に示したように，この地域では変成帯の軸はカレドニア造山帯全体と同じく東北-西南方向に走り，それにそって幅 50 km にも及ぶ広いザクロ石帯が生じている．この帯には，十字石，藍晶石，紅柱石，珪線石なども出現し，Scottish Highlands のザクロ石帯およびそれより高温の地帯に相当する．ザクロ石帯の両側にそって黒雲母帯があり，さらにその外側に緑泥石帯がある．

Vogt (1927) の研究した北ノルウェーの Sulitelma 地方の有名な変成岩も，カレドニア造山運動によってできたものである．この地方の泥質変成岩では，最も高い変成温度にいたって十字石や藍晶石が出現する．また，変成作用とほぼ同じ時期に貫入した巨大なハンレイ岩ファコリス (phacolith) があって，それも広域変成作用をうけて，緑色片岩相から最高温にいたる一系列の変成岩を生じている．

ノルウェーのカレドニア変成地域の南端に近い Stavanger 地方で，広域変成地域のなかに貫入したカレドニア造山運動末期のカコウ岩によっておこされた変成作用と交代作用については，すでに述べたように Goldschmidt (1921) が詳細な研究をおこなった (§13)．

§101 西ヨーロッパのヘルシニア変成地域

イギリスの南部では，ヘルシニア造山帯は Cornwall や Devon 地方を通っている (第129図)．この地方の古生層は，それによって変形運動をうけているが，広域変成作用はそのなかの一部分の地域に比較的弱くおこっているだけである (Phillips, 1928)．不変成または弱変成の古生層のなかに，Dartmoor, Land's End, その他のカコウ岩が貫入して，その周囲に接触変成帯を生じている．Land's End の接触変成帯では，塩基性ホルンフェルスのなかに直閃石菫青石岩を生じている (Brammall & Harwood, 1932; Tilley, 1935, 1947; Reynolds, 1947)．

ヘルシニア造山帯の広域変成岩やカコウ岩は，フランスの Bretagne から Massif Central にかけて広く出現し，さらにドイツの南部に向っている．しかしこれらの地域については，岩石学的にすぐれた研究は近年ほとんどおこなわれていない．古い記載によると，Bretagne や Massif Central にも十字石，藍晶石，紅柱石などを含む広域変成岩があるということである．

第二次大戦後やや顕著な研究が発表せられつつある地域の一つは，Pyrenees である．Pyrenees は石炭紀から二畳紀にかけてヘルシニア造山運動をうけ，その地方の古生層は

広域変成作用をうけ，カコウ岩に貫入された．その後，白亜紀と第三紀とにもアルプス造山運動に伴う変形をうけた．現在，山脈の中軸部に東西に長く，古生層やそれがヘルシニア造山で変成してできた片岩，片麻岩などやカコウ岩よりなる地帯が露出している．その両側に，中生代や第三紀の地層の地帯がある．

この Pyrenees の変成地域のうちで，東部は主としてフランスの Guitard らによって調査がおこなわれている．この部分の基盤には，おそらくヘルシニアよりも古い造山運動によってできたらしいカコウ岩や変成岩があって，それがヘルシニア変成地域のなかのあちらこちらに生じたドーム構造の中核部に広く露出している．しかしこの古い岩石は，ヘルシニア造山運動のときに完全に再変成している．このドーム構造は，変成作用より後の変形運動によってできたものである．この基盤の上に載っている古生層は広く広域変成作用をうけていて，その変成温度は一般にドーム構造の中核部に近くなるほど高くなっている．泥質岩起源の変成岩にみられる鉱物変化によって，(1)黒雲母帯，(2)紅柱石帯，(3)珪線石-白雲母帯という三つの累進変成帯が区別され，地質図上に示されうる．黒雲母アイソグラッドから珪線石アイソグラッドまでの距離は，広いところで 8 km くらいであるが，一般にはもっと狭い．紅柱石帯には，十字石，ザクロ石，菫青石などが出現する．変成温度の最も高い地帯には，斜方輝石をもつグラニュライト相の岩石も出現している．この変成地域には，広域変成作用より後で多くのカコウ岩が貫入して，そのまわりに接触変成帯を生じているが，その分布は広域変成作用の温度分布とは無関係である(Autran, Guitard & Raguin, 1963; 一部は G. Guitard および M. Fonteilles の私信による)．

Pyrenees のなかで Andorra より西方の部分は，de Sitter を中心とするオランダの Leiden 大学の人びとによって構造的および岩石学的に研究されている．その研究では，変形運動と再結晶作用との時間的な関係の解明が主たる興味の対象になっている(第 27 図)．この地域に出現する変成岩の種類や性質は，それより東方の部分とよく似ている．ここでも，温度上昇の順序に，(1)黒雲母帯，(2)十字石-紅柱石-菫青石帯，(3)紅柱石-菫青石帯，(4)菫青石-珪線石帯，という累進変成帯が認められる(Zwart, 1959, 1962, 1963)．Pyrenees の西端に近いところからは藍晶石が報告されているが，Pyrenees の大部分には藍晶石は出現しない．

Pyrenees の南方でも，ポルトガルからスペインにかけて，ヘルシニア造山運動によるカコウ岩や変成岩が広く出現する．北部ポルトガルの Oporto から Viseu にいたる地域のカコウ岩や変成岩は，Amsterdam 大学の J. Westerveld と学生たちによって調査された．こ

の地域では，先カンブリア時代の末期からカンブリア紀にかけて生じた堆積物が，ヘルシニア造山運動をうけて，西北西-東南東に走る広域変成帯を生じている．カコウ岩類には，late-synkinematic な調和的カコウ岩体と，post-kinematic な不調和的カコウ岩体とがある．広域変成作用の変成温度は，前者の多い地帯の方が高くなっている．泥質岩起源の変成岩について，温度の高くなる順序に，(1)緑泥石帯，(2)黒雲母帯，(3)十字石帯，(4)紅柱石帯，(5)珪線石帯，あるいはそれに類する分帯がおこなわれている．この地域の大部分には，パイラルスパイトはほとんど出現せず，藍晶石も出現しない．したがって，低圧中間群の変成作用とみられる．しかし西北端の付近には，パイラルスパイトも藍晶石も出現する．Post-kinematic なカコウ岩は，そのまわりに接触変成帯を生じている (Westerveld, 1956; Soen, 1958)．

以上の簡単な記述からわかるように，西ヨーロッパのヘルシニア変成地域の大部分は，十字石，紅柱石，珪線石，菫青石などを生ずるような低圧中間群の広域変成作用をうけている．しかし一部分には，紅柱石-珪線石タイプや藍晶石-珪線石タイプの広域変成作用もあるかもしれない．

Bretagne の南の海上に浮ぶ Ile de Groix には，藍閃石片岩が出現することが昔から知られている．これと上記のヘルシニア変成地域との関係は不明である．

§102 Alps の構成と変成岩

Alps は白亜紀から第三紀にかけて生じた山脈地帯である．その構造は複雑で，長年にわたって多くの地質家によって調査され，論ぜられている．その中軸部は広く藍閃変成作用をうけている．そのなかのいろいろな岩石や鉱物が，古くから記載されているが，今日の要求を満すような新しい岩石学的研究はきわめて少なくて，変成作用の性質はまだよくわかっていない．

Alps は，構造的には，ほぼその伸長方向に沿って走っている数個の地帯に分けることができる．スイスの付近では，第135図に示すように北から南に進むにつれて，次のような地帯が認められる．

(1) **北方のヘルシニア造山地帯** ヘルシニア造山によって生じた古い変成岩や深成岩は，東フランスの Voges の山地や南ドイツの Schwarzwald に露出している．スイスの北端の Schaffhausen 付近はこの地帯に属している．

(2) **Jura 山脈** ここでは，三畳紀から第三紀までの地層が少し褶曲と断層をうけてい

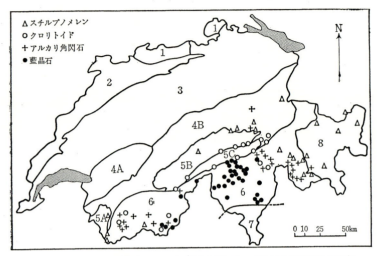

第135図 スイスの地質区とアルプス変成作用によって生じた変成鉱物の分布
1: 北方のヘルシニア造山地帯
2: Jura 山脈
3: Swiss Plain (Molasse basin)
4A: Pre-Alps
4B: High Calcareous Alps (Helvetides)
5A: Aiguilles-Rouges massif
5B: Aar massif
5C: Gotthard massif
6: Pennine nappes
7: Southern Alps
8: Austride nayyes (East Alpine nappes)

るが,変成作用はうけていない.

(3) **Swiss Plain** この平地帯は, Zürich や Geneva を含み, Alps が隆起して後にその山から運ばれてきた物質が堆積してできた軟い第三紀層 (Oligocene~Miocene) におおわれている.この第三紀層を Molasse という.

(4) **Pre-Alps** と **High Calcareous Alps** この地帯は, Jungfrau をはじめ多くの高い山を含んでいる.これは,もとの地向斜の北部に堆積した中生層が,強い褶曲や推し被せをうけている地帯である.変成作用をうけていない地域も多いが,一部分はアルプス造山運動のときごく弱い広域変成作用をうけて,スチルプノメレンなどを生じている.

(5) **Central massifs** これは,ヘルシニア造山によってできたカコウ岩や片麻岩やそのほかの変成岩が,分離したいくつかの塊の連なりとして中生層の下から顔を出しているも

のである．これと同様な岩石は，この地帯の北方や南方の中生層地帯の下にも潜んで基盤をなしているのであろう．Alps の最高峰 Mont Blanc (4810 m) はその種の古い岩石からできている．スイスでは，西から東へ順次に，Aiguilles-Rouges massif, Aar massif, Gotthard massif の三つの岩体がその種の岩石よりなっている．これらの岩体は，後にアルプス造山運動による変成作用をも弱くうけて，クロリトイドなどいくらかの変成鉱物を生じている．

(6) **Pennine nappes** これは，もとの地向斜の中心部を占めていたジュラ紀—白亜紀層が烈しい変形をうけ，複雑な多数の nappes の重なった構造を生じた地帯である．その地層は多量の塩基性の火山噴出物を含んでいる．それら全体が広域変成作用をうけている．その岩石を schistes lustrés(ドイツ語で Bündnerschiefer)とよぶ．変成作用によって，藍閃石や藍晶石や十字石が広く生じている．Pennine Alps の Matterhorn (4505 m) や Monte Rosa (4638 m) や Simplon Pass はこの地帯に属している．ただし，nappes の中核の部分には，もとの地向斜の基盤をなしていたと思われる古い片麻岩などが出現することがある．もちろんこれも，アルプス造山運動のときに再び変成作用をうけている．

(7) **Southern Alps** Pennine nappes の地帯の南限に Insubric line という大きな断層線があって，それより南方の Southern Alps は切り離されている．Southern Alps は二畳紀—三畳紀の地層よりなるが，変形しているだけで，変成していない．

なお，Pennine nappes の東部では，その上に **Austride nappes** が載っている．この地域も，アルプス造山運動の広域変成作用をうけている．

Alps の広域変成作用はおそらく高圧中間群の藍閃変成作用であるが，世界の典型的な藍閃変成作用とは次のような異った点をもっている．(1)その変成相系列の高温部は角閃岩相にまで達し，黒雲母，中性斜長石，藍晶石，十字石などが広く生じている．(2)Pennine nappes の地帯のなかの Bergell や，Southern Alps の Adamello には，post-kinematic なカコウ岩体が貫入している．(3)Pennine nappes の岩石の堆積した基盤らしい片麻岩などが存在することが認められる．おそらくこれらは，成因論的に関係ある一連の事実であろう．この問題は後でまた取上げる(§ 114～115)．これまでに多くの構造地質学者は，Alps を大きな褶曲山脈の代表と考え，その研究を模範として世界の他の褶曲山脈を理解しようとした．しかし Alps の変成作用がこれほど例外的なものである以上は，その山脈構造も例外的なものではないかという疑いをおこさせるに十分であろう．

Alps の変成岩は，E. Niggli (Cadisch, 1953) によって系統的に記載されている．Niggli

(1960)は，スイスの地図上にアルプス造山運動による変成作用でできたと思われる鉱物の産地の分布を記入してみた．その結果は，第135図に示すように，それぞれの鉱物は帯状に分布していることがわかった．すなわち，St. Gotthard Pass の南方で Insubric line に近い地域が変成温度が最高で，藍晶石や珪線石を生じている．その地域を取り巻くように，もっと低温の変成地帯がしだいに北方に分布している．Niggli は，次のような地帯が区別できることを見いだした．

(1) スチルプノメレン帯(いちばん北方の地帯で，一部分にローソン石を産す).
(2) スチルプノメレン-クロリトイド帯(藍閃石が多い).
(3) クロリトイド帯.
(4) 藍晶石帯(十字石や中性斜長石も出現する).
(5) 藍晶石-珪線石帯(Niggli はこの珪線石をアルプス造山のときにできたと解したが，Chatterjee (1961 b)はそれをもっと古い変成作用でできたものであって，この地帯の基盤岩の露出だけが含んでいると考えた).

Alps の変成作用の中心舞台は Pennine nappes であるが，変成作用はさらに北方の Central massifs や High Calcareous Alps の一部分に及び，東方では Austride nappes にも及んでいる．重要なことは，鉱物分帯されたおのおのの地帯は，同心円に似た簡単な形をしていて，複雑な多数の nappes の構造とは無関係である．このことは nappes の構造ができて後の或る時期になって，それらの変成鉱物を生ずる再結晶がおこったことを意味している．すなわち，nappes の形成より遅れて温度が上昇したのである(Chatterjee, 1961a)．最近の年代測定は，この再結晶作用に1700万年という若い年を与えている．もちろん，この温度上昇は広域的におこったものであって，Bergell のカコウ岩の貫入とは無関係である．

Pennine nappes の地帯を西南方へ追跡してゆくと，ぐるりと南へ曲って，地中海上の Corsica 島に向っている．Corsica の西半部はヘルシニア造山運動でできたカコウ岩や変成岩によって占められているが，東半部は schistes lustrés によって占められている．この地域の schistes lustrés を生じた変成作用は，スイスの Alps のそれよりももっと典型的な藍閃変成作用に近い性質をもっている．藍閃石やローソン石が広く出現し，アルカリ輝石もアルバイトも広く出現する．しかし，黒雲母や中性斜長石や藍晶石や珪線石は出現しない．Corsica 島の岩石は，Amsterdam 大学の Brouwer や Egeler や学生たちによって調査されている(Brouwer & Egeler, 1952; Egeler, 1956).

ヨーロッパ全体を見わたすと，第110図に示したように，藍閃石片岩は，まずスペインの南端の Sierra Nevada 山脈に広く出現し，Corsica 島やその対岸のイタリア西部に出現し，その地帯が北方へつづいて Alps の Pennine nappes に及んでいる．その東方では Carpathians に出現し，それから南下してギリシァの西部をへて，Aegean Sea に浮ぶ Cyclades の島々に出現して，トルコに向っている (van der Plas, 1959)．

第12章 西太平洋上の弧状列島とその変成帯

§103 西太平洋地域の大陸の生長と弧状列島

　太平洋, 大西洋, インド洋という地球上の三つの大洋のなかでも, 太平洋はとくに典型的な大洋だと長年にわたって考えられてきた. 太平洋は, 地球から月が飛出した跡であるとか, 巨大な隕石が落下してできた円いくぼみであるとかいうような, 超地球的な成因論が唱えられたのも, そのことに関係しているのであろう. しかし最近の地球物理学的研究によると, 太平洋と大西洋とのなかの典型的な大洋性の部分を比較すれば, 地殻の構成物質や構造に, あまり大きな違いはないらしい. 地殻や堆積物の厚さに違いがあっても, それは比較的わずかである (Woollard. & Strange, 1962; Gaskell, 1962).

　太平洋を取り巻くように中生代から新生代にかけての大きな造山帯が走っている. 造山運動は現在までつづき, その現われとして, 太平洋のまわりの地帯には弧状列島や海溝が生じ, 火山帯や地震帯も生じている. 大西洋やインド洋の周縁の地域にこれらの現象が全くみられないというわけではないが, 少なくとも太平洋におけるように顕著ではない. 太平洋のなかでも, これらの現象が顕著にみられるのは西部である. ほとんどすべての弧状列島と海溝は, 西半部にある. そこで本章では, 西太平洋上の, 主として弧状列島にみられる変成帯を問題にしよう. 西太平洋上の弧状列島のなかで, 面積も広く岩石学的調査もよくおこなわれているのは日本である. それに次ぐのは, ニュージーランドであろう.

　まず大陸の生長と弧状列島との関係を考えてみよう. ニュージーランドは, その西方にあるオーストラリア大陸と関係づけられる. この大陸の大部分は盾状地であって (第3図). そのなかの西部には, 今から約27億年前に生成したカコウ岩や変成岩の安定塊が広く露出している. そのなかを切ったり, そのまわりを取り巻いたりして, 約17億年前や10億年前のカコウ岩や変成岩の地帯がある. これら全体からなるオーストラリア盾状地は, この大陸の約2/3を占めている. その盾状地の東部を貫いて, Adelaide 付近を南北に走る古生代前期 (6.0～4.0億年前) の造山帯が生じている. 盾状地でそれより東方の部分の多くは, 中生代や新生代の水平に近い地層におおわれている (Wilson *et al.*, 1960).

　オーストラリア盾状地の東側に, 東海岸にそって長い山脈地帯がある. これは, 古生代

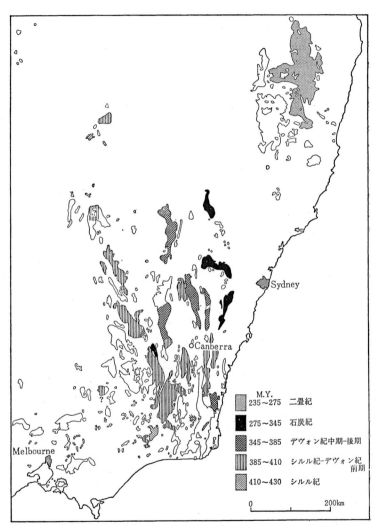

第136図 K-Ar法で決定したオーストラリア東南部のバソリスの年齢．火成活動が時代とともに東進するのが認められる(Evernden & Richards, 1962 による)．

の Tasman 地向斜が造山運動をうけて現在の岩石や構造を生じた地帯であって，その地帯のカコウ岩の大部分は古生代後期(4.0～2.0億年前)のものである．しかも，Canberra や Sydney の付近では，カコウ岩類を，K-Ar 法で決定した年齢によって，(1)シルル紀のもの，(2)シルル紀-デヴォン紀前期のもの，(3)デヴォン紀の中期-後期のもの，(4)石炭紀のもの，(5)二畳紀のもの，というように五つの群に時代わけしてみると，第136図に示すように，おのおのの群に属するカコウ岩は，ほぼ北北西-南南東の方向に連なる一つの帯状地域に出現する．そして，その帯状地域が，時代とともに規則正しく東進している(Evernden & Richards, 1962)．この Canberra 付近のカコウ岩に伴っている広域変成岩は，紅柱石-珪線石タイプである．それは，Canberra の南方の Cooma 地方において Joplin(1942～1943)によって研究せられ，Canberra 西方の Wantabadgery 地方においては Vallance(1953)によって研究せられた．紅柱石，珪線石，菫青石がしばしば出現し，アルマンディンはほとんど出現しない．変成温度の高い部分にはミグマタイトを生じている．

さらに東方にあるニュージーランドでは，主な造山運動の時期は古生代の後期から中生代にいたる時代である．ことにジュラ紀の造山運動でできたと思われる広域変成岩が広く露出している．その後，ジュラ紀の末から白亜紀にかけての地向斜がニュージーランドの東端付近を含む地帯にできて，厚い堆積物を生じた．現在ではさらにその東北方に，Kermadec 海溝に続く深い海を生じている．

こうして，オーストラリア大陸の西部を占める地域で今から約27億年前にはじまった造山運動は，多少の不規則性はあったとしても，全体としてみると明らかにしだいに東進して，ニュージーランドに達している．第120図を参照すると，これは南方の大陸の分裂移動前の塊の中央部から，その周縁へ向う生長ともみられる．弧状列島は造山運動が大陸の内部から大洋へ向って進み，大洋を大陸化する過程の前進拠点だとみられる．

アジア大陸の場合には，大陸の生長の中核になったのは，第3図に示すように，Siberia の Lena 川から Yenisei 川の間にある広大な先カンブリア造山地域であって，これをアンガラ盾状地(Angaran shield)という．そのなかでも東南部の，Lena 川支流の Aldan 川地方には，先カンブリア時代のカコウ岩や変成岩がことによく露出している．そのなかで最古のものは，今から20億年以上前のものである，この地域を **Aldan massif** という．しかしこの Siberia の大きい先カンブリア盾状地より南方にも，二，三の分離した，もっと小さい先カンブリア時代のカコウ岩や変成岩の地域がある．そのなかの一つは，中国東北地区の東南部から北朝鮮に及び，西方は山東省や山西省にのびている．この地域の岩石で

§ 103 西太平洋地域の大陸の生長と弧状列島 387

も，古いものは 20 億年を超えている (Vinogradov & Tugarinov, 1962)．

これら二つの先カンブリア岩地域をほぼ中心として，その間をつなぎ，それら全体を取り巻くように，古生代および中生代の造山帯が配列して，Tibet に至るまでのアジア大陸を生じている．さらにその南方には，インドの盾状地との間に，アルプス造山帯の東方延長にあたる Himalayas などを生じている．

日本の付近を見ると，中国東北地区から北朝鮮に及ぶ先カンブリア岩地域の南方には，朝鮮半島中部の漣川変成岩や，半島南部の沃川変成岩などの広域変成岩があるが，これらはおそらく古生代や中生代の造山運動によるものであろう．日本列島も，おそらく古生代の末から中生代にかけての造山運動が基本的構造をつくっているであろう．こうして東アジアにおいても，大きくみると先カンブリア盾状地を中核として，大陸が生長したと考えることができる．

しかし，こういう考え方でまだ答えられていないのは，オーストラリアとニュージーランドの間にある Tasman 海や，日本列島の内側にある日本海の意味である．もし北アメリカの地史と比較して考えるならば，ニュージーランドや日本とその付近の海域は eugeosyncline にあたり，Tasman 海や日本海の大部分は miogeosyncline にあたるのではないかと考えられる．しかし，北アメリカの miogeosyncline というのは，先カンブリア時代の酸性基盤の上に厚い堆積層が生じたものであって，eugeosyncline が造山運動をうけて後にまもなく，それも造山運動をうけている．ところが，Tasman 海は 4000 m 以上の深さをもち，おそらくその大部分は酸性岩の基盤をも，厚い堆積層をも，もっていないであろう．日本海も，その南部は浅いが北部は 3000 m 以上の深さをもっている．1957 年にソヴェト連邦の調査船が日本海北部を人工地震法で調べた結果によると，海底には厚さがわずかに 1 km くらいの堆積物の層があり，その下には厚さが約 8 km の玄武岩らしい層があって，その下はマントルになっている．酸性岩らしい層は存在しない．また，ニュージーランドや日本列島が造山運動をうけてから久しいにもかかわらず，Tasman 海や日本海北部が造山運動をうけているようには見えない．したがって，Tasman 海や日本海は，北アメリカの miogeosyncline とははなはだしく性質が違っている．

これまでに多くの地質家たちは，日本海はかつて陸地であったと考えてきた．たしかに日本海の南部は陸地であったことも多いであろう．しかしその北部には，酸性地殻も厚い堆積物も欠けていてそこが陸地であったと考える積極的な根拠はない．日本海や Tasman 海は，大陸の生長過程において，何かわからない理由によって，大陸化作用から取り残さ

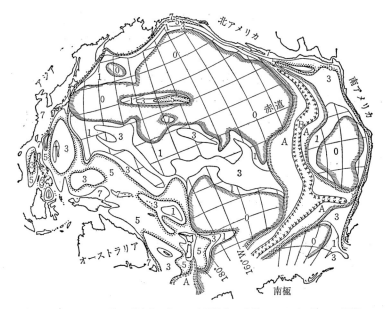

第137図 Rayleigh 波の群速度に基いた太平洋底の分割. 0→1→3→5→7 の順序に, しだいに陸的な性質を増加する. 緯度および経度は 10°おきに引いてある (三東, 1963 による).

れている地殻部分かもしれない.

近年, 太平洋のなかでも部分によって地殻の厚さや組成にかなり違いがあることが, しだいに具体的に地球物理学的方法によって判明してきた. 日本から California にいたる北太平洋の大部分では, Moho 不連続面は海面下約 10～12 km くらいのところにある. すなわち, その海底の地殻は 5～7 km くらいの厚さである. 伊豆-Mariana 弧とフィリピンとの間にある海域や, Tasman 海の西部も, 厚さ約 7 km くらいの地殻をもっていて, いわば大洋性の強い地殻である. Hawaii や Marshall 諸島の付近には, それよりもやや厚い地殻がある. 東シナ海では, 地殻は 17 km 以上の厚さをもっている (Woollard & Strange, 1962; 三東, 1961, 1963).

§104 日本主部の広域変成帯. その1. 飛騨および三郡変成帯

わが国の広域変成帯については, すでに多くの概括的な記述が発表されている (小島, 1953; 牛来, 1955; 石川, 1956; 都城, 1959 a, 1961 b). したがってここでは, 世界的な規模

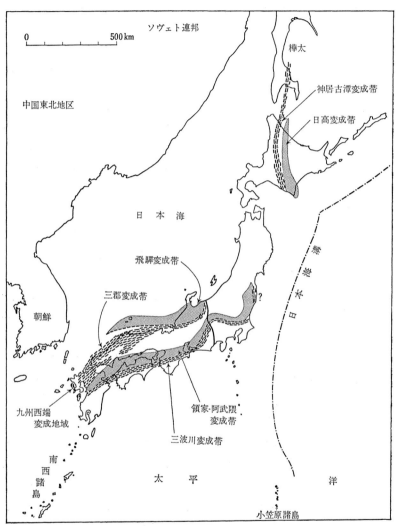

第138図 日本列島の広域変成帯(かなり復原した図)

凡例:
- 紅柱石-珪線石タイプおよび低圧中間群の変成帯
- ヒスイ輝石-藍閃石タイプおよび高圧中間群の変成帯

でみた地殻(あるいは大陸)の発展および変成作用の進化という問題に関連して必要な程度に述べるにとどめよう．

わが国の主部の広域変成地域を，ほぼ日本列島の島弧に沿う飛驒，三郡，領家，三波川という四つの変成帯に分けることは，今日広く受けいれられている．それらの分布状態を，第138図に示す．しかしそれらの変成帯の時代や相互の関係については，今日もいろいろ異る意見がある．そういう意見の違いは，日本の細かな地史を編む場合には重大な問題であろう．しかしここで取扱おうとしているような大きな規模でみた地殻の発展にとっては，その大部分はあまり重大なことではないかもしれない．たとえば，カナダ盾状地の西側にコルディレラ造山帯が付着することによって，北アメリカ大陸が西方へ生長したという場合をみると，コルディレラ造山帯の地向斜の形成は先カンブリア時代の最末期にはじまり，造山運動の余波は今日にまで及んでいる．それは，時間にして約7億年，幅はほとんど2000 km に及ぶ地帯の現象なのである．それにくらべると，三波川変成作用の時代が古生代の末であっても中生代の末であっても，その差はわずか1.5億年くらいで，日本列島の幅は250 km くらいにすぎない．大陸の生長とか造山帯の前進とかいうことが，このような細かな規模でまでいつも規則的におこるか否かは疑わしい．先カンブリア時代についておこなわれているような大まかな時代区別からいえば，カンブリア紀以後現在まではただ一つの時期とみてもよいくらいのものかもしれない．

まず飛驒変成帯から始めよう．この変成帯のカコウ岩や変成岩は，第139図に見られるように主として本州中部の飛驒高原に露出している．その西方延長は日本海のなかに没し，はるか西方の隠岐の島後にその一断片らしいものが露出している(太田，1963)．それは主として，石英長石質片麻岩，角閃岩，結晶質石灰岩などよりなり，多数の小さいカコウ岩体を伴っている．そのほかに，大きい岩体をつくるカコウ岩を伴っていて，それを船津カコウ岩とよんでいる．この変成帯の変成岩には，しばしば珪線石が出現し，まれに紅柱石も出現する．しかし，全体としての岩石学的性質は，まだよくわかっていない(礒見・野沢，1960)．この変成帯の東北端にあたる黒部川の宇奈月地方では，藍晶石，紅柱石，珪線石，十字石などが見いだされている(石岡・諏訪，1956)．したがって，たぶん飛驒変成帯は，一部分は紅柱石-珪線石タイプに属し，一部分は低圧中間群に属するのであろう．

飛驒変成帯のカコウ岩や変成岩は，多くの地質家たちによって先カンブリア時代に生成したものであると強く主張せられてきた(§15)．それらは，中国東北地区や朝鮮半島北部の先カンブリア岩地域が日本海を越えて続いているのだともいわれてきた．それに対して，

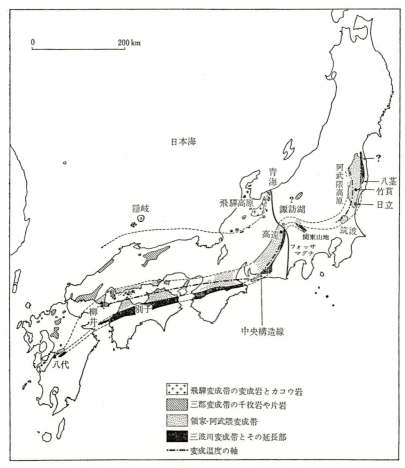

第139図　日本主部における広域変成岩の簡単化した分布図

小林(1941, 1951)は，古生代末から中生代初期にわたる秋吉造山運動によってできたものだと主張した．K-Ar 法による年代測定では，飛驒変成岩およびカコウ岩類は 1.7〜3.4 億年(石炭紀〜三畳紀)という年齢を与えている．もちろん，飛驒高原のなかのどこかに，もっと古い時代の岩石があるかもしれないという可能性は残っているが，高原の大部分の地域には，古生代後期から中生代初期のころに変成作用やカコウ岩の形成がおこったと思われる．船津カコウ岩は，その変成作用に伴う post-kinematic なカコウ岩であろう．

三郡変成帯は，飛驒変成帯の南側の地帯に生じている．その東部の部分は，飛驒高原の飛驒変成岩地域を東側と南側から取り巻くように配置した弧状の地帯のなかに，数個の飛び飛びの小変成地域として出現している．それらの変成地域のなかには，全体が緑色片岩相に属するものもある(関，1959)．しかし東北端の青海地方の変成地域は，低温の部分は藍閃石片岩相に属し，高温の部分は緑簾石角閃岩相に達している(坂野，1958a)．

　三郡変成帯に属する変成岩は，西方では中国地方や北九州の多数の地域に飛び飛びに露出している(光野，1959；宮川，1961)．その大部分は藍閃石片岩相および緑色片岩相に属する千枚岩やそれに伴う岩石であって，まだ黒雲母を生ずる温度には達していない．しかしごく少しの部分は黒雲母を生じ，緑簾石角閃岩相に達している．岡山県勝山地方では，最も低温でふつう非変成の古生層といわれていた地帯は不完全に再結晶していて，ブドウ石-パンペリ石変成グレイワケ相に属し，それより温度が高くなると藍閃石片岩相の地帯になり，さらに温度が上ると緑色片岩相の千枚岩および片岩の地帯に移行する(橋本光男談)．三郡変成岩の少なくとも大部分は，高圧中間群に属するようである．

　三郡変成岩はしばしば蛇紋岩を伴っている．また，多くの地域ではカコウ岩に貫入されて接触変成帯を生じている．このカコウ岩はおそらく白亜紀のもので，成因的には三郡変成作用ではなくて領家変成作用に関係したものであろう．

　三郡変成岩の大部分はスレート，砂岩，千枚岩などであって，再結晶の程度は低い．そして変成地域の中間に，非変成地域(再結晶していない地域)が残っている．そこで，三郡変成作用をうけた地帯の全範囲を正確に決定することは困難である．元来の三郡変成作用は，現在の三郡変成帯よりもずっと南方まで及んでいて，飛び飛びに変成地域が形成されていたのかもしれない．熊本市東方の木山変成岩(山本，1964)は，三郡変成岩に属するのではなかろうか．その範囲のなかの南部の大部分では，後に領家および三波川変成作用がおこったので，もとの三郡変成岩はわからなくなってしまったのではないだろうか？

　三郡変成岩の原岩は，中国地方では石炭紀や二畳紀などの後期古生代の地層である．一方では，三郡変成岩は非変成の三畳紀中期の地層におおわれているといわれている．これが正しいならば，中国地方の三郡変成作用の時代は，二畳紀の後期か三畳紀の前期と考えられる．したがって，飛驒変成作用に比較的近い時代であろう．しかし，三郡変成地域の全体が全く同じ時期に変成したとは限らない．たとえば木山変成岩は，年代測定で約3.0億年(石炭紀)という年齢を与えている．

　飛驒および三郡変成帯は，フォッサマグナ(Fossa Magna)のすぐ西側のところで北方へ

曲って，日本海のなかにはいっている．これはフォッサマグナの形成に関係した運動のためにおこった変形かもしれない．したがって，これらの変成帯の東方への延長部分が，フォッサマグナより東方の地域にふたたび出現しているかもしれない．たとえば，上越国境の清水トンネル付近に出現している片状変成岩は，三郡変成岩の東方延長部分であるかもしれない．

§105 日本主部の広域変成帯．その2．領家-阿武隈変成帯

飛騨および三郡変成帯に比較すると，領家および三波川変成帯はその元来の形や構造がはるかによく保存されており，またはるかによく研究されている．したがって，この種の変成帯の性質の理解のうえで，重要である．

領家変成帯は長野県高遠付近ではじまり，中部地方(小出, 1949, 1958; 村山・片田, 1957; 片田ら, 1959; 端山, 1960; 大木, 1961 a)，近畿地方(中島, 1960; 諏訪, 1961; 原, 1962)，瀬戸内海地方(岩生, 1936; 濡木, 1960; 岡村, 1960)に続いて，カコウ岩や変成岩が広く露出している．その西端を表わすのは，熊本県八代市東北方にあるいわゆる肥後片麻岩や竜峯山帯を構成している変成岩類であろう(植田, 1961; 山本, 1962)．

領家変成帯の東端は，高遠の東北方において中央構造線と糸魚川-静岡線とによって切断されている．しかしその東方延長部のカコウ岩らしいものは，関東山地の西北方にある下仁田町の少し北方の地域に露出している．さらに東方に進むと，茨城県の筑波地方(杉, 1930; 宇野, 1961)にカコウ岩や変成岩が露出している．このあたりで変成帯は北へ曲り，阿武隈高原(杉, 1933; 都城, 1953, 1958; 紫藤, 1958; 黒田, 1959; 西田，未発表)に広く露出している．その延長は，さらに北北西につづいて，断片的に猪苗代湖や山形県米沢の付近に露出している．

以上の地帯の変成岩は，その変成作用の性質もよく似ており，変成の時代もみなほぼ白亜紀である．たぶん，元来ひと続きの変成帯として形成されたものであろう．現在は，諏訪湖の付近で大きく西北方へ突出して，そこで2分され，それより西方と東方とがそれぞれ一つの弧の形をしている．諏訪湖の付近は，ちょうど本州弧と伊豆-Mariana 弧とが交わる位置であるから，この現在の形は，何かの意味で伊豆-Mariana 弧と成因的な関係があると考えられる．始めから現在のように二つの弧形に形成せられたのかもしれないが，始めはただ一つの弧形であったものが後に変形されて二つの弧形になったのかもしれない．最近，川井直人ら(1961)は，日本列島が第三紀の初期にフォッサマグナ付近で約40°折れ

曲ったらしいことを古地磁気学的に見いだした．変成帯の弧の変形はこの折れ曲りと同じ運動によるのかもしれない．いずれにしても，諏訪湖より西方の部分が領家変成帯であって，この現在二つの弧形になっている全体を領家-阿武隈変成帯とよぶ．

フィンランドや Scottish Highlands のカコウ岩が，それぞれ Older Granite と Younger(Newer) Granite とに分けられたと同じように，領家-阿武隈変成帯のカコウ岩も古期カコウ岩と新期カコウ岩とに分けられるということが主張されている(小出, 1958; 渡辺ら, 1955)．フィンランドや Scottish Highlands でそのような分け方が重視されたのは，元来は，それらの地方では地質時代の全く異る2回の造山運動があって，それに伴ってその2群のカコウ岩が形成されたと考えられていたからである．領家-阿武隈変成帯の場合にも，カコウ岩類を二つの種類に分けてしまおうという努力は，地質時代の全く異る2回のカコウ岩の形成期があったという考えからおこったようである．しかし現在では，フィンランドでも Scottish Highlands でも，それらのカコウ岩はただ1回の造山運動に関係してできたものであって，構造運動とカコウ岩形成との時間的関係によっていろいろな性質をもつようになったのだと考えられるようになった．領家-阿武隈変成帯のカコウ岩の場合にも，二つにはっきり分ける理由はないであろう．

同位元素による年代測定(K-Ar 法と Rb-Sr 法)では，領家変成帯のなかのいろいろなカコウ岩類の大部分は 1.1〜0.6 億年(白亜紀中期〜第三紀初期)の範囲にはいり，阿武隈高原のカコウ岩類は 1.1〜0.8 億年(白亜紀)の範囲にはいっている．古期といわれていたカコウ岩と新期といわれていたカコウ岩との間に，大した時代の違いはない．一つの造山運動に伴う syn-kinematic, late-kinematic, post-kinematic などのカコウ岩とみるべきものであろう．

おそらく，カコウ岩のなかで初期に貫入したものは，領家-阿武隈変成作用とほぼ同時に貫入し，その変成地域のなかにおける温度の分布にも影響を与えたであろう．しかしその変成作用は本質的には広域変成作用であって，変成温度の分布の大たいの特徴は，もっと広域的なスケールの条件によって支配されている．カコウ岩体の分布は，それにいくらかの修正を与えた程度である．カコウ岩体のなかで，広域変成作用の終って後に貫入したものは，一般にそのまわりに接触変成作用を及ぼしている．

領家-阿武隈変成帯の西北方にある非変成古生層地帯，ことに中国地方には，きわめて多量のカコウ岩が貫入し，個々の岩体のまわりに接触変成帯を生じている．また同じく，中国地方や中部地方では領家-阿武隈変成帯の西北方の地帯に，多量の酸性火山岩の噴出が

おこっている．これらはいずれもほぼ白亜紀から第三紀の初期にかけて生成したものである．それらは従来一般に，領家変成帯のカコウ岩とは別のものとして取扱われているが，おそらく成因的には領家変成作用や領家変成帯のカコウ岩と関係あるものであろう．それらのカコウ岩の年代測定は，一般に 1.0～0.6 億年(白亜紀中期～第三紀初期)くらいの範囲の値を与えている．おそらく，領家-阿武隈変成作用に伴って生成したカコウ岩質マグマはしだいに西北方に拡大してゆき，また一部分は火山活動の形でも現われるようになったのであろう．すでに述べたように，カコウ岩体の形成が長い期間つづき，その地域が時代とともに広がることは，Scotland のカレドニア造山地域でも認められている．

領家-阿武隈変成帯は，多量のカコウ岩を伴っていることがとくに注意をひきやすいけれど，少量のハンレイ岩や超塩基性岩を伴っていることにも注意をはらわねばならない．ハンレイ岩の貫入の時期は，カコウ岩のそれよりも古いようである．超塩基性岩は小さい岩体をしていて，阿武隈高原の南部や八代付近にかなりたくさんある．これらの超塩基性岩体の少なくとも大部分は，広域変成作用の初期またはそれよりも前に貫入(あるいは形成)され，変成作用をうけている．

領家-阿武隈変成帯の変成岩の原岩は，石炭紀，二畳紀などの古生層の泥質岩，砂岩，チャート，火山噴出物などである．阿武隈高原南部の日立地方の変成岩は，下部石炭紀の化石を含んでいる．また，高遠地方や笠置地方では，領家変成岩はほとんど不変成の古生層に漸移する．

阿武隈高原から九州までのあいだの後期古生代地向斜の堆積地域は，大きくみると日本列島の島弧にそって並走する三つの地帯に暫定的に分けることができる．日本海側から太平洋側に向って順次に，第1帯，第2帯，第3帯とよぶことにしよう(第140図)．

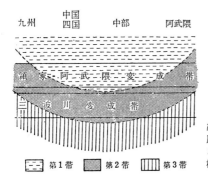

第140図
原岩によって分けた三つの地帯と，広域変成帯との関係を示す模式図(都城・原村, 1962)

第1帯 これは西南日本の内帯の塩基性火山噴出物の少ない地帯で，おもな岩石は，泥質岩，砂岩，チャートである．泥質岩は K_2O が多く，Na_2O が少なく，$K_2O/(Na_2O+K_2O)$ 比が大きい．領家-阿武隈変成帯の東西両端を除いた中央部の大部分は，この地帯の外縁部が変成されてできたものである．

第2帯 ここには塩基性火山噴出物や砂岩や泥質岩が多く，その泥質岩は K_2O が少なく，Na_2O も少なく，$K_2O/(Na_2O+K_2O)$ 比が小さい．その泥質岩は塩基性火山噴出物を混じているらしく，一般に $Fe_2O_3+FeO+MgO$ や CaO が多い．この地帯の大部分は三波川変成作用をうけて，今日みられる三波川変成帯を構成している．しかし，西端の九州と東端の阿武隈高原とでは，この地帯は領家-阿武隈変成作用をうけて，それぞれ竜峯山帯および日立から御斎所にいたる地帯（すなわち阿武隈高原の東半部）の変成地域になっている．後で述べるように，領家-阿武隈変成帯には，変成温度が最高になった軸がある．領家帯の大部分では，主としてその軸よりも大陸側の部分がみられるが，竜峯山帯や日立から御斎所にいたる地帯は，その軸よりも太平洋側の部分が広く露出している地域である．そこで，第2帯の岩石は，領家-阿武隈変成帯の軸より太平洋側の地帯にあるのだが，この変成帯のなかで四国から中部地方にいたる範囲では，太平洋側の部分の大部分が中央構造線によって切り去られているために，見られないのだろうと考えることができる．

したがって，第140図に模式的に示してあるように，堆積作用の性質の境界線と変成帯の軸とが湾曲度が違って，交っているらしい．

第3帯 これは西南日本外帯や関東山地の，三波川帯よりも太平洋側にみられるいわゆる不変成古生層の地帯で，塩基性火山岩や砂岩，泥質岩，チャートなどが多く，その泥質岩は Na_2O が多く，$K_2O/(Na_2O+K_2O)$ 比が小さい（都城・原村，1962）．

風化分解の進んだ泥質堆積物は，一般に $K_2O/(Na_2O+K_2O)$ 比が大きくなり，Al の過剰が大きくなる傾向がある．ところが，第18表に示すように，第1帯の泥質岩は，第2帯や第3帯のそれよりも，一般に $K_2O/(Na_2O+K_2O)$ 比が大きく，Al の過剰が大きい傾向があるので，風化分解の進んだ堆積物であると考えることができる．したがって，第2帯や第3帯の堆積物の物質は，第1帯よりも西北側にあった陸地（たとえばアジア大陸自体）から運ばれたのではありえない．第2帯や第3帯は eugeosyncline であって，そこに火山列島が生じて火山噴出物を生じ，また海底の一部分は隆起して海上に島として現われ，それらの侵食によって生じた物質が火山噴出物とともに堆積して，第2帯や第3帯の堆積物となったのであろう．それに対して，第1帯の地帯は火山活動の少ない miogeosyncline に

第18表 古生層の泥質岩およびそれから生じた変成岩(いずれも SiO_2 が70%以下のものだけ)の平均化学組成

		第1帯の粘板岩	第2帯の泥質変成岩	第3帯の粘板岩
平均個数		31	10	12
重量 %	SiO_2	65.31	65.03	66.16
	TiO_2	0.63	0.55	0.59
	Al_2O_3	15.81	15.53	15.37
	Fe_2O_3	1.83	2.23	1.48
	FeO	3.25	4.49	3.30
	MnO	0.08		0.11
	MgO	2.08	2.54	1.84
	CaO	0.34	2.73	0.49
	Na_2O	2.09	2.31	2.95
	K_2O	3.84	1.77	3.28
	H_2O-	0.61	} 2.20	0.73
	H_2O+	3.36		2.88
	P_2O_5	0.10		0.12
	C	0.76		0.67
ppm	Ni	18		13
	Cr	36		27
	V	103		100
分子比	$\dfrac{K_2O}{Na_2O+K_2O}$	0.55	0.33	0.42
	$\dfrac{Al_2O_3}{Na_2O+K_2O+CaO}$	1.92	1.45	1.66

(都城・原村,1962 および原村,1963 による)

あたり,その地帯のなかの最も西北側の部分には石灰岩が多い.

もし三郡変成岩が,元来は今の三郡変成帯よりもはるかに南方までも分布していたとするならば,領家変成帯の一部分は,三郡変成岩をもう一度変成したものであるかもしれない.また,古生代地向斜の基盤となった古いカコウ岩や変成岩があって,それが再変成されて領家-阿武隈変成帯のカコウ岩や変成岩にいくらか混っている可能性もないわけではない.しかし,実際に古い基盤である証拠が見出されたことはない.たとえば,日立地方の西部の西堂平片麻岩は,ここで述べている領家-阿武隈変成作用よりも古い変成作用でできたものだという印象をもった地質家は昔から多数あるが,その証拠というほどのものは見いだされていない.おそらくその付近の他の変成岩よりも変成温度が高く,再結晶作用が進んでいることが,こういう印象を与えたのであろう.

領家変成帯のなかの香川県雨滝山の安山岩や,大阪府と奈良県との境にある二上山の安山岩は,紅柱石,珪線石,十字石,ザクロ石などを含む変成岩片を捕獲している.これが

領家変成岩の深層部から捕獲されてきたものであるか，あるいはその基盤からきたものであるかは，明らかではない．すでに述べてきたように，世界の広域変成帯のなかには紅柱石，珪線石，十字石，ザクロ石などを生ずるもの(低圧中間群)はきわめて多い．このような変成岩は，基盤にあってもよいが，領家帯自体の深層部にあってもよいわけである．

現在地表に露出している領家-阿武隈変成帯の変成岩は，紅柱石-珪線石タイプに属し，泥質変成岩は紅柱石，珪線石，菫青石などを含み，一般にはクロリトイドや十字石は含まない．(しかし特殊な化学組成の岩石があれば，クロリトイドや十字石をも生じうるであろう．) 領家帯には塩基性変成岩はごく少ないが，阿武隈高原にはそれが多いので，中部阿武隈高原を紅柱石-珪線石タイプの模式変成地域とした(第116図)．

領家-阿武隈変成作用は，多量のカコウ岩を伴い紅柱石や菫青石を生じているので，カコウ岩による接触変成作用であると多くの人びとによって考えられてきた．しかし変成帯の温度分布のおもな特徴は，個々のカコウ岩体の分布や形とは無関係であって，広域変成作用によって生じたものと考えられる．この変成帯には変成温度の最高になる軸があって，変成帯の伸長方向に走っていて，その軸から両側に向って変成温度がしだいに低くなっているらしい(都城, 1959 a)．ただし，領家変成帯では，軸よりも南方の地域の大部分は中央構造線によって切られて失われているので，変成温度はもっぱら南方へ向って上昇するような印象を与えやすい．阿武隈高原では，軸より西方の地域はほとんど見られないので，変成温度は主として西方へ向って上昇している．(日立地方の古い調査には，この地方では軸が変成地域の中ほどを走っていることを暗示するようなデータもあったが，最近の西田耕一の未発表の調査によると，そうではなくて，軸は変成地域よりも西方を走っているらしい．) 領家-阿武隈変成帯に温度軸のあることは，後に近畿地方(諏訪, 1961)や九州地方(植田, 1961)の新しい研究によって追認された．

この変成帯のなかの変成温度の低い部分はふつうはスレートまたは細粒片岩よりなり，緑色片岩相に属している．高温の部分はふつうは片岩や片麻岩よりなり，角閃岩相に属する．中部阿武隈高原には，その中間に緑簾石角閃岩相の地帯はないが，南部阿武隈高原にはそれまたはそれに近いものがあるといわれている．この変成帯のなかでも部分によっていくらかの性質の違いはあるのであろう．

§106 日本主部の広域変成帯．その3. 三波川変成帯

領家変成帯の南側に，ほぼそれに平行に，三波川変成帯(三波川-御荷鉾変成岩地帯)が走

§106 三波川変成帯

っている．領家変成帯と三波川変成帯との間には，中央構造線がある．三波川変成帯が最も広く発達しているのは四国であるが，それは海を越えて，九州の佐賀関半島に続いている．それから西方は新しい火山噴出物に覆われて明瞭でなくなっているが，おそらく熊本県八代市東方で植田(1961)が発見した広域変成地域に続くのであろう．これまで多くの人は，三波川変成帯は佐賀関半島から熊本市東方の木山変成岩に続き，それから北に曲って長崎半島や西彼杵半島の変成岩に続くと考えた．しかし年代測定によると，木山変成岩は三波川変成岩とは生成時代がずっと違う変成岩である．長崎半島や西彼杵半島の変成岩については後で論じよう(§108)．

フォッサマグナを越えて東方にゆくと，三波川変成帯の岩石はその名前の由来した地域である関東山地に広く露出している．しかし，それより東方の部分は，はっきりしない．阿武隈高原の東部の八茎地方や松が平地方に藍閃石やパンペリ石を含む変成岩があるが，これが三波川変成帯の東方延長部分であるかもしれない(関・荻野, 1960)．第139図はかりにその考えにしたがって書かれている．松が平などの変成岩は上部デヴォン系よりも古い変成作用によって生じたという意見(黒田, 1963)もあり，もしそうであるならば三波川変成岩とは生成時代が違うことになるであろうが，根拠は確実ではない．

三波川変成帯のおもな変成岩はスレート，千枚岩，片岩などであるが，塩基性および超塩基性の火成岩またはそれが変成したらしい岩石が，かなりたくさん出現する．その点からいうと，一つの蛇紋岩帯が三波川変成帯のなかを通っていると考えてよい．

三波川変成帯の北側は中央構造線によって切断されているが，南側は多くの地域においてほとんど非変成の古生層に漸移している．この古生層は主として二畳紀のものであるが，変成帯のなかの原岩は，もっと古い時代のものを含んでいるかもしれない．関ら(1964)は，紀伊半島中央部においては，三波川変成作用による弱い再結晶作用は，南側の古生層のみならず，さらにその南方にある中生層にまで広く及んでいることを見いだした．

K-Ar法で測定せられた三波川変成岩の年齢は約1.0〜0.8億年(白亜紀)である．しかしこの値は，この変成岩の冷却がほぼ完了した時期を表わすものであって，変成作用の高潮期はそれよりはかなり早かったのかもしれない．三波川変成作用は，ジュラ紀後期から白亜紀前期のあいだの時期におこったことを示唆するような地質学的証拠も見いだされている(関ら, 1964)，あるいは次節で論ずるように，三波川変成作用はきわめて長い時間にわたって続いたのかもしれない．

前に述べたように，三郡変成作用は，現在ふつうに三郡変成帯としている範囲よりもは

るかに南方まで及んでいたかもしれない．したがって，三波川変成帯の変成岩のなかには，いったん三郡変成作用をうけて，後にまた三波川変成作用をうけたものも混っているかもしれない．三波川変成帯よりももっと南方の地域に，三畳紀非変成の地層が，弱く変成した古生層を不整合におおっているところがあるといわれている．もしこの観察が正しいとするならば，その古生層は三郡変成作用をうけているのであろう．

三波川あるいは三郡変成岩の原岩である古生層が地向斜に堆積したときの，その基盤にもっと古い変成岩があったかもしれない．三波川変成帯より南方の，ほとんど非変成の古生層の地帯にある黒瀬川構造帯のなかに，シルル紀の地層に伴ってもっと古い時代に生成したらしい結晶片岩が出現する．これは，そのような基盤の変成岩の断片であって，日本列島の形成運動のごく早い時期に生成したものであるかもしれない（山下，1957）．

関東山地の三波川変成地域は，関(1958, 1960, 1961a)によって詳細に研究せられ，すでにヒスイ輝石-藍閃石タイプの変成相系列の模式変成地域として用いられた（第117図）．中部地方では，上伊那地方（橋本，1960），天竜川中流地方（中山，1959；関，1961b），および浜名湖北方の渋川地方（関，1960；関ら，1960）などで記載せられている．もっと西方へゆくと，紀伊半島の中央部（関ら，1964；関，1965），紀の川流域（中山，1959；兼平，未発表），四国東部（岩崎，1963），四国中央部（堀越，1937a；小島，1951, 1953, 1963；秀，1961；吉野，1961；坂野，1959a, 1960, 1964），九州の八代地方（植田，1961）などにおいて研究されている．

三波川変成帯は，世界中の藍閃変成帯のなかでも，岩石学的にとびぬけてよく研究されている変成帯である．いたるところで鉱物変化による変成地域の分帯がおこなわれている．しかし，三波川変成帯のなかの藍閃石片岩相は，本書で典型的な藍閃石片岩相とよんでいるもの（§73）ではなくて，典型的な藍閃石片岩相と緑色片岩相とのあいだの中間的な性質のものである．そして，関東山地から九州にいたるまでの間には，地域によっていろいろ性質の違いがあるらしい．

関東山地から浜名湖の北方にいたる地域の三波川変成帯には，しばしば，低温のところにヒスイ輝石と石英の共存する地帯があって，比較的に典型的な藍閃石片岩相に近い変成相の地帯を生ずる．そこに見られる変成相系列は，たとえば藍閃石片岩相→緑色片岩相で，黒雲母を生ずる温度には達しない．ところが，紀伊半島中央部においては，藍閃石もヒスイ輝石も出現しないで，ブドウ石-パンペリ石変成グレイワケ相の地帯が広く生じ，温度が上昇するとそれは緑色片岩相の地帯に移過する．黒雲母は生じない．もっと西方の紀の川流域から四国にかけては，変成温度の高い地帯は緑簾石角閃岩相にまで達し，黒雲母をも

生じている．そして低温の部分にも，石英と共存するヒスイ輝石はなく，そこに見られる変成相系列は藍閃石片岩相→(緑色片岩相)→緑簾石角閃岩相である．

　変成温度は，一般に中央構造線の方へ向って(すなわち北方へ)高くなる．この場合に，空間的な位置が重要なのであって，層序学的な位置が問題なのではないらしい．層序の上では，見掛け上の下方へ向って変成温度が高くなっていることもあるが，上方へ向って高くなっていることもある．ただし四国の別子地方には，変成温度が最も高くなる線が中央構造線より南方にある．

　三波川変成地域のなかの比較的高温の部分では，アルバイトが大きな斑状変晶をつくることが多い．そのような地帯を点紋帯とよぶ．それより低温の部分に，アルバイトの斑状変晶を含まない無点紋帯が生じている．関東山地では，無点紋帯はほぼ藍閃石片岩相に属し，点紋帯はほぼ緑色片岩相に属している．ところが，四国の東部では，藍閃石片岩相のなかの高温部はすでに点紋帯になっている．斑状変晶の形成の条件はよくわからないが，四国においては，点紋帯と無点紋帯とでは，地質構造の性質に著しい違いがあるといわれている(小島，1953)．

§107　日本主部の広域変成帯．その4．造山運動と変成帯の形成史

　以上3節の記述を基礎にして，日本列島の主部における広域変成帯の形成史をまとめてみよう．

　日本列島の位置に最初の地向斜ができたのは，おそらく先カンブリア時代の末期か，古生代の初期であろう．最初の造山運動は，おそらく古生代の前期におこったと推定される．飛騨高原の古生層の礫岩のなかに含まれている深成岩礫には，古生代の中ごろより前の年代を与えるものがあるが，たぶんこの造山運動に関係する深成岩であろう．黒瀬川構造帯のなかの変成岩も，そのときに生じたのかもしれない．

　この基盤の上に，古生代の中期以後さらに厚い地向斜堆積物を生じた．ほぼ現在の三波川変成帯の位置やその近くに火山列島があって，eugeosyncline 性の堆積物を生じ，それより北側の地帯に miogeosyncline 性の堆積物を生じた．次の造山運動は古生代の後期から中生代の前期にかけておこり，飛騨および三郡変成帯を生じた．三郡変成帯は再結晶している地帯のあいだに再結晶していない地帯を残しているが，その全体としての南の限界は，おそらく現在の木山変成岩や四国の大部分を内部に含む位置にあったのであろう．

　その次には，中生代の後期に造山運動がおこって，領家-阿武隈変成帯と三波川変成帯を

生じた．しかし，三郡変成作用と三波川変成作用との間が切れているか否かは疑問である．三郡変成地域のなかの一部分は，ずっと後の時期まで変成し続け，再結晶が大いに進んできて，この部分のことをわれわれが三波川変成帯とよんでいるにすぎないかもしれない．

三波川変成岩は，それが低温である割合には再結晶が進んでいるが，それは変成作用が古生代の後期から中生代にかけて長い期間続いたためかもしれない．もしそうであるならば，日本列島の地史のなかで最も長く続いた主要な変成作用は三郡-三波川変成作用であって，飛驒や領家-阿武隈の変成作用は比較的短い時間その大陸側の地帯におこった従属的な変成作用にすぎないことになる．領家-阿武隈変成帯のなかの低温の部分の再結晶がきわめて悪いのは，持続時間が短かったためかもしれない．

伊豆-Mariana 弧は日本列島の中央部にぶつかって，そこにフォッサマグナを生じている．おそらく，伊豆-Mariana 弧を形成する造山運動は第三紀の後半にはじまり現在に及んでいるのであろう(杉村，1960)．そのために，第三紀の後半には東北日本の日本海側からフォッサマグナにかけて，いわゆる"グリーン・タフ地域"の地向斜を生じ，現在も多くの活火山を生じている．またその線より太平洋側のところに，巨大な日本海溝を生じたのも，この造山運動であろう．元来はそれぞれ一つの弧をえがいていた飛驒，三郡，領家-阿武隈，三波川などの変成帯は，伊豆-Mariana 弧に関連した運動のために変形して，二つの翼よりなる形になったのであろう．

こうして，新生代になって日本海溝およびその西側にそう東北日本，伊豆七島，小笠原諸島，Marianas の地域が造山運動の主たる舞台になるにつれて，フォッサマグナより西方の地域はより安定な地域となっていった．

§108 九州西端変成地域と北海道の変成帯

九州の西彼杵半島や長崎半島に，藍閃石片岩を含む低温の結晶片岩が広く露出している．この変成地域の延長部らしいものが，天草下島の西端にも露出している．それらの全体をここでは，**九州西端変成地域**とよんでおこう(第138図)．その構造方向は一般に南北またはそれに近いといわれている．それらの変成岩は，岩石学的にはまだよく研究されていないが，一般に三波川あるいは三郡変成岩に似ているといわれている．そこでこれまでに，九州西端変成地域を三波川変成地帯の延長部であると考える人もあり，三郡変成帯に属すると考える人もあった．

しかし九州は，日本列島の島弧と琉球列島(南西諸島)の島弧とが会する地点である．九

§ 108 九州西端変成地域と北海道の変成帯

州西端変成地域を，単純に日本主部の変成帯に属せしめることは，危険である．

小西(1963)は，琉球列島をその弧に沿って平行に走る四つの地帯に分け，西北側から東南側へ向って順次に，石垣帯，本部帯，国頭帯，島尻帯と名づけた．西表島(いりおもてじま)や石垣島北部は石垣帯に属し，藍閃石片岩が出現する．沖縄島の中央部は国頭帯に属し，緑色片岩相や緑簾石角閃岩相らしい片岩を産する．これらのほかにも，いくつかの変成帯が琉球列島に沿う地帯の海底に潜んでいるかもしれない．それらのなかの一つが，九州西端変成地域に続いている可能性がある．また，そのなかのどれかは，台湾の変成帯に続いているかもしれない．九州西端変成地域の西側に逆断層があって，その西方に圧砕カコウ岩がある(長浜，1962)．九州西端変成地域と圧砕カコウ岩との関係は，日本主部における三波川帯と領家帯との関係に似ているのではないかとさえ空想される．

北海道の場合には，事情はもっと複雑である．石狩平野より西南方の地域は，地質学的には本州の北方延長部と見られる．しかし石狩平野より東方の地域は，これとは異る地質区に属していると考えられる(牛来,1955; 都城,1961 b)．北海道には，第 141 図に示すように，日高および神居古潭という並走する二つの広域変成帯があるが，それらはその北海

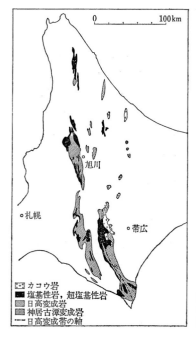

第 141 図
北海道東部の日高および神居古潭変成帯

道の東部の地質区に属していて,日本主部の変成帯と直接の関係はない.この二つの変成帯は,Okhotsk 海を西側から取り巻くように南北に走って,北方延長は樺太に出現しているらしい(第138図).南部は東南方向に曲っているが,そのさきがどうなっているのかはわからない.この二つの変成帯は,どちらもほぼ中生代の後期に形成された変成帯である.変成作用をうけた岩石は,主として中生代の地向斜堆積物と思われる.

日高変成帯の地質構造は,主として北海道大学の人びとの精力的な調査によって,近年明らかになってきた.その泥質変成岩は,紅柱石,珪線石,菫青石などを含み,おそらく紅柱石-珪線石タイプに属している.この変成帯には,変成温度が最高に達する軸があるらしくそこにいわゆるミグマタイトが露出している.その両側にそれぞれ順次に,片麻岩や片岩が出現する地帯がある.西側では,その片岩の地帯は断層でさらに西方の非変成地域と接しているが,東側では,片岩の地帯はホルンフェルスの地帯をへて,非変成地帯に移過する(舟橋, 1957; 石川, 1956).この変成帯には,カコウ岩やハンレイ岩が多量に出現するが,ハンレイ岩は軸の西側に多い.西端の部分には,橄欖岩も出現する.このように,この変成帯では西方にゆくほど深成岩がより塩基性になる傾向が見られるが,それは北アメリカのコルディレラ造山帯において Moore (1959) が見いだした傾向と同じ性質のものであろう(§92).

神居古潭変成帯は,藍閃石片岩を含む変成帯であって,広い面積にわたってヒスイ輝石と石英が共存する.したがって少なくとも,そのなかのかなりの部分はヒスイ輝石-藍閃石タイプと思われる(紫藤・関, 1959).やや詳細な岩石学的研究がおこなわれているのは,神居古潭峡谷の付近の限られた地域である(坂野・羽田野, 1963; 田崎, 1964),それ以外のところからは,断片的に標本が記載されているだけである(鈴木・鈴木, 1959).したがって,地域によってその性質がどの程度に違うかは明らかではない.この変成帯のなかの,少なくともかなりの部分は藍閃石片岩相に属しているが,南部のとくに高温の部分は緑簾石角閃岩相に属しているらしい.

神居古潭変成帯には多量の超塩基性岩(ほとんどすべて蛇紋岩)が出現する.かつて長い間,その藍閃石片岩は超塩基性岩の及ぼすアルカリ交代作用によってできたのだと主張されていた(鈴木, 1934, 1939; 石川, 1956).しかし,藍閃石の分布は超塩基性岩の分布とは無関係であって,その主張に根拠があるわけではない.

§109 台湾の変成帯

琉球列島の島弧とフィリピン諸島の島弧とは,台湾の北部において交わっている.台湾の中央山脈は,高さ 3500 m を超える多くの峰を連ねて,ほぼ北北東の方向に走っている.この山脈の東斜面に沿って,大南澳片岩(Tananao schists)とよばれる広域変成岩の地帯が,やはり北北東の方向に走っている.この変成岩のなかには二畳紀の化石が含まれているので,原岩の少なくとも一部分は二畳紀であるが,一部分はもっと古い時代,あるいは新しい時代の堆積物であるかもしれない.大南澳片岩の地帯の東と西の両側に,中生代または第三紀初期の地層が少しあり,さらにその東側と西側とに第三紀の初期から末期にいたる地層が分布している(第 142 図).

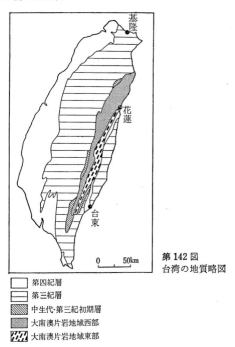

第 142 図
台湾の地質略図

□ 第四紀層
= 第三紀層
▨ 中生代・第三紀初期層
▦ 大南澳片岩地域西部
▧ 大南澳片岩地域東部

大南澳片岩は,近年,顔滄波(T. P. Yen)によって研究されている(Yen, 1954 a, b, 1959 a, b, 1960, 1962, 1963).その大部分は緑色片岩相に属している.それを,泥質岩のなかに黒雲母を生じないほど変成温度の低い緑泥石帯と,黒雲母を生ずる黒雲母帯とに分けると,南部はほとんど全体が緑泥石帯になっている.中部から北部にかけては,緑泥石帯の地域

のなかに，数条の黒雲母帯が変成帯の伸長方向に並走している．北端に近いところには，比較的狭い範囲に緑簾石角閃岩相や角閃岩相の地帯が飛び飛びに分布し，そのようなところでは片麻岩も生じている．

大南澳片岩の地域のなかに北北東の方向に走る大きな断層がある．第142図のように，この断層を境界にして，大南澳片岩を西部と東部とに分けることができる．西部には，緑泥石帯，黒雲母帯，緑簾石角閃岩相地帯，角閃岩相の片麻岩などがある．ところが東部には緑泥石帯が広く発達し，一部分には藍閃石も出現し，蛇紋岩もたくさんある．この西部と東部との違いは，一つの変成帯のなかにおける変成温度の違いを表わすのかもしれない．ちょうどAlpsのPennine nappesで，変成温度の低い地帯には藍閃石を生じているが，変成温度の高い地帯は角閃岩相に達しているのと同様であるのかもしれない．しかしまた，西部は領家-阿武隈変成帯，東部は三波川変成帯にいくらか似た点もあって，そのような並走する二つの変成帯なのかもしれない．

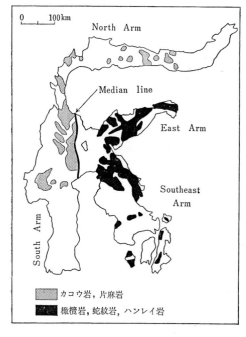

第143図
Celebes島の地質略図

§110 Celebes の変成帯

Celebes 島は，突出する4本の Arms をもった奇妙な形をしている(第143図). これは，東の方へ向って凹形をした2重弧(double arc)の中央部がくっついたために生じたのである. North Arm と中央 Celebes の西部と South Arm とが，ひと続きの弧をなしていて，ここには中生代後期と第三紀とのカコウ岩や高温の結晶片岩が広く露出している.

このカコウ岩類は，東側では急に大きな断層によって切られている．この断層は南北に走っていて，Median Line とよばれる．この断層より東方にある East Arm と中央 Celebes の東部と Southeast Arm とが，もう一つの弧をなしている．この弧には，中生代と新生代の塩基性および超塩基性の深成岩が広く露出し，また藍閃石片岩があちらこちらに生じている．この弧の地向斜堆積物のなかには，塩基性火山噴出物が多量に含まれている．藍閃変成地域の一部分では，ヒスイ輝石と石英との共存が見られる(de Roever, 1955 a).

西太平洋上の2重弧のなかには，このほかにもこのような二つの変成地域を地表，または地下にもつものがあるかもしれない．

§111 ニュージーランドの変成帯

ニュージーランドでは，おもな造山運動はジュラ紀におこった．そのときに，古生代からジュラ紀までの地向斜堆積物が変成作用をうけた．その変成帯は，ことに南島によく露出している(第144図). 南島の変成帯のなかで，南部を Otago schists, 中部を Alpine schists, 北部を Marlborough schists とよんでいる．Otago schists と Alpine schists の西側，および Marlborough schists の南側は，Alpine fault という新しい大きい断層によって切られている．

Otago schists の部分では，変成帯の軸は東南の方向に走っていて，その変成温度は両側から軸に向って高くなっている．しかし，変成温度の高い部分でも，緑色を帯びた黒雲母が散発的に出現しはじめる程度であり，典型的な黒雲母帯には達していないといわれている．Turner(1938)や Hutton(1940)は，この変成地域を緑泥石帯とみなし，それをさらに Chlorite 1 から Chlorite 4 までの亜帯に細分した. しかしこの分帯は，変成岩の組織の変化に基く分帯であって，必ずしも温度の上昇による鉱物変化とは対応しない．Turner や Hutton はこれら全体を緑色片岩相とし，その範囲は，第144図で Otago schists の緑色片岩相地帯として示しているよりは，もう少し両側の地域まで広がっているとしていた．しかし Coombs(1960, 1961)は，その schists の低温の部分には典型的な緑色片岩相に出現し

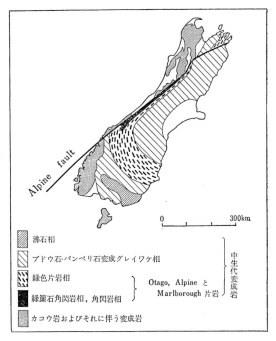

第144図 ニュージーランドの変成地域

ないパンペリ石が広く出現し，しかもパンペリ石を生ずるような再結晶はそれまで非変成と思われていた地域にも広くおこっていることを見いだした．そこで彼は，ブドウ石-パンペリ石変成グレイワケ相という新しい変成相を設け，Otago schists のなかでパンペリ石の出現する部分は緑色片岩相から切り離して，その新しい相に入れた．第144図はこの新しい分類による変成地域の範囲を示している．

Alpine schists は Otago schists の北方のつづきで，Alpine fault に近い細長い地帯に出現する．その西側を Alpine fault に切られているために，変成温度の軸よりも東側の部分だけが見られる．この地域では，変成温度は西方へ向って急に上昇し，緑色片岩相の地帯は，緑簾石角閃岩相の地帯をへて，角閃岩相の地帯にまで移りかわっている．Alpine schists の北部では，塩基性変成岩にホルンブレンドが出現しはじめる温度と，オリゴクレスが出現しはじめる温度がほとんど一致するので，緑色片岩相からほとんど直接に角閃岩相に移過している(Reed, 1958; Mason, 1962; Grindley, 1963).

南島の南端の近くにある広い沸石相の地帯は，それを Coombs (1954, 1960) が発見して沸

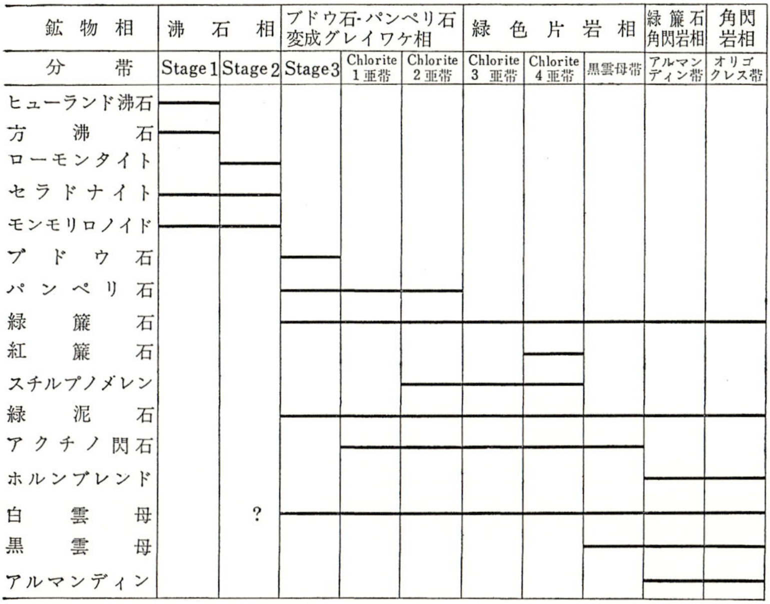

鉱物相	沸石相		ブドウ石・パンペリ石変成グレイワケ相			緑色片岩相					緑簾石角閃岩相	角閃岩相
分帯	Stage 1	Stage 2	Stage 3	Chlorite 1亜帯	Chlorite 2亜帯	Chlorite 3亜帯	Chlorite 4亜帯	黒雲母帯			アルマンディン帯	オリゴクレス帯
ヒューランド沸石	───											
方沸石	───											
ローモンタイト		───										
セラドナイト	───────											
モンモリロノイド	───────											
ブドウ石			───									
パンペリ石			───────────									
緑簾石				───────────────────────────								
紅簾石					───────							
スチルプノメレン					───────────							
緑泥石				───────────────────────								
アクチノ閃石					───────────────							
ホルンブレンド									───────			
白雲母			?	───────────────────────────────								
黒雲母							───────────					
アルマンディン								───────				

第145図　ニュージーランド南島の中生代変成岩の鉱物相と構成鉱物．石英が共存するものとする．この図で右に進むほど温度が高くなる．ただし地域によって，これとは少し違った性質を示すこともある．たとえば，Chlorite 4亜帯や緑簾石角閃岩相の地帯がないこともある

石相の樹立にまでいった歴史的な地域である．沸石相は，上記の地向斜の堆積物のなかで，比較的地表に近い浅い部分に生じたものと考えられる．もっと深い部分にゆくとブドウ石-パンペリ石変成グレイワケ相に移過し，さらに緑色片岩相に進むものと考えられる．それらの間の変成鉱物の消滅出現の関係を，第145図に示す．

　Marlborough schists の西方の低温の変成地域には，ローソン石も出現する．しかしそこには藍閃石は見いだされていない．昔 Hutton (1940) が，Otago schists のなかの或るアクチノ閃石の内部に藍閃石の核があるのを発見したことがある．南島ではそのほかには藍閃石は見いだされていない．Otago, Alpine および Marlborough の変成帯は，カコウ岩をもハンレイ岩をも伴っていない．しかし少し超塩基性岩を伴っている．昔 Turner (1938) は，その変成岩がカコウ岩を伴うと考えたことがあるが，これは Alpine fault の存在に気づかないで，その断層の西側のカコウ岩をいっしょにしたためにおこった誤りであった．

　この Otago, Alpine および Marlborough の広域変成帯の西方に，もう一つの変成地域

があって，そこには多量のカコウ岩が出現する．この地域の変成作用や深成作用は，古生代の後期におこったらしい．その変成岩は，変成温度が一般に高く，紅柱石，珪線石，菫青石などを含んでいる．この変成作用は，たぶん紅柱石-珪線石タイプか，または低圧中間群に属するものであろう．さらに，この変成深成地域のなかの一部分には，先カンブリア時代に生成したといわれるカコウ岩や片麻岩が出現する．もしそれがほんとうに先カンブリア時代のものであるならば，それは，この地域の古生層の堆積した基盤になったものであろう．しかし最近の年代測定は，もっと新しい時代のものであることを示唆しているようである．

第13章 広域変成作用の原因と地殻の進化

§112 広域変成作用と造山運動と地殻の構成

広域変成作用は造山運動によっておこるということが，今日実際上すべての地質学者によって信ぜられている．そこで本書では，これまでにその考えをあまり検討することなく，一応受けいれてここまで進んできた．実際これまでに，その考えにとくに矛盾するような事実にはぶつからなかった．しかしこの最後の章では，もういちどその点まで帰って考えてみることから始めよう．

広域変成作用は，地質学的にみると，造山運動のときに造山帯の深部でおこる現象であるという考えは，もっとも原始的な形では19世紀の後半にLossenなどにはじまり，それがことにRosenbuschの動力変成作用説という形で世界に広まっていったことは，前に述べた通りである(§9)．今日LossenやRosenbuschの原始的な説をそのまま維持することはできなくなったけれど，造山運動と広域変成作用との間に何かの因果関係があるという考えは残っている．Lossenの場合にも，またその後の人びとの場合にも，この考えは主として次の二つの根拠から発している．まず第一に，広域変成岩はAlpsをはじめとする大きな褶曲山脈地帯の中心部に広く出現する．第二に，広域変成岩にはいろいろな強い変形運動がおこったしるしが認められる．また，広域変成岩に広くみられる片状組織や，そのほかの構成鉱物の規則ある方向性配列は，変形運動あるいは力に関係づけることなしには説明困難である．そのような強い変形や力は，造山運動のときにのみおこるであろうと考えられる．

しかし一方では，広域変成岩が造山帯に出現するとか，変形をうけているとかいう事実は，それが造山運動でのみできるという主張の保証にはならないという考えも可能であろう．大陸地殻の深所にはいちめんに広域変成作用がおこっているのであるが，造山帯でのみそれが地表に露出しうるほどの大規模な隆起がおこるのかもしれない．造山帯の広域変成岩は一般に強い変形運動をうけているとしても，造山帯よりほかの大陸地域では地殻の深所に変形運動をうけていない広域変成岩が形成されているかもしれない．すでに述べたように(§75)，沸石相やブドウ石-パンペリ石変成グレイワケ相の一部分に属する変成岩で

は，変形運動がなくても再結晶作用がおこっているようであるから，それと同じように地殻の下部では全面的に変成再結晶がおこっていないとも限らない．大洋底のふつうの地殻は厚さがわずかに数 km しかないから，その底部まではいっても温度も圧力も低くて，再結晶作用はおこりそうにない．しかし大陸地殻は厚くて，その底部では温度は数百度(たとえば 600°C)，圧力は 1 万 atm に及ぶので，十分再結晶作用がおこりうる見こみがある．

しかし，Alps の Pennine nappes では化石を含む中生層が広域変成作用をうけているが，同じ時代の地層がアルプス造山帯の外にあるときには変成していない．Appalachians のなかでは古生代前期の地層が広域変成作用をうけているが，その外部では変成していない．したがって，なにかの機構によって造山運動が広域変成作用をおこしやすいことも疑いはない．おそらく，造山運動が広域変成作用をおこすということは一つの事実であって，今日実際に地球の表面にわれわれが見る広域変成岩の大部分(または全部)はそうしてできたものであろうが，そのほかに造山運動によらない広域変成岩が大陸地殻の下部に広く生じている可能性があると解すべきであろう．大陸地殻の底部はおそらく角閃岩相あるいはグラニュライト相であって，たとえば玄武岩質の岩石は，造山帯でなくても長い時間のあいだには角閃岩やグラニュライトになっているであろう．このことは，現在の地殻やマントル上部の構造や組成を考える上で重要である．

今日ふつうには，Moho 不連続面より上層の部分を地殻とよぶと定義されている．しかし，Moho は地震学的に見いだされたものであって，その化学的本性はよくわかっていない．したがって地殻というものもよくわかっていない．Moho のすぐ下にある物質は，超塩基性岩またはエクロジァイトらしい．今日多数の人々は，Moho 不連続面とは地殻下部の塩基性岩とマントルの超塩基性岩とのあいだの化学組成上の境界面だと考えている．少数の人は，どちらも塩基性岩よりなっていて，上層のハンレイ岩から下層のエクロジァイトへの相転移の面である可能性を強調している．もっとほかの考え方もある．しかしいったい，大陸地域の Moho と大洋地域の Moho とが同じような性質のものであるか否かも，まるでわからないのである．大陸地域と大洋地域とでは，地殻の厚さや組成が違うように，マントルの組成や Moho の性質も違ってもよいであろう (Ringwood, 1962; MacDonald, 1964)．

大陸地殻の底部がかなり広い範囲にわたってグラニュライト相の再結晶作用をうけているとすれば，それは地殻の構成についての考え方に対して影響する．すでに第8章§70で論じたように，SiO_2 に過飽和な塩基性岩はグラニュライト相でハンレイ岩の鉱物組成をもっているが，SiO_2 に不飽和な塩基性岩は同じグラニュライト相でエクロジァイトになる．

§112 広域変成作用と地殻の構成

おもに酸性岩からなる地球の表面からマントルにいたるまでのあいだでは,一般に下方にゆくほど SiO_2 に乏しくなる傾向があるといわれている.この考えを受けいれるならば,一般的傾向としては,地下深所に SiO_2 に過飽和な塩基性岩の層の下に SiO_2 に不飽和な塩基性岩の層があるかもしれない.その付近が全体にグラニュライト相であるとすれば,SiO_2 に不飽和な層の方だけがエクロジァイトになるので,この二つの層のあいだの境界面が,Moho 不連続面となるわけである.大陸地域の Moho のなかの一部分は,こんなものかもしれない.大陸地域のなかでも他の部分の Moho は,これとは全く違った性質のものであってもよいわけである.

造山帯が他の地域と異る特性の一つは,比較的新しい地層が広域変成作用をうけ,それがさらに後に地表まで露出するように隆起するという点にある.この現象を説明するための最も簡単なモデルは,次のようなものであろう:まず地向斜期には,ゆるやかな横圧力が続いて,そのために地殻はすこしずつ下方に曲って,沈降をつづけ,そこに厚い堆積物を生ずる.次に,本来の造山高潮期にはいると,横圧力はもっと強くなって,地殻は down-buckling や underthrusting をおこし,そのために地向斜堆積物をも含む地殻がさらに厚くなる.堆積物の一部分は地下の深所に持ちこまれて,温度が上昇する.そこで広域変成作用がおこる.とくに温度の高くなった部分では,岩石の部分融解がおこって,酸性マグマを生ずることもある.そのマグマは周囲の岩石よりも比重が小さく,したがって上昇する傾向がある.この上昇によって,熱や H_2O を地殻の上部へ運びながら,ミグマタイト化作用をひきおこし,また集って大きな貫入岩体を生ずる.場合によっては,地上に噴出して酸性火山活動をもひきおこす.

強い横圧力がつづく間は down-buckling の進行を続けることができるであろう.しかしこの状態は,アイソスタシーの平衡から遠ざかる方向の運動である.したがって,横圧力が弱くなると,アイソスタシーを回復するように,造山帯の隆起がおこりはじめるであろう.これによって,地形的に山脈ができる.上に述べたようなマグマの上昇運動をも,アイソスタシーを回復しようとする運動の一部分と考えることができる(Umbgrove, 1947; Kennedy, 1948; 都城, 1959 a, 1961 b).

地形的な山脈が侵食によって低くなるにつれて,アイソスタシーの平衡は失われるので,それを回復するようにふたたび隆起がおこる.こうして,ほんとうの造山運動が終った後でも,長い期間にわたって地形的な隆起はつづき,造山帯は地形的な山脈であり続ける.したがって,地質学的な概念としての造山運動は,地形的な山脈の形成運動とは区別せね

ばならない．

　大陸のふちにそって，長く大きな範囲にわたって厚い堆積物を生じた昔の地向斜にあたるものが，もし現在の地球上にあるとするならば，西太平洋上にたくさん見られるような火山列島や海溝の地帯よりほかのものを考えることは困難であろう．海溝が地向斜期を示すものであるか，あるいはもっと本来の造山高潮期を示すものであるか，あるいは終末期を示すものであるかはわからないが，現在の日本海溝の底や西斜面の地帯に，厚い堆積物を生じているのではないかと思われる．日本海溝の西斜面の下の地下深所において，現在広域変成作用がおこりつつあるのかもしれない．

　今日広く知られているように，日本海溝の底から斜め下方に，大陸側のマントルの深所に向って大きなずれ動きの面が生じている．この面にそう運動は，直接的には日本海溝を生じた原因であり，また深発地震の震源として観測されている．日本列島およびその付近の地域で火山活動をおこす源となっている玄武岩質マグマは，この面にそって発生するのかもしれない(久野，1959，1961)．海溝の堆積物はこの運動によって強く変形し，西斜面下の深所へおしこまれて温度と圧力が上昇し，そこに広域変成作用がおこっているのではなかろうか(都城，1959 a，1961 a, b)．その関係を，第146図に示してある．

　日本海溝やその西方の東北日本－伊豆七島にそう地帯が日本付近における造山運動の主要な舞台となったのは，おそらく第三紀の後半から今日までである(杉村，1958，1960)．

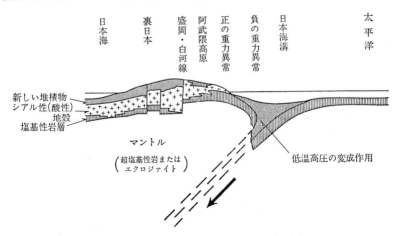

第146図　東北日本と日本海溝付近の推定地下構造．矢印はマントル内の対流の方向を示す(都城，1961 a による)．

§112 広域変成作用と地殻の構成

ところがその地帯のなかの西部で,東北日本の日本海側から新潟県をへて富士川流域にいたる地帯,すなわちいわゆる"グリーン・タフ地域"には,第三紀の後半に小規模な地向斜状のものが生じ,火山活動がおこり,さらに構造運動がおこった.ところどころには,この運動に関連して生成したカコウ岩が,小さい岩体ながらも貫入している.この"グリーン・タフ地域"の小規模な造山運動と,日本海溝の底にできた厚い堆積物との関係は,

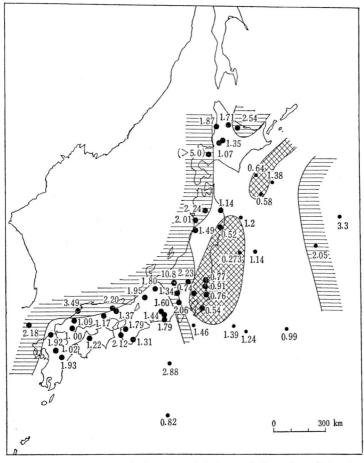

第147図 日本およびその付近における地殻熱流量.斜格子の地域は,熱流量がことに小さく,水平線を引いた地域は熱流量がことに大きい.単位は 10^{-6} cal/cm² sec(主として宝来・上田,1963による).

ちょうど，北アメリカ大陸における Sierra Nevada 山脈の地帯と Franciscan 層群の地帯との関係にあたるものだと考えてはどうであろうか．Sierra Nevada 山脈の地帯は多量のカコウ岩をもち，地向斜期の火山噴出物も多く，その火山噴出物は，玄武岩質よりも中性のものが多い(Dickinson, 1962)．この点では"グリーン・タフ地域"がカコウ岩をもち，火山噴出物に中性のものが最も多いのと似ている．"グリーン・タフ地域"で現在地表に見られる岩石は，非変成か，または沸石相の程度の弱い変成作用をうけている程度であって，広域変成作用の名には値しないかもしれない．しかし，Sierra Nevada の広域変成作用も，一般には大して強いものではない．この仮説によれば，現在まで日本海溝の底や西斜面下の深部でおこっているのは，Franciscan のような藍閃変成作用であることになる．

この仮説に対しては，最近おこなわれている日本列島の地殻熱流量の測定(宝来，1962；宝来・上田，1963)は，大きな支持を与えるように思われる．その測定の結果は第147図に示してある．これによると，日本海溝の底から東北日本の東海岸にかけての地帯は，熱流量がきわめて小さい．ところがその西方の"グリーン・タフ地域"では，熱流量ははるかに大きい．その違いは，数倍またはそれ以上にも達している．岩石の熱伝導率に大きな違いがないならば，地殻熱流量の違いは，そのまま地下の温度勾配の違いを表わすことになる．すなわち，日本海溝の底の方が，温度勾配がはるかに小さいことになる．したがって，地下の同じ深さ(同じ圧力)のところでは，日本海溝の底の地下の方が，"グリーン・タフ地域"の地下よりも，はるかに温度が低いことになる．このことは，日本海溝の底では低温高圧の藍閃変成作用がおこりつつあり，"グリーン・タフ地域"の地下では，カコウ岩を生ずるような変成作用(紅柱石-珪線石タイプ，低圧中間群など)がおこったという考え方と，調和している．

§113 広域変成作用のタイプの進化

まず，地質時代とともに広域変成作用のタイプがどのように変化してきたかを考えてみよう．世界の広域変成地域のなかでは，盾状地の変成地域は大きな割合を占めている．ところが，バルト盾状地を除けば，その他の盾状地の岩石学的調査はきわめて不十分な状態にある．今後調査が進むにつれて，そこから何が見いだされるか，予想することは困難である．地質時代と広域変成作用との関係を考える場合に，これは大きな障害を与える．しかしここでは，現在までにおこなわれている調査にもとづいて論ずるよりほかはない．

Eskola(1939, p. 368)はかつて，藍閃石やエクロジァイトが Archean の基盤岩類の中に

§113 広域変成作用のタイプの進化

出現することはきわめて稀であると述べた．今日からみると，エクロジァイトが Archean に稀であるとはいえないが，藍閃石の方はたしかに稀である．確実に先カンブリア時代の藍閃石片岩とみることのできるものは知られていない．Wales の西北端の Anglesey に小規模に出現する藍閃石片岩は，その原岩は先カンブリア時代のものであるが，変成作用はおそらくカレドニア変成であろう．しかもこれは高圧中間群らしい．

　de Roever(1956)は，Celebes や Corsica の変成岩の研究の結果を一般化して，Eskola の示唆を拡張した．彼は，ローソン石は中生代またはそれよりも後の時代の変成作用に限ってでき，藍閃石も主として中生代またはそれよりも後の変成作用によってできたが，黒雲母やホルンブレンドは主として古生代またはそれより古い時代の変成作用によってできたと主張した．しかしこの主張は，Celebes や Corsica における状態だけを見て，もっと違った地方では違った性質の変成作用が見られることを忘れているために，誤っている．世界中を見渡せば，中生代やそれより後の時代の変成作用によってできた黒雲母やホルンブレンドはいくらでもある．Pennine nappes にでも，その相系列のなかの高温の部分には黒雲母やホルンブレンドがたくさん生じている．しかしそれにもかかわらず，藍閃石は，彼のいう通り，古生代の変成作用には稀であって，大部分は中生代またはそれより後の変成作用によってできたようにみえることは，事実である．古生代の変成作用によってできた藍閃石片岩としては，Scotland の Southern Uplands のもの，オーストラリア東部の Brisbane 付近のもの，わが国でも木山変成岩のものなどをあげられるが，いずれも典型的な藍閃石片岩相ではなく，おそらく高圧中間群の藍閃石片岩である．

第19表 変成相系列と地質時代

	先カンブリア時代	古　生　代	中生代・新生代
紅柱石-珪線石タイプ (またはそれに近いもの)	バルト盾状地 カナダ盾状地(主部) 中国東北地区小盾状地	西ヨーロッパ・ヘルシニア変成地域 東部オーストラリア 飛驒変成帯	領家・阿武隈変成帯 日高変成帯
藍晶石-珪線石タイプ (またはそれに近いもの)	カナダ盾状地(一部)	カレドニア変成地域 アパラチア変成地域 (それぞれ主部)	北アメリカ・コルディレラ変成地域 (一部)
高　圧　中　間　群		Southern Uplands 三郡変成帯	Alps
ヒスイ輝石-藍閃石タイプ			Franciscan 変成地域 三波川変成帯 神居古潭変成帯

前に記述した北アメリカ，ヨーロッパ，西太平洋地域などの変成岩についての知識や，その他の地方について知られていることを総括すると，第19表のようになる．紅柱石-珪線石タイプおよび低圧中間群の変成作用はどんな時代にでもおこっている．盾状地の変成作用の大部分はこれであり，古生代では西ヨーロッパのヘルシニア変成地域のほとんどすべてはこれである．オーストラリア東南部の古生代後期の変成地域もそうである．おそらく飛驒変成帯もこれに入れてよいであろう．古生代の前期～中期に属するヨーロッパのカレドニア変成作用と北アメリカのアパラチア変成作用とでは，大部分の変成地域は藍晶石-珪線石タイプであるが，一部分は低圧中間群である．中生代の変成作用のなかでは，領家-阿武隈変成作用や日高変成作用は，紅柱石-珪線石タイプに属している．

ところが，藍閃変成作用は，先カンブリア時代には知られていない．古生代にも少なく，しかも，それはいずれも高圧中間群らしい．藍閃変成作用の大部分は中生代または新生代のものである．Alps の変成作用も，California の Franciscan 層群の変成作用も，わが国の三波川および神居古潭変成作用も，いずれもそうである．ことに，ヒスイ輝石-藍閃石タイプの藍閃変成作用は，これまで知られている限り，すべて中生代または新生代におこった．

このように，主たる広域変成作用の性質は，地質時代とともに変化した．比較的低い圧力の変成作用は，どんな時代にでもおこったが，比較的高い圧力の変成作用は新しい地質時代の方に多くおこるようになった(都城，1961 b)．おそらくこれは，地質時代の間における地殻の進化と密接に結びついた現象であろう．

§114 古生代以後の造山帯における対になった変成帯の形成

古生代またはそれより後の時代の世界の造山帯をみた場合に，もっとも著しい事実の一つは，対(つい)になった変成帯(paired metamorphic belts)がしばしば出現することである．ここで対になった変成帯というのは，二つの広域変成帯が並走していて，その一方は紅柱石-珪線石タイプまたは低圧中間群に属し，他方はヒスイ輝石-藍閃石タイプまたは高圧中間群(すなわち藍閃変成作用)に属するものであることを意味する(都城，1961 b)．藍晶石-珪線石タイプは，変成帯をこれらの二つに大分けするときに，ちょうど境界になるものであるが，どちらかというと紅柱石-珪線石タイプや低圧中間群の方といっしょにした方がよさそうである．

先カンブリア時代には藍閃変成作用がおこっていないから，対になった変成帯は生じて

§114 古生代以後の変成帯

いない.対になった変成帯のはじまりは,古生代前期～中期のカレドニア造山帯のなかに形成された Scottish Highlands の変成帯と Southern Uplands の変成帯との対であると考えられる.古生代後期になると,わが国で飛驒変成帯と三郡変成帯とが対になっている.オーストラリア東部の Brisbane 付近の藍閃石片岩地帯とその西方のカコウ岩地帯とも,対になっているのかもしれない.

中生代になると,太平洋周縁の地域に対になった変成帯がたくさんできる.わが国の領家-阿武隈変成帯と三波川変成帯とは対であり,日高変成帯と神居古潭変成帯とも対である.北アメリカでは,コルディレラ造山帯のなかの巨大なバソリスの連なっている地帯の変成帯と Franciscan 層群の変成帯とが一つの対なのであろう.(コルディレラ造山帯のなかには,Washington 州の藍閃変成帯で表わされるような,もっと古い対もあるかもしれない.)ニュージーランドでは,西側にある古生代後期の変成地域とその東方にある中生代の Otago, Alpine および Marlborough の変成地域とが対であろう.Celebes では,Median Line の西側のカコウ岩に伴う変成地域と,その東側にある藍閃変成地域とが対であろう (都城, 1961 b). 第三紀の後半から今日までの期間においては,東北日本の"グリーン・タフ地域"の地下と,日本海溝の底や西斜面の地下とに,対になった変成帯を生じているのであろう.

このような対になった変成帯がもっともよく発達しているのは太平洋周縁の地域であるが,しかしそれは,この地域に限るものではない.ヨーロッパでカレドニア造山帯がその萌芽的な例とみられることを前に述べたが,ヘルシニア造山帯の内部でも,Bretagne と Ile de Groix とは小さい対になっているのかもしれない.あるいは西ヨーロッパのヘルシニア変成地域とアルプス変成地域とが対になっているのかもしれない.ヘルシニア造山運動はほぼ石炭紀で,アルプス造山運動は主として第三紀である.しかし,先カンブリア時代をいくつかに分けるような感覚でみれば,石炭紀と第三紀との間の間隔は大したものではないかもしれない.

対になった変成帯においては,いつでも紅柱石-珪線石タイプまたは低圧中間群(または藍晶石-珪線石タイプ)の変成帯の方が大陸の生長核の方の側にあって,藍閃変成帯の方が大洋の方の側にある.そこで,大陸核の方を中心にみて,前者を**内側の変成帯**(inner metamorphic belt),後者を**外側の変成帯**(outer metamorphic belt)とよぶことにする.内側の変成帯の変成作用と外側の変成帯のそれとは,ほぼ同じ時代であることも多いが,かなり違うこともある.時代が違う場合には,外側の変成帯の方が原岩の時代も変成作用の時代

も新しいことが多いようである．たとえば，北アメリカの California のコルディレラ造山帯でも，ヨーロッパのカレドニア造山帯でも，ヘルシニアーアルプス造山帯でも，ニュージーランド南島でも，すべてそうである．しかしこの通則がどの程度に例外をもっているかは，まだわからない．

大きい造山帯では，対になった変成帯が2組以上生ずることも稀ではないらしい．わが国の飛驒および三郡変成帯の対と，領家-阿武隈および三波川変成帯の対とは，その例である．北アメリカのコルディレラ造山帯では，Washington 州にみられる対と，California 州の Sierra Nevada と Franciscan 統の対とがある．

内側の変成帯は，その元来の構造が保存せられている場合には，変成温度が最高に達する軸をもっている．ただし軸は，2本以上あることもありうる．変成岩の原岩は，大部分は堆積岩であって，それは地向斜の底をなしている，かなり厚い酸性岩の基盤の上に堆積したものらしい．基盤は，先カンブリア時代のものであることが多いが，かならずしもそうと限るわけでもないであろう．地向斜堆積物のなかには，塩基性または中性の火山噴出物が多量に含まれていることもあるが，含まれていないことも多い．すなわち，eugeosyncline 性であることもあり，miogeosyncline 性であることもある．内側の変成帯は，いつも多量のカコウ岩を伴っている．それよりずっと少量のハンレイ岩を伴うことが多い．比較的少量の超塩基性岩を伴うこともあるが，伴わないこともある．

外側の変成帯も，そのもとの構造が保存せられている限り，変成温度が最高に達する軸をもっている．ただし軸は，2本以上あることもあるかもしれない．変成岩の原岩は，ふつうの堆積物のほかに多量の塩基性火山噴出物をもっている．すなわち一般に eugeosyncline 性の堆積物である．Franciscan 層群のように典型的な藍閃石片岩相を生じている変成地域や，もっと一般的にいってヒスイ輝石-藍閃石タイプの変成地域には，酸性基盤らしいものは見いだされていない．おそらく，そのような地域の堆積物は，塩基性の大洋底に直接堆積したものであろう．外側の変成帯はふつうには，多量の超塩基性および塩基性の貫入岩をもっている．超塩基性岩は蛇紋岩帯をなしている．カコウ岩は欠除している．

しかし，Alps の Pennine nappes の変成地域は，藍閃石片岩をもっているにもかかわらず，酸性基盤をもっている．そして，わずかながらも，カコウ岩を伴っている．世界の多くの藍閃変成帯では，黒雲母を生ずるほどの温度には達していないが，Pennine nappes では黒雲母を生じているのはもちろんのこと，角閃岩相にまで達している．これらの事実は，成因的に関係のある一連の現象とみて，藍閃変成帯でも酸性基盤をもつことがあって，そ

のときには高圧中間群のなかで比較的低い圧力のものを生じ，変成温度はかなり高くなりうるし，カコウ岩体をも生じうるものと解釈することができる．紀伊半島より西方の三波川変成帯は，Pennine nappes にやや似ている．それは黒雲母を生じ，緑簾石角閃岩相に達している．この地域には，黒瀬川構造帯に露出している変成岩によって代表されるような古い酸性基盤があるのかもしれない．

§115 さまざまなタイプの広域変成作用の原因

広域変成作用の変成相系列の性質の違いは，直接的には変成作用のときの温度・圧力の違いから生じている．したがって，それぞれのタイプに特有な温度と圧力は，どのような地質学的過程によって生じたかという問題を考えてみよう．

ヒスイ輝石-藍閃石タイプの変成作用において，ヒスイ輝石と石英とが安定に共存するためには，温度 200°C 以上においては 1 万 atm 以上の圧力がかかっていなくてはならない．岩石の荷重だけでこの圧力を生ずるとすると，その厚さは約 40 km 以上に達しなくてはならない．これはおそらく，地向斜期に生成する堆積物の層序学的な厚さよりは，はるかに厚いであろう．本来の造山期になると，構造過程によって堆積物の厚さが増大する．しかしどれくらいまで増大するか明らかでないので，40 km という値に達しうるか否かは断言できない．もしそれが達しえない厚さであるならば，何か構造過程によって生ずる圧縮力が圧力を高めていると考えねばならないであろう．しかし一般的にいえば，40 km をはるかに超える厚さの地殻は，現在の地球上にも大きい山脈地帯にはよくあるから，この場合にもそのような厚さに達したことはあると考えてもよいであろう．かりに構造過程による圧縮力がつけ加わっているとしても，やはり荷重による圧力が大きな割合を占めているであろうから，一般的にいえば，高い圧力の変成作用は地下の深いところの変成作用と考えてよいであろう．

そこで，ヒスイ輝石-藍閃石タイプの変成作用は，地下の比較的深所でおこる低温の変成作用で，紅柱石-珪線石タイプの変成作用は比較的浅所でおこる高温の変成作用とみることができる．藍閃石-珪線石タイプの変成作用は，その二つのあいだの中間にある．

広域変成作用のいろいろなタイプの成因を説明するために，筆者はいま二つの仮説をもっている．一方は，地向斜の基盤の性質の違いによって説明しようという試み(都城，1959a, 1961 b)である．もう一つは，内側と外側の変成帯のマントル内対流に対する位置の関係によって説明しようという新しい試みである．まず前者から始めよう．

紅柱石-珪線石タイプの変成帯は酸性基盤をもつらしいが，ヒスイ輝石-藍閃石タイプの変成帯はそれをもたないらしいということを，前節で指摘した．かなり厚い酸性地殻の基盤の上に地向斜ができる場合には，その基盤が変形に抵抗するので，地向斜堆積物は地下のあまり深いところまでは持ちこまれないが，酸性地殻がない場合には容易に深いところへ持ちこまれて，もっと高圧の変成作用をおこすのだと考えることができる．もちろん，酸性地殻がこの説明に適するような力学的性質をもっているか否かは，明らかではない．

　紅柱石-珪線石タイプの変成作用は，ヒスイ輝石-藍閃石タイプの変成作用よりも高い温度に達し，前者はカコウ岩をも生ずるということは，この仮説ではどのようにして説明できるであろうか？　もしカコウ岩は，酸性基盤が熱せられて融解して生じたマグマから形成されるものであるならば，紅柱石-珪線石タイプの変成作用がカコウ岩を生ずるが，ヒスイ輝石-藍閃石タイプの変成作用はそれを生じないことは，きわめて当然だということになるであろう．また，カコウ岩質マグマの上昇に伴って，多量の熱が運ばれるので，紅柱石-珪線石タイプの変成作用が高温に達しうることも当然のように見える．しかし現在では，この説明には重大な弱点があるように見える．すでに北アメリカ大陸の生長を論じた部分(§94)で，カコウ岩は古い酸性基盤の融解によってできたものではなくて，その造山運動の時期またはそれに近い時期に新たにマントルから分離してきた物質から生ずるらしいという証拠をあげた．この証拠を認めるならば，カコウ岩の形成をも，したがって温度が高くなることをも，酸性地殻の基盤の存在に帰することはできなくなる．紅柱石-珪線石タイプの変成帯がいつも酸性基盤をもつとしても，それは原因と結果との関係ではなくて，何か共通の原因から生じた，相伴う現象にすぎないことになるであろう．

　次に，もう一つの仮説の方を述べよう．前に，日本海溝の底や西斜面の地下では現在藍閃変成作用がおこりつつあり，その西方の東北日本の日本海側の"グリーン・タフ地域"の地下にはカコウ岩の形成を伴うような広域変成作用が第三紀後半におこったかもしれないということを示唆した(§112)．これは現在見られる岩石の配置状態や，地殻熱流量の値と調和している．もしそうならば，この二つの地域は，第三紀後半から現在までに生成しつつある，対になった変成帯である．この考えを一般化してみると，藍閃変成帯が低温高圧であるのは，それが日本海溝のような海溝の底や大陸側斜面の地下にできるからだということになる．海溝付近の海底の地殻熱流量が小さく，したがって地下の温度勾配も小さいということは，日本海溝よりほかにも知られていて，この考えを一般化するには好都合である．海溝付近の熱流量がこのように小さいのは，マントル内の対流が深所へ向って吸

い込まれるところに海溝ができるためであろうといわれている．第146図の矢印は，その対流の方向を示している．この対流のために，海溝の底から大陸側の地下深所へ向って急角度に傾いたずれ動き面が生じているのである．この場合には，海溝の堆積物は深所までおし込まれうるので，そのときにおこる変成作用は高い圧力に達しうるであろう．

この仮説では，対になった変成帯のなかの内側の変成帯の高い温度や低い圧力は，どう説明されるであろうか？　内側の変成帯の位置は，マントル内の対流の吸い込み口のような大規模な原因によって生ずるものではなくて，何かもっと小さい規模の原因によるものと考えられる．したがってそれは，堆積物をおし込む深さもあまり大きくなく，持続時間も短いであろう．この変成作用が高温に達しうるということに関連して思いおこすのは，この変成帯はカコウ岩を伴い，また"グリーン・タフ地域"や Sierra Nevada の場合には多量の中性(安山岩質)火山岩をもっていることである．前に述べたように($\S 94$)，このカコウ岩はマントルから分離して後あまり時のたっていない酸性物質によって形成されたのであるとすると，この変成帯の地域は，マントルから何かの過程で物質が上昇してきている地帯であると考えねばならない．したがって，中性火山活動も究極的にはマントルから上昇してくる物質によっておこると考えられる．もちろん，現在のわれわれの目的に対しては，その火山岩が再融解してカコウ岩を生ずるという Dickinson(1962)の Sierra Nevada などについての見解をとっても差支えはない．とにかく，多量の物質がマントルから上昇してくるのであれば，その物質のなかには H_2O などもたくさん含まれていて，それがその付近全体に広がって，温度を上昇させることは，ありそうなことである．そのために，高温の変成帯になると考えられる．なぜこの地帯にマントルから多量の物質が上昇してくるかはよく説明できないが，これは大陸側の地下のマントル内対流の流れ方に関係があるのか，あるいは大陸側の地下深所へ向って生じているずれ動き面からこの地帯に向って割目ができやすい理由が何かあるのか，などと考えられる．

以上の二つのなかで，第一の仮説は広域変成作用の性質を主として地殻内の関係だけで説明しようとするものであるが，第二の仮説はそれを主としてマントル内の過程に関係づけて説明しようとするものである．現在判断する限りでは，第二の仮説の方が好都合な点が多いようである．いずれにしても，広域変成作用は，地殻の進化および上部マントルの多くの現象に関係しているので，それらの全体について統一的に理解するように努力せねばならない．また変成作用の全体的な経過についても，もっと数量的な解析をおこなう必要がある．この方面は，近年，島津(1961 a, b, 1963)によって試みられている．

文　献

Adams, L. H.(1931)　Equilibrium in binary systems under pressure. I. *Jour. Amer. Chem. Soc.*, Vol. 53, pp. 3769-3813.
Ahrens, L. H.(1952, 1953)　The use of ionization potentials. I, II. *Geochim. Cosmochim. Acta*, Vol. 2, pp. 155-169; Vol. 3, pp. 1-29.
Akaad, M. K.(1956)　The northern aureole of the Ardara pluton of County Donegal. *Geol. Mag.*, Vol. 93, pp. 377-392.
Akimoto, S., Katsura, T., and Yoshida, M.(1957)　Magnetic properties of $TiFe_2O_4-Fe_3O_4$ system and their change with oxidation. *Jour. Geomagnet. Geoelectr.*, Vol. 9, pp. 165-178.
Alderman, A. R.(1936)　Eclogites in the neighbourhood of Glenelg, Inverness-shire. *Quart. Jour. Geol. Soc. London*, Vol. 92, pp. 488-530.
Anderson, A. L.(1952)　Multiple emplacement of the Idaho batholith. *Jour. Geol.*, Vol. 60, pp. 255-265.
Asklund, B., Brown, W. L., and Smith, J. V.(1962)　Hornblende-cummingtonite intergrowths. *Amer. Mineral.*, Vol. 47, pp. 160-163.
Autran, A., Guitard, G., and Raguin, E.(1963)　*Carte géologique de la partie orientale des Pyrénées Hercyniennes.* Bureau Rech. Geol. Min. Paris.
Backlund, H. G.(1936)　Der 《Magmaaufstieg》 in Faltengebirgen. *Bull. Comm. géol. Finlande*, No. 115, pp. 293-347.
── (1946)　The granitization problem. *Geol. Mag.*, Vol. 83, pp. 105-117.
坂野昇平(1957)　四国別子鉱山付近の kyanite. 地質学雑誌, 63巻, p. 598.
Banno, S.(1958 a)　Glaucophane schists and associated rocks in the Omi district, Niigata Prefecture, Japan. *Jap. Jour. Geol. Geogr.*, Vol. 29, pp. 29-44.
── (1958 b)　Notes on rock-forming minerals (1). Magnesioarfvedsonite from the Bessi district. *Jour. Geol. Soc. Japan*, Vol. 64, pp. 386-387.
── (1959 a)　Aegirinaugites from crystalline schists in Sikoku. *Jour. Geol. Soc. Japan*, Vol. 65, pp. 652-657.
── (1959 b)　Notes on rock-forming minerals (10). Glaucophanes and garnet from the Kôtu district, Sikoku. *Jour. Geol. Soc. Japan*, Vol. 65, pp. 658-663.
── (1960)　Notes on the rock-forming minerals (12). Finding of paragonite from the Bessi district, Sikoku, and its paragenesis. *Jour. Geol. Soc. Japan*, Vol. 66, pp. 123-130.
── (1964)　Petrologic studies on Sanbagawa crystalline schists in the Bessi-Ino district, central Sikoku. Japan. *Jour. Fac. Sci., Univ. Tokyo*, Sec. 2, Vol. 15, pp. 203-319.
坂野昇平・羽田野道春(1963)　神居古潭変成帯幌加内地方の変成分帯. 地質学雑誌, 69巻, pp. 388-393.
Banno, S., and Kanehira, K.(1961)　Sulfides and oxides in schists of the Sanbagawa and central Abukuma metamorphic terranes. *Jap. Jour. Geol. Geogr.*, Vol. 32, pp. 331-348.

Baragar, W. R. A.(1960) Petrology of basaltic rocks in part of the Labrador trough. *Bull. Geol. Soc. America*, Vol. 71, pp. 1589-1644.
Barrer, R. M. (1951) *Diffusion in and through solids*. Cambridge University Press, Cambridge, England.
Barrow, G.(1893) On an intrusion of muscovite-biotite gneiss in the southeastern Highlands of Scotland, and its accompanying metamorphism. *Quart. Jour. Geol. Soc. London*, Vol. 49, pp. 330-358.
―― (1912) On the geology of lower Dee-side and the southern Highland Border. *Proc. Geolog. Assoc.*, Vol. 23, pp. 274-290.
Barth, Tom. F. W.(1936) Structural and petrologic studies in Dutchess County, New York. II. *Bull. Geol. Soc. America*, Vol. 47, pp. 775-850.
―― (1938) Progressive metamorphism of sparagmite rocks of southern Norway. *Norsk Geol. Tidsskr.*, Vol. 18, pp. 54-65.
―― (1945) Studies in the igneous rock complex of the Oslo region. II. *Skrifter Utgitt Det Norske Videnskaps-Akademi Oslo. I. Mat.-Naturv. Kl.*, 1944, No. 9.
―― (1952) *Theoretical petrology*. John Wiley, New York.
―― (1959) The interrelations of the structual variants of the potash feldspars. *Zeitschr. Kristall.*, Vol. 112, pp. 263-274.
Barth, Tom. F. W., Correns, C. W., und Eskola, P.(1939) *Die Entstehung der Gesteine*. Julius Springer, Berlin.
Barth, Tom. F. W., and Dons, J. A.(1960) Precambrian of southern Norway. *Norges Geol. Unders.*, No. 208 (*Geology of Norway*), pp. 6-67.
Bartholomé, P.(1962) Iron-magnesium ratio in associated pyroxenes and olivines. *Petrologic Studies: A volume in honor of A. F. Buddington*, pp. 1-20, Geol. Soc. America.
Bearth, P.(1959) Über Eklogit, Glaukophanschiefer und metamorphe Pillowlaven. *Schweiz. Mineral. Petrogr. Mitt.*, Vol. 39, pp. 267-286.
Bateman, P. C., Clark, L. D., Huber, N. K., Moore, J. G., and Rinehart, C. D.(1963) The Sierra Nevada batholith: A synthesis of recent work across the central part. *U. S. Geol. Surv. Prof. Pap. 414-D.*
Beck, R. (1907) Untersuchungen über einige südafrikanische Diamantlagerstätten. *Zeitschr. deutsch. geol. Ges.*, Vol. 59, pp. 275-307.
Becke, F.(1903) Über Mineralbestand und Struktur der kristallinischen Schiefer. *Compte rendu IX. Session du congrès géologique internat. (Vienne).* deuxième fascicule, pp. 553-570.
―― (1921) Zur Facies-Klassifikation der metamorphen Gesteine. *Tschermaks Min. Petrogr. Mitt.*, Vol. 35, pp. 215-230.
Bell, P. M.(1963) Aluminum silicate system: Experimental determination of the triple point. *Science*, Vol. 139, No. 3559, pp. 1055-1056.
Berman, H.(1937) Constitution and classification of the natural silicates. *Amer. Mineral.*, Vol. 22, pp. 342-408.
Billings, M. P.(1937) Regional metamorphism of the Littleton-Moosilauke area, New Hampshire. *Bull. Geol. Soc. America*, Vol. 48, pp. 463-565.
―― (1956) *The geology of New Hampshire. II. Bedrock geology.* New Hampshire state Planning and Development Commission, Concord. N. H.
Billings, M. P., Thompson, J. B., Jr., and Rodgers, J. (1952) Geology of the Appalachian Highlands of east-central New York, southern Vermont, and southern New Hamp-

shire. *Guidebook for field trips in New England*, pp. 1-71. Geologists of Greater Boston, Boston.
Binns, R. A.(1962) Metamorphic pyroxenes from the Broken Hill district, New South Wales. *Mineral. Mag.*, Vol. 33, pp. 320-338.
Birch, F., and Le Comte, P.(1960) Temperature-pressure plane for albite composition. *Amer. Jour. Sci.*, Vol. 258, pp. 209-217.
Bloxam, T. W.(1956) Jadeite-bearing metagreywackes in California. *Amer. Mineral.*, Vol. 41, pp. 488-496.
—— (1959) Glaucophane-schists and associated rocks near Valley Ford, California. *Amer. Jour. Sci.*, Vol. 257, pp. 95-112.
—— (1960) Jadeite-rocks and glaucophane-schists from Angel Island, San Francisco Bay, California. *Amer. Jour. Sci.*, Vol. 258, pp. 555-573.
Bloxam, T. W., and Allen, J. B.(1960) Glaucophane-schist, eclogite, and associated rocks from Knockormal in the Girvan-Ballantrae complex, south Ayrshire. *Trans. Roy. Soc. Edinburgh*, Vol. 64, pp. 1-27.
Borg, I.(1956) Glaucophane schists and eclogites near Healdsburg, California. *Bull. Geol. Soc. America*, Vol. 67, pp. 1563-1584.
Bowen, N. L.(1917) The problem of the anorthosites. *Jour. Geol.*, Vol. 25, pp. 209-243.
—— (1925) The mineralogical phase rule. *Jour. Washington Acad. Sci.*, Vol. 15, pp. 280-284.
—— (1928) *The evolution of the igneous rocks*. Princeton University Press, New Jersey.
—— (1940) Progressive metamorphism of siliceous limestone and dolomite. *Jour. Geol.*, Vol. 48, pp. 225-274.
—— (1947) The granite problem and the method of multiple prejudices. *Geol. Soc. America, Mem. 28 (Origin of Granite)*, pp. 79-90.
Bowen, N. L., Greig, J. W., and Zies, E. G.(1924) Mullite, a silicate of alumina. *Jour. Washington Acad. Sci.*, Vol. 14, pp. 183-191.
Bowen, N. L., Schairer, J. F., and Posnjak. E.(1933) The system $CaO-FeO-SiO_2$. *Amer. Jour. Sci.*, 5th Ser., Vol. 26, pp. 193-284.
Bowen, N. L., and Tuttle, O. F.(1949) The system $MgO-SiO_2-H_2O$. *Bull. Geol. Soc. America*, Vol. 60, pp. 439-460.
Boyd, F. R.(1959) Hydrothermal investigations of amphiboles. *Researches in Geochemistry* (edited by P. H. Abelson), pp. 377-396. John Wiley, New York.
Boyd, F. R., and England, J. L.(1959) Pyrope. *Annual Rep. Director Geophys. Lab. for 1958-1959*, pp. 83-87.
—— and —— (1960) The quartz-coesite transition. *Jour. Geophys. Res.*, Vol. 65, pp. 749-756.
Bragg, W. L.(1930) The structure of silicates. *Zeitschr. Kristall.*, Vol. 74, pp. 237-305.
—— (1937) *Atomic structure of minerals*. Cornell University Press, Ithaca, New York.
Brammall, A., and Harwood, H. F.(1930) The Dartmoor granites: their genetic relationships. *Quart. Jour. Geol. Soc. London*, Vol. 88, pp. 171-237.
Brouwer, H. A., and Egeler, C. G.(1952) The glaucophane facies metamorphism in the schistes lustrés nappe of Corsica. *Verh. Kon. Ned. Akad. V. Wetensch.*, Ser. 2, Vol. 48, No. 3, pp. 1-71.

Brown, W. L.(1962) Peristerite unmixing in the plagioclases and metamorphic facies series. *Norsk Geol. Tidsskr.*, Vol. 42 [2] (*Feldspar Volume*), pp. 354-382.
Buddington, A. F.(1939) Adirondack igneous rocks and their metamorphism. *Geol. Soc. America, Mem. 7.*
—— (1959) Granite emplacement with special reference to North America. *Bull. Geol. Soc. America*, Vol. 70, pp. 671-747.
Buddington, A. F., Fahey, J., and Vlisidis, A.(1955) Thermometric and petrogenetic significance of titaniferous magnetite. *Amer. Jour. Sci.*, Vol. 253, pp. 497-532.
Buerger, M. J.(1948) The role of temperature in mineralogy. *Amer. Mineral.*, Vol. 33, pp. 101-121.
Buerger, M. J., and Washken, E.(1947) Metamorphism of minerals. *Amer. Mineral.*, Vol. 32, pp. 296-308.
Cadisch, J.(1953) *Geologie der Schweizer Alpen.* 2nd ed.. Wepf, Basel.
Chapman, C. A.(1952) Structure and petrology of the Sunapee quadrangle, New Hampshire. *Bull. Geol. Soc. America*, Vol. 63, pp. 381-425.
Chatterjee, N. D.(1961a) The Alpine metamorphism in the Simplon area, Switzerland and Italy. *Geol. Rundshau*, Vol. 51, pp. 1-72.
—— (1961 b) Aspects of Alpine zonal metamorphism in the Swiss Alps. *Nachr. Akad. Wiss. Göttingen, II, Math.-Physik. Klasse*, pp. 59-71.
茅原一也(1960) 新潟県青梅・小滝地方の硬玉(翡翠). 新潟県文化財調査報告書, 第6, pp. 35-78.
Chinner, G. A.(1960) Pelitic gneisses with varying ferrous/ferric ratios from Glen Clova, Angus, Scotland. *Jour. Petrol.*, Vol. 1, pp. 178-217.
—— (1961) The origin of sillimanite in Glen Clova, Angus. *Jour. Petrol.*, Vol. 2, pp. 312-323.
—— (1962) Almandine in thermal aureoles. *Jour. Petrol.*, Vol. 3, pp. 316-340.
Christie, O. H. J.(1959) Note on the equilibrium between plagioclase and epidote. *Norsk Geol. Tidsskr.*, Vol. 39, pp. 268-271.
Chudoba, K. F.(1960) *Handbuch der Mineralogie von Dr. Carl Hintze. Ergänzungsband II.* Walter de Gruyter, Berlin.
Clark, S. P., Jr.(1961) A redetermination of equilibrium relations between kyanite and sillimanite. *Amer. Jour. Sci.*, Vol. 259, pp. 641-650.
Clark, S. P., Jr., Robertson, E. C., and Birch, F.(1957) Experimental determination of kyanite-sillimanite equilibrium relations at high temperatures and pressures. *Amer. Jour. Sci.*, Vol. 255, pp. 628-640.
Clark, T. H., and Stearn, C. W.(1960) *The geological evolution of North America.* Ronald Press Company, New York.
Clarke, F. W.(1924) The Data of geochemistry. 5th ed. *U. S. Geol. Surv. Bull. 770.*
Coleman, R. G., and Lee, D. E.(1962) Metamorphic aragonite in the glaucophane schists of Cazadero, California. *Amer. Jour. Sci.*, Vol. 260, pp. 577-595.
—— and —— (1963) Glaucophane-bearing metamorphic rock types of the Cazadero area, California. *Jour. Petrol.*, Vol. 4, pp. 260-301.
Compton, R. R.(1955) Trondhjemite batholith near Bidwell Bar, California. *Bull. Geol. Soc. America*, Vol. 66, pp. 9-44.
—— (1960) Contact metamorphism in Santa Rosa range, Nevada. *Bull. Geol. Soc. America*, Vol. 71, pp. 1383-1416.

Coombs, D. S.(1954) The nature and alteration of some Triassic sediments from Southland, New Zealand. *Trans. Roy. Soc. New Zealand*, Vol. 82, pp. 65-109.
—— (1960) Lower grade mineral facies in New Zealand. *Rep. Internat. Geol. Congress, 21st Sess., Norden*, Pt. 13, pp. 339-351. Copenhagen.
—— (1961) Some recent work on the lower grades of metamorphism. *Australian Jour. Sci.*, Vol. 24, pp. 203-215.
Coombs, D. S., Ellis, A. J., Fyfe, W. S., and Tayler, A. M.(1959) The zeolite facies, with comments on the interpretation of hydrothermal synthesis. *Geochim. Cosmochim. Acta*, Vol. 17, pp. 53-107.
Crowley, M. S., and Roy, R.(1964) Crystalline solubility in the muscovite and phlogopite groups. *Amer. Mineral.*, Vol. 49, pp. 348-362.
Daly, R. A.(1917) Metamorphism and its phases. *Bull. Geol. Soc. America*, Vol. 28, pp. 375-418.
Danielsson, A.(1950) Das Calcit-Wollastonitgleichgewicht. *Geochim. Cosmochim. Acta*, Vol. 1, pp. 55-69.
Darken, L. S., and Gurry, R. W.(1953) *Physical chemistry of metals.* McGraw-Hill Book Co., New York.
Davidson, C. F.(1943) The Archaean rocks of the Rodil district, South Harris, Outer Hebrides. *Trans. Roy. Soc. Edinburgh*, Vol. 61, pp. 71-112.
Deer, W. A., Howie, R. A., and Zussman, J.(1962-1963) *Rock-forming minerals*, Vols. 1-5, Longmans, Green & Co., London.
DeVore, G. W.(1956) Surface chemistry as a chemical control on mineral association. *Jour. Geol.*, Vol. 64, pp. 31-55.
—— (1959) Role of minimum interfacial free energy in determining the macroscopic features of mineral assemblages. I. *Jour. Geol.*, Vol. 67, pp. 211-227.
Dickinson, W. R.(1962) Petrogenetic significance of geosynclinal andesitic volcanism along the Pacific margin of North America. *Bull. Geol. Soc. America,* Vol. 73, pp. 1241-1256.
Drake, C. L., Ewing, M., and Sutton, G. H.(1959) Continental margins and geosynclines: The east coast of North America north of Cape Hatteras. *Physics and Chemistry of the Earth*, Vol. 3, pp. 110-198. Pergamon Press, London and New York.
Egeler, C. G.(1956) The Alpine metamorphism in Corsica. *Geol. Mijnb.*, N. W. Ser., Vol. 18, pp. 115-118.
Eitel, W.(1952) *Thermochemical methods in silicate investigation.* Rutgers University Press, New Brunswick.
Engel, A. E. J.(1963) Geologic evolution of North America. *Science*, Vol. 140, No. 3563, pp. 143-152.
Engel, A. E. J., and Engel, C. G.(1953) Grenville series in the northwest Adirondack Mountains, New York. *Bull. Geol. Soc. America*, Vol. 64, pp. 1013-1097.
—— and —— (1958, 1960) Progressive metamorphism and granitization of the major paragneiss, northwest Adirondack Mountains, New York. I, II. *Bull. Geol. Soc. America*, Vol. 69, pp. 1369-1414; Vol. 71, pp. 1-58.
—— and —— (1962a) Progressive metamorphism of amphibolite, northwest Adirondack Mountains, New York. *Petrologic Studies: A volume in honor of A. F. Buddington*, pp. 37-82. Geol. Soc. America.

―― and ―― (1962 b) Hornblendes formed during progressive metamorphism of amphibolites, northwest Adirondack Mountains, New York. *Bull. Geol. Soc. America,* Vol. 73, pp. 1499-1514.
Engel, A. E. J., Engel, C. G., and Havens, R. G.(1964) Mineralogy of amphibolite interlayes in the gneiss complex, northwest Adirondack Mountains, New York. *Jour. Geol.,* Vol. 72, pp. 131-156.
Erdmannsdörffer, O. H.(1928) Über Disthen-Andalusit-Paragenesen. *Sitzungsber. Heidelberger Akad. d. Wiss., Math.-Naturv. Kl.,* 1928, 16. Abh.
Eric, J. H., Stromquist, A. A., and Swinney, C. M.(1955) Geology and mineral deposits of the Angels Camp and Sonora quadrangles, Calaveras and Tuolumne Counties, California. *California Div. Mines, Special Rep. 41.*
Ernst, W. G.(1960) The stability relations of magnesioriebeckite. *Geochim. Cosmochim. Acta,* Vol. 19, pp. 1-40.
―― (1961) Stability relations of glaucophane. *Amer. Jour. Sci.,* Vol. 259, pp. 735-765.
―― (1962) Synthesis, stability relations, and occurrence of riebeckite and riebeckite-arfvedsonite solid solutions. *Jour. Geol.,* Vol. 70, pp. 689-736.
―― (1963 a) Petrogenesis of glaucophane schists. *Jour. Petrol.,* Vol. 4, pp. 1-30.
―― (1963 b) Polymorphism in alkali amphiboles. *Amer. Mineral.,* Vol. 48, pp. 241-260.
―― (1963 c) Significance of phengitic micas from low-grade schists. *Amer. Mineral.,* Vol. 48, pp. 1357-1373.
Eskola, P. (1914) On the petrology of the Orijärvi region in southwestern Finland. *Bull. Comm. géol. Finlande,* No. 40.
―― (1915) On the relations between the chemical and mineralogical composition in the metamorphic rocks of the Orijärvi region. *Bull. Comm. géol. Finlande,* No. 44.
―― (1920) The mineral facies of rocks. *Norsk Geol. Tidsskr.,* Vol. 6, pp. 143-194.
―― (1921) On the eclogites of Norway. *Videnskaps. Skrifter. I. Mat.-Naturv. Kl.,* 1921, No 8.
―― (1927) Petrographische Charakteristik der kristallinen Gesteine von Finland. *Forschr. Mineral. Krist. Petrogr.,* Vol. 11, pp. 57-112.
―― (1929 a) Om mineral facies. *Geol. Fören. Stockholm Förh.,* Vol. 51, p. 157-172.
―― (1929 b) On the role of pressure in rock crystallization. *Bull. Comm. géol. Finlande,* No. 85, p. 77-88.
―― (1932 a) On the principles of metamorphic differentiation. *Bull. Comm. géol. Finlande,* No. 97, pp. 68-77.
―― (1932 b) On the origin of granitic magmas. *Mineral. Petrogr. Mitt.,* Vol. 42, pp. 455-481.
―― (1933) On the differential anatexis of rocks. *Bull. Comm. géol. Finlande,* No. 103, pp. 12-25.
―― (1939) Die metamorphen Gesteine. *Die Entstehung der Gesteine* (Tom. F. W. Barth, C. W. Correns, u. P. Eskola), pp. 263-407. Julius Springer, Berlin.
―― (1950) Paragenesis of cummingtonite and hornblende from Muuruvesi, Finland. *Amer. Mineral.,* Vol. 35, pp. 728-734.
―― (1952) On the granulites of Lapland. *Amer. Jour. Sci.,* Bowen Vol., pp. 133-171.
―― (1954) A proposal for the presentation of rock analyses in ionic percentage.

Annal. Acad. Scient. Fennicae, Ser. A, III. No. 38.

―― (1957 a) On the mineral facies of charnockites. *Jour. Madras Univ.*, B, Vol. 27 (*Centenary No.*) pp. 101-119.

―― (1957 b) Einige Altersprobleme des fennoskandischen Grundgebirges. *Neues Jahrb. Mineral. Abh.*, Vol. 91 (*Festband Schneiderhöhn*), pp. 213-222.

Eugster, H. P.(1956) Muscovite-paragonite join and its use as a geologic thermometer. *Bull. Geol. Soc. America*, Vol. 67, p. 1693.

―― (1957) Heterogeneous reactions involving oxidation and reduction at high pressures and temperatures. *Jour. Chem. Phys.*, Vol. 26, pp. 1760-1761.

―― (1959) Reduction and oxidation in metamorphism. *Researches in Geochemistry* (edited by P. H. Abelson), pp. 397-426. John Wiley, New York.

Eugster, H. P., and Yoder, H. S., Jr.(1954) Paragonite. *Annual Rep. Director Geophys. Lab. for 1953-1954*, pp. 111-114.

Eugster, H. P., and Wones, D. R.(1962) Stability relations of the ferruginous biotite, annite. *Jour. Petrol.*, Vol. 3, pp. 82-125.

Evans, R. C.(1948) *An introduction to crystal chemistry*. Cambridge University Press, Cambridge, England (2nd ed., 1964).

Everett, D. H.(1959) *Chemical thermodynamics*. Longmans, Green and Co., London. 玉虫伶太・佐藤弦訳(1962)"入門化学熱力学". 東京化学同人, 東京.

Evernden, J. F., and Richards, J. R.(1962) Potassium-argon ages in eastern Australia. *Jour. Geol. Soc. Australia*, Vol. 9, pp. 1-49.

Ewing, M., and Press, F.(1955) Geophysical contrasts between continents and ocean basins. *Geol. Soc. America, Spec. Pap. 62*, pp. 1-6.

Faul, H.(1962) Age and extent of the Hercynian complex. *Geol. Rundschau*, Vol. 52, pp. 767-781.

Faul, H., Stern, T. W., Thomas, H. H., and Elmore, P. L. D.(1963) Age of intrusion and metamorphism in the northern Appalachians. *Amer. Jour. Sci.*, Vol. 261, pp. 1-19.

Fleischer, M.(1937) The relation between chemical composition and physical properties in the garnet group. *Amer. Mineral.*, Vol. 22, pp. 751-759.

Francis, G. H.(1956) Facies boundaries in pelites at the middle grades of regional metamorphism. *Geol. Mag.*, Vol. 93, pp. 353-368.

Frechen, J.(1947) Vorgänge der Sanidinit-Bildung im Laacher Seegebiet. *Fortschr. Mineral. Kristall. Petrogr.*, Vol. 26, pp. 147-186.

Fyfe, W. S., Turner,F. J., and Verhoogen, J.(1958) Metamorphic reactions and metamorphic facies. *Geol. Soc. America, Mem. 73*.

Fyfe, W. S., and Valpy, G. W.(1959) The analcime-jadeite phase boundary: some indirect deductions. *Amer. Jour. Sci.*, Vol. 257, pp. 316-320.

Gaskel, T. F.(1962) Comparison of Pacific and Atlantic ocean floors in relation to ideas of continental displacement. *Continental drift* (edited by S. K. Runcorn), pp. 299-307. Academic Press, New York and London.

Gastil, G.(1960) The distribution of mineral dates in time and space. *Amer. Jour. Sci.*, Vol. 258, pp. 1-35.

Gastil, G., Blais, R., Knowles, D. M., and Bergeron, R.(1960) The Labrador geosyncline. *Rep. Internat. Geol. Congress, 21st Sess., Norden*, Pt. 9, pp. 21-38. Copenhagen.

Giletti, B. J., Moorbath, S., and Lambert, R. St. J.(1961) A geochronological study of the metamorphic complexes of the Scottish Highlands. *Quart. Jour. Geol. Soc.*

London, Vol. 117, pp. 233-272.
Gilluly, J. (editor)(1948) Origin of granite. *Geol. Soc. America, Mem. 28.*
Goldschmidt, V. M.(1911) Die Kontaktmetamorphose im Kristianiagebiet. *Videnskaps. Skrifter. I. Mat.-Naturv. Kl.*, 1911, No. 11.
―― (1912 a) Die Gesetze der Gesteinsmetamorphose, mit Beispielen aus der Geologie des südlichen Norwegens. *Videnskaps. Skrifter. I. Mat.-Naturv. Kl.*, 1912, No.22.
―― (1912 b) Über die Anwendung der Phasenregel auf die Gesetze der Mineralassoziation. *Centralblatt Min. Geol. Pal.*, 1912, pp. 574-576.
―― (1915) Geologisch-petrographische Studien im Hochgebirge des südlichen Norwegens. III. Die Kalksilikatgneise und Kalksilikatglimmerschiefer im Trondhjem-Gebiete. *Videnskaps. Skrifter. I. Mat.-Naturv. Kl.*, 1915, No. 10.
―― (1916) Geologisch-petrographische Studien im Hochgebirge des südlichen Norwegens. IV. Übersicht der Eruptivgesteine im Kaledonischen Gebirge zwischen Stavanger und Trondhjem. *Videnskaps. Skrifter. I. Mat.-Naturv. Kl.*, 1916, No. 2.
―― (1921) Geologisch-petrographische Studien im Hochgebirge des südlichen Norwegens. V. Die Injektionsmetamorphose im Stavanger-Gebiete. *Videnskaps. Skrifter. I. Mat.-Naturv. Kl.*, 1920, No. 10.
―― (1922 a) On the metasomatic processes in silicate rocks. *Econ. Geol.*, Vol. 17, pp. 105-123.
―― (1922 b) Stammestypen der Eruptivgesteine. *Videnskaps. Skrifter. I. Mat.-Naturv. Kl.*, 1922, No. 10.
―― (1926) Geochemische Verteilungsgesetze der Elemente. VII. Die Gesetze der Krystallochemie. *Videnskaps. Skrifter. I. Mat.-Naturv. Kl.*, 1926, No. 2.
―― (1934) Drei Vorträge über Geochemie. *Geol. Fören. Stokholm Förh.*, Vol. 56, pp. 385-427.
―― (edited by A. Muir) (1954) *Geochemistry.* Clarendon Press, Oxford.
Goldsmith, J. R., and Graf, D. L.(1958) Structural and compositional variations in some natural dolomites. *Jour. Geol.*, Vol. 66, pp. 678-693.
Goldsmith, J. R., Graf, D. L., and Heard, H. C.(1961) Lattice constants of the calcium-magnesium carbonates. *Amer. Mineral.*, Vol. 46, pp. 453-457.
Goldsmith, J. R., Graf, D. L., and Joensuu, O. I.(1955) The occurrence of magnesian calcites in nature. *Geochim. Cosmochim. Acta*, Vol. 7, pp. 212-230.
Goldsmith, J. R., and Heard, H. C.(1961) Subsolidus phase relations in the system $CaCO_3$-$MgCO_3$. *Jour. Geol.*, Vol. 69, pp. 45-74.
Gorai, M.(1951) Petrological studies on plagioclase twins. *Amer. Mineral.*, Vol. 36, pp. 884-901.
牛来正夫(1955) 火成岩成因論(上). 地団研, 東京.
Gorai, M.(1960) Ultimate origin of granite. *Earth Science (Tikyu-Kagaku)*, No. 52, pp. 1-8.
Graf, D. L., and Goldsmith, J. R.(1955) Dolomite-magnesian calcite relations at elevated temperatures and CO_2 pressures. *Geochim. Cosmochim. Acta*, Vol. 7, pp. 109-128.
Green, J. C.(1963) High-level metamorphism of pelitic rocks in northern New Hampshire. *Amer. Mineral.*, Vol. 48, pp. 991-1023.
Greenwood, H. J.(1961) The system $NaAlSi_2O_6$-H_2O-argon: total pressure and water pressure in metamorphism. *Jour. Geophys. Research*, Vol. 66, pp. 3923-3946.
―― (1963) The synthesis and stability of anthophyllite. *Jour. Petrol.*, Vol. 4, pp.

317-351.
Griggs, D. T., and Kennedy, G. C.(1956) A simple apparatus for high pressures and temperatures. *Amer. Jour. Sci.*, Vol. 254, pp. 722-735.
Grindley, G. W.(1963) Structure of the Alpine schists of south Westland, southern Alps, New Zealand. *New Zealand Jour. Geol. Geophys.*, Vol. 6, pp. 872-930.
Grubenmann, U.(1904-1906) *Die Kristallinen Schiefer.* 1st ed., I (1904), II (1906); 2nd ed., 1910. Gebrüder Borntrâger, Berlin.
Grubenmann, U., und Niggli, P.(1924) *Die Gesteinsmetamorphose.* I. Gebrüder Borntrâger, Berlin.
Guggenheim, E. A.(1950) *Thermodynamics.* North-Holland Pub. Co., Amsterdam.
Guidotti, C. V.(1963) Metamorphism of the pelitic schists in the Bryant Pond quadrangle, Maine. *Amer. Mineral.*, Vol. 48, pp. 772-791.
Halferdahl, L. B.(1961) Chloritoid: its composition, X-ray and optical properties, stability, and occurrence. *Jour. Petrol.*, Vol. 2, pp. 49-135.
Hall, A. J.(1941) The relation between color and chemical composition in the biotites. *Amer. Mineral.*, Vol. 26, pp. 29-33.
Hallimond, A. F.(1943) On the graphical representation of the califerous amphiboles. *Amer. Mineral.*, Vol. 28, pp. 65-89.
Hara, I.(1962) Studies on the structure of the Ryoke metamorphic rocks of the Kasagi district, southwest Japan. *Jour. Sci., Hiroshima Univ.*, Ser. C, Vol. 4, pp. 163-224.
原村寛(1963) 古生層の粘板岩の化学組成. V. 地質学雑誌, 第69巻, pp. 201-206.
Harker, A.(1918) The present position and outlook of the study of metamorphism in rock masses. *Quart. Jour. Geol. Soc. London*, Vol. 74, pp. 1i-1xxx.
——(1932) *Metamorphism. A study of the transformations of rock-masses.* Methuen, London.
Harker, R. I.(1958) The system $MgO-CO_2-A$ and the effect of inert pressure on certain types of hydrothermal reaction. *Amer. Jour. Sci.*, Vol. 256, pp. 128-138.
Harker, R. I., and Tuttle, O. F.(1956) Experimental data on the $P_{CO_2}-T$ curve for the reation: Calcite+quartz ⇌ wollastonite+carbon dioxide. *Amer. Jour. Sci.*, Vol. 254, pp. 239-256.
Harrison, F. W., and Brindley, G. W.(1957) The crystal structure of chloritoid. *Acta Cryst.*, Vol. 10, pp. 77-82.
Harry, W. T.(1958) A re-examination of Barrow's Older Granites in Glen Clova, Angus. *Trans. Roy. Soc. Edinburgh*, Vol. 63, pp. 393-412.
Hasegawa, S.(1960) Chemical composition of allanite. *Sci. Rep. Tohoku Univ.*, 3rd Ser., Vol. 6, pp. 331-387.
橋口隆吉(1954) 金属組織学. 資料社, 東京.
橋本光男(1960) 長野県上伊那郡長谷村地方の変成岩. 国立科学博物館報告, 47号, pp. 104-115.
Hashimoto, M.(1964) Omphacite-veins in metadiabase from Asahine in the Kanto Mountains, Japan. *Proc. Japan Acad.*, Vol. 40, pp. 31-35.
Hayama, Y.(1959) Some considerations on the color of biotite and its relation to metamorphism. *Jour. Geol. Soc. Japan*, Vol. 65, pp. 21-30.
——(1960) Geology of the Ryoke metamorphic belt in the Komagane district, Nagano Pref., Japan. *Jour. Geol. Soc. Japan*, Vol. 66, pp. 87-101.
Heald, M. T.(1950) Structure and petrology of the Lovewell mountain quadrangle, New

Hampshire. *Bull. Geol. Soc. America*, Vol. 61, pp. 43-89.
Heier, K. S.(1955) The formation of feldspar perthites in highly metamorphic gneisses. *Norsk Geol. Tidsskr.*, Vol. 35, pp. 87-91.
—— (1956) The geology of the Örsdalen district, Rogaland, S. Norway. *Norsk Geol. Tidsskr.*, Vol. 36, pp. 167-211.
—— (1957) Phase relations of potash feldspar in metamorphism. *Jour. Geol.*, Vol. 65, pp. 468-479.
—— (1960) Petrology and geochemistry of high-grade metamorphic and igneous rocks on Langöy, northern Norway. *Norges Geol. Unders.*, No. 207.
—— (1961) The amphibolite-granulite facies transition reflected in the mineralogy of potassium feldspars. *Cursillos Conf. Fasc. 8*, pp. 131-137.
Heinrich, E. Wm.(1946) Studies in the mica group: the biotite-phlogopite series. *Amer. Jour. Sci.*, Vol. 244, pp. 836-848.
—— (1956) *Microscopic petrography*. McGraw-Hill Book Co., New York.
Hentschel, H.(1937) Der Eklogit von Gilsberg im sächsischen Granulitgebirge und seine metamorphen Umwandlungsstufen. *Mineral. Petrogr. Mitt.*, Vol. 49, pp. 42-88.
Hess, H. H.(1941) Pyroxenes of common mafic magmas. I, II. *Amer. Mineral.*, Vol. 26, pp. 515-535, 573-594.
—— (1955) Serpentines, orogeny and epeirogeny. *Geol. Soc. America, Spec. Pap. 62 (Crust of the Earth)*, pp. 391-407.
秀敬(1961) 別子白滝地方三波川結晶片岩の地質構造と変成作用. 広島大地学研究報告, 9号, pp. 1-87.
Hietanen, A.(1956) Kyanite, andalusite, and sillimanite in the schist in Boehls Butte quadrangle, Idaho. *Amer. Mineral.*, Vol. 41, pp. 1-27.
—— (1961) Metamorphic facies and style of folding in the Belt series northwest of the Idaho batholith. *Bull. Comm. géol. Finlande*, No. 196, pp. 73-103.
—— (1962 a) Staurolite zone near the St. Joe River, Idaho. *U. S. Geol. Surv. Prof. Pap. 450-C*, pp. 69-72.
—— (1962 b) Metasomatic metamorphism in western Clearwater County, Idaho. *U. S. Geol. Surv. Prof. Pap. 344-A*.
Hise, D. R. van(1904) A treatise on metamorphism. *U. S. Geol. Surv. Monograph 47*.
Holland, H.D.(1959) Some applications of thermochemical data to problems of ore deposits. I. *Econ. Geol.*, Vol. 54, pp. 184-233.
Holland, Th. H.(1900) The charnockite series, a group of Archaean hypersthenic rocks in Peninsular India. *Mem. Geol. Surv. India*, Vol. 28, pp. 119-249.
Holmes, A.(1920) *The nomenclature of petrology*. Thomas Murby and Co., London.
Holmes, A., and Reynolds, D. L.(1947) A front of metasomatic metamorphism in the Dalradian of Co. Donegal. *Bull. Comm. géol. Finlande*, No. 140, pp. 25-65.
Holmquist, P. J.(1921) Typen und Nomenklatur der Adergesteine. *Geol. Fören. Stockholm Förh.*, Vol. 43, pp. 612-631.
Holser, W. T.(1954) Fugacity of water at high temperatures and pressures. *Jour. Phys. Chem.*, Vol. 58, pp. 316-317.
Holser, W. T., and Kennedy, G. C.(1958) Properties of water. IV. *Amer. Jour. Sci.*, Vol. 256, pp. 744-754.
Holtedahl, O.(1952) The structural history of Norway and its relation to Great Britain. *Quart. Jour. Geol. Soc. London*, Vol. 108, pp. 65-98.

―― (1960) Geology of Norway. *Norges Geol. Unders.*, No. 203
宝来帰一 (1962) 日本列島の地殻熱流量. 科学, 31巻, p. 260.
Horai, K., and Uyeda, S.(1963) Terrestrial heat flow in Japan. *Nature*, Vol. 199, No. 4891, pp. 364-365.
堀越義一 (1937 a) 愛媛県別子附近の岩石地質概報. 地質学雑誌, 44巻, pp. 121-140.
―― (1937 b) 伊予東赤石山附近産の榴輝石 (eclogite) に就いて (摘要). 地質学雑誌, 44巻, pp. 141-144.
Howell, J. V.(1957) *Glossary of geology and related sciences*. American Geological Inst., Washington, D. C.
Howie, R. A.(1955) The geochemistry of the charnockite series of Madras, India. *Trans. Roy. Soc. Edinburgh*, Vol. 62, pp. 725-768.
Hunahashi, M.(1957) Alpine orogenic movement in Hokkaido, Japan. *Jour. Fac. Sci., Hokkaido Univ.*, Ser. 4, Vol. 9, pp. 415-469.
舟橋三男・橋本誠三 (1951) 日高帯の地質. 地団研専報, 6号.
Hurley, P. M., Hughes, H., Faure, G., Fairbairn, H. W., and Pinson, W. H.(1962) Radiogenic strontium-87 model of continent formation. *Jour. Geophys. Res.*, Vol. 67, pp. 5315-5334.
Hutton, C. O.(1938) The stilpnomelane group of minerals. *Mineral. Mag.*, Vol. 25, pp. 172-206.
―― (1940) Metamorphism in the Lake Wakatipu region, Western Otago, New Zealand. *New Zealand Dept. Sci. Indust. Resear. Geol. Memoir*, No. 5.
Hutton, C. O., and Turner, F. J.(1936) Metamorphic zones in northwest Otago. *Trans. Roy. Soc. New Zealand*, Vol. 65, pp. 405-406.
Iiyama, T.(1954) High-low inversion point of quartz in metamorphic rocks. *Jour. Fac. Sci., Univ. Tokyo*, Sec. 2, Vol. 9, pp. 193-200.
―― (1960) Recherches sur le rôle de l'eau dans la structure et le pohymorphisme de la cordiérite. *Bull. Soc. franç. Minér. Crist.*, Vol. 80, pp. 155-178.
石川俊夫編 (1956) 鈴木醇教授還暦記念論文集. 鈴木醇還暦記念会 (実際の発行は 1958), 札幌.
Ishikawa, Y.(1958) An order-disorder transformation phenomenon in the $FeTiO_3-Fe_2O_3$ solid solution series. *Jour. Phys. Soc. Japan*, Vol. 13, pp. 828-837.
Ishikawa, Y., and Akimoto, S.(1958) Magnetic property and crystal chemistry of ilmenite ($MeTiO_3$) and hematite ($\alpha\ Fe_2O_3$) system. I. *Jour. Phys. Soc. Japan*, Vol. 13, pp. 1110-1118.
Ishioka, K., and Suwa, K.(1956) Metasomatic development of staurolite schist from rhyolite in the Kurobe-gawa area, central Japan (a preliminary report). *Jour. Earth Sci., Nagoya Univ.*, Vol. 4, pp. 123-140.
礒見博・野沢保 (1960) ひだ変成岩の構造. 地球科学, 48号, pp. 11-20.
Isshiki, N.(1954) On iron-wollastonite from Kanpû volcano, Japan. *Proc. Japan Acad.*, Vol. 30, pp. 869-872.
Ito, T., Morimoto, N., and Sadanaga, R.(1954) On the structure of epidote. *Acta Cryst.*, Vol. 7, pp. 53-59.
岩生周一 (1936) 山口県柳井地方の花崗岩類と領家式変成岩類の野外における諸関係. 地質学雑誌, 43巻, pp. 660-691.
Iwasaki, M.(1960 a) Barroisitic amphibole from Bizan in eastern Sikoku, Japan. *Jour. Geol. Soc. Japan*, Vol. 66, pp. 625-630.

―― (1960 b) Clinopyroxene intermediate between jadeite and aegirine from Suberidani, Tokusima Prefecture, Japan. *Jour. Geol. Soc. Japan*, Vol. 66, pp. 334-340.
―― (1963) Metamorphic rocks of the Kotu-Bizan area, eastern Sikoku. *Jour. Fac. Sci., Univ. Tokyo*, Sec. 2, Vol. 15, pp. 1-90.
James, H. L.(1955) Zones of regional metamorphism in the Precambrian of northern Michigan. *Bull. Geol. Soc. America*, Vol. 66, pp. 1455-1488.
―― (1960) Problems of stratigraphy and correlation of Precambrian rocks with particular reference to the Lake Superior region. *Amer. Jour. Sci.*, Vol. 258-A (*Bradley Vol.*), pp. 104-114.
Johnson, M. R. W.(1962) Relations of movement and metamorphism in the Dalradians of Banffshire. *Trans. Edinburgh Geol. Soc.*, Vol. 19, pp. 29-64.
―― (1963) Some time relations of movement and metamorphism in the Scottish Highlands. *Geol. Mijnb.*, Vol. 42, pp. 121-142.
Joplin, G. A.(1942, 1943) Petrological studies in the Ordovician of New South Wales. I, II. *Proc. Linn. Soc. N. S. W.*, Vol. 67, pp. 156-196; Vol. 68, pp. 159-183.
Jost, W.(1960) *Diffusion in solids, liquids, and gases.* 3rd printing, Academic Press, New York.
Juurinen, A.(1956) Composition and properties of staurolite. *Ann. Acad. Sci. Fenn.*, Ser. A, III. Geol.-Geogr., No. 47.
Kanamori, H.(1963) Study on the crust-mantle structure in Japan. I-III. *Bull. Earthq. Resear. Inst., Univ. Tokyo*, Vol. 41, pp. 743-759, 761-779, 801-818.
蟹沢聡史・宇留野勝敏(1962) 阿武隈, 竹貫地方に見出された含十字石変成岩(予報), 地球科学, 62号, p. 20.
片田正人・礒見博・村山正郎・山田直利・河田清雄(1959) 中央アルプスとその西域の地質. その1. 地球科学, 41号, pp. 1-12.
Kawai, N., Ito, H., and Kume, S.(1961) Deformation of the Japanese Islands as inferred from rock magnetism. *Geophys. Jour.*, Vol. 6, pp. 124-130.
Kay, G. M.(1951) North American geosynclines. *Geol. Soc. America, Mem. 48.*
Keith, M. L., and Tuttle, O. F.(1952) Significance of variation in the high-low inversion of quartz. *Amer. Jour. Sci., Bowen Vol.*, pp. 203-280.
Kennedy, G. C.(1950 a) Pressure-volume-temperature relations in water at elevated temperatures and pressures. *Amer. Jour. Sci.*, Vol. 248, pp. 540-564.
―― (1950 b) "Pneumatolysis" and the liquid inclusion method of geologic thermometry. *Econ. Geol.*, Vol. 45, pp. 533-547.
―― (1961) Phase relations of some rocks and minerals at high temperatures and high pressures. *Geophysics*, Vol. 7, pp. 303-322. Academic Press, New York.
Kennedy, W. Q.(1948) On the significance of thermal structure in the Scottish Highlands. *Geol. Mag.*, Vol. 85, pp. 229-234.
―― (1951) Sedimentary differentiation as a factor in the Moine-Torridonian correlation. *Geol. Mag.*, Vol. 88, pp. 257-266.
Kennedy, W. Q., and Anderson, E. M.(1938) Crustal layers and the origin of magmas. *Bull. Volcanol.* Ser. 2, Vol. 3, pp. 24-82.
Khitarov, N. I., Pugin, V. A., Bin, C., and Slutsky, A. B.(1963) Relations between andalusite, kyanite and sillimanite in the field of moderate temperatures and pressures. *Geokhimiya*, 1963, pp. 219-228.
Kieslinger, A.(1927) Paramorphosen von Disthen nach Andalusit. *Sitzungsber. Akad.*

Wiss. Wien, Math.-naturw. Kl., Abt. 1, Vol. 136, pp. 71-78.
King, P. B.(1959) *The evolution of North America.* Princeton University Press, Princeton, New Jersey.
Knopf, E. B.(1931) Retrogressive metamorphism and phyllonitization. *Amer. Jour. Sci.*, 5th Ser., Vol. 21, pp. 1-27.
Kobayashi, T.(1941) The Sakawa orogenic cycle and its bearing on the origin of the Japanese Islands. *Jour. Fac. Sci., Univ. Tokyo*, Sec. 2, Vol. 5, pp. 219-578.
小林貞一(1951) 日本地方地質誌総論—日本の起源と佐川輪廻. 朝倉書店, 東京.
Kober, L. (1942) *Tektonische Geologie.* Bornträger, Berlin.
Köhler, A.(1941) Die Abhängigkeit der Plagioklasoptik vom vorangegangenen Wärmeverhalten. Die Existenz einer Hoch- und Tieftemperaturoptik. *Min. Petrogr. Mitt.*, Vol. 53, pp. 24-49.
小出博(1949) 段戸花崗閃緑岩類及び段戸変成岩類. 地団研専報, 3号.
Koide, H.(1958) *Dando granodioritic intrusives and their associated metamorphic complex.* Japan Society for the Promotion of Science, Tokyo.
Kozima, Z.(=Kojima, G.)(1944) On stilpnomelane in green-schists in Japan. *Proc. Imp. Acad.*, Vol. 20, pp. 322-328.
小島丈児(1948) 結晶片岩形成の地質学的条件について. 地団研会誌, 2巻, 2号, pp. 13-17.
Kojima, G.(1951) Über das "Feld der Metamorphose" der Sanbagawa kristallinen Schiefer——besonders in Bezug auf Bildung des kristallinen Schiefergebietes in Zentral-Sikoku. *Jour. Sci. Hiroshima Univ.*, Ser. C, Vol. 1, No. 1, pp. 1-18.
—— (1953) Contributions to the knowledge of mutual relations between three metamorphic zones of Chūgoku and Shikoku, southwestern Japan, with special reference to the metamorphic and structural features of each metamorphic zone. *Jour. Sci. Hiroshima Univ.*, Ser. C, Vol. 1, No. 3, pp. 17-46.
小島丈児(1963) 三波川結晶片岩帯の基本構造について. 広島大地学研究報告, 12号, pp. 173-182.
小島顕男(1952) 化学熱学. 共立全書 39, 共立出版株式会社, 東京.
Konishi, K.(1963) Pre-Miocene basement complex of Okinawa, and the tectonic belts of the Ryukyu Islands. *Sci. Rep. Kanazawa Univ.*, Vol. 8, pp. 569-602.
Korzhinskii, D. S.(1936) Mobility and inertness of components in metasomatosis. *Bull. Akad. Nauk. SSSR. Ser. Geol.*, 1936, No. 1, pp. 35-60.
—— (1950) Phase rule and geochemical mobility of elements. *Rep. 18th Sess.,Internat. Geol. Congress, Great Britain, 1948*, Pt. 2, pp. 50-65.
—— (1959) *Physicochemical basis of the analysis of the paragenesis of minerals.* Consultants Bureau, New York.
Koto, B.(1886) A note on glancophane. *Jour. Coll. Sci., Imp. Univ. (Japan)*, Vol. 1, pp. 85-99.
—— (1887 a) Some occurrences of piedmontite in Japan. *Jour. Coll. Sci., Imp. Univ. (Japan)*, Vol. 1, pp. 303-323.
—— (1887 b) On some occurrences of piedmontite schist in Japan. *Quart. Jour. Geol. Soc. London*, Vol. 43, pp. 474-480.
—— (1888) On the so-called crystalline schist of Chichibu. *Jour. Coll. Sci., Imp. Univ. (Japan)*, Vol. 2, pp. 77-141.
—— (1893) The Archaean formation of the Abukuma Plateau. *Jour. Coll. Sci., Imp.*

Univ. (Japan), Vol. 5, pp. 197-291.
Kouvo, O.(1958) Radioactive age of some Finnish pre-Cambrian minerals. *Bull. Comm. géol. Finlande*, No. 182.
Kracek, F. C., Neuvonen, K. J., and Burley, G.(1951) Thermochemistry of mineral substences. I. *Jour. Washington Acad. Sci.*, Vol. 41, pp. 373-383.
Kranck, S. H.(1961) A study of phase equilibria in a metamorphic iron formation. *Jour. Petrol.*, Vol. 2, pp. 137-184.
Kretz, R.(1959) Chemical study of garnet, biotite and hornblende from gneisses of southwestern Quebec, with emphasis on distribution of elements in coexisting minerals. *Jour. Geol.*, Vol. 67, pp. 371-402.
―― (1961) Some applications of thermodynamics to coexisting minerals of variable composition. Examples: orthopyroxene-clinopyroxene and orthopyroxene-garnet. *Jour. Geol.*, Vol. 69, pp. 361-387.
Kubaschewski, O., and Evans, E. Ll.(1958) *Metallurgical thermochemistry*. 3rd ed., Pergamon Press, London.
Kuno, H.(1959) Origin of Cenozoic petrographic provinces of Japan and surrounding areas. *Bull. Volcanol.*, Ser. 2, Vol. 20, pp. 37-76.
久野久(1961) マグマの起源. "地球の構成"(坪井忠二編), pp. 193-216, 岩波書店, 東京.
Kuroda, Y.(1959) Petrological study on the metamorphic rocks of the Hitachi district, northeastern Japan. *Sci. Rep. Tokyo Kyoiku Daigaku*, Sec. C, No. 58.
黒田吉益(1963) 東北日本の深成変成岩類の相互関係. 地球科学, 67号, pp. 21-29.
Lambert, R. St. J.(1959) The mineralogy and metamorphism of the Moine schists of the Morar and Knoydart districts of Inverness-shire. *Trans. Roy. Soc. Edinburgh*, Vol. 63, pp. 553-588.
Lapadu-Hargues, P.(1945) Sur l'existence et la nature de l'apport chimique dans certaines séries cristallophylliennes. *Bull. Soc. géol. France*, 5th Ser., Vol. 15, pp. 255-310.
Larsen, E. S., Jr.(1948) Batholith and associated rocks of Corona, Elsinore, and San Luis Rey quadrangles, southern California. *Geol. Soc. America, Mem.* 29.
Leake, B. E.(1962) On the non-existence of a vacant area in the Hallimond calciferous amphibole diagram. *Jap. Jour. Geol. Geogr.*, Vol. 33, pp. 1-13.
Lewis, G. N., and Randall, M. (Revised by K. S. Pitzer and L. Brewer)(1961) *Thermodynamics*. McGraw-Hill Book Co., New York; internat. student edition, Kogakusha, Tokyo.
Lobjoit, W. M.(1964) Kyanite produced in a granitic aureole. *Mineral. Mag.*, Vol. 33, pp. 804-808.
Long, L. E.(1962) Isotope age study, Dutchess County, New York. *Bull. Geol. Soc. America*, Vol. 73, pp. 997-1006.
Long, L. E., Kulp, J. L., and Eckelmann, F. D.(1959) Chronology of major metamorphic events in the southeastern United States. *Amer. Jour. Sci.*, Vol. 257, pp. 585-603.
Lowry, W. D.(1956) Factors in loss of porosity by quartzose sandstones of Virginia. *Bull. Amer. Assoc. Petrol. Geol.*, Vol. 40, pp. 489-500.
Luth, W. C., Jahns, R. H., and Tuttle, O. F.(1964) The granite system at pressures of 4 to 10 kilobars. *Jour. Geophys. Res.*, Vol. 69, pp. 759-773.
Lyell, C. (1830, 1832, 1833) *Principles of geology*. 1st ed., Vols. 1-3, John Murray, London.

—— (1838) *Elements of geology.* 1st ed., John Murray, London.
Lyons, J. B.(1955) Geology of the Hanover quadrangle, New Hampshire-Vermont. *Bull. Geol. Soc. America*, Vol. 66, pp. 105-146.
MacDonald, G. J. F.(1955) Gibbs free energy of water at elevated temperatures and pressures with application to the brucite-periclase equilibrium. *Jour. Geol.*, Vol. 63, pp. 244-252.
—— (1956) Experimental determination of calcite-aragonite equilibrium relations at elevated temperatures and pressures. *Amer. Mineral.*, Vol. 41, pp. 744-756.
—— (1964) The deep structure of continents. *Science*, Vol. 143, pp. 921-929.
MacGregor, M., and Wilson, G.(1939) On granitization and associated processes. *Geol. Mag.*, Vol. 76, pp. 193-215.
Machatschki, F.(1928) Zur Frage der Struktur und Konstitution der Feldspate. *Centralbl. Min. Geol. Pal., 1928*, Abt. A, pp. 97-104.
—— (1953) *Spezielle Mineralogie auf geochemischer Grundlage.* Springer-Verlag, Wien.
Mackenzie, W. S., and Smith, J. V.(1961) Experimental and geological evidence for the stability of alkali feldspars. *Cursillos Conferencias, Fasc. 8*, pp. 53-69.
Magnusson, N. H.(1960) The Swedish Precambrian outside the Caledonian mountain chain. *Sveriges Geol. Unders.*, Ser. Ba, No. 16 (*Description to accompany the map of the pre-Quaternary rocks of Sweden*), pp. 5-66.
Majumdar, A. J., and Roy, R.(1956) Fugacities and free energies of CO_2 at high pressures and temperatures. *Geochim. Cosmochim. Acta,* Vol. 10, pp. 311-315.
Marshall, R. R.(1957) Isotopic composition of common leads and continuous differentiation of the crust of the earth from the mantle. *Geochim. Cosmochim. Acta*, Vol. 12, pp. 225-237.
Mason, B.(1962) Metamorphism in the southern Alps of New Zealand. *Bull. Amer. Museum Natural Hist.*, Vol. 123, pp. 213-247.
McKee, B.(1962 a) Widespread occurrence of jadeite, lawsonite, and glaucophane in central California. *Amer. Jour. Sci.*, Vol. 260, pp. 596-610.
—— (1962 b) Aragonite in the Franciscan rocks of the Pacheco Pass area, California. *Amer. Mineral.*, Vol. 47, pp. 379-387.
McLintock, W. F. P.(1932) On the metamorphism produced by the combustion of hydrocarbons in the Tertiary sediments of southwest Persia. *Mineral. Mag.*, Vol. 23, pp. 207-226.
光野千春 (1959) 中国地方東部の三郡変成帯概報. 地質学雑誌, 65巻, pp. 49-65.
宮原豊 (1959) 化学熱力学の基礎. 朝倉書店, 東京.
Miyakawa, K.(1961) General considerations on the Sangun metamorphic rocks on the basis of their petrographical features observed in the San-in provinces, Japan. *Jour. Earth Sciences, Nagoya Univ.*, Vol. 9. pp. 345-393.
都城秋穂(1949 a) 「ストレス鉱物」について. 地質学雑誌, 55巻, pp. 211-217.
—— (1949 b) 藍晶石・珪線石・紅柱石の安定関係と変成岩の生成条件. 地質学雑誌, 55巻, pp. 218-223.
Miyashiro. A.(1951) Kyanites in druses in kyanite-quartz veins from Saiho-ri in the Fukushinzan district, Korea. *Jour. Geol. Soc. Japan*, Vol. 57, pp. 59-63.
—— (1953) Calcium-poor garnet in relation to metamorphism. *Geochim. Cosmochim. Acta*, Vol. 4, pp. 179-208.

都城秋穂(1955)　火山岩のなかのパイラルスパイト・ガーネット. 地質学雑誌, 61巻, pp. 463-470.
Miyashiro, A.(1956) Osumilite, a new silicate mineral, and its crystal structure. *Amer. Mineral.*, Vol. 41, pp. 104-116.
—— (1957 a)　Cordierite-indialite relations. *Amer. Jour. Sci.*, Vol. 255, pp. 43-62.
—— (1957 b)　The chemistry, optics and genesis of the alkali-amphiboles. *Jour. Fac. Sci., Univ. Tokyo*, Sec. 2, Vol. 11, pp. 57-83.
—— (1958)　Regional metamorphism of the Gosaisyo-Takanuki district in the central Abukuma Plateau. *Jour. Fac. Sci., Univ. Tokyo*, Sec. 2, Vol. 11, pp. 219-272.
都城秋穂(1959 a)　阿武隈, 領家および三波川変成帯. 地質学雑誌, 65巻, pp. 624-637.
—— (1959 b)　造岩鉱物の単位格子の精密測定. "X線結晶学"(仁田勇監修), pp. 505-513. 丸善株式会社, 東京.
—— (1960 a)　岩石・鉱物の熱力学. 地団研, 東京.
Miyashiro, A.(1960 b)　Thermodynamics of reactions of rock-forming minerals with silica. I-VI. *Jap. Jour. Geol. Geogr.*, Vol. 31, pp. 71-78, 79-84, 107-111, 113-120, 241-246, 247-252.
都城秋穂(1960 c)　先カンブリア神話の衰退——地質年代測定の進歩と Uniformitarianism. 科学, 30巻, pp. 554-560.
—— (1961 a)　岩石の変成作用. "地球の構成"(坪井忠二編), pp. 243-268. 岩波書店, 東京.
Miyashiro, A.(1961 b)　Evolution of metamorphic belts. *Jour. Petrol.*, Vol. 2, pp. 277-311.
都城秋穂(1961 c)　杉健一の生涯と業績. 地球科学, 56号, pp. 35-39.
—— (1962)　岩石学の歴史における四つの段階とわが国の現状. 地質学の諸問題, 第2集(研究課題シンポジウム), pp. 13-27. 日本地質学会.
Miyashiro, A.(1964)　Oxidation and reduction in the earth's crust with special reference to the role of graphite. *Geochim. Cosmochim. Acta*, Vol. 28, pp. 717-729.
都城秋穂・荒牧重雄(1963)　ムル石と菫青石——地学と窯業とのあいだ. 科学, 33巻, pp. 574-580.
Miyashiro, A., and Banno, S.(1958)　Nature of glaucophanitic metamorphism. *Amer. Jour. Sci.*, Vol. 256, pp. 97-110.
都城秋穂・坂野昇平(1961)　地質学の新しい潮流. 地殻における物質移動と交代作用の理論化. 科学, 31巻, pp. 205-210.
都城秋穂・原村寛(1962)　古生層の粘板岩の化学組成. IV. 地質学雑誌, 68巻, pp. 75-82.
Miyashiro, A., and Iiyama, T.(1954)　A preliminary note on a new mineral, indialite, polymorphic with cordierite. *Proc. Japan Acad.*, Vol. 30, pp. 746-751.
Miyashiro, A., and Iwasaki, M.(1957)　Magnesioriebeckite in crystalline schists in Bizan in Sikoku, Japan. *Jour. Geol. Soc. Jap.*, Vol. 63, pp. 698-703.
Miyashiro, A., and Seki, Y.(1958)　Enlargement of the composition field of epidote and piemontite with rising temperature. *Amer. Jour. Sci.*, Vol. 256, pp. 423-430.
Moore, J. G.(1959)　The quartz diorite boundary line in the western United States. *Jour. Geol.*, Vol. 67, pp. 198-210.
—— (1962)　K/Na ratio of Cenozoic igneous rocks of the western United States. *Geochim. Cosmochim. Acta*, Vol. 26, pp. 101-130.
Moore, J. G., Grantz, A., and Blake, M. C., Jr.(1961)　The quartz diorite line in northwestern North America. *U. S. Geol. Surv. Prof. Pap. 424-C*, pp. 87-90.

Morey, G. W., and Williamson, E. D.(1918) Pressure-temperature curves in univariant systems. *Jour. Amer. Chem. Soc.*, Vol. 40, pp. 59-82.
Mueller, R. F.(1960) Compositional characteristics and equilibrium relations in mineral assemblages of a metamorphosed iron formation. *Amer. Jour. Sci.*, Vol. 258, pp. 449-497.
Muir, I. D., and Tilley, C. E.(1958) The compositions of coexisting pyroxenes in metamorphic assemblages. *Geol. Mag.*, Vol. 95, pp. 403-408.
村山正郎・片田正人(1957) 5万分の1地質図幅"赤穂". 地質調査所.
長浜春夫(1962) 長崎県崎戸松島炭田呼子ノ瀬戸断層運動について. 地質学雑誌, 68巻, pp. 199-208.
Nagata, T.(1961) *Rock magnetism.* Revised ed., Maruzen, Tokyo.
中島和一(1960) 大和高原領家帯北縁部の地質. 地球科学, 49号, pp. 1-14.
中谷宇吉郎(1958) 北極の氷. 宝文館, 東京.
Nakayama, I.(1959) Tectonic features of the Sambagawa metamorphic zone, Japan. *Mem. College Sci., Univ. Kyoto*, Ser. B, Vol. 26, pp. 103-110.
Naray-Szabo, I., and Sasvari, K.(1958) On the structure of staurolite $HFe_2Al_9Si_4O_{24}$. *Acta Cryst.*, Vol. 11, pp. 862-865.
Naughton, J. J., and Fujikawa, Y.(1959) Measurement of intergranular diffusion in a silicate system: iron in forsterite. *Nature*, Vol. 184, No. 4688, pp. B. A. 54-56.
Nelson, B. W., and Roy, R.(1958) Synthesis of the chlorites and their structural and chemical constitution. *Amer. Mineral.*, Vol. 43, pp. 707-725.
Newton, R. C., and Kennedy, G. C.(1963) Some equilibrium reactions in the join $CaAl_2 \cdot Si_2O_8$-H_2O. *Jour. Geophys. Res.*, Vol. 68, pp. 2967-2983.
Nicholls, G. D.(1955) The mineralogy of rock magnetism. *Adv. in Physics (Supplement to Phil. Mag.)*, Vol. 4, p. 113-190.
Niggli, E. (1960) Mineral-Zonen der Alpinen Metamorphose in der Schweizer Alpen. *Rep. Internat. Geol. Congress, 21st Sess., Norden*, Pt. 13, pp. 132-138. Copenhagen.
Niggli, P.(1954) *Rocks and mineral deposits* (Translated by R. L. Parkers). W. H. Freeman, San Francisco.
Nixon, P. H., Knorring, O. von, and Rooke, J. M.(1963) Kimberlite and associated inclusions of Basutoland: a mineralogical and geochemical study. *Amer. Mineral.*, Vol. 48, pp. 1090-1132.
Noble, D. C.(1962) Plagioclase unmixing and the lower boundary of the amphibolite facies. *Jour. Geol.*, Vol. 70, pp. 234-240.
Nockolds, S. R.(1947) The relation between chemical composition and paragenesis in the biotite micas of igneous rocks. *Amer. Jour. Sci.*, Vol. 245, pp. 401-420.
Nureki, T.(1960) Structural investigation of the Ryoke metamorphic rocks of the area between Iwakuni and Yanai, southwestern Japan. *Jour. Sci., Hiroshima Univ.*, Ser. C, Vol. 3, No. 1, pp. 69-141.
Oftedahl, Chr.(1959) Volcanic sequence and magma formation in the Oslo region. *Geol. Rundschau*, Vol. 48, pp. 18-26.
—— (1960) Permian rocks and structures of the Oslo region. *Norges Geol. Unders*, No. 208 (*Geology of Norway*), pp. 298-343.
Okamura, Y.(1960) Structural and petrological studies on the Ryoke gneiss and granodiorite complex of the Yanai district, southwest Japan. *Jour. Sci., Hiroshima Univ.*, Ser. C, Vol. 3, No. 2, pp. 143-213.

Oki, Y.(1961 a)　Metamorphism in the northern Kiso Range, Nagano Prefecture, Japan. *Jap. Jour. Geol. Geogr.*, Vol. 32, pp. 479-496.
――(1961 b)　Biotites in metamorphic rocks. *Jap. Jour. Geol. Geogr.*, Vol. 32, pp. 497-506.
Orchinnikov, L. N., and Harris, M. A. (1960)　Absolute age of geological formations of the Urals and the Pre-Urals. *Rep. Internat. Geol. Congress, 21st Sess., Norden*, Pt. 3, pp. 33-45. Copenhagen.
太田昌秀(1963)　隠岐変成岩類. 岩鉱, 49巻, pp. 189-205.
Palache, C., and Vassar, H. E.(1925)　Some minerals of the Keweenawan copper deposits: pumpellyite, a new mineral; sericite, saponite.　*Amer. Mineral.*, Vol. 10, pp. 412-418.
Parras, K.(1958)　On the charnockites in the light of a highly metamorphic rock complex in southwestern Finland.　*Bull. Comm. géol. Finlande*, No. 181.
Pauling, L.(1960)　The nature of the chemical bond. 3rd ed., Cornell University Press, Ithaca. 小泉正夫訳 (1962) "化学結合論" (改訂版). 共立出版株式会社, 東京.
Peacock, M. A.(1935)　On wollastonite and parawollastonite.　*Amer. Jour. Sci.*, Vol. 30, pp. 495-529.
Perrin, R., et Roubault, M.(1937)　Les réactions à l'état solide et la géologie.　*Bull. Serv. Carte géol. l'Algerie*, 5 Sér., Pétrographie, No. 1.
―― and ――(1949)　On the granite problem.　*Jour. Geol.*, Vol. 57, pp. 357-379.
Pettijohn, F. J.(1943)　Archean sedimentation.　*Bull. Geol. Soc. America*, Vol. 54, pp. 925-972.
Philipsborn, H. V.(1928)　Zur graphischen Behandlung quarternärer Systeme.　*Neues Jahrb. Mineral. Geol. Pal.*, Beil.-Bd. 57, pp. 973-1012.
Phillips, F. C.(1928)　Metamorphism in the Upper Devonian of N. Cornwall.　*Geol. Mag.* Vol. 65, pp. 541-556.
――(1930)　Some mineralogical and chemical changes induced by progressive metamorphism in the the Green Bed group of the Scottish Dalradian.　*Mineral. Mag.*, Vol. 22, pp. 239-256.
Pichamuthu, C. S.(1953)　*The charnockite problem.*　Mysore Geologists' Assoc., Bangalore, India.
Pistorius, C. W. F. T., and Kennedy, G. C.(1960)　Stability relations of grossularite and hydrogrossularite at high temperatures and pressures.　*Amer. Jour. Sci.*, Vol. 258, pp. 247-257.
Plas, L. van der(1959)　Petrology of the northern Adula region, Switzerland.　*Leid. Geol. Mededel.*, Vol. 24, pp. 411-602.
Poldervaart, A.(1955)　Chemistry of the earth's crust.　*Geol. Soc. America, Spec. Pap.* 62 (*Curst of the Earth*), pp. 119-144.
Poldervaart, A., and Hess, H. H.(1951)　Pyroxenes in the crystallization of basaltic magma.　*Jour. Geol.*, Vol. 59, pp. 472-489.
Polkanov, A. A., and Gerling, E. A.(1960)　The pre-Cambrian geochronology of the Baltic shield. *Rep. Internat. Geol. Congress, 21st Sess., Norden*, Pt. 9, pp. 183-191.
Rabitt, J. C.(1948)　A new study of the anthophyllite series.　*Amer. Mineral.*, Vol. 33, pp. 263-323.
Ramberg, H.(1944, 1945)　The thermodynamics of the earth's crust. I, II.　*Norsk Geol. Tidsskr.*, Vol. 24, pp. 98-111; Vol. 25, pp. 307-326.

—— (1945) Petrological significance of sub-solidus phase transitions in mixed crystals. *Norsk Geol. Tidsskr.*, Vol. 24, pp. 42-73.
—— (1948) Radial diffusion and chemical stability in the gravitational field. *Jour. Geol.*, Vol. 56, pp. 448-458.
—— (1949) The facies classification of rocks: a clue to the origin of quartzo-feldspathic massifs and veins. *Jour. Geol.*, Vol. 57, pp. 18-54.
—— (1951) Remarks on the average chemical composition of granulite and amphibolite-to-epidote amphibolite facies gneisses in west Greenland. *Medd. Dansk Geol. Foren.*, Vol. 12, pp. 27-34.
—— (1952 a) Chemical bonds and distribution of cations in silicates. *Jour. Geol.*, Vol. 60, pp. 331-355.
—— (1952 b) *The origin of metamorphic and metasomatic rocks.* University of Chicago Press, Chicago.
Ramberg, H., and DeVore, G.(1951) The distribution of Fe^{++} and Mg^{++} in coexisting olivines and pyroxenes. *Jour. Geol.*, Vol. 59, pp. 193-210.
Rankama, K., and Sahama, Th. G.(1950) *Geochemistry.* University of Chicago Press, Chicago.
Rast, N.(1958) Metamorphic history of the Schichallion complex, Perthshire. *Trans. Roy. Soc. Edinburgh*, Vol. 63, pp. 413-431.
Read, H. H.(1935) The gabbros and associated xenolithic complexes of the Haddo House district, Aberdeenshire. *Quart. Jour. Geol. Soc. London*, Vol. 91, pp. 591-638.
—— (1952) Metamorphism and migmatization in the Ythan Valley, Aberdeenshire. *Trans. Edinburgh Geol. Soc.*, Vol. 15, pp. 265-279.
—— (1957) *The granite controversy.* Thomas Murby, London.
—— (1961) Aspects of Caledonian magmatism in Britain. *Liverpool and Manchester Geol. Jour.*, Vol. 2, pp. 653-683.
Reed, J. J.(1958) Regional metamorphism in southeast Nelson. *Geol. Surv. New Zealand Bull. N. S. 60.*
Reynolds, D. L.(1946) The sequence of geochemical changes leading to granitization. *Quart. Jour. Geol. Soc. London*, Vol. 102, pp. 389-447.
—— (1947) Hercynian Fe-Mg metasomatism in Cornwall: a reinterpretation. *Geol. Mag.*, Vol. 84, pp. 33-50.
Ringwood, A. E.(1955) The principles governing trace element distribution during magmatic crystallization. I, II. *Geochim. Cosmochim. Acta*, Vol. 7, pp. 189-202, 242-254.
—— (1962) A model for the upper mantle, 2. *Jour. Geophys. Res.*, Vol. 67, pp. 4473-4477.
Ringwood, A. E., and Seabrook, M.(1962 a) High pressure transition of $MgGeO_3$ from pyroxene to corundum structure. *Jour. Geophys. Res.*, Vol. 67, pp. 1690-1691.
—— and —— (1962 b) Some high-pressure transformations in pyroxenes, *Nature*, Vol. 196, pp. 883-884.
Robertson, E. C., Birch, F., and MacDonald, G. J. F.(1957) Experimental determination of jadeite stability relations to 25,000 bars. *Amer. Jour. Sci.*, Vol. 255, pp. 115-135.
Roedder, E.(1958) Technique for the extraction and partial chemical analysis of fluid-filled inclusions from minerals. *Econ. Geol.*, Vol. 53, pp. 235-269.
—— (1962) Ancient fluids in crystals. *Scientific American*, Vol. 207, No. 10, pp. 38-47.

Roever, W. P. de(1955 a)　Genesis of jadeite by low-grade metamorphism. *Amer. Jour. Sci.*, Vol. 253, p. 283-298.
—— (1955 b)　Some remarks concerning the origin of glaucophane in the North Berkeley Hills, California. *Amer. Jour. Sci.*, Vol. 253, pp. 240-244.
—— (1956)　Some differences between post-Paleozoic and older regional metamorphism. *Geol. en Mijnb.* (*N. S.*), Vol. 18, p. 123-127.
Rosenbusch, H.(1877)　Die Steiger Schiefer und ihre Contactzone an der Granititen von Barr-Andlau und Hohwald. *Abh. zur geol. Specialkarte von Elsass-Lothringen*, Vol. 1, pp. 79-393.
—— (1910)　*Elemente der Gesteinslehre.* Schweizerbart'sche Verlagsbuchhandlung Stuttgart.
Rosenfeld, J. L.(1956)　Paragonite in the schist of Glebe Mt., southern Vermont. *Amer. Mineral.*, Vol. 41, pp. 144-147.
Rosenfeld, J. L., Thompson, J. B., and Zen, E-an(1958)　Data on coexistent muscovite and paragonite. *Program, 1958 Annual meeting, Geol. Soc. America*, p. 133.
Rosenqvist, I. Th.(1952)　The metamorphic facies and the feldspar minerals. *Univ. Bergen, Årbok. 1952, Naturv. rekke*, No. 4, pp. 1-108.
Rossini, F. D.(1950)　*Chemical thermodynamics.* John Wiley, New York.
Rossini, F. D., Wagman, D. D., Evans, W. H., Levine, S., and Jaffe, I.(1952)　Selected values of chemical thermodynamic properties. *National Bureau of Standards, Circular 500.*
Roy, D. M., and Roy, R.(1957)　A re-determination of equilibria in the system $MgO-H_2O$ and comments on earlier work. *Amer. Jour. Sci.*, Vol. 255, pp. 573-582.
Saha, P.(1961) The system $NaAlSiO_4$(nepheline)-$NaAlSi_3O_8$(albite)-H_2O. *Amer. Mineral.*, Vol. 46, pp. 859-884.
Salotti, C. A.(1962)　Anthophyllite within the albite-epidote hornfels facies, Fremont County, Colorado. *Amer. Mineral.*, Vol. 47, pp. 1055-1066.
Santo, T.(1961)　Division of the southwestern Pacific area into several regions in each of which Rayleigh waves have the same dispersion characters. *Bull. Earthquake Res. Inst.*, Vol. 39, pp. 603-630.
—— (1963)　Division of the Pacific area into seven regions in each of which Rayleigh waves have the same group velocities. *Bull. Earthquake Res. Inst.*, Vol. 41, pp. 719-741.
Schairer, J. F., and Boyd, F. R., Jr.(1957)　Pyroxenes. *Annual Rep. Director Geophys. Lab. for 1956-1957*, pp. 223-225.
Scheidegger, A. E.(1960)　*The physics of flow through porous media.* Revised ed., University of Toronto Press, Canada.
Scheumann, K. H.(1961) "Granulit", ein petrographische Definition. *Neues Jahrb. Mineral. Monatsh.*, Vol. 4, pp. 75-80.
Schieferdecker, A. A. G.(1959)　*Geological Nomenclature.* Royal Geol. Mining Soc. Netherlands. Gorinchem, Holland.
Schmidt, K.(1960)　Zum gegenwärtigen Stand der Erforschung des finnischen Grundgebirges. *Geologie*, Vol. 9, pp. 391-417.
Schürmann, H.(1960)　Petrographische Untersuchung der Gleesite des Laacher Seegebietes. *Beiträge zur Mineral. Petrogr.*, Vol. 7, pp. 104-136.
Scott, H. S.(1948)　The decrepitation method applied to minerals with fluid inclusions.

Econ. Geol., Vol. 43, pp. 637-654.
Sederholm, J. J. (1891) Studien über archaeische Eruptivgesteine aus dem südwestlichen Finnland. *Tschermaks Min. Petr. Mitt.*, Vol. 12, pp. 134-142.
―― (1907) Om granit och gneis. *Bull. Comm. géol. Finlande*, No. 23.
―― (1923, 1926) On migmatites and associated Pre-Cambrian rocks of southwestern Finland. I, II. *Bull. Comm. géol. Finlande*, Nos. 58 and 77.
―― (1925) The average composition of the earth's crust in Finland. *Bull. Comm. géol. Finlande*, No. 70.
―― (1932) On the geology of Fennoscandia with special reference to the Pre-Cambrian. *Bull. Comm. géol. Finlande*, No. 98.
Seith, W.(1939) Diffusion in Metallen. Springer-Verlag, Berlin. 橋口隆吉訳 (1948) "金属に於ける拡散". 丸善, 東京.
Seitsaari, J.(1951) The schist belt northeast of Tampere in Finland. *Bull. Comm. géol. Finlande*, No. 153, pp. 1-120.
―― (1953) A blue-green hornblende and its genesis from the Tampere schist belt. *Bull. Comm. géol. Finlande*, No. 159, pp. 83-95.
Seki, Y.(1957) Petrological study of hornfelses in the central part of the Mediam Zone of Kitakami Mountainland, Iwate Prefecture. *Sci. Rep. Saitama Univ.*, Ser. B, Vol. 2, pp. 309-361.
―― (1958) Glaucophanitic regional metamorphism in the Kanto Mountains, central Japan. *Jap. Jour. Geol. Geogr.*, Vol. 29, pp. 233-258.
―― (1959) Petrological studies on the Circum-Hida crystalline schists. I. *Sci. Rep. Saitama Univ.*, Ser. B, Vol. 3, pp. 209-220.
―― (1960) Jadeite in Sanbagawa crystalline schists of central Japan. *Amer. Jour. Sci.*, Vol. 258, pp. 705-715.
―― (1961 a) Pumpellyite in low-grade regional metamorphism. *Jour. Petrol.*, Vol. 2, pp. 407-423.
―― (1961 b) Geology and metamorphism of Sanbagawa crystalline schists in the Tenryu district, central Japan. *Sci. Rep. Saitama Univ.*, Ser. B, Vol. 4, pp. 75-92.
―― (1961 c) Calcareous hornfelses in the Arisu district of the Kitakami mountains, northeastern Japan. *Jap. Jour. Geol. Geogr.*, Vol. 32, pp. 55-78.
関陽太郎(1964) カリフォルニア州フランシスカン層の変成作用. 岩鉱, 51巻, pp. 244-258
Seki, Y.(1965) Prehnite in low-grade metamorphism. *Sci. Rep. Saitama Univ.*, Ser. B. Vol. 5, pp. 29-43.
Seki, Y., Aiba, M., and Kato, C.(1960) Jadeite and associated minerals of the meta-gabbroic rocks in the Sibukawa district, central Japan. *Amer. Mineral.*, Vol. 45, pp. 668-679.
Seki, Y., and Ogino, I.(1960) Notes on rock-forming minerals (15). Pumpellyite in crystalline schists from the Yaguki district, Hukusima Prefecture, Japan. *Jour. Geol. Soc. Japan*, Vol. 66, pp. 548-550.
関陽太郎・大場忠道・森隆二・栗谷川幸子(1964) 紀伊半島中央部の三波川変成作用. 岩鉱, 52巻, pp. 73-89.
Seki, Y., and Shido, F.(1959) Finding of jadeite from the Sanbagawa and Kamuikotan metamorphic belts, Japan. *Proc. Japan Acad.*, Vol. 35, pp. 137-138.
Seki, Y., and Yamasaki, M.(1957) Aluminian ferroanthophyllite from the Kitakami Mountainland, north-eastern Japan. *Amer. Mineral.*, Vol. 42, pp. 506-520.

Sen, S. K.(1959) Potassium content of natural plagioclases and the origin of antiperthite. *Jour. Geol.*, Vol. 67, pp. 479-495.

Sharp, W. E.(1962) The thermodynamic functions for water in the range -10 to $1000°C$ and 1 to 250,000 bars. *University of California, Lawrence Radiation Laboratory, UCRL-7118*.

Shaw, D. M.(1957) Some recommendations regarding metamorphic nomenclature. *Proc. Geol. Assoc. Canada*, Vol. 9, pp. 69-81.

Shido, F.(1958) Plutonic and metamorphic rocks of the Nakoso and Iritono districts in the central Abukuma Plateau. *Jour. Fac. Sci., Univ. Tokyo*, Sec. 2, Vol. 11, pp. 131-217.

―― (1959) Notes on rock-forming minerals(9). Hornblende-bearing eclogite from Gongen-yama of Higashi-Akaisi in the Bessi district, Sikoku. *Jour. Geol. Soc. Japan*, Vol. 65, pp. 701-703.

Shido, F., and Miyashiro, A.(1959) Hornblendes of basic metamorphic rocks. *Jour. Fac. Sci., Univ. Tokyo*, Sec. 2, Vol. 12, pp. 85-102.

Shido, F., and Seki, Y.(1959) Notes on rock-forming minerals (11). Jadeite and hornblende from the Kamuikotan metamorphic belt. *Jour. Geol. Soc. Japan*, Vol. 65, pp. 673-677.

Shimazu, Y.(1961 a) A geophysical study of regional metamorphism. *Japanese Jour. Geophys.*, Vol. 2, pp. 135-176.

島津康男 (1961 b) 広域変成作用と地殻の物理的性質. 地球科学, 53 号, pp. 32-39.

―― (1963) 地質現象のエネルギー解析. 地球科学, 65 号, pp. 24-32.

Simmons, G., and Bell, P.(1963) Calcite-aragonite equilibrium. *Science*, Vol. 139, No. 3560, pp. 1197-1198.

Simonen, A.(1953) Stratigraphy and sedimentation of the Svecofennidic, early Archean supracrustal rocks in southwestern Finland. *Bull. Comm. géol. Finlande*, No. 160, pp. 1-64.

―― (1960 a) Pre-Cambrian stratigraphy of Finland. *Rep. Internat. Geol. Congress, 21st Sess., Norden*, Pt. 9, pp. 141-153.

―― (1960 b) Plutonic rocks of the Svecofennides in Finland. *Bull. Comm. géol. Finlande*, No. 189.

―― (1960 c) Pre-Quaternary rocks in Finland. *Bull. Comm. géol. Finlande*, No. 191.

Skinner, B. J.(1956) Physical properties of end-members of the garnet group. *Amer. Mineral.*, Vol. 41, pp. 428-436.

Smith, F. G.(1953 a) *Historical development of inclusion thermometry*. University of Toronto Press, Canada.

―― (1953 b) Decrepitation characteristics of some high grade metamorphic rocks. *Amer. Mineral.*, Vol. 38, pp. 448-462.

Smith, F. G., and Peach, P. A.(1949) Apparatus for recording of decrepitation in minerals. *Econ. Geol.*, Vol. 44, pp. 449-450.

Smith, J. R.(1958) The optical properties of heated plagioclases. *Amer. Mineral.*, Vol. 43, pp. 1179-1194.

Smith, J. V.(1954) A review of the Al-O and Si-O distances. *Acta Cryst.*, Vol. 7, pp. 479-481.

―― (1962) Genetic aspects of twinning in feldspars. *Norsk Geol. Tidsskr.*, Vol. 42. 2. Halvbind (*Feldspar volume*), pp. 244-263.

Smith, J. V., and Bailey, S. W.(1963) Second review of Al-O and Si-O tetrahedral distances. *Acta Cryst.*, Vol. 16, pp. 801-811.
Smith, J. V., and Yoder, H. S., Jr.(1956) Experimental and theoretical studies of the mica polymorphs. *Mineral. Mag.*, Vol. 31, pp. 209-235.
Snelling, N. J.(1957) Notes on the petrology and mineralogy of the Barrovian metamorphic zones. *Geol. Mag.*, Vol. 94, pp. 297-304.
Soen, Oen Ing(1958) The geology, petrology and ore deposits of Viseu region, northern Portugal. *Geologisch Instituut Mededeling*, No. 247. Univ. Amsterdam.
Sorby, H. C.(1856) On the microscopical structure of mica-schist. *British Assoc. Adv. Sci., Sections*, p. 78.
───(1858) On the microscopic structure of crystals, indicating the origin of minerals and rocks. *Jour. Geol. Soc. London*, Vol. 14, pp. 453-500.
Sörensen, H.(1961) Symposium on migmatite nomenclature. *Rep. Internat. Geol. Congress, 21st Sess., Norden*, Pt. 26, pp. 54-78.
Spry, A.(1963) The occurrence of eclogite on the Lyell Highway, Tasmania. *Mineral. Mag.*, Vol. 33, pp. 589-593.
Stevenson, J. S.(1962) The tectonics of the Canadian shield. *Roy. Soc. Canada, Special Publ.*, No. 4 (Univ. Toronto Press).
Stewart, F. H.(1942) Chemical data on a silica-poor argillaceous hornfels and its constituent minerals. *Mineral. Mag.*, Vol. 26, pp. 260-266.
───(1946) The gabbroic complex of Belhelvie in Aberdeenshire. *Quart. Jour. Geol. Soc. London*, Vol. 102, pp. 465-498.
Stishov, S. M., and Popova, S. V.(1961) New dense polymorphic modification of silica. *Geokhimiya*, 1962, pp. 837-839.
Strunz, H.(1941) *Mineralogische Tabellen*. Akademische Verlagsgesellschaft, Leipzig. (3rd ed., 1957).
Sturt, B. A.(1962) The composition of garnets from pelitic schists in relation to the grade of regional metamorphism. *Jour. Petrol.*, Vol. 3, pp. 181-191.
Sturt, B. A., and Harris, A. L.(1961) The metamorphic history of the Loch Tummel area, central Perthshire, Scotland. *Liverpool and Manchester Geol. Jour.*, Vol. 2, pp. 689-711.
Subramaniam, A. P.(1959) Charnockite of the type area near Madras──a reinterpretation. *Amer. Jour. Sci.*, Vol. 257, pp. 321-353.
───(1962) Pyroxenes and garnets from charnockites and associated granulites. *Petrologic studies: A volume in honor of A. F. Buddington*, pp. 21-36. Geol. Soc. America.
Sugi, K.(1930) On the granitic rocks of Tsukuba district and their associated injection-rocks. *Jap. Jour. Geol. Geogr.*, Vol. 8, pp. 29-112.
───(1931) On the metamorphic facies of the Misaka series in the vicinity of Nakagawa, Province Sagami. *Jap. Jour. Geol. Geogr.*, Vol. 9, pp. 87-142.
杉健一(1933) 日本変成岩総説, 特に所謂領家変成岩類に就いて. 岩波講座"地質学, 古生物学, 鉱物学, 岩石学".
杉村新(1958) 七島-東北日本-千島活動帯. 地球科学, 37号, pp. 34-39.
Sugimura, A.(1960) Zonal arrangement of some geophysical and petrological features in Japan and its environs. *Jour. Fac. Sci., Univ. Tokyo*, Sec. 2, Vol. 12, pp. 133-153.
Sundius, N.(1933) Über die Mischungslücken zwischen Anthophyllit-Gedrit, Cummingtonit-Grünerit und Tremolit-Aktinolith. *Tschermaks Mineral. Petrogr. Mitt.*, Vol.

43, pp. 422-440.
Sutton, J.(1960) Some structural problems in the Scottish Highlands, *Rep. Internat. Geol. Congress, 21st Sess., Norden*, Pt. 18, pp. 371-383.
Sutton, J., and Watson, J.(1951 a) The pre-Torridonian metamorphic history of the Loch Torridon and Scourie areas in the North-West Highlands, and its bearing on the chronological classification of the Lewisian. *Quart. Jour. Geol. Soc. London*, Vol. 106, pp. 241-307.
—— and —— (1951 b) Varying trends in the metamorphism of dolerites. *Geol. Mag.*, Vol. 88, pp. 25-35.
Suwa, K.(1961) Petrological and geological studies on the Ryoke metamorphic belt. *Jour. Earth Sci. Nagoya Univ.*, Vol. 9, pp. 244-303.
Suzuki, J.(1930 a) Petrological study of the crystalline schist system of Shikoku, Japan. *Jour. Fac. Sci., Hokkaido Imp. Univ.*, Ser. 4, Vol. 1, pp. 27-111.
—— (1930 b) Über die Staurolith-Andalusit Paragenesis im Glimmergneis von Piodina bei Brissago (Tessin). *Schweiz. Mineral. Petrogr. Mitt.*, Vol. 10, pp. 117-132.
鈴木醇(1932) 日本結晶片岩. 岩波講座"地質学, 古生物学, 鉱物学, 岩石学".
Suzuki, J.(1934) On some soda-pyroxene and -amphibole bearing quartz schists from Hokkaido. *Jour. Fac. Sci., Hokkaido Imp. Univ.*, Ser. 4, Vol. 2, pp. 339-353.
—— (1939) A note on soda-amphiboles in crystalline schists from Hokkaido. *Jour. Fac. Sci., Hokkaido Imp. Univ.*, Ser. 4, Vol. 4, pp. 507-519.
Suzuki, J., and Suzuki, Y.(1959) Petrological study of the Kamuikotan metamorphic complex in Hokkaido, Japan. *Jour. Fac. Sci., Hokkaido Univ.*, Ser. 4, Vol. 10, pp. 349-446.
Taliaferro, N. L.(1943) Franciscan-Knoxville problem. *Bull. Amer. Assoc. Petrol. Geol.*, Vol. 27, pp. 109-219.
田崎耕市(1964) 神居古潭帯南部の変成岩類. 地球科学, No. 71, pp. 8-17.
Termier, P.(1904) Les schistes cristallins des Alpes occidentals. *Internat. Geol. Congress, 9th Sess. Vienne, C. R.*, Vol. 2, pp. 571-586.
Thomas, H. H.(1922) On certain xenolithic Tertiary minor intrusions in the island of Mull. *Quart. Jour. Geol. Soc. London*, Vol. 78, pp. 229-259.
Thompson, J. B., Jr.(1955) The thermodynamic basis for the mineral facies concept. *Amer. Jour. Sci.*, Vol. 253, pp. 65-103.
—— (1957) The graphical analysis of mineral assemblages in pelitic schists. *Amer. Mineral.*, Vol. 42, pp. 842-858.
—— (1959) Local equilibrium in metasomatic processes. *Researches in Geochemistry* (edited by P. H. Abelson), pp. 427-457. John Wiley, New York.
Tilley, C. E.(1923) The petrology of the metamorphosed rocks of the Start area (south Devon). *Quart. Jour. Geol. Soc. London*, Vol. 79, pp. 172-204.
—— (1924 a) The facies classification of metamorphic rocks. *Geol. Mag.*, Vol. 61, pp. 167-171.
—— (1924 b) Contact metamorphism in the Comrie area of the Perthshire Highlands. *Quart. Jour. Geol. Soc. London*, Vol. 80, pp. 22-70.
—— (1925) A preliminary survey of metamorphic zones in the southern Highlands of Scotland. *Quart. Jour. Geol. Soc. London*, Vol. 81, pp. 100-112.
—— (1935) Metasomatism associated with the greenstone-hornfelses of Kenidjack and Botallack, Cornwall. *Mineral. Mag.*, Vol. 24, pp. 181-202.

―― (1963) The paragenesis of kyanite-eclogites. *Mineral. Mag.*, Vol. 24, pp. 422-432.
―― (1947) Hercynian Fe-Mg metasomatism in Cornwall. *Geol. Mag.*, Vol. 84, p. 119.
―― (1948 a) On iron-wollastonites in contact skarns: an example from Skye. *Amer. Mineral.*, Vol. 33, pp. 736-738.
―― (1948 b) Earlier stages in the metamorphism of siliceous dolomites. *Mineral. Mag.*, Vol. 28, pp. 272-276.
―― (1951) A note on the progressive metamorphism of siliceous limestones and dolomites. *Geol. Mag.*, Vol. 88, pp. 175-178.
―― (1958) Paragenesis of anthophyllite and hornblende from the Bancroft area, Ontario. *Amer. Mineral.*, Vol. 42, pp. 412-416.
Tobi, A. C.(1962) Characteristic patterns of plagioclase twinning. *Norsk Geol. Tidsskr.*, Vol. 42, 2. Halvbind (*Feldspar Volume*), pp. 264-271.
Trögger, E.(1959) Die Granatgruppe : Beziehungen zwischen Mineralchemismus und Gesteinsart. *Neues Jahrb. Mineral., Abh.*, Vol. 93, pp. 1-44.
Tuominen, H. V., and Mikkola, T. (1950) Metamorphic Mg-Fe enrichment in the Orijärvi region as related to folding. *Bull. Comm. géol. Finlande*, No. 150, pp. 67-92.
Turner, F. J.(1938) Progressive regional metamorphism in southern New Zealand. *Geol. Mag.*, Vol. 75, pp. 160-174.
―― (1941) The development of pseudostratification by metamorphic differentiation in the schists of Otago, New Zealand. *Amer. Jour. Sci.*, Vol. 239, pp. 1-16.
―― (1948) Mineralogical and structural evolution of the metamorphic rocks. *Geol. Soc. America, Mem. 30*.
Turner, F. J., and Verhoogen, J. (1951, 1960) *Igneous and metamorphic petrology*. 1st and 2nd ed., McGraw Hill Book Co., New York.
Tuttle, O. F.(1949) Structural petrology of planes of liquid inclusions. *Jour. Geol.*, Vol. 57, pp. 331-356.
Tuttle, O. F., and Bowen, N. L.(1958) Origin of granite in the light of experimental studies in the system $NaAlSi_3O_8-KAlSi_3O_8-SiO_2-H_2O$. *Geol. Soc. America, Mem. 74*.
Tuttle, O. F., and Harker, R. I.(1957) Synthesis of spurrite and the reaction wollastonite+calcite ⇌ spurrite+carbon dioxide. *Amer. Jour. Sci.*, Vol. 255, pp. 226-234.
植田俊朗(1961) 熊本県八代地方の対照的な2つの広域変成地域. 地質学雑誌, 67巻, pp. 526-539.
Umbgrove, J. H. F.(1947) *The pulse of the earth*. 2nd ed., Martinus Nijhoff, The Hague.
宇野達二郎(1961) 茨城県筑波地方の変成岩. 地質学雑誌, 67巻, pp. 228-236.
Uyeda, S.(1958) Thermo-remanent mangetism as a medium of palaeomagnetism, with special reference to reverse thermo-remanent magnetism. *Jap. Jour. Geophys.*, Vol. 2, pp. 1-123.
Vallance, T. G.(1953) Studies in the metamorphic and plutonic geology of the Wantabadgery-Adelong-Tumbarumba district, N. S. W. I, II. *Proc. Linn. Soc. N. S. W.*, Vol. 78, pp. 90-121, 181-196.
Van't Hoff, J. H.(1912) *Untersuchungen über die Bildungsverhältnisse der ozeanischen Salzablagerungen*. Akademische Verlagsgesellschaft, Leipzig.
Verhoogen, J.(1948) Geological significance of surface tension. *Jour. Geol.*, Vol. 56, pp.

210-217.

――― (1952) Ionic diffusion and electrical conductivity in quartz. *Amer. Mineral.*, Vol. 37, pp. 637-655.

Vinogradov, A. P., and Tugarinov, A. I.(1962) Problems of geochronology of the pre-Cambrian in eastern Asia. *Geochim. Cosmochim. Acta*, Vol. 26, pp. 1283-1300.

Vogt, Th.(1927) Sulitelmafeltets geologi og petrografi. *Norges Geol. Unders.*, No. 121.

Waard, D. de(1959) Anorthite content of plagioclase in basic and pelitic crystalline schists as related to metamorphic zoning in the Usu massif, Timor. *Amer. Jour. Sci.*, Vol. 257, pp. 553-562.

Wager, L. R., and Deer, W. A.(1939) The petrology of the Skaergaard intrusion, Kangerdlugssuaq, East Greenland. *Meddelelser om Grönland*, Vol. 105, No. 4.

Wahl, W. A.(1936) The granites of the Finnish part of the Svecofennian Archaean mountain chain. *Bull. Comm. géol. Finlande*, No. 115, pp. 489-505.

Walter, L. S.(1963) Data on the fugacity of CO_2 in mixtures of CO_2 and H_2O. *Amer. Jour. Sci.*, Vol. 261, pp. 151-156.

Ward, R. F.(1959) Petrology and metamorphism of the Wilmington complex, Delaware, Pennsylvania, and Maryland. *Bull. Geol. Soc. America*, Vol. 70, pp. 1425-1458.

Washington, H. S.(1901) A chemical study of the glaucophane schists. *Amer. Jour. Sci.*, 4th Ser., Vol. 11, pp. 35-59.

渡辺岩井・牛来正夫・黒田吉益・大野勝次・砥川隆二(1955) 阿武隈高原の火成活動. 地球科学, 24号, pp.1-11.

渡辺貫(1935) 地学辞典. 古今書院, 東京.

Weeks, W. F.(1956) A thermochemical study of equilibrium relations during metamorphism of siliceous carbonate rocks. *Jour. Geol.*, Vol. 64, pp. 245-270.

Wegmann, C. E.(1935) Zur Deutung der Migmatite. *Geol. Rundschau*, Vol. 26, pp. 305-350.

Wells, A. F.(1950) *Structural inorganic chemistry*. 2nd ed., Clarendon Press, Oxford.

Westerveld, J.(1956) Roches eruptives, gites metalliferes, et metamorphisme entre mangualde et le douro dans le nord du Portugal. *Geol. Mijnb. (Nw. Ser.)*, Vol. 18, pp. 94-105.

White, A. J. R.(1962) Aegirine-riebeckite schist from south Westland, New Zealand. *Jour. Petrol.*, Vol. 3, pp. 38-48.

Whittaker, E. J. W.(1960) The crystal chemistry of the amphiboles. *Acta Cryst.*, Vol. 13, pp. 291-298.

Wickman, F. E.(1943) Some aspects of the geochemistry of igneous rocks and of differentiation by crystallization. *Geol. Fören. Stockholm Förh.*, Vol. 65, pp. 371-396.

Williams, A. F.(1932) *The genesis of the diamond*, Vols. 1-2. Ernst Benn, London.

Williams, H., Turner, F. J., and Gilbert, C. M.(1955) *Petrography*. Freeman, San Francisco.

Wilson, A. F., Compston, W., Jeffery, P. M., and Riley, G. H.(1960) Radioactive ages from the Precambrian rocks in Australia. *Jour. Geol. Soc. Australia*, Vol. 6, pp. 179-195.

Wilson, J. Tuzo(1962) The structure and origin of continents. *I. C. S. U. Review*, Vol. 4, pp. 205-215.

――― (1963 a) Continental drift. *Scientific American*, Vol. 208, No. 4, pp. 86-100. 邦訳(1963) 大陸の漂移. 科学, 33巻, pp. 413-417, 456-461.

——(1963 b) Hypothesis of earth's behaviour. *Nature*, Vol. 198, No. 4884, pp. 925-929.
Wiseman, J. D. H.(1934) The central and south-west Highland epidiorites: a study in progressive metamorphism. *Quart. Jour. Geol. Soc. London*, Vol. 90, pp. 354-417.
Woollard, G. P., and Strange, W. E.(1962) Gravity anomalies and the crust of the earth in the Pacific basin. *Amer. Geophys. Union., Geophys. Monogr.*, No. 6 *(The crust of the Pacific basin)*, pp. 60-80.
Wyllie, P. J.(1962) The effect of 'impure' pore fluids on metamorphic dissociation reactions. *Mineral. Mag.*, Vol. 33, pp. 9-25.
Wyllie, P. J., and Tuttle, O. F.(1961) Hydrothermal melting of shales. *Geol. Mag.*, Vol. 98, pp. 56-66.
山口貴雄(1951) 所謂漣川系とその regional metamorphism について. 地質学雑誌, 57巻, pp. 419-437.
Yamamoto, H.(1962) Plutonic and metamorphic rocks along the Usuki-Yatsushiro tectonic line in the western part of central Kyushu. *Bull. Fukuoka Gakugei Univ.*, Vol. 12, pp. 93-172.
山本博達(1964) 熊本市東方木山地区の変成岩. 九大理学部研究報告, 地質学, 7巻, pp. 33-45.
山下昇(1957) 構造帯から基盤をさぐる. 地球科学, 32号, pp. 1-26.
Yen, T. P.(1954 a) The gneisses of Taiwan. *Bull. Geol. Surv. Taiwan*, No. 5, pp. 1-100.
——(1954 b) The green rocks of Taiwan. *Bull. Geol. Surv. Taiwan*, No. 7, pp. 1-46.
——(1959 a) Soda-amphibole-quartz schist from Taiwan. *Proc. Geol. Soc. China*, No. 2, pp. 153-156.
——(1959 b) The minerals of the Tananao schist of Taiwan. *Bull. Geol. Surv. Taiwan*, No. 11, pp. 1-54.
——(1960) A stratigraphical study of the Tananao schist in northern Taiwan. *Bull. Geol. Surv. Taiwan*, No. 12, pp. 53-66.
——(1962) The grade of metamorphism of the Tananao schist. *Proc. Geol. Soc. China*, No. 5, pp. 101-108.
——(1963) The metamorphic belts within the Tananao schist terrain of Taiwan. *Proc. Geol. Soc. China*, No. 6, pp. 72-74.
Yoder, H. S., Jr.(1950) Stability relations of grossularite. *Jour. Geol.*, Vol. 58, pp. 221-253.
——(1952) The $MgO-Al_2O_3-SiO_2-H_2O$ system and the related metamorphic facies. *Amer. Jour. Sci., Bowen Vol.*, pp. 569-627.
——(1955) Role of water in metamorphism. *Geol. Soc. America, Spec. Pap.* 62 *(Crust of the Earth)*, pp. 505-523.
——(1959) Experimental studies on micas: a synthesis. *Proc. 6th Nat. Conf. on Clays and Clay Minerals*, pp. 42-60. Pergamon Press, London.
Yoder, H. S., Jr., and Chinner, G. A.(1960) Almandite-pyrope-water system at 10,000 bars. *Annual Rep. Director Geophys. Lab. for 1959-1960*, pp. 81-84.
Yoder, H. S., Jr., and Eugster, H. P.(1955) Synthetic and natural muscovite. *Geochim. Cosmochim. Acta*, Vol. 8, pp. 225-280.
Yoder, H. S., Jr., and Tilley, C. E.(1962) Origin of basalt magmas: an experimental study of natural and synthetic rock systems. *Jour. Petrol.*, Vol. 3, pp. 342-532.
吉井正敏(1936) 南洋諸島非石灰岩石略記. 東北大地質古生物邦文報告, 22号.
吉村尚久(1961) 北海道渡島福島地域の中新世火山砕屑岩中の沸石. 地質学雑誌, 67巻,

pp. 578-583.

吉永真弓(1958) 熱変成における二三のマンガン鉱物の平衡に関する熱力学的考察. 鉱物学雑誌, 3巻, pp. 406-417.

Yoshino, G.(1961) Structural-petrological studies of peridotite and associated rocks of the Higashi-Akaishi-yama district, Shikoku, Japan. *Jour. Sci. Hiroshima Univ.,* Ser. C, Vol. 3, Nos. 3-4, pp. 343-402.

Yui, S.(1962) Notes on rock-forming minerals(24). Stilpnomelane from the Motoyasu mine, Sikoku. *Jour. Geol. Soc. Japan,* Vol. 68, pp. 597-600.

Zen, E-an(1960) Metamorphism of Lower Paleozoic rocks in the vicinity of the Taconic range in west-central Vermont. *Amer. Mineral.,* Vol. 45, pp. 129-175.

―― (1961 a) Mineralogy and petrology of the system Al_2O_3-SiO_2-H_2O in some pyrophyllite deposits of North Carolina. *Amer. Mineral.,* Vol. 46, pp. 52-66.

―― (1961 b) The zeolite facies: an interpretation. *Amer. Jour. Sci.,* Vol. 259, pp. 401-409.

―― (1963) Components, phases, and criteria of chemical equilibrium in rocks. *Amer. Jour. Sci.,* Vol. 261, pp. 929-942.

Zen, E-an, and Albee, A. L.(1964) Coexisting muscovite and paragonite in pelitic schists. *Amer. Mineral.,* Vol. 49, pp. 904-925.

Zermann, J.(1962) Zur Kristallchemie der Granate. *Beitr. Mineral. Petrogr.,* Vol. 8, pp. 180-188.

Zernike, J.(1955) *Chemical phase theory.* N. V. Uitgevers Maatschappij. AE. E. Kluwer, Deventer, Holland.

Zwart, H. J.(1959) Metamorphic history of the central Pyrenees. I. *Leid Geol. Meded.,* Vol. 22, pp. 419-490.

―― (1962) On the determination of polymetamorphic mineral associations, and its application to the Bosost area (central Pyrenees). *Geol. Rundschau,* Vol. 52, pp. 38-65.

―― (1963) Some examples of the relations between deformation and metamorphism from the central Pyrenees. *Geol. en Mijnb.,* Vol. 42, pp. 143-154.

453

索引

漢字またはカナで書かれている術語,地名,人名は訓令式ローマ字で表わした場合のアルファベット順に配列されている.たとえば,ホルンブレンドは horunburendo の位置にはいっている.ただし片カナで書かれた外国の地名,およびそれを含む術語に限り,ローマ字と外国語と両方のつづり方のところにはいっている.たとえば,カナダ盾状地は,CとKの両方にはいっている.鉱物の名前だけは英語名を併記してある.

A

阿武隈高原　316, 393, 398
ACF 図表　240
Adirondack 山地　336
アイソグラッド　34
AKF 図表　240
アクチノ閃石 (actinolite)　210
アクチノ閃石緑色片岩相　256
Al_2O_3 の過剰と不足　245
Alps　379, 381, 412, 420
アルプス造山帯　359
アナテクシス　45
アンドラダイト (andradite)　189
アノーサイト (anorthite)　181
アノーソサイト　280, 335
アンチストレス鉱物　200
アパラチア造山帯　330, 339, 341
アラゴナイト (aragonite)　106, 204
Archean　40, 333, 360
アルバイト (albite)　106, 181, 401
アルカリ角閃石 (alkali amphibole)　215
アルカリ輝石 (alkali pyroxene)　223
アルカリ長石 (alkali feldspar)　179
アルマンディン (almandine)　187
アルプス造山帯　359
アジア大陸　386
亜相　247
圧力　3, 121
オーストラリア大陸　384
アジア大陸　386

B

バルト盾状地　357, 360
板岩　13
バロワ閃石 (barroisite)　213

Barrovian region　375
Barrovian zones　36
Barrow, G.　34
バルト盾状地　357, 360
微斜カリ長石 (microcline)　179
-blastic　11
blasto-　12
Buchan region　375
ブドウ石 (prehnite)　226, 252
ブドウ石-パンペリ石変成グレイワケ相　252, 308, 310
ブッフ岩　17
分極　170
分配律　112
分帯　34, 373, 400

C

カレドニア造山帯　359, 367, 376
カナダ盾状地　330, 333, 336
CaO の過剰と不足　245
Celebes　407
Clapeyron-Clausius の方程式　109
Coast Ranges (California)　350
Coombs, D. S.　8, 54, 248, 252
コルディレラ造山帯　331, 344
critical な鉱物　234

D

第1次の相転移　109, 172
Dalradian 統　315, 369
Darcy の法則　62
泥質　10, 397
電気陰性度　170
dislocation metamorphism　7
ドロマイト (dolomite)　205, 207
動力変成作用　7, 31

454　索　引

E

エデン閃石(edenite)　211
エクロジァイト　17, 280, 298
エクロジァイト相　234, 298
塩基性　11
塩基性化　282, 337
塩基性前線　44
エピ帯　32
Eskola, P.　40, 232, 311
eugeosyncline　331, 420
ヨーロッパ大陸　357
エジリン(aegirine)　223, 296

F

fabric　10
Fennosarmatia　358
Fennoscandia　357
Fickの拡散の法則　65
Franciscan層群　291, 346, 350

G

岩石学　32
Goldschmidt, V. M.　38, 43, 146, 376
Grampian Highlands　369
Grenville province　281, 334
Grubenmann, U.　32, 236
グラファイト(graphite, 石墨)　139, 141
グランダイト(grandite)　188
グラニュライト　16, 275
グラニュライト相　235, 275, 300
グラニュライト状組織　13
グリクァ岩相　306
グリーン・タフ地域　416
グロシュラール(grossular)　187
グリュネ閃石(grunerite)　215

H

ハイドログロシュラール(hydrogrossular)　189
配位　166
配位数　166
白粒岩　16
白粒岩相　275
半径比　166

反応の自由エネルギー　95
ハンレイ岩相　234
斑状変晶　11, 83, 401
ヘデン輝石(hedenbergite)　220
劈開　12
片岩　13
変形運動　82
片麻岩　14
片麻状組織　12
片理　12
変成-　13
変成岩　1, 2, 29
変成論者　46
変成作用　1, 2, 4
変成相　40, 232, 247, 306, 307
変成相系列　311, 321
変成帯　5, 401
変質作用　2
フェンジァイト(phengite)　196
片状組織　12
ヘルシニア造山帯　359, 377
ヘルシンカイト相　234, 259
飛騨変成帯　388, 389
日高変成帯　389, 403
開いた系　69, 117
フィロケイ酸塩　174, 175
ヒスイ輝石(jadeite)　107, 125, 223, 307
ヒスイ輝石-藍閃石タイプ　318
方解石(calcite)　107, 204
ホルンブレンド(hornblende)　212
ホルンブレンド・ハンレイ岩相　234, 273
ホルンフェルス　17, 283, 284
ホルンフェルス相　234, 283
沸石相　247, 248, 308, 310
Hutton, J.　26
普通ホルンブレンド(common hornblende)　212
標準エントロピー　92
標準生成熱　89
標準生成自由エネルギー　95
標準タイプ(相系列の)　313
フュガシティー　97

I

イノケイ酸塩　174, 175

索引

イヌー造山帯　331
イオン半径　166
イオン化ポテンシァル　171
イオン結合　165

K

化学反応の平衡条件　104
化学ポテンシァル　98
化学ポテンシァル図表　156
カコウ岩　18, 44, 348, 355, 364, 371, 394
カコウ岩化作用　42, 46, 341
下降変成作用　78
拡散定数　66
角閃岩　15
角閃岩相　234, 264
角閃石 (amphibole)　210, 214, 215
カミングトン閃石 (cummingtonite)　215
神居古潭変成帯　389, 403
カナダ盾状地　330, 333, 336
間隙溶液　61
関東山地　318, 400
完全移動性成分　120
カレドニア造山帯　359, 367, 376
Karelides　361, 363
カリウム長石 (potassium feldspar)　179
カルシウム角閃石 (calcium amphibole)　210
カルシウム輝石 (calcium pyroxene)　113, 219
火成エクロジァイト相　234, 298, 306
火成岩　1
火成論者　27
火成相　41, 234
Katarchean　363
カタ帯　32
活動度　98, 101
火山岩　19
過剰成分　150
荷重変成作用　8
珪灰石 (wollastonite)　209
珪線石 (sillimanite)　74, 108, 200, 271, 307
結晶分化説　45
結晶片岩　14
基盤岩類　29
キンバーレイ岩　304
菫青石 (cordierite)　203, 268, 269

金雲母 (phlogopite)　198
輝緑岩相　234, 290
記載的岩石学　9, 31
輝石 (pyroxene)　219, 222, 223
輝石ホルンフェルス相　283
北アメリカ大陸　330
高圧中間群　320
鉱物学的相律　144, 146, 147, 149, 231
鉱物会　40, 232, 234, 236
広域変成岩　5
広域変成作用　5, 411, 416, 421
広域変成帯　5
K_2O の過剰と不足　244
紅簾石 (piemontite)　225
コルディレラ造山帯　331, 344
Korzhinskii, D. S.　56, 146, 156, 239
固体拡散　63
交代作用　43, 291, 296, 351
固定性成分　120
小藤文次郎　47
紅柱石 (andalusite)　74, 108, 176, 200, 266
紅柱石-珪線石タイプ　315, 419
固溶体鉱物 (固溶体)　98, 111, 113, 144, 151, 237, 321
高次の相転移　109, 172
Kristiania (=Oslo)　38, 233, 283
クリノゾイサイト (clinozoisite)　225
クロリトイド (chloritoid)　201
クロス閃石 (crossite)　218
黒雲母 (biotite)　198
共有結合　165
九州西端変成地域　389, 402

L

Laxfordian　369
Lewisian　369
Lyell, C.　28

M

マグマ　1
マグマ論者　46
マグネシオリーベック閃石 (magnesioriebeckite)　215
埋没変成作用　8
マイロナイト　17

455

索引

マンゲル岩相　280
マントル　21
マトリックス　11
メソ帯　32
ミグマタイト　17,42,366,371
miogeosyncline　331,420
ミロナイト　17
水(H_2O)　72,117,121,127,237,238
Moho(Mohorovičić)不連続面　21,388,412
Moine 統　369
無関与成分　150
ムル石(mullite)　108,201

N

ナトリウム雲母(paragonite)　197
ネソケイ酸塩　174,175
熱水変成作用　9
熱変成作用　5
Nevadan 造山運動　344
Newer Granites　371
ニュージーランド　384,408
日本海溝　414
二酸化炭素(CO_2)　117,121,127
西太平洋　384
Northern Highlands　369
ニュージーランド　384,408

O

Older Granites　364,371,394
温度-圧力図表　153
オンファス輝石(omphacite)　223
Orijärvi　40,233,266
オーストラリア大陸　384
Otago schists　248,252,408
オットレ石(ottrelite)　201

P

パーガス閃石(pargasite)　211
パイラルスパイト(pyralspite)　188,190
パイロ変成作用　8
パイロープ(pyrope)　187
パンペリ石(pumpellyite)　226
パリンゼネシス　45
Pennine nappes　381,412
peristerite　183

ペルト長石(perthite)　180
plutonic association　20
ポリタイピズム　185
Proterozoic　333

R

Ramberg, H.　56,237
藍閃変成作用　295,320,381,418
藍閃石(glaucophane)　215,290
藍閃石片岩　290,351
藍閃石片岩相　235,290,400
藍晶石(kyanite)　74,108,176,200,265
藍晶石-珪線石タイプ　313
リーベック閃石(riebeckite)　215,297
リヒテル閃石(richterite)　217
Ripheides　364
理想溶液　100
Rosenbusch, H.　31,41
ローソン石(lawsonite)　226
累進変成作用　35,69,82,183,208
領家-阿武隈変成帯　389,393,394
領家変成帯　389,393
緑泥石(chlorite)　185
緑簾石(epidote)　182,224,225
緑簾石-角閃岩　16
緑簾石角閃岩相　235,259
緑色片岩　14,253
緑色片岩相　234,253,308
粒間流体　61
榴輝岩　17
榴輝岩相　298
流体包含物　79

S

差別的アナテクシス　45,282,287
再結晶作用　3,58,77,82,324,412
サイクロケイ酸塩　174,175
三波川変成帯　389,398
三群変成帯　388,389
酸化鉄　132,134
サニディン(sanidine)　179,287
サニディナイト　290
サニディナイト相　234,287
酸性　11,353
酸素　132,133,136,140

索引

3重点　108, 154
Schreinemakers の束　154
Scottish Highlands　34, 256, 265, 311, 313, 320, 368, 371, 374
Scourian　369
Sederholm, J. J.　42, 360
青色片岩　293
青色片岩相　293
正長石 (orthoclase)　179
石英 (quartz)　177
石英閃緑岩線　345, 348
石英長石質　11
赤鉄鉱 (hematite)　134, 136, 160, 192
石灰質　11
千枚岩　13
接触変成岩　5
接触変成作用　5, 323
接触変成帯　5
Sierra Nevada　344, 346
縞状組織　12
深度帯　32
新鉱物形成作用　58
深成岩　19, 20
深所変成作用　30
浸透平衡　120
白雲母 (muscovite)　131, 164, 195
相系列　311
相律　144, 231
ソロケイ酸塩　174, 175
組成-共生図表　147
組織　10
双晶　184
Southern Uplands　369
structure　10
杉健一　49
水成論者　27
Sulitelma　37, 311, 377
Superior province　334
スペサルティン (spessartine)　187
スレート　13
スチルプノメレン (stilpnomelane)　186
ストレス鉱物　200
鈴木醇　49
Svecofennides　361, 363, 364
斜方輝石 (orthopyroxene)　113, 222

斜長石　181
初生変質　9

T

タイプ (変成作用の)　312, 416, 421
大陸移動　329, 332
大陸の生長　328, 329, 353, 384
堆積岩　1
体積法則　33
台湾　405
多形 (同質多形)　172
盾状地　22
低圧中間群　320
鉄鉱層　140, 144, 337
テクトケイ酸塩　174, 175
texture　10
Thompson, J. B., Jr.　56, 239, 342
地殻　21, 88, 353, 411
地殻熱流量　415, 416
置換秩序-無秩序　172
地質時代　360, 417
チタン鉄鉱 (ilmenite)　136, 192
透輝石 (diopside)　220
透閃石 (tremolite)　210
閉じた系　69, 117
Trondhjem (Trondheim)　36, 376
対になった変成帯　418
チャルノク岩　16, 275, 280
ツェルマク閃石 (tschermakite)　210
超塩基性　11
直閃石 (anthophyllite)　214
長石 (feldspar)　179, 181
中間群 (相系列の)　313
中性　11

U

運動変成作用　8
Uniformitarianism　28, 360
雲母 (mica)　195, 197, 198
雲母片岩　14
ウラル造山帯　359

V

volcanic association　20

W

Werner, A. G.　26

Y

溶液　98
ヨーロッパ大陸　357
Younger Granites　364, 394
葉状組織　12

Z

ザクロ石(garnet)　176, 187, 268, 269

残留鉱物　232
自形変晶　11
自己変成作用　9
磁鉄鉱　134, 136, 160, 192
自由エネルギー　92
ゾイサイト(zoisite)　224
続成作用　1
造山運動　6, 401, 411
十字石(staurolite)　202

■岩波オンデマンドブックス■

変成岩と変成帯

1965年10月 8 日　第 1 刷発行
1988年 4 月 5 日　第13刷発行
2014年 2 月13日　オンデマンド版発行

著　者　都城秋穂(みやしろあきほ)

発行者　岡本　厚

発行所　株式会社　岩波書店
　　　　〒101-8002　東京都千代田区一ツ橋 2-5-5
　　　　電話案内 03-5210-4000
　　　　http://www.iwanami.co.jp/

印刷／製本・法令印刷

Ⓒ 大沢啓子 2014
ISBN978-4-00-730092-9　　Printed in Japan